Rolf Fischer
Elektrische Maschinen

👟 Bleiben Sie einfach auf dem Laufenden:
www.hanser.de/newsletter
Sofort anmelden und Monat für Monat
die neuesten Infos und Updates erhalten

Rolf Fischer

Elektrische Maschinen

14., aktualisierte und erweiterte Auflage
Mit 448 Bildern

HANSER

Prof. Dr.-Ing. Rolf Fischer
Hochschule Esslingen

Bibliografische Information der Deutschen Nationalbibliothek
Die Deutsche Nationalbibliothek verzeichnet diese Publikation in der Deutschen Nationalbibliografie; detaillierte bibliografische Daten sind im Internet über http://dnb.d-nb.de abrufbar.

ISBN 978-3-446-41754-0

Dieses Werk ist urheberrechtlich geschützt.
Alle Rechte, auch die der Übersetzung, des Nachdruckes und der Vervielfältigung des Buches, oder Teilen daraus, vorbehalten. Kein Teil des Werkes darf ohne schriftliche Genehmigung des Verlages in irgendeiner Form (Fotokopie, Mikrofilm oder ein anderes Verfahren), auch nicht für Zwecke der Unterrichtsgestaltung – mit Ausnahme der in den §§ 53, 54 URG genannten Sonderfälle –, reproduziert oder unter Verwendung elektronischer Systeme verarbeitet, vervielfältigt oder verbreitet werden.

© 2009 Carl Hanser Verlag München
Internet: http://www.hanser.de

Lektorat: Dipl.-Ing. Erika Hotho und Mirja Werner, M.A.
Herstellung: Dipl.-Ing. Franziska Kaufmann
Satz: druckhaus Köthen GmbH
Umschlaggestaltung: MCP · Susanne Kraus GbR, Holzkirchen
Druck und Bindung: Druckhaus „Thomas Müntzer" GmbH, Bad Langensalza
Printed in Germany

Vorwort

Das vorliegende Buch befasst sich mit Aufbau, Wirkungsweise und Betriebsverhalten der elektrischen Maschinen und Transformatoren. Der Maschinenentwurf wird schon aus Platzgründen nicht behandelt. Dieses nur einen kleineren Leserkreis interessierende Fachgebiet, das heute eng mit der EDV verbunden ist, wäre in einem eigenen Buch darzustellen. Eine Ausnahme wird bei der Auslegung von Dauermagnetkreisen gemacht, da diese Technik auch das Betriebsverhalten der so erregten Maschine beeinflusst und wachsende Bedeutung erlangt. Um dem Leser jedoch Anhaltspunkte für die möglichen spezifischen Belastungen in den Maschinenteilen zu geben, werden der Begriff der Ausnutzungsziffer erläutert und, wo immer sinnvoll, Richtwerte für typische Kenngrößen angegeben.

Stoffauswahl und Umfang wurden nach dem Gesichtspunkt festgelegt, ein vorlesungsbegleitendes Buch für das Studium der elektrischen Maschinen während der Ingenieurausbildung anzubieten. Daneben soll es aber auch dem in der Praxis stehenden Ingenieur bei der Auffrischung und Vertiefung seiner Fachkenntnisse von Nutzen sein. Vorausgesetzt sind die Höhere Mathematik der ersten Semester, die komplexe Rechnung und die allgemeinen Grundlagen der Elektrotechnik.

Auf die Behandlung so spezieller Maschinentypen wie z. B. Repulsionsmotoren oder die Drehstrom-Kommutatormaschinen, die keine Bedeutung mehr besitzen, wird verzichtet. Dagegen erhalten die Kleinmaschinen der verschiedenen Bauarten, die wie z. B. Universalmotoren in sehr großen Stückzahlen pro Jahr gefertigt werden, in den jeweiligen Hauptkapiteln eigene Abschnitte. Das Gleiche gilt für besondere Bauformen wie die Linearmotoren oder den Turbogenerator großer Leistung.

Besonderer Wert ist auf die Darstellung der Methoden zur Drehzahlsteuerung gelegt, wobei hier eingehend die Verbindungen zur Leistungselektronik gezeigt und die dabei auftretenden Maschinenprobleme behandelt werden.

Zur Kennzeichnung der Größen sind in der Regel die Formelzeichen nach DIN 1304 Teil 1 und Teil 7 verwendet; eine Liste aller Zeichen mit ihrer Bedeutung ist im Anhang enthalten. Bezugspfeile werden bei allen Anschlüssen nach dem Verbraucherpfeilsystem gesetzt. Ein ausführliches Literaturverzeichnis ermöglicht bei vielen Teilgebieten einen ersten Zugang zu weiterführenden, speziellen Veröffentlichungen.

Rolf Fischer

Vorwort zur 14. Auflage

Die weiterhin sehr gute Aufnahme der *Elektrischen Maschinen* gestattet es, mit dieser 14. Auflage wieder Anregungen von Kollegen, technische Neuerungen und eigene Wünsche in den Inhalt aufzunehmen. Neben der unvermeidlichen Korrektur von Schreibfehlern erfahren dadurch folgende Abschnitte Ergänzungen und Änderungen:

2.1.4 Dauermagneterregte Kleinmaschinen und Sonderbauformen

Im Bereich der Elektrowerkzeuge erlangen Geräte mit Akku-Versorgung und damit an Stelle von Universalmotoren dauermagneterregte Gleichstrommaschinen auch mit SE-Magneten an Bedeutung.

5.3.2 Ersatzschaltung und Betrieb mit frequenzvariabler Spannung

Es wird gezeigt, wie sich die Daten der 50-Hz-Ersatzschaltung einer Asynchronmaschine bei anderen Betriebsfrequenzen ändern.

6.1.4 Synchronmaschinen mit Zahnspulenwicklungen

Mit speziellen Formen der Bruchlochwicklung lassen sich Herstellungskosten und Stromwärmeverluste der Ständerwicklung deutlich reduzieren.

7.2 Universalmotoren

Der klassische $16\,^2/_3$-Hz-Bahnmotor wird als Auslaufmodell nur noch prinzipiell erwähnt und dafür werden alle Probleme der Stromwendermaschinen für Wechselstrom ausführlich beim Universalmotor dargestellt.

Bemerkungen

Der Verfasser hofft weiterhin auf die gute Akzeptanz der *Elektrischen Maschinen* zunächst bei allen Studierenden der Ingenieurwissenschaften. Dabei ist sicher, dass bei eher reduzierter Stundenzahl für das Fach ganze Themenbereiche des Buches allenfalls erwähnt werden können. Der umfassendere Inhalt möge aber auch dem Praktiker in allen Bereichen von Nutzen sein.

Für alle Hinweise und Anregungen bedanke ich mich sehr. Besonders gilt dies für meinen Kollegen Prof. Dr.-Ing. E. Nolle, der mir wieder hilfreich zur Seite stand. Die optimale Zusammenarbeit mit den Damen des Fachbuchverlags Leipzig im Carl Hanser Verlag – mit Frau Dipl.-Ing. E. Hotho (Lektorat) und Frau Dipl.-Ing. F. Kaufmann (Herstellung) – ist schon Tradition – herzlichen Dank.

Esslingen, Frühjahr 2009 *Rolf Fischer*

Inhaltsverzeichnis

1 Allgemeine Grundlagen elektrischer Maschinen 11

  1.1 Prinzipien elektrischer Maschinen 11
    1.1.1 Vorgaben im Elektromaschinenbau 11
    1.1.2 Energiewandlung und Bezugspfeile 12
    1.1.3 Bauarten und Gliederung elektrischer Maschinen 15
    1.1.4 Leistung und Bauvolumen elektrischer Maschinen 17
  1.2 Der magnetische Kreis elektrischer Maschinen 19
    1.2.1 Aufbau magnetischer Kreise 19
    1.2.2 Elektrobleche und Eisenverluste 21
    1.2.3 Spannungen und Kräfte im Magnetfeld 24
    1.2.4 Der magnetische Kreis mit Dauermagneten 26

2 Gleichstrommaschinen 32

  2.1 Aufbau und Bauteile 32
    2.1.1 Prinzipieller Aufbau 32
    2.1.2 Bauteile einer Gleichstrommaschine 35
    2.1.3 Ankerwicklungen 37
    2.1.4 Dauermagneterregte Kleinmaschinen und Sonderbauformen 44
  2.2 Luftspaltfelder und Betriebsverhalten 47
    2.2.1 Erregerfeld und Ankerrückwirkung 47
    2.2.2 Spannungserzeugung und Drehmoment 51
    2.2.3 Stromwendung 56
    2.2.4 Wendepole und Kompensationswicklung 60
  2.3 Kennlinien und Steuerung von Gleichstrommaschinen 64
    2.3.1 Anschlussbezeichnungen und Schaltbilder 64
    2.3.2 Kennlinien von Gleichstrommaschinen 66
    2.3.3 Verfahren zur Drehzahländerung 74
    2.3.4 Dynamisches Verhalten von Gleichstrommaschinen 81
  2.4 Stromrichterbetrieb von Gleichstrommaschinen 82
    2.4.1 Netzgeführte Stromrichterantriebe 82
    2.4.2 Antriebe mit Gleichstromsteller 86
    2.4.3 Probleme der Stromrichterspeisung 89

3 Transformatoren 99

  3.1 Aufbau und Bauformen 100
    3.1.1 Eisenkerne von Wechsel- und Drehstromtransformatoren 100
    3.1.2 Wicklungen 103
    3.1.3 Wachstumsgesetze und Kühlung 103
  3.2 Betriebsverhalten von Einphasentransformatoren 108
    3.2.1 Spannungsgleichungen und Ersatzschaltung 108
    3.2.2 Leerlauf und Magnetisierung 112

3.2.3 Verhalten bei Belastung... 117
3.2.4 Kurzschluss des Transformators..................................... 120
3.2.5 Transformatorgeräusche 124

3.3 Betriebsverhalten von Drehstromtransformatoren....................... 125
3.3.1 Schaltzeichen und Schaltgruppen................................... 125
3.3.2 Schaltgruppen bei unsymmetrischer Belastung................. 127
3.3.3 Direkter Parallelbetrieb.. 131

3.4 Sondertransformatoren... 133
3.4.1 Änderung der Übersetzung und der Strangzahl 133
3.4.2 Kleintransformatoren und Messwandler 134
3.4.3 Spartransformatoren und Drosselspulen 135

4 Allgemeine Grundlagen der Drehstrommaschinen 141

4.1 Drehstromwicklungen 141
4.1.1 Ausführungsformen einer Drehstromwicklung................. 141
4.1.2 Wicklungsfaktoren... 144

4.2 Umlaufende Magnetfelder.. 150
4.2.1 Durchflutung und Feld eines Wicklungsstranges 150
4.2.2 Drehfelder.. 153
4.2.3 Blindwiderstände einer Drehstromwicklung 160
4.2.4 Spannungserzeugung und Drehmoment.......................... 162

4.3 Symmetrische Komponenten.. 164
4.3.1 Drehstromsystem... 164
4.3.2 Zweiphasensystem... 167

5 Asynchronmaschinen... 170

5.1 Aufbau und Wirkungsweise 170
5.1.1 Ständer und Läufer der Asynchronmaschine.................... 170
5.1.2 Asynchrones Drehmoment und Frequenzumformung 172
5.1.3 Drehtransformatoren 176

5.2 Darstellung der Betriebseigenschaften....................................... 179
5.2.1 Spannungsgleichungen und Ersatzschaltung.................... 179
5.2.2 Einzelleistungen und Drehmomente 181
5.2.3 Stromortskurve... 187
5.2.4 Betriebsbereiche und Kennlinien 197
5.2.5 Drehmomente und Kräfte der Oberfelder........................ 199

5.3 Steuerung von Drehstrom-Asynchronmaschinen 207
5.3.1 Verfahren zur Drehzahländerung 207
5.3.2 Ersatzschaltung und Betrieb mit frequenzvariabler Spannung 214
5.3.3 Anlass- und Bremsverfahren... 223
5.3.4 Unsymmetrische Betriebszustände................................. 231
5.3.5 Dynamisches Verhalten von Asynchronmaschinen........... 234

Inhaltsverzeichnis 9

5.4 Stromrichterbetrieb von Asynchronmaschinen 237
    5.4.1 Spannungsänderung mit Drehstromstellern 237
    5.4.2 Untersynchrone Stromrichterkaskade 241
    5.4.3 Einsatz von Frequenzumrichtern 246
    5.4.4 Motorrückwirkung bei Umrichterbetrieb 252

5.5 Spezielle Bauformen und Betriebsarten der Asynchronmaschine 254
    5.5.1 Stromverdrängungs- und Doppelstabläufer 254
    5.5.2 Linearmotoren 257
    5.5.3 Asynchrongeneratoren 261
    5.5.4 Die elektrische Welle 263
    5.5.5 Doppeltgespeiste Schleifringläufermotoren 264
    5.5.6 Energiesparmotoren 266

5.6 Einphasige Asynchronmaschinen 271
    5.6.1 Einphasenmotoren ohne Hilfswicklung 271
    5.6.2 Einphasenmotoren mit Kondensatorhilfswicklung 273
    5.6.3 Einphasenmotoren mit Widerstandshilfswicklung 278
    5.6.4 Der Drehstrommotor am Wechselstromnetz 280
    5.6.5 Spaltpolmotoren 284

6 Synchronmaschinen 287

6.1 Aufbau von Synchronmaschinen 287
    6.1.1 Bauformen 287
    6.1.2 Erregersysteme 291
    6.1.3 Synchronmaschinen mit Dauermagneterregung 295
    6.1.4 Synchronmaschinen mit Zahnspulenwicklungen 296

6.2 Betriebsverhalten der Vollpolmaschine 298
    6.2.1 Erregerfeld und Ankerrückwirkung 298
    6.2.2 Zeigerdiagramm und Ersatzschaltung 302
    6.2.3 Synchronmaschinen im Alleinbetrieb 303
    6.2.4 Synchronmaschinen im Netzbetrieb 311
    6.2.5 Besonderheiten der Schenkelpolmaschine 317

6.3 Verhalten der Synchronmaschine im nichtstationären Betrieb 324
    6.3.1 Drehzahlsteuerung und Stromrichterbetrieb 324
    6.3.2 Pendelungen und unsymmetrische Belastung 328
    6.3.3 Die Synchronmaschine in Zweiachsendarstellung 331
    6.3.4 Stoßkurzschluss 335

6.4 Spezielle Bauarten von Synchronmaschinen 339
    6.4.1 Turbogeneratoren 339
    6.4.2 Die Einphasen-Synchronmaschine 342
    6.4.3 Dauermagneterregte AC-Servomotoren 342
    6.4.4 Synchrone Langstator-Linearmotoren 348
    6.4.5 Transversalflussmotoren 351

6.5 Synchrone Kleinmaschinen 355
    6.5.1 Reluktanzmotoren 355
    6.5.2 Hysteresemotoren 358
    6.5.3 Schrittmotoren 360

7 Stromwendermaschinen für Wechsel- und Drehstrom ... 365

7.1 Übersicht ... 365
7.2 Universalmotoren ... 367
    7.2.1 Aufbau und Einsatz ... 367
    7.2.2 Ersatzschaltung und Zeigerdiagramm ... 368
    7.2.3 Verfahren der Drehzahländerung ... 371
    7.2.4 Stromwendung ... 372

8 Betriebsbedingungen elektrischer Maschinen ... 376

8.1 Elektrotechnische Normung und Vorschriften ... 376
8.2 Bauformen und Schutzarten ... 379
8.3 Explosionsgeschützte Ausführungen ... 382
8.4 Verluste, Erwärmung und Kühlung ... 385
8.5 Betriebsarten und Leistungsschildangaben ... 391

9 Anhang ... 397

Schrifttum ... 397
Formelzeichen und Einheiten ... 404
Berechnung der Aufgaben ... 408
Sachwortverzeichnis ... 413

1 Allgemeine Grundlagen elektrischer Maschinen

1.1 Prinzipien elektrischer Maschinen

1.1.1 Vorgaben im Elektromaschinenbau

Bedeutung und Vorgaben. Elektrische Maschinen sind in der Ausführung als

– Generatoren die Grundlage fast der gesamten Erzeugung elektrischer Energie in Wärme-, Wasser- und Windkraftanlagen eines Landes.
– Motoren ein entscheidendes Betriebsmittel aller Produktion in Industrie und Gewerbe sowie Bestandteil vieler Konsumgüter.

Der Zentralverband Elektrotechnik- und Elektronikindustrie e.V. (ZVEI) gibt für das Jahr 2005 ein Produktionsvolumen für das gesamte Gebiet der elektrischen Antriebstechnik im Wert von ca. 6,8 Milliarden Euro an. Darin sind die verschiedenen Bereiche mit den folgenden Anteilen beteiligt.

36,8 % – Kleinmotoren
26,6 % – Drehstrommotoren
19,3 % – Antriebsstromrichter
15,8 % – Sonstige Motoren, Zubehör
 1,5 % – Gleichstrommaschinen

Nimmt man die Kraftwerkstechnik hinzu, so entsteht vom winzigen Schrittmotor in einer Quarzuhr mit einer Leistung von ca. 10 µW bis zu den größten Drehstromgeneratoren von über 1000 MW eine geschlossene Leistungsreihe von 14 Zehnerpotenzen. Dazwischen liegen mit Stückzahlen von meist mehreren Millionen pro Jahr die Kleinmaschinen der verschiedenen Bauarten, wie z. B. die dauermagneterregten Gleichstrom-Hilfsantriebe im Kfz oder die Universalmotoren in Elektrowerkzeugen oder Hausgeräten. Industrieantriebe werden heute fast immer als Drehstrommotoren listenmäßig bis etwa 1000 kW angeboten, darüber hinaus fertigt man Sondermotoren bis ca. 30 MW. Auch bei Generatoren reicht die Fertigung von Millionen Lichtmaschinen pro Jahr über autarke, transportable Stromversorgungsanlagen (Notstromaggregate) ab einigen kVA, über Generatoren für Windrotoren, Blockheizkraftwerke und Staustufen in Flüssen bis in den MVA-Bereich und zu Großmaschinen für Wasser- und Wärmekraftwerke.

Beim Bau von elektrischen Maschinen muss der Entwickler eine Vielzahl von Normen und Vorschriften beachten. Sie betreffen die zulässige Ausnutzung der verwendeten Materialien, einzelne Betriebsdaten und vor allem auch die äußere Gestaltung. Diese Vorgaben sind heute fast alle Inhalt von Europanormen EN und werden in Kapitel 8 zumindest in den Grundzügen aufgeführt. In Bild 1.1 sind die wichtigsten Vorgaben im Bezug zur Maschine dargestellt.

Baugröße. Zur Vereinheitlichung von Anbaumaßen und damit einer allgemeinen Austauschbarkeit werden vor allem die Industrieantriebe der Serienfertigung nur in abgestuften Baugrößen gefertigt. Als Bezugswert gilt die Achshöhe h in Abstufungen von

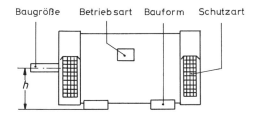

Bild 1.1 Vorgaben im Elektromaschinenbau

56 mm bis zu etwa 450 mm. Bei Drehstrommaschinen sind mit dem IEC-Normmotor auch weitere Anbaumaße festgelegt. Ausgenommen von dieser Vereinheitlichung von Anbaumaßen sind vielfach Kleinmotoren, wenn sie für einen vorbestimmten Einsatz z. B. in einem Kfz oder einem Hausgerät vorgesehen sind.

Bauform. Je nach Anwendung benötigt man Maschinen mit unterschiedlicher Anbaumöglichkeit, wie z. B. mit normaler Fußbefestigung oder einem Flanschanschluss. Die hier vorhandenen Unterscheidungen definiert die Bauform nach EN 60034-7. Die jeweilige Ausführung wird durch einen Code aus Buchstaben und Zahlen wie IM B3 (**I**nter**n**ational **M**ounting) gekennzeichnet.

Schutzart. In der Normreihe EN 60034-5 werden Anforderungen an die Gehäuseausführung festgelegt, die den Schutzumfang vor Berühren unter Spannung stehender Maschinenteile und das Eindringen von Fremdkörpern und Wasser definieren. Je nach Einsatzfall der Maschine ist ein bestimmter Schutzgrad einzuhalten, der durch die Kombination der Buchstaben IP (**I**nternational **P**rotection) mit zwei Zahlen, z. B. IP21, beschrieben wird.

Betriebsart. Mit den Vorschriften EN 60034-1 bzw. VDE 0530 Teil 1 werden zwischen Dauerbetrieb S1 und Kurzzeitbetrieb S6 zehn verschiedene Belastungsarten einer elektrischen Maschine geregelt. In keinem Fall darf die Erwärmung der Wicklungen eine der Wärmeklasse der eingesetzten Isoliermaterialien zugeordnete Höchsttemperatur überschreiten. Ferner gibt es Grenzwerte für zulässige Kurzschlussströme, Hochlaufmomente und Oberschwingungen.

Leistungsschild. Eine elektrische Maschine erhält – ausgenommen sind wieder Kleinantriebe – ein Leistungsschild, das dem Anwender alle erforderlichen Betriebsdaten angibt. Dies sind vor allem die Werte für den Bemessungsbetrieb wie: Betriebsart S, Abgabeleistung P_N, Spannung U_N, Strom I_N, Leistungsfaktor cos φ, Drehzahl n_N. Drehmoment und Wirkungsgrad werden nicht angegeben, da sie aus den vorstehenden Angaben zu berechnen sind.

1.1.2 Energiewandlung und Bezugspfeile

Rotierende Energiewandler. Rotierende elektrische Maschinen sind Energiewandler, die eine Umformung zwischen elektrischer und mechanischer Energie vornehmen. Die Leistung wird auf der einen Seite durch die Größen elektrische Spannung U und Strom I, auf der anderen durch das Drehmoment M und die Drehzahl n bestimmt. In Bild 1.2

ist dieses Prinzip der Energiewandlung schematisch dargestellt. Betrachtet man den stationären Betriebszustand, so gilt die Leistungsbilanz

$$P_{mech} = P_{el} \pm P_v \qquad (1.1)$$

mit dem Minuszeichen für den Motorbetrieb. Die Umwandlungsverluste P_v, die von den Betriebsgrößen U, I und n abhängen, werden in jedem Fall in Wärme umgesetzt und sind damit verloren.

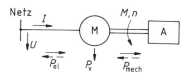

Bild 1.2 Elektrische Maschine M als Energiewandler
A Arbeitsmaschine/Antrieb —— Motor - - - Generator

Die mechanische Wellenleistung errechnet sich aus

$$P_{mech} = 2\pi \cdot n \cdot M \qquad (1.2)$$

Für die elektrische Leistung gilt allgemein

$$P_{el} = m \cdot U \cdot I \cdot \lambda \qquad (1.3)$$

wobei U und I die Wicklungswerte der Maschine mit der Strangzahl m sind. Die mechanische Leistung steht beim Motor zur Versorgung der angekuppelten Arbeitsmaschine A zur Verfügung und ist bei Generatorbetrieb die erforderliche Antriebsleistung. Der Leistungsfaktor

$$\lambda = g_1 \cdot \cos \varphi \qquad (1.4)$$

erfasst mit dem Verschiebungsfaktor $\cos \varphi$ die Phasenlage von Strom und Spannung bei Wechselstrom- und Drehstrommaschinen. Der Grundschwingungsgehalt g_1 berücksichtigt mögliche Oberschwingungen im Stromverlauf. Für Gleichstrommaschinen ist motorseitig $m = 1$ und $\lambda = 1$ zu setzen.

Das Verhältnis von Abgabe- und Aufnahmeleistung wird als Wirkungsgrad des Energiewandlers nach

$$\eta = \frac{P_2}{P_1} \qquad (1.5)$$

bezeichnet. Im Motorbetrieb ist $P_1 = P_{el}$ und $P_2 = P_{mech}$ einzusetzen.

Zur Ermittlung der Verluste und des Wirkungsgrades elektrischer Maschinen gibt die VDE-Bestimmung 0530 Teil 2 für Gleich- und Drehstrommaschinen spezielle Mess- und Berechnungsverfahren an.

Statische Energiewandler. Transformatoren und die Schaltungen der Stromrichtertechnik sind ruhende Energiewandler, welche die elektrische Energie auf ein anderes Spannungsniveau bringen (Transformatoren) oder die Stromart ändern (Stromrichter). Da hier bewegte Teile fehlen, entstehen keine Reibungsverluste und im Fall des Transformators kann ohne Luftspalt ein optimaler magnetischer Kreis ausgeführt werden. Transformatoren und bei Stromrichterschaltungen vor allem die Gleichrichter besitzen daher hohe Umwandlungswirkungsgrade (Bild 1.3), welche die von rotierenden Maschinen vor allem bei kleinen Leistungen deutlich übertreffen. So erreichen Großtransformatoren bei rein ohmscher Belastung Werte von über 99 %.

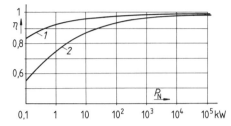

Bild 1.3 Wirkungsgrade rotierender und statischer Energiewandler
1 Stromrichter, Transformatoren
2 Rotierende elektrische Maschinen

Bezugspfeile. Zur Berechnung eines elektrischen Stromkreises müssen für den Strom I und die Spannung U je eine positive Bezugsrichtung gewählt werden. In diesem Buch wird dazu ausschließlich das Verbraucherpfeilsystem verwendet, was den Vorteil hat, dass beim Übergang vom Motor- in den Generatorbetrieb einer Maschine keine neue Festlegung des Stromzeigers erfolgen muss.

Bei einer Vierpolschaltung wie in Bild 1.4 wird diese Pfeilanordnung auf beide Klemmenpaare angewandt, auch wenn wie z. B. bei einem Transformator stets eine Seite Energie abgibt. Dies äußert sich wie bei Generatorbetrieb einer Maschine im Zeigerdiagramm dadurch, dass die Wirkkomponente des betreffenden Stromes in Gegenphase zu seiner Spannung liegt.

Art und Richtung der elektrischen Energie sind damit durch die Lage des Stromzeigers $\underline{I}$ in Bezug zur Spannung $\underline{U}$ im Koordinatensystem von Bild 1.5 eindeutig festgelegt. Benachbarte Quadranten stimmen in je einer Charakteristik überein. Bei einem Verbraucher liegt der Stromzeiger in den Quadranten 1 oder 2, bei Energieabgabe unterhalb der imaginären Achse (j-Achse). Bei der Bewertung von Blindleistungen wird auf die Unterscheidung induktiv oder kapazitiv verzichtet und stattdessen von der Aufnahme oder Abgabe von (induktiver) Blindleistung gesprochen. Eine Spule nimmt damit Blindleistung auf, ein Kondensator gibt sie ab.

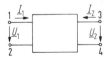

Bild 1.4 Anwendung des Verbraucher-Pfeilsystems auf einen Vierpol (Zweitor)

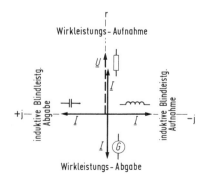

Bild 1.5 Festlegung der Belastungsart im Koordinatensystem für das Verbraucherpfeilsystem

1.1 Prinzipien elektrischer Maschinen

1.1.3 Bauarten und Gliederung elektrischer Maschinen

Konstruktionsprinzipien. Für den prinzipiellen Aufbau von Ständer (Stator) und Läufer (Rotor, Anker) von elektrischen Maschinen gibt es jeweils nur einige wenige grundsätzliche Ausführungen. Sie sind in Tafel 1.1 angegeben und führen in ihrer Kombination zu den aufgeführten Hauptmaschinentypen.

Tafel 1.1 Konstruktionsprinzipien elektrischer Maschinen

Ständer mit \ Läufer mit	Käfigwicklung 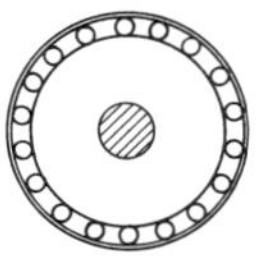	Drehstromwicklung mit Schleifringen 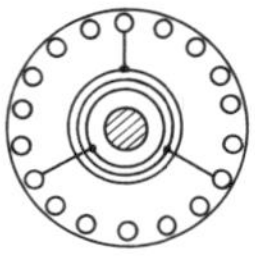	Einzelpole (auch Dauermagnete) 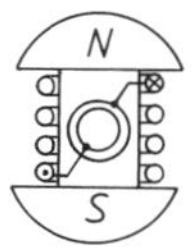	Stromwenderwicklung 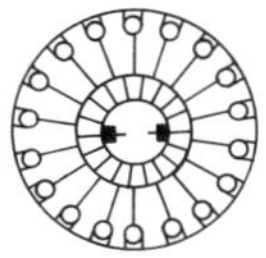
Drehstromwicklung 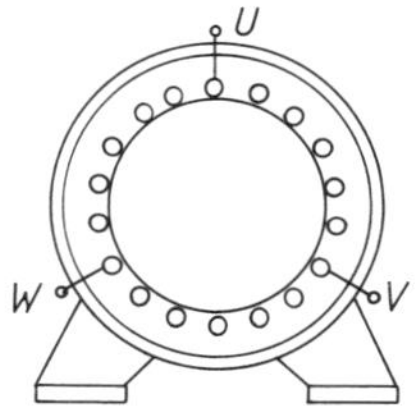	Asynchron-Käfigläufer-Motor	Asynchron-Schleifringläufer-Motor	Innenpol-Synchronmaschine	Drehstrom-Kommutator-Maschine
Einzelpole auch als Dauermagnete 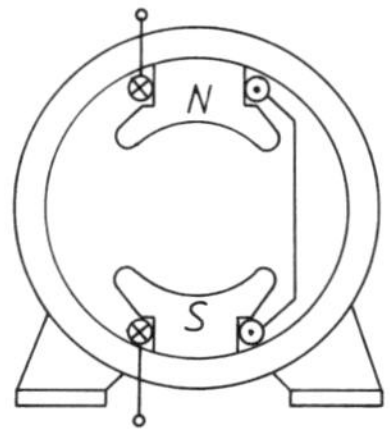	Spaltpolmotor	Außenpol-Synchronmaschine	Schrittmotor	Gleichstrom-Maschine

Bauarten. Eine Gliederung der elektrischen Maschinen kann einerseits nach der verwendeten Stromart wie Gleichstrom-, Wechselstrom- oder Drehstrommaschinen, aber auch nach der Wirkungsweise wie Asynchron- oder Synchronmaschinen oder mit Stromwenderwicklung erfolgen. Innerhalb dieser Haupttypen gibt es meist eine ganze Reihe spezieller Bauarten, die sich in einem bestimmten Leistungs- oder Anwendungsbereich durchgesetzt haben: Tafel 1.2 zeigt eine Zusammenstellung der elektrischen Maschinen im Rahmen dieser beiden Gliederungen. Dabei ist auch noch der früher als drehzahlgeregelter Antrieb eingesetzte Drehstrom-Stromwendermotor aufgeführt. Alle angegebenen Maschinentypen werden in den verschiedenen Abschnitten des Buches besprochen. Die in Tafel 1.2 angegebenen Anwendungsbereiche und Leistungen sind dabei nur als Schwerpunkte zu verstehen.

Tafel 1.2 Gliederung und Einsatz elektrischer Maschinen

Stromart	Stromwendermaschine	Asynchronmaschine	Synchronmaschine	Haupteinsatzgebiete	Leistungsbereich des Maschinentyps
Gleichstrom	Dauermagnetmotor			Feinwerktechnik, Kfz-Elektrik, Servoantriebe	< 1 W bis 10 kW
	Fremderregter Motor			Hauptantrieb für Werkzeugmaschinen, Hebezeuge, Prüffelder, Walzwerke	10 kW bis 10 MW
	Reihenschlussmotor			Anlasser im Kfz, Fahrmotor in Bahnen	300 W bis 500 kW
Wechselstrom	Universalmotor			E-Werkzeuge, Haushaltsgeräte	50 W bis 2000 W
	Reihenschlussmotor			Fahrmotor in $16^2/_3$-Hz- und 50-Hz-Vollbahnen	100 kW bis 1000 kW
		Spaltpolmotor		Lüfter, Pumpen, Gebläse, Haushaltsgeräte	5 W bis 150 W
		Kondensatormotor		Haushaltsgeräte, Pumpen, Gebläse, Werkzeuge	50 W bis 2000 W
			Hysteresemotor	Uhrwerke, Feinwerktechnik, Hilfsantriebe	< 1 W bis 20 W
			Reluktanzmotor	Gruppenantriebe in der Textilindustrie, Extruder	100 W bis 10 kW
Drehstrom	Nebenschlussmotor (durch Umrichterantriebe abgelöst)			Druck- und Papiermaschinen, Textilindustrie	1 kW bis 150 kW
		Käfigläufermotor		Industriestandardantrieb, z. B. Pumpen, Gebläse, Bearbeitungsmaschinen, Fördertechnik, Umformer, Fahrmotor in Bahnen	100 W bis 50 MW
		Schleifringläufermotor		Hebezeuge, Pumpen- und Verdichter	10 kW bis 10 MW
		Linearmotor	Linearmotor	Fördertechnik, Schnellbahnen	100 W bis 10 MW
			Dauermagnetmotor	Servoantriebe, Gruppenantrieb	100 W bis 10 kW
			Schenkelpolmaschine	Notstromgenerator, langsamlaufender Industrieantrieb, Wasserkraftgenerator	10 kW bis 1000 MW
			Vollpolmaschine	Verdichter-, Mühlenantrieb, Turbogenerator im Kraftwerk	100 kW bis 1500 MW
Impulsstrom			Elektronikmotor	Feinwerktechnik, Textilindustrie	< 1 W bis 200 W
			Schrittmotor	Quarzuhren, Positionierantrieb	10 µW bis 500 W

1.1.4 Leistung und Bauvolumen elektrischer Maschinen

Nach Gl. (1.20) kann das Drehmoment M einer Maschine über die Tangentialkräfte F am Läufer mit dem Durchmesser d bestimmt werden. Führen die z Leiter den Strom I, so gilt in Verbindung mit Gl. (1.19)

$$M = F \cdot \frac{d}{2} = \frac{d}{2} \cdot z \cdot \alpha \cdot B \cdot l \cdot I$$

wobei der Polbedeckungsfaktor $\alpha = 0{,}6$ bis $0{,}8$ nach Gl. (2.13) den Unterschied zwischen der mittleren Flussdichte innerhalb eines Pols im Vergleich zum Maximalwert B erfasst. Bezieht man den Gesamtstrom aller Leiter $z \cdot I$ auf den Läuferumfang $d \cdot \pi$, so erhält man mit

$$A = \frac{z \cdot I}{d \cdot \pi}$$

eine Strombelag A genannte Größe. Ihr Wert ist von den möglichen Nutabmessungen und damit vom Läuferdurchmesser sowie vom Kühlsystem der Maschine abhängig. Bei Luftkühlung wird etwa der Bereich $A = 100$ A/cm bis 600 A/cm ausgeführt.

Mit Einsetzen des Strombelags in obige Momentenbeziehung ergibt sich für das Drehmoment

$$\boxed{M = 0{,}5 \cdot \pi \cdot \alpha \cdot A \cdot B \cdot d^2 \cdot l} \tag{1.6}$$

Das Produkt $d^2 \cdot l$ bestimmt das so genannte Bohrungsvolumen $V_B = d^2 \cdot l \cdot \pi/4$ der Maschine und proportional dazu ihr Gesamtvolumen und letztlich die Baugröße. Damit entstehen die folgenden grundsätzlich Aussagen:

1. Bei durch die zulässigen thermischen und magnetischen Belastungen des aktiven Materials vorgegebenem Produkt $A \cdot B$ bestimmt allein das gewünschte Drehmoment M_N das Bohrungsvolumen und damit die Baugröße eines Motors.
2. Die einer Baugröße zuzuordnende Leistung P_N wird erst durch die verlangte Drehzahl n_N definiert und steigt proportional mit ihr an.

Maschinen für eine bestimmte Leistung werden also mit höherer Betriebsdrehzahl immer kleiner und leichter. Dieser Zusammenhang hat bei den tragbaren Elektrowerkzeugen zu Werten von $n_N \leq 25\,000$ min^{-1} geführt.

Mit Gl. (1.2) erhält man die Leistung der Maschine mit

$$P = \pi^2 \cdot \alpha \cdot A \cdot B \cdot d^2 \cdot l \cdot n$$

Um eine spezifische Größe für die Materialausnutzung zu erhalten, definiert man als Ausnutzungsziffer oder Leistungszahl C

$$\boxed{C = \pi^2 \cdot \alpha \cdot A \cdot B} \tag{1.7}$$

Ihre Verknüpfung mit der Leistung der Maschine ergibt

$$\boxed{P = C \cdot d^2 \cdot l \cdot n} \tag{1.8}$$

Die Ausnutzungsziffer ergibt einen ersten Richtwert für das erforderliche Produkt $d^2 \cdot l$ einer geplanten Maschine. Ihr Wert steigt mit der Baugröße, liegt bei Leistungen im Bereich von 1 kW bei etwa 1 kW min/m^3 und erreicht bei wassergekühlten Motoren mit 10 kW min/m^3 das Zehnfache.

Anstelle der Leistungszahl C verwendet man zur Bewertung der Ausnutzung des aktiven Materials häufig auch die auf die Läuferoberfläche bezogene Tangentialkraft und bezeichnet mit

$$\sigma = \frac{F}{d \cdot \pi \cdot l} = \frac{2M}{d^2 \cdot \pi \cdot l}$$

diese Kraft/Flächeneinheit als Drehschub σ. Mit Gl. (1.6) erhält man

$$\boxed{\sigma = \alpha \cdot A \cdot B} \qquad (1.9\,\text{a})$$

Zwischen Leistungszahl C und Drehschub σ besteht nach obigen Beziehungen die Zuordnung

$$\boxed{C = \pi^2 \cdot \sigma} \qquad (1.9\,\text{b})$$

Gl. (1.8) ist auch der Grund für den Einsatz von Getriebemotoren. Bei Betriebsdrehzahlen von z. B. unter 100 min^{-1} würde das Produkt $d^2 \cdot l$ für eine bestimmte Leistung so groß, dass der Aufwand für ein oft in das Gehäuse integriertes Getriebe zur Reduktion der dann möglichen hohen Motordrehzahl die wirtschaftlichste Lösung ist.

Beispiel 1.1: Für den Entwurf eines Drehstrommotors mit $P = 11$ kW, $n = 1447$ min^{-1} kann $C = 2{,}2$ kW $\cdot$ min/m^3 angenommen werden. Es ist eine langgestreckte Ausführung mit $l = 2 \cdot d$ geplant.

Welche Werte müssen Läuferdurchmesser d und Läuferlänge l etwa erhalten?

Nach Gl. (1.8) gilt

$$d^2 \cdot l = \frac{P}{C \cdot n} = \frac{11 \text{ kW}}{2{,}2 \text{ kW} \cdot \text{min/m}^3 \cdot 1447 \text{ min}^{-1}} = 3{,}455 \cdot 10^3 \text{cm}^3$$

Wegen $l = 2d$ gilt

$$2\,d^3 = 3{,}455 \cdot 10^3 \text{ cm}^3, \quad d = 12 \text{ cm und } l = 24 \text{ cm}$$

Beispiel 1.2: Bei Gleichstrommaschinen erhält man als Ausnutzungskennziffer etwa $C = 6{,}5 \cdot (A \cdot B)$. Welche Leistung erreicht der in Beispiel 1.3 auf Seite 31 angegebene kleine Dauermagnetmotor bei $n = 1200$ min^{-1}, wenn ein Strombelag von $A = 100$ A/cm zulässig ist?

Es ist $\quad B_L = \dfrac{\Phi_L}{A_L} = \dfrac{0{,}507 \text{ mV} \cdot \text{s}}{17{,}1 \cdot 10^{-4} \text{ m}^2} = 0{,}297$ T

und damit $\quad C = 6{,}5 \cdot 10 \,\dfrac{\text{kA}}{\text{m}} \cdot 0{,}297\,\dfrac{\text{V} \cdot \text{s}}{\text{m}^2} = 19{,}27\,\dfrac{\text{kW} \cdot \text{s}}{\text{m}^3}$

Mit $d = 4$ cm und $l = 3{,}5$ cm erhält man als etwaige Leistung

$$P = C \cdot d^2 \cdot l \cdot n = 19{,}27\,\dfrac{\text{kW} \cdot \text{s}}{\text{m}^3} \cdot (0{,}04 \text{ m})^2 \cdot 0{,}035 \text{ m} \cdot 20 \text{ s}^{-1} = 21{,}6 \text{ W}$$

1.2 Der magnetische Kreis elektrischer Maschinen

1.2.1 Aufbau magnetischer Kreise

Aktiver Eisenweg. Das entsprechend dem Induktionsgesetz in der Form $U_q = B \cdot l \cdot v$ und der Kraftwirkung nach $F = B \cdot l \cdot I$ für die Funktion der elektrischen Maschine erforderliche Magnetfeld der Luftspaltflussdichte B wird bis auf den zwischen Ständer und Läufer nötigen Luftspalt in ferromagnetischem Blech geführt. Nur so lässt sich entsprechend der Grundbeziehung im magnetischen Feld

$$B = \mu_r \cdot \mu_0 \cdot H \tag{1.10}$$

durch die hohe relative Permeabilität $\mu_r \gg 1$ von Eisen die von der Magnetisierungswicklung aufzubringende magnetische Feldstärke H in vernünftigen Grenzen halten. Für den Luftspalt, der mit Weiten von teilweise unter 1 mm nur einen sehr kleinen Anteil des geschlossenen magnetischen Weges ausmacht, gilt bei $\mu_r = 1$ die magnetische Feldkonstante

$$\mu_0 = 0,4 \cdot \pi \cdot 10^{-6} \frac{\text{V} \cdot \text{s}}{\text{A} \cdot \text{m}} \tag{1.11}$$

Der Aufbau des magnetischen Kreises ist am Beispiel einer vierpoligen Drehstrom-Asynchronmaschine in Bild 1.6 für Ständer und Läufer gezeigt. Der magnetische Fluss Φ schließt sich auf dem zur Achse 0–5 symmetrischen Weg über Läuferrücken – Läuferzähne – Luftspalt – Ständerzähne – Ständerrücken. In allen Abschnitten entstehen entsprechend den örtlichen Eisenquerschnitten A_{Fe} nach

$$B = \frac{\Phi}{A_{\text{Fe}}} \tag{1.12}$$

unterschiedliche magnetische Flussdichten oder Induktionen B, wobei etwa folgende Richtwerte gelten:

Luftspalt $B_L = 0{,}6$ T bis $1{,}1$ T
Zähne $B_Z = 1{,}5$ T bis $2{,}1$ T
Rücken $B_R = 1{,}2$ T bis $1{,}6$ T

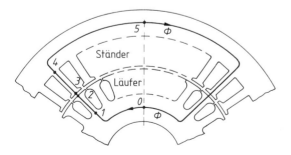

Bild 1.6 Magnetischer Kreis einer Drehstrom-Asynchronmaschine

Durchflutungsgesetz. Zur Berechnung des magnetischen Kreises werden bei noch feinerer Unterteilung des Feldweges wie in Bild 1.6 die in den einzelnen Abschnitten auftretenden Flussdichten B_i bestimmt und dazu aus der Magnetisierungskennlinie $B = f(H)$ die zugehörige magnetische Feldstärke H_i entnommen. Mit der jeweiligen Weglänge l_i in Feldrichtung erhält man dann die für diese Teilstrecke erforderliche magnetische Spannung

$$\boxed{V_i = H_i \cdot l_i} \tag{1.13}$$

Die Addition aller magnetischer Teilspannungen V_i über den geschlossenen Weg des Feldes Φ ergibt die magnetische Umlaufspannung

$$\boxed{V_0 = H_1 \cdot l_1 + H_2 \cdot l_2 + H \cdot l_3 + \ldots = \sum_{i=1}^{i=n} H_i \cdot l_i = \Theta} \tag{1.14a}$$

Diese Beziehung ist in der Form

$$\boxed{\Theta = \oint \vec{H} \cdot \mathrm{d}\vec{l}} \tag{1.14b}$$

als Durchflutungsgesetz bekannt.

Die elektrische Durchflutung bestimmt bei einer Gleichstrommaschine das erforderliche Produkt Windungszahl mal Erregerstrom der Hauptpole. Bei Drehstrommaschinen ergibt sich aus der Durchflutung die Höhe des Magnetisierungsstromes in der Drehstromwicklung des Ständers.

Bestimmung magnetischer Felder. Zur bildlichen Beschreibung des magnetischen Feldes eignet sich die Vorstellung von Feldlinien, die an jeder Stelle die Richtung des Vektors $\vec{B}$ festlegen. Die Darstellung wird zum Feldbild, wenn die Dichte der eingetragenen Feldlinien proportional zur örtlichen Flussdichte gewählt wird. Dies ist der Fall, sofern man eine Quadratstruktur zwischen den Feldlinien und den senkrecht dazu liegenden Niveaulinien realisiert. Letztere verbinden Punkte gleicher magnetischer Teilspannung V, wobei eine Eisenoberfläche mit $V = 0$ belegt wird. Das Verfahren führt zu Ergebnissen wie in Bild 1.7 und hatte vor der Einführung der EDV eine große Bedeutung.

Numerische Feldberechnung. Für die Bestimmung von örtlichen Flussdichten im magnetischen Kreis von Maschinen und Geräten verwendet man heute firmeneigene oder auch kommerzielle EDV-Rechenprogramme (PROFI, MAGGY). Sie berücksichtigen die Sättigungsabhängigkeit der magnetischen Daten aller Eisenteile und den Einfluss von Querschnittsänderungen z. B. durch Bohrungen, Nuten oder sonstige Verengungen.

Man überzieht die gegebene Konstruktion wie in der Technik der „Finiten Elemente" mit einem feinmaschigen Netz, das umso dichter sein muss, je mehr sich die örtliche Flussdichte ändert. Für jedes Element sind die Permeabilität $\mu = f(B)$ oder die Kennlinie $B = f(H)$ des feldführenden Materials anzugeben. Mit Hilfe iterativer Rechenverfahren lässt sich dann über die Verknüpfung der Gleichungen des magnetischen Feldes die Flussdichte B in jedem Element bestimmen. Das Ergebnis kann man z. B. in Form einer geeichten Abstufung von Grautönen oder Farben unmittelbar in die Konstruktionszeich-

1.2 Der magnetische Kreis elektrischer Maschinen

nung übertragen und erhält damit einen direkten optischen Eindruck der magnetischen Ausnutzung des Materials [4, 5].

Eine zweite Möglichkeit besteht darin, sich ein rechnergezeichnetes Feldlinienbild des gesamten magnetischen Kreises zu verschaffen. Bild 1.8 zeigt als Beispiel hierfür das Feldbild eines kleinen zweipoligen Gleichstrommotors mit 16 Ankernuten und Dauermagneterregung. Derartige Maschinen werden in der Kfz-Elektrik in großen Stückzahlen für Gebläse, Scheibenwischer usw. verwendet.

1.2.2 Elektrobleche und Eisenverluste

Elektrobleche. Der zur Aufnahme des Magnetfeldes einer Maschine erforderliche Eisenweg ist, von Gleichstrom-Kleinmotoren abgesehen, stets aus Elektroblechen geschichtet, die mit Nieten, Klammern oder einseitigem Schweißen zu einem so genannten Blechpaket gepresst werden. Handelt es sich wie bei Transformatoren oder Wechselstrommaschinen um ein zeitlich veränderliches Magnetfeld, so ist dieser Aufbau aus 0,23 mm bis 0,6 mm starken Blechen zur Reduzierung der Wirbelstromverluste zwingend. Das Material wird bereits am Ende des Walzprozesses durch eine dünne Silikatschicht oder wasserlösliche Lacke einseitig isoliert.

Für drehende elektrische Maschinen kommen in der Regel kaltgewalzte, nicht kornorientierte Elektrobleche im schlussgeglühten Zustand nach der Norm EN 10106 zur Anwendung. Zur Verringerung der elektrischen Leitfähigkeit und damit der Minderung von Wirbelstromverlusten erhält das Eisen einen bis zu ca. 4 %igen Siliziumanteil. Von Nachteil ist dabei, dass mit höherem Si-Gehalt einmal die Sprödigkeit der Bleche zunimmt und vor allem aber die Magnetisierbarkeit – ausgedrückt durch die Polarisation J – abnimmt. Diese Größe bestimmt die allein durch das Eisen erzeugte Flussdichte ohne den Anteil des Luftspaltfeldes der Erregerspule nach der Beziehung $J = B - \mu_0 \cdot H$. Sie ist also ein Maß für die feldverstärkende Wirkung des Eisens.

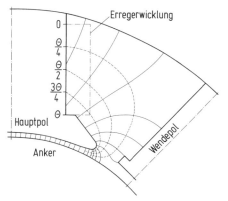

Bild 1.7 Feldbild des Erregerfeldes einer vierpoligen Gleichstrommaschine
— Feldlinien   - - - Niveaulinien

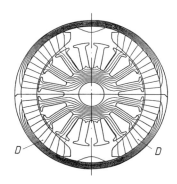

Bild 1.8 Feldbild der Dauermagneten D eines zweipoligen Kleinmotors Ermittelt mit dem MAGGY-Programm (Valvo, Philips Bauelemente, Lit. 10)

Die Kennzeichnung der vielen verfügbaren Blechsorten erfolgt durch einen alphanumerischen Code, der die spezifischen Verluste v_{15} bei sinusförmiger Ummagnetisierung mit $B = 1,5$ T und $f = 50$ Hz sowie die Blechstärke d angibt. Als Beispiel sei die Sorte M250–50A mit $v_{15} = 2,5$ W/kg und $d = 0,5$ mm genannt.

Vor allem für Serienmotoren kleinerer Leistung werden auch Bleche im nicht schlussgeglühten Zustand nach der Norm EN 10126 geliefert. Diese so genannten „semi-processed" Sorten sind nicht siliziert und haben daher höhere Ummagnetisierungsverluste, aber dafür eine etwas höhere Polarisation. Semi-processed-Bleche werden erst als gestanzter Blechschnitt wärmebehandelt, wonach eine dünne Oxidschicht die Isolierung übernimmt.

Für Eisenkerne von Leistungstransformatoren, in denen das Magnetfeld mit fester räumlicher Lage entlang der Blechstreifen geführt wird, verwendet man ausschließlich kornorientierte, schlussgeglühte Elektrobleche mit Stärken bis 0,5 mm. Als Beispiel sei nachstehende Qualität nach der Norm EN 10107 angegeben:

M080–23N mit $v_{15} = 0,8$ W/kg, $d = 0,23$ mm, $J = 1,75$ T bei $H = 8$ A/cm.

Diese Werte beziehen sich auf eine Magnetisierung in Walzrichtung, da diese Blechsorte im Unterschied zu den beiden anderen eine sehr starke Abhängigkeit der Verlustwerte und der Polarisation von der Magnetisierungsrichtung hat. Erfolgt diese in Walzrichtung, so betragen die Ummagnetisierungsverluste nur etwa die Hälfte derjenigen richtungsunabhängiger Bleche. Außerdem sinkt bei Magnetisierung in Walzrichtung der Durchflutungsbedarf gegenüber den nicht kornorientierten Sorten um etwa eine Größenordnung. Wie in Bild 1.9 zu erkennen ist, steigen die Verluste und der Magnetisierungsbedarf dagegen bei einer Quermagnetisierung auf ein Mehrfaches der günstigsten Werte an. Dies lässt sich aber durch die Gestaltung des Eisenkerns beim Transformator relativ einfach vermeiden [6, 7].

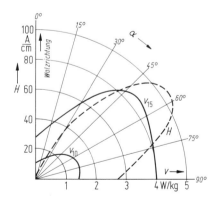

Bild 1.9 Richtungsabhängigkeit der spezifischen Verluste v und der magnetischen Feldstärke H für $B = 1,5$ T bei kornorientierten Elektroblechen
α Abweichung von der Walzrichtung

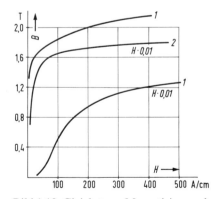

Bild 1.10 Gleichstrom-Magnetisierungskurven
1 Elektroblech 0,5 mm, schlussgeglüht
2 kornorientiertes Blech 0,35 mm

Magnetisierungskennlinie. Alle ferromagnetischen Materialien zeigen eine starke Abhängigkeit der Permeabilität von der Flussdichte (Induktion) B. Für die praktische Berechnung magnetischer Kreise ist es jedoch zweckmäßiger, anstelle der Permeabilität gleich die Zuordnung $B = f(H)$ in Form einer so genannten Magnetisierungskennlinie anzugeben (Bild 1.10). Mit Beginn der magnetischen Sättigung flachen die Kurven stark ab und streben dem linearen Endverlauf $B = \mu_0 \cdot H$ zu. Die Kennlinien werden in den Katalogen der Blechhersteller nach Qualitäten geordnet angegeben.

Hystereseverluste. Sie lassen sich vereinfacht als „Reibungswärme der Elementarmagnete", welche die feldverstärkende Wirkung des Eisens bewirken, erklären. Durch eine Wechselmagnetisierung der Frequenz f erfolgt eine periodische Umorientierung, die Energie benötigt. Es lässt sich zeigen, dass diese pro Zyklus der Fläche der Hystereseschleife des Materials proportional ist. Zwischen dem Flächeninhalt und der erreichten höchsten Flussdichte besteht je nach dem Sättigungsgrad und der Blechsorte die Abhängigkeit $B^{1,6-2,4}$. Für praktische Berechnungen setzt man näherungsweise eine quadratische Zuordnung und erhält für die Hystereseverluste pro Masseneinheit

$$\boxed{v_\mathrm{H} = c_\mathrm{H} \cdot f \cdot B^2} \tag{1.15}$$

Wirbelstromverluste. Ein Wechselfeld erzeugt in dem durchsetzten Eisen nach dem Induktionsgesetz Spannungen, die innerhalb jedes Bleches einen geschlossenen Stromkreis vorfinden. Auf Grund der relativ guten elektrischen Leitfähigkeit des Eisens entstehen damit über den Querschnitt verteilte Ströme. Die Stromwärme dieser Wirbelströme bezeichnet man als Wirbelstromverluste. Die Spannungen im Eisen ergeben sich zu

$$u \sim \frac{\mathrm{d}\Phi}{\mathrm{d}t} \sim f \cdot B$$

und die ohmschen Verluste mit

$$P_\mathrm{v} \sim \frac{u^2}{r} \sim f^2 \cdot B^2$$

Damit erhält man für die Wirbelstromverluste pro Masseneinheit

$$\boxed{v_\mathrm{w} = c_\mathrm{w} \cdot f^2 \cdot B^2} \tag{1.16}$$

Durch die Blechung des Eisenquerschnitts werden die senkrecht zur Feldrichtung entstehenden Strombahnen auf den schmalen Bereich des Blechquerschnittes beschränkt, was die Verluste stark reduziert.

Eisenverluste. In der Praxis fasst man zur Kennzeichnung einer Blechqualität die spezifischen Wirbelstrom- und Hystereseverluste zu einer Gesamtverlustziffer v_{10} bzw. v_{15} zusammen. Bezugsbedingungen für diese Werte sind dabei eine sinusförmige Wechselmagnetisierung mit $B = 1$ T bzw. 1,5 T bei einer Frequenz von 50 Hz. Die Bestimmung der Verlustziffer erfolgt messtechnisch an genormten Blechproben im so genannten Epsteinapparat.

Bei von den Bezugswerten abweichenden Betriebsgrößen B und f errechnet man die gesamten Eisenverluste der Masse m_{Fe} aus

$$P_{Fe} = m_{Fe} \cdot v_{15} \cdot \left(\frac{B}{1,5\,T}\right)^2 \cdot k_f \cdot k_B \qquad (1.17)$$

Der Frequenzfaktor k_f berücksichtigt mit der Näherung $k_f = (f/50\,\text{Hz})^{1,6}$ die unterschiedliche Abhängigkeit der Verlustanteile von der Frequenz. Ein Bearbeitungszuschlag $k_B \approx 1,3$ erfasst die Wirkung des Stanzens und anderer Einflüsse.

1.2.3 Spannungen und Kräfte im Magnetfeld

Induktionsgesetz. Das von dem Engländer Michael Faraday 1831 entdeckte Gesetz über die Wirkung zeitlich veränderlicher magnetischer Felder wird bei elektrischen Maschinen mit nachstehender Übersicht in verschiedenen Beziehungen genutzt:

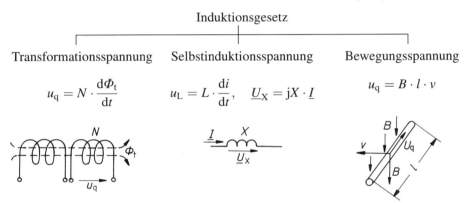

Die obigen Beziehungen sind im Übrigen alle in der allgemeinen Form des Induktionsgesetzes als totales Differenzial nach

$$\frac{d\Phi}{dt} = \frac{\partial \Phi}{\partial x} \cdot \frac{dx}{dt} + \frac{\partial \Phi}{\partial t}$$

mit der Addition von Bewegungs- und Ruheterm enthalten.

Besonders die Gleichung für die Bewegungsspannung

$$U_q = B \cdot l \cdot v \qquad (1.18)$$

wird gerne zur Auslegung der Wicklung eines Generators benutzt. In der obigen einfachen Form ist vorausgesetzt, dass die Leiter der Länge l, der Vektor der Flussdichte B und die Richtung der Bewegung alle senkrecht aufeinander stehen. Dies ist durch die Konstruktion des Generators sichergestellt.

Kraftwirkung. Für die Wirkungsweise elektrischer Maschinen ist neben dem Induktionsgesetz vor allem die Kraftwirkung auf einen stromdurchflossenen Leiter im Mag-

1.2 Der magnetische Kreis elektrischer Maschinen

netfeld von Bedeutung. Nach Bild 1.11 erfährt ein Stab der Länge l auf einem Läufer, der den Strom I führt, die Tangentialkraft F mit der Verknüpfung

$$\boxed{\vec{F} = I \cdot (\vec{l} \times \vec{B})} \tag{1.19a}$$

Der Vektor $\vec{l}$ ist dabei in die Stromrichtung gelegt.

Bilden Feldrichtung und Leiter einen rechten Winkel, so vereinfacht sich Gl. (1.19a) zu

$$\boxed{F = B \cdot l \cdot I} \tag{1.19b}$$

Gl. (1.19b) ist die Grundlage für die Berechnung des Drehmomentes elektrischer Maschinen. Es ergibt sich nach

$$\boxed{M = \frac{d}{2} \cdot \sum_{i=1}^{i=n} F_i} \tag{1.20}$$

aus der Summe aller Tangentialkräfte multipliziert mit dem Läuferradius $d/2$ als Hebelarm. Wie nachstehend gezeigt, gilt dies, obwohl die Strom führenden Leiter in Nuten und damit in einem fast feldfreien Bereich liegen.

Feldkräfte. In Bild 1.12 stehen sich zwei Eisenflächen gegenüber, zwischen denen die Flussdichte B herrscht. Über eine Energiebetrachtung lässt sich berechnen, dass auf die Austrittsfläche A der Feldlinien eine Anziehungskraft nach

$$\boxed{F = \frac{B^2 \cdot A}{2\mu_0}} \tag{1.21}$$

auftritt. Auf derartigen Feldkräften beruht auch das in elektrischen Maschinen nach Gl. (1.20) entstehende Drehmoment. Die hierfür wirksamen Tangentialkräfte greifen im Wesentlichen nicht am Leiter an, sondern nach [1, 2] an den Zähnen.

Die wirksamen Tangentialkräfte F_i elektrischer Maschinen entstehen hauptsächlich durch Maxwellsche Zugspannungen an den Zahnflanken. Bei stromloser Nut und symmetrischem Feldverlauf heben sich die gleich großen nach innen gerichteten Feldkräfte auf (Bild 1.13). Durch das Eigenfeld des Nutstromes ergeben sich dann ungleiche Flussdichten in den Zähnen mit entsprechend unterschiedlichen Werten F_1 und F_2. Auf den Umfang bezogen erhält man zusammen mit dem kleinen Anteil F_s auf den Leiter genau die Tangentialkraft $F_i = B_L \cdot l \cdot I$. Das Drehmoment kann damit nach Gl. (1.20) aus der

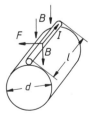

Bild 1.11 Tangentialkraft F auf einen stromdurchflossenen Leiter im Magnetfeld

Bild 1.12 Feldkräfte F zwischen gegenüberliegenden Eisenflächen

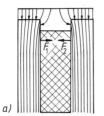 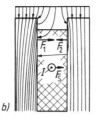

Bild 1.13 Magnetische Feldkräfte an den Zahnflanken einer Nut
a) Nut stromlos, $\vec{F}_1 + \vec{F}_2 = 0$
b) Nut mit Strom I, $\vec{F}_1 + \vec{F}_2 > 0$

Flussdichte B_L im Luftspalt bei Leerlauf und einem aus den Nutströmen errechneten Strombelag am Umfang bestimmt werden.

1.2.4 Der magnetische Kreis mit Dauermagneten

Hartmagnetische Werkstoffe. Im magnetischen Kreis von Maschinen mit elektrischer Felderregung werden zur Minimierung der erforderlichen Durchflutung und der Ummagnetisierungsverluste stets so genannte weichmagnetische Eisensorten mit möglichst hoher Sättigungsinduktion und schmaler Hystereseschleife verwendet. Im Unterschied zu diesen zuvor besprochenen Elektroblechen benötigt man für die Herstellung von Dauer- oder Permanentmagneten Materialien, die eine möglichst hohe Koerzitivfeldstärke H_c besitzen (Bild 1.14). Im Bereich elektrischer Maschinen werden Dauermagnete zur Erregung von Gleichstrom-Kleinmotoren z. B. für die Kfz-Elektrik sowie für Schritt- und Servomotoren verwendet [8–12, 113–118].

Kennzeichnend für ein Dauermagnetmaterial ist seine Entmagnetisierungskurve im 2. Quadranten des $B = f(H)$-Kennlinienfeldes (Bild 1.15) und daraus das maximale Produkt $(B \cdot H)_\mathrm{max}$, das in der Einheit kJ/m^3 die Energiedichte bestimmt. Als Materialien stehen heute zur Verfügung:

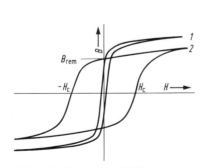 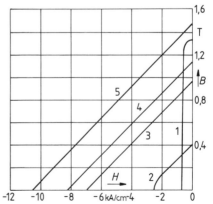

Bild 1.14 Hystereseschleife
1 weichmagnetisches Material
2 hartmagnetisches Material

Bild 1.15 Kennlinien von Dauermagnetwerkstoffen (Vacuumschmelze Hanau)
1 AlNiCo 2 Hartferrit 3 Selten-Erde SmCo$_5$
4 Selten-Erde Sm$_2$Co$_{17}$ 5 Selten-Erde NdFeB

1.2 Der magnetische Kreis elektrischer Maschinen

1. Legierungen der Metalle Al, Co, Ni, Ti, aus denen meist in einem Gussverfahren die gewünschte Magnetform hergestellt wird. Diese AlNiCo-Magnete genannten Legierungen erreichen mit $B_{\text{rem}} \leq 1{,}3$ T zwar hohe Remanenzwerte, besitzen aber nur die geringe Koerzitivfeldstärke von Kurve 1 in Bild 1.15.

   AlNiCo-Magnete sind damit sehr anfällig gegen eine Entmagnetisierung durch Fremdfelder oder eine Luftspaltvergrößerung, z. B. durch den Ausbau des Läufers. In elektrischen Maschinen werden sie nur selten eingesetzt.

2. Keramische Werkstoffe, die durch Pressen und Sintern von Erdalkalioxiden und Eisenoxiden gewonnen und als Ferrite bezeichnet werden. Diese Magnete lassen sich mit $H_{\text{c}} \leq 2{,}5$ kA/cm (Kurve 2) wesentlich schlechter entmagnetisieren, erreichen aber nur $B_{\text{rem}} \leq 0{,}4$ T. Ferrite stellen auf Grund ihres günstigen Preises heute noch den Hauptteil der in der Praxis vielfältig eingesetzten Dauermagnete. Als Beispiele seien alle Kfz-Hilfsantriebe und die Haltemagnete an Möbeln usw. genannt.

3. Legierungen aus Verbindungen der Seltenen Erden haben zur jüngsten Gruppe von Dauermagnetwerkstoffen geführt, die entsprechend den Geraden 3 bis 5 in Bild 1.15 sowohl eine hohe Remanenz wie große Koerzitivfeldstärke besitzen. Sie werden etwa wie die Ferrite hergestellt und erreichen Energiedichten bis ca. 450 kJ/m^3. Dauermagnete aus Seltenen Erden werden vor allem zur Erregung von Gleichstrom- und Synchronservomotoren eingesetzt.

Magnetischer Kreis. Die grundsätzliche Berechnung eines magnetischen Kreises mit einem Dauermagneten soll über die Anordnung in Bild 1.16 gezeigt werden. Sie enthält mit dem Magneten, einem Weicheisenteil mit Luftspalt und einer Spule (mit deren Strom I eine Auf- oder Gegenmagnetisierung möglich ist) alle in der Praxis vorhandenen Komponenten.

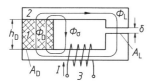

Bild 1.16 magnetischer Kreis mit Dauermagnet
1 Dauermagnet
2 Weicheisen
3 Spule zur Aufmagnetisierung

Der Fluss Φ_{D} des Dauermagneten teilt sich in den Hauptanteil Φ_{L} über den Luftspalt δ und einen kleinen Streufluss Φ_{σ}. Mit der Streuziffer $\sigma = \Phi_{\sigma}/\Phi_{\text{L}}$ erhält man die Flussgleichungen

$$\Phi_{\text{D}} = \Phi_{\text{L}} \cdot (1 + \sigma)$$

bzw. $\boxed{B_{\text{D}} \cdot A_{\text{D}} = B_{\text{L}} \cdot A_{\text{L}} \cdot (1 + \sigma)}$ (1.22)

Durch den Spulenstrom I erhält der magnetische Kreis die Durchflutung Θ, welche die magnetische Teilspannung für Magnet, Luftspalt und Eisenweg aufbringt. Es gilt damit die Durchflutungsgleichung

$$\boxed{\Theta = V_{\text{D}} + V_{\text{L}} + V_{\text{Fe}}}$$ (1.23)

mit $\quad V_{\text{D}} = H_{\text{D}} \cdot h_{\text{D}} \quad$ und $\quad V_{\text{L}} = H_{\text{L}} \cdot \delta$

Der Durchflutungsanteil V_{Fe} für den Weicheisenweg kann über den so genannten Sättigungsfaktor des Kreises

$$k_s = 1 + \frac{V_{Fe}}{V_L}$$

und $\quad V_L + V_{Fe} = V_L \cdot k_s = H_L \cdot k_s \cdot \delta$

als Vergrößerung des Luftspaltes um den Faktor $k_s > 1$ erfasst werden.

Setzt man vorstehende Beziehungen in die Gl. (1.23) ein und teilt durch die Magnethöhe h_D, so erhält man die Feldstärke im Magneten zu

$$\boxed{H_D = \frac{\Theta}{h_D} - H_L \cdot \frac{\delta}{h_D} \cdot k_s} \tag{1.24}$$

Kombiniert man diese Gleichung mit Gl. (1.22), so ergibt sich wegen $B_L = \mu_0 \cdot H_L$

$$H_D = \frac{\Theta}{h_D} - \frac{B_D}{\mu_0} \cdot \frac{A_D}{A_L} \cdot \frac{\delta}{h_D} \cdot \frac{k_s}{1+\sigma}$$

In dieser Gleichung ist das Produkt hinter der Größe B_D als Verhältnis von Längen und Flächen eine reine Zahl, die mit

$$\boxed{N_D = \frac{A_D}{A_L} \cdot \frac{\delta}{h_D} \cdot \frac{k_s}{1+\sigma}} \tag{1.25}$$

als Entmagnetisierungsfaktor bezeichnet wird. Er kann aus den geometrischen Abmessungen des magnetischen Kreises, dem gewählten Sättigungsfaktor k_s und der Streuziffer $\sigma = 0{,}02$ bis $0{,}1$ berechnet werden.

Mit der Definition des Entmagnetisierungsfaktors erhält man für die magnetische Feldstärke im Dauermagneten die Beziehung

$$\boxed{H_D = \frac{\Theta}{h_D} - \frac{B_D}{\mu_0} \cdot N_D} \tag{1.26 a}$$

Sie beschreibt im B-H-Diagramm die Gleichung der so genannten Schergeraden g_D und ist neben der Entmagnetisierungskurve des Werkstoffes ein weiterer geometrischer Ort für die Lage des Arbeitspunktes P des Dauermagnetkreises. Dieser liegt also stets im Schnittpunkt von Schergeraden und Magnetkennlinie.

Wirkt mit $\Theta = 0$ keine äußere Durchflutung, so vereinfacht sich Gl. (1.26 a) zu der Ursprungsgeraden

$$\boxed{H_D = -\frac{B_D}{\mu_0} \cdot N_D} \tag{1.26 b}$$

in Bild 1.17. Im Magnetkreis mit Luftspalt bleibt die Remanenz B_{rem} also nicht erhalten, sondern der Magnet verringert seine Flussdichte und erreicht dadurch negative H_D-Werte, mit denen er die Bedingung $H_D \cdot h_D + H_L \cdot k_s \cdot \delta = 0$ realisiert. Wie stark diese Teilentmagnetisierung im Vergleich zum Remanenzwert auftritt, hängt von der Größe des Entmagnetisierungsfaktors N_D ab. Dieser bestimmt mit $\tan \alpha_D = \overline{0H_D}/\overline{0B_D}$ die Steigung der Schergeraden g_D.

1.2 Der magnetische Kreis elektrischer Maschinen

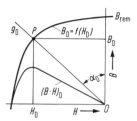

Bild 1.17 Teilentmagnetisierung eines Dauermagnetkreises durch einen Luftspalt, g_D Schergerade

Lage des Arbeitspunktes. Die Lage des Arbeitspunktes P auf der Magnetkennlinie lässt sich so wählen, dass für eine im Luftspalt gewünschte Flussdichte B_L das kleinstmögliche Magnetvolumen V_D und damit die geringsten Kosten für das Dauermagnetmaterial entstehen. Multipliziert man nämlich beide Seiten der aus den Gl. (1.22) und (1.24) gegebenen Zuordnungen

$$H_D \cdot h_D = H_L \cdot k_s \cdot \delta$$
$$B_D \cdot A_D = B_L \cdot A_L \cdot (1 + \sigma)$$

miteinander, so erhält man mit den Luftspaltvolumen $V_L = A_L \cdot \delta$ für das Magnetvolumen $V_D = A_D \cdot h_D$ die Beziehung

$$\boxed{V_D = V_L \cdot \frac{B_L^2}{(B \cdot H)_D} \cdot k_s \cdot \frac{1 + \sigma}{\mu_0}} \quad (1.27)$$

Um den geringsten Werkstoffaufwand V_{Dmin} zu realisieren, sollte der Arbeitspunkt P des Magneten nach Gl. (1.27) im Bereich des $(B \cdot H)_{max}$-Wertes der Entmagnetisierungskennlinie liegen (Bild 1.17). Bei einem linearen Verlauf wäre dies ein Arbeitspunkt genau in der Mitte der Kennlinie, d. h. bei $B_D = 0{,}5 \cdot B_{rem}$. Wegen der Gefahr einer betrieblichen Entmagnetisierung durch die maximalen Lastströme ist diese Auslegung meist nicht möglich. In der Regel muss die Magnetdicke h_D größer gewählt werden, womit die Schergerade steiler wird und der Arbeitspunkt weiter oben liegt.

Gleichung des Arbeitspunktes. Ist die Entmagnetisierungskennlinie wie bei SE-Magneten praktisch geradlinig – ansonsten wird die Tangente an dem oberen linearen Teil verwendet –, so entsteht mit den Achsenabschnitten B_{rem} und H_c die Geradengleichung

$$B_D = B_{rem} + \mu_p \cdot \mu_0 \cdot H_D$$

Ihre Steigung kann mit

$$\mu_p \cdot \mu_0 = B_{rem}/H_c$$

aus den Werten der Remanenz B_{rem} und dem Betrag der Koerzitivfeldstärke H_c bestimmt werden. Der Anteil μ_p wird darin als permanente Permeabilität bezeichnet.

Kombiniert man obige Geradengleichung mit der Schergeraden nach Gl. (1.26 b), so erhält man mit der Beziehung

$$\boxed{B_D = \frac{B_r}{1 + \mu_p \cdot N_D}} \quad (1.28)$$

ein rein rechnerisches Ergebnis für die Lage des Arbeitspunktes mit der Flussdichte B_D im Magneten. Über Gl. (1.22) ist dann mit den geometrischen Daten des magnetischen Kreises der Polfluss Φ_L der Maschine bekannt.

Betriebsbedingte Entmagnetisierung. Im Betrieb des Motors kann es durch

- Luftspaltänderungen, z. B. durch Ausbau des Läufers
- Gegendurchflutungen infolge des Belastungsstromes
- Temperaturänderungen

zu einer weiteren Entmagnetisierung des Dauermagneten kommen. Diese ist immer dann irreversibel und führt zu einer bleibenden Schwächung, wenn zwischenzeitlich der gekrümmte Bereich der Kennlinie $B_D = f(H_D)$ erreicht oder gar die Koerzitivfeldstärke H_C überschritten wird.

In Bild 1.18 ist zunächst angenommen, dass sich mit dem Luftspalt δ_1 der Arbeitspunkt P_1 einstellt. Danach wird z. B. durch den Ausbau des Läufers eines Motors der Luftspalt wesentlich auf $\delta_2 \gg \delta_1$ vergrößert. Dies führt zu dem neuen Arbeitspunkt P_2 im gekrümmten Kennlinienbereich. Nach Wiedereinbau des Läufers und damit wieder δ_1 kehrt der Magnet aber nicht mehr auf der ursprünglichen Kennlinie nach P_1 zurück, sondern er erreicht entlang einer neuen tiefer liegenden $B_D = f(H_D)$-Kurve den neuen Arbeitspunkt Punkt P_1^*. Der Magnet ist damit bleibend teilentmagnetisiert und besitzt nur noch die Remanenzflussdichte B_{rem}^*.

In dem Mustermagnetkreis in Bild 1.16 ist eine Spule 3 eingetragen, die über ihren Strom I eine Durchflutung $\Theta = I \cdot N$ zur Aufmagnetisierung bereitstellt. Die Größe Θ ist in Gl. (1.26a) enthalten und ergibt im Vergleich zur Schergeraden aus Gl. (1.26b) eine Parallelverschiebung um die Feldstärke Θ/h_D. Ist infolge der Wirkung des Belastungsstromes der Maschine eine Gegendurchflutung $-\Theta$ wirksam, so erfolgt die Verschiebung nach links z. B. bis in den Punkt P_2. Im Leerlauf der Maschine mit $I = 0$ verschwindet diese Gegendurchflutung wieder, wonach sich der Arbeitspunkt wie zuvor auf der unteren Kennlinie mit P_1^* einstellt. Durch die übermäßige Belastung ist also wieder eine bleibende Teilentmagnetisierung entstanden.

In Bild 1.19 ist am Beispiel eines kleinen zweipoligen Dauermagnet-Gleichstrommotors die Entstehung der betriebsbedingten Gegendurchflutung für das Magnetmaterial gezeigt.

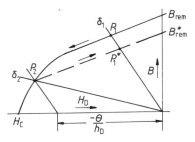

Bild 1.18 Verlagerung des Arbeitspunktes durch Luftspalterweiterung und Gegenfeldstärke Θ/h_D

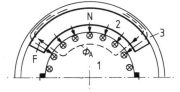

Bild 1.19 Entmagnetisierungsfeldstärke Θ/h_D an der Polkante F durch das Ankerquerfeld Φ_A
1 Anker mit stromdurchflossener Wicklung
2 Dauermagnet
3 Ständerjoch

1.2 Der magnetische Kreis elektrischer Maschinen

Sie wird durch die stromdurchflossene Ankerwicklung erzeugt und bewirkt das so genannte Ankerquerfeld Φ_A. Nimmt man für den Magneten mit einem Nordpol N austretende Feldlinien an, so kommt es an der Polkante F zu der beschriebenen Feldschwächung, wie die Gegenläufigkeit der Feldlinien zeigt. Die gleichgerichtete Überlagerung an der anderen Polkante bringt wegen der Sättigung fast keinen Gewinn. Insgesamt entspricht das Geschehen der später bei der Gleichstrommaschine behandelten Ankerrückwirkung.

Erwärmung. Mit höherer Temperatur verringern sich bei den heute für Servoantriebe wichtigen SE-Magneten sowohl die Remanenzflussdichte B_{rem} als auch die Koerzitivfeldstärke H_C. Für den Entwurf des Dauermagnetkreises sind daher die Kennlinien für die betriebswarme Maschine zu verwenden. Da sich vor allem der H_C-Wert teils wesentlich verschlechtert, ist darauf zu achten, dass die Gegenfeldstärke Θ/h_D beim maximalen Laststrom nicht größer als $(H_C)_{warm}$ wird.

Beispiel 1.3: Ein kleiner zweipoliger 12-V-Gleichstrommotor soll eine Dauermagneterregung mit radial magnetisierten Ferritsegmenten erhalten. Das Material hat nach Kurve 2 in Bild 1.15 die Kennwerte $B_{rem} = 0{,}4$ T und $\mu_p = 1{,}1$. Mit den Entwurfsdaten (Bild 1.20) $d_A = 40$ mm, $\delta = 0{,}7$ mm, $\gamma = 140°$, $\sigma = 0{,}1$, $k_s = 1{,}3$, $h_D = 4$ mm, Anker- und Pollänge $l = 35$ mm sind die Werte für B_D und Φ_L anzugeben.

Im oberen geradlinigen Teil der Entmagnetisierungskennlinie der Ferrite lässt sich die Flussdichte B_D im Arbeitspunkt direkt über Gl. (1.28) zu

$$B_D = \frac{B_r}{1 + \mu_p \cdot N_D}$$

berechnen. Für den Entmagnetisierungsfaktor erhält man bei $A_D \approx A_L$

$$N_D = \frac{A_D}{A_L} \cdot \frac{\delta}{h_D} \cdot \frac{k_s}{1+\sigma} = 1 \cdot \frac{0{,}7}{4} \cdot \frac{1{,}3}{1{,}1} = 0{,}207$$

und damit

$$B_D = \frac{0{,}4 \text{ T}}{1 + 1{,}1 \cdot 0{,}207} = 0{,}326 \text{ T}$$

Nach Gl. (1.22) gilt für den Luftspaltfluss $\Phi_L = \dfrac{B_D \cdot A_D}{1 + \sigma}$

und die Fläche entsprechend dem Polbogen

$$A_L \approx A_D = d_A \cdot \pi \cdot l \cdot \gamma/360° = 40 \text{ mm} \cdot \pi \cdot 35 \text{ mm} \cdot 140°/360° = 17{,}1 \cdot 10^{-4} \text{ m}^2$$

Damit wird

$$\Phi_L = \frac{0{,}326 \text{ V} \cdot \text{s} \cdot 17{,}1 \cdot 10^{-4} \text{ m}^2}{\text{m}^2 \cdot 1{,}1} = 0{,}507 \text{ mV} \cdot \text{s}$$

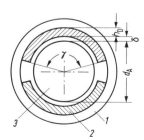

Bild 1.20 Aufbau eines Gleichstrom-Kleinmotors mit Dauermagneterregung
1 Jochring aus Weicheisen
2 Ferrit-Schalenmagnet
3 Anker

2 Gleichstrommaschinen

Geschichtliche Entwicklung. Auf Grund der geschichtlichen Entwicklung der Starkstromtechnik, die mit der Energie von galvanischen Elementen ihren Anfang nahm, entstand als erster elektromechanischer Energiewandler die Gleichstrommaschine. Bereits 1832 baute der Franzose H. Pixii den ersten Generator für zweiwelligen Gleichstrom. Die weitere Entwicklung ist u. a. mit den Namen A. Pacinotti, der 1860 einen Motor mit Ringwicklung und vielteiligem Stromwender fertigte, und F. v. Hefner-Alteneck, der 1872 den Trommelanker erfand, verknüpft. Einen wesentlichen Beitrag leistete im Jahre 1866 W. Siemens mit der Entdeckung des dynamoelektrischen Prinzips. Durch die damit gegebene Möglichkeit der Selbsterregung von Generatoren war eine Voraussetzung für den Großmaschinenbau geschaffen.

Mit der Einführung des Drehstroms etwa ab 1890 verlor die Gleichstrommaschine ihre beherrschende Stellung an die Synchrongeneratoren und Induktionsmotoren. Begünstigt durch ihre sehr gute Regelbarkeit mit galvanisch und magnetisch getrennten Kreisen für Ankerwicklung und Erregerwicklung sowie den einfachen Aufbau gesteuerter Gleichrichter mit hoher Regelqualität hat die Gleichstrommaschine bislang einen begrenzten Marktanteil behauptet [152].

Leistungsbereich. Der mögliche Fertigungsbereich reicht von Kleinstmotoren mit Leistungen von unter einem Watt für die Feinwerktechnik bis zu den Großmaschinen. Dauermagneterregte Motoren bis ca. 100 W werden in großer Stückzahl in der Kfz-Elektrik als Scheibenwischer-, Gebläse- und Stellmotoren eingesetzt. Im Bereich der Servoantriebe bis zu Leistungen von einigen kW gibt es auch eine Reihe spezieller Bauformen wie Scheibenläufer- und Glockenankermotoren. Auf dem Gebiet der Industrieantriebe sind der inzwischen allerdings meist durch Drehstrommotoren ersetzte Einsatz in Werkzeugmaschinen, Förderanlagen, Walzstraßen und als Fahrmotor in Nahverkehrsbahnen zu erwähnen. In ihrer Hochzeit bis in die 70er Jahre wurden Motoren mit Leistungen von über 10 MW gebaut. Der Gleichstromgenerator hat dagegen seit der Erfindung der gesteuerten Stromrichter keine Bedeutung mehr.

2.1 Aufbau und Bauteile

2.1.1 Prinzipieller Aufbau

Erzeugung eines Drehmoments. Die Grundkonstruktion einer Gleichstrommaschine kann man am Beispiel des Motorbetriebs anschaulich als Anwendung des Kraftwirkungsgesetzes nach $F = B \cdot l \cdot I$ erklären. Man benötigt danach ein Magnetfeld der Flussdichte B im Luftspalt der Feldpole und darin drehbar angeordnet Leiter der Länge l, die einen Strom I führen. Die Stromzufuhr muss dabei so erfolgen, dass stets alle Leiter eines Polbereichs gleichsinnig durchflossen sind. Dieser Gedanke ist in der einfachen Anordnung nach Bild 2.1, das bereits alle wesentlichen Bauteile der Gleichstrommaschine enthält, verwirklicht.

2.1 Aufbau und Bauteile

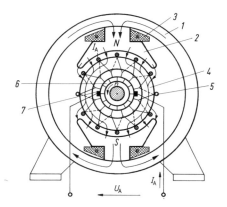

Bild 2.1 Prinzipieller Aufbau einer Gleichstrommaschine
1 Jochring
2 Hauptpol
3 Erregerwicklung
4 Ankerblechpaket
5 Ankerwicklung
6 Stromwender
7 Kohlebürsten

Der feststehende Ständer aus massivem oder geblechtem Eisen trägt einen Elektromagneten, dessen Erregerwicklung die zum Aufbau des Feldes erforderliche Durchflutung liefert. Die Enden des Magneten, die Hauptpole, sind nach innen durch so genannte Polschuhe erweitert, um gleichzeitig eine möglichst große Leiterzahl zu erfassen. Den äußeren magnetischen Rückschluss stellt der Jochring sicher.

Die Welle der Maschine trägt einen aus Dynamoblechen geschichteten Eisenkörper, der in Bild 2.1 als Ring dargestellt ist. Der magnetische Kreis ist damit bis auf den erforderlichen Luftspalt ganz aus Eisen mit $\mu_r \gg 1$ aufgebaut. Alle Leiterstäbe bilden zusammen mit ihren Verbindungen die Ankerwicklung, die in Bild 2.1 wie in den Anfängen des Elektromaschinenbaus als Ringwicklung ausgeführt ist. Man bezeichnet den ganzen rotierenden Teil als Anker der Gleichstrommaschine.

Funktion des Stromwenders. Damit die stromdurchflossenen Leiter im Ständerfeld fortwährend ein Drehmoment erzeugen können, muss beim Wechsel des Polbereichs während der Drehung eine Umschaltung der Stromrichtung im Ankerleiter erfolgen. Dies erreicht man durch den Stromwender, auch Kommutator oder Kollektor genannt, der aus voneinander isolierten Kupfersegmenten oder Lamellen besteht und fest mit dem Blechpaket auf der Welle sitzt. Die einzelnen Spulen der Ankerwicklung sind mit ihren Anfängen und Enden nacheinander an die Segmente angeschlossen. Die Stromzufuhr in die Ankerwicklung erfolgt dann über Kohlebürsten, die mit dem rotierenden Stromwender einen Gleitkontakt geben und die Wicklung zwischen den Hauptpolen einspeisen. Wechselt ein Leiter durch diese neutrale Zone, so ändert sich nach Bild 2.1 auch seine Stromrichtung. Der Stromwender erfüllt damit die Funktion eines mechanischen Schalters, und in den Ankerstäben fließt ein zeitlich etwa rechteckiger Wechselstrom.

Erzeugung einer Gleichspannung. Rotiert ein Gleichstromanker im Ständerfeld der Luftspalt-Flussdichte B, so wird in den Leiterstäben entlang des Umfangs nach $U_q = B \cdot l \cdot v$ eine Spannung induziert. Durch die Reihenschaltung der Spulen addieren sich deren Spannungen U_{sp} zwischen benachbarten Kohlebürsten (Bild 2.2) und bilden in ihrer Summe die Quellenspannung der Maschine. Der Stromwender sorgt wieder dafür, dass stets der Maximalwert und damit eine Gleichspannung an den Ankerklemmen auftritt.

Der Aufbau einer Gleichstrommaschine nach Bild 2.1 gestattet also ohne Änderungen den Motor- und den Generatorbetrieb. Die in der Ankerwicklung induzierte Gesamtspannung zwischen den Kohlebürsten hat beim Generator die Funktion einer Quellenspannung, beim Motor wirkt sie als induzierte Spannung der von außen angelegten Gleichspannung entgegen.

Polteilung. Größere Gleichstrommaschinen werden nicht nur mit zwei Hauptpolen, sondern höherpolig ausgeführt (Bild 2.3). Der Bereich eines Poles am Ankerumfang, die Polteilung, sinkt dann auf den Betrag

$$\tau_\mathrm{p} = \frac{d_\mathrm{A} \cdot \pi}{2p} \tag{2.1}$$

wobei p die Polpaarzahl bedeutet. Jedes Polpaar erhält je eine Plus- und eine Minusbürste, wobei gleichnamige Bürsten untereinander verbunden sind. Die nach Bild 2.1 erläuterte, grundsätzliche Wirkungsweise der Maschine bleibt vollständig erhalten.

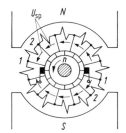

Bild 2.2 Addition der Spulenspannungen U_sp durch den Stromwender

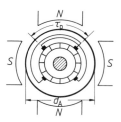

Bild 2.3 Kohlebürsten und Polteilung der vierpoligen Gleichstrommaschine

Beispiel 2.1: Wie viel Leiter z_ges am Ankerumfang benötigt eine vierpolige Gleichstrommaschine mit Ringwicklung nach Bild 2.1 und einem Ankerdurchmesser $d_\mathrm{A} = 34$ cm, der Länge $l = 20$ cm bei $n = 1800$ min^{-1} zur Erzeugung der Leerlaufspannung $U_0 = 220$ V? Das Erregerfeld besitze einen rechteckförmigen Verlauf der Luftspaltflussdichte von konstant $B_\mathrm{L} = 0{,}86$ T und erfasse gleichmäßig 70 % der Polteilung.

Spannung eines Leiters $U_\mathrm{q} = B_\mathrm{L} \cdot l \cdot v$, $v = \pi \cdot d_\mathrm{A} \cdot n$

$$U_\mathrm{q} = 0{,}86 \cdot 10^{-4} \mathrm{~V \cdot s/cm^2} \cdot 20 \mathrm{~cm} \cdot \pi \cdot 34 \mathrm{~cm} \cdot 30 \mathrm{~s^{-1}} = 5{,}51 \mathrm{~V}$$

Zwischen zwei Bürsten tragen $0{,}7 \cdot z_\mathrm{ges}/2p$ Leiter zur Spannungsbildung bei, damit ist

$$U_0 = \frac{z_\mathrm{ges} \cdot 0{,}7}{2p} \cdot U_\mathrm{q}$$

und $\quad z_\mathrm{ges} = \dfrac{220 \mathrm{~V} \cdot 4}{0{,}7 \cdot 5{,}51 \mathrm{~V}} = 228$ Leiter

Aufgabe 2.1: Obiger Ringanker wird in einen passenden zweipoligen Ständer eingebaut. Die Luftspaltflussdichte beträgt wieder $B_\mathrm{L} = 0{,}86$ T über 70 % der neuen Polteilung. Bei welcher Drehzahl wird jetzt die Leerlaufspannung $U_0 = 220$ V erreicht?
Ergebnis: $n = 900$ min^{-1}

2.1 Aufbau und Bauteile

2.1.2 Bauteile einer Gleichstrommaschine

Die Anforderungen der Stromrichtertechnik, deren Schaltungen heute fast immer die Energieversorgung und Steuerung der Gleichstrommaschine übernehmen, haben deren Konstruktion wesentlich verändert. So wurde aus dem klassischen Aufbau mit einem runden Ständergehäuse aus Massivstahl die vollgeblechte, eckige Ausführung der Schnittzeichnung in Bild 2.4 [13, 14].

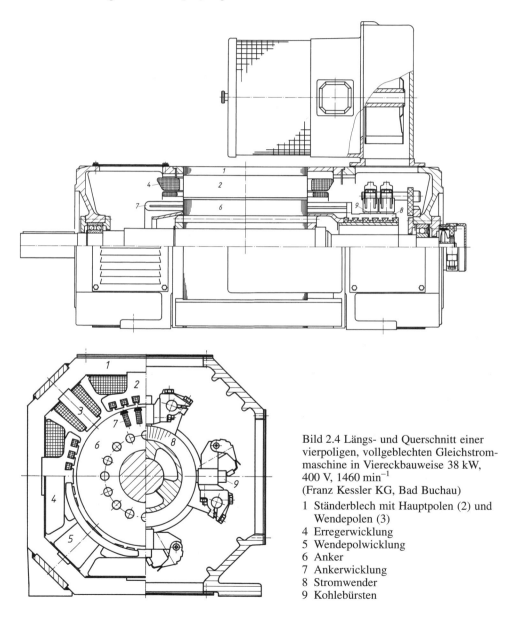

Bild 2.4 Längs- und Querschnitt einer vierpoligen, vollgeblechten Gleichstrommaschine in Viereckbauweise 38 kW, 400 V, 1460 min^{-1}
(Franz Kessler KG, Bad Buchau)
1 Ständerblech mit Hauptpolen (2) und Wendepolen (3)
4 Erregerwicklung
5 Wendepolwicklung
6 Anker
7 Ankerwicklung
8 Stromwender
9 Kohlebürsten

Ständer. Zur Aufnahme der magnetischen Gleichfelder der Haupt- und Wendepole genügt prinzipiell ein Massivmaterial, so dass für Maschinen mit geringen regeltechnischen Anforderungen ein Jochring 1 aus Walzstahl gewählt werden kann. Die Hauptpole 2 bestehen immer aus gestanzten Blechen, die mit mehreren Bolzen zu einem festen Paket zusammengepresst werden. Über dem Polkern liegt die Erregerwicklung 4, während bei Bedarf in Nuten entlang des Polschuhs eine Kompensationswicklung untergebracht ist. Zwischen den Hauptpolen sitzen Wendepole 3, die wie später dargestellt, für einen funkenfreien Betrieb des Stromwenders erforderlich sind. Alle Pole erhalten radiale Gewindelöcher und können so von außen mit Schrauben am Jochinnenmantel befestigt werden.

Ist z. B. für den Einsatz als Hauptantrieb einer Werkzeugmaschine eine gute Dynamik der Maschine erforderlich, so müssen möglichst rasche Stromänderungen zulässig sein. In diesem Fall ist zur Vermeidung einer Wirbelstromdämpfung der gesamte magnetische Kreis aus isolierten Blechen auszuführen. Nur so lässt sich eine einwandfreie Funktion der Wendepole und eine möglichst kleine Feldumkehrzeit erreichen (s. Abschnitt 2.4.3). Bei den unteren Baugrößen verwendet man gerne einen Komplettschnitt, bei dem wie in Bild 7.4 Jochring, Haupt- und Wendepol aus einem Blech sind. Ansonsten wird der Jochring aus Blechen geschichtet und zu einem Paket verschweißt. Der gesamte Ständer erhält bei diesen vollgeblechten Maschinen heute oft eine rechteckige Form, wie dies auch in den Bildern 2.5 und 2.7 zu sehen ist [151].

Anker. Das Blechpaket des Ankers (Bild 2.6) besteht aus isolierten Dynamoblechen mit 0,5 mm Stärke, wodurch die Eisenverluste bei der Rotation im Ständerfeld klein gehalten werden. Die Bleche enthalten zur Aufnahme der Ankerwicklung entlang des Umfangs Nuten, die mit einem Keil verschlossen werden. Bei Maschinen kleinerer Leistung verwendet man halbgeschlossene, konische Nuten mit parallelen Zahnflanken und

Bild 2.5 Ständer einer vierpoligen Gleichstrommaschine in Viereckbauweise 12 kW, 1500 min^{-1}
(Siemens AG, Bad Neustadt)

Bild 2.6 Anker zu Ständer in Bild 2.5
(Siemens AG, Bad Neustadt)

2.1 Aufbau und Bauteile

Bild 2.7 Gleichstrommaschinen mit Fremdlüfter für Hauptspindelantriebe
(Siemens AG, Bad Neustadt) 40 kW, 1500 min^{-1}

eine Runddrahtwicklung. Für große Leistungen sind parallele Nutflanken mit Schwalbenschwanzkeil und einer Profildrahtwicklung nach Bild 2.10 üblich. Das ganze Blechpaket wird samt seinen Pressringen bei kleineren Maschinen direkt, sonst über Tragarme, auf der Welle befestigt.

Stromwender. Der Stromwender (Kollektor, Kommutator) wird heute überwiegend in einer Pressstoffausführung, wie in Bild 2.4 im Schnitt dargestellt, gefertigt. Die keilförmigen Kupfersegmente, auch Stege oder Lamellen genannt, sind durch eine 0,5 mm bis 1 mm starke Isolierschicht getrennt und in eine Pressmasse eingebettet. Armierungsringe nehmen die Fliehkräfte auf.

Im stromwenderseitigen Lagerschild ist ein verstellbarer Bürstenbrückenring angebracht, der im Abstand einer Polteilung isolierte Bolzen zur Aufnahme der Bürstenhalter trägt. Die darin sitzenden Kohlebürsten werden durch Federdruck auf den Stromwender aufgelegt.

2.1.3 Ankerwicklungen

Trommelwicklung. Die von Pacinotti angegebene Ringwicklung, die wegen ihres einfachen Aufbaus gerne zu prinzipiellen Darstellungen verwendet wird, ist konstruktiv ungünstig, da die Verbindungsleitungen der oberen Leiterstäbe zwischen Ankerblech und Welle hindurchgeführt werden müssen. Zur Spannungsbildung tragen diese Rückleiter ohnehin nichts bei, da der Innenraum praktisch feldfrei ist.

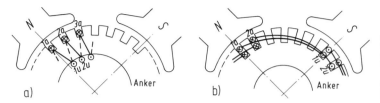

Bild 2.8 Schaltung der Ankerleiter zur Wicklung
a) Ringwicklung
b) Trommelwicklung

Diesen Nachteil vermeidet die heute verwendete Trommelwicklung dadurch, dass sie die Innenleiter (Index u) unter einen äußeren Stab der nächsten Polteilung (Bild 2.8) legt. Im Rückleiter jeder Spule wird so eine gleiche negative Spannung wie im Hinleiter induziert und somit die Gesamtspannung im Vergleich zur Ringwicklung verdoppelt. Die 1872 von Hefner-Alteneck angegebene Trommelwicklung der Gleichstrommaschine stellt also eine Zweischichtwicklung dar, deren Spulen außerhalb des Ankers fertig hergestellt und in die Nuten eingelegt werden können (Bild 2.9).

Da jede Spule mit Anfang und Ende an je eine Stromwenderlamelle angeschlossen ist, stimmt die Anzahl der Spulen mit der Lamellen- oder Stegzahl K überein. Die Nutzahl des Ankers Q wird im Allgemeinen kleiner als die Lamellenzahl gewählt, so dass

$$u = \frac{K}{Q} \tag{2.2}$$

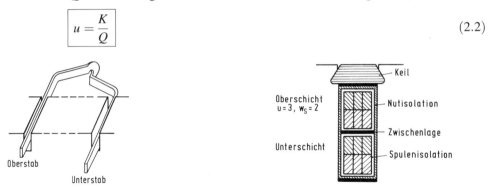

Bild 2.9 Ober- und Unterseite einer Spule mit gekröpfter Stirnverbindung

Bild 2.10 Querschnitt durch eine Ankernut mit parallelen Flanken und Rechteckdraht

Spulenseiten einer Schicht nebeneinander in einer Nut liegen. Hat eine Spule zudem die Windungszahl N_s, so ergibt sich eine Nutfüllung mit $2\,u \cdot N_s$ Stäben/Nut. Für eine größere Gleichstrommaschine erhält man dann einen prinzipiellen Aufbau des Nutquerschnitts nach Bild 2.10. Hier liegen die in Reihe geschalteten Stäbe jeder Schicht untereinander und die u Spulenseiten nebeneinander in der Nut. Die Gesamtzahl der Leiterstäbe am Ankerumfang ergibt sich zu $z_A = 2u \cdot N_s \cdot Q$ oder mit Gl. (2.2) zu

$$z_A = 2 \cdot K \cdot N_s \tag{2.3}$$

Durchmesser- und Sehnenwicklung. In der üblichen Darstellung der Ankerwicklung nummeriert man die Stäbe nach der Lamellenzahl und gibt alle Schaltverbindungen in Lamellenschritten an. So entspricht eine Polteilung einem Schritt von $K/2p$ Lamellen.

2.1 Aufbau und Bauteile

Als Spulenweite y_1 führt man entweder genau eine Polteilung oder etwas weniger aus (Bild 2.11). Im ersten Fall ergibt sich die Durchmesserwicklung mit

$$y_1 = \frac{K}{2p} \qquad (2.4\,\text{a})$$

ansonsten die Sehnenwicklung mit

$$y_1 < \frac{K}{2p} \qquad (2.4\,\text{b})$$

Beide Bezeichnungen ergeben sich aus der Darstellung (Bild 2.12) für die zweipolige Maschine.

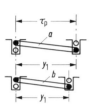

Bild 2.11 Bestimmung der Spulenweite
a) Durchmesserwicklung
b) gesehnte Wicklung

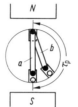

Bild 2.12 Darstellung der Spulenweite bei der zweipoligen Maschine
a) Durchmesserwicklung
b) gesehnte Wicklung

Will man die u Spulenseiten einer Oberschicht auch in der Unterschicht in einer Nut beieinander haben, dann muss man die Spulenweite so wählen, dass sie durch u teilbar ist. Für diese Spulen gleicher Weite (Bild 2.13 a) gilt damit als Bedingung für den Nutschritt

$$y_{1Q} = \frac{y_1}{u} = \text{ganzzahlig} \qquad (2.5)$$

Erfüllt man diese Forderung nicht, so verteilen sich die u Spulenseiten der Unterschicht auf zwei Nuten (Bild 2.13 b) und man erhält eine Treppenwicklung. Letztere sind in der Herstellung aufwändiger als eine Wicklung mit Spulen gleicher Weite, wirken sich aber günstig auf die Stromwendung der Maschine aus (s. Abschn. 2.2.4).

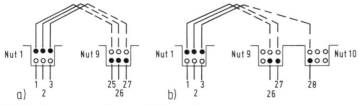

Bild 2.13 Lage von Ober- und Unterschicht einer Spule
a) Spulen gleicher Weite $y_1 = 24$, $y_{1Q} = 8$
b) Treppenwicklung $y_1 = 25$, $y_{1Q} = 8/8/9$

Wicklungsarten. Für die Zusammenschaltung der einzelnen Spulen zu einer geschlossenen Wicklung und damit die Addition der Teilspannungen bestehen zwei grundsätzliche Möglichkeiten.

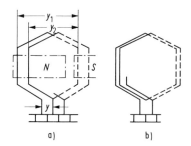

Bild 2.14 Schaltung einer Schleifenwicklung
a) Eine Windung pro Spule, $N_s = 1$
b) $N_s = 2$

In der Schleifenwicklung (Bild 2.14) wird das Ende einer Spule unmittelbar mit dem Anfang der benachbarten verbunden. Auf diese Weise werden fortlaufend alle Spulenspannungen im Bereich eines Polpaares aufsummiert.

Bei der Wellenwicklung (Bild 2.15) verbindet man das Ende einer Spule mit dem Anfang der gleich liegenden des nächsten Polpaares, so dass bereits durch p Spulen ein voller Umlauf um den Ankerumfang zurückgelegt ist. Jede Spule einer Wicklung kann bei beiden Wicklungsarten zusätzlich aus N_s in Reihe geschalteten Windungen (Bilder 2.14 b, 2.15 b) bestehen.

Außer durch die Spulenweite y_1 wird die Wicklung durch den Schaltschritt y_2 und den Stromwenderschritt y festgelegt. Für die Schleifenwicklung gilt nach Bild 2.14

$$\boxed{y = 1} \tag{2.6a}$$

mit $\boxed{y = y_1 - y_2}$ (2.6b)

Bei der Wellenwicklung ist darauf zu achten, dass man nach einem Umlauf mit den p Spulen nicht auf die Ausgangslamelle trifft, was einem Kurzschluss gleichkäme. Für den Stromwenderschritt gilt daher

$$\boxed{y = \frac{K-1}{p}} \tag{2.7a}$$

womit der Umlauf eine Lamelle vor dem Anfang endet. Entsprechend Bild 2.15 gilt für die Wellenwicklung ferner

$$\boxed{y = y_1 + y_2} \tag{2.7b}$$

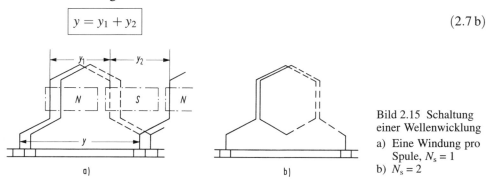

Bild 2.15 Schaltung einer Wellenwicklung
a) Eine Windung pro Spule, $N_s = 1$
b) $N_s = 2$

2.1 Aufbau und Bauteile

Schleifenwicklung. Am Beispiel einer vierpoligen Ausführung ist das gesamte Wicklungsschema (Bild 2.16) angegeben, wobei die Bürsten vereinfacht eine Lamellenteilung breit gewählt sind.

Man erkennt, dass zwischen benachbarten Kohlebürsten alle Oberstäbe einer Polteilung und die zugehörigen Unterstäbe des benachbarten Hauptpoles, also $K/2p$ Spulen liegen. Die gesamte Ankerwindungszahl wird bei der Schleifenwicklung damit in $2p$ parallele Zweige aufgeteilt. Die für die Höhe der Gesamtspannung maßgebende Windungszahl zwischen zwei ungleichnamigen Kohlebürsten ist bei N_s Windungen/Spule damit

$$N = \frac{K \cdot N_s}{2p}$$

oder mit Gl. (2.3)

$$N = \frac{z_A}{4p}$$

Der gesamte Ankerstrom I_A teilt sich entsprechend auf und ergibt den Leiterstrom

$$I_s = \frac{I_A}{2p}$$

Die Aufteilung der gesamten Ankerleiterzahl in p parallele Zweigpaare ist nur dann möglich, wenn die Nutzahl des Ankers durch p teilbar ist. Für Schleifenwicklungen besteht also die Symmetriebedingung

$$\frac{Q}{p} = \text{ganzzahlig}$$

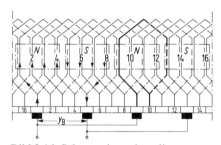

Bild 2.16 Schema einer vierpoligen Schleifenwicklung
$K = 16$, $p = 2$, $y_1 = 4$, $y_2 = 3$, $y_B = 4$

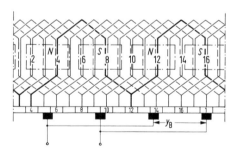

Bild 2.17 Schema einer vierpoligen Wellenwicklung
$K = 17$, $p = 2$, $y_1 = 4$, $y_2 = 4$, $y = 8$, $y_B = 4{,}25$

Wellenwicklung. Die Wellenwicklung vermeidet die Parallelschaltung der Wicklung nach Polpaaren (Bild 2.17). Durch den parallelen Eingang in Ober- oder Unterschicht von der Kohlebürste aus teilt sich die gesamte Windungszahl jedoch in zwei Teile auf und es gilt

$$N = \frac{z_A}{4}$$

und $$I_s = \frac{I_A}{2}$$

Im Unterschied zur Schleifenwicklung, bei der eine Spule mit N_s Windungen zwischen benachbarten Lamellen liegt, ist dies bei der Wellenwicklung ein Umlauf mit p Spulen, d. h. $N_s \cdot p$ Windungen.

Ausgleichsverbindungen. Die bei einer Schleifenwicklung insgesamt vorhandenen $2p$ Ankerzweige sind erst durch die Verbindungsleitungen der gleichpoligen Kohlebürsten parallel geschaltet. Ersetzt man die in jedem der vier parallelen Zweige der Schleifenwicklung von Bild 2.16 induzierte Gesamtspannung durch eine Batterie mit der Quellenspannung U_q, so ergibt sich ein Schema nach Bild 2.18 a.

Bei symmetrischem Aufbau der Maschine mit gleicher Flussdichte unter allen Hauptpolen werden die eingetragenen vier Einzelspannungen alle gleich groß sein, womit die Potenzialdifferenz zwischen um eine doppelte Polteilung voneinander entfernten Lamellen, z. B. L1 bis L9, stets null ist. Besteht dagegen, evtl. durch einen etwas exentrischen Einbau des Ankers, eine ungleiche Flussdichte unter den Polen, so wird z. B. $U_{q1} > U_{q2}$. Die Folge ist eine Potenzialdifferenz zwischen den Kohlebürsten dieses Kreises, was zu hohen Ausgleichsströmen ΔI führt, welche über die äußeren Sammelringe fließen und den Kontakt Lamelle – Kohlebürste stark belasten.

Da geringe Unsymmetrien bei der Fertigung der Maschine unvermeidbar sind, werden zur Entlastung der Kohlebürsten bei Schleifenwicklungen immer so genannte Ausgleichsverbindungen (AV) ausgeführt. Diese verbinden nach Bild 2.18 b am Stromwender die Lamellen, die an sich gleiches Potenzial aufweisen sollten, und erhalten daher den Schaltschritt

$$y_A = \frac{K}{p} \tag{2.8}$$

Zur Übernahme des Ausgleichsstromes müssen nicht unbedingt alle Lamellen mit AV ausgeführt werden. Oft begnügt man sich aus Kostengründen mit dem Anschluss nur jeder u. Lamelle.

Durch die Notwendigkeit der AV wird die Herstellung eines Ankers mit Schleifenwicklung teurer als bei Ausführung einer Wellenwicklung, die damit zunächst anzustreben ist. Wellenwicklungen besitzen mit $a = 1$ keine parallelen Zweigpaare und benötigen daher keine AV.

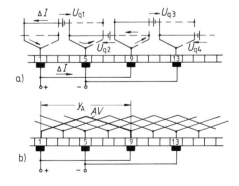

Bild 2.18 Ausgleichsverbindungen bei Schleifenwicklungen
a) Ausgleichsstrom ΔI durch ungleiche Wicklungsspannungen infolge Unsymmetrien im Erregerfeld
b) Schaltung der Ausgleichsverbindungen AV am Stromwender

2.1 Aufbau und Bauteile

Allgemeine Beziehungen. Bezeichnet man die Zahl der parallelen Ankerzweigpaare mit a, so wird für die Schleifenwicklung $a = p$ und die Wellenwicklung $a = 1$. Damit gilt folgende Zusammenstellung:

Windungszahl zwischen zwei Bürsten

$$N = \frac{K \cdot N_s}{2a} = \frac{z_A}{4a} \tag{2.9}$$

Leiterstrom

$$I_s = \frac{I_A}{2a} \tag{2.10}$$

Windungszahl zwischen zwei Lamellen

$$N_s \cdot \frac{p}{a} \tag{2.11}$$

Außer den hier vorgestellten Ankerwicklungen werden in seltenen Fällen mit $a = 2$ bzw. $a = 2p$ auch so genannte zweigängige Wellen- und Schleifenwicklungen hergestellt. Sie bestehen jeweils aus zwei ineinander gefügten einfachen Wicklungen und haben die doppelte Anzahl paralleler Zweige. Auf eine eingehendere Darstellung des sehr umfangreichen Gebietes der Ankerwicklungen muss aber verzichtet und auf das Schrifttum verwiesen werden [15, 16].

Auswahl der Wicklung. Bei der Auslegung einer Gleichstrommaschine versucht man zunächst eine Wellenwicklung auszuführen. Ist dies bei hohen Betriebsdrehzahlen bzw. einer Maschine großer Polzahl nicht mehr möglich, so wird eine Schleifenwicklung mit Ausgleichsverbindungen gewählt. In der Praxis erhalten alle Großmaschinen mit $p = 3$ bis 15 mit Rücksicht auf die Spannungsbeanspruchung des Stromwenders Schleifenwicklungen (s. Beispiel 2.4).

Beispiel 2.2: Für eine vierpolige Gleichstrommaschine mit 33 Nuten, 99 Lamellen und 75 A Ankerstrom ist eine Wellenwicklung vorgesehen. Es sind die Daten der Wicklung und der notwendige Leiterquerschnitt A_s bei einer Stromdichte von $J = 5$ A/mm² festzulegen.

Nach Gl. (2.7 a) ergibt sich der Stromwenderschritt der Wellenwicklung zu

$$y = \frac{K-1}{p} = \frac{99-1}{2} = 49$$

Da mit $K/2p = 99/4 = 24{,}75$ die Lamellenzahl pro Pol keine ganze Zahl ist, kann nach Gl. (2.4 a) keine Durchmesser-, sondern nur eine Sehnenwicklung ausgeführt werden. Damit die $u = K/Q = 3$ Spulen einer Oberschicht auch mit ihren Rückleitern beisammen in einer Nut liegen (Bild 2.13 a), wird $y_1 < K/2p$ so gewählt, dass außer y_1 auch die in Nuten angegebene Spulenweite $y_{1Q} = y_1/u$ ganzzahlig wird. Ausgeführt: $y_1 = 24$, $y_{1Q} = 8$, $y_2 = y - y_1 = 49 - 24 = 25$.

Der Leiterstrom ist nach Gl. (2.10) mit $a = 1$ bei Wellenwicklung

$$I_s = \frac{I_A}{2} = 37{,}5 \text{ A}$$

Der erforderliche Leiterquerschnitt wird

$$A_s = \frac{I_s}{J} = \frac{37{,}5 \text{ A}}{5 \text{ A/mm}^2} = 7{,}5 \text{ mm}^2$$

Aufgabe 2.2: Der Ankerblechschnitt einer vierpoligen Gleichstrommaschine besitzt 36 Nuten und Platz für 6 Stäbe mit je 12 mm² Querschnitt pro Nut. Welche Wicklung kann bei $u = 3$ und $N_s = 1$ ausgeführt werden und wie groß darf der Ankerstrom bei $J = 4{,}5$ A/mm² sein?

Ergebnis: $K = 108$, Schleifenwicklung, $y_1 = 27$, $y_2 = 26$, $N = 27$, $I_A = 216$ A.

2.1.4 Dauermagneterregte Kleinmaschinen und Sonderbauformen

Soweit wie bei der Kfz-Elektrik, Elektrowerkzeugen und vielen Geräten der Feinwerktechnik Akkus oder Trockenbatterien die Energieversorgung übernehmen, verwendet man als Antrieb einen Gleichstrommotor mit Dauermagneterregung [17]. Die Stückzahl dieser Klein- und Kleinstmotoren liegt im zweistelligen Millionenbereich pro Jahr und verlangt eine möglichst einfache und preiswerte Fertigung.

Dauermagneterregung. In Bild 2.19 a, b sind die Ausführungen einmal mit geblechten Hauptpolen und Gleichstrom-Erregerwicklung und daneben mit schalenförmigen Dauermagneten einander gegenübergestellt. Besonders in der allerdings teureren Variante mit SE-Magneten auf der Basis von Neodym-Eisen-Bor (s. Abschnitt 1.2.3) erreicht man gegenüber der klassischen Ausführung die Vorteile:

– kleinerer Außendurchmesser und damit geringere Baugröße,
– sehr einfacher Ständeraufbau mit nur zwei Anschlüssen,
– höherer Wirkungsgrad, da keine Erregerverluste.

Beim Einsatz von Ferritmagneten mit ihrer geringen Remanenzflussdichte von $B_r \leq 0{,}4$ T realisiert man mitunter zur Erhöhung der Flussdichte im Luftspalt eine sogenannte Flusskonzentration.

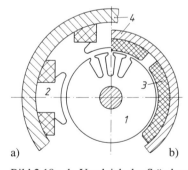
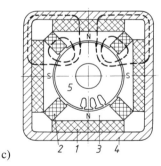

Bild 2.19 a, b Vergleich der Ständerausführung zwischen elektrischer und Dauermagnet-Erregung bei einer vierpoligen Maschine
a) Elektrische Erregung
b) Dauermagnet-Erregung
1 Anker
2 Hauptpol mit Erregerwicklung
3 Ferrit-Schalenmagnet
4 Jochring

Bild 2.19 c Aufbau eines dauermagneterregten Motors nach dem Flusskonzentrationsprinzip
1 Ferrit-Tangentialmagnete
2 Ferrit-Radialmagnete
3 Weicheisenpolschuhe
4 Joch
5 Anker

2.1 Aufbau und Bauteile

Bild 2.19 c zeigt eine Ausführung, wie sie für Servomotoren bis zu Leistungen von einigen kW verwendet wird. Weichmagnetische Polschuhe nehmen das gemeinsame Feld der Tangentialmagnete 1 und der seitlichen kleineren Radialmagnete 2 auf und ergeben damit im Luftspalt eine höhere Flussdichte, als sie nur mit Schalenmagneten erreichbar ist.

Durch die Entwicklung der Seltenerd-Magnete mit ihren Remanenzflussdichten von über 1,4 T wird die Ausnützung der dauermagneterregten Maschine weiter verbessert, so dass sie sich zu immer größeren Leistungen hin orientiert [11].

Akku-Handwerkzeuge. Sowohl im Bauhandwerk als auch im privaten Bereich werden zunehmend Elektrowerkzeuge mit netzunabhängiger Betriebsweise eingesetzt. Der sonst übliche Universalmotor ist dabei durch einen dauermagneterregten Gleichstrom-Kleinmotor ersetzt. Die Versorgung erfolgt über einen Akku meist auf der Basis Nickel-Cadmium (NiCd) oder Lithium-Ionen (LiIon). Als Beispiel sei ein Akku-Bohrschrauber mit den Daten $M_N = 10$ N·m, $n = 0 - 720$ min^{-1}, $m = 0,75$ kg genannt, der über zwei LiIon-Akkus mit zusammen $U = 14,4$ V und $Q = 2,2$ A·h versorgt wird.

Will man die mögliche Einsatzzeit t_E mit der Akku-Energie $W = U \cdot Q$ abschätzen und nimmt z. B. eine 80 %-Entladung an, erhält man

$$t_E = 0,8 \, W/P = 0,8 \, U \cdot Q /(2 \pi n M) = 0,8 \cdot 14,4 \text{ V} \cdot 2,2 \text{ A} \cdot \text{h} /(2 \pi 6 \text{ s}^{-1} \cdot 5 \text{ W} \cdot \text{s}) = 484 \text{ s}$$

Als Belastung sind die mittleren Werte für M und n gewählt. Setzt man für einen einfachen Schraubvorgang knapp 2,5 Sekunden an, so bestätigt sich die Herstellerangabe von ca. 200 Arbeitsgängen pro Akkuladung.

Die Drehzahlsteuerung des Gerätes erfolgt über einen Tiefsetzsteller in der Prinzipschaltung nach Bild 2.20. Der IC-Baustein 4 realisiert eine Pulsweitenmodulation PWM, wie in Abschnitt 2.4.2 für einen Gleichstromsteller erläutert. Ein Treiber 3 sorgt für den wegen der Eingangskapazität bei schneller Ansteuerung erhöhten Strombedarf des Leistungs-MOSFET 2. Bei Taktfrequenzen über dem Hörbereich genügt die Induktivität der Ankerwicklung für eine genügende Stromglättung.

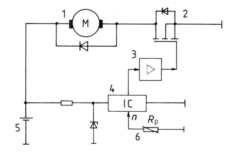

Bild 2.20 Prinzipschaltung eines Tiefsetzstellers für E-Werkzeuge
1 Gleichstrommotor
2 MOSFET-Schalttransistor
3 Treiber
4 Steuerelektronik
5 LiIon-Akku
6 Poti für Drehzahlsteuerung

Scheibenläufermotor. Diese Sonderbauform einer Gleichstrommaschine wurde für dynamische Regelaufgaben, z. B. bei Servoantrieben, entwickelt. Der Anker besteht nur aus einer dünnen, beidseitig mit einer Kupferauflage versehenen Kunststoffscheibe, auf die in der Technik der gedruckten Schaltung eine Wellenwicklung aufgebracht wird

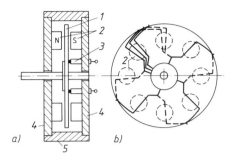

Bild 2.21 Aufbau eines Scheibenläufermotors
a) Magnetsystem mit Scheibenanker
1 Ankerscheibe
2 Dauermagnete
3 Kohlebürsten
4 Weicheisenrückschluss
5 nichtmagnetisches Gehäuse
b) Ankerscheibe mit Gleichstromwicklung aus Leiterbahnen

(Bild 2.21). Die Kohlebürsten liegen direkt auf den Enden der blanken Kupferleiter, so dass ein getrennter Stromwender entfällt. Das Erregerfeld wird durch Dauermagnete 2 erzeugt, die beidseitig der Ankerscheibe auf zwei weichmagnetischen Flanschen 4 sitzen. Es schließt sich über gegenüberliegende Pole und die Flansche, während das Gehäuse 5 aus Al-Guss kein Feld führt.

Die Konstruktionsart des Scheibenläufers bringt für den Einsatz als Servomotor eine ganze Reihe von Vorteilen:

– Der eisenlose Anker besitzt ein sehr kleines Trägheitsmoment.
– Da keine Nuten vorhanden sind, entfällt der Zahnungseffekt und ist Rundlauf bis zu kleinsten Drehzahlen möglich.
– Die geringe Ankerinduktivität ergibt Zeitkonstanten unter 0,1 ms und ermöglicht so den schnellen Aufbau von Impulsströmen und somit des Drehmoments.
– Die große Kühloberfläche der Ankerscheibe bringt eine gute Abgabe der Verlustwärme durch den Ankerstrom.
– Die sehr geringe Ankerstreuinduktivität sichert eine gute Stromwendung auch bei hohen Kurzzeitüberlastungen.

Scheibenläufermotoren haben Drehzahlstellbereiche von $1:5000$ min^{-1} bei Impulsströmen bis zum 10fachen Bemessungswert. Sie werden bis zu einigen kW Leistung gebaut [18, 19].

Elektronikmotor. Die für eine Drehmomentbildung in der Gleichstrommaschine erforderliche räumliche 90°-Verschiebung zwischen den Achsen des Erregerfeldes und des Ankerquerfeldes kann anstelle durch den als mechanischer Umschalter wirkenden Stromwender auch durch Halbleiter-Stellglieder erfolgen. Derartige Maschinen werden heute nach dem Konstruktionsprinzip einer Synchronmaschine bis zu großen Leistungen gebaut und dort als Stromrichtermotoren bezeichnet.

Im Bereich der Kleinmotoren fertigt man kollektorlose Maschinen als so genannte Elektronikmotoren, die über ein Netzgerät mit Gleichspannung versorgt werden. Aus praktischen Gründen erfolgt die Umschaltung des Gleichstromes auf die einzelnen Wicklungszweige der dauermagneterregten Maschine nicht im Läufer, sondern durch eine Umkehr der Anordnungen im feststehenden Teil.

Bild 2.22 zeigt die prinzipielle Schaltung eines Elektronikmotors mit Dauermagnetläufer 1 und einer vierteiligen Ständerwicklung 2. Zwei Hallsonden 3 erfassen die momentane Stellung des Läuferfeldes und geben das Signal für die Ansteuerung der vier

2.2 Luftspaltfelder und Betriebsverhalten

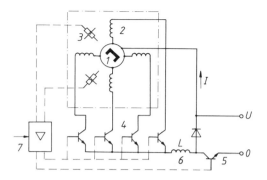

Bild 2.22 Blockschaltbild eines Motors mit elektronischer Kommutierung und Dauermagnetläufer
1 Dauermagnetläufer
2 vierteilige Ständerwicklung
3 Hallsonden
4 Kommutierungs-Transistoren
5 Schalttransistor
6 Glättungsdrosselspule
7 Steuer- und Regellogik

Schalttransistoren 4, welche die Funktion des Stromwenders übernehmen. Auf diese Weise wird der Betriebsstrom I zyklisch jeweils 90° weitergeschaltet und es entsteht ein umlaufendes Ständerfeld, dem der Dauermagnet folgt. Eigentlich handelt es sich bei diesem Aufbau um eine selbst geführte Synchronmaschine, die aber das Betriebsverhalten einer Gleichstrommaschine hat.

Zur Drehzahländerung erhält der Motor über den getakteten Schalttransistor 5 und die Glättungsdrosselspule 6 einen neuen Gleichstromwert zugeführt, womit sich das Drehmoment entsprechend einstellt. Durch eine Steuerelektronik 7 kann die Drehzahl in beiden Richtungen in einem weiten Bereich variiert werden. Elektronikmotoren finden bei Momenten von unter $0{,}1\,\text{N}\cdot\text{m}$ für maximale Drehzahlen bis $100\,000\,\text{min}^{-1}$ z. B. als Wickelantriebe in der Textilindustrie Anwendung. Sie zeichnen sich durch Wartungsfreiheit, guten Wirkungsgrad, hohe Lebensdauer und sehr gute Regeldynamik aus [20].

2.2 Luftspaltfelder und Betriebsverhalten

2.2.1 Erregerfeld und Ankerrückwirkung

Hauptfeld. Für den Betrieb der Maschine interessiert vor allem die Radialkomponente der Luftspaltflussdichte entlang des Ankerumfangs. Diese Feldkurve $B_{Lx} = f(x)$ bestimmt die Größe des magnetischen Flusses und damit die induzierte Gesamtspannung und das Drehmoment.

Im Leerlauf besteht nur das Magnetfeld der Hauptpole, das als Haupt- oder Erregerfeld bezeichnet wird (Bild 2.23), und das sich z. B. über das Feldbild nach Abschnitt 1.2.1 angeben lässt. Für den Gesamtfluss

$$\Phi = \int\limits_0^{\tau_p} B_{Lx} \cdot l \cdot dx$$

errechnet sich nach Bild 2.23 b bei Ersatz des Integrals durch ein flächengleiches Rechteck der Fluss zu

$$\boxed{\Phi = B_m \cdot l \cdot \tau_p = \alpha \cdot B_L \cdot l \cdot \tau_p} \tag{2.12}$$

Der Quotient

$$\alpha = \frac{B_m}{B_L} \quad (2.13)$$

wird als ideeller Polbedeckungsfaktor bezeichnet und liegt im Bereich 0,65 bis 0,70.

Den Höchstwert der Luftspaltflussdichte im Leerlauf wählt man steigend mit dem Ankerdurchmesser zu $B_L = 0{,}5$ T bis 1 T.

Der in Bild 2.23 b angegebene Feldverlauf berücksichtigt nicht, dass der magnetische Leitwert längs des Ankerumfangs durch die Nutung periodisch schwankt. Es ist vielmehr eine glatte Ankeroberfläche mit einem um den Carter-Faktor vergrößerten ideellen Luftspalt $\delta_i = \delta \cdot k_C$ angenommen. In Abhängigkeit von der Luftspaltweite δ, der Breite der Nutöffnung und der Nutteilung wird k_C etwa 1,05 bis 1,3.

Nimmt man dagegen den Flussdichteverlauf z. B. mit einer Hallsonde innerhalb einer Polteilung auf, so erhält man die starken Schwankungen der Flussdichte B_{Lx} im Wechsel Zahn-Nut-Zahn nach Bild 2.24. An der Oberfläche der Polschuhe pulsiert das Hauptfeld demnach mit einer durch die Drehzahl und die Anzahl der Ankernuten bestimmten Frequenz. Die dadurch auftretenden Wirbelstromverluste werden jedoch durch die Blechung der Hauptpole klein gehalten.

Ankerstrombelag. Bei Betrieb der Gleichstrommaschine tritt im Anker der Laststrom I_A auf, der ein eigenes Magnetfeld zur Folge hat. Zur Darstellung dieses Ankerfeldes muss die Durchflutung der stromdurchflossenen Ankerwicklung bekannt sein. Hierzu

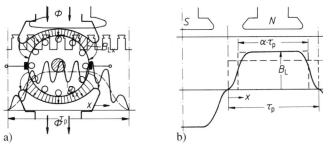

Bild 2.23 Erregerfeld einer Gleichstrommaschine im Leerlauf
a) Feldverlauf zwischen Hauptpol und Anker
b) Erregerfeldkurve $B_{Lx} = f(x)$ und Definition des Polbedeckungsfaktors α

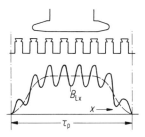

Bild 2.24 Schwankungen des Erregerfeldverlaufs durch die Ankernutung

2.2 Luftspaltfelder und Betriebsverhalten

sei zunächst der Begriff des Strombelages A eingeführt, der durch eine Verteilung des Stromes sämtlicher Leiterstäbe z_A am Ankerumfang entsteht. Da alle Stäbe denselben Strom I_s führen, ergibt sich für den Ankerstrombelag die Beziehung

$$A = \frac{I_s \cdot z_A}{d_A \cdot \pi}$$

oder unter Verwendung von Gl. (2.10)

$$A = \frac{I_A \cdot z_A}{2a \cdot d_A \cdot \pi} \tag{2.14}$$

Der Strombelag ist innerhalb einer Polteilung mit etwa 200 A/cm bis 500 A/cm konstant (Bild 2.25 b) und wechselt jeweils in der neutralen Zone sein Vorzeichen.

Ankerquerfeld. Die Folge des Strombelages ist eine Ankerdurchflutung, die ein Feld ausbildet, das sich über die Polschuhe schließen kann (Bild 2.25 a). Die Flussdichte dieses Feldes der am Umfang verteilten Ankerwicklung wird durch den Verlauf der so genannten Felderregerkurve $V_{Ax} = f(x)$ des Ankers bestimmt. Diese gibt die an jeder Stelle vorhandene magnetische Spannung V_{Ax} für den halben Feldlinienweg, d. h. bei vernachlässigtem Eisenanteil für einen Luftspalt, an. Mit dem Bezugspunkt $x = 0$ in der Hauptpolmitte ergibt sich die magnetische Spannung an beliebiger Stelle innerhalb der Polteilung zu

$$V_{Ax} = \int_0^x A \, dx \tag{2.15}$$

Der Verlauf ist damit eine Dreieckskurve mit dem Maximalwert

$$V_A = \frac{1}{2} A \cdot \tau_p \tag{2.16}$$

in der Pollücke. Dabei ist vereinfacht ein sprungförmiger Wechsel des Strombelages in der geometrisch neutralen Zone angenommen. Da nach Abschnitt 2.2.3 für die Stromwendung eine bestimmte Zeit benötigt wird, wechselt der Ankerstrombelag in Wirklichkeit seinen Wert entlang einer Wendezone genannten Strecke des Ankerumfangs. Entsprechend erreicht das Maximum der Kurve $V_{Ax} = f(x)$ nicht ganz den nach Gl. (2.16) bestimmten Betrag (Bild 2.25 b).

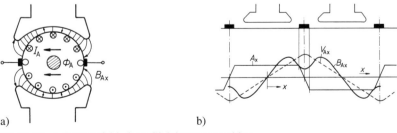

Bild 2.25 Ankerquerfeld einer Gleichstrommaschine
a) Feldverlauf zwischen Anker und Polschuhen
b) Strombelag A_x, Felderregerkurve V_{Ax} und Ankerquerfeld B_{Ax} der Ankerwicklung

Der Höchstwert der Ankerdurchflutung für den geschlossenen Feldlinienweg errechnet sich aus Gl. (2.16) zu

$$\boxed{\Theta_A = 2V_A = A \cdot \tau_p} \tag{2.17}$$

Die Folge der Ankerdurchflutung ist entsprechend dem Verlauf der Felderregerkurve V_{Ax} nach

$$\boxed{B_{Ax} = \mu_0 \cdot H_{Ax} = \mu_0 \frac{V_{Ax}}{\delta_x}} \tag{2.18}$$

ein Ankerfeld, das im Bereich des Polschuhes bei etwa konstanter Feldlinienlänge δ_x linear ansteigt (Bild 2.25 b). In der Pollücke sattelt das Feld ein, da hier ein großer Luftspalt zu überwinden ist. Da die Symmetrieachse des Feldes in der neutralen Zone liegt und damit 90° zur Erregerfeldachse versetzt ist, spricht man vom Ankerquerfeld.

Ankerrückwirkung. Im Betrieb der Gleichstrommaschine treten das Erreger- und das Ankerquerfeld gleichzeitig auf, wobei wegen der magnetischen Sättigung das resultierende Gesamtfeld nicht mit der Addition der zwei Teilfelder übereinstimmt (Bild 2.26). Man bezeichnet die Beeinflussung des Feldverlaufs innerhalb einer Polteilung durch die Ankerdurchflutung als Ankerrückwirkung. Sie hat folgende Auswirkungen:

1. Die im Leerlauf symmetrische Induktionskurve wird verzerrt, so dass unter einer Polhälfte eine höhere Flussdichte als B_L entsteht,

   $B_{max} > B_L$

2. Infolge der magnetischen Sättigung wird das Feld in der einen Polhälfte weniger verstärkt als in der anderen geschwächt. Der Fluss als Integral des Gesamtfeldes ist damit kleiner als im Leerlauf,

   $\Phi < \Phi_0$

3. Die neutrale Zone mit $B = 0$ wird aus der Mitte der Pollücke, d. h. der geometrisch neutralen Zone, um einen Winkel $\beta \sim \Delta x$ verschoben (beim Generator in Drehrichtung),

   $\beta > 0$

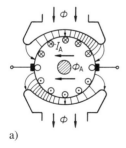
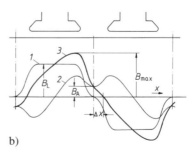

a) b)

Bild 2.26 Resultierendes Hauptpolfeld bei Belastung
a) Feldverlauf zwischen Polschuhen und Anker
b) Verlauf der Luftspaltflussdichte
1 Erregerfeld im Leerlauf
2 Ankerquerfeld
3 Resultierender Verlauf

2.2 Luftspaltfelder und Betriebsverhalten 51

Alle drei Folgen der Ankerrückwirkung nehmen auf den Betrieb einer Gleichstrommaschine deutlichen Einfluss. Dies zu beseitigen, erfordert – wie in den nachfolgenden Abschnitten erläutert – teils besondere konstruktive Maßnahmen.

Beispiel 2.3: Das Hauptfeld einer Gleichstrommaschine beträgt im Leerlauf im Bereich des Polschuhs der Breite $b_\mathrm{p} = 12$ cm konstant $B_\mathrm{L} = 0{,}75$ T bei einer Erregerdurchflutung pro Pol von $\Theta_\mathrm{E} = 2100$ A. Bei Vernachlässigung der Sättigung ist über die resultierende Flussdichte an den Polschuhkanten die Feldverzerrung infolge Ankerrückwirkung durch einen Ankerstrombelag von $A = 250$ A/cm anzugeben.

Magnetische Spannung an den Polschuhkanten 1 und 2 nach Gl. (2.15)

$$V_\mathrm{A1,2} = \pm\, 1/2\, A \cdot b_\mathrm{p},\quad V_\mathrm{A1,2} = \pm\, 0{,}5 \cdot 250 \text{ A/cm} \cdot 12 \text{ cm} = \pm\, 1500 \text{ A}$$

Resultierende Durchflutung an den Kanten 1 und 2

$$\Theta_\mathrm{res1,2} = \Theta_\mathrm{E} \pm V_\mathrm{A1,2}$$

$$\Theta_\mathrm{res1} = 2100 \text{ A} + 1500 \text{ A} = 3600 \text{ A}$$

$$\Theta_\mathrm{res1} = 2100 \text{ A} - 1500 \text{ A} = 600 \text{ A}$$

Resultierende Luftspaltflussdichte $B_\mathrm{res1,2} = B_\mathrm{L} \cdot \dfrac{\Theta_\mathrm{res1,2}}{\Theta_\mathrm{E}}$

$$B_\mathrm{res1} = 0{,}75 \text{ T} \cdot \frac{3600 \text{ A}}{2100 \text{ A}} = 1{,}285 \text{ T},\quad B_\mathrm{res2} = 0{,}75 \text{ T} \cdot \frac{600 \text{ A}}{2100 \text{ A}} = 0{,}214 \text{ T}$$

Aufgabe 2.3: Wie weit muss die Erregerdurchflutung geschwächt werden, so dass bei obigem Strombelag von $A_\mathrm{N} = 250$ A/cm an einer Kante gerade $B_\mathrm{res} = 0$ auftritt? Beim wievielfachen Ankerstrom wird dies bei ungeschwächter Erregung erreicht?

Ergebnis: $\Theta_\mathrm{Emin} = 1500$ A, $I_\mathrm{A} = 1{,}4 I_\mathrm{AN}$

Aufgabe 2.4: Die Feldlinienlänge des Ankerquerfeldes einer vierpoligen Gleichstrommaschine mit $d_\mathrm{A} = 20$ cm, $A = 200$ A/cm sei in der geometrisch neutralen Zone mit $\delta_\mathrm{x} = 5$ cm angenommen (ohne Wendepole). Wie groß ist die maximale Flussdichte B_A in der Pollücke bei vernachlässigten Eisenamperewindungen?

Ergebnis: $B_\mathrm{A} = 0{,}0395$ T

2.2.2 Spannungserzeugung und Drehmoment

Ankerspannung. Besteht innerhalb der Polteilung die mittlere Luftspaltflussdichte B_m, so entsteht in jeder Windung der Ankerwicklung die mittlere Spannung

$$U_\mathrm{qN} = 2 \cdot B_\mathrm{m} \cdot l \cdot v$$

Setzt man $v = d_\mathrm{A} \cdot \pi \cdot n = 2\tau_\mathrm{p} \cdot p \cdot n$

so wird $\quad U_\mathrm{qN} = B_\mathrm{m} \cdot l \cdot \tau_\mathrm{p} \cdot 4p \cdot n$

und nach Gl. (2.12)

$$U_\mathrm{qN} = 4 \cdot \Phi \cdot p \cdot n$$

Da zwischen benachbarten Bürsten für die Spannungsbildung die Windungszahl N zur Verfügung steht, berechnet sich die induzierte Ankerspannung einer Gleichstrommaschine nach $U_q = N \cdot U_{qN}$ zu

$$U_q = 4 \cdot N \cdot p \cdot n \cdot \Phi \tag{2.19 a}$$

Verwendet man mit Gl. (2.9) die Leiterzahl der Ankerwicklung, so erhält man die Beziehung

$$U_q = \frac{z_A}{a} \cdot p \cdot n \cdot \Phi \tag{2.19 b}$$

Lamellenspannung. Eine wichtige Größe für den Betrieb der Gleichstrommaschine ist die Lamellenspannung U_s, auch Steg- oder Segmentspannung genannt, die zwischen benachbarten Stromwenderlamellen auftritt. Ihr Mittelwert ergibt sich sehr einfach zu

$$U_s = \frac{U_A \cdot 2p}{K} \tag{2.20 a}$$

als Klemmenspannung U_A des Ankers geteilt durch die Lamellenzahl pro Polteilung. Denselben Wert erhält man über die mittlere Bewegungsspannung in den nach Gl. (2.11) $N_s \cdot p/a$ Windungen zwischen benachbarten Stegen. Es ist

$$U_s = 2N_s \frac{p}{a} \cdot B_m \cdot l \cdot v \tag{2.20 b}$$

Von diesem Mittelwert weicht die örtliche Lamellenspannung zwischen den einzelnen Segmenten des Stromwenders innerhalb einer Polteilung teils wesentlich ab. Sie entspricht nach

$$U_{sx} = 2 \cdot N_s \frac{p}{a} \cdot B_x \cdot l \cdot v$$

der jeweiligen Luftspaltflussdichte am Ankerumfang über den beiden Stäben einer Spule und damit dem Verlauf der Feldkurve. Mit einer Kohlebürste als Bezugspunkt erhält man also den Verlauf der induzierten Quellenspannung bis zur nächsten Kohle durch Integration der Feldkurve. In dieser Darstellung (Bild 2.27), die eine sehr feine Lamellenunterteilung annimmt, ergibt sich dann die örtliche Segmentspannung U_{sx} durch die Steigung der Spannungskurve $U_{qx} = f(x)$. Für den Maximalwert der Lamellen-

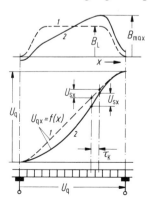

Bild 2.27 Zusammenhang zwischen Luftspaltflussdichte und Lamellenspannung
1 Leerlauf
2 Belastung

2.2 Luftspaltfelder und Betriebsverhalten

spannung im Leerlauf erhält man

$$U_{smax0} = U_s \cdot \frac{B_L}{B_m}$$

oder

$$\boxed{U_{smax0} = \frac{U_s}{\alpha} \approx 1{,}5 U_s} \tag{2.21}$$

Unter dem Einfluss der Feldverzerrung durch Ankerrückwirkung steigt die Lamellenspannung unter einer Polkante schließlich bis auf

$$\boxed{U_{smax} = U_{smax0} \cdot \frac{B_{max}}{B_L}} \tag{2.22}$$

an und entspricht damit dem maximalen Spannungsunterschied pro Teilung τ_K in der Kurve 2 von Bild 2.27.

Die Erfahrung hat nun gelehrt, dass die höchste im Betrieb auftretende Lamellenspannung den Betrag von 30 bis 35 V nicht überschreiten darf. Anderenfalls besteht die Gefahr, dass es an der Oberfläche der etwa 0,5 bis 1,5 mm starken Lamellenisolation infolge der unvermeidlichen Ablagerung von Staub und Kohleabrieb überschlägt. Dies kann Rundfeuer, d. h. Kurzschluss über die Bürsten, einleiten. Man legt daher etwa $U_s \leq 16$ V fest und behält mit $U_{smax0} \approx 25$ V noch Reserve für eine weitere Erhöhung infolge Feldverzerrung.

Beispiel 2.4: Wie groß ist die maximale Lamellenspannung der Maschine aus Beispiel 2.3 bei $p = 2$, $\tau_p = 18$ cm, $U_A = 440$ V und $K = 135$?

Es wird $\quad a = b_p/\tau_p = 12 \text{ cm}/18 \text{ cm} = 0{,}66$

und $\quad B_{max}/B_L = 1{,}285 \text{ T}/0{,}75 \text{ T} = 1{,}71$

Damit $\quad U_{smax} = U_A \cdot \frac{2p}{K} \cdot \frac{1}{\alpha} \cdot \frac{B_{max}}{B_L}$

$\quad U_{smax} = 440 \text{ V} \cdot \frac{4 \cdot 1{,}71}{135 \cdot 0{,}66} = 33{,}8 \text{ V}$

Drehmoment. Das vom Anker der Gleichstrommaschine erzeugte so genannte innere Drehmoment M_i lässt sich über die Kraft $F = B \cdot l \cdot I$ auf einen stromdurchflossenen Ankerstab berechnen (Bild 2.28). Da der Strombelag A mit dem Ankerstrom pro Umfangseinheit Δx übereinstimmt, erhält man für das mittlere Drehmoment für diese Strecke

$$\frac{M}{\Delta x} = \frac{d_A}{2} \cdot B_m \cdot l \cdot A$$

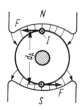

Bild 2.28 Bildung des Drehmomentes aus Tangentialkräften F der Ankerleiter

Durch Addition dieses Momentes pro Umfangseinheit über alle $2p$ Polteilungen ergibt sich das gesamte innere Drehmoment der Gleichstrommaschine zu

$$M_i = \frac{M}{\Delta x} \cdot 2p \cdot \tau_p = d_A \cdot p \cdot A \cdot B_m \cdot l \cdot \tau_p$$

bzw.
$$\boxed{M_i = d_A \cdot p \cdot A \cdot \Phi} \tag{2.23}$$

Das innere Moment lässt sich mit der Drehzahl zu einer inneren Leistung P_i verbinden. Mit den Gln. (2.14) und (2.19b) wird

$$\boxed{P_i = 2\pi \cdot n \cdot M_i = U_q \cdot I_A} \tag{2.24}$$

Die innere Leistung ist die Grundlage zur Auslegung einer Maschine.

Das an der Welle abgegebene Drehmoment M des Motors ist mit $M = M_i - M_v$ um ein Moment M_v kleiner, das zur Überwindung der Eisen- und Reibungsverluste des Ankers benötigt wird. Die abgegebene Leistung ergibt sich zu

$$\boxed{P_2 = 2\pi \cdot n \cdot M} \tag{2.25}$$

und die Leistungsaufnahme ist

$$\boxed{P_1 = P_2 + P_v = P_2/\eta} \tag{2.26}$$

wobei P_v die Gesamtverluste und η den Wirkungsgrad bedeuten.

Beispiel 2.5: Für einen achtpoligen Walzenzugmotor mit den Entwurfsdaten $U_A = 850$ V, $P_2 = 1000$ kW, $n = 390$ min^{-1}, Ankerdurchmesser $d_A = 125$ cm, Strombelag $A = 400$ A/cm ist zu entscheiden, ob eine Wellen- oder Schleifenwicklung auszuführen ist.

Nach Gl. (2.25) wird das Drehmoment

$$M = \frac{P_2}{2\pi \cdot n} = \frac{10^3 \text{ kW}}{2\pi \cdot 6{,}5 \text{ s}^{-1}} = 24{,}5 \text{ kW} \cdot \text{s}$$

Bei vernachlässigten Eisen- und Reibungsverlusten ist $M = M_i$ und man erhält aus Gl. (2.23) den magnetischen Fluss zu

$$\Phi = \frac{24{,}5 \cdot 10^3 \text{ W} \cdot \text{s}}{125 \text{ cm} \cdot 4 \cdot 400 \text{ A/cm}} = 0{,}1225 \text{ V} \cdot \text{s}$$

Mit der Annahme eines Spannungsabfalles im Ankerkreis von 5 % und dadurch $U_q = 0{,}95 \cdot U_A$ wird nach Gl. (2.19a) die erforderliche Windungszahl zwischen zwei Bürsten

$$N = \frac{0{,}95 U_A}{4 \cdot p \cdot n \cdot \Phi}$$

Mit $p \cdot n = 4 \cdot 6{,}5$ s$^{-1} = 26$ Hz ist $N = \dfrac{0{,}95 \cdot 850 \text{ V}}{4 \cdot 26 \text{ s}^{-1} \cdot 0{,}1225 \text{ V} \cdot \text{s}} = 63{,}5$

Bei einer allgemeinen Windungszahl nach $N = \dfrac{K \cdot N_s}{2a}$ sind mit $N_s = 1$ folgende Lamellenzahlen nötig:

Wellenwicklung $a = 1$
$$K = 2 \cdot N = 127$$

2.2 Luftspaltfelder und Betriebsverhalten

Schleifenwicklung $a = p = 4$

$K = 8 \cdot N = 508$

Unter Beachtung von Gl. (2.20 a) wird die mittlere Lamellenspannung in beiden Fällen –

Wellenwicklung

$$U_s = \frac{U_A \cdot 2p}{K} = \frac{850 \text{ V} \cdot 8}{127} = 53,5 \text{ V} - \text{unzulässig!}$$

Schleifenwicklung

$$U_s = \frac{850 \text{ V} \cdot 8}{508} = 13,4 \text{ V} < 16 \text{ V}$$

Es muss eine Schleifenwicklung gewählt werden.

Aufgabe 2.5: Der obige Motor wird mit $K = 456$ Lamellen ausgeführt, die mittlere Luftspaltflussdichte beträgt 71 % des Höchstwertes B_L. Um wie viel Prozent gegenüber B_L darf die maximale Flussdichte an einer Polkante infolge Feldverzerrung durch Ankerrückwirkung ansteigen, ohne dass die maximale Lamellenspannung 30 V überschreiten?

Ergebnis: $B_{max} = 1,43 \, B_L$

Aufgabe 2.6: Mit welcher Drehzahl darf man eine vierpolige Gleichstrommaschine bei $B_L = 0,8$ T, $l = 18$ cm, $d_A = 30$ cm und Wellenwicklung mit $N_s = 1$ mit Rücksicht auf die Lamellenspannung $U_{s\,max} = 30$ V höchstens betreiben? Die Ankerrückwirkung werde im Bemessungsbetrieb durch den Faktor $B_{max}/B_L = 1,2$ erfasst.

Ergebnis: $n_{max} = 2763 \text{ min}^{-1}$

Beispiel 2.6: Über die Beziehung $P_2 \approx 2\pi \cdot n \cdot M_i$ ist für $\alpha = 0,75$ und $U_{smax0} = 30$ V die größte ausführbare Dauerleistung eines Gleichstrommotors mit Schleifenwicklung $a = p$ abzuschätzen. Der Anker besitzt den mit Rücksicht auf die Bahntransportfähigkeit größtmöglichen Durchmesser von $d_A = 4,1$ m. Der Ankerstrombelag sei wegen der zulässigen Erwärmung auf $A = 650$ A/cm begrenzt. Nach den Gln. (2.12) und (2.23) gilt

$$\Phi = B_L \cdot \alpha \cdot l \cdot \tau_p \quad \text{und} \quad M_i = p \cdot d_A \cdot A \cdot \Phi$$

und damit für die Motorleistung

$$P_2 = 2\pi \cdot n \cdot p \cdot d_A \cdot A \cdot B_L \cdot \alpha \cdot l \cdot \tau_p$$

Die maximale Lamellenspannung ist nach den Gln. (2.20b) und (2.21)

$$U_{smax0} = 2N_s \frac{p}{a} \cdot B_L \cdot l \cdot v$$

mit $v = d_A \cdot \pi \cdot n$.

Kombiniert man beide Gleichungen miteinander, so wird

$$P_2 = \frac{a}{p} \cdot \frac{\alpha}{N_s} \cdot \tau_p \cdot p \cdot U_{smax0} \cdot A = \frac{a}{p} \cdot \frac{\pi \cdot \alpha}{2 \cdot N_s} \cdot d_A \cdot A \cdot U_{smax0}$$

Die maximale Dauerleistung ergibt sich bei Schleifenwicklung mit $a = p$ und $N_s = 1$ zu

$$P_{2max} = \frac{\pi \cdot 0,75}{2} \cdot 410 \text{ cm} \cdot 650 \text{ A/cm} \cdot 30 \text{ V}$$

$$P_{2max} = 9,4 \cdot 10^6 \text{ W} = 9400 \text{ kW}$$

2.2.3 Stromwendung

Kommutierungszeit. Bei der Erläuterung der prinzipiellen Wirkungsweise der Gleichstrommaschine wurde gezeigt, dass alle Leiterstäbe innerhalb eines Hauptpolbereiches gleichsinnig vom Strom durchflossen sind. Der Wechsel auf die jeweils umgekehrte Stromrichtung erfolgt für jede Spule in der Zeit, in welcher sie über ihre Lamellen durch die Kohlebürste kurzgeschlossen wird (Bild 2.29). Während dieses als Stromwendung oder Kommutierung bezeichneten Vorgangs fließt in der Spule der Kurzschlussstrom i_K, der zu Beginn der Kommutierungszeit t_K den Wert I_s, am Ende den Wert $-I_s$ besitzt. Die Kommutierungszeit errechnet sich aus der Umfangsgeschwindigkeit v_K des Stromwenders und der Bürstenbreite b_B zu

$$t_K = \frac{b_B}{v_K}$$

Stromwendespannung. Der einfachste Verlauf des Kurzschlussstromes i_K in der Zeit t_K ist eine Gerade von $+I_s$ nach $-I_s$. Eine derartige Kennlinie, die nur bei Fehlen jeder induzierten Spannung in der Spule und bei im Vergleich zum Übergangswiderstand Lamelle–Bürste sehr kleinem Spulenwiderstand auftritt, bezeichnet man als geradlinige Stromwendung. Sie wird in der Praxis nicht erreicht, da in Wirklichkeit beide Voraussetzungen nicht erfüllt sind.

Die kommutierende vom Strom i_K durchflossene Spule ist entsprechend ihrer Induktivität L_σ mit dem Spulenfluss $\Psi_\sigma = N_s \cdot \Phi_\sigma = L_\sigma \cdot i_K$ verkettet. Man bezeichnet Φ_σ als Streufluss, da er sich über den Nutraum und den Wickelkopf schließt und nicht zum Ständer gelangt. Während der Stromwendung ändert sich dieses Feld ebenso wie i_K und es entsteht die Stromwende- oder Reaktanzspannung

$$u_r = N_s \cdot \frac{d\Phi_\sigma}{dt}$$

Zu ihrer Berechnung legt man vereinfacht eine geradlinige Stromwendung zugrunde, womit sich der Streufluss während der Zeit t_K von $+\Phi_\sigma$ auf $-\Phi_\sigma$ ändert. Damit erhält man die mittlere Reaktanzspannung zu

$$U_r = 2N_s \cdot \frac{\Phi_\sigma}{t_K}$$

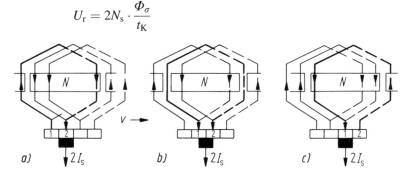

Bild 2.29 Stromwendung in der kurzgeschlossenen Ankerspule während der Kommutierungszeit t_K
a) $t = 0$
b) $t = t_K/2$
c) $t = t_K$

2.2 Luftspaltfelder und Betriebsverhalten

Definiert man nun einen resultierenden Streuleitwert $\Lambda_\sigma = l \cdot \lambda_\sigma$, mit dem die innerhalb einer Nutteilung τ_Q bestehende Durchflutung des Ankerstromes $\Theta_Q = A \cdot \tau_Q$ den Fluss Φ_σ erzeugt, so wird

$$\Phi_\sigma = \Theta_Q \cdot \Lambda_\sigma = A \cdot \tau_Q \cdot l \cdot \lambda_\sigma$$

Während der Kommutierungszeit t_K legt die Nut eine Wendezone $b_w = t_K \cdot v_A$ genannte Strecke am Ankerumfang zurück, so dass man für die mittlere Reaktanzspannung die Beziehung

$$U_r = 2 \cdot N_s \cdot A \cdot \tau_Q \cdot l \cdot \lambda_\sigma \cdot \frac{v_A}{b_w}$$

oder $\quad \boxed{U_r = 2 \cdot N_s \cdot l \cdot \xi \cdot A \cdot v_A}$ \hfill (2.27)

erhält. Dies ist die so genannte Pichelmayer'sche Formel, in der

$$\boxed{\xi = \frac{\lambda_\sigma \cdot \tau_Q}{b_w}} \tag{2.28}$$

gesetzt ist. Dieser Faktor lässt sich angenähert berechnen oder aus Versuchen ermitteln und liegt je nach den Auslegungsdaten der Gleichstrommaschine im Bereich von $\xi = (4 \text{ bis } 8) \cdot 10^{-6} \text{ V} \cdot \text{s/A} \cdot \text{m}$.

Die Reaktanzspannung ist nach dem Lenz'schen Gesetz ihrer Ursache, also der Stromänderung, entgegengerichtet und verzögert sie im Vergleich zum geradlinigen Verlauf. Es entsteht ein Stromverlauf nach Bild 2.31, den man als Unterkommutierung oder verzögerte Stromwendung bezeichnet. Mit Rücksicht auf eine zufrieden stellende Stromwendung ist die mittlere Reaktanzspannung auf etwa $U_r \leq 8$ V zu begrenzen, wobei dieser Wert kurzzeitig z. B. beim Anlauf etwa verdoppelt werden darf.

Bürstenfeuer. Für die Beurteilung der Folgen einer Unterkommutierung ist es zweckmäßig, die Stromdichte unter der Kohlebürste der axialen Länge l_B und der Breite b_B zu bestimmen. Nach Bild 2.30a wird dazu vereinfacht angenommen, dass die Bürstenbreite einer Lamellenteilung entspricht, dabei ist zudem die Dicke der Zwischenisolation vernachlässigt. In der Praxis wählt man b_B etwa 2 bis 4 Lamellenteilungen, ohne dass sich an nachstehenden Ergebnissen Wesentliches ändert.

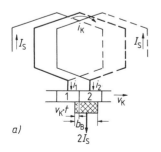
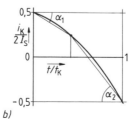

Bild 2.30 Bestimmung der Stromdichte unter der Kohlebürste
a) Teilströme während des Kurzschlusses
b) Verlauf des Kurzschlussstromes i_K

Für die Stromdichte unter den beiden Teilflächen der Kohlebürste zur Lamelle 1 und 2 ergibt sich nach Bild 2.30 a:

Stromdichte unter Lamelle 1

$$J_1 = \frac{i_1}{l_B \cdot v_K \cdot t} = \frac{I_s - i_K}{l_B \cdot b_B \cdot t/t_K}$$

Stromdichte unter Lamelle 2

$$J_2 = \frac{i_2}{l_B(b_B - v_K \cdot t)} = \frac{I_s + i_K}{l_B \cdot b_B(1 - t/t_K)}$$

Definiert man eine mittlere Stromdichte

$$\boxed{J_B = \frac{2I_s}{l_B \cdot b_B}} \tag{2.29}$$

so ergibt sich damit

$$J_1 = J_B \cdot \frac{(I_s - i_K)/2I_s}{t/t_K}$$

$$J_2 = J_B \cdot \frac{(I_s + i_K)/2I_s}{1 - t/t_K}$$

Trägt man nun in Bild 2.30 b den Verlauf des Kurzschlussstromes über der Zeit in bezogenen Wert, d. h. in der Form $i_K/2I_s = f(t/t_K)$ auf und zeichnet für einen beliebigen Punkt die Winkel α_1 und α_2 ein, so erhält man die Funktionen

$$\tan \alpha_1 = \frac{(I_s - i_K)/2I_s}{t/t_K}$$

$$\tan \alpha_2 = \frac{(I_s + i_K)/2I_s}{1 - t/t_K}$$

In obige Gleichungen eingesetzt, ergibt dies die

Stromdichte unter Lamelle 1

$$\boxed{J_1 = J_B \cdot \tan \alpha_1} \tag{2.30 a}$$

Stromdichte unter Lamelle 2

$$\boxed{J_2 = J_B \cdot \tan \alpha_2} \tag{2.30 b}$$

Die Folge einer Unterkommutierung lässt sich mit den Gl. (2.30 a, b) aus den Bildern 2.30 b und 2.31 bestimmen. Im Vergleich zum geradlinigen Verlauf wird während der gesamten Kurzschlusszeit t_K immer $\tan \alpha_1 < 1$ und $\tan \alpha_2 > 1$. Die Stromdichte der ablaufenden Bürstenkante, d. h. bei Lamelle 2, ist damit stets größer als der Mittelwert J_B. Ist die Überhöhung zu stark, so tritt Bürstenfeuer auf, was auf die Dauer eine Beschädigung von Kohle und Lamelle verursacht.

2.2 Luftspaltfelder und Betriebsverhalten

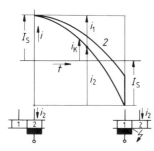

Bild 2.31 Verlauf der Ströme einer kommutierenden Ankerspule bei Unterkommutierung, Kurve 2: i_2 wird abgerissen

Der Verlauf aller Teilströme der kommutierenden Ankerspule (in Bild 2.30 a) und die Lage der beiden Lamellen zur Kohlebürste zu Anfang und Ende des Kurzschlusses sind in Bild 2.31 gezeigt. Es werden zwei unterschiedliche Zeitverläufe für i_K angenommen, wobei für Kurve 2 die verzögernde Wirkung der Stromwendespannung U_r so stark ist, dass i_2 auch bei $t = t_K$ noch nicht null ist. Dies wird jetzt aber durch den Abriss des Kontaktes zwischen Lamelle und Bürste erzwungen, wobei ein Lichtbogen entsteht. Nach Kurve 2 verzögerte Stromwendungen ergeben also sehr starkes Bürstenfeuer und sind zwingend zu vermeiden.

Querfeldspannung. Außer der Reaktanzspannung entsteht in der kurzgeschlossenen Ankerspule auch noch eine Bewegungsspannung. Sie ist die Folge des Ankerquerfeldes, wodurch in der geometrisch neutralen Zone, in der sich die Spulenstäbe gerade befinden, die Flussdichte B_A auftritt (Bild 2.26 b). Mit der Windungszahl N_s berechnet sich die Bewegungsspannung in einer Spule zu

$$U_b = 2 \cdot N_s \cdot B_A \cdot l \cdot v_A$$

In Bild 2.32 sind die Feldlinien des Ankerquerfeldes $\Phi_A \sim B_A$ und des Streufeldes Φ_σ der kommutierenden Ankerspule dargestellt. Man erkennt, dass bei der Drehung von 1 nach 2 das Querfeld eine gleichgerichtete Flussänderung in der Ankerspule ergibt wie ihr kommutierendes Streufeld. Dies bedeutet, dass U_b dieselbe Richtung wie die Stromwendespannung U_r hat und mit $U_r + U_b$ gemeinsam die Verzögerung des Kurzschlussstromes bewirkt.

Wendefeldspannung. Die gleichsinnige Wirkung der beiden Spannungen U_r und U_b zeigt bereits die Möglichkeit auf, die unerwünschte Unterkommutierung zu vermeiden. Dies wird erreicht, wenn man das Ankerfeld B_A in der Pollücke beseitigt und durch ein entgegengesetzt gerichtetes Wendefeld B_w ersetzt. Anstelle der Bewegungsspannung U_b tritt dann die Wendefeldspannung

$$\boxed{U_w = 2N_s \cdot B_w \cdot l \cdot v} \tag{2.31}$$

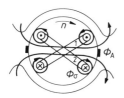

Bild 2.32 Ankerquer- und Nutstreufeld bei Stromwendung einer Ankerspule

mit umgekehrtem Vorzeichen wie die Reaktanzspannung U_r. Durch passende Auslegung des Wendefeldes lässt sich $U_r + U_w = 0$ erreichen, womit die geradlinige Stromwendung wieder hergestellt ist. In der Praxis geht man gerne noch etwas weiter und erhält mit $U_r + U_w < 0$ eine leicht beschleunigte Stromwendung oder Überkommutierung.

Für eine genauere Untersuchung der Stromwendung jeder Spule ist deren magnetische Kopplung mit den übrigen gleichzeitig kurzgeschlossenen Spulen der Nut zu beachten, da die Bürsten in der Praxis 2 bis 3 Lamellen überdecken. Dies führt meist zu ungleichen Reaktanzspannungen für die u Teilspulen, wobei besonders die letzte Spule der Nut eine erschwerte Stromwendung erfährt. Außerdem ist die Reaktanzspannung auch für eine Spule während der Kommutierungszeit nicht konstant. Die angegebene Begrenzung auf etwa 8 V erfolgt daher hauptsächlich mit Rücksicht auf diese Abweichungen vom errechneten Mittelwert, da nur letzterer von den Wendepolen kompensiert werden kann.

Eine Angleichung der Stromwendespannung an den Mittelwert wird durch die Ausführung der Ankerspulen als Sehnen- oder als Treppenwicklung erreicht. Im letzteren Falle liegen die zu den u Oberstäben einer Nut gehörenden Rückleiter in der Unterschicht auf zwei Nuten verteilt [3].

2.2.4 Wendepole und Kompensationswicklung

Wendefeld. Der Aufbau des Wendefeldes erfolgt durch zusätzliche Hilfs- oder Wendepole in der neutralen Zone (Bild 2.33), deren Wicklungen zum Anker gegensinnig in Reihe geschaltet sind. Die Wendepoldurchflutung $\Theta_w = I_A \cdot N_w$ kompensiert zunächst die magnetische Spannung V_A des Ankerquerfeldes nach Gl. (2.16) in der Pollücke und baut darüber hinaus mit

$$B_w = \mu_0 \cdot \frac{V_{wL}}{\delta_w} \tag{2.32a}$$

das Wendefeld auf (Bild 2.33 c).

Nimmt man als Bedingung für die Auslegung der Wendepole die Forderung, dass mit $U_r + U_w = 0$ die Wendefeldspannung den durch die Stromänderung induzierten Wert U_r aufhebt, so kann man die jeweiligen Bestimmungsgleichungen (2.27) und (2.31) gleichsetzen. Dies ergibt dann für die erforderliche Flussdichte B_w unter dem Wendepol die Beziehung

$$B_w = \xi \cdot A \tag{2.32b}$$

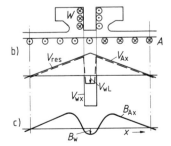

Bild 2.33 Schaltung und Wirkungsweise der Wendepole
a) Schaltung von Ankerwicklung A und Wendepolwicklung W
b) Verlauf der Felderregerkurven von Ankerwicklung V_{Ax} und Wendepol V_{Wx}
c) Resultierender Feldverlauf

2.2 Luftspaltfelder und Betriebsverhalten

Mit den Mittelwerten $\xi = 5 \cdot 10^{-8}$ V·s/A·cm und $A = 400$ A/cm bedeutet dies $B_w = 0,2$ T.

Beispiel 2.7: Eine vierpolige Gleichstrommaschine mit den Daten $I_{AN} = 122$ A, $d_A = 35$ cm, $z_A = 540$ wird mit einer Wellenwicklung ausgeführt. Welche Windungszahl N_w muss der Wendepol erhalten, wenn der Luftspalt $\delta_w = 6,3$ mm ist und $\xi = 5 \cdot 10^{-8}$ V·s/A·cm beträgt?

Nach Gl. (2.14) erhält man für den Ankerstrombelag

$$A = \frac{z_A \cdot I_{AN}}{2a \cdot d_A \cdot \pi} = \frac{540 \cdot 122 \text{ A}}{2 \cdot 1 \cdot 35 \text{ cm} \cdot \pi} = 300 \text{ A/cm}$$

Damit werden nach den Gl. (2.32) eine Luftspaltflussdichte

$$B_w = \xi \cdot A = 5 \cdot 10^{-8} \text{ V·s/A·cm} \cdot 300 \text{ A/cm} = 0,15 \text{ T}$$

und die magnetische Spannung

$$V_{wL} = \frac{B_w \cdot \delta_w}{\mu_0} = \frac{0,15 \text{ T} \cdot 0,0063 \text{ m}}{1,256 \cdot 10^{-6} \text{ V·s/A·m}} = 752 \text{ A}$$

erforderlich.

Nach Bild 2.33 muss die Wendepolwicklung zunächst die Querdurchflutung V_A nach Gl. (2.16) abbauen und darüber hinaus V_{wL} erzeugen.

$$V_A = 0,5 \text{ A} \cdot \tau_p = 0,5 \text{ A} \frac{d_A \cdot \pi}{2p}$$

$$V_A = \frac{300 \text{ A/cm} \cdot 35 \text{ cm} \cdot \pi}{2 \cdot 4} = 4123 \text{ A}$$

Damit $\Theta_w = V_A + V_{wL} = 4875$ A

wozu die Wendepolwindungszahl

$$N_w = \Theta_w / I_{AN} = 4875 \text{ A} / 122 \text{ A} = 40$$

benötigt wird.

Aufgabe 2.7: Die Wendepolwicklung aus Beispiel 2.7 wird irrtümlicherweise mit $N_w = 42$ ausgeführt. Wie ist jetzt der Luftspalt unter dem Wendepol zu wählen?
Ergebnis: $\delta_w = 8,38$ mm

Aufgabe 2.8: Die Gleichstrommaschine aus Beispiel 2.7 wird mit $N_s = 1$ angeführt. Bei welcher Drehzahl und $l = d_A$ erreicht die Stromwendespannung den Wert $U_r = 8$ V?
Ergebnis: $n = 4157$ min^{-1}

Kompensationswicklung. Im Bereich der Polschuhe bleibt das Ankerquerfeld durch die Wendepole unbeeinflusst und damit auch die Feldverzerrung mit ihren Folgen bestehen. Dies ist besonders dann von Nachteil, wenn man die Maschine zum Zwecke der Drehzahlsteuerung mit geschwächtem Erregerfeld betreiben will. In diesem Fall muss vielfach das Ankerquerfeld auch im Bereich der Hauptpole kompensiert werden, da anderenfalls, wie nachstehend gezeigt ist, eine zu starke Feldverzerrung auftritt.

In der Darstellung von Bild 2.34 erreicht eine Gleichstrommaschine bei voller Erregung mit V_{EN} im Leerlauf die Luftspaltflussdichte B_L und durch Überlagerung der Ankerquerdurchflutung V_{Aq} an einer Polkante etwa den Höchstwert $B_{maxN} = 1,13 B_L$. Reduziert man die Luftspaltflussdichte mit $0,5 B_L$ auf den halben Wert, so ist dazu nur noch

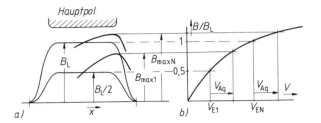

Bild 2.34 Bestimmung der Feldverzerrung bei geschwächtem Erregerfeld
a) Verlauf der Luftspaltflussdichte
b) Magnetisierungskennlinie im Polbereich

die Erregerdurchflutung V_{E1} erforderlich, zu der sich bei unveränderter Belastung wieder V_{Aq} addiert. An der einen Polkante entsteht damit nach der Kennlinie in Bild 2.34 der Höchstwert $B_{max1} = 0,8 B_L$, was bezogen auf die halbierte Leerlaufflussdichte einer Erhöhung um den Faktor 1,6 entspricht. Nach Gl. (2.22) steigt damit als Folge der Feldschwächung die maximale Lamellenspannung um den Faktor 1,6/1,13 = 1,42 an. Lag die Auslegung der Maschine schon bei V_{EN} an der zulässigen Grenze, so besteht bei Feldschwächung die Gefahr von Überschlägen an der Stromwenderisolation, was Rundfeuer einleiten kann.

Zur Beseitigung der Feldverzerrung auch im Bereich der Hauptpole erhalten alle Maschinen großer Leistung und Motoren für einen weiten Feldschwächebereich eine so genannte Kompensationswicklung. Sie liegt in eigenen Nuten entlang der Polschuhe (Bild 2.35 a), ist mit der Wendepolwicklung in Reihe geschaltet und damit ebenfalls vom Ankerstrom durchflossen. In Bild 2.35 b erkennt man, dass die Kompensationswicklung wie eine Verlagerung eines Teils der Wendepolwindungen auf die benachbarten Polschuhe wirkt.

Die Leiterzahl in den Polschuhnuten wird so gewählt, dass sich entlang des Polbogens ein Strombelag ausbildet, der entgegengesetzt gleich dem Ankerstrombelag ist. Die resultierende Durchflutung durch den Ankerstrom wird damit im Bereich der Hauptpole zu null, womit die Ankerrückwirkung beseitigt ist. In Bild 2.36 sind die einzelnen Verläufe der magnetischen Spannungen mit der Entlastung der Wendepolwicklung W gezeigt.

Aufgabe 2.9: Die Gleichstrommaschine aus Beispiel 2.7 soll eine Kompensationswicklung mit $Q_K = 6$ Nuten/Pol erhalten. Welche Leiterzahl/Nut z_K ist erforderlich, wenn der Ankerstrombelag im Bereich der Polschuhe ($\alpha = 0,71$) gerade aufgehoben werden soll?

Ergebnis: $z_K = 8$

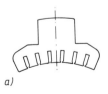
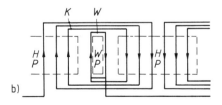

Bild 2.35 Kompensationswicklung
a) Hauptpol mit Nuten für eine Kompensationswicklung
b) Schaltung von Wendepolwicklung W und Kompensationswicklung K

2.2 Luftspaltfelder und Betriebsverhalten

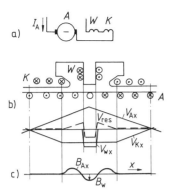

Bild 2.36 Schaltung und Wirkungsweise der Kompensationswicklung K
a) Schaltung der Wicklungen
b) Verlauf der Felderregerkurven
 V_{Ax} Ankerwicklung
 V_{Wx} Wendepolwicklung
 V_{Kx} Kompensationswicklung
c) Resultierender Feldverlauf

Hilfsreihenschlusswicklung. Da die Kompensationswicklung konstruktiv aufwändig und damit teuer ist, wird bei Maschinen bis zu mittleren Leistungen meist darauf verzichtet. Um trotzdem die Feldschwächung durch die Ankerrückwirkung ausgleichen zu können, wird vielfach eine Hilfsreihenschlusswicklung, auch Kompoundwicklung genannt, zusätzlich auf die Hauptpole konzentrisch zur Erregerwicklung aufgebracht (Bild 2.37). Derartige Ausführungen sind im nächsten Abschnitt als Doppelschlussmaschinen behandelt.

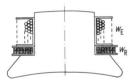

Bild 2.37 Hauptpol mit Doppelschlusserregung
 W_E Erregerwicklung
 W_R Reihenschlusswicklung

Die Kompoundwicklung ist als zusätzliche Reihenschluss-Erregerwicklung vom Ankerstrom durchflossen und verstärkt lastabhängig die Durchflutung des Erregerfeldes. Sie wirkt damit wie eine stetige Erhöhung des Erregerstromes, was den gesamten Feldverlauf $B = f(x)$ im Bereich der Hauptpole anhebt und so den Fluss Φ verstärkt. Die Feldverzerrung unter den Polschuhen wird durch die Kompoundwicklung nicht beseitigt, dies vermag allein die Kompensationswicklung.

Resultierende Feldkurven. In Bild 2.38 ist, ausgehend vom Verlauf des Erregerfeldes im Leerlauf, die prinzipielle Wirkung aller besprochenen Einzelwicklungen auf die Feldkurve der Gleichstrommaschine zusammengestellt. Die Wicklungen werden nacheinander zugeschaltet. Dabei fehlen die in Bild 2.24 gezeigten Schwankungen der Kurven durch die Nut-Zahnfolge des Ankers.

Die symmetrische Erregerfeldkurve (Teil a) wird durch die stromdurchflossene Ankerwicklung verzerrt und in der geometrisch neutralen Zone ein Querfeld B_A (Teil b) erzeugt. Die Wendepolwicklung W hebt dieses Querfeld auf und bildet das entgegengerichtete Wendefeld B_w aus (Teil c). Sie bleibt aber in ihrer Wirkung auf die Pollücke begrenzt. Erst die Kompensationswicklung K beseitigt die Feldverzerrung im Bereich der Hauptpole (Teil d) und vermeidet damit die lastabhängige Feldschwächung. Bei Verwendung einer Kompoundwicklung anstelle einer Kompensationswicklung wird

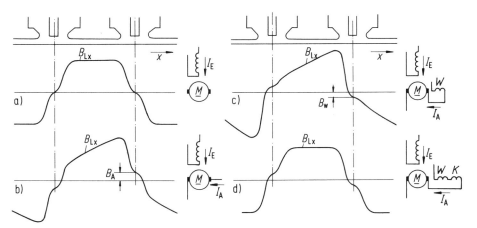

Bild 2.38 Feldkurven B_{Lx} einer Gleichstrommaschine
Es sind folgende Wicklungen zugeschaltet:
a) Erregerwicklung
b) Erreger- und Ankerwicklung
c) Erreger-, Anker- und Wendepolwicklung
d) Erreger-, Anker-, Wendepol- und Kompensationswicklung

der Feldverlauf nach Teil c im Bereich des Hauptpols etwas angehoben, bleibt aber in seiner Form erhalten.

Bürstenverschiebung. Nach Bild 2.38 ist zu erkennen, dass sich die Reaktanzspannung auch ohne Wendepolwicklung durch eine Bürstenverschiebung aufheben lässt. Die kommutierende Spule wird durch die neue Bürstenlage aus der geometrisch neutralen Zone hinaus in den Bereich des nächsten Hauptfeldes gelegt, wodurch wieder eine der Reaktanzspannung entgegengerichtete Bewegungsspannung entsteht. Allerdings müsste diese Bürstenverstellung zur Kompensation der stromabhängigen Reaktanzspannung je nach Belastung variiert werden. Dies beschränkt die Anwendung auf kleine Maschinen, wo mitunter eine feste mittlere Schaltverschiebung (s. Absch. 7.2) vorgenommen ist.

2.3 Kennlinien und Steuerung von Gleichstrommaschinen

2.3.1 Anschlussbezeichnungen und Schaltbilder

Für die Darstellung der Wicklungen einer Gleichstrommaschine gelten die grafischen Symbole nach DIN EN 60617-6 (1997). Das gewohnte ausgefüllte Rechteck ist im Sinne einer internationalen Vereinheitlichung durch eine Anzahl Kreisbögen ersetzt. Für die Anschlussbezeichnungen gelten die Bestimmungen in VDE 0530 T.8.

Alle Anschlussstellen der Wicklungen werden durch Großbuchstaben und Zahlen gekennzeichnet. Dabei legt der Buchstabe die Art der Wicklung fest, Anfang und Ende werden durch die Zahlen 1 und 2 unterschieden. Nachstehende Übersicht bringt eine Auswahl aus VDE 0530 Teil 8.

2.3 Kennlinien und Steuerung von Gleichstrommaschinen

Maschinenteil	Anschlussbezeichnung
Anker(wicklung)	A1–A2
Wendepolwicklung	B1–B2
Kompensationswicklung	C1–C2
Erregerwicklung (Reihenschluss)	D1–D2
Erregerwicklung (Nebenschluss)	E1–E2
Erregerwicklung (Fremderregung)	F1–F2

Schaltung der Erregerwicklung. Die das Hauptfeld der Gleichstrommaschine erzeugende Erregerwicklung im Ständer kann auf drei verschiedene Arten geschaltet werden.

Bei der Reihen- oder Hauptschlusswicklung sind Anker- und Erregerwicklung hintereinander geschaltet (Bild 2.39 a). Die Erregung ist damit nicht konstant, sondern proportional dem Belastungsstrom. Die Reihenschlusswicklung besitzt entsprechend relativ wenige aber querschnittstarke Windungen. Maschinen mit dieser Schaltung sind z. B. die Universalmotoren in E-Werkzeugen und die Antriebe in Straßenbahnen, O-Bussen und teilweise bei Elektroautos.

Die Nebenschluss-Erregerwicklung liegt parallel zum Anker und damit an einer festen Spannung (Bild 2.39 b). Der Erregerstrom ist belastungsunabhängig und beträgt nur wenige Prozent des Ankerstromes. Die Nebenschlusswicklung benötigt eine hohe Windungszahl bei geringem Drahtdurchmesser.

Die fremderregte Erregerwicklung erhält etwa dieselbe Auslegung wie eine Nebenschlusswicklung, aber eine eigene vom Anker unabhängige Spannungsversorgung (Bild 2.39 c). Im Bereich der Industrieantriebe wird fast ausschließlich diese Fremderregung verwendet, da die Gleichstrommaschine hier immer eine Drehzahlregelung erhält. Wie in Abschnitt 2.3.3 gezeigt wird, müssen dazu die Anker- und die Erregerspannung getrennt voneinander einstellbar sein.

Bei der Ausführung einer Doppelschlussmaschine (Bild 2.39 d) verstärkt man die Fremd- bzw. Nebenschlusserregung durch eine zusätzliche Reihenschlusswicklung. Mit dieser auch Kompoundierung genannten ankerstromabhängigen Zusatzerregung

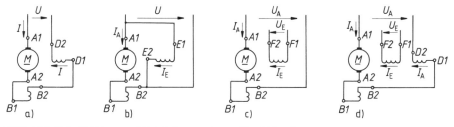

Bild 2.39 Schaltbilder von Gleichstrommotoren (Rechtslauf)
a) Reihenschlussmotor
b) Nebenschlussmotor
c) Fremderregter Motor
d) Doppelschlussmotor

lässt sich am einfachsten die unfreiwillige Schwächung des Hauptpolfeldes durch die Ankerrückwirkung vermeiden. Zu beachten ist allerdings, dass bei einem Wechsel der Polarität von I_A oder I_E in Bild 2.39 d zur Änderung der Drehrichtung eine Umschaltung der Hilfsreihenschlusswicklung D1–D2 erfolgt, da ansonsten beide Erregungen gegeneinander gerichtet wären.

Schaltbilder. Die verschiedenen Ausführungen der Erregerwicklung ergeben die Schaltbilder für Gleichstrommotoren nach Bild 2.39. Für die Polarität der sich weitgehend aufhebenden Magnetfelder in der Querachse ist festgelegt, dass die Wicklungen von Anker und Wendepol richtig geschaltet sind, wenn überall der Strom in Richtung von der niederen zur höheren Kennzahl fließt. Es ist daher nicht nötig, wie hier angegeben, die Gegenschaltung des Wendepols auch zeichentechnisch zu beachten. Ebenso kann die Andeutung der Kohlebürsten am Anker entfallen.

Für den Drehsinn der Motoren ergibt sich bei einer Stromrichtung in allen Wicklungen von der Kennzahl 1 nach 2 Rechtslauf. Dies bedeutet, dass in den Schaltbildern der Pfeil des Erregerstromes I_E stets auf den Anker zu gerichtet ist. Das Ankerdrehmoment wirkt dann in der Richtung, in welcher der Pfeil des Ankerstromes I_A bei Drehung auf kürzestem Wege mit der Richtung von I_E übereinstimmt.

2.3.2 Kennlinien von Gleichstrommaschinen

Bild 2.40 zeigt die Ersatzschaltung einer fremderregten Gleichstrommaschine mit Anschluss an ein Netz der Spannung U_A. Berücksichtigt man auch die Übergangsspannung am Kontakt Kohlebürste–Stromwender, so gilt die Spannungsgleichung

$$U_A = U_q + I_A \cdot R_A + 2U_B \qquad (2.33)$$

Für den Ankerstrom ergibt sich daraus die Beziehung

$$I_A = \frac{U_A - (U_q + 2U_B)}{R_A} \qquad (2.34)$$

mit den Betriebsarten als

– Motor bei positivem I_A durch $U_A > U_q + 2U_B$
  Die Maschine liefert bei der Drehzahl n an der Welle das Drehmoment M

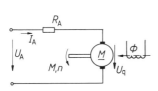

Bild 2.40 Ersatzschaltung einer fremderregten Gleichstrommaschine für stationären Betrieb

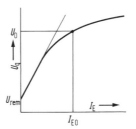

Bild 2.41 Leerlaufkennlinie eines Generators
U_rem Remanenzspannung

2.3 Kennlinien und Steuerung von Gleichstrommaschinen

- Generator bei negativem I_A durch $U_A < U_q + 2U_B$
  Die Maschine erhält an der Welle das Drehmoment M zugeführt und liefert bei der Drehzahl n die Leistung $U_A \cdot I_A$ in das Netz.

Die Maschine geht also bei konstanter Klemmenspannung U_A allein durch Vergrößern der induzierten Spannung U_q infolge einer höheren Drehzahl oder verstärkter Erregung direkt vom Motor- in den Generatorzustand über.

Gleichstromgeneratoren haben seit der Einführung der Leistungselektronik keine Bedeutung mehr. Soweit für Straßenbahnen, Elektrolyse- und Galvanikanlagen oder sonstige Anwendungen Gleichstromenergie benötigt wird, erzeugt man diese über gesteuerte Gleichrichter aus dem Drehstromnetz. Nachstehend sollen daher nur die Begriffe Leerlaufkennlinie und Selbsterregung besprochen werden.

Leerlaufkennlinie. Nach Gl. (2.19a) misst man an den offenen Ankerklemmen einer Gleichstrommaschine die induzierte Spannung $U_q = 4N \cdot p \cdot n \cdot \Phi$. Den Verlauf dieser Leerlaufspannung vom Erregerstrom I_E bei konstanter Drehzahl bezeichnet man als Leerlaufkennlinie $U_q = f(I_E)$ (Bild 2.41). Wegen $U_q \sim \Phi$ und $I_E \sim \Theta_E$ hat diese denselben Verlauf wie die Magnetisierungskennlinie des gesamten Erregerkreises und verringert im oberen Teil ihre Steigung mit wachsender magnetischer Sättigung. War die Maschine schon einmal erregt, so besteht bereits bei $I_E = 0$ durch die Hysterese des Eisens eine Remanenzspannung U_{rem}. Dieser Anfangswert von einigen Prozent der Bemessungsspannung ist entscheidend für die Möglichkeit der Selbsterregung.

Selbsterregung. Zur Nutzung dieses 1866 durch Werner von Siemens entdeckten Verfahrens wird die Erregerwicklung nach Bild 2.42 parallel zum Anker der mit der Drehzahl n angetriebenen Maschine geschaltet. Schließt man den Schalter S, so steht für die Ausbildung der Erregung zunächst nur die kleine Remanenzspannung U_{rem} zur Verfügung. Bei richtiger Polung – anderenfalls spricht man von einer Selbstmordschaltung – verstärkt der zunächst sehr geringe Erregerstrom $i_{E0} = U_{rem}/R_E$ das Hauptfeld, ausgehend vom Remanenzwert Φ_{rem}, und erhöht dadurch langsam die Ankerspannung. Der Erregerstrom kann dadurch ansteigen und es entsteht ein aufklingender Vorgang, der schließlich einen stabilen Endwert erreicht.

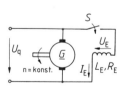
Bild 2.42 Selbsterregung einer Gleichstrommaschine

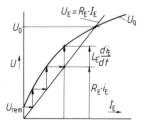
Bild 2.43 Verlauf der Selbsterregung

Während des Feldaufbaus steht bei Vernachlässigung des geringen ohmschen Spannungsfalles im Anker die Erregerspannung

$$u_E = u_q = f(i_E)$$

zur Verfügung. Für den Erregerkreis gilt damit die Spannungsgleichung

$$u_q = R_E \cdot i_E + L_E \frac{di_E}{dt}$$

da in der Wicklung durch den ansteigenden Erregerstrom eine Spannung der Selbstinduktion auftritt. Solange nach Bild 2.43, das die Spannungsaufteilung für einen beliebigen Augenblick angibt, $u_q > R_E \cdot i_E$ besteht, bleibt $di_E/dt > 0$, und der Feldaufbau geht weiter. Erst im Schnittpunkt zwischen Leerlaufkennlinie und der Widerstandsgeraden $U_E = R_E \cdot I_E$ ist der stationäre Zustand mit einem stabilen Arbeitspunkt erreicht.

Voraussetzung für die Ausbildung der Selbsterregung ist ein Erregerwiderstand R_E, dessen Gerade in Bild 2.43 unterhalb der Anfangstangente an die Leerlaufkennlinie liegt.

Drehmoment-Drehzahl-Kennlinie. Das stationäre Betriebsverhalten eines Gleichstrommotors lässt sich über die Ersatzschaltung in Bild 2.40 mit den eingetragenen Größen bestimmen. Vernachlässigt man zunächst den Bürstenspannungsfall $2U_B$, so erhält man die Spannungsgleichung im Ankerkreis

$$\boxed{U_A = U_q + R_A \cdot I_A} \tag{2.35}$$

Für die induzierte Spannung gilt nach Gl. (2.19 b) $U_q = z_A \cdot \Phi \cdot n \cdot p/a$ und mit der Maschinenkonstanten

$$c = z_A \cdot \frac{p}{a}$$

$$\boxed{U_q = c \cdot \Phi \cdot n} \tag{2.36}$$

Aus den Gln. (2.35) und (2.36) lässt sich die Abhängigkeit der Drehzahl vom Ankerstrom zu

$$\boxed{n = \frac{U_A}{c \cdot \Phi} - \frac{R_A \cdot I_A}{c \cdot \Phi}} \tag{2.37}$$

angeben.

Für das Drehmoment gilt schließlich nach Gl. (2.23), wenn man mit $M = M_i$ das Verlustmoment vernachlässigt

$$M = d_A \cdot p \cdot \Phi \cdot A$$

Ersetzt man den Ankerstrombelag nach Gl. (2.14) und führt wieder die Maschinenkonstante c ein, so gilt

$$\boxed{M = \frac{c}{2\pi} \cdot \Phi \cdot I_A} \tag{2.38}$$

Die Gln. (2.37) und (2.38) ergeben dann die allgemeine Drehzahl-Drehmoment-Beziehung

$$\boxed{n = \frac{U_A}{c \cdot \Phi} - \frac{2\pi \cdot R_A}{(c \cdot \Phi)^2} \cdot M} \tag{2.39}$$

2.3 Kennlinien und Steuerung von Gleichstrommaschinen

Alle Gleichungen gelten unabhängig von der Schaltung der Erregerwicklung für jeden stationären Betriebszustand.

Drehzahlstabilität. Vor der Auswertung von Gl. (2.39) für die einzelnen Motortypen soll der Begriff der statischen Drehzahlstabilität erläutert werden.

Treibt ein Motor eine Arbeitsmaschine mit dem Momentenbedarf $M_w = f(n)$ an, so ergibt sich die Betriebsdrehzahl aus dem Schnittpunkt beider Drehzahl-Drehmoment-Kurven. Dieser Arbeitspunkt ist (Bild 2.44) nur dann stabil, wenn bei Drehzahlen über dem Schnittpunkt das Lastmoment M_w überwiegt und bei Drehzahlen darunter das Antriebsmoment des Motors M. Für diese so genannte statische Stabilität muss damit die allgemeine Bedingung

$$\boxed{\left(\frac{dM_w}{dn}\right)_{Last} > \left(\frac{dM}{dn}\right)_{Motor}} \tag{2.40}$$

erfüllt sein.

Nach dieser Beziehung ist der Betriebspunkt P in Bild 2.44 stabil, dagegen sind P_1 und P_2 in Bild 2.45 instabil.

Die Entscheidung, welcher Gleichgewichtszustand beim Schnittpunkt zweier Kennlinien vorliegt, lässt sich leicht nach den Folgen einer momentanen Störung treffen. Kehrt der Antrieb nach dem Abklingen eines Stoßes wieder zu der früheren Drehzahl zurück, so ist dieser Arbeitspunkt stabil, entfernt er sich davon, so lag ein labiles Gleichgewicht vor.

Wie in Bild 2.45, so führt in vielen Fällen eine mit dem Moment ansteigende Drehzahlkennlinie eines Motors zu instabilem Verhalten. Ein derartiger Verlauf wird daher von vornherein als unbrauchbar vermieden.

Fremderregung. Da Gleichstrommotoren stets als drehzahlgeregelte Antriebe verwendet werden, kommt allgemein die Schaltung nach Bild 2.39 c mit getrennter Spannungsversorgung für Anker- und Feldkreis zum Einsatz. Die Erregerwicklung erhält damit einen konstanten Gleichstrom und ohne Berücksichtigung der Ankerrückwirkung einen von der Belastung unabhängigen Fluss Φ. Unter dieser Voraussetzung sinkt die Drehzahl nach Gl. (2.39) als Folge des Spannungsfalls im Ankerkreis bei steigender Belastung (Bild 2.46) ab, und zwar von der

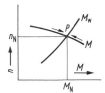

Bild 2.44 Stabiler Arbeitspunkt zwischen Motorkennlinie M und Lastkennlinie M_w

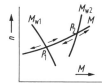

Bild 2.45 Instabile Arbeitspunkte zwischen Motor- und Lastkennlinie

Leerlaufdrehzahl

$$n_0 = \frac{U_A}{c \cdot \Phi} \tag{2.41}$$

um die Drehzahländerung

$$\Delta n = \frac{2\pi \cdot R_A}{(c \cdot \Phi)^2} \cdot M \tag{2.42}$$

nach $\quad n = n_0 - \Delta n \tag{2.43}$

Für das Verhältnis $\Delta n/n_0$ ergibt sich nach Gl. (2.37) bei Multiplikation mit dem Ankerstrom

$$\frac{\Delta n}{n_0} = \frac{I_A^2 \cdot R_A}{I_A \cdot U_A} = \frac{P_{CuA}}{P_A} \tag{2.44}$$

Da mit Rücksicht auf die Erwärmung und einen guten Wirkungsgrad das Verhältnis P_{CuA}/P_A (also Ankerverluste zu Ankerleistung) möglichst klein zu halten ist, beträgt der Drehzahlabfall bis zur vollen Belastung nur einige Prozent. Man bezeichnet eine derartige Drehzahlkurve als harte Kennlinie mit Nebenschlussverhalten.

Bei unkompensierten Maschinen wird das Feld durch die Ankerrückwirkung mit steigender Belastung geschwächt. Dadurch vergrößert sich das überwiegende erste Glied in Gl. (2.39) stetig und verringert den Drehzahlabfall. Mitunter wirkt sich dies so stark aus, dass schon im Bereich von M_N ein Wiederansteigen der Drehzahl (Bild 2.46, Kurve 2) erfolgt. Derartige Kennlinien wurden bereits als instabil bezeichnet und müssen durch entsprechende Auslegung des Motors vermieden werden.

Beispiel 2.8: Ein fremderregter Gleichstrommotor mit $U_{AN} = 220$ V, $R_A = 0{,}151$ Ω $n_0 = 1450$ min^{-1} besitzt ein Bemessungsmoment von $M_N = 72{,}6$ N · m. Es ist die Betriebsdrehzahl bei Halb- und Volllast

a) ohne Ankerrückwirkung mit $\Phi = \Phi_0 =$ konstant

b) mit Ankerrückwirkung nach $\Phi = \Phi_0 \left[1 - 0{,}05 \left(\frac{M}{M_N}\right)^2\right]$ anzugeben.

Nach Gl. (2.39) ist $n = n_0 - \Delta n = \dfrac{U_A}{c \cdot \Phi} - \dfrac{2\pi \cdot R_A}{(c \cdot \Phi)^2} \cdot M$

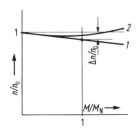

Bild 2.46 Drehzahlkennlinie des fremderregten Gleichstrommotors
1 ohne Ankerrückwirkung
2 mit Ankerrückwirkung

2.3 Kennlinien und Steuerung von Gleichstrommaschinen

und damit $c \cdot \Phi_0 = \dfrac{U_A}{n_0}$

a) Bei $\Phi = \Phi_0$ ist $\Delta n_a = \left(\dfrac{n_0}{U_A}\right)^2 \cdot 2\pi \cdot R_A \cdot M$ mit $n_0 = 24{,}2\ \text{s}^{-1}$

Halblast: $M = 36{,}3\ \text{N} \cdot \text{m} = 36{,}3\ \text{W} \cdot \text{s}$

$$\Delta n_a = \dfrac{24{,}2^2 \cdot 2\pi \cdot 0{,}151\ \Omega}{\text{s}^2 \cdot 220^2\ \text{V}^2} \cdot 36{,}3\ \text{W} \cdot \text{s} = 0{,}417\ \text{s}^{-1} = 25\ \text{min}^{-1}$$

$n = 1425\ \text{min}^{-1}$

Volllast: $M = 72{,}6\ \text{N} \cdot \text{m}$, $\Delta n_a = 2 \cdot 25\ \text{min}^{-1} = 50\ \text{min}^{-1}$

$n = 1400\ \text{min}^{-1}$

b) Bei $\Phi < \Phi_0$ gilt $n = n_0 \dfrac{\Phi_0}{\Phi} - \Delta n_a \left(\dfrac{\Phi_0}{\Phi}\right)^2$

Halblast: $\Phi/\Phi_0 = 1 - 0{,}05 \cdot 0{,}5^2 = 0{,}9875$

$$n = 1450\ \text{min}^{-1} \cdot \dfrac{1}{0{,}9875} - 25\ \text{min}^{-1} \cdot \dfrac{1}{0{,}9875^2}$$

$n = 1468\ \text{min}^{-1} - 25{,}6\ \text{min}^{-1}$

$n \approx 1442\ \text{min}^{-1}$

Volllast: $\Phi/\Phi_0 = 1 - 0{,}05 = 0{,}95$

$$n = 1450\ \text{min}^{-1} \cdot \dfrac{1}{0{,}95} - 50\ \text{min}^{-1} \cdot \dfrac{1}{0{,}95^2}$$

$n = 1526\ \text{min}^{-1} - 55{,}4\ \text{min}^{-1}$

$n \approx 1471\ \text{min}^{-1}$

Aufgabe 2.10: Mit der Vereinfachung $M = M_i$ ist der Ankerstrom anzugeben, der bei Belastung mit M_N in den Fällen a) und b) benötigt wird.

Ergebnis: a) $I_{AN} = 50{,}1\ \text{A}$, b) $I_{AN} = 52{,}7\ \text{A}$

Aufgabe 2.11: Ein fremderregter Gleichstrommotor mit Kompensationswicklung und einer Leerlaufdrehzahl $n_0 = 1600\ \text{min}^{-1}$ besitzt im Bemessungsbetrieb einen Wirkungsgrad $\eta = 0{,}88$. Die Kupferverluste des Ankerkreises betragen die Hälfte, die Erregerverluste ein Sechstel der Gesamtverluste. Es ist die Betriebsdrehzahl zu bestimmen.

Ergebnis: $n_N = 1502\ \text{min}^{-1}$

Doppelschlussmotoren. Die unfreiwillige Feldschwächung kann durch eine lastabhängige Zusatzerregung mit der in Bild 2.37 vorgestellten Hilfsreihenschlusswicklung aufgehoben werden (Bild 2.39 d). Diese ist konstruktiv einfacher und damit preiswerter als die Kompensationswicklung und wird bei Gleichstrommaschinen ab mittleren Leistungen oft vorgesehen. Im Unterschied zur Kompensationswicklung beseitigt die Kompoundwicklung die Ankerrückwirkung jedoch nicht, sondern gleicht nur deren eine Folge, nämlich die Flussabnahme aus. Die Feldverzerrung wird dagegen nicht aufgehoben.

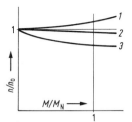

Bild 2.47 Drehzahlkennlinien des Doppelschlussmotors
1 Gegenkompoundierung
2 normale Kompoundierung
3 Überkompoundierung

Die Auslegung der Zusatzerregung erfolgt im Allgemeinen so, dass ein leichter Drehzahlabfall mit der Belastung (Bild 2.47, Kurve 2) erreicht wird. Ist die Reihenschlusswicklung zu kräftig, so sinkt die Drehzahl stark ab, während bei einer Gegenkompoundierung mit feldschwächender Wirkung der Drehzahlverlauf entsprechend Kurve 1 instabil ist.

Längskomponente des Ankerfeldes. Eine weitere Möglichkeit zur Drehzahlstabilisierung besteht in einer Bürstenverschiebung um den Winkel β in Drehrichtung, soweit dies mit Rücksicht auf die Stromwendung zulässig ist. Nach Bild 2.48 erhält das Ankerfeld dabei eine Längskomponente proportional $\sin \beta$, die feldverstärkend wirkt. Die Flussabnahme durch Ankerrückwirkung kann damit ausgeglichen werden.

Eine unbeabsichtigte Kompoundierung wird mitunter durch ein zu starkes Wendepolfeld, wie es zur Erzielung einer Überkommutierung notwendig ist, hervorgerufen. Die Achse des Ankerfeldes verlagert sich dabei entgegen der Drehrichtung aus der neutralen Zone, so dass die Wirkung einer Bürstenverschiebung in dieser Richtung auftritt (Bild 2.49). Das Ankerfeld bildet eine kleine feldschwächende Komponente aus, die genügen kann, um die Drehzahlkennlinie von Motoren, deren Erregerfeld zur Drehzahlerhöhung stark herabgesetzt ist, instabil zu machen.

Reihenschlussmotor. Der Gleichstrom-Reihenschlussmotor besitzt wegen $I_A = I_E = I$ eine laststromabhängige Felderregung, womit ohne Berücksichtigung der magnetischen Sättigung die lineare Beziehung $\Phi = c_I \cdot I$ entsteht. Aus Gl. (2.36) erhält man dann mit $c \cdot c_I = c_R$ für einen Reihenschlussmotor die Quellenspannung nach

$$U_q = c_R \cdot I \cdot n$$

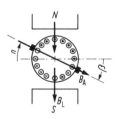

Bild 2.48 Feldverstärkung durch Bürstenverschiebung

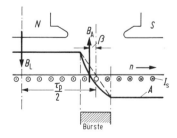

Bild 2.49 Feldschwächung infolge Überkommutierung

2.3 Kennlinien und Steuerung von Gleichstrommaschinen

Das Drehmoment errechnet sich dann über Gl. (2.38) zu

$$M = \frac{c_R}{2\pi} \cdot I^2 \qquad (2.45)$$

Dabei ist wie zuvor beim fremderregten Motor $M = M_i$ gesetzt.

Aus $U_q = c_R \cdot n \cdot I$ und $U_q = U - R_A \cdot I$ lässt sich mit Gl. (2.45) auch die Drehzahl-Drehmoment-Beziehung angeben. Man erhält

$$n = \frac{U}{\sqrt{2\pi c_R \cdot M}} - \frac{R_A}{c_R} \qquad (2.46)$$

Anstelle der relativ harten Kennlinie der fremderregten Maschine ergibt sich beim Reihenschlussmotor ein hyperbolischer Drehzahlverlauf (Bild 2.50). Im idellen Leerlauf mit $I = 0$ steigt die Drehzahl nach Gl. (2.37) auf

$$n_0 = \frac{U}{c \cdot \Phi_{rem}}$$

und ist nur durch den Remanenzfluss begrenzt. Dies bedeutet, dass Reihenschlussmotoren nur unter Belastung betrieben werden dürfen, damit die Drehzahl keine mechanisch unzulässigen Werte annimmt. Ausgenommen sind kleine Maschinen, wo bereits durch die Reibungsverluste ein genügender Leerlaufstrom entsteht, dessen Feld die maximale Drehzahl begrenzt. Auf Grund der magnetischen Sättigung weichen die Kurven $n = f(M)$ und $I = f(M)$ bei größeren Momenten von dem theoretischen Verlauf ab und nähern sich dem Nebenschlussverhalten.

Der Gleichstrom-Reihenschlussmotor findet seine Anwendung fast ausschließlich als Fahrmotor in Nahverkehrs- und Industriebahnen. Wegen $M \sim I^2$ sind hier die für das häufige Anfahren erforderlichen hohen Drehmomente mit geringerer Netzbelastung als beim fremderregten Motor erreichbar, für den $M \sim I_A$ gilt.

Beispiel 2.9: Die Leistungsschilddaten eines Gleichstrom-Reihenschlussmotors lauten: $U_N = 220$ V, $I_N = 40$ A, $n_N = 1680$ min^{-1}. Der Ankerkreiswiderstand beträgt $R_A = 0,7$ Ω.
Bei welchem relativen Laststrom I/I_N erreicht der Motor die Drehzahl $3 n_N$?
Mit $U_{qN} = U - R_A \cdot I = 220$ V $- 0,7$ Ω $\cdot 40$ A $= 192$ V wird die Maschinenkonstante c_R

$$c_R = \frac{U_{qN}}{n_N \cdot I_N} = \frac{192 \text{ V}}{28 \text{ s}^{-1} \cdot 40 \text{ A}} = 0,171 \text{ Ω} \cdot \text{s}$$

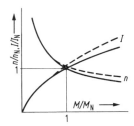

Bild 2.50 Kennlinien des Reihenschlussmotors
— ohne magnetische Sättigung
– – – mit Sättigung

Bei dreifacher Bemessungsdrehzahl gilt nach Gl. (2.46)

$$3n_N = \frac{U}{\sqrt{2\pi c_R \cdot M}} - \frac{R_A}{c_R} \quad \text{und daraus} \quad M = \left(\frac{U}{3n_N + R_A/c_R}\right)^2 \cdot \frac{1}{2\pi c_R}$$

$$M = \left(\frac{220 \text{ V}}{3 \cdot 28 \text{ s}^{-1} + 0{,}7 \text{ }\Omega/0{,}171 \text{ }\Omega \cdot \text{s}}\right)^2 \cdot \frac{1}{2\pi \cdot 0{,}171 \text{ }\Omega \cdot \text{s}} = 5{,}8 \text{ N} \cdot \text{m}$$

Das Drehmoment $M = 5{,}8$ N · m erfordert nach Gl. (2.45) den Strom

$$I = \sqrt{\frac{2\pi}{c_R} \cdot M} = \sqrt{\frac{2\pi \cdot 5{,}8 \text{ W} \cdot \text{s}}{0{,}171 \text{ }\Omega \cdot \text{s}}} = 14{,}6 \text{ A} = 0{,}37 \cdot I_N$$

Beispiel 2.10: Ein Gleichstrom-Reihenschlussmotor hat die Daten: $U_N = 300$ V, $I_N = 48$ A, $M_N = 98$ N · m, $n_N = 1200$ min^{-1}.

Bei welcher Spannung bleibt der Motor bei M_N stehen?

Mit $M_N = \frac{c_R}{2\pi} \cdot I_N^2$ wird $c_R = \frac{2\pi \cdot 98 \text{ W} \cdot \text{s}}{(48 \text{ A})^2} = 0{,}267 \text{ }\Omega \cdot \text{s}$

Aus Gl. (2.46) errechnet sich der Ankerkreiswiderstand R_A zu

$$R_A = c_R \left(\frac{U_N}{\sqrt{2\pi c_R \cdot M_N}} - n_N\right)$$

$$= 0{,}267 \text{ }\Omega \cdot \text{s} \left(\frac{300 \text{ V}}{\sqrt{2\pi \cdot 0{,}267 \text{ }\Omega \cdot \text{s} \cdot 98 \text{ W} \cdot \text{s}}} - 20 \text{ s}^{-1}\right) = 0{,}91 \text{ }\Omega$$

Für Drehzahl null gilt

$$\frac{U}{\sqrt{2\pi c_R \cdot M_N}} = \frac{R_A}{c_R}$$

$$U = \sqrt{2\pi \cdot 0{,}267 \text{ }\Omega \cdot \text{s} \cdot 98 \text{ W} \cdot \text{s}} \cdot \frac{0{,}91 \text{ }\Omega}{0{,}267 \text{ }\Omega \cdot \text{s}} = 43{,}7 \text{ V}$$

2.3.3 Verfahren zur Drehzahländerung

Aus der Drehzahl-Drehmoment-Beziehung nach Gl. (2.39) erhält man bei Vergrößerung des Ankerkreiswiderstandes R_A durch den Vorwiderstand R_v die Gleichung

$$n = \frac{U_A}{c \cdot \Phi} - \frac{2\pi(R_A + R_v)}{(c \cdot \Phi)^2} \cdot M$$

Sie enthält alle an der Motordrehzahl beteiligten Maschinengrößen und zeigt damit die Einstellmöglichkeiten auf. Danach ist die Zuordnung $n = f(M)$ durch die Größen

- Ankerspannung mit $U_A \leq U_{AN}$
- Feldschwächung mit $\Phi \leq \Phi_N$
- Ankervorwiderstand mit $R_A \to R_A + R_v$

zu beeinflussen.

Alle drei Steuerverfahren eignen sich sowohl für fremderregte Maschinen wie für Reihenschlussmotoren, wobei zunächst der fremderregte Motor behandelt werden soll.

2.3 Kennlinien und Steuerung von Gleichstrommaschinen

Ankervorwiderstände. Wird nach Gl. (2.39) im Ankerkreis ein Vorwiderstand R_V zugeschaltet (Bild 2.51), so hat dies nach Gl. (2.41) keinen Einfluss auf die Leerlaufdrehzahl n_0. Die Drehzahländerung Δn erhöht sich dagegen auf

$$\Delta n = \frac{2\pi(R_A + R_v)}{(c \cdot \Phi)^2} \cdot M \qquad (2.47)$$

und man erhält nach Bild 2.52 immer steilere Kennlinien $n = f(M)$. Der große Nachteil dieses Verfahrens besteht aber in den hohen Stromwärmeverlusten in R_v.

Ankerwirkungsgrad. Bei konstantem Drehmoment $M \sim \Phi \cdot I_A$ nimmt der fremderregte Motor eine von der Drehzahl unabhängige Ankerleistung $P_A = U_A \cdot I_A = P_2 + P_{vA}$ auf. An der Welle steht jedoch nur der Anteil $P_2 = 2\pi \cdot n \cdot M$ zur Verfügung, der Rest $P_{vA} = I_A^2 \cdot (R_A + R_v)$ wird in der Ankerwicklung und im Vorwiderstand in Wärme umgesetzt. Vernachlässigt man in der Energiebilanz des Ankers die Eisen- und Reibungsverluste, so erhält man den Wirkungsgrad des Ankers zu

$$\eta_A = 1 - \frac{P_v}{P_A}$$

und damit nach Gl. (2.44)

$$\boxed{\eta_A = 1 - \frac{\Delta n}{n_0} = \frac{n}{n_0}} \qquad (2.48)$$

Der Wirkungsgrad geht also proportional mit der Drehzahl zurück, womit diese Art der Drehzahleinstellung vor allem für größere Motoren und im Dauerbetrieb unwirtschaftlich ist.

Ankerspannungs- und Feldstellbereich. Eine Änderung der Ankerspannung U_A bzw. des Hauptpolfeldes Φ über den Erregerstrom I_E beeinflusst nach Gl. (2.41) die Leerlaufdrehzahl

$$n_0 = \frac{U_A}{c \cdot \Phi}$$

Da mit Rücksicht auf die zulässige Lamellenspannung am Stromwender und die magnetische Sättigung praktisch mit $U_A \leq U_{AN}$ und $\Phi \leq \Phi_N$ nur eine Verringerung der Größen möglich ist, grenzen sich die beiden Steuerverfahren wie folgt ab:

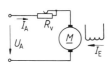

Bild 2.51 Drehzahleinstellung durch Ankervorwiderstand R_v

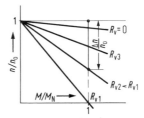

Bild 2.52 Drehzahlkennlinien bei Einsatz von Ankervorwiderständen R_v

1. Ankerstellbereich mit $U_A \leq U_{AN}$ bei Erregerfeld Φ_N für Drehzahlen $0 \leq n \leq n_N$.
2. Feldschwächbereich mit $\Phi \leq \Phi_N$ bei Ankerspannung U_{AN} für Drehzahlen $n_N \leq n \leq n_{max}$.

Die obere Drehzahlgrenze n_{max} liegt bei etwa $n_{max} = 2n_N$ bis $4n_N$ und ist außer durch die Fliehkraftbeanspruchung vor allem durch die Probleme der Stromwendung bestimmt.

Anker- und Feldstellbereich lösen sich bei der Drehzahl n_N gegenseitig ab und ergeben zusammen das geschlossene Kennlinienfeld in Bild 2.53. Für die Energieversorgung der Maschine benötigt man zwei voneinander unabhängige Stromrichter, welche die jeweils erforderliche einstellbare Anker- und Erregerspannung liefern. Die Drehzahl der Maschine kann damit im ganzen Drehzahlbereich von ca. 1 : 50 stufenlos und ohne zusätzliche Verluste variiert werden. Dieses Verhalten ist der Grund für die lange Geschichte der Gleichstrommaschine als drehzahlgeregelter Antrieb. Erst die Entwicklung der Umrichtertechnik hat dazu geführt, dass die frequenzgesteuerte Drehstrommaschine diesen Markt weitgehend übernommen hat [151].

Da im Dauerbetrieb der Maschine der Ankerstrom I_{AN} nicht überschritten werden darf, sinkt nach $M \sim \Phi \cdot I_A$ im Feldstellbereich das verfügbare Drehmoment. Man erhält die in Bild 2.53 angegebene Grenze.

Betriebsdiagramme. Trägt man die im ganzen Drehzahlbereich gegebenen Größen der fremderregten Maschine bei konstantem Ankerstrom I_{AN} über der Drehzahl auf, so erhält man Bild 2.54. Entscheidend ist, dass im Bereich $U_A \leq U_{AN}$ ein Betrieb mit konstantem Drehmoment, darüber mit konstanter Leistung möglich ist.

Reihenschlussmotoren. Aus der im letzten Abschnitt abgeleiteten Drehzahl-Drehmoment-Beziehung

$$n = \frac{U}{\sqrt{2\pi c_R \cdot M}} - \frac{R_A}{c_R}$$

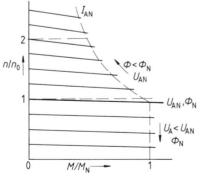

Bild 2.53 Drehzahlkennlinienfeld eines fremderregten Motors im Anker- und Feldstellbereich

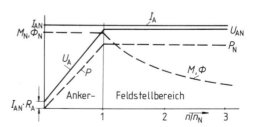

Bild 2.54 Betriebsdiagramm eines fremderregten Motors im Anker- und Feldstellbereich für Ankerstrom I_{AN}

2.3 Kennlinien und Steuerung von Gleichstrommaschinen

ergibt sich, dass grundsätzlich die gleichen Steuerverfahren wie bei der fremderregten Maschine verwendbar sind. Wegen $\Phi = c_1 \cdot I$ und $U_q = c_R \cdot I \cdot n$ ist die Möglichkeit der Feldschwächung im Faktor c_R enthalten, der dabei kleiner wird.

Die Zuschaltung von Ankervorwiderständen bewirkt somit eine belastungsunabhängige Verminderung der Drehzahl (Bild 2.55) um einen festen Betrag, ohne den hyperbolischen Verlauf des ersten Gliedes der Gleichung zu beeinflussen. Diese Steuerung ist wie beim fremderregten Motor mit zusätzlichen Verlusten verbunden, da dem Netz bei festem Moment trotz sinkender Drehzahl eine konstante elektrische Leistung entnommen wird.

Zur Erhöhung der Drehzahl durch Feldschwächung verwendet man in der Regel eine Anzapfung der Erregerwicklung in mehreren Stufen (Bild 2.56). Die Erregerdurchflutung wird dadurch entsprechend der reduzierten Windungszahl verringert und ergibt damit eine Feldschwächung.

Wie beim fremderregten Motor ist die Herabsetzung der Klemmenspannung das wichtigste Steuerverfahren. Zusammen mit der Feldschwächung erhält man das Kennlinienfeld nach Bild 2.57, in dem im Bereich $0 \leq n \leq n_{max}$ jede Drehzahl eingestellt werden kann.

Da Reihenschlussmotoren praktisch nur im Bahnbetrieb und damit an einer konstanten Fahrdrahtspannung eingesetzt werden, erfolgt die Spannungsänderung über Gleichstromsteller nach Abschnitt 2.4.2.

Beispiel 2.11: Zur Drehzahlsteuerung eines kleinen Gleichstrommotors mit Dauermagneterregung stehen zwei Festwiderstände $R_1 = R_2 = 40 \, \Omega$ zur Verfügung. Daten des Motors:

$$U_{AN} = 220 \text{ V}, \quad I_{AN} = 1{,}7 \text{ A}, \quad R_A = 8{,}65 \, \Omega.$$

Leerlaufdrehzahl bei U_{AN} ist $n_0 = 2400 \text{ min}^{-1}$.

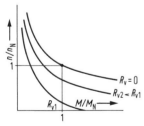

Bild 2.55 Drehzahlkennlinien eines Reihenschlussmotors mit Vorwiderständen

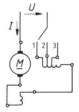

Bild 2.56 Feldschwächung beim Reihenschlussmotor durch Anzapfung der Erregerwicklung

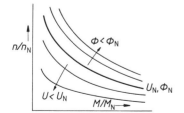

Bild 2.57 Drehzahlkennlinien eines Reihenschlussmotors bei Spannungsabsenkung und Feldschwächung

Bild 2.58 Drehzahleinstellung durch Widerstände (Beispiel 2.11)

Ankerrückwirkung und die Bürstenübergangsspannung können vernachlässigt werden.

Welche Drehzahlen ergeben sich bei Ankerstrom I_{AN} und einer Schaltung nach Bild 2.58 mit $U_N = 220$ V bei

a) Schalter S auf   b) Schalter S zu?

a) Bei konstantem Feld gilt die Proportion $\dfrac{n}{n_0} = \dfrac{U_q}{U_{AN}}$

$$U_q = U_{AN} - I_{AN}(R_A + R_1) = 220\text{ V} - 1{,}7\text{ A} \cdot 48{,}65\text{ }\Omega = 137{,}3\text{ V}$$

$$n = 2400\text{ min}^{-1}\dfrac{137{,}3\text{ V}}{220\text{ V}} = 1498\text{ min}^{-1}$$

b) Die beiden Widerstände wirken als Spannungsteiler, es wird die Motorspannung zu $U_M = 76$ V geschätzt. Motorklemmenwiderstand:

$$R_i = \dfrac{U_M}{I_{AN}} = \dfrac{76\text{ V}}{1{,}7\text{ A}} = 44{,}7\text{ }\Omega$$

Parallelwiderstand

$$R_p = \dfrac{R_2 \cdot R_i}{R_2 + R_i} = \dfrac{40 \cdot 44{,}7}{84{,}7}\text{ }\Omega = 21{,}1\text{ }\Omega$$

Spannung am Motor

$$U_M = U_N \dfrac{R_p}{R_1 + R_p} = 220\text{ V}\dfrac{21{,}1\text{ }\Omega}{61{,}1\text{ }\Omega} = 76\text{ V}$$

Motorquellenspannung

$$U_q = U_M - I_{AN} \cdot R_A = 76\text{ V} - 1{,}7\text{ A} \cdot 8{,}65\text{ }\Omega = 61{,}3\text{ V}$$

Drehzahl bei Bemessungsstrom

$$n = 2400\text{ min}^{-1} \cdot \dfrac{61{,}3\text{ V}}{220\text{ V}} = 669\text{ min}^{-1}$$

Aufgabe 2.12: Wie groß wird in beiden Fällen der Wirkungsgrad der Schaltung, wenn man nur die Stromwärmeverluste berücksichtigt?

Ergebnis: a) $\eta = 0{,}624$ b) $\eta = 0{,}132$

Anlauf. Ein direktes Aufschalten der vollen Betriebsspannung U_{AN} auf den Anker ist nur bei meist dauermagneterregten Kleinmotoren zulässig. Die theoretische Stromspitze $i_{max} = (U_{AN} - 2\,U_B)/R_A$ ist, wenn überhaupt, nur im Millisekundenbereich vorhanden. Mit rasch steigender Drehzahl und damit $U_q > 0$ geht der Ankerstrom nach Gl. (2.34) schnell zurück und ist damit thermisch kein Problem.

Gleichstrommaschinen als Industrieantriebe erhalten zur Versorgung und Drehzahlsteuerung eine Stromrichterschaltung, so dass der Anlauf durch die Regelung strombegrenzt erfolgt. Ein Drehzahlsollwert wird unter Beachtung einer einstellbaren Anker-

2.3 Kennlinien und Steuerung von Gleichstrommaschinen

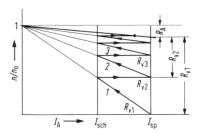

Bild 2.59 Bestimmung der Anlasserstufen beim Nebenschlussmotor
I_{sch} Schaltstrom
I_{sp} Anlassspitzenstrom

stromgrenze durch allmähliches Vergrößern der Ankerspannung erreicht. Die nachstehend vorgestellte Technik des Anlaufs mit Anlasswiderständen hat nur noch sehr geringe Bedeutung, z. B. wenn der Motor nur über eine Feldschwächung gesteuert wird.

Anlasswiderstände. Beim Anlassen des Nebenschlussmotors (Bild 2.59) wird die Erregung voll eingeschaltet. Durch die größte Widerstandsstufe

$$R_{v1} = \frac{U_A - 2U_B}{I_{sp}} - R_A \qquad (2.49)$$

wird die Drehzahlkennlinie so gesenkt, dass im Stillstand der Spitzenstrom I_{sp} auftritt. Der Motor läuft entlang Kurve 1 hoch, wobei der Ankerstrom mit steigender Drehzahl zurückgeht. Erreicht er den Schaltstrom I_{sch}, so wird, um ein kräftiges Beschleunigungsmoment zu behalten, auf die nächste Widerstandsstufe R_{v2} umgeschaltet. Dieser Vorgang wiederholt sich, bis bei $R_v = 0$ die normale Betriebskennlinie erreicht ist. Bei konstantem Erregerfeld gilt die Proportion $U_q/U_N = n/n_0$, so dass die Drehzahlkurven auch die Aufteilung der Ankerspannung in induzierte Spannung U_q und ohmschen Spannungsabfall $\Delta U \sim \Delta n = n_0 - n$ angeben. Der Bürstenspannungsabfall sei dabei vernachlässigt. Im Stillstand ist dann $\Delta U = I_{sp}(R_{v1} + R_A) \sim n_0$, während bei $R_v = 0$, $\Delta U = I_{sp} \cdot R_A$ gilt. Die normale Betriebskennlinie teilt damit die Ordinate in I_{sp} im Verhältnis R_{v1} zu R_A auf. Die weitere Abstufung des gesamten Vorwiderstandes R_{v1} wird dann durch die dazwischen liegenden Drehzahlkurven vorgenommen.

Nutzbremsung. Bei drehzahlgeregelten Motoren kann die Leistungselektronik als Umkehrstromrichter ausgeführt werden. Dieser gestattet in beiden Drehrichtungen einen Antriebs- und Bremsbetrieb, wobei letzterer die kinetische Energie der abzubremsenden Massen ins Netz zurückgibt. Diese Nutzbremsung kann wie z. B. bei einem Elektrofahrzeug einen beträchtlichen Teil der Betriebszeit ausmachen.

Bei Reihenschlussmotoren im Bahnbetrieb an einer festen Fahrdrahtspannung erfordert Nutzbremsung den Einsatz der in Abschnitt 2.4.2 besprochenen Gleichstromsteller.

Widerstandsbremsung. Es wird nur der Anker der fremderregten Maschine vom Netz getrennt und auf einen Stufenwiderstand R_v geschaltet. Die Bremskennlinien ergeben sich aus Gl. (2.39) mit $U_A = 0$ und dem Gesamtwiderstand $R_A + R_v$ im Ankerkreis zu

$$n = -\frac{2\pi(R_A + R_v)}{(c \cdot \Phi)^2} \cdot M \qquad (2.50)$$

Bei festem Erregerstrom, d. h. Φ = konst., erhält man damit die Ursprungsgeraden in Bild 2.60. Durch Verringern von R_v kann eine Abbremsung bis zum Stillstand erfolgen. Der Reihenschlussmotor ist zur Widerstandsbremsung sehr gut geeignet. Wegen $\Phi \sim I$ bleiben Erregerfeld und Bremsmoment auch bei kleinen Drehzahlen erhalten, sofern man den Belastungswiderstand mit der Drehzahl verkleinert. Beim Übergang auf den Bremsbetrieb muss die Reihenschlusswicklung umgepolt werden, damit der umgekehrt fließende Ankerstrom nicht die Remanenz auslöscht.

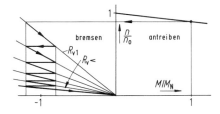

Bild 2.60 Widerstandsbremsung eines Nebenschlussmotors bei fester Erregung

Im Bahnbetrieb mit Reihenschlussmaschinen als Fahrmotoren wird, sofern keine Gleichstromsteller mit der Möglichkeit einer Nutzbremsung vorhanden sind, stets Widerstandsbremsung angewandt (Bild 2.61). Durch Selbsterregung stellt sich im Schnittpunkt der Spannungskurve $U = f(I)$ bei der Drehzahl n_1 mit der Widerstandsgeraden R_{v1} der zulässige maximale Belastungsstrom I_{sp} ein. Mit sinkender Drehzahl verlagert sich der Schnittpunkt nach unten und erreicht bei n_2 den Schaltstrom I_{sch}. Um ein genügendes Bremsmoment beizubehalten, wird jetzt die nächst kleinere Widerstandsstufe eingeschaltet. Dieser Vorgang wiederholt sich, bis bei sehr kleinen Drehzahlen die Maschine kurzgeschlossen ist. Die Bremsung ist fast bis zum Stillstand möglich.

Beispiel 2.12: Ein fremderregter Gleichstrommotor mit $U_{AN} = 220$ V, $2 U_B = 2$ V, $I_{AN} = 47$ A, $R_A = 0{,}18$ Ω, $n_0 = 1520$ min^{-1} soll über eine Anlassautomatik hochlaufen. Um nicht zu viele Widerstandsstufen zu erhalten, wird der Anlassspitzenstrom $I_{sp} = 2 I_{AN}$ und der Schaltstrom $I_{sch} = 1{,}05 I_{AN}$ gewählt. Es sind der maximale Anlasswiderstand R_{v1} und die Drehzahl, bei welcher die erste Umschaltung erfolgt, anzugeben.

Man erhält die erste Widerstandsstufe bei $n = 0$ zu

$$R_{v1} = \frac{U_A - 2U_B}{I_{sp}} - R_A = \frac{218 \text{ V}}{2 \cdot 47 \text{ A}} - 0{,}18 \text{ } \Omega = 2{,}14 \text{ } \Omega$$

Nach Bild 2.59 besteht für die Drehzahl bei der ersten Umschaltung die Beziehung (Strahlensatz)

$$\frac{n}{n_0} = \frac{I_{sp} - I_{sch}}{I_{sp}}$$

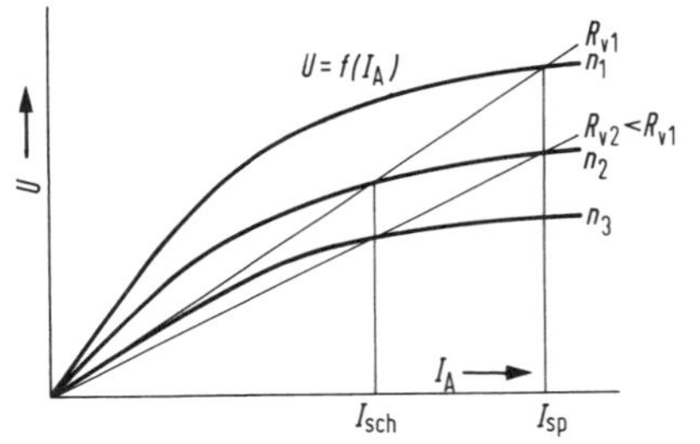

Bild 2.61 Widerstandsbremsung des selbsterregten Reihenschlussmotors

2.3 Kennlinien und Steuerung von Gleichstrommaschinen

Damit wird

$$n = n_0 \left(1 - \frac{I_{sch}}{I_{sp}}\right) = 1520 \text{ min}^{-1} \left(1 - \frac{1{,}05}{2}\right)$$

$$n = 722 \text{ min}^{-1}$$

2.3.4 Dynamisches Verhalten von Gleichstrommaschinen

Nach jeder Schalthandlung oder einem Belastungsstoß stellt sich der neue stationäre Betriebszustand erst nach einer bestimmten Übergangszeit ein. Dazwischen liegen elektrische und mechanische Ausgleichsvorgänge, die das dynamische Verhalten einer Maschine kennzeichnen.

Differenzialgleichungssystem. Die Übergangsfunktionen der elektrischen und mechanischen Größen eines dynamischen Vorgangs lassen sich stets durch ein System von Differenzial- und algebraischen Gleichungen berechnen. Dies enthält vor allem die Spannungsgleichungen der einzelnen Stromkreise und eine Bewegungsgleichung.

Bei der fremderregten Gleichstrommaschine bestehen mit dem Anker- und dem Erregerkreis zwei Wicklungssysteme (Bild 2.62), deren Achsen senkrecht aufeinander stehen. Sie sind daher entkoppelt und wirken bei vernachlässigter Ankerrückwirkung nicht aufeinander ein. Der Ankerkreis enthält außer dem resultierenden ohmschen Widerstand R_A eine Induktivität L_A, die aus den Luftspalt- und Streufeldern der Anker-, Wendepol- und eventuell Kompensationswicklung gebildet wird. Der Erregerkreis besitzt neben dem Widerstand R_E die gegenüber L_A wesentlich größere Erregerinduktivität L_E. Die Bewegungsgleichung erfasst schließlich die Beziehung zwischen dem Maschinenmoment M_t, dem Antriebs- oder Lastmoment M_w und dem Beschleunigungsmoment $2\pi \cdot J \cdot dn/dt$. Das gesamte Gleichungssystem lautet für die fremderregte Maschine:

$$u_A = u_q + R_A \cdot i_A + L_A \cdot \frac{di_A}{dt} \tag{2.51}$$

$$u_E = R_E \cdot i_E + L_E \cdot \frac{di_E}{dt} \tag{2.52}$$

$$M_t = M_w + 2\pi \cdot J \cdot \frac{dn}{dt} \tag{2.53}$$

mit $\quad u_q = c \cdot n \cdot \Phi_t, \quad M_t = \frac{c}{2\pi} \cdot i_A \cdot \Phi_t, \quad \Phi_t = f(i_E)$

Für das Trägheitsmoment J ist der resultierende Wert des gesamten Maschinensatzes einzusetzen.

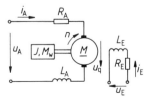

Bild 2.62 Ersatzschaltung des fremderregten Gleichstrommotors für dynamische Vorgänge

Die analytische Berechnung der Übergangsfunktion eines bestimmten dynamischen Vorgangs ist, von einfachen Fällen abgesehen, meist sehr aufwändig. Als ein sehr wichtiges mathematisches Hilfsmittel erweist sich dabei die Methode der Laplace-Transformation [21]. Besonders wenn auch die magnetische Sättigung der einzelnen Kreise berücksichtigt werden muss, ist es unumgänglich, die Lösung des Gleichungssystems einem PC zu überlassen. Es sind dazu Softwarepakete auf dem Markt, mit denen die gesuchten Übergangskurven sofort über einen Plotter ausgegeben werden können.

2.4 Stromrichterbetrieb der Gleichstrommaschine

Antriebssystem. Die Versorgung und Steuerung eines Gleichstrommotors übernimmt – nach dem Aussterben des Leonardsatz genannten Maschinenumformers aus Asynchronmotor und Gleichstromgenerator – stets eine Stromrichterschaltung der Leistungselektronik Es entsteht so ein Aufbau nach Bild 2.63, in dem zusätzlich ein Transformator zur Spannungsanpassung angegeben ist. Bei Direktanschluss des Stromrichters schaltet man meist eine Vordrossel mit einer relativen Kurzschlussspannung von $u_k \leq 4\%$ vor den Stromrichter und verringert so in den Schaltpunkten der Halbleiter die Stromanstiegsgeschwindigkeit und damit die kurzzeitigen Spannungseinbrüche in der Versorgungsspannung.

In den Bestimmungen nach VDE 0160 bzw. EN 61800 1 bis 4 werden diese Antriebe unter der Bezeichnung PDS (Power Drive System) mit den üblichen Komponenten der Mess- und Regelungstechnik strukturiert. In einer Vielzahl von Kenngrößen, Grenzwerten und Prüfverfahren werden für Hersteller und Anwender Anforderungen an die Störfestigkeit, an Netzrückwirkungen und die elektromagnetische Störaussendung festgelegt.

Stromrichtergespeiste Gleichstromantriebe halten gegenüber den Drehstrommotoren mit Umrichter nur noch einen bescheidenen Marktanteil. Trotzdem sollen nachstehend die wichtigsten Techniken und ihr Einfluss auf den Betrieb der Motoren vorgestellt werden. Hinsichtlich der Arbeitsweise der einzelnen Stromrichterschaltungen und ihrer Stellglieder muss auf die umfangreiche Buchliteratur der Leistungselektronik verwiesen werden.

2.4.1 Netzgeführte Stromrichterantriebe

Bei netzgeführten Stromrichtern wird die für eine Drehzahländerung der Motoren erforderliche variable Gleichspannung durch Anschnittsteuerung der gleichgerichteten Netzwechselspannungen erreicht. Wie die Spannungsdiagramme in den nachstehenden Bildern zeigen, sind der gewünschten Gleichspannung U_d Oberschwingungen überlagert, deren Folgen in Abschnitt 2.4.3 behandelt werden.

Einquadranten- und Mehrquadrantenbetrieb. Bei der Projektierung eines Gleichstromantriebs muss neben den Bemessungsdaten P_N, U_N und n_N auch bekannt sein, ob beide Drehrichtungen und evtl. eine Nutzbremsung erforderlich sind. Diese verschiedenen Betriebszustände einer Gleichstrommaschine lassen sich durch die Lage ihrer Dreh-

2.4 Stromrichterbetrieb der Gleichstrommaschine

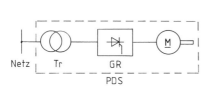

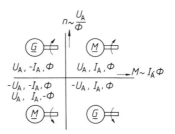

Bild 2.63 Aufbau eines Gleichstrom-Antriebssystems
Tr Transformator, GR Thyristor-Stromrichter,
PDS Antriebssystem (Power Drive System)

Bild 2.64 Steuerung einer Gleichstrommaschine im Vierquadrantenbetrieb

zahl-Drehmoment-Kurve $n = f(M)$ in einem der vier Quadranten (Bild 2.64) angeben. Durch die Beziehungen $n \sim U_A/\Phi$ und $M \sim I_A \cdot \Phi$ liegt dabei fest, welche Vorzeichen Ankerspannung, -strom und Erregerfeld in den verschiedenen Arbeitsweisen besitzen müssen. Der Bezugswert ist der Motorbetrieb des ersten Quadranten, in dem alle Größen positiv gezählt werden. Für den Übergang in den Motorbetrieb mit negativer Drehrichtung ist mit der Feldumkehr Φ auf $-\Phi$ ein zweites Verfahren angegeben, das ebenfalls Bedeutung besitzt. Innerhalb jedes Quadranten lässt sich die Drehzahl zwischen Stillstand und dem Bemessungswert durch Steuerung der Ankerspannung und darüber hinaus durch Feldschwächung beliebig variieren.

Stromrichterschaltungen. Für den Leistungsteil des Gleichrichters werden in der Praxis im Wesentlichen zwei Grundschaltungen eingesetzt. Im Bereich bis ca. 5 kW (10 kW) verwendet man meist die Zweipuls-Brückenschaltung B2 (Einphasen-Brückenschaltung) für den Anschluss an das Wechselstromnetz. Darüber hinaus und bis zu den höchsten Leistungen wählt man die Sechspuls-Brückenschaltung B6 (Drehstrom-Brückenschaltung, Bild 2.65) [27].

Die Bildung der momentanen Stromrichterspannung u_d erfolgt nach dem in Bild 2.66 für die Drehstrom-Brückenschaltung gültigen Diagramm. Der maximale Mittelwert U_{d0} entsteht durch die Hüllkurve der Netzspannung U_L und beträgt bei der Einphasen-Brückenschaltung

$$U_{d0} = \frac{2\sqrt{2}}{\pi} \cdot U_L \qquad (2.54\,\mathrm{a})$$

und bei der Drehstrom-Brückenschaltung

$$U_{d0} = \frac{3\sqrt{2}}{\pi} \cdot U_L \qquad (2.54\,\mathrm{b})$$

Durch die Anschnittsteuerung, d.h. verspätete Zündung der Thyristoren um den Zündwinkel α, sinkt der Mittelwert U_d der Gleichspannung nach

$$U_d = U_{d0} \cdot \cos\alpha \qquad (2.55)$$

Für $\alpha > 90°$ entstehen negative Gleichspannungs-Mittelwerte, was auf Grund der durch die Ventilwirkung vorgegebenen Stromrichtung eine Umkehr der Energierichtung be-

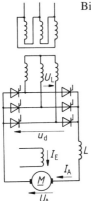
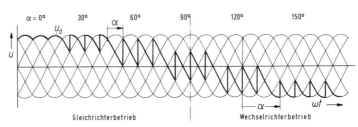

Bild 2.65 Gleichstromantrieb mit Stromrichter in Sechspuls-Brückenschaltung

Bild 2.66 Bildung der Gleichspannung u_d bei einer Sechspuls-Brückenschaltung

deutet. In diesem so genannten Wechselrichterbetrieb gibt der Stromrichter die Bremsenergie des Antriebs ins Netz zurück. Die maximale Aussteuerung ist mit Rücksicht auf den einwandfreien Betrieb des Stromrichters bei $\alpha \approx 150°$ erreicht. Der gesamte Verlauf des Diagramms nach Bild 2.66 hat dabei als Voraussetzung, dass für den Laststrom stets $i_A > 0$ gilt, d. h. dass er nicht „lückt".

Werden keine negativen Gleichspannungen benötigt, so kann man die Hälfte der Thyristoren durch Dioden ersetzen und erhält eine halbgesteuerte Schaltung. Hier berechnet sich die Abhängigkeit der Gleichspannung vom Steuerwinkel α nach

$$U_d = \frac{1}{2} U_{d0}(1 + \cos \alpha) \tag{2.56}$$

Ein Gleichstromantrieb mit einem Stromrichter in Einphasen-Brückenschaltung ist in Bild 2.67 dargestellt. Die angegebene Schaltung zeigt gleichzeitig die Prinzipien der üblichen Regelung. Die Einstellung der gewünschten Drehzahl n_{soll} über die Ankerspannung erfolgt nicht direkt, sondern mit Hilfe einer unterlagerten Stromregelung. Der Drehzahlregler *N1* liefert lediglich den zulässigen Ankerstrom-Sollwert und erst der Ausgang des Stromreglers *N2* steuert das Impulsgerät *N3* der Thyristorschaltung an. Mit dieser Technik wird erreicht, dass bei einem neuen Drehzahlsollwert das Impulsgerät nicht unmittelbar den nach Gl. (2.55) erforderlichen Zündwinkel α und somit die neue Gleichspannung einstellt, sondern dies erst allmählich unter Einhaltung eines zu-

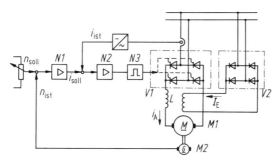

Bild 2.67 Gleichstromantrieb mit Zweipuls-Brückenschaltung
V1 Vollgesteuerte Zweipulsbrücke
V2 Diodenbrücke
N1 Drehzahlregler
N2 Stromregler
N3 Impulsgerät
M2 Tachogenerator

2.4 Stromrichterbetrieb der Gleichstrommaschine

lässigen maximalen Ankerstromes geschieht. Alle Umsteuervorgänge (Anlaufen, Drehzahländerung, Reversieren) werden damit in kürzester Zeit entlang der Stromgrenze ausgeführt.

Ankerumschaltung. Sind für einen Gleichstromantrieb beide Drehrichtungen vorgesehen, so muss eine Momentenumkehr und damit nach $M \sim \Phi \cdot I_A$ bei fester Erregung eine Umpolung des Ankerstromes möglich sein. Da bei einem gesteuerten Gleichrichter die Stromrichtung festlegt, müssen besondere Schaltungsmaßnahmen getroffen werden. Sind keine raschen Umsteuerungen erforderlich, so kann bis zu Leistungen von einigen 100 kW eine mechanische Umschaltung durch Schütze erfolgen (Bild 2.68 a). Dabei entsteht eine stromlose Pause von ca. 0,1 s bis 0,2 s, in welcher der Motor nicht geführt ist.

Feldumkehr. Bei Umkehr des Drehmomentes kann die alte Ankerstromrichtung dann beibehalten werden, wenn eine Änderung der Feldrichtung erfolgt. Da die Erregerleistung nur wenige Prozent der Ankerleistung beträgt, kann man hier ohne zu hohen Aufwand zwei gegenparallele Stromrichter verwenden (Bild 2.68 b). Jeder übernimmt eine Erregerstromrichtung, wobei bei jeder Umsteuerung mit Rücksicht auf den Feldabbau eine Pause von 0,5 bis 2,5 s entsteht.

Umkehrstromrichter. Will man einen Antrieb möglichst rasch umsteuern, so wird als aufwändigste Lösung die Gegenparallelschaltung zweier Stromrichter im Ankerkreis vorgesehen (Bild 2.68 c). Hier sind mehrere unterschiedliche Schaltungsausführungen und regeltechnische Varianten üblich.

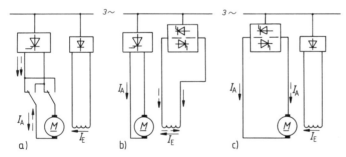

Bild 2.68 Schaltungen für Umkehrantriebe
a) Ankerumschaltung mit einem Polwender
b) Feldumkehr durch zwei Stromrichter
c) Gegenparallelschaltung zweier Stromrichter im Ankerkreis

In der kreisstromfreien Technik ist je nach gewünschter Richtung von I_A ein Stromrichter in Betrieb, der andere aber gesperrt. Die Umschaltung auf die andere Polarität erfolgt durch eine Kommandostufe in etwa 5 ms bis 10 ms.

In der Schaltung mit Kreisstrom sind stets beide Teilstromrichter im Einsatz, wobei der eine im Gleichrichterbetrieb den Laststrom führt, während der andere bei gleicher Spannung in Wechselrichteraussteuerung wartet. Zwischen beiden Brückenschaltungen stellt man zur Verbesserung der regeltechnischen Eigenschaften einen kleinen Kreisstrom ein.

In Bild 2.69 sind der prinzipielle Verlauf der Motorgrößen und die Betriebsarten des Umkehrstromrichters mit den zwei gegenparallelen Schaltungen 1 und 2 für einen Reversiervorgang dargestellt. Ausgangspunkt ist der Motorbetrieb im Rechtslauf bei Be-

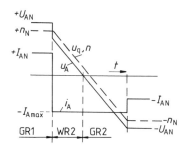

Bild 2.69 Verlauf der Motorgrößen bei einem Reversiervorgang

lastung mit I_{AN} und n_N, den der Teilstromrichter 1 in Gleichrichteraussteuerung (GR1) übernimmt. Mit einer Sollwertänderung der Drehzahl von $+n_N$ auf $-n_N$ wird die Spannung am Stromrichterausgang so auf $U_A < U_q$ reduziert, dass sich nach Gl. (2.34) der Ankerstrom von $+I_{AN}$ auf $-I_{A\,max}$ umkehrt. Dies bedeutet eine Nutzbremsung des Antriebs, die von Stromrichter 2 übernommen wird, der in Wechselrichteraussteuerung (WR2) die Leistung $U_A \cdot I_{A\,max}$ ins Netz zurückliefert und dabei seine Spannung ständig den proportional zur sinkenden Drehzahl immer kleineren Werten von U_q anpasst. Auf diese Weise wird der Antrieb mit maximaler Verzögerung an der eingestellten Stromgrenze abgebremst und nach dem Stillstand mit jetzt negativer Ankerspannung in die neue Drehrichtung beschleunigt. Hierfür bleibt Stromrichter 2 eingeschaltet, der jetzt im Gleichrichterbetrieb (GR2) den Motorlinkslauf übernimmt.

Beispiel 2.13: Zur Versorgung eines Gleichstrommotors von $P_N = 100$ kW, $\eta_M = 0{,}90$ stehen zwei Möglichkeiten zur Auswahl:

a) Ein Leonardumformer mit Drehstrommotor $\eta_D = 0{,}92$, Steuergenerator $\eta_G = 0{,}90$

b) Ein Thyristor-Stromrichter in Sechspuls-Brückenschaltung B6 für direkten Netzanschluss.

Die Durchlassverluste pro Thyristor betragen 120 W, außerdem wird als Leistungsbedarf für die Steuer- und Schutzeinrichtungen ein Wert von $P_v = 500$ W angenommen.

Es ist der Wirkungsgrad der beiden Versorgungsvarianten zu bestimmen.

a) Wirkungsgrad des Umformers $\eta_U = \eta_D \cdot \eta_G = 0{,}92 \cdot 0{,}90 = 0{,}828$

b) Abgabeleistung des Stromrichters

$$P_{s2} = P_N/\eta_M = 100 \text{ kW}/0{,}90 = 111{,}11 \text{ kW}$$

Verluste des Stromrichters

$$P_{Sv} = 500 \text{ W} + 6 \cdot 120 \text{ W} = 1{,}22 \text{ kW}$$

Aufnahmeleistung des Stromrichters

$$P_{S1} = P_{S2} + P_{Sv} = 112{,}33 \text{ kW}$$

Wirkungsgrad des Stromrichters

$$\eta_S = 1 - P_{Sv}/P_{S1} = 1 - 1{,}22 \text{ kW}/112{,}33 \text{ kW} = 0{,}989$$

2.4.2 Antriebe mit Gleichstromsteller

Pulsbetrieb. Während bei allen netzgeführten Stromrichterschaltungen die Bildung der variablen Ankerspannung durch Phasenanschnittsteuerung der Netzwechselspannung

2.4 Stromrichterbetrieb der Gleichstrommaschine

erfolgt, arbeitet der Gleichstromsteller bereits mit einer konstanten Gleichspannung am Eingang. Diese steht beim Einsatz des Antriebs als Fahrmotor in Straßenbahnen und O-Bussen durch das Oberleitungsnetz und bei Elektrospeicherfahrzeugen durch die Batterie unmittelbar zur Verfügung. Zur Steuerung von Gleichstrom-Servoantrieben mit Gleichstromstellern wird sie über eine Diodenbrücke aus der Netzspannung erzeugt.

Das Grundprinzip der Gleichstromstellertechnik ist in Bild 2.70 dargestellt. Durch ein elektronisches Stellglied S wird die Netzspannung U_N mit möglichst hoher Frequenz f_P pulsförmig auf den Antrieb geschaltet. Bei der häufig verwendeten Pulsbreitensteuerung ist dabei innerhalb der konstanten Periodendauer $t_P = 1/f_P$ die Einschaltzeit t_E einstellbar. In den Pausenzeiten t_A fließt der Ankerstrom i_A über einen Freilaufkreis mit der Diode D weiter. Auf diese Weise entwickelt der Anker trotz der schubartigen Energiezufuhr dauernd ein Drehmoment, das allerdings proportional zum Verlauf $i_A = f(t)$ etwas pulsiert.

Der zeitliche Verlauf der Motorgrößen u_A und i_A für eine bestimmte Einschaltzeit t_E ist in Bild 2.70 b angegeben, wobei folgende Betriebszustände zu unterscheiden sind:

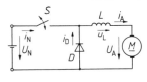
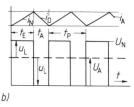

a)   b)

Bild 2.70 Technik eines Gleichstromstellers
a) Prinzipschaltung
S elektronischer Ein-/Ausschalter
L Glättungsinduktivität
D Freilaufdiode
b) Pulsbreitensteuerung der Gleichspannung U_A

Stellglied S während der Zeit t_E geschlossen:

Der Antrieb nimmt mit $i_A = i_N$ Energie aus dem Netz auf. Die Spannungsgleichung des Kreises lautet

$$U_N = U_A + u_L$$

wobei $\quad u_L = L \cdot \dfrac{di_A}{dt}$

der Spannungsfall an der Kreisinduktivität L infolge des ansteigenden Stromes i_A ist.

Stellglied während der Zeit t_A geöffnet:

Im Freilaufkreis gilt die Gleichung

$$U_A + u_L = 0$$

wobei der Strom mit $i_A = i_D$ infolge der magnetischen Energie der Induktivität L nur langsam abklingt. Die Spannung u_L hat gegenüber der Zeit t_E umgekehrtes Vorzeichen und hält die Ankerspannung aufrecht.

Insgesamt schwankt der Strom um den Wert Δi, der umso kleiner ist, je größer die Pulsfrequenz f_P und die Induktivität L gewählt werden.

Mit den allgemeinen Beziehungen

$$u_L = L\frac{di}{dt} \quad \text{und} \quad \Delta i = \frac{1}{L}\int_0^t u_L \, dt$$

folgt bei gleichem Δi in beiden Zeiten für die Spannungsflächen

$$|u_L \cdot t_E| = |u_L \cdot t_A|$$

Dies bedeutet, dass sich die Ankerspannung als Mittelwert der Spannungsimpulse in Bild 2.70 b einstellt und mit der Beziehung

$$U_A = U_N \cdot \frac{t_E}{t_p} \tag{2.57}$$

bei $0 \leq t_E \leq t_p$ stufenlos zwischen null und U_N variiert werden kann.

Als Stellglied kommen in Frage:
- Schalttransistoren bis zu mittleren Leistungen, aber mit hoher Schaltfrequenz.
- GTO-Thyristoren, die über einen negativen Stromimpuls wieder löschbar sind.

GTO-Thyristoren sind heute mit Sperrspannungen von mehreren kV und Durchlassströmen von über 1 kA auf dem Markt. Sie haben die früheren Schaltungen mit zwangskommutierten Thyristoren verdrängt.

Gleichstromsteller gestatten durch Vertauschen der Anordnung von Freilaufdiode und Schaltthyristor auch eine Rücklieferung von Energie ins Netz. Damit ist die bei Fahrzeugantrieben sehr erwünschte Nutzbremsung möglich.

Transistorsteller. Für Gleichstrom-Servoantriebe bis zu Drehmomenten von etwa 50 N · m verwendet man heute transistorisierte Gleichstromsteller in der Schaltung nach Bild 2.71. Über eine Diodenbrücke wird eine Gleichspannung U_d erzeugt und mit einem möglichst großen Pufferkondensator konstant gehalten. Die nachfolgende Brückenschaltung mit den Transistoren T1 bis T4 erlaubt dann einen Vierquadrantenbetrieb mit Ankerstrom in beiden Richtungen. Für den eingetragenen Strompfeil i_A mit z. B. Motorbetrieb, Rechtslauf sind T1 und T4 einzuschalten, bei der anderen dann T2 und T3. Ist im Bremsbetrieb nur wenig Energie aufzunehmen, so kann dies durch den Pufferkondensator C erfolgen. Darüber hinaus muss man einen Ballastwiderstand quer in den Zwischenkreis, d. h. parallel zu C schalten, dessen Ohmwert durch Takten eingestellt werden kann.

Im Unterschied zu Thyristorstellern, deren Taktfrequenz mit Rücksicht auf die Freiwerdezeit der Bauelemente nur bei einigen 100 Hz liegt, erreicht man bei Transistorstellern Schaltfrequenzen von über 10 kHz. Dies bedeutet für die Regelung nahezu keine Totzeit und für den Motor einen Formfaktor des Ankerstromes von $F \approx 1$. Transistorsteller werden daher gerne für Positioniermotoren eingesetzt, wobei bei Mehrachsantrieben ein gemeinsamer Zwischenkreis verwendet wird. Diese Technik ist besonders auch für den Bremsbetrieb wirtschaftlich, da die rückgespeiste Energie unmittelbar für die anderen Antriebe zur Verfügung steht [30].

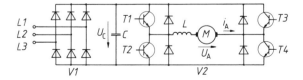

Bild 2.71 Prinzipschaltung eines Transistorstellers
V1 Diodengleichrichter
V2 Transistor-Brückenschaltung
C Glättungskondensator

2.4.3 Probleme der Stromrichterspeisung

Stromrichterbetrieb. In Bild 2.72 ist zwischen Drehstromnetz und Gleichstrommotor eine Leistungselektronik geschaltet. Dies hat in beiden Richtungen Auswirkungen auf die Betriebsgrößen. Netzseitig ergeben sich nicht sinusförmige Stromkurven, veränderliche Phasenlagen und hochfrequente Störimpulse. Auf der anderen Seite muss der Motor mit oberschwingungshaltigen Gleichströmen zurechtkommen. Welche Auswirkungen dies auf den Betrieb des Motors hat, soll nachstehend dargestellt werden.

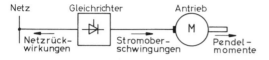

Bild 2.72 Auswirkungen des Stromrichterbetriebs

Oberschwingungen. Die Ausgangsspannung eines Stromrichters enthält grundsätzlich Wechselanteile, die sich dem Gleichspannungsmittelwert U_d überlagern. Die Frequenz dieser Oberschwingungen lässt sich aus der Ordnungszahl

$$v = p \cdot k \quad \text{mit} \quad k = 1; 2; 3 \ldots$$

zu

$$f_v = f_N \cdot v$$

berechnen. Die Pulszahl p des Stromrichters ist eine Kenngröße der Schaltung, sie beträgt bei der Drehstrombrücke $p = 6$, bei der Einphasenbrücke $p = 2$. Die Amplituden der Oberschwingungen in der Gleichspannung sind ebenfalls von der Schaltung abhängig, darüber hinaus aber auch von der Aussteuerung und der Belastung.

Für einen Antrieb mit einem Stromrichter in Einphasen-Brückenschaltung nach Bild 2.67 zeigt das Diagramm in Bild 2.73 die Folgen dieser welligen Gleichspannung u_d.

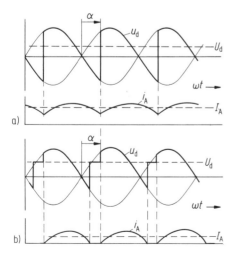

Bild 2.73 Strom- und Spannungsdiagramm der Zweipuls-Brückenschaltung, Steuerwinkel $\alpha = 60°$
a) mittlere Stromglättung
b) lückender Ankerstrom

Dem für das Drehmoment maßgebenden Mittelwert des Ankerstromes I_A sind Wechselanteile überlagert, deren Größe durch die Induktivität des Ankers L_A und einer evtl. Glättungsdrossel L_D bestimmt wird. Ohne Drossel oder bei geringer Belastung kann die Welligkeit so groß werden, dass der Ankerstrom kurzzeitig null ist, d. h. er „lückt".

Den Unterschied zwischen Einphasen- und Drehstrombrücke bezüglich der Oberschwingungen veranschaulicht Bild 2.74, dessen Oszillogramme für einen Motor von 3 kW bei Ankerstrom I_{AN} und etwa halber Bemessungsdrehzahl aufgenommen wurden. Die Größe von L_d betrug ein Vielfaches der Ankerinduktivität L_A und war bei beiden Schaltungen gleich. Der Wert reicht aus, um bei Drehstrom-Brückenschaltung einen fast reinen Gleichstrom i_A zu erzwingen. Beide Aufnahmen zeigen Übereinstimmung mit Bild 2.66 bzw. Bild 2.73 a.

Stromwelligkeit. Bei Grundfrequenzen der Oberschwingungen von 100 Hz bzw. 300 Hz entsprechend $p = 2$ bzw. 6 sind die ohmschen Ankerkreiswiderstände gegenüber den induktiven zu vernachlässigen. Für die Beziehung zwischen den Augenblickswerten der Oberschwingungen in Spannung und Strom gilt damit die Verknüpfung:

$$u_\sim = L \cdot \frac{di_\sim}{dt}$$

$$i_\sim = \frac{1}{L} \int u_\sim \, dt$$

Definiert man nach Bild 2.75 eine Stromwelligkeit

$$\boxed{w_i = \frac{i_2 - i_1}{2 I_A}} \tag{2.58}$$

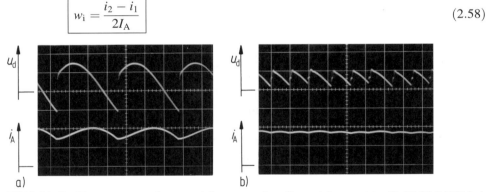

Bild 2.74 Oszillogramme von Strom und Spannung eines Stromrichterantriebs für 3 kW, 240 V bei Bemessungsmoment und gleicher Glättungsdrossel
a) Einphasen-Brückenschaltung $\alpha = 60°$
b) Drehstrom-Brückenschaltung $\alpha = 45°$

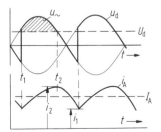

Bild 2.75 Bestimmung der Stromwelligkeit

2.4 Stromrichterbetrieb der Gleichstrommaschine

so ergibt die Integration zwischen den Zeiten t_1 bis t_2

$$i_2 - i_1 = \frac{1}{L}\int_{t_1}^{t_2} u_\sim \, dt$$

Bezieht man die durch das Integral bestimmte Spannungsfläche auf die maximale Gleichspannung U_{d0}, so erhält man einen relativen Wert

$$a = \frac{1}{U_{d0}} \cdot \int_{t_1}^{t_2} u_\sim \, dt \qquad (2.59)$$

der nur von der betrachteten Schaltung und der Aussteuerung abhängt. Dabei ist vorausgesetzt, dass der Ankerstrom i_A nicht lückt. Die bezogenen Spannungsflächen sind nach [32] für die wichtigsten Schaltungen in Bild 2.76 angegeben.

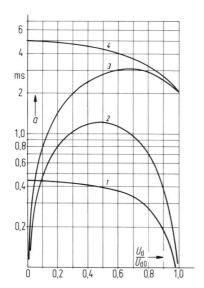

Bild 2.76 Diagramm der relativen Spannungszeitfläche a der Oberschwingungen

1 vollgesteuerte Sechspuls-Brückenschaltung
2 halbgesteuerte Sechspuls-Brückenschaltung
3 halbgesteuerte Zweipuls-Brückenschaltung
4 vollgesteuerte Zweipuls-Brückenschaltung

Setzt man obige Gleichungen in die getroffene Definition der Stromwelligkeit ein, so wird,

$$w_i = \frac{a \cdot U_{d0}}{2 I_A \cdot L} \qquad (2.60)$$

mit $$L = L_A + L_D \qquad (2.61)$$

Gl. (2.60) kann dazu benutzt werden, bei gegebener Kreisinduktivität L die Welligkeit zu kontrollieren. Im Allgemeinen wird dabei mit Rücksicht auf die nachstehend erläuterte Leistungsminderung und Kommutierungsbeanspruchung zumindest ein Lücken des Stromes vermieden. Bei gegebenem w_i lässt sich dafür nach Gl. (2.61) die erforderliche Glättungsdrossel L_D berechnen.

Ankerstrom-Formfaktor. Anstelle einer zulässigen Ankerstrom-Welligkeit wird heute bei stromrichtergespeisten Gleichstromantrieben vielfach ein maximaler Formfaktor F des Ankerstromes i_A vorgeschrieben. Dieser ist als Quotient des Effektivwertes I_{Aeff} von i_A und des drehmomentbildenden Mittelwertes I_A definiert und lässt sich ebenfalls über Gl. (2.59) bestimmen.

Nach Bild 2.75 kann man mit guter Näherung den gesamten Ankerstrom i_A als einen dem Minimalwert i_1 überlagerten, gleichgerichteten Wechselstrom der Amplitude $i_2 - i_1$ auffassen. Effektivwert und Mittelwert dieser Ersatzkurve lassen sich leicht berechnen und man erhält

$$F = \frac{I_{Aeff}}{I_A} = \sqrt{1 + \left(\frac{i_2 - i_1}{I_A}\right)^2 \cdot \frac{\pi^2 - 8}{2\pi^2}}$$

Mit den Gln. (2.58) und (2.60) wird daraus

$$F = \sqrt{1 + \left(\frac{a \cdot U_{d0}}{L \cdot I_A}\right)^2 \cdot \frac{\pi^2 - 8}{2\pi^2}} \qquad (2.62)$$

Auch diese Beziehung gilt nur bis zur Lückgrenze. Nach der Gleichung wird der Formfaktor durch den Ausdruck $(a \cdot U_{d0})/(L \cdot I_A)$ bestimmt. Dies entspricht der Erfahrung, dass der Glättungsaufwand (L) umso größer wird, je höher der Oberschwingungsanteil (a) in der Gleichspannungskurve und je kleiner der Laststrom I_A ist [31–33].

Beispiel 2.14: Für einen Stromrichterantrieb in vollgesteuerter Einphasen-Brückenschaltung mit $U_{d0} = \frac{2\sqrt{2}}{\pi} \cdot U_N$ gilt bei Aussteuerung mit $\alpha \to 90°$ $U_d = 0$ und das Diagramm nach Bild 2.77. Es ist der Wert a nach Gl. (2.59) für $\alpha = 90°$ zu bestimmen und mit dem entsprechenden Punkt für $U_d/U_{d0} = 0$ in Bild 2.76 zu vergleichen.

Wie groß ist die Stromwelligkeit w_i an der Lückgrenze mit $i_1 = 0$? Welche Beziehung gilt bei $\alpha = 90°$ und Lückgrenze zwischen dem Ankerstrom I_A und der Gesamtinduktivität L?

Für die Spannungsfläche gilt bei $\alpha = 90°$

$$A = \int_{\omega t = \pi/2}^{\omega t = \pi} \sqrt{2}\, U_N \cdot \sin \omega t \, d\omega t = \frac{2\sqrt{2}}{\pi} \cdot U_N \cdot 5 \text{ ms}$$

und damit $a = A/U_{d0} = 5$ ms, was mit Bild 2.76, Kurve 4 übereinstimmt.

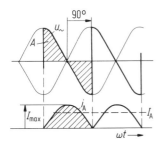

Bild 2.77 Lückgrenze des Ankerstromes bei $\alpha = 90°$

2.4 Stromrichterbetrieb der Gleichstrommaschine

Der Stromverlauf entspricht einer Sinushalbschwingung mit den Werten $i_1 = 0$, $i_2 = I_{\max}$, $I_A = \dfrac{2}{\pi} \cdot I_{\max}$.

Die Welligkeit nach Gl. (2.58) wird mit

$$w_i = \frac{i_2 - i_1}{2 I_A} = \frac{I_{\max}}{4 I_{\max}/\pi} = \frac{\pi}{4} = 0{,}785$$

Nach Gl. (2.60) gilt für die Induktivität

$$L = \frac{a \cdot U_{d0}}{2 I_A \cdot w_i} = \frac{5 \text{ ms} \cdot 2 \cdot \sqrt{2} \cdot U_N}{\pi \cdot 2 I_A \cdot \pi/4} = \frac{20 \cdot \sqrt{2}}{\pi^2} \text{ms} \cdot \frac{U_N}{I_A}$$

Leistungsminderung. Die Wechselanteile des Ankerstromes beeinflussen zwar nicht den drehmomentbildenden Mittelwert I_A, erhöhen aber den die Kupferverluste des Ankers bestimmenden Effektivstrom. Dürfen mit Rücksicht auf die Erwärmung die Verluste des reinen Gleichstrombetriebs mit I_{AN} nicht überschritten werden, so gilt für die zulässigen Stromwärmeverluste bei Stromrichterspeisung die Bedingung

$$R_A \cdot I_A^2 + \sum R_{Av} \cdot I_{Av}^2 = R_A \cdot I_{AN}^2$$

Dabei bedeutet I_{Av} der Effektivwert einer Ankerstrom-Oberschwingung und R_{Av} der zugehörige Ankerkreiswiderstand. Durch Stromverdrängung bei höheren Frequenzen kann dabei $R_{Av} > R_A$ auftreten [3].

Aus obiger Verlustbilanz errechnet sich der zulässige Mittelwert des Ankerstromes zu

$$\boxed{I_A \leq I_{AN} \cdot \sqrt{1 - \sum \frac{R_{Av}}{R_A} \left(\frac{I_{Av}}{I_{AN}}\right)^2}} \qquad (2.63)$$

mit $\boxed{I_{Av} = \dfrac{U_v}{\omega_v \cdot L}}$

U_v ist dabei der Effektivwert der Spannungs-Oberschwingung mit der Ordnungszahl v.

Die Berechnung des zulässigen Ankerstromes I_A wird einfacher, wenn man das zuvor gewonnene Ergebnis für den Formfaktor verwendet. Da im Effektivwert alle Oberschwingungen enthalten sind, gilt jetzt

$$I_{Aeff} = F \cdot I_A \leq I_{AN}$$

und damit nach Gl. (2.62)

$$\boxed{I_A \leq I_{AN} \cdot \sqrt{1 - \left(\frac{a \cdot U_{d0}}{L \cdot I_{AN}}\right)^2 \cdot \frac{\pi^2 - 8}{2\pi^2}}} \qquad (2.65)$$

Die Auswertung dieser Gleichung ist in Bild 2.78 für den Motor aus Beispiel 2.15 angegeben. Die Ankerkreisinduktivität L ist dabei so gewählt, dass im Betriebspunkt mit dem höchsten Oberschwingungsanteil in der Gleichspannung gerade die Lückgrenze erreicht wird.

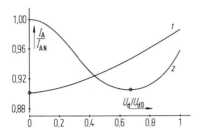

Bild 2.78 Leistungsminderung durch Stromoberschwingungen
1 vollgesteuerte Zweipuls-Brückenschaltung
2 halbgesteuerte Zweipuls-Brückenschaltung
0 Lückgrenze

Man erkennt, dass die erforderliche Leistungsabsenkung nicht wesentlich ist, sie beträgt etwa 10 %. Soll die Maschine länger im unteren Drehzahlbereich arbeiten, so ist von größerem Einfluss, welche Art der Kühlung vorliegt. Erfolgt diese über einen eigenen Lüfter, so muss die Leistung mit Rücksicht auf die verminderte Wärmeabgabe weit stärker reduziert werden.

Beispiel 2.15: Für einen Stromrichterantrieb in halbgesteuerter Einphasen-Brückenschaltung ist ein fremderregter Motor vorgesehen. Der Antrieb hat folgende Daten:

$$P_N = 6 \text{ kW}, \; U_{AN} = 300 \text{ V}, \; U_{d0} = 342 \text{ V}, \; n_N = 1980 \text{ min}^{-1}, \; L_A = 7 \text{ mH}, \; I_{AN} = 23 \text{ A}$$

a) Welche Glättungsinduktivität L_D ist vorzusehen, wenn die nach Gl. (2.58) definierte Welligkeit des Ankerstromes bei $I_A = 0{,}5 \, I_{AN}$ und ungünstiger Aussteuerung U_d/U_{d0} den Wert $w_i = 0{,}7$ erreichen darf?

b) Welcher relative maximale Ankerstrom I_A/I_{AN} ist bei dieser Auslegung zulässig, wenn die Stromwärmeverluste bei I_{AN} einzuhalten sind?

c) Welchen Wert erhält man für den Formfaktor F bei Betrieb nach a)?

a) Für die halbgesteuerte Einphasenbrücke gilt Kurve 3 in Bild 2.76 und damit ein Maximalwert $a = 3{,}1$ ms bei $U_d/U_{d0} = 0{,}7$. Mit $I_A = 0{,}5 I_{AN}$ ergibt sich nach Gl. (2.60) die erforderliche Gesamtinduktivität

$$L = \frac{a \cdot U_{d0}}{2 I_A \cdot w_i} = \frac{3{,}1 \text{ ms} \cdot 342 \text{ V}}{2 \cdot 0{,}5 \cdot 23 \text{ A} \cdot 0{,}7} = 66 \text{ mH}$$

Für die Glättungsdrosselspule bleibt $L_D = L - L_A = 66 \text{ mH} - 7 \text{ mH} = 59 \text{ mH}$

b) Nach Gl. (2.64) erhält man für den relativen zulässigen Ankerstrom

$$\frac{I_A}{I_{AN}} \leq \sqrt{1 - \left(\frac{a \cdot U_{d0}}{L \cdot I_{AN}}\right)^2 \cdot \frac{\pi^2 - 8}{2\pi^2}} = \sqrt{1 - \left(\frac{3{,}1 \text{ ms} \cdot 342 \text{ V}}{66 \text{ mH} \cdot 23 \text{ A}}\right)^2 \cdot \frac{\pi^2 - 8}{2\pi^2}}$$

$$\frac{I_A}{I_{AN}} \leq 0{,}977$$

c) Der Formfaktor errechnet sich aus Gl. (2.62) zu

$$F = \sqrt{1 + \left(\frac{a \cdot U_{d0}}{L \cdot I_A}\right)^2 \frac{\pi^2 - 8}{2\pi^2}} = \sqrt{1 + \left(\frac{3{,}1 \text{ ms} \cdot 342 \text{ V}}{66 \text{ mH} \cdot 11{,}5 \text{ A}}\right)^2 \cdot \frac{\pi^2 - 8}{2\pi^2}}$$

$$F = 1{,}09$$

Aufgabe 2.13: Für einen Motor mit $P_N = 6$ kW, $U_N = 440$ V, $I_{AN} = 15{,}3$ A, $L_A = 10$ mH steht als Versorgung eine vollgesteuerte Drehstrom-Brückenschaltung mit $U_{d0} = 515$ V zur Verfügung. Welcher Formfaktor des Ankerstromes ergibt sich bei I_{AN} und $U_d/U_{d0} = 0{,}5$? Bei welchem Verhältnis I_A/I_{AN} und der Spannung U_N wird ein Formfaktor $F = 1{,}04$ erreicht?

Ergebnis: $F = 1{,}08$, $I_A/I_{AN} = 0{,}87$

2.4 Stromrichterbetrieb der Gleichstrommaschine 95

Aufgabe 2.14: Ein kleinerer Gleichstrommotor für $U_N = 180$ V, $I_{AN} = 8$ A, $n_N = 1200$ min^{-1}, $L_A = 15$ mH soll über eine halbgesteuerte Einphasen-Brückenschaltung mit $U_{d0} = 200$ V versorgt werden. Die Maschine wird im Drehzahlbereich $0 \leq n \leq n_N$ mit dem Bemessungsmoment belastet. Welche Glättungsinduktivität L_D ist vorzusehen, wenn der Formfaktor F in keinem Betriebspunkt größer als $F = 1,05$ sein darf?

Ergebnis: $L_D = 59,5$ mH

Pendelmomente. Da das Drehmoment dem Ankerstrom proportional ist, entstehen durch Oberschwingungsströme $I_{A\nu}$ im Ankerstrom Wechselmomente M_ν, die sich dem Mittelwert überlagern. Diese Momente pendeln um den Mittelwert und leisten keinen Beitrag zur Abgabeleistung, können jedoch Anlass beachtlicher mechanischer Schwingungen mit der entsprechenden Laufunruhe sein.

Fasst man alle Stromoberschwingungen $I_{A\nu}$ in einem Ersatzwechselstrom $I_{A\sim}$ mit der Frequenz $f_\sim = f_N \cdot p$ der ersten Oberschwingung zusammen, so gilt für den Ankerstrom-Effektivwert

$$I_{Aeff} = \sqrt{I_A^2 + I_{A\sim}^2}$$

und damit über den Formfaktor F

$$I_{A\sim} = I_A \sqrt{F^2 - 1}$$

Mit obiger Gleichung lässt sich die Amplitude des resultierenden Pendelmomentes zu

$$\hat{M}_\sim = \sqrt{2}\, M_N \cdot \frac{I_{A\sim}}{I_{AN}}$$

$$\boxed{\hat{M}_\sim = \sqrt{2}\, M_N \cdot \frac{I_A}{I_{AN}} \cdot \sqrt{F^2 - 1}} \qquad (2.65)$$

bestimmen.

Sind der Gleichstrommotor und die Arbeitsmaschine so starr miteinander gekuppelt, dass die Resonanzfrequenz der Torsionsverbindung außerhalb der Anregung durch die Stromoberschwingungen liegt, so erzeugt das Pendelmoment eine minimale Drehzahlschwankung der Amplitude

$$\Delta\hat{n} = \frac{\hat{M}_\sim}{(2\pi)^2 \cdot f_\sim \cdot J}$$

Der Wert J ist das Trägheitsmoment der Anlage. In Winkelgraden ausgedrückt, ergibt sich eine Pendelung um den Winkel

$$\boxed{\hat{\varphi} = \frac{180°}{\pi} \cdot \frac{\hat{M}_\sim}{(2\pi f_\sim)^2 \cdot J}} \qquad (2.66)$$

Im Resonanzfall, der bei einem Zweimassensystem mit den Daten

J_M – Trägheitsmoment des Ankers
J_L – Trägheitsmoment der Last
c – Federsteife des Wellenstrangs (Drehmoment/Bogeneinheit)

bei der Frequenz

$$f_0 = \frac{1}{2\pi} \cdot \sqrt{\frac{c}{J_M} + \frac{c}{J_L}} \qquad (2.67)$$

auftritt, entstehen dagegen sehr starke Drehzahlschwankungen, welche die Anlage zerstören. Der Wert f_0 darf daher nicht mit der Frequenz f_v einer Stromoberschwingung zusammenfallen.

Beispiel 2.16: Der in Beispiel 2.15 definierte Motor für $P_N = 6$ kW, $n_N = 1980$ min^{-1} wird in einer Zweipuls-Brückenschaltung bei M_N mit einem Formfaktor $F = 1{,}07$ betrieben. Die Trägheitsmomente von Motor und Belastung können mit $J_M = J_L = 0{,}10$ W $\cdot$ s^3 angenommen werden.

a) Um welche Winkelamplitude $\hat{\varphi}$ pendelt der Antrieb bei starrer Wellenverbindung?

b) Bei dem Drehmoment M_N betrage die Torsion des Wellenstranges $0{,}01°$. Welche Eigenfrequenz f_0 hat das System Motor–Last etwa?

a) Bemessungsmoment des Motors

$$M_N = \frac{P_N}{2\pi n_N} = \frac{6000 \text{ W}}{2\pi \cdot 33 \text{ s}^{-1}} = 28{,}94 \text{ W} \cdot \text{s}$$

Pendelmoment bei M_N nach Gl. (2.65)

$$\hat{M}_\sim = \sqrt{2}\, M_N \cdot \sqrt{F^2 - 1} = \sqrt{2} \cdot 28{,}94 \text{ W} \cdot \text{s} \cdot \sqrt{1{,}07^2 - 1}$$

$$\hat{M}_\sim = 15{,}58 \text{ W} \cdot \text{s}$$

Mit $p = 2$ bei B2-Schaltung beträgt die Frequenz des Pendelmomentes

$$f_\sim = f_N \cdot p = 100 \text{ Hz}$$

Amplitude der Winkelpendelung nach Gl. (2.66)

$$\hat{\varphi} = \frac{180°}{\pi} \cdot \frac{\hat{M}_\sim}{(2\pi f_\sim)^2 \cdot J} = \frac{180° \cdot 15{,}58 \text{ W} \cdot \text{s}}{\pi (2\pi \cdot 100 \text{ Hz})^2 \cdot 0{,}20 \text{ W} \cdot \text{s}^3}$$

$$\hat{\varphi} = 0{,}011°$$

b) Federsteife

$$c = \frac{M}{\hat{\alpha}}, \quad \hat{\alpha} = 0{,}01° \cdot \frac{\pi}{180°} = 0{,}1745 \cdot 10^{-3}$$

$$c = \frac{28{,}94 \text{ W} \cdot \text{s}}{0{,}1745 \cdot 10^{-3}} = 0{,}1658 \cdot 10^6 \text{ W} \cdot \text{s}$$

Resonanzfrequenz nach Gl. (2.67)

$$f_0 = \frac{1}{2\pi} \cdot \sqrt{\frac{c}{J_M} + \frac{c}{J_L}} = \frac{1}{2\pi} \cdot \sqrt{\frac{2 \cdot 0{,}1658 \cdot 10^6 \text{ W} \cdot \text{s}}{0{,}10 \text{ W} \cdot \text{s}^3}}$$

$$f_0 = 290 \text{ Hz}$$

Wirbelstromdämpfung. Gleichstrommaschinen wurden früher in klassischer Bauart mit massivem Jochring ausgeführt, der außer dem Hauptfeld auch den Wendepolfluss aufnimmt (Bild 2.79). Enthält der Ankerstrom nun Wechselanteile, so bilden Anker- und Wendepolwicklung neben dem mittleren Wendefeld Φ_w ebenfalls überlagerte

2.4 Stromrichterbetrieb der Gleichstrommaschine

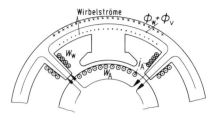

Bild 2.79 Wirbelstromdämpfung im Wendefeldkreis bei massivem Jochring

Wechselflüsse Φ_v aus. Diese Flussschwingungen können im massiven Joch Wirbelströme erzeugen und damit auf den Feldverlauf rückwirken [34].

Das Verhalten der Maschine mit Wirbelstromdämpfung durch massive Teile im Feldverlauf kann mit guter Näherung durch Annahme eines völlig geblechten Magnetkreises, d. h. ohne Wirbelstromeinfluss und einer Dämpfungswicklung D um den Wendepol (Bild 2.80) dargestellt werden. Dieser Ersatzkreis für die verteilte Wirbelstrom-Durchflutung ist durch seine Zeitkonstante $T_D = L_D/R_D$ und eine Streuziffer $\sigma_D = L_{D\sigma}/L_D$ bestimmt. Beide Werte lassen sich nach [35] aus den geometrischen Abmessungen der Maschine berechnen. Für einen Motor von 11 kW gilt z. B. etwa $T_D = 8$ ms und $\sigma_D = 0{,}2$.

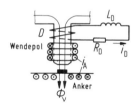

Bild 2.80 Darstellung von Dämpfungskreisen im Wendefeld durch eine Kurzschlusswicklung D

Der Gleichfluss Φ_w, der durch den Mittelwert I_A der Wicklungsströme erzeugt wird, bleibt von der Dämpfungswicklung völlig unbeeinflusst. Für die Oberschwingungsanteile Φ_v bedeutet der Ersatzkreis dagegen eine zusätzliche Durchflutung $\Theta_D = I_D \cdot N_D$, die zusammen mit der Erregung von Anker- und Wendepolwicklung durch die Stromoberschwingungen I_{Av} die wirksame Magnetisierungs-Durchflutung bildet.

Die Berechnung der Wirbelstromdämpfung erfolgt anhand der allgemeinen Ersatzschaltung zweier gekoppelter Spulen nach Bild 2.81 a. Da alles auf eine Windungszahl bezogen ist, kann anstelle von Durchflutungen mit Strömen gerechnet werden, wobei I_μ der für das Wendefeld Φ_v maßgebende Erregerstrom ist. Man erhält die Gleichungen

$$\underline{I}_\mu = \underline{I}_{Av} + \underline{I}_D$$

$$0 = j\omega_v L_h \cdot \underline{I}_\mu + R_D \cdot \underline{I}_D + j\omega_v L_{D\sigma}\underline{I}_D$$

und daraus mit $L_D = L_h + L_{D\sigma}$, $\sigma_D = L_{D\sigma}/L_D$, $T_D = L_D/R_D$,

$$\boxed{\underline{I}_\mu = \frac{1 + j\omega_v \sigma_D T_D}{1 + j\omega_v T_D} \cdot \underline{I}_{Av}} \qquad (2.68)$$

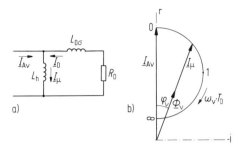

Bild 2.81 Bestimmung der Dämpfung im Wendefeldkreis
a) Ersatzschaltung der gekoppelten Wicklungen nach Bild 2.80
b) Ortskurve des Magnetisierungsstromes für Oberfelder

Das Ergebnis ist eine Ortskurve $\underline{I}_\mu = f(\omega_v T_D)$ nach Bild 2.81 b, in welcher der Zeiger $\underline{I}_\mu$ und damit der Wert Φ_v mit wachsendem $\omega_v T_D$ immer kleiner wird und gegenüber der ungedämpften Lage in der reellen Achse nacheilt.

Die Auswirkung der Wirbelstromdämpfung auf die Stromwendung ist in der Ortskurve in Bild 2.81 zu erkennen. Während die Reaktanzspannung U_{rv} proportional zum Oberschwingungsstrom I_{Av} ist, bilden sich das zugehörige Wendefeld und damit die Wendefeldspannung U_{wv} nur durch den Magnetisierungsstrom I_μ. Da dieser nach Betrag und Phasenlage nicht dem Sollwert I_{Av} entspricht, ist die Bedingung für eine einwandfreie Stromwendung mit $U_{rv} + U_{wv} = 0$ nicht mehr erfüllt. Im Betrieb ist daher mit andauerndem Bürstenfeuer zu rechnen.

Stromanstiegsgeschwindigkeit. Auch ohne Einfluss von Stromoberschwingungen kann sich die Wirbelstromdämpfung sehr ungünstig auf die Stromwendung geregelter Gleichstromantriebe auswirken. Diese werden heute mit Stromanstiegsgeschwindigkeiten von über 100 I_N/s bis kurzzeitig über den doppelten Bemessungsstrom hinaus beschleunigt, was mit einer Stromrichterschaltung leicht möglich ist. Mit Rücksicht auf eine einwandfreie Stromwendung muss dabei verlangt werden, dass das Wendefeld dem Ankerstrom möglichst unverzögert folgt.

Die Folge einer Wirbelstromdämpfung kann wieder über den Ersatzkreis in Bild 2.81 bestimmt werden. Das Ergebnis ist ein Nacheilen des Wendefeldes gegenüber dem ansteigenden Ankerstrom und damit eine Unterkommutierung. Beim raschen Absenken des Ankerstromes versuchen die Wirbelströme das Wendefeld aufrechtzuerhalten, was eine Überkommutierung verursacht. In beiden Fällen ist während dieser dynamischen Phase mit Bürstenfeuer zu rechnen.

Der Wirbelstromeinfluss hat dazu geführt, dass die Gleichstrommaschinen – sieht man von dauermagneterregten Kleinmotoren ab – auch im Ständer vollständig geblecht ausgebildet sind. Vermeidet man durch Nieten oder Bolzen im Blechpaket mögliche Kurzschlusskreise, so kann mit einer einwandfreien Stromwendung gerechnet werden.

3 Transformatoren

Geschichtliche Entwicklung. In den Anfängen der Elektrizitätswirtschaft waren Energieerzeugung und -verbrauch räumlich eng verbunden. Eine Überbrückung weiter Entfernungen war bei dem damaligen Gleichstromsystem wegen der zu großen Stromwärmeverluste auf den Leitungen nicht möglich. Diese lassen sich nur dadurch in wirtschaftlichen Grenzen halten, dass für den Energietransport wesentlich höhere Spannungen mit entsprechend kleinen Strömen gewählt werden, als sie im Kraftwerk und beim Verbraucher möglich sind.

Die Aufgabe der Umwandlung der elektrischen Energie auf beliebige Spannungswerte lässt sich bei Wechselstrom sehr einfach über das Induktionsgesetz lösen. Bereits Faraday verwendete bei der Entdeckung dieser Erscheinung zwei gekoppelte Spulen und damit das Prinzip eines Transformators.

1856 baute der Engländer S. Varley den ersten Transformator mit eisengeschlossenem Kreis.

1888 veröffentlichte Gisbert Kapp grundlegende Arbeiten über die Theorie des Transformators.

1889–1891 erfand Michael v. Dolivo-Dobrowolsky den Drehstromtransformator und die noch heute gültige Dreischenkelbauform.

Den Durchbruch zur Energieversorgung mit dreiphasigem Wechselstrom oder Drehstrom bahnte 1891 die historische Energieübertragung von ca. 100 kW an, die von Lauffen/Neckar zu einer elektrotechnischen Ausstellung in Frankfurt/Main über 175 km mit 15 kV Spannung führte [36, 37]. In den nächsten Jahrzehnten entstand eine weiträumige Verbundwirtschaft, wobei die Standorte der Kraftwerke nach dem Vorhandensein ausnützbarer Wasserkräfte oder z. B. großer Braunkohlevorkommen ausgewählt wurden. Für den Energietransport in die Verbraucherschwerpunkte entstanden Überlandleitungen.

Die Fernübertragung erfolgt heute in Westeuropa durch 220-kV- oder 380-kV-Drehspannung und für größere Entfernungen, wie z. B. in Kanada oder Russland bereits mit Spannungen bis 750 kV. Daneben bestehen zur engeren Versorgung von Bezirken und Städten Netze mit Spannungen von 6 kV bis 110 kV. Auf dem Weg von der Energieerzeugung bei Spannungen bis etwa 27 kV bis zum Verbraucher mit 230 V/400 V ist daher eine Transformatorleistung in einem Netz installiert, welche die der Generatoren um ein Mehrfaches übertrifft (Bild 3.1).

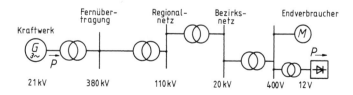

Bild 3.1 Transformatoren im Übertragungsweg elektrischer Energie

Leistungsbereich. Die Fertigung von Transformatoren reicht heute von kleinsten Einphasentypen im Wattbereich bis zu Grenzleistungen von derzeit ca. 1500 MVA in einer Einheit. Kleintransformatoren werden in großer Stückzahl zur Versorgung von Steuer- und Regelgeräten eingesetzt und erhalten oft eine für mehrere Spannungsstufen ausgelegte Sekundärwicklung.

Verteiler- und Netztransformatoren im Leistungsbereich zwischen 100 kVA bis 2000 kVA dienen der Endversorgung der Verbraucher bei 230 V/400 V aus dem Mittelspannungsnetz.

Maschinentransformatoren mit Grenzleistungen bis ca. 1500 MVA sind in Kraftwerken dem Turbogenerator nachgeschaltet und speisen direkt in das 220-kV- oder 380-kV-Netz ein. Diese Großtransformatoren werden ohne ihre Ölfüllung auf dem Wasserweg oder bei Massen bis etwa 450 t mit vielachsigen Spezialwagen transportiert, wobei die Hochspannungsisolatoren und Zusatzgeräte abgebaut sind [38–41].

Wandertransformatoren gestatten durch Anpassung ihrer Abmessungen an das Bahnprofil einen Transport in praktisch betriebsbereitem Zustand. Bei diesen Einheiten mit Leistungen bis ca. 400 MVA besteht daher die Möglichkeit eines raschen Wechsels des Einsatzortes.

Drehstrombank nennt man die Zusammenschaltung von drei Einphasentransformatoren. Als Beispiel sei hier die 1000-MVA-Bank des westdeutschen 380-kV-Netzes erwähnt, die aus drei 333,3-MVA-Einphaseneinheiten besteht.

Prinzip des Transformators. Der prinzipielle Aufbau eines Transformators ist sehr einfach. Zwei Wicklungen umfassen einen geschlossenen Eisenkern, der sie auf diese Weise mit etwa demselben magnetischen Wechselfluss verkettet. Dadurch verhalten sich nach dem Induktionsgesetz die zwei Klemmenspannungen praktisch wie die Windungszahlen der Wicklungen. Der Transformator gibt also die über die Primärwicklung aufgenommene Leistung nach Abzug der inneren Verluste über die Sekundärwicklung mit niederer oder höherer Spannung wieder ab.

3.1 Aufbau und Bauformen

3.1.1 Eisenkerne von Einphasen- und Drehstromtransformatoren

Eisenquerschnitt. Der magnetische Kreis des Wechselfeldes muss mit Rücksicht auf die Wirbelstromverluste aus Blechen geschichtet sein, wozu heute durchweg kornorientierte 0,23 mm bis 0,35 mm starke Bleche Verwendung finden. Die gegenseitige Isolation erfolgte früher durch aufgeklebtes Papier oder Lackierung. Heute übernimmt diese Aufgabe eine sehr dünne Silikat-Phosphatschicht, die bereits während des Auswalzens der Bleche aufgebracht wird.

Um den Innendurchmesser der Transformatorwicklungen möglichst gut auszunützen, nähert man durch eine 5- bis 15-fache Stufung der Blechbreiten den Eisenquerschnitt (Bild 3.2) an die Kreisform an. Mit Rücksicht auf die Geräuschbildung und zur Erzie-

3.1 Aufbau und Bauformen

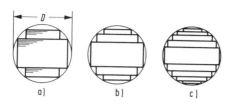

Bild 3.2 Stufenweise Anpassung des Kernquerschnitts $A_{Fe} = D^2 \cdot \dfrac{\pi}{4} \cdot k_a \cdot f_{Fe}$ an die Kreisform
k_a geometrischer Ausnützungsfaktor,
f_{Fe} Eisenfüllfaktor
a) zwei Blechbreiten $k_a = 0{,}787$,
b) drei Blechbreiten $k_a = 0{,}851$,
c) fünf Blechbreiten $k_a = 0{,}908$

lung einer optimalen magnetischen Leitfähigkeit werden die Blechstreifen nicht stumpf, sondern verzapft zusammengesetzt. Bei kornorientierten Blechen muss dabei zur Beibehaltung der magnetischen Vorzugsrichtung ein Schrägschnitt (Bild 3.3) vorgesehen werden.

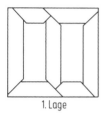 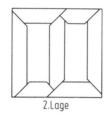

Bild 3.3 Schichtung eines Dreischenkelkerns mit kornorientierten Blechen

Kernaufbau. Die gestuften Blechpakete werden durch Bandagen z. B. aus Glasfaser zu einem kompakten Querschnitt zusammengepresst. Ferner kann eine Verkeilung mit dem zylindrischen Wicklungsträger erfolgen. Bei großen Leistungen bringt man im Bereich des unteren und oberen Jochs zusätzlich eine kräftige Presskonstruktion an (Bild 3.4). Um Zusatzverluste zu vermeiden, ist man bestrebt, weitestgehend Pressungen mit Bolzen quer durch das Eisen zu vermeiden.

Bild 3.4 Bolzenloser Dreischenkel-Eisenkern eines Drehstromtransformators für 24 MVA (Trafo-Union, Nürnberg)

Bild 3.5 Aufbau eines Einphasen-Kerntransformators

 Bild 3.6 Aufbau eines Einphasen-Manteltransformators

Einphasenkerne. Mit dem Kern- und dem Manteltyp (Bilder 3.5 und 3.6) bestehen zwei grundsätzliche Bauformen von Einphasentransformatoren. Allgemein bezeichnet man den von der Wicklung umschlossenen Teil des Eisenweges als Schenkel, Säule oder Kern und den äußeren Rückschluss als Joch.

Beim Einphasen-Kerntransformator ist auf jedem Schenkel die halbe Windungszahl untergebracht und der Eisenquerschnitt überall gleich.

Der Einphasen-Manteltransformator trägt die gesamte Wicklung auf einem Mittelschenkel und spart durch die Aufteilung des Rückschlusses an Bauhöhe, da jede Jochhälfte nur den halben Fluss führt.

Drehstromkerne. Konzentriert man die Wicklungen von drei Einphasen-Kerntransformatoren, die an ein Drehstromsystem angeschlossen sind, jeweils auf einem Schenkel, so wird in einer Leiterschleife, welche die drei zusammengestellten freien Schenkel umfasst, keine Spannung induziert. Die Kernflüsse sind wie die Strangspannungen jeweils 120° el gegeneinander zeitlich verschoben und ergänzen sich in den Sternpunkten zu null. Verbindet man die Joche miteinander, so können die freien Schenkel entfallen (Bild 3.7). Dies ergibt die als Tempeltyp bezeichnete Bauform eines symmetrischen Drehstromtransformators, die jedoch konstruktiv ungünstig ist. Die Ausführung lässt sich vereinfachen, indem man alle drei Schenkel in eine Ebene legt (Bild 3.8). Es entsteht damit die Bauart des unsymmetrischen Drehstrom-Kerntransformators, in der heute die meisten Einheiten ausgeführt sind. Die Bezeichnung unsymmetrisch bezieht sich auf den Bedarf an Magnetisierungsdurchflutung für die drei Stränge, der für den mittleren auf Grund des kürzeren Eisenweges geringer ist.

Besonders für sehr große Leistungen wird auch der Fünfschenkelkern (Bild 3.9) ausgeführt, der zwei zusätzliche äußere Rückschlüsse besitzt. Dadurch kann der Jochquerschnitt auf etwa 60 % des Wertes der Schenkel gesenkt werden, womit man an Bauhöhe spart.

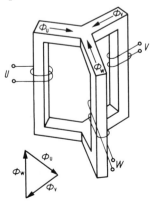

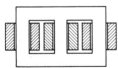

Bild 3.8 Aufbau eines Drehstrom-Kerntransformators (Dreischenkelkern)

Bild 3.7 Aufbau eines symmetrischen Drehstrom-Kerntransformators (Tempeltyp)

Bild 3.9 Drehstromtransformator mit Fünfschenkelkern

3.1 Aufbau und Bauformen

3.1.2 Wicklungen

Nach der grundsätzlichen Ausführung lassen sich bei Transformatoren Zylinderwicklungen und Scheibenwicklungen unterscheiden. Innerhalb dieser zwei Typen bestehen je nach den Anforderungen durch die Höhe der Spannung, der Leistung und der besonderen Betriebsbedingungen sehr vielfältige Konstruktionen.

Zylinderwicklung. Meist wird die Zylinderwicklung (Bild 3.10) bevorzugt, wobei aus isolationstechnischen Gründen die Unterspannungswicklung dem Eisenkern zugewandt ist. Für niedrige Betriebsspannungen werden ein- oder mehrlagige Röhren aus Profilleitern hergestellt, die bei größeren Stromstärken in parallele Teilleiter aufgeteilt sind. Bei großen Leistungen muss man die Teilleiter zur Vermeidung von Zusatzkupferverlusten durch Stromverdrängung außerdem verdrillen.

Für höhere Spannungen wird die Zylinderwicklung in einzelne übereinander liegende Spulen aufgeteilt. Diese können bei Querschnitten unter ca. 5 mm² aus Runddraht bestehen und sind durch Hartpapierscheiben voneinander getrennt.

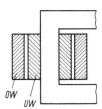

Bild 3.10 Zylinderwicklung
UW Unterspannungswicklung
OW Oberspannungswicklung

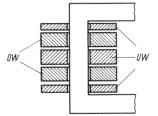

Bild 3.11 Scheibenwicklung
UW Unterspannungswicklung
OW Oberspannungswicklung

Scheibenwicklung. Bei der Scheibenwicklung (Bild 3.11) werden Ober- und Unterspannungswicklung unterteilt und abwechselnd übereinander geschichtet. Zur Erzielung einer besseren Verkettung der Wicklungen und mit Rücksicht auf die Isolation beginnt und endet der Aufbau mit je einer Halbspule der Unterspannungsseite.

Isolation. Zur Leiterisolation wird meist und vor allem bei Betrieb des Transformators in einem Ölkessel eine Papierumbandelung gewählt. Zwischenisolationen, Abstützungen und die Distanzierung erfolgen durch Pressspan, Hartpapier und Holz. Die Beherrschung hoher Betriebsspannungen und zusätzlich stoßartiger Überspannungen durch Gewitter oder Schalthandlungen im Netz stellt hohe Anforderungen an die Gestaltung des Isolationsaufbaus. Zusätzlich entstehen im Falle eines Netzkurzschlusses durch die erste Stomspitze i_s nach Gl. (3.26) mit $F \approx i_s^2$ extreme Kräfte zwischen den Windungen, deren mechanische Festigkeit diese Belastungen aushalten muss.

3.1.3 Wachstumsgesetze und Kühlung

In der Gleichung $S = U \cdot I$ für die Scheinleistung eines Wechselstromtransformators ergibt sich die Spannung U bei Vernachlässigung des inneren Spannungsfalls aus dem

Induktionsgesetz nach $u = N \cdot d\Phi_t/dt$ und dem verketteten Fluss $\Phi_t = \Phi \cdot \sin \omega t$. Damit gilt

$$u = N \cdot \omega \cdot \Phi \sin(\omega t + \pi/2)$$

Durch Gleichsetzen mit der allgemeinen Gleichung $u = \sqrt{2}\, U \cdot \sin \omega t$ entsteht damit als Verknüpfung zwischen dem Effektivwert U und dem Scheitelwert des Magnetflusses Φ eines Transformators die grundsätzliche Beziehung

$$U = \sqrt{2}\, \pi \cdot f \cdot N \cdot \Phi$$

Für die Scheinleistung ergibt sich dann

$$S = \sqrt{2}\, \pi \cdot f \cdot N \cdot \Phi \cdot I$$

Führt man die spezifischen Belastungen des Leitermaterials und des Magnetwerkstoffes, d. h. die Stromdichte J und die Flussdichte B ein, so wird mit

$$\Phi = B \cdot A_{Fe} \quad \text{und} \quad I \cdot N = J \cdot A_L \cdot N = J \cdot A_{Cu}$$

$$\boxed{S = \sqrt{2}\, \pi \cdot f \cdot B \cdot J \cdot A_{Fe} \cdot A_{Cu}} \tag{3.1}$$

Dabei bedeuten A_{Fe} der Querschnitt des Eisenkerns und A_{Cu} den resultierenden Leiterquerschnitt aller Windungen einer Wicklung.

Wachstumsgesetze. Mit Gl. (3.1) lassen sich die Wachstumsgesetze der Transformatoren angeben, welche die Auswirkungen einer gleichmäßigen linearen Vergrößerung aller geometrischen Abmessungen z. B. um den Faktor k beschreiben. Bei konstanten spezifischen Beanspruchungen B und J gegenüber dem Bezugstransformator der Leistung S steigen Kupfer- und Eisenquerschnitt jeweils quadratisch und die Leistung S^* des neuen Transformators damit nach

$$\boxed{S^* = S \cdot k^4}$$

an. Die Masse und die Verluste erhöhen sich mit dem Volumen nach

$$\boxed{m^* = m \cdot k^3 \quad \text{und} \quad P_v^* = P_v \cdot k^3}$$

Die zur Kühlung vorhandene Oberfläche bleibt am weitesten zurück, es gilt

$$\boxed{O^* = O \cdot k^2}$$

Zwischen den Daten des alten Transformators und den mit * gekennzeichneten neuen besteht damit folgender Zusammenhang:

$$\boxed{m^* = m \cdot \left(\frac{S^*}{S}\right)^{3/4}, \quad P_v^* = P_v \cdot \left(\frac{S^*}{S}\right)^{3/4}, \quad O^* = O \cdot \left(\frac{P_v^*}{P_v}\right)^{2/3}} \tag{3.2}$$

Die Erhöhung der Einheitsleistung bei konstanten spezifischen Beanspruchungen ergibt damit

- eine geringere relative Masse in kg/kVA
- weniger relative Verluste in kW/kVA
- eine kleinere relative Kühlfläche in m^2/kW.

3.1 Aufbau und Bauformen

Beim Übergang auf eine höhere Einheitsleistung erhält man also als Vorteile eine größere spezifische Leistung (kVA/kg) und einen besseren Wirkungsgrad, muss jedoch zur Abfuhr der Verlustleistung immer intensivere Kühlverfahren anwenden.

Verluste und Wirkungsgrad. Der Wirkungsgrad von Transformatoren ist durch den Einsatz kornorientierter Bleche mit geringen Eisenverlusten, das Fehlen von Luftspalt, Zahnungen und bewegten Teilen höher als der rotierender elektrischer Maschinen. In der Auslegung nach DIN 42 500-510 werden bei reiner Wirkbelastung im Leistungsbereich von 100 kW bis 100 MW etwa Werte von 97,7 % bis 99,5 % erreicht.

Es treten Eisenverluste P_{Fe} und Stromwärmeverluste (Kupferverluste) P_{Cu} auf, wobei die ersteren nach $P_{Fe} \sim B^2 \sim U^2$ wegen der konstanten Betriebsspannung U_N belastungsunabhängig stets in voller Höhe mit P_{FeN} vorhanden sind. Man bemüht sich daher, den Anteil P_{FeN} klein zu halten, und führt bei Leistungstransformatoren ein Verlustverhältnis $P_{FeN}/P_{CuN} = a = 0{,}17$ bis $0{,}25$ aus.

Der wirtschaftlichen Bedeutung entsprechend wird für die Projektierung eines Transformators oft zwischen Hersteller und Kunde eine so genannte Verlustbewertung vereinbart. Sie liegt derzeit für Eisenverluste bei 3000 Euro/kWh bis 5000 Euro/kWh und für Stromwärmeverluste bei 700 Euro/kWh bis 2500 Euro/kWh, wobei der höhere Wert für Industrietransformatoren mit sehr hoher Auslastung gilt. Eine vereinbarte Verlustbewertung spielt beim Vergleich von Angeboten und Garantieangaben eine wichtige Rolle.

Wirkungsgradkurve. Der Wert des Verlustverhältnisses a bestimmt bei Transformatoren – und prinzipiell auch bei allen rotierenden Maschinen – Lage und Maximalwert der Wirkungsgradkurve $\eta = f(P)$. Bei beliebiger Belastung erhält man

die Aufnahmeleistung

$$P_1 = U_1 \cdot I_1 \cdot \cos \varphi_1$$

die Verluste

$$P_v = P_{FeN} + P_{CuN} \left(\frac{P_1}{P_{1N}}\right)^2$$

den Wirkungsgrad

$$\eta = 1 - \frac{P_v}{P_1}$$

Für die Kupferverluste gilt dabei wegen $I_1 \sim P_1$ bei konstanten Werten für Spannung und $\cos \varphi_1$ eine quadratische Abhängigkeit von der Leistung. Für die Wirkungsgradkurve erhält man damit die Beziehung

$$\eta = 1 - \frac{a + (P_1/P_{1N})^2}{P_1} \cdot P_{CuN}$$

Differenziert man diese Gleichung und setzt $d\eta/dP_1 = 0$, so erhält man mit

$$\boxed{(P_1)_{\eta max} = \sqrt{a} \cdot P_{1N} \quad \text{bzw.} \quad (S_1)_{\eta max} = \sqrt{a} \cdot S_{1N}} \qquad (3.3)$$

die Aufnahmeleistung, bei welcher der Wirkungsgrad seinen Maximalwert erreicht. Sein Wert errechnet sich durch Einsetzen von Gl. (3.3) in die Beziehung $\eta = f(P_1)$ zu

$$\boxed{\eta_{\max} = 1 - 2\frac{\sqrt{P_{\text{FeN}} \cdot P_{\text{CuN}}}}{P_{1N}}} \qquad (3.4\,\text{a})$$

während der Wirkungsgrad bei der Aufnahmeleistung P_{1N} im Bemessungspunkt

$$\boxed{\eta_N = 1 - \frac{P_{\text{FeN}} + P_{\text{CuN}}}{P_{1N}}} \qquad (3.4\,\text{b})$$

beträgt.

Im Punkt des maximalen Wirkungsgrades sind die Stromwärmeverluste und Eisenverluste des Transformators gleich groß. Bild 3.12 zeigt den Einfluss des Verlustverhältnisses a auf die Teillastverluste und die Wirkungsgradkurve.

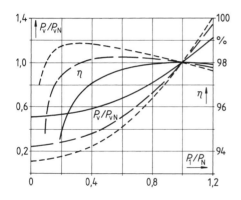

Bild 3.12 Relative Teillastverluste P_v/P_{vN} und Wirkungsgrad η von Transformatoren
Parameter $a = P_{\text{FeN}}/P_{\text{CuN}}$ und $\eta_N = 0{,}98$
- - - $a = 0{,}1$ — — $a = 0{,}3$ ——— $a = 1$

Beispiel 3.1: Ein Drehstromtransformator nach DIN 42504 für $S_N = 2000$ kVA hat die Verluste $P_{\text{FeN}} = 3{,}2$ kW und $P_{\text{CuN}} = 21$ kW.

a) Wie groß sind der maximale und der Wirkungsgrad η_N bei $P_{1N} = 2000$ kW?

Nach Gl. (3.4 a, b) erhält man

$$\eta_{\max} = 1 - 2 \cdot \frac{\sqrt{3{,}2\text{ kW} \cdot 21\text{ kW}}}{2000\text{ kW}} = 99{,}18\,\%$$

$$\eta_N = 1 - \frac{3{,}2\text{ kW} + 21\text{ kW}}{2000\text{ kW}} = 98{,}79\,\%$$

b) Bei gleich bleibenden Gesamtverlusten von $P_v = 24{,}2$ kW wird ein Verlustverhältnis $a = 0{,}1$ realisiert. Welcher Euro-Betrag kann dem Angebotspreis im Vergleich zu obiger Auslegung bei einer Verlustbewertung von $k_{\text{Fe}} = 4$ €/W und $k_{\text{Cu}} = 2$ €/W gutgeschrieben werden?

Es gilt $\quad P_{\text{FeN}} + P_{\text{CuN}} = 24{,}2$ kW $\quad$ mit $\quad P_{\text{FeN}} = a \cdot P_{\text{CuN}} = 0{,}1 \cdot P_{\text{CuN}}$

$1{,}1\, P_{\text{CuN}} = 24{,}2$ kW $\quad$ damit $\quad P_{\text{CuN}} = 22$ kW, $P_{\text{FeN}} = 2{,}2$ kW

3.1 Aufbau und Bauformen

Der Vergleich mit früherer Auslegung ergibt die Differenzen:

$\Delta P_{FeN} = -1$ kW – Gewinn: 4000 €

$\Delta P_{CuN} = +1$ kW – Verlust: 2000 €

Insgesamt entsteht also eine Gutschrift von € 2000.

Aufgabe 3.1: Welches Verlustverhältnis a ist bei einem Transformator mit $P_{1N} = 100$ kW und $P_{vN} = 2$ kW realisiert, wenn der maximale Wirkungsgrad 98,4 % beträgt?

Ergebnis: $a = 0,25$

Aufgabe 3.2: Auf welchen Wert sinkt der Wirkungsgrad η_N eines Transformators mit $a = 0,25$, wenn $\eta_{max} = 0,98$ ist?

Ergebnis: $\eta_N = 0,975$

Aufgabe 3.3: Ein Einphasentransformator für $S_1 = 10$ kVA besitzt bei Halblast gleich große Eisen- und Kupferverluste und mit reiner Wirkbelastung von $P_{1N} = 10$ kW einen Wirkungsgrad η_N von 96 %. Wie groß sind die Verluste bei P_{1N}? Bei welcher Teillast P_1 hat der Transformator ebenfalls einen Wirkungsgrad von 96 %?

Ergebnis: $P_{FeN} = 80$ W, $P_{CuN} = 320$ W, $P_1 = 2,5$ kW

Kühlungsarten. Nach dem Wachstumsgesetz nehmen bei einer Vergrößerung der Einheitsleistung und konstanten spezifischen Belastungen der Eisen- und Kupferquerschnitte die Verluste rascher als die Oberfläche zu, womit die Wärmeabgabe immer schwieriger wird. Dies bedeutet, dass man mit Rücksicht auf die begrenzte zulässige Erwärmung der Isolierstoffe immer intensivere und aufwändigere Kühlungsmethoden anwenden muss.

Für kleinere Leistungen genügen Trockentransformatoren, deren Wicklungen der freien Luft ausgesetzt sind. Ferner werden für Leistungen bis zu ca. 10 MVA und 30 kV auch Transformatoren mit Gießharzisolierung gebaut (Bild 3.13), bei denen die vergossene Wicklung einen kompakten Zylinder bildet [42, 43]. Für größere Transformatoren und hohe Betriebsspannungen setzt man den Transformator in einen Ölkessel (Bild 3.14). Öl besitzt gegenüber Luft neben einer wesentlich besseren Isolationsfestigkeit den weiteren

Bild 3.13 Verteilungstransformator mit Gießharzisolierung (Trafo-Union, Nürnberg)

Bild 3.14 Verteilungstransformator 630 kVA mit Wellblechkessel (Trafo-Union, Nürnberg)

Bild 3.15 Netztransformator
40 MVA mit Radiatoren
(Trafo-Union, Nürnberg)

Vorteil, dass es die Wärme sowohl besser annimmt (Wärmeübergangszahl), als auch besser weiterleitet (Wärmeleitfähigkeit). Die Kesselwandung der Öltransformatoren erhält eine Wellung zur Oberflächenvergrößerung. Bei noch größeren Leistungen werden an der Kesselwandung Radiatoren (Bild 3.15) angebracht, deren Sammelrohre oben und unten in den Kessel münden. Durch die natürliche Wärmebewegung wird das Öl in den Radiatoren laufend rückgekühlt. Größte Einheiten erhalten zusätzlich äußere Lüfter und schließlich eine Zwangsumwälzung des Öls durch Pumpen und Rückkühlung über angeflanschte Luft- oder Wasserkühler.

3.2 Betriebsverhalten von Einphasentransformatoren

3.2.1 Spannungsgleichungen und Ersatzschaltung

Streu- und Hauptfeld. In der prinzipiellen Anordnung eines Transformators nach Bild 3.16 sind zwei Wicklungen mit den Windungszahlen N_1 und N_2 auf einem gemeinsamen Eisenkern magnetisch gekoppelt. Führen beide Wicklungen Strom, so entstehen die Durchflutungen Θ_1 und Θ_2, die nach dem Grundgesetz magnetischer Kreise $\Phi = \Theta \cdot \Lambda$ die eingetragenen Felder erzeugen. Beide Wicklungen bilden danach auf dem Eisenweg mit dem hohen magnetischen Leitwert Λ_h den Hauptfluss Φ_h und zusätzlich entsprechend dem Streuleitwert $\Lambda_\sigma \ll \Lambda_h$ je einen so genannten Streufluss Φ_σ aus. Die Feldlinien der Streuflüsse sind nur mit der eigenen Wicklung verkettet und induzieren dort nach

$$u_\sigma = N \cdot \frac{d\Phi_\sigma}{dt} = L_\sigma \cdot \frac{di}{dt}$$

eine Spannung der Selbstinduktion.

Nach Abschnitt 1.2.3 werden in Wechselstromkreisen durch Selbstinduktion entstandene Spannungen als Spannungsfall an einem Blindwiderstand erfasst, so dass man jeder Wicklung des Transformators neben ihrem ohmschen Widerstand R einen Streublindwiderstand $X_\sigma = 2\pi f \cdot L_\sigma$ zuordnen kann. Es entsteht damit in Bild 3.17 der Aufbau eines idealen Transformators, in dem zwei widerstandslose Wicklungen streuungsfrei mit-

3.2 Betriebsverhalten von Einphasentransformatoren

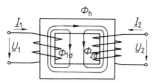

Bild 3.16 Aufbau und Felder eines Transformators

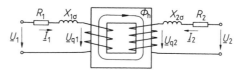

Bild 3.17 Idealer Transformator mit vorgeschalteten Wirk- und Blindwiderständen

einander gekoppelt sind. Die realen Verhältnisse werden dann durch die jeweils vorgeschalteten Scheinwiderstände aus R und X_σ erfasst.

Spannungsgleichungen. Die Darstellung eines Transformators in Bild 3.17 wird zur reinen Ersatzschaltung, wenn man die Wirkung aller Feldanteile durch ihre Induktivitäten bzw. Blindwiderstände darstellt. Mit der allgemeinen Definition $L = N^2 \cdot \Lambda$ erhält man für die Streuwege die Streuinduktivitäten

$$\boxed{L_{1\sigma} = N_1^2 \cdot \Lambda_{1\sigma}, \quad L_{2\sigma} = N_2^2 \cdot \Lambda_{2\sigma}} \tag{3.5 a, b}$$

Auf dem gemeinsamen Hauptweg mit dem Leitwert Λ_h ergeben sich je eine Hauptinduktivität und eine Gegeninduktivität

$$\boxed{L_{1\mathrm{h}} = N_1^2 \cdot \Lambda_\mathrm{h}, \quad L_{2\mathrm{h}} = N_2^2 \cdot \Lambda_\mathrm{h}} \tag{3.5 c, d}$$

$$\boxed{L_{12} = N_1 \cdot N_2 \cdot \Lambda_\mathrm{h}} \tag{3.5 e}$$

Die Spannungsgleichungen beider Seiten lauten damit:

$$\boxed{u_1 = R_1 \cdot i_1 + L_{1\sigma} \cdot \frac{\mathrm{d}i_1}{\mathrm{d}t} + L_{1\mathrm{h}} \cdot \frac{\mathrm{d}i_1}{\mathrm{d}t} + L_{12} \cdot \frac{\mathrm{d}i_2}{\mathrm{d}t}} \tag{3.6 a}$$

$$\boxed{u_2 = R_2 \cdot i_2 + L_{2\sigma} \cdot \frac{\mathrm{d}i_2}{\mathrm{d}t} + L_{2\mathrm{h}} \cdot \frac{\mathrm{d}i_2}{\mathrm{d}t} + L_{12} \cdot \frac{\mathrm{d}i_1}{\mathrm{d}t}} \tag{3.7 a}$$

Zur Behandlung des Transformators als Vierpol im Netz ist es üblich, beide Gleichungen auf die Windungszahl N_1 der Primärseite zu beziehen. Dies geschieht, wenn man das letzte Glied von Gl. (3.6 a) mit N_1/N_2 erweitert und Gl. (3.7 a) mit demselben Wert multipliziert.

Mit $i_2' = i_2 \cdot N_2/N_1$ entstehen die Gleichungen

$$u_1 = R_1 \cdot i_1 + L_{1\sigma} \cdot \frac{\mathrm{d}i_1}{\mathrm{d}t} + L_{1\mathrm{h}} \cdot \frac{\mathrm{d}i_1}{\mathrm{d}t} + L_{12} \cdot \frac{N_1}{N_2} \cdot \frac{\mathrm{d}i_2'}{\mathrm{d}t}$$

$$u_2 \cdot \frac{N_1}{N_2} = R_2 \cdot \left(\frac{N_1}{N_2}\right)^2 \cdot i_2' + L_{2\sigma} \cdot \left(\frac{N_1}{N_2}\right)^2 \cdot \frac{\mathrm{d}i_2'}{\mathrm{d}t}$$

$$+ L_{2\mathrm{h}} \cdot \left(\frac{N_1}{N_2}\right)^2 \cdot \frac{\mathrm{d}i_2'}{\mathrm{d}t} + L_{12} \cdot \frac{N_1}{N_2} \cdot \frac{\mathrm{d}i_1}{\mathrm{d}t}$$

Nach Gl. (3.5 a, b, c) gilt

$$L_{12} \cdot \frac{N_1}{N_2} = L_{1h} = L_h$$

$$L_{2h} \cdot \left(\frac{N_1}{N_2}\right)^2 = L_{1h} = L_h$$

während alle übrigen mit dem Wert N_1/N_2 umgeformten Größen zur Kennzeichnung einen Strich erhalten. Damit lauten die Spannungsgleichungen beider Wicklungen

$$u_1 = R_1 \cdot i_1 + L_{1\sigma} \cdot \frac{di_1}{dt} + L_h \left(\frac{di_1}{dt} + \frac{di'_2}{dt}\right) \qquad (3.6\,b)$$

$$u'_2 = R'_2 \cdot i'_2 + L'_{2\sigma} \cdot \frac{di'_2}{dt} + L_h \left(\frac{di_1}{dt} + \frac{di'_2}{dt}\right) \qquad (3.7\,b)$$

Anstelle mit den Augenblickswerten der Differenzialgleichung rechnet man bei stationären Betriebszuständen mit den Effektivwerten und erhält in komplexer Schreibweise

$$\underline{U}_1 = R_1 \cdot \underline{I}_1 + jX_{1\sigma} \cdot \underline{I}_1 + jX_h(\underline{I}_1 + \underline{I}'_2) \qquad (3.6\,c)$$

$$\underline{U}'_2 = R'_2 \cdot \underline{I}'_2 + jX'_{2\sigma} \cdot \underline{I}'_2 + jX_h(\underline{I}_1 + \underline{I}'_2) \qquad (3.7\,c)$$

Ersatzschaltung. Die Gleichungen (3.6 c) und (3.7 c) sind Maschengleichungen eines Vierpols nach Bild 3.18, der damit die allgemeine Ersatzschaltung für zwei magnetisch gekoppelte Wicklungen darstellt.

Die Umrechnung der Daten der Sekundärwicklung auf die primäre Windungszahl N_1 hat dazu geführt, dass durch das Hauptfeld auf beiden Seiten die gleiche Quellenspannung U_q induziert wird. Damit ist die in Bild 3.18 vorgenommene galvanische Kopplung beider Wicklungen möglich. In der Ersatzschaltung erscheint U_q als Spannungsfall des gemeinsamen Magnetisierungsstromes I_μ an der Hauptinduktivität X_h.

Um in der Ersatzschaltung auch die Eisenverluste des Hauptflusses zu erfassen, legt man parallel zu der Hauptreaktanz X_h einen so genannten Eisenverlustwiderstand R_{Fe}. Mit $P_{Fe} = U_q^2/R_{Fe}$ gibt dieser wegen $U_q \sim \Phi \sim B$ und $P_{Fe} \sim B^2$ die Abhängigkeit der Eisenverluste richtig wieder. Damit entsteht das endgültige Ersatzschaltbild des Transformators (Bild 3.19), aus dem das gesamte stationäre Betriebsverhalten berechnet werden kann.

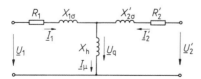

Bild 3.18 Ersatzschaltung eines Transformators ohne Eisenverluste

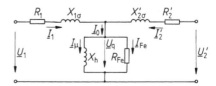

Bild 3.19 Vollständige Ersatzschaltung eines Transformators

3.2 Betriebsverhalten von Einphasentransformatoren

Umrechnungen. Die Formeln zur Umrechnung der sekundären Werte auf die Primärseite lassen sich über die Bedingung der Energiekonstanz bestimmen. Wird die Spannung mit dem Windungszahlverhältnis N_1/N_2 nach

$$U'_2 = U_2 \cdot \frac{N_1}{N_2} \tag{3.8}$$

geändert, so folgt bei gleich bleibender Strangleistung

$$P'_2 = P_2$$

$$U'_2 \cdot I'_2 = U_2 \cdot I_2$$

und

$$I'_2 = I_2 \cdot \frac{N_2}{N_1} \tag{3.9}$$

Für die Kupferverluste gilt $P'_{Cu2} = P_{Cu2}$

$$R'_2 \cdot I'^2_2 = R_2 \cdot I^2_2$$

$$R'_2 = R_2 \cdot \left(\frac{N_1}{N_2}\right)^2 \tag{3.10}$$

Über die Konstanz der magnetischen Energie folgt ebenso

$$X'_{2\sigma} = X_{2\sigma} \cdot \left(\frac{N_1}{N_2}\right)^2 \tag{3.11}$$

Das Größenverhältnis der einzelnen Ersatzkreisdaten ist stark von der Bemessungsleistung des Transformators abhängig. Es gilt etwa $R_1 \approx R'_2$ und $X_{1\sigma} \approx X'_{2\sigma}$, wobei die Streureaktanzen bei mittleren Leistungen etwa den doppelten Wert der Widerstände besitzen. Bei großen Einheiten übertrifft die induktive Streuspannung den ohmschen Spannungsfall um das 20- bis 30-fache. Die Werte für X_h und R_{Fe} liegen etwa drei bzw. vier Zehnerpotenzen über denen der Streureaktanzen.

Beispiel 3.2: Für einen Drehstromtransformator der Bemessungsleistung $S_N = 100$ kVA in Ausführung nach DIN 42500 wurde bei Sternschaltung der Wicklungen primärseitig gemessen:

Leerlaufversuch:

$P_0 = 0{,}32$ kW, $U_0 = 20$ kV, $I_0 = 0{,}0723$ A

Kurzschlussversuch:

$P_k = 1{,}75$ kW, $U_k = 0{,}8$ kV, $I_k = 2{,}89$ A

Es sind die Daten des Ersatzschaltbildes (Bild 3.19) mit der Annahme $R_1 = R'_2$ und $X_{1\sigma} = X'_{2\sigma}$ zu bestimmen.

Im Leerlauf kann auf Grund der angegebenen Größenverhältnisse R_1 und $X_{1\sigma}$ gegenüber dem Querzweig vernachlässigt werden. Dann gilt:

$$I_{Fe} = \frac{P_0}{\sqrt{3} \cdot U_0} = \frac{0{,}32 \cdot 10^3 \text{ W}}{\sqrt{3} \cdot 20 \cdot 10^3 \text{ V}} = 0{,}00924 \text{ A}$$

$$I_\mu = \sqrt{I_0^2 - I_{Fe}^2} = \sqrt{0{,}0723^2 \text{ A}^2 - 0{,}00924^2 \text{ A}^2} = 0{,}0717 \text{ A}$$

$$X_h = \frac{U_0}{\sqrt{3} \cdot I_\mu} = \frac{20 \cdot 10^3 \text{ V}}{\sqrt{3} \cdot 0{,}0717 \text{ A}} = 161 \cdot 10^3 \text{ }\Omega$$

$$R_{Fe} = \frac{U_0}{\sqrt{3} \cdot I_{Fe}} = \frac{20 \cdot 10^3 \text{ V}}{\sqrt{3} \cdot 0{,}00924 \text{ A}} = 125 \cdot 10^4 \text{ }\Omega$$

Bei kurzgeschlossenen Sekundärklemmen kann der Einfluss des hochohmigen Querzweiges vernachlässigt werden. Dann gilt:

$$\cos\varphi_k = \frac{P_k}{\sqrt{3} \cdot U_k \cdot I_k} = \frac{1{,}75 \cdot 10^3 \text{ W}}{\sqrt{3} \cdot 0{,}8 \cdot 10^3 \text{ V} \cdot 2{,}89 \text{ A}} = 0{,}437, \quad \sin\varphi_k = 0{,}90$$

Die gesamte Längsimpedanz wird

$$Z_k = \frac{U_k}{I_k} = \frac{0{,}8 \cdot 10^3 \text{ V}}{\sqrt{3} \cdot 2{,}89 \text{ A}} = 160 \text{ }\Omega$$

damit
$$\begin{aligned} R_1 + R_2' &= Z_k \cdot \cos\varphi_k, & X_{1\sigma} + X_{2\sigma}' &= Z_k \cdot \sin\varphi_k \\ &= 160 \text{ }\Omega \cdot 0{,}437, & &= 160 \text{ }\Omega \cdot 0{,}90 \\ &\approx 70 \text{ }\Omega & &\approx 144 \text{ }\Omega \\ R_1 &= R_2' = 35 \text{ }\Omega & X_{1\sigma} &= X_{2\sigma}' = 72 \text{ }\Omega \end{aligned}$$

Aufgabe 3.4: Wie groß ist der maximale Wirkungsgrad des obigen Transformators bei $P_{1N} = 100$ kW, $P_{FeN} = P_0$ und $P_{CuN} = P_k$?
Ergebnis: $\eta_{max} = 0{,}985$

Aufgabe 3.5: Ein Einphasentransformator für $U_{1N} = 500$ V und $P_{1N} = 50$ kW bei $\cos\varphi_1 = 1$ besitzt bei $P_1 = 25$ kW seinen maximalen Wirkungsgrad $\eta_{max} = 0{,}97$. Über die Eisen- und Kupferverluste sind die Widerstände R_{Fe} und $R_1 = R_2'$ der Ersatzschaltung zu bestimmen.
Ergebnis: $R_{Fe} = 667$ Ω, $R_1 = R_2' = 0{,}075$ Ω

3.2.2 Leerlauf und Magnetisierung

Spannungsformel. Nach der Darstellung eines Transformators in Bild 3.17 erzeugt das Hauptfeld in den beiden Wicklungen die Spannungen

$$u_{q1} = N_1 \cdot \frac{d\Phi_{ht}}{dt} \quad \text{und} \quad u_{q2} = N_2 \frac{d\Phi_{ht}}{dt}$$

womit ein Spannungsverhältnis

$$\boxed{\frac{U_{q1}}{U_{q2}} = \frac{N_1}{N_2}} \tag{3.12}$$

3.2 Betriebsverhalten von Einphasentransformatoren

entsteht. Der Effektivwert der induzierten Spannung wird mit

$$\Phi_{ht} = \Phi_h \cdot \sin \omega t \quad \text{und} \quad u_q = \omega \cdot N \cdot \Phi_h \cdot \cos \omega t$$

$$\boxed{U_q = \sqrt{2} \cdot \pi \cdot f \cdot N \cdot \Phi_h = 4{,}44 \cdot f \cdot N \cdot \Phi_h} \tag{3.13}$$

Im Leerlauf ist $U_{q2} = U_2$ und mit sehr guter Näherung auch $U_{q1} = U_1$, so dass sich nach Gl. (3.12) die Klemmenspannungen mit

$$\boxed{U_1 : U_2 \approx N_1 : N_2} \tag{3.14}$$

wie die Windungszahlen verhalten.

Beispiel 3.3: Ein Drehstromtransformator für $S = 250$ kVA, $U_N = 10$ kV/0,525 kV soll einen fünfstufigen Kernquerschnitt des Durchmessers $D = 14{,}1$ cm erhalten. Die Kerninduktion betrage $B = 1{,}6$ T und der Eisenfüllfaktor $f_{Fe} = 0{,}96$. Es sind die erforderlichen Windungszahlen des Transformators bei beidseitiger Sternschaltung abzuschätzen.

Nach Bild 3.2 wird der aktive Eisenquerschnitt

$$A_{Fe} = D^2 \cdot \frac{\pi}{4} \cdot k_a \cdot f_{Fe} = 14{,}1^2 \text{ cm}^2 \cdot \frac{\pi}{4} \cdot 0{,}908 \cdot 0{,}96 = 136 \text{ cm}^2$$

Mit $\Phi = B \cdot A_{Fe}$ erhält man den Kernfluss

$$\Phi = 16 \cdot 10^{-5} \text{ V} \cdot \text{s/cm}^2 \cdot 136 \text{ cm}^2 = 0{,}02176 \text{ V} \cdot \text{s}$$

Nach Gl. (3.13) und mit $U_q \approx U$, $\Phi_h \approx \Phi$ wird die Windungszahl der Oberspannungsseite

$$N_1 = \frac{U_{q1}}{\sqrt{2} \cdot \pi \cdot f \cdot \Phi_h} = \frac{10^4 \text{ V}}{\sqrt{3} \cdot \sqrt{2} \cdot \pi \cdot 50 \text{ s}^{-1} \cdot 0{,}02176 \text{ V} \cdot \text{s}} = 1195$$

Damit nach Gl. (3.12)

$$N_2 = N_1 \cdot \frac{U_{q2}}{U_{q1}} = 1195 \cdot \frac{0{,}525}{10} = 63$$

Aufgabe 3.6: Der obige Transformator soll einen Kernquerschnitt aus nur zwei Blechbreiten erhalten. Wie müssen die Windungszahlen korrigiert werden, wenn die Kerninduktion $B = 1{,}68$ T betragen soll?
Ergebnis: $N_1 = 1312$, $N_2 = 69$

Leerlaufdaten. Als Bemessungsspannungen eines Transformators sind nach VDE 0532 primärseitig die der Auslegung zugrunde liegende Spannung und für die Sekundärseite die zugehörige Leerlaufspannung festgelegt.

Der Leerlaufstrom I_0 eines Leistungstransformators beträgt mit etwa 2,5 % bei 100 kVA und ca. 0,9 % bei 10 MVA nur einen kleinen Bruchteil des Bemessungsstromes. Er dient überwiegend der Magnetisierung und enthält eine kleine Wirkkomponente hauptsächlich zur Deckung der Eisenverluste.

Den besten Überblick über das Leerlaufverhalten ergibt das Zeigerdiagramm (Bild 3.20) nach der Ersatzschaltung von Bild 3.19. Die Primärwicklung entnimmt dem Netz der Spannung $\underline{U}_1$ einen stark induktiven Leerlaufstrom $\underline{I}_0$, der am ohmschen Widerstand R_1 und der Streureaktanz $X_{1\sigma}$ je einen Spannungsabfall hervorruft. Es bleibt mit $\underline{U}_q$ die Spannung der Selbstinduktion durch das Hauptfeld Φ_h, dessen Zeiger der Spannung 90° nacheilt. Der Leerlaufstrom $\underline{I}_0$ wird bezogen auf die Richtung von $\underline{U}_q$ in eine Wirk- und eine Blindkomponente zerlegt. Der mit $\underline{U}_q$ phasengleiche Anteil I_{Fe} deckt die Eisenverluste, während die Blindkomponente I_μ die Magnetisierungsdurchflutung bildet. Da I_{Fe} nur größenordnungsmäßig 10 % ausmacht, unterscheiden sich Leerlauf- und Magnetisierungsstrom kaum. Der geringe Anteil des Streuflusses an den Eisenverlusten ist in dieser Darstellung vernachlässigt.

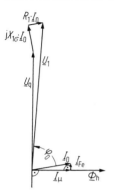

Bild 3.20 Zeigerdiagramm des leerlaufenden Transformators

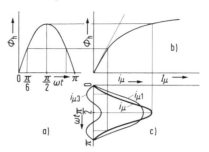

Bild 3.21 Bestimmung der Kurvenform des Magnetisierungsstromes i_μ
a) zeitlich sinusförmiger Flussverlauf
b) Magnetisierungskennlinie
c) zeitlicher Verlauf des Magnetisierungsstromes i_μ

Analyse des Magnetisierungsstromes. Spannung und Magnetisierungsstrom des Transformators sind über die Kennlinie $B = f(H)$ des Elektroblechs miteinander verknüpft. Dies bedeutet bei Flussdichten im Eisen von 1,5 T bis 1,7 T wegen der magnetischen Sättigung eine nichtlineare Zuordnung zwischen Φ_{ht} und i_μ. Der entstehende zeitliche Verlauf des Magnetisierungsstromes lässt sich bei gegebener sinusförmiger Flussänderung konstruieren (Bild 3.21), wobei vereinfacht die Hysterese vernachlässigt ist. Die Analyse der Stromkurve ergibt neben der Grundschwingung ungeradzahlige Oberschwingungen mit nach der Ordnungszahl abnehmenden Amplituden. Es ist (Vorzeichen in I_μ enthalten)

$$i_\mu = \sqrt{2}I_{\mu 1} \cdot \sin \omega t + \sqrt{2}I_{\mu 3} \cdot \sin 3\omega t + \sqrt{2}I_{\mu 5} \cdot \sin 5\omega t + ... \sqrt{2}I_{\mu \nu} \cdot \sin \nu\omega t$$

mit $\quad \nu = 2n + 1 \quad$ und $\quad n = 0; 1; 2; 3 ...$

Für kornorientierte Bleche ergibt die Analyse bei $B = 1,6$ T etwa folgende Einzeleffektivwerte bezogen auf den Gesamtwert

$$I_\mu = \sqrt{I_{\mu 1}^2 + I_{\mu 3}^2 + ... + I_{\mu \nu}^2}$$

Ordnungszahl $\nu =$	1	3	5	7	9
$I_{\mu \nu}/I_\mu =$	0,86	0,40	0,23	0,12	0,07

Zur Erzeugung eines zeitlich sinusförmigen Flusses müssen sich entsprechend der Magnetisierungskennlinie der Blechsorte alle Stromanteile der Analyse ausbilden können. Werden einzelne Harmonische daran gehindert, so entsteht ein oberschwingungshaltiger Fluss und damit eine verzerrte Spannung. Man spricht in diesem Zusammenhang von einer erzwungenen Magnetisierung.

3.2 Betriebsverhalten von Einphasentransformatoren 115

Beispiel 3.4: Ein Drehstromtransformator, dessen Primär- und Sekundärwicklung in Sternschaltung ausgeführt sind, hat die Bemessungsleistung $S = 630$ kVA bei $U_{1N} = 20$ kV. In der Auslegung nach DIN 42500 erhält man den relativen Leerlaufstrom $I_0 = 0{,}018\,I_N$ und die Leerlaufverluste $P_{v0} = 1{,}3$ kW. Es ist der Magnetisierungsstrom dieses Transformators zu berechnen.

Primärer Bemessungsstrom

$$I_{1N} = \frac{S}{\sqrt{3} \cdot U_{1N}} = \frac{630 \cdot 10^3 \text{ VA}}{\sqrt{3} \cdot 20 \cdot 10^3 \text{ V}} = 18{,}2 \text{ A}$$

Leerlaufstrom

$$I_0 = 0{,}018\,I_{1N} = 0{,}018 \cdot 18{,}2 \text{ A} = 0{,}327 \text{ A}$$

Für den Eisenverluststrom I_{Fe} gilt mit guter Genauigkeit

$$I_{Fe} = \frac{P_{v0}}{\sqrt{3} \cdot U_{1N}} = \frac{1{,}3 \cdot 10^3 \text{ W}}{\sqrt{3} \cdot 20 \cdot 10^3 \text{ V}} = 0{,}0375 \text{ A}$$

Nach dem Zeigerdiagramm (Bild 3.20) wird der Magnetisierungsstrom

$$I_\mu = \sqrt{I_0^2 - I_{Fe}^2} = \sqrt{0{,}327^2 - 0{,}0375^2} \text{ A} = 0{,}325 \text{ A}$$

Aufgabe 3.7: Die Analyse des Magnetisierungsstromes eines Transformators ergibt für die Effektivwerte der ersten vier Harmonischen folgende Beziehung: $I_{\mu 7} : I_{\mu 5} : I_{\mu 3} : I_{\mu 1} = 1 : 2 : 4 : 8$ bei $I_{\mu 1} = 14{,}5$ A. Wie groß ist der gesamte Magnetisierungsstrom, wenn weitere Oberschwingungen vernachlässigt werden können?
Ergebnis: $I_\mu = 16{,}7$ A

Einschaltstromstoß. Schaltet man einen sekundär unbelasteten Transformator mit seiner Primärwicklung an das Netz, so stellt sich der stationäre Leerlaufstrom erst nach Abklingen eines elektromagnetischen Ausgleichsvorgangs ein. Bei Vernachlässigung aller netzseitigen Spannungsfälle durch den Einschaltstrom entspricht der Schaltvorgang dem Zuschalten der starren Netzspannung

$$u_1 = \sqrt{2}\,U_1 \cdot \sin(\omega t + \alpha)$$

auf eine Spule mit dem Wicklungswiderstand R_1. Es gilt die Spannungsgleichung

$$u_1 = R_1 \cdot i_1 + L_1 \frac{di_1}{dt} = R_1 \cdot i_1 + N_1 \frac{d\Phi_{1t}}{dt}$$

Kombiniert man beide Gleichungen und beachtet die in Abschnitt 3.1.3 festgestellte Beziehung $\sqrt{2}\,U_1 = \omega \cdot N_1 \cdot \Phi_1$, so lässt sich der zeitliche Verlauf des mit der Primärwicklung verketteten Flusses Φ_{1t} zu

$$\Phi_{1t} = -\Phi_1 \cdot \cos(\omega t + \alpha) + C - \frac{R_1}{N_1} \cdot \int i_1\,dt$$

berechnen. Die Integrationskonstante C ergibt sich aus den Anfangsbedingungen $i_1 = 0$ und $\Phi_{1t} = \Phi_{rem}$ bei $t = 0$. Sie lautet damit

$$C = \Phi_1 \cdot \cos\alpha + \Phi_{rem}$$

Mit dieser Konstanten erhält man für die Funktion $\Phi_{1t} = f(t)$ die Beziehung

$$\Phi_{1t} = -\Phi_1 \cdot \cos(\omega t + \alpha) + \Phi_1 \cdot \cos \alpha + \Phi_{rem} - \frac{R_1}{N_1} \int i_1 \, dt \qquad (3.15)$$

Sie beschreibt den Verlauf des Flusses nach dem Einschalten des Transformators bei $t = 0$. Der Integralterm berücksichtigt das Abklingen der Schaltspitzen durch die dämpfende Wirkung des ohmschen Wicklungswiderstandes R_1.

Als ungünstigsten Schaltaugenblick ergibt Gl. (3.15) mit $\alpha = 0$ den Nulldurchgang der Netzspannung. In diesem Falle muss bei $\omega t = \pi$ eine halbe Periode nach dem Einschalten die Primärwicklung den maximalen Fluss

$$\Phi_{max} = 2\Phi_1 + \Phi_{rem}$$

erzeugen. Da beim Fluss Φ_1 bereits Kernflussdichten von etwa 1,5 T vorhanden sind, entstehen bei Φ_{max} extreme Sättigungen, vor allem wenn aus dem früheren Betrieb ein positiver Remanenzfluss Φ_{rem} zurückgeblieben ist. Dieser hat im Übrigen im eisengeschlossenen Magnetkreis eines Transformators wesentlich höhere Werte als bei rotierenden Maschinen mit ihrem Luftspalt. Zur Erzeugung von Φ_{max} sind damit beträchtliche Stromspitzen $I_{\mu s}$ erforderlich, die je nach Aufbau und Leistung des Transformators Werte bis zum ca. 15fachen Scheitelwert des Bemessungsstromes betragen. Der Einschaltstromstoß (Rusheffekt) klingt bei Transformatoren kleiner Leistung innerhalb eines Sekundenbruchteils, bei großen Einheiten wegen des relativ geringen Wicklungswiderstandes R_1 innerhalb einiger Sekunden ab.

Der Schaltvorgang ist in Bild 3.22 für den ungünstigsten Fall mit $u_1 = 0$ bei $t = 0$ dargestellt. Der stationäre Flusswert $-\Phi_1$ für diesen Augenblick kann sich nicht plötzlich einstellen, sondern der Verlauf Φ_{1t} muss mit dem Anfangswert Φ_{rem} beginnen. Da Spannung und Fluss nur nach $u = N \cdot d\Phi/dt$ verknüpft sind, steigt der Flussverlauf von Φ_{rem} aus mit dem erforderlichen Differenzialquotienten an und erfüllt damit die Spannungsgleichung der Primärseite. Die maximale Flussamplitude erreicht ohne Berücksichtigung der Dämpfung den Wert $2\Phi_1 + \Phi_{rem}$. Die Vereinfachung $R_1 = 0$ hat dabei für die Bestimmung der ersten Stromspitze $i_1 = I_{\mu s}$ fast keinen Einfluss.

In Bild 3.23 ist der Einschaltstromstoß bei einem Einphasentransformator für 2,2 kVA, 230 V/115 V bei Einschalten im Spannungsnulldurchgang gezeigt. Die erste Stromspitze erreicht etwa den 14fachen Bemessungsstrom-Scheitelwert.

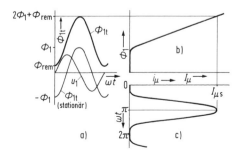

Bild 3.22 Bestimmung des Einschaltstromstoßes $I_{\mu s}$
a) Spannungs- und Flussverlauf bei $R_1 = 0$
b) Magnetisierungskennlinie
c) Erste Spitze des Einschaltstromes

3.2 Betriebsverhalten von Einphasentransformatoren

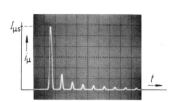

Bild 3.23 Oszillogramm des Einschaltstromes eines 2,2-kVA-Transformators

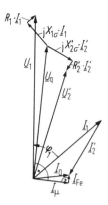

Bild 3.24 Vollständiges Zeigerdiagramm bei ohmsch-induktiver Belastung

3.2.3 Verhalten bei Belastung

Die Folgen einer beliebigen Belastung des Transformators können über die vollständige Ersatzschaltung nach Bild 3.19 bestimmt werden. So erhält man für den wichtigsten Fall einer ohmsch-induktiven Last auf der Sekundärseite das Zeigerdiagramm aller Ströme und Spannungen nach Bild 3.24.

Entsprechend dem VPS liegt der Zeiger des Primärstromes bei ohmsch-induktiver Belastung im 1. Quadranten, da der Transformator Energie aus dem Netz bezieht. Die Wirkkomponente von $\underline{I}_2'$ ist der Sekundärspannung entgegengerichtet und zeigt damit an, dass an den Sekundärklemmen Energie abgegeben wird. Das Dreieck der Stromzeiger veranschaulicht das für den Transformator wichtige Prinzip des Durchflutungsgleichgewichtes.

Es ist $\quad \underline{I}_1 + \underline{I}_2' = \underline{I}_0$

und mit $\quad \underline{I}_0 \approx \underline{I}_\mu$

$$\underline{I}_1 + \frac{N_2}{N_1} \cdot \underline{I}_2 \approx \underline{I}_\mu$$

$$\boxed{N_1 \cdot \underline{I}_1 + N_2 \cdot \underline{I}_2 \approx N_1 \cdot \underline{I}_\mu} \tag{3.16}$$

Primäre und sekundäre Wicklung bilden gemeinsam die Magnetisierungsdurchflutung zur Erzeugung des Hauptfeldes. Ändert sich $\underline{I}_2'$ infolge der Belastung, so reagiert die Primärseite in der Weise, dass die resultierende Durchflutung ein der Spannung $\underline{U}_q$ proportionales Feld aufrechterhalten kann. Die Spannung des Querzweiges unterscheidet sich durch die jeweiligen Spannungsabfälle an den ohmschen Widerständen und Streureaktanzen von den beiden Klemmenspannungen. Für $\underline{I}_2' = 0$ wird $\underline{U}_2' = \underline{U}_q$ und $\underline{I}_1 = \underline{I}_0$, womit die Ersatzschaltung selbstverständlich auch den Leerlaufbetrieb erfasst.

Vereinfachtes Ersatzschaltbild. Zur Untersuchung der Spannungshaltung eines Transformators bei beliebiger Belastung kann man den hochohmigen Querzweig und damit den Magnetisierungsstrom vernachlässigen. Damit wird $\underline{I}_1 = -\underline{I}_2' = \underline{I}$ und es gilt die

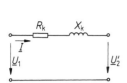
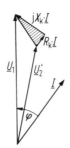

Bild 3.25 Vereinfachte Ersatzschaltung

Bild 3.26 Vereinfachtes Zeigerdiagramm bei ohmsch-induktiver Belastung

vereinfachte Ersatzschaltung (Bild 3.25) mit der Zusammenfassung

$$R_k = R_1 + R_2' \tag{3.17a}$$

und

$$X_k = X_{1\sigma} + X_{2\sigma}' \tag{3.17b}$$

Im Zeigerdiagramm (Bild 3.26) unterscheiden sich die beiden Klemmenspannungen durch ein Spannungsdreieck, das den Namen Kapp'sches Dreieck trägt. Für einen bestimmten Stromwert besitzt dies eine konstante Größe und dreht sich nur je nach der Phasenlage des Stromes um die Spitze der Primärspannung. Bei konstanter Belastung und beliebigem Leistungsfaktor $\cos\varphi$ ergibt sich damit als Ortskurve des Zeigers $\underline{U}_2'$ (Bild 3.27) ein Kreis um die Primärspannung mit dem Radius $I \cdot Z_k$ bei

$$Z_k = \sqrt{R_k^2 + X_k^2} \tag{3.18}$$

Spannungsänderung. Während bei ohmscher und vor allem induktiver Belastung $U_2' < U_1$ wird, steigt die abgegebene Spannung bei stark kapazitivem Strom mit $U_2' > U_1$ über den Leerlaufwert an. Allgemein ist als Spannungsänderung eines Transformators nach VDE 0532 der Unterschied zwischen Leerlauf- und Vollastspannung auf der Abgabeseite bei Bemessungsstrom festgelegt. Man gibt diese Differenz

$$U_{1\varphi} = U_1 - U_2' \quad \text{oder} \quad U_{2\varphi} = U_{20} - U_2$$

gerne in einem relativen Wert an, d.h. bezieht sie nach $u_\varphi = U_\varphi/U_N$ auf die Bemessungsspannung. Nach Bild 3.28 ergibt sich dann bei beliebigem Leistungsfaktor $\cos\varphi$

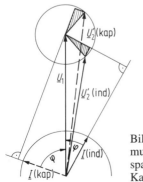
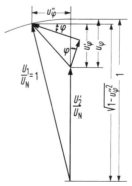

Bild 3.27 Bestimmung der Sekundärspannung mit dem Kapp'schen Dreieck

Bild 3.28 Bestimmung der relativen Spannungsänderung

3.2 Betriebsverhalten von Einphasentransformatoren

und Bemessungsstrom

$$u_\varphi = u'_\varphi + 1 - \sqrt{1 - u''^2_\varphi} \qquad (3.19\,\text{a})$$

mit $\quad u'_\varphi = u_X \cdot \sin\varphi + u_R \cdot \cos\varphi$

$\quad u''_\varphi = u_X \cdot \cos\varphi - u_R \cdot \sin\varphi$

Dabei bedeuten u_R und u_X die Katheten des Kapp'schen Dreiecks nach

$$u_R = \frac{R_k \cdot I_{1N}}{U_1} \quad \text{und} \quad u_X = \frac{X_k \cdot I_{1N}}{U_1} \qquad (3.20\,\text{a, b})$$

Wegen $u''_\varphi \ll 1$ lässt sich Gl. (3.19 a) vereinfachen und man erhält für beliebige Belastung $n = I_1/I_{1N}$

$$u_\varphi = n \cdot u'_\varphi + \frac{1}{2}(n \cdot u''_\varphi)^2 \qquad (3.19\,\text{b})$$

Die Sekundärspannung bei Belastung ergibt sich dann zu

$$U'_2 = U_1(1 - u_\varphi) \quad \text{bzw.} \quad U_2 = U_{20}(1 - u_\varphi) \qquad (3.21\,\text{a, b})$$

Beispiel 3.5: Der Drehstromtransformator aus Beispiel 3.2 mit $R_k = 70\,\Omega$ und $X_k = 144\,\Omega$ habe die Leerlaufspannungen 20 kV/0,4 kV.

a) Wie groß ist die sekundäre Klemmenspannung bei Bemessungsstrom und $\cos\varphi = 0{,}8$ ind. nach dem vereinfachten Ersatzschaltbild?

Bemessungsstrom

$$I_{1N} = \frac{S}{\sqrt{3}\,U_1} = \frac{10^5\,\text{VA}}{\sqrt{3} \cdot 20 \cdot 10^3\,\text{V}} = 2{,}89\,\text{A}$$

Spannungsänderung nach Gl. (3.19 a)

$$u_R = \frac{R_k \cdot I_{1N}}{U_1} = \sqrt{3} \cdot \frac{70\,\Omega \cdot 2{,}89\,\text{A}}{20 \cdot 10^3\,\text{V}} = 17{,}5 \cdot 10^{-3}$$

$$u_X = \frac{X_k \cdot I_{1N}}{U_1} = \sqrt{3} \cdot \frac{144\,\Omega \cdot 2{,}89\,\text{A}}{20 \cdot 10^3\,\text{V}} = 36{,}0 \cdot 10^{-3}$$

$$u'_\varphi = u_X \cdot \sin\varphi + u_R \cdot \cos\varphi = (36 \cdot 0{,}6 + 17{,}5 \cdot 0{,}8) \cdot 10^{-3} = 0{,}0356$$

$$u''_\varphi = u_X \cdot \cos\varphi - u_R \cdot \sin\varphi = (36 \cdot 0{,}8 - 17{,}5 \cdot 0{,}6) \cdot 10^{-3} = 0{,}0183$$

$$u_\varphi = u'_\varphi + 1 - \sqrt{1 - u''^2_\varphi}$$

$$u_\varphi = 0{,}0356 + 1 - \sqrt{1 - 0{,}0183^2} = 0{,}0358$$

Nach Gl. (3.19 b) erhält man bei $n = 1$

$$u_\varphi = u'_\varphi + \frac{1}{2}u''^2_\varphi$$

$$u_\varphi = 0{,}0356 + \frac{1}{2} \cdot 0{,}0183^2 = 0{,}0358$$

d. h. denselben Wert.

$$U_{2\varphi} = u_\varphi \cdot U_{20} = 0{,}0358 \cdot 400 \text{ V}$$

$$U_{2\varphi} = 14{,}3 \text{ V}$$

$$U_2 = U_{20} - U_{2\varphi} = 400 \text{ V} - 14{,}3 \text{ V}$$

$$U_2 = 385{,}7 \text{ V}$$

b) Bei welchem Leistungsfaktor $\cos \varphi$ wird mit der Vereinfachung $u_\varphi = u'_\varphi$ die Spannungsänderung zu null?

Es ist $\quad u'_\varphi = 0, \quad$ wenn $\quad X_k \cdot \sin \varphi = -R_k \cdot \cos \varphi$

$\tan \varphi = -R_k/X_k = -70 \, \Omega / 144 \, \Omega = -0{,}486$

$\cos \varphi = 0{,}899 \text{ kap}$

3.2.4 Kurzschluss des Transformators

Dauerkurzschluss. Durch den Kurzschluss der Sekundärklemmen eines Transformators wird aus der Ersatzschaltung (Bild 3.19) ein Zweipol mit der Eingangsimpedanz $\underline{Z}_k = R_k + jX_k$. Wegen $R_{Fe}, X_h \gg R'_2, X'_{2\sigma}$ gilt mit guter Näherung wie bereits in den Gln. (3.17 a, b) definiert:

$$R_k = R_1 + R'_2 \quad \text{und} \quad X_k = X_{1\sigma} + X'_{2\sigma}$$

Für den Dauerkurzschluss eines Transformators entsteht über das vereinfachte Ersatzschaltbild das Zeigerdiagramm nach Bild 3.29. Die Wirkkomponente des Stromes wird zur Deckung der Kupferverluste benötigt, da die Eisenverluste im Kurzschluss sehr klein sind.

Kurzschlussspannung. Eine wichtige Kenngröße ist die Kurzschlussspannung U_k, die primärseitig angelegt werden muss, um bei kurzgeschlossener Sekundärwicklung den Bemessungsstrom zu erreichen. Sie ergibt sich zu $U_k = I_{1N} \cdot Z_k$ und wird als relative Kurzschlussspannung u_k auf die Bemessungsspannung bezogen,

$$\boxed{u_k = \frac{U_k}{U_1} \cdot 100\,\%} \qquad (3.22)$$

Ihr Wert beträgt bei Transformatoren nach DIN 42 500–508 etwa 4 bis 12 % und steigt mit wachsender Leistung.

Anstelle wie in den Gln. (3.20 a, b) mit den Werten R_k und X_k lassen sich die Katheten des Kapp'schen Dreiecks u_R und u_X auch über die Stromwärmeverluste $P_k = R_k \cdot I_{1N}^2$

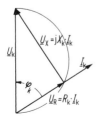

Bild 3.29 Zeigerdiagramm im Dauerkurzschluss

3.2 Betriebsverhalten von Einphasentransformatoren

der Wicklungen im Kurzschluss und die relative Kurzschlussspannung u_k berechnen. Erweitert man in Gl. (3.20a) die rechte Seite mit I_{1N}, so erhält man den Quotienten P_k/S_N und mit Bild 3.29 gilt dann

$$\boxed{u_R = \frac{P_k}{S_N}, \quad u_X = \sqrt{u_k^2 - u_R^2}} \qquad (3.20\,c,\,d)$$

Aus der relativen Kurzschlussspannung lässt sich der Dauerkurzschlussstrom I_{kN} bei der Bemessungsspannung berechnen. Es ist

$$I_{kN} = \frac{U_1}{Z_k} = \frac{U_1 \cdot I_{1N}}{Z_k \cdot I_{1N}} = I_{1N} \cdot \frac{U_1}{U_k}$$

$$\boxed{I_{kN} = I_{1N} \cdot \frac{100\,\%}{u_k}} \qquad (3.23)$$

Bei Transformatoren sind damit Dauerkurzschlussströme vom 10- bis 25fachen Bemessungsstrom zu erwarten.

Feldverlauf im Dauerkurzschluss. Bei der üblichen Auslegung der Wicklungen kann

$$R_1 + jX_{1\sigma} \approx R_2' + jX_{2\sigma}'$$

angenommen werden. Danach teilt sich die Netzspannung in der vollständigen Ersatzschaltung (Bild 3.19) im Kurzschlussfalle etwa hälftig auf die primären Längswerte $R_1 + jX_{1\sigma}$ und den Querzweig auf. Vernachlässigt man den ohmschen Widerstand, so gelten für die Wicklungen die Spannungsgleichungen

$$u_1 = N_1 \cdot \left(\frac{d\Phi_{1\sigma t}}{dt} + \frac{d\Phi_{ht}}{dt}\right)$$

$$0 = N_2 \cdot \left(\frac{d\Phi_{2\sigma t}}{dt} + \frac{d\Phi_{ht}}{dt}\right)$$

Für die Darstellung der Felder des kurzgeschlossenen Transformators (Bild 3.30) bedeutet dies, dass sich rechnerisch ein Hauptfluss von etwa dem halben Normalwert ausbildet. Im Bereich der Sekundärwicklung wird Φ_h durch den entgegengesetzt gerichteten Streufluss $\Phi_{2\sigma} = -\Phi_h$ kompensiert, so dass die resultierende Flussverkettung, wie es die Spannungsgleichung verlangt, null ist. Beide Wicklungen erzeugen also jeweils auf ihrem Streuweg einen Fluss vom halben Bemessungswert.

Beispiel 3.6: Von einem Drehstromtransformator in Sternschaltung sind bekannt: $P_{1N} = 500$ kW bei $\cos\varphi = 1$, $U_1 = 20$ kV, $\eta = 0{,}983$, $P_{FeN}/P_{CuN} = 0{,}15$, $\cos\varphi_k = 0{,}246$. Es sind die relative Kurzschlussspannung und der primäre Dauerkurzschlussstrom bei Bemessungsspannung anzugeben.

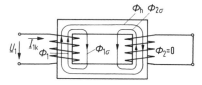

Bild 3.30 Feldverlauf im Dauerkurzschluss bei $R = 0$

Verluste im Bemessungsbetrieb:

$$P_{vN} = P_{1N}(1 - \eta_N)$$

$$P_{vN} = 500 \text{ kW} \cdot 0{,}017 = 8{,}5 \text{ kW}$$

Aufteilung der Verluste:

$$P_{FeN} + P_{CuN} = 8{,}5 \text{ kW}, \quad P_{FeN} = 0{,}15 \, P_{CuN}$$

ergibt: $\quad P_{CuN} = 7{,}39 \text{ kW}, \quad P_{FeN} = 1{,}11 \text{ kW}$

Im Kurzschlussversuch gilt:

$$\cos \varphi_k = \frac{R_k}{Z_k} = \frac{3 \cdot R_k \cdot I_{1N}^2}{Z_k \cdot I_{1N}/U_1 \cdot 3 \cdot U_1 \cdot I_{1N}} = \frac{P_{CuN}}{u_k \cdot P_{1N}}$$

$$u_k = \frac{P_{CuN}}{\cos \varphi_k \cdot P_{1N}} = \frac{7{,}39 \cdot 10^3 \text{ W}}{0{,}246 \cdot 500 \cdot 10^3 \text{ W}} = 0{,}06 = 6\,\%$$

Für den Dauerkurzschlussstrom erhält man

$$I_k = \frac{I_{1N}}{u_k} = \frac{P_{1N}}{u_k \cdot \sqrt{3} \cdot U_1} = \frac{500 \cdot 10^3 \text{ W}}{0{,}06 \cdot \sqrt{3} \cdot 20 \cdot 10^3 \text{ V}} = 240{,}6 \text{ A}$$

Aufgabe 3.8: Welchen Wert nimmt die relative Kurzschlussspannung an, wenn bei obigem Transformator die ohmschen Widerstände halbiert werden?

Ergebnis: $u_k = 5{,}86\,\%$

Stoßkurzschluss. Wird ein am Netz leer laufender Transformator sekundärseitig plötzlich kurzgeschlossen, so entsteht der stationäre Betriebszustand erst nach einem elektromagnetischen Ausgleichsvorgang. Die Primärwicklung kann den zur Klemmenspannung $u_1 = \sqrt{2}\, U_1 \cdot \sin \omega t$ zugehörigen Dauerkurzschlussstrom

$$i_k = \sqrt{2} \cdot I_k \cdot \sin(\omega t - \varphi_k) \quad \text{mit} \quad \tan \varphi_k = X_k / R_k$$

im Schaltaugenblick nicht sofort annehmen, da die Anfangsbedingung $i_s \approx 0$ bei $t = 0$ einzuhalten ist. Dies geschieht durch ein exponentiell mit

$$\boxed{T_k = \frac{X_k}{\omega R_k}} \tag{3.24}$$

abklingendes Gleichstromglied i_{gl} nach der Beziehung

$$i_s = 0 = i_k + i_{gl}$$

Tritt der Kurzschluss bei $\omega t = 0$ im Spannungs-Nulldurchgang ein, so wird

$$i_{gl} = \sqrt{2}\, I_k \cdot \sin \varphi_k \cdot e^{-\frac{t}{T_k}}$$

und damit der Stoßkurzschlussstrom

$$\boxed{i_s = \sqrt{2}\, I_k \left[\sin(\omega t - \varphi_k) + \sin \varphi_k \cdot e^{-\frac{t}{T_k}} \right]} \tag{3.25}$$

3.2 Betriebsverhalten von Einphasentransformatoren

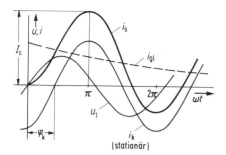

Bild 3.31 Verlauf des Stoßkurzschlussstromes i_s bei Kurzschluss im Spannungsnulldurchgang

(Bild 3.31). In diesem Fall entsteht die maximale Stromspitze bei $\omega t = \varphi_k + \pi/2$, d. h. etwas früher als eine Halbperiode nach Kurzschlusseintritt. Dann gilt wegen

$$\frac{t}{T_k} = \frac{R_k}{X_k} \cdot \omega t$$

für den Stoßkurzschlussstrom

$$I_s = \sqrt{2}\, I_k \left(1 + \sin\varphi_k \cdot e^{-\frac{R_k}{X_k}\left(\frac{\pi}{2} + \varphi_k\right)}\right) \tag{3.26}$$

Bei Großtransformatoren kann man $X_k/R_k \approx 30$ annehmen, so dass die erste Stromspitze etwa das 1,9fache des Dauerkurzschlusswertes beträgt.

Praktisch denselben Stoßkurzschlussstrom erhält man für den Zeitpunkt $\omega t = \varphi_k - \pi/2$, d. h. für den Augenblick der Spannung, zu dem der Scheitelwert des stationären Kurzschlussstromes gehört. Hier steigt der Ausgleichsstrom i_{gl} auf den Maximalwert $\sqrt{2} \cdot I_k$, doch wird dafür die erste Stromspitze erst nach einer Halbperiode erreicht. Beide Wirkungen heben sich praktisch auf.

Der Stoßkurzschlussstrom führt zu den größten mechanischen Beanspruchungen im Betrieb eines Transformators. Zur Aufnahme der sehr großen Stromkräfte müssen die Wicklungen eine starke Abstützung und Pressung erhalten.

Aufgabe 3.9: Ein 40-MVA-Drehstrom-Transformator besitzt einen primären Bemessungsstrom von $I_{1N} = 210$ A und $u_k = 12\,\%$ bei einem Verhältnis $R_k : X_k = 1 : 25$. Es ist die erste Amplitude des Kurzschlussstromes I_s bei Kurzschlusseintritt im Spannungs-Nulldurchgang anzugeben.

Ergebnis: $I_s = 4{,}66$ kA

Feldverlauf bei Stoßkurzschluss. Auch für den Fall des Stoßkurzschlusses soll der magnetische Feldverlauf prinzipiell dargestellt werden (Bild 3.32). Zur Zeit $t = 0$ umfassen mit $u_1 = 0$ beide Wicklungen etwa den vollen Fluss $\Phi_h \approx \Phi_1$. Die jetzt kurz-

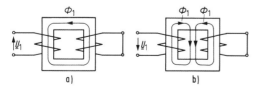

Bild 3.32 Feldverlauf im Stoßkurzschluss
a) Kurzschluss mit $\omega t = 0$ im Spannungsnulldurchgang
b) eine halbe Periode später mit $\omega t = \pi$

geschlossene Sekundärwicklung ist nun bestrebt, den im Kurzschlusszeitpunkt verketteten Fluss aufrechtzuerhalten. Sie erreicht dies, indem sie, wie jede niederohmig geschlossene Schleife, durch Selbstinduktion einen Strom ausbildet, welcher nach dem Lenz'schen Gesetz der versuchten Flussänderung entgegenwirkt. Die Primärwicklung muss dagegen entsprechend der angelegten Netzspannung und $u_1 \sim d\Phi_{1t}/dt$ den mit ihr verketteten Fluss zeitlich sinusförmig ändern. Eine halbe Periode nach $\omega t = 0$ benötigt die Primärwicklung den Fluss $-\Phi_1$, während die Sekundärwicklung $+\Phi_1$ beibehält. Beide Felder würden sich auf dem normalen Eisenweg aufheben und weichen daher auf den Streupfad aus. Jede Wicklung muss jetzt etwa den Bemessungsfluss auf dem Streuwege erzeugen gegenüber dem halben Wert bei Dauerkurzschluss. Ohne Berücksichtigung der Dämpfung ist dazu auch die doppelte Stromamplitude im Vergleich zum Dauerkurzschluss notwendig.

3.2.5 Transformatorgeräusche

Geräuschquelle. Die Ursache des Transformatorgeräusches liegt in der Erscheinung der Magnetostriktion, die eine induktionsabhängige Längenänderung der Kernbleche in der Größenordnung von einigen μm/m bewirkt. Durch das 50-Hz-Wechselfeld wird dadurch der Kern in mechanische Schwingungen mit einer Grundfrequenz von 100 Hz gebracht. Bei Betrieb mit voller Leistung machen sich auch die mit i^2 schwingenden Stromkräfte in den Wicklungen bemerkbar und erhöhen den Schallleistungspegel des Geräusches um bis zu 3 dB(A). Unmittelbar vor einem 40-MVA-Transformator eines Umspannwerkes werden so etwa 70 dB(A) erreicht.

Die Schwingungen übertragen sich teilweise über die mechanische Verbindung zwischen Kern und Kessel, vor allem aber über das bei diesen Frequenzen schallharte Öl, auf die Außenwand. Von hier aus wird die Energie als Luftschall abgestrahlt. In unmittelbarer Nähe von großen Transformatoren können so Geräuschstärken entstehen, die man als Lärm empfindet.

Mit dem Vordringen von immer größeren Einheiten in Wohnbezirke mussten auch Maßnahmen zur Begrenzung des Transformatorgeräusches getroffen werden [45]. So schreiben gesetzliche Vorschriften vor, dass die Schallimmission z. B. vor Schlafräumen nur 35 dB(A) sein darf.

Lärmbekämpfung. Da Kernbleche ohne den Effekt der Magnetostriktion noch nicht verfügbar sind, kann die Geräuschquelle nicht wesentlich beeinflusst werden. Man muss sich auf eine sorgfältige Schichtung und Pressung des Kerns beschränken und im Übrigen darauf achten, dass die mechanischen Eigenfrequenzen des Kerns nicht mit den Schwingungsfrequenzen übereinstimmen und Resonanzen hervorrufen.

Eine direkte Möglichkeit zur Reduzierung der Lautstärke – gekennzeichnet durch den Schallleistungspegel in dB(A) – besteht in der Herabsetzung der Flussdichte B im Eisenkern um einige Zehntel Tesla. Dies verlangt aber nach $\Phi = B \cdot A_{Fe}$ einen größeren Eisenquerschnitt A_{Fe} und wegen des dadurch erhöhten Durchmessers der Wicklungen auch etwas mehr Kupfer. Beide Maßnahmen verteuern die Herstellungskosten.

3.3 Betriebsverhalten von Drehstromtransformatoren

3.3.1 Schaltzeichen und Schaltgruppen

Der Lärmbekämpfung dienen auch sekundäre Maßnahmen, welche die Schallausbreitung verhindern sollen. Es werden vor allem Dämmschichten an der Kesselwandung angebracht, die einen Teil der Schallenergie absorbieren, d. h. in Wärme umsetzen. Bei Transformatoren mit angebauten Ventilatoren ist zusätzlich das Auftreten von Lüftergeräuschen zu beachten. Man verwendet nicht zu hochtourige Gebläse und versieht die Ventilatoren mit Schallabsorptionskonstruktionen.

3.3 Betriebsverhalten von Drehstromtransformatoren

3.3.1 Schaltzeichen und Schaltgruppen

Schaltbild. Da die Energieversorgung heute auf dem Drehstromsystem beruht, werden Leistungstransformatoren fast immer als Drehstromeinheiten gebaut. Für die elektrische Schaltung der drei Ober- und Unterspannungswicklungen bestehen dabei eine Vielzahl von Möglichkeiten, von denen die wichtigsten in den VDE-Bestimmungen VDE 0532 zusammengestellt sind.

Die Darstellung der Wicklungen erfolgt nach Bild 3.33 a, das gleichzeitig die vollständigen Anschlussbezeichnungen enthält. Die vor den Buchstaben U, V und W stehenden Zahlen 1 und 2 kennzeichnen die Ober- bzw. Unterspannungswicklung. Die den Buchstaben nachgestellten Zahlen 1 und 2 bezeichnen Anfang und Ende eines Wicklungsstrangs und werden oft weggelassen.

Zur Kennzeichnung der Schaltung von Ober- und Unterspannungswicklung dient die Schaltgruppe, welche außerdem die Phasenlage der Spannungen zueinander angibt. Mit der Stern-, der Dreieck- und der Zickzackschaltung bestehen drei Möglichkeiten zur Verbindung der Wicklungen jeder Seite. Ihnen sind die Zeichen Y, D und Z für die Oberspannungsseite und y, d bzw. z für die Unterspannungsseite zugeordnet.

Ist der Sternpunkt einer Wicklung in Stern- oder Zickzackschaltung herausgeführt, wird zur Kennzeichnung ein N bzw. n zugefügt, z. B. Yzn, YNd.

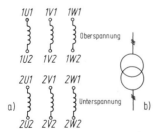

Bild 3.33 Schaltzeichen von Drehstromtransformatoren
a) Anschlussbezeichnungen und Darstellung der Wicklungen
b) Schaltkurzzeichen

Schaltgruppe und Kennzahl. In Tafel 3.1 werden aus den in VDE 0532, Teil 1 aufgeführten Schaltgruppen die vier wichtigsten angegeben. Ober- und Unterspannungswicklung jedes Kerns haben denselben Wickelsinn und sind so gezeichnet, dass die Anfänge der Spulen stets oben liegen. Außerdem sind für einen Strang die Bezugspfeile für

Tafel 3.1 Schaltgruppen mit Spannungsdiagrammen von Drehstromtransformatoren

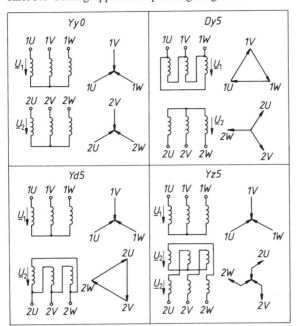

die Spulenspannungen eingetragen, die ober- und unterspannungsseitig die gleiche Richtung haben. Auf der Grundlage dieser Vereinbarungen lassen sich die zu den Schaltungsbildern aufgetragenen Zeigerdiagramme aufstellen. Die gegenseitige Phasenlage beider Drehspannungssysteme wird durch eine Kennzahl ausgedrückt, die angibt, um welches Vielfache von 30° die Unterspannung der Oberspannung nacheilt. Zur Ermittlung der Kennzahl wird ein Uhrzifferblatt verwendet (Bild 3.34). Wie am Beispiel der Schaltgruppe Dy5 gezeigt ist, wird der Punkt 1 V der Oberspannungsseite mit der 12 bzw. 0 zur Deckung gebracht. Trägt man danach das Zeigerbild der Unterspannung phasenrichtig ein, so legt der Zeiger nach 2 V als Stundenzeiger die Kennzahl fest.

Auf das Verhalten und die Anwendung der einzelnen Schaltgruppen soll erst im Abschnitt 3.3.3 eingegangen werden.

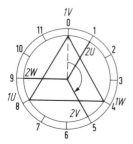

Bild 3.34 Festlegung der Kennzahl einer Schaltgruppe (Dy5)

3.3 Betriebsverhalten von Drehstromtransformatoren

3.3.2 Schaltgruppen bei unsymmetrischer Belastung

Durchflutungsgleichgewicht. Bei gleichmäßiger Belastung aller drei Stränge verhält sich jeder Drehstromtransformator, von den erwähnten Besonderheiten der Magnetisierung abgesehen, wie die einphasige Bauart. Das Betriebsverhalten lässt sich über das bekannte Ersatzschaltbild und Zeigerdiagramm, das jetzt für einen Strang gilt, berechnen. Die Erzeugung des Nutzflusses wird durch die Belastung nicht gestört, da sich für jeden Strang nach Bild 3.35 mit $\underline{I}_1 + \underline{I}_2' = \underline{I}_0 \approx \underline{I}_\mu$ stets ein Amperewindungsausgleich einstellt. Mit $\underline{I}_0 \to 0$ bedeutet dies, dass jede Durchflutung eines sekundären Laststromes $\underline{I}_2'$ durch einen entsprechenden Primärstrom $\underline{I}_1$ kompensiert wird.

Anders liegen die Verhältnisse bei unsymmetrischer Strombelastung der drei Stränge, wie sie bei Verteilertransformatoren durch ungleiche Lastverteilung auftreten kann. Da dem Verbraucher mit der Strang- und der Außenleiterspannung die zwei Spannungswerte 230 V und 400 V zur Verfügung gestellt werden, kommt für die Schaltung der Sekundärwicklung nur eine Stern- oder Zickzackschaltung in Frage. Nachstehend soll nun untersucht werden, inwieweit für verschiedene unsymmetrische Lastfälle in den möglichen Schaltgruppen eine ungestörte Kompensation der Laststrom-Durchflutungen möglich ist.

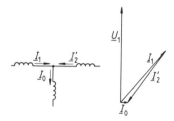
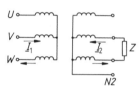

Bild 3.35 Laststromkompensation beim Transformator

Bild 3.36 Zweisträngige Belastung bei Schaltgruppe Yyn

Zweisträngige Belastung in Stern-Stern-Schaltung. Wird der Transformator in der Schaltgruppe Yyn nach Bild 3.36 nur zwischen zwei Außenleitern belastet, so ist das Durchflutungsgleichgewicht nicht gestört. Der Sekundärstrom $\underline{I}_2$ in zwei Strängen wird durch den entsprechenden Strom $\underline{I}_1$ kompensiert, die dritte Wicklung bleibt stromlos.

Einsträngige Belastung in Stern-Stern-Schaltung. Der zweite extrem unsymmetrische Lastfall (Bild 3.37) tritt bei einer einsträngigen Last zwischen Außenleiter und Sternpunkt auf. Da der primäre Sternpunktleiter fehlt, ist eine gleichartige Stromaufnahme auf der Eingangsseite nicht möglich, so dass sich die angegebene Verteilung einstellt. Für die Durchflutung des Transformators in der üblichen Dreischenkelbauform ergibt sich damit ein Schema nach Bild 3.38.

Zur Berechnung der drei primären Strangströme wird zunächst die Knotenpunktgleichung aus Bild 3.37 gebildet. Zwei weitere Gleichungen erhält man aus der Bedingung, dass die Summe der Laststrom-Durchflutungen längs der zwei Transformatorfenster in Bild 3.38 null sein müssen. Dies ist erforderlich, da das primärseitig an den Transformator angelegte symmetrische Spannungssystem nur gleichphasige Zusatzflüsse pro Kern zulässt.

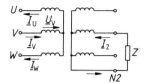

Bild 3.37 Einsträngige Belastung
bei Schaltgruppe Yyn

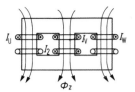

Bild 3.38 Gleichphasiger Zusatzfluss eines
Dreischenkelkerns infolge einsträngiger Belastung

Für die Berechnung der Strangströme $\underline{I}_U$, $\underline{I}_V$ und $\underline{I}_W$ gelten damit die Bedingungen:

Knotenpunktregel   — $\underline{I}_U - \underline{I}_V + \underline{I}_W = 0$
Umlauf linkes Fenster — $\underline{I}_U + \underline{I}_V - \underline{I}'_2 = 0$
Umlauf rechtes Fenster — $\underline{I}_V + \underline{I}_W - \underline{I}'_2 = 0$

Die Auswertung der drei Gleichungen ergibt die Strangströme

$$\boxed{I_U = I_W = \frac{1}{3} I'_2 \quad \text{und} \quad I_V = \frac{2}{3} I'_2} \tag{3.27}$$

Damit entstehen folgende resultierende Laststrom-Durchflutungen pro Schenkel

äußere Schenkel:

$$\Theta_{zU,W} = N_1 \cdot I_{U,W} = \frac{1}{3} N_1 \cdot I'_2$$

mittlerer Schenkel:

$$\Theta_{zV} = N_1 (I'_2 - I_V) = \frac{1}{3} N_1 \cdot I'_2$$

Diese lastabhängigen Zusatzdurchflutungen erzeugen in allen drei Strängen gleichgerichtete Flüsse Φ_z (Bild 3.38), die sich über die Luft oder die Kesselwandung schließen müssen. Sie induzieren in den Strangwicklungen gleichgerichtete Zusatzspannungen $\Delta \underline{U}_z$, wie dies in Bild 3.39 für den Strang V dargestellt ist. Durch den eigentlichen Magnetisierungsstrom, der wegen $\underline{I}_\mu \ll \underline{I}'_2$ nicht eingetragen ist, entsteht der normale Kern-

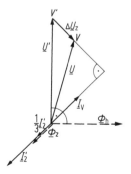

Bild 3.39 Zeigerdiagramm des belasteten
Wicklungsstrangs bei einsträngiger Belastung
in Schaltgruppe Yyn

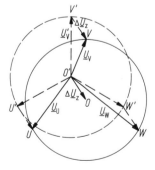

Bild 3.40 Sternpunktverschiebung bei
einsträngiger Belastung in Schaltgruppe Yyn

3.3 Betriebsverhalten von Drehstromtransformatoren

fluss Φ_h und die Strangspannung $\underline{U}'$. Der mit $\underline{I}'_2$ ohmsch-induktiv angenommene Laststrom wird durch $\underline{I}_V$ nur zu zwei Dritteln kompensiert und ergibt zusätzlich die Magnetisierungs-Durchflutung Θ_z. Der Fluss $\Phi_z \sim \Theta_z$ induziert in der Wicklung die Spannung $\Delta\underline{U}_z$. Die resultierende Strangspannung ist damit $\underline{U} = \underline{U}' + \Delta\underline{U}_z$.

Sternpunktverlagerung. Addiert man zu allen drei Strangspannungen den Zusatzbetrag $\Delta\underline{U}_z$ (Bild 3.40), so entstehen die Strangspannungen zwischen $O'\,U$, $O'\,V$, $O'\,W$. Da die Außenleiterwerte und so das Dreieck UVW durch das Netz fest vorgegeben sind, bedeutet dies eine Sternpunktverschiebung von O nach O'. Die einphasig belastete Wicklung bricht in ihrer Strangspannung teilweise zusammen. Inwieweit das geschieht, hängt nach $\Phi_z = \Theta_z \cdot \Lambda_z$ bei gegebener Belastung und damit Θ_z von dem magnetischen Leitwert Λ_z ab, den der Zusatzfluss vorfindet. In der Bauform des Dreischenkelkerns ist der Zusatzfluss auf den Weg von Joch zu Joch, d. h. auf den Streuweg beschränkt. Bei drei zusammengeschalteten Einphasentransformatoren oder dem Fünfschenkelkern kann er sich dagegen recht kräftig auf dem Eisenwege über den freien Rückschluss ausbilden. Hier ist bei Sternpunktbelastung eine starke Nullpunktverschiebung zu erwarten.

Sternschaltung mit Ausgleichswicklung. Führt man den Transformator bei primärer und sekundärer Sternschaltung mit einer zusätzlichen Dreieckwicklung (Bild 3.41) aus, so ist eine Kompensation der Lastdurchflutung auch bei einsträngigem Sekundärstrom möglich. Die Ausgleichswicklung führt den zuvor nicht kompensierten Anteil $\underline{I}'_3 = \underline{I}'_2/3$ als Kreisstrom. Für den belasteten Strang z. B. gilt die Durchflutungsgleichung der Lastströme

$$\Theta_V = N_1(\underline{I}'_2 - \underline{I}'_3 - \underline{I}_V) = N_1\left(\underline{I}'_2 - \frac{1}{3}\underline{I}'_2 - \frac{2}{3}\underline{I}'_2\right) = 0$$

Die Belastung des sekundären Sternpunktleiters führt damit bei Stern-Stern-Schaltung mit Ausgleichswicklung nicht zu einer Sternpunktverschiebung.

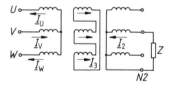
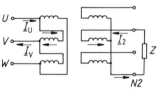

Bild 3.41 Einsträngige Belastung in Schaltgruppe Yyn mit Ausgleichswicklung

Bild 3.42 Einsträngige Belastung in Schaltgruppe Dyn

Dreieck-Stern-Schaltung. Nach Bild 3.42 erkennt man, dass die Sternpunktbelastung keine Störung des magnetischen Gleichgewichtes hervorruft, da auf der Primärseite nur der belastete Strang Strom führt.

Stern-Zickzack-Schaltung. Hier wird nach Bild 3.43 die Sekundärwicklung jeweils hälftig auf zwei Kerne verteilt, so dass ein einsträngiger Laststrom I_2 entsprechend magnetisiert. Fließt I_2 z. B. in den Strangwicklungen V und W, so kann dieser jetzt primärseitig durch I_V und I_W voll kompensiert werden.

Die Konstruktion des Spannungsdiagramms der Sekundärseite in Bild 3.43 erfolgt wieder mit der Maßgabe, dass die Spannungen aller Wicklungen eines Kerns gleichphasig

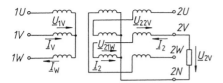

Bild 3.43 Einsträngige Belastung in Schaltgruppe Yzn

sind. Der Zeiger $\underline{U}_{21W}$ liegt also gleich mit der Primärspannung $\underline{U}_{1W}$ und ebenso $\underline{U}_{22V}$ mit $\underline{U}_{1V}$. Über das zweite Kirchhoff'sche Gesetz mit $\underline{U}_{2V} - \underline{U}_{21W} + \underline{U}_{22V} = 0$ erhält man

$$\underline{U}_{2V} = \underline{U}_{21W} - \underline{U}_{22V}$$

und damit die Konstruktion in Bild 3.44. Durch die Phasenverschiebung der Teilspannungen entsteht eine verminderte Ausnutzung der Wicklungen in Bezug auf den Wert der Sekundärspannung. Mit N_2 als gesamter sekundärer Windungszahl pro Kern erhält man:

$$\boxed{U_2 = U_1 \cdot \frac{\sqrt{3}}{2} \cdot \frac{N_2}{N_1}} \tag{3.28}$$

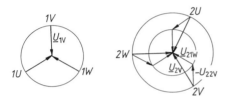

Bild 3.44 Spannungsdiagramme bei Schaltgruppe Yzn5

Auswahl der Schaltgruppen. Die Zulässigkeit einer einsträngigen Belastung von Drehstromtransformatoren verschiedener Schaltgruppen ist in VDE 0532, Teil 10 entsprechend den obigen Ergebnissen geregelt. Danach dürfen Transformatoren in Stern-Stern-Schaltung ohne Ausgleichswicklung in den Bauarten als Mantel- und als Fünfschenkelkern sowie als Transformatorenbank nicht und Dreischenkeltransformatoren nur bis 10 % des Bemessungsstromes einphasig belastet werden. Bei allen übrigen Schaltungen ist eine Sternpunktbelastung bis zum vollen Strom zulässig. Für die Anwendung der in Tabelle 3.1 angegebenen Schaltgruppen bedeutet dies:

Die Schaltgruppe Yyn0 ist ohne Ausgleichswicklung für Verteilertransformatoren nicht geeignet. Da man jedoch Wicklung und Isolation nur für die Strangspannung $U_1/\sqrt{3}$ auslegen muss, wird die Stern-Stern-Schaltung mit Ausgleichswicklung bei Hochspannungstransformatoren für Fernleitungen angewandt.

Kleine Verteilertransformatoren in Ortsnetzen erhalten mit Rücksicht auf die gute Sternpunktbelastbarkeit oft die Schaltung Yzn5, größere Einheiten dagegen die Schaltung Dyn5, die ebenfalls voll einsträngig belastet werden darf.

Die Verbindung der Kraftwerksgeneratoren mit dem Hochspannungsnetz erfolgt vielfach über Maschinentransformatoren der Schaltgruppe Yd5. Die Dreieckswicklung liegt auf der Generatorseite und ermöglicht eine freie Magnetisierung, während die Sternschaltung der Oberspannungsseite wieder isoliertechnische Vorteile bringt.

3.3.3 Direkter Parallelbetrieb

Bedingungen für den Parallelbetrieb. Im Folgenden wird nur die unmittelbare Parallelschaltung über eine auf beiden Seiten gemeinsame Sammelschiene betrachtet (Bild 3.45). Voraussetzung für diesen Betrieb sind nach VDE 0532, Teil 10 folgende Bedingungen an die Daten der Transformatoren:

1. Die Bemessungsspannungen und die Frequenz müssen übereinstimmen.
2. Die Schaltgruppen müssen zueinander passen. Unterschiedliche Kennzahlen können allerdings durch einen entsprechenden Klemmenanschluss ausgeglichen werden.
3. Die Kurzschlussspannungen müssen innerhalb der zulässigen Toleranzen gleich sein.
4. Das Verhältnis der Leistungen soll nicht größer als 3 : 1 sein.

Die beiden ersten Bedingungen sind selbstverständlich. Nach Betrag oder Phasenwinkel ungleiche sekundäre Leerlaufspannungen $\underline{U}_{20}$ paralleler Transformatoren hätten einen Ausgleichsstrom zur Folge, welche der Differenz der beiden Spannungen $\Delta \underline{U}_2 = \underline{U}_{20\mathrm{I}} - \underline{U}_{20\mathrm{II}}$ proportional ist. Dieser Kreisstrom wird nur durch die ohmschen Widerstände und die Streureaktanzen begrenzt.

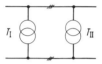
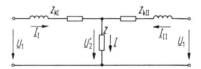

Bild 3.45 Direkter Parallelbetrieb zweier Transformatoren

Bild 3.46 Ersatzschaltbild paralleler Transformatoren

Lastverteilung. Auch bei genau gleichen Leerlaufspannungen ist noch keine gleichmäßige Lastverteilung beider Transformatoren sichergestellt. Die Parallelschaltung erzwingt lediglich gleiche Klemmenspannungen auf beiden Netzseiten und damit nach der gemeinsamen Ersatzschaltung (Bild 3.46) gleiche resultierende Spannungsfälle.

$$I_\mathrm{I} \cdot Z_{k\mathrm{I}} = I_\mathrm{II} \cdot Z_{k\mathrm{II}}$$

Wird obige Gleichung durch U_1 dividiert und mit I_NI bzw. I_NII erweitert, so erhält man

$$\left(\frac{I}{I_\mathrm{N}}\right)_\mathrm{I} \cdot \frac{I_\mathrm{NI} \cdot Z_{k\mathrm{I}}}{U_1} = \left(\frac{I}{I_\mathrm{N}}\right)_\mathrm{II} \cdot \frac{I_\mathrm{NII} \cdot Z_{k\mathrm{II}}}{U_1}$$

Daraus folgt

$$\boxed{\left(\frac{I}{I_\mathrm{N}}\right)_\mathrm{I} : \left(\frac{I}{I_\mathrm{N}}\right)_\mathrm{II} = u_{k\mathrm{II}} : u_{k\mathrm{I}}} \quad (3.29)$$

Gl. (3.29) besagt in Worten:

Die proportionalen Belastungen von direkt parallel geschalteten Transformatoren verhalten sich umgekehrt wie die relativen Kurzschlussspannungen.

Nur bei Transformatoren mit gleichen u_k-Werten erfolgt die Aufteilung der Gesamtbelastung entsprechend den Bemessungsströmen. Ansonsten wird der Transformator mit der geringeren Kurzschlussspannung, d. h. den relativ kleineren Innenwiderständen bezogen auf seinen Bemessungsstrom, den größeren Anteil übernehmen und damit eventuell überlastet. Bei einem Verhältnis von $u_{kI} : u_{kII} = 2 : 1$ würde bei I_{N1} der andere Transformator bereits $2I_{NII}$ führen.

Leistungsverhältnis. Wie aus dem Zeigerdiagramm der Spannungsfälle ersichtlich ist, wird die algebraische Summe der Einzelströme bei ungleichen Kurzschlussleistungsfaktoren $\cos\varphi_k$ größer als der Gesamtstrom (Bild 3.47). Um dies zu vermeiden, sollen parallel geschaltete Transformatoren ein etwa gleiches Verhältnis $X_k/R_k = \tan\varphi_k$ besitzen. Da dies mit wachsender Leistung immer größer wird, ist es zweckmäßig, die Leistungen paralleler Einheiten nicht zu unterschiedlich zu wählen. Dies entspricht der oben unter 4. definierten Bedingung.

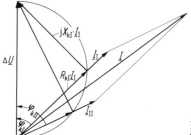

Bild 3.47 Zeigerdiagramm der Spannungsfälle paralleler Transformatoren bei ungleichem Verhältnis X_k/R_k

Diese Forderung sichert außerdem keinen zu großen Unterschied im relativen Magnetisierungsstrom. Anderenfalls können durch deren ungleiche primäre Spannungsfälle bereits unterschiedliche Leerlaufspannungen und damit ein Ausgleichsstrom entstehen.

Beispiel 3.7: Zwei Transformatoren Tr I und Tr II in Schaltgruppe $Yy0$ und mit $U = 6$ kV/0,5 kV, $S_I = 250$ kVA, $u_{kI} = 5\%$, $S_{II} = 100$ kVA, $u_{kII} = 4\%$ sind parallel geschaltet. Die Kurzschluss-Leistungsfaktoren stimmen überein.

a) Wie groß kann der sekundäre Gesamtstrom werden, ohne dass ein Bemessungsstrom überschritten wird?

Bemessungsstrom von Tr I:

$$I_{NI} = \frac{250 \cdot 10^3 \text{ VA}}{\sqrt{3} \cdot 6 \cdot 10^3 \text{ V}} = 24{,}06 \text{ A}$$

Bemessungsstrom von Tr II:

$$I_{NII} = \frac{100 \cdot 10^3 \text{ VA}}{\sqrt{3} \cdot 6 \cdot 10^3 \text{ V}} = 9{,}62 \text{ A}$$

Die zulässige Belastung wird durch den Transformator mit der kleineren relativen Kurzschlussspannung festgelegt. Führt Tr II den Bemessungsstrom von 9,62 A, so gilt nach Gl. (3.29)

$$\left(\frac{I}{I_N}\right)_I : 1 = u_{kII} : u_{kI} = \frac{4}{5}$$

$$I_I = 0{,}8 \, I_{NI} = 0{,}8 \cdot 24{,}06 \text{ A} = 19{,}23 \text{ A}$$

3.4 Sondertransformatoren

Für den sekundären Gesamtstrom erhält man

$$I_{2\text{ges}} = \left(\frac{U_1}{U_2}\right)_N \cdot (I_I + I_{II})_1$$

$$= \frac{6}{0,5} \cdot (19,23 \text{ A} + 9,62 \text{ A}) = 346,2 \text{ A}$$

b) Wie ist die Stromverteilung bei $I_{2\text{ges}} = 433$ A?

Es gilt

(1) $\quad \dfrac{I_I}{I_{II}} \cdot \dfrac{I_{NII}}{I_{NI}} = \dfrac{u_{kII}}{u_{kI}}$

(2) $\quad I_I + I_{II} = I_{\text{ges}}, \quad I_{\text{ges}} = I_{2\text{ges}} \cdot \left(\dfrac{U_2}{U_1}\right)_N$

damit aus Gl. (1)

$$I_I = \frac{4}{5} \cdot \frac{24,06 \text{ A}}{9,62 \text{ A}} \cdot I_{II} = 2 \cdot I_{II}$$

in Gl. (2) eingesetzt, ergibt

$$3 I_{II} = 433 \text{ A} \cdot \frac{0,5}{6} = 36,08 \text{ A}$$

$I_{II} = 12,02$ A, $I_I = 24,06$ A $= I_{NI}$

Aufgabe 3.10: a) Wie groß muss u_{kII} werden, so dass bei voller Belastung von Tr I der zweite Transformator nur 10 % Überlast erhält? b) Die Kurzschluss-Leistungsfaktoren der beiden Transformatoren seien $\cos \varphi_{kI} = 0,2$, $\cos \varphi_{kII} = 0,6$. Welcher sekundäre Gesamtstrom besteht, wenn primärseitig die Teilströme $I_I = 19,3$ und $I_{II} = 9,63$ A gemessen werden?

Ergebnis: a) $u_{kII} = 4,55$ %, b) $I_{2\text{ ges}} = 340$ A

3.4 Sondertransformatoren

3.4.1 Änderung der Übersetzung und der Strangzahl

Transformatoren mit Stufenschalter. Netztransformatoren besitzen im Allgemeinen Wicklungsanzapfungen, um die Übersetzung den Betriebsanforderungen anzupassen. In einfachen Fällen genügt es, durch einen Umsteller auf der Oberspannungsseite im spannungslosen Zustand die Windungszahl gelegentlich zu variieren. Diese Technik kommt bei Verteilertransformatoren für den Endverbraucher zum Einsatz. Wird dagegen ein ständiger Ausgleich der belastungsabhängigen Spannungsfälle verlangt, so ist eine möglichst feinstufige Übersetzungsänderung unter Last erforderlich.

Der Einstellbereich hängt von den zu erwartenden Spannungsschwankungen ab und kann bei Netztransformatoren über 20 % betragen. Die Stufenspannung darf dabei mit Rücksicht auf Helligkeitsschwankungen der Glühlampen nicht mehr als 1,5 bis 2 % betragen. Die Umschaltung erfolgt nach dem in Bild 3.48 angegebenen Prinzip in zwei Abschnitten. Zuerst wird der Wähler auf die nächste Stufe gebracht, wobei der Lastkreis über die alte Stellung geschlossen bleibt. Erst danach schaltet ein Lastumschalter den Strangstrom über Begrenzungswiderstände ohne Unterbrechung auf die neue Stufe.

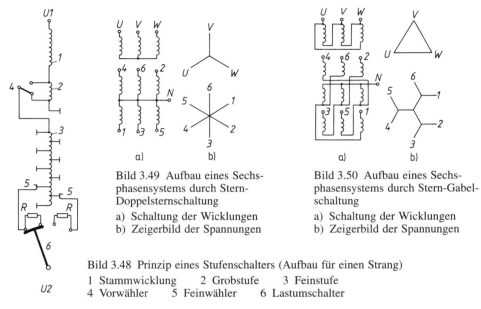

Bild 3.49 Aufbau eines Sechsphasensystems durch Stern-Doppelsternschaltung
a) Schaltung der Wicklungen
b) Zeigerbild der Spannungen

Bild 3.50 Aufbau eines Sechsphasensystems durch Stern-Gabelschaltung
a) Schaltung der Wicklungen
b) Zeigerbild der Spannungen

Bild 3.48 Prinzip eines Stufenschalters (Aufbau für einen Strang)
1 Stammwicklung   2 Grobstufe   3 Feinstufe
4 Vorwähler   5 Feinwähler   6 Lastumschalter

Der Einstellbereich umfasst eine Grob- und eine Feinstufe und wird auf der Oberspannungsseite im Sternpunkt angeordnet.

Phasenvervielfacher. Bei Stromrichtertransformatoren wird häufig eine Erhöhung der sekundären Strangzahl vorgesehen, um durch ein 6- oder 12-Phasensystem eine geringere Welligkeit der Gleichspannung zu erhalten. Es existieren eine Vielzahl von Transformatorschaltungen, von denen die Bilder 3.49 und 3.50 zwei Möglichkeiten der Erzeugung einer sechsphasigen Spannung angeben.

3.4.2 Kleintransformatoren und Messwandler

Kleintransformatoren. Neben den bisher ausschließlich behandelten Leistungstransformatoren werden in großem Umfang auch kleine, hauptsächlich einphasige Transformatoren gebaut. Sie dienen meist der Energieversorgung von Steuer- und Regeleinrichtungen und reduzieren vielfach die Verbraucherspannung auf Werte zwischen 6 V und 42 V.

Für den Entwurf dieser Kleintransformatoren stehen mit DIN 41300–309 sehr umfassende Unterlagen zur Verfügung. Sie enthalten bereits die für die genormten Blechschnitte günstigste elektrische und magnetische Auslegung. Die Ausführung erfolgt als Trockentransformator mit meist natürlicher Luftkühlung. Im Unterschied zu großen Transformatoren enthält der gesamte Spannungsverlust durch den relativ hohen Wicklungswiderstand eine große ohmsche Komponente. Außerdem ist der relative Leerlaufstrom wesentlich größer.

Strom- und Spannungswandler. Die an sich zu den Messgeräten zählenden Strom- und Spannungswandler sollen hier nur kurz dargestellt werden. Beides sind Transforma-

3.4 Sondertransformatoren

toren, wobei die Stromwandler im Kurzschluss, die Spannungswandler im Leerlauf arbeiten.

Der Stromwandler (Bild 3.51) hat die Aufgabe, den ihm primärseitig eingeprägten Strom I_1 in eine für das Amperemeter geeignete Größenordnung zu übertragen. Diese Übersetzung soll nach Betrag und Phasenlage möglichst fehlerlos erfolgen. Bezüglich der Definition der verschiedenen Wandlerfehler, wie auch aller weiteren Normung, soll auf die VDE-Bestimmungen VDE 0414 bzw. EN 60044-1 verwiesen werden.

Bild 3.51 Schaltung eines Stromwandlers

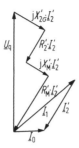

Bild 3.52 Zeigerdiagramm eines belasteten Stromwandlers

Messfehler bei Stromwandlern. Aus dem Zeigerdiagramm (Bild 3.52) des durch ein Amperemeter sekundärseitig kurzgeschlossenen Wandlers ist zu erkennen, dass die Fehlerursache in der Entstehung eines Magnetisierungsstromes $\underline{I}_0 \approx \underline{I}_\mu$ liegt. Dadurch ist die anzustrebende Bedingung $\underline{I}_1 + \underline{I}'_2 = 0$ oder $\underline{I}_2 = -\underline{I}_1 \cdot N_1/N_2$ nicht mehr erfüllt. Zur Herabsetzung des Messfehlers ist es zunächst notwendig, die induzierte Spannung $\underline{U}_q$ klein zu halten, da dieser das Hauptfeld und damit der erforderliche Magnetisierungsstrom proportional sind. Nach $\underline{U}_q = \underline{I}'_2 \cdot \underline{Z}'_2$ muss somit die gesamte sekundäre Impedanz

$$\underline{Z}_2 = (R_2 + jX_{2\sigma}) + (R_M + jX_M)$$

welche die Werte der Wicklung (Index 2) und des Messgerätes (Index M) enthält, möglichst gering werden. Stromwandler erhalten deswegen eine kleine Streuung und müssen durch das Amperemeter (die Bürde) niederohmig abgeschlossen sein. Darüber hinaus sinkt der Fehler durch Verwendung einer Blechsorte mit sehr großer Permeabilität, da dann zur Erzeugung eines bestimmten Hauptfeldes nur eine entsprechend kleine Magnetisierungs-Durchflutung erforderlich ist.

Spannungswandler. Spannungswandler dienen zur Herabsetzung der Hochspannung auf einen bequem messbaren Wert. Da auch die Beziehung $U_1/U_2 = N_1/N_2$ nicht exakt gilt, tritt wieder ein Übersetzungsfehler auf. Er wird durch Spannungsabfälle an den Längswerten der Ersatzschaltung des Transformators hervorgerufen und besteht infolge des Magnetisierungsstromes auch bei $\underline{I}_2 = 0$, d. h. einem sehr hochohmigen Voltmeter.

3.4.3 Spartransformatoren und Drosselspulen

Werden die zwei Wicklungen eines Transformators anstelle in der üblichen Vollschaltung nach Bild 3.53 b verbunden, so entsteht ein Spartransformator. Diese Schaltung er-

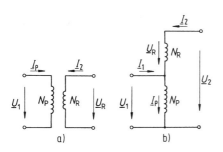

Bild 3.53 Schaltung der Transformatorwicklungen
a) Vollschaltung
b) Sparschaltung

gibt teilweise beträchtliche Kostenersparnisse, denen allerdings auch einige Nachteile gegenüberstehen.

Spartransformatoren [46] werden hauptsächlich zum Ausgleich von Spannungsschwankungen in Netzen und als Sondertransformatoren, z. B. im Bahnbetrieb zur Speisung von Fahrmotoren, eingesetzt. Heute dienen sie ferner zur Kupplung von Höchstspannungsnetzen, z. B. der Spannungen 380 kV/220 kV.

Typen- und Durchgangsleistung. Das Verhalten der Sparschaltung sei anhand einer einphasigen Bauart dargestellt. Wicklungen und Kern des Transformators sind so ausgelegt, dass man in der Vollschaltung (Bild 3.53 a) die Typenleistung

$$\boxed{S_T = U_1 \cdot I_P = U_R \cdot I_2} \tag{3.30}$$

erhält. Verluste und Magnetisierungsstrom sollen bei dieser Betrachtung vernachlässigt werden. In der Sparschaltung (Bild 3.53 b) kann man dagegen bei gleicher Belastung der Wicklungen die Durchgangsleistung

$$\boxed{S_D = U_1 \cdot I_1 = U_2 \cdot I_2} \tag{3.31}$$

übertragen. Ein Vergleich der jeweiligen Ausgangsleistungen ergibt nach den Gln. (3.30) und (3.31) unmittelbar

$$S_T = S_D \cdot \left(\frac{U_R}{U_2}\right)$$

und mit $\quad U_R = U_2 - U_1 = U_2 \cdot \left(1 - \dfrac{U_1}{U_2}\right)$

$$\boxed{S_T = S_D \cdot \left(1 - \frac{U_1}{U_2}\right)} \tag{3.32}$$

Die Typenleistung, welche den Materialaufwand festlegt, ist somit beim Spartransformator stets kleiner als die Durchgangsleistung S_D. Beim Volltransformator sind beide Leistungen dagegen identisch. Besonders bei kleinen Spannungsänderungen mit $U_1/U_2 \to 1$ wird daher die Kostenersparnis beträchtlich. Der Grund liegt darin, dass nur die Leistung S_T transformatorisch übertragen wird, während der in $S_D = U_1 \cdot I_1$ enthaltene Anteil $U_1 \cdot I_2$ direkt über die galvanische Verbindung beider Netzseiten geliefert wird.

3.4 Sondertransformatoren

Bild 3.54 zeigt das Spannungsdiagramm des Spartransformators bei ohmsch-induktiver Belastung. Da der Wert U_1 durch das primäre Netz fest vorgegeben wird, ist nur die Änderung $\Delta \underline{U}$ der Spannung an der Reihenwicklung N_R wirksam. Dort sinkt die Spannung bei Bemessungsstrom I_{2N} von U_R auf U_{RN} und damit am Ausgang des Spartransformators von $U_2 = U_1 + U_R$ im Leerlauf auf U_{2N}.

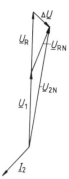

Bild 3.54 Zeigerdiagramm eines Spartransformators

Kurzschlussstrom. Damit bei einer Vollschaltung $U_R = 0$ entsteht, wird mit ΔU als Spannung am Wirk- und Streublindwiderstand der Reihenwicklung bei Strom I_{2N} ein Kurzschlussstrom

$$I_{2kT} = I_{2N} \cdot \frac{U_R}{\Delta U}$$

auftreten. Bei Sparschaltung muss dagegen im Kurzschlussfall $U_2 = 0$ sein, d. h. der Spannungsfall an der Reihenwicklung muss auf $U_R + U_1$ ansteigen. Dies erfordert den entsprechend höheren Strom

$$I_{2kD} = I_{2N} \cdot \frac{U_1 + U_R}{\Delta U}$$

und damit in Bezug zum Kurzschlussstrom der Vollschaltung

$$I_{2kD} = I_{2kT} \cdot \frac{U_1 + U_R}{U_R}$$

Wegen $U_R = U_2 - U_1$ erhält man damit den sekundären Kurzschlussstrom I_{2kD} eines Spartransformators in Bezug zum Wert bei Vollschaltung nach

$$\boxed{I_{2kD} = \frac{I_{2kT}}{1 - U_1/U_2}} \qquad (3.33)$$

Zur Bestimmung des primären Kurzschlussstromes I_{1kD} ist zu beachten, dass er mit dem Anteil I_{pk} eine Komponente für die Bildung des Durchflutungsgleichgewichts gegenüber dem Strom I_{2kD} enthalten muss. Dieses lautet:

$$\underline{I}_{pk} \cdot N_p + \underline{I}_{2kD} \cdot N_R = 0$$

Damit ergibt sich

$$\underline{I}_{pk} = -\underline{I}_{2kD} \cdot U_R/U_1 = -\underline{I}_{2kD}(U_2 - U_1)/U_1$$

Für den primären Kurzschlussstrom gilt nach Bild 3.53 b $\underline{I}_{1kD} = \underline{I}_{pk} - \underline{I}_{2kD}$, was mit der obigen Beziehung den Effektivwert

$$I_{1kD} = I_{2kD}\left(1 + \frac{U_2 - U_1}{U_1}\right) = I_{2kD} \cdot \frac{U_2}{U_1}$$

bedeutet. Mit Gl. (3.33) wird daraus

$$I_{1kD} = \frac{I_{2kT}}{1 - U_1/U_2} \cdot \frac{U_2}{U_1}$$

Aus der Durchflutungsbedingung des Volltransformators mit $I_{2kT} \cdot N_R = I_{1kT} \cdot N_p$ erhält man $I_{2kT} = I_{1kT} \cdot U_1/(U_2 - U_1)$ und damit schließlich das Ergebnis

$$I_{1kD} = \frac{I_{1kT}}{1 - U_1/U_2} \cdot \frac{U_2}{U_1} \cdot \frac{U_1}{U_2 - U_1}$$

$$\boxed{I_{1kD} = \frac{I_{1kT}}{(1 - U_1/U_2)^2}} \tag{3.34}$$

Gl. (3.34) gibt den wesentlichsten Nachteil einer Sparschaltung an. Der Kurzschlussstrom ist je nach Verhältnis U_1/U_2 stark vergrößert und erreicht bei kleinen Spannungsunterschieden Werte, die ohne äußere Begrenzungsdrosselspulen nicht beherrscht werden können. Ein weiterer Nachteil ist die nicht mehr galvanische Trennung der beiden Netzseiten.

Will man den primären Kurzschlussstrom über die für eine Sparschaltung der Wicklungen gültige relative Kurzschlussspannung u_{kD} bestimmen, so ist zu beachten, dass dann bei Verwendung von Gl. (3.23) der neue für die Durchgangsleistung gültige Primärstrom I_{1ND} der Bezug sein muss. Es gilt also die Zuordnung

$$\frac{I_{1kD}}{I_{1kT}} = \frac{I_{1ND}/u_{kD}}{I_{1NT}/u_{kT}}$$

Mit Gl. (3.34) und $I_{1ND} = S_D/U_1$ erhält man mit den vorstehenden Beziehungen die Gleichung

$$\boxed{u_{kD} = u_{kT} \cdot (1 - U_1/U_2)} \tag{3.35}$$

Beispiel 3.8: Ein Volltransformator mit $U_1/U_2 = 230\,\text{V}/46\,\text{V}$, $I_1/I_2 = 1\,\text{A}/5\,\text{A}$, $u_{kT} = 10\,\%$ soll als Spartransformator für $U_1/U_2 = 230\,\text{V}/276\,\text{V}$ geschaltet werden. Wie groß sind seine Durchgangsleistung und der primäre Dauerkurzschlussstrom?
Die Typenleistung ist $S_T = 230\,\text{V} \cdot 1\,\text{A} = 230\,\text{VA}$ und der primäre Kurzschlussstrom nach Gl. (3.23)

$$I_{1kT} = I_{1N}/u_{kT} = 1\,\text{A}/0{,}1 = 10\,\text{A}$$

3.4 Sondertransformatoren

Nach Gl. (3.34) erhält man damit

$$I_{1kD} = \frac{10\text{ A}}{(1 - 230\text{ V}/276\text{ V})^2} = 360\text{ A}$$

Dasselbe Ergebnis kann man über Gl. (3.35) erhalten. Die Durchgangsleistung beträgt nach Gl. (3.32)

$$S_D = S_T/(1 - U_1/U_2) = 230\text{ VA}/(1 - 230\text{ V}/276\text{ V}) = 1380\text{ VA}$$

Der Zuleitungsstrom ist bei Sparschaltung

$$I_{1ND} = S_D/U_1 = 1380\text{ VA}/230\text{ V} = 6\text{ A}$$

Die neue relative Kurzschlussspannung ergibt sich mit Gl. (3.35) zu

$$u_{kD} = u_{kT} \cdot (1 - U_1/U_2) = 10\,\% \,(1 - 230\text{ V}/276\text{ V}) = 1{,}67\,\%$$

und damit der primäre Kurzschlussstrom aus Gl. (3.23)

$$I_{1kN} = (I_{1ND}/u_{kD})\,100\,\% = 6\text{ A}/0{,}0167 = 360\text{ A}$$

Alle vorstehenden Gleichungen für den Spartransformator gelten natürlich auch für den Fall, dass die Spannung von U_2 auf U_1 herabgesetzt werden soll. Die Indizes 1 und 2 sind dann lediglich zu tauschen.

Drehstrombank. Dem Hauptvorteil des Spartransformators, eine evtl. wesentlich höhere Durchgangsleistung S_D als ein vergleichbarer Volltyp zur Verfügung zu stellen, verdankt er einen weltweiten Einsatz für Netzkupplungen. So ergibt sich im Beispiel der westdeutschen 660-MVA- und 1000-MVA-Drehstrom-Spartransformatorbänke mit Spannungen von $U_1 = 220$ kV und $U_2 = 380$ kV eine den Materialaufwand festlegende Typenleistung von nur $S_T = 0{,}42\,S_D$. Die Aufteilung auf drei Einheiten vereinfacht auch die Reservehaltung für Schadensfälle. Man kann sich auf die Bereitstellung eines vierten Einphasentransformators beschränken und braucht keine zweite Drehstromeinheit.

Trotzdem wird der Spartransformator allmählich in den Netzen von der Vollschaltung verdrängt, woran vor allem die erwähnten Kurzschlussstromprobleme schuld sind. Dazu kommt, dass heute auch bei den größten verlangten Leistungen bahntransportfähige Volltransformatoren gebaut werden können.

Stelltransformator. Im Bereich kleiner Leistungen und für den Einsatz in Laboratorien werden gerne Einphasen-Stelltransformatoren in Sparschaltung eingesetzt (Bild 3.55). Auf einer Ringkernwicklung bewegt sich der über einen Drehknopf verstellbare Schleifkontakt und greift die gewünschte Spannung $U_2 \leq U_1$ ab.

Drosselspulen. Nutzt man den gesamten Wickelraum eines Eisenkerns nur für eine Wicklung/Strang, so erhält man eine Drosselspule mit etwa der doppelten Typenleistung wie bei Ausführung eines Transformators. An sinusförmiger Spannung stellt sie einen fast reinen induktiven Verbraucher dar.

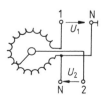

Bild 3.55 Einphasen-Stelltransformator mit Ringkernspule

Drosselspulen kommen in Anlagen der Energieverteilung mehrfach zum Einsatz. So werden zum Ausgleich der kapazitiven Netzbelastung durch leerlaufende Hochspannungsleitungen Kompensations-Drosselspulen mit Leistungen bis 250 Mvar eingesetzt. In Mittelspannungsnetzen sind ferner die erstmals 1917 von Petersen vorgeschlagenen Erdschlussspulen zwischen Erde und Transformatorsternpunkt üblich, um so den kapazitiven Erdschluss-Lichtbogenstrom selbsttätig zu löschen. Auch diese Einphasendrosseln erreichen Leistungen von über 10 Mvar.

Bei stromrichtergespeisten Gleichstromantrieben verwendet man Glättungsspulen zur Verringerung der Oberschwingungen im Ankerstrom (s. Abschn. 2.4). Der Mittelwert I_A führt dabei zu einer Vormagnetisierung des Eisenkerns, so dass für die Wirkung der Glättung die sättigungsabhängige differenzielle Induktivität

$$L_d = N \cdot \frac{\Delta \Phi}{\Delta I}$$

im Arbeitspunkt A maßgebend ist (Bild 3.56). Als Kernformen kommen wie bei Kleintransformatoren die M-, UI- und EI-Schnitte nach DIN 41300 zum Einsatz.

Beispiel 3.9: Ein Ringkern aus Elektroblech mit dem mittleren Durchmesser $d_m = 10$ cm und dem Querschnitt $A_{Fe} = 8$ cm² wird mit $B = 1{,}25$ T und $H = 6$ A/cm im geradlinigen Teil seiner Kennlinie betrieben. Wie groß ist bei $N = 100$ seine Induktivität L_d?

Mit den vom Magnetfeld her bekannten Beziehungen erhält man:

$$\Phi = B \cdot A = 1{,}25 \text{ T} \cdot 8 \cdot 10^{-4} \text{ m}^2 = 1 \text{ mV} \cdot \text{s}$$

$$\Theta = H \cdot l = 6 \text{ A/cm} \cdot 10 \text{ cm} \cdot \pi = 188{,}5 \text{ A}$$

$$I = \Theta/N = 188{,}5 \text{ A}/100 = 1{,}885 \text{ A}$$

Im linearen Bereich gilt:

$$L = N \cdot \Phi/I = 100 \cdot 1 \cdot 10^{-3} \text{ V} \cdot \text{s}/1{,}885 \text{ A} = 0{,}053 \text{ H}$$

Ein breites Anwendungsfeld besitzen Induktivitäten im Einsatz als LC-Tiefpässe zur Unterdrückung von hochfrequenten Störspannungen U_S der Frequenz f_S auf Netzleitungen. So enthält schon jede Dimmerschaltung ein derartiges Bauteil, das die beim Schalten des Triac entstehenden Spannungsimpulse vom Netzanschluss bis auf den Restwert U_{SN} herabsetzt. Es gilt:

$$U_{SN} = \frac{U_S}{\omega_S^2 \cdot LC - 1}$$

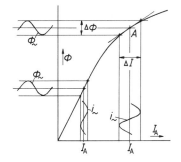

Bild 3.56 Abhängigkeit der Induktivität L einer Glättungsdrosselspule von der Vormagnetisierung durch einen Gleichstrom I_A

4 Allgemeine Grundlagen der Drehstrommaschinen

Die asynchronen und synchronen Drehstrommaschinen besitzen im Ständer denselben prinzipiellen Aufbau und erfordern zur Darstellung ihres Verhaltens eine Reihe gleicher physikalischer Begriffe. Es ist daher zweckmäßig, diese Gemeinsamkeiten in einem einleitenden Kapitel zusammengefasst zu behandeln. Dies gilt insbesondere für den allgemeinen Aufbau der Drehstromwicklungen, ihre Wicklungsfaktoren sowie die Grundlagen zur Beschreibung von umlaufenden Durchflutungen und deren Felder.

4.1 Drehstromwicklungen

4.1.1 Ausführungsformen von Drehstromwicklungen

Aufbau der Drehstromwicklungen. Die prinzipielle Ausführung lässt sich am einfachsten aus den Anforderungen zur Erzeugung einer dreiphasigen Wechselspannung erläutern. Eine solche Drehspannung erhält man mit einer Anordnung nach Bild 4.1. Ein aus Dynamoblechen geschichtetes Ständerblechpaket enthält in Nuten am Bohrungsumfang gleichmäßig verteilte Leiter, die zu drei räumlich versetzten Wicklungssträngen zusammengeschaltet werden. Durch den Läufer wird ein Gleichfeld erzeugt, das eine sinusförmige Feldverteilung längs des Luftspalts aufbaut. Hat der Läufer eine konstante Drehzahl, so induziert das Feld in den einzelnen Spulen zeitlich sinusförmige Spannungen, die sich innerhalb jedes Wicklungsstranges zu einem resultierenden Wert addieren. Die Berechnung dieses Induktionsvorgangs kann über die Beziehung $u_q = B \cdot l \cdot v$ erfolgen.

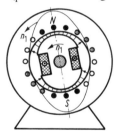

Bild 4.1 Erzeugung einer mehrphasigen Spannung durch ein räumlich sinusförmiges Läuferdrehfeld (Die gleich gezeichneten Leiter gehören jeweils zu einem Wicklungsstrang.)

Ist d_1 der Bohrungsdurchmesser des Ständerblechpaketes der 2p-poligen Maschine, so bezeichnet man den Umfangsanteil

$$\tau_p = \frac{d_1 \cdot \pi}{2p} \tag{4.1}$$

wieder als Polteilung. Sie entspricht der Länge einer Halbwelle der sinusförmigen Flussdichteverteilung im Luftspalt und damit einem elektrischen Winkel $\gamma = 180°$. Bei einer zweipoligen Maschine mit $p = 1$ stimmen somit der räumlich mechanische und der elektrische Winkel überein, während allgemein die Beziehung gilt

$$\gamma_{el} = p \cdot \gamma_{mech} \tag{4.2}$$

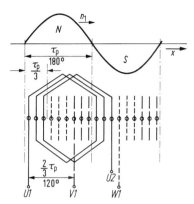

Bild 4.2 Prinzipieller Aufbau einer Drehstromwicklung
—— 1. Strang,
– – – 2. Strang,
- - - - 3. Strang

Zur Erzeugung einer symmetrischen dreiphasigen Spannung sind nun an die Gestaltung der Drehstromwicklung folgende Bedingungen zu stellen:

1. Die drei Wicklungsstränge müssen denselben Spulenaufbau und gleiche Gesamtwindungszahl N besitzen.
2. Die drei Wicklungsanfänge mit den Bezeichnungen U1, V1 und W1 müssen um je 120° el. gegeneinander versetzt sein.

Die Leiterstäbe in Bild 4.1 sind daher wie gekennzeichnet gleichmäßig auf die drei Wicklungsstränge aufzuteilen, von denen jeder ein Drittel der Polteilung belegt.

In Bild 4.2 ist die Lage der Leiter in Bezug auf den Flussdichteverlauf entlang des Bohrungsumfangs angegeben. Man erkennt, dass entsprechend der Beziehung $u = B \cdot l \cdot v$ in um eine Polteilung versetzten Leitern eine gleich große, aber um 180° phasenverschobene Spannung entsteht.

Einschichtwicklungen. Die Schaltung der Leiter eines Strangs zu einer Spulengruppe pro Polpaar kann auf zwei Arten erfolgen, was am Beispiel eines vierpoligen Ständers mit 24 Nuten gezeigt werden soll.

1. Man verbindet stets Leiter miteinander, deren Abstand mit $W = \tau_p$ genau der Polteilung entspricht. Es ergeben sich dann, wie in Bild 4.3 gezeigt, Spulen gleicher Weite.
2. Die gleichen Leiter eines Strangs werden wie in Bild 4.4 zu einer konzentrischen Spulengruppe verbunden. Die Teilspulen haben jetzt eine ungleiche Weite und man erreicht nur im Mittel $W = \tau_p$.

Beide Ausführungsformen ergeben dieselbe Gesamtspannung und unterscheiden sich nur im Wickelkopf. Mit Rücksicht auf die maschinelle Fertigung in Wickelautomaten verwendet man heute bei Serienmaschinen immer die Ausführung mit konzentrischen Spulen, d. h. nach Bild 4.4.

Ist Q die gesamte Ständernutzahl und m die Strangzahl einer Drehstromwicklung, so entfallen innerhalb einer Polteilung

$$q = \frac{Q}{2p \cdot m}$$
(4.3)

4.1 Drehstromwicklungen

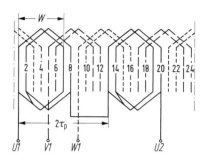

Bild 4.3 Einschicht-Drehstromwicklung mit Spulen gleicher Weite
$p = 2$, $q = 2$, $Q = 24$

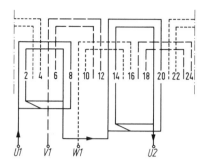

Bild 4.4 Einschicht-Drehstromwicklung mit Spulen ungleicher Weite (Zweietagenwicklung)
$p = 2$, $q = 2$, $Q = 24$

Nuten auf einen Strang. Enthält die Nut z_Q nicht parallel geschaltete Leiter, so gilt für die gesamte Windungszahl eines Strangs

$$N = \frac{z_Q \cdot Q}{2m} = z_Q \cdot p \cdot q \tag{4.4}$$

Die bisher angegebenen Wicklungen bezeichnet man als Einschichtwicklungen, da je nur eine Spulenseite mit eventuell z_Q Einzelwindungen in jeder Nut liegt. Die Spulenweite muss hier im Mittel genau eine Polteilung betragen, da bei einem kürzeren Schritt die Rückleiter teilweise den Platz der Spulenseiten eines anderen Strangs einnehmen würden. Einschichtwicklungen sind somit stets Durchmesserwicklungen mit $W = \tau_p$.

Beispiel 4.1: Gegeben ist ein Ständerblechschnitt mit 48 Nuten, die Runddrähte von einem Gesamtquerschnitt von 35,4 mm² und einem Einzeldrahtdurchmesser von maximal 2 mm aufnehmen können. Es ist eine vierpolige ungesehnte Drehstromwicklung mit 80 Wdg./Strang auszulegen und der zulässige Strangstrom bei $J = 4$ A/mm² anzugeben.

Nach Gl. (4.3) wird die Zahl der Nuten pro Pol und Strang

$$q = \frac{Q}{2p \cdot m} = \frac{48}{2 \cdot 2 \cdot 3} = 4$$

Um 80 Wdg. zu erhalten, sind damit $z_Q = \dfrac{N}{p \cdot q} = \dfrac{80}{2 \cdot 4}$ 10 Drähte in Reihe zu schalten.

Für eine Windung verbleibt ein Querschnitt von

$$\frac{A_{cu}}{z_Q} = \frac{35{,}4 \text{ mm}^2}{10} = 3{,}54 \text{ mm}^2$$

Für einen Leiter ergibt dies einen Durchmesser $d > 2$ mm, so dass zwei Runddrähte mit $A = 1{,}77$ mm² Querschnitt und

$$d_s = \sqrt{\frac{4}{\pi} \cdot A_s} = \sqrt{\frac{4}{\pi} \cdot 1{,}77 \text{ mm}^2} = 1{,}5 \text{ mm}$$

parallel zu schalten sind. Der zulässige Ständerstrom wird

$$I_1 = J \cdot 2 \cdot A_s = 4 \text{ A/mm}^2 \cdot 2 \cdot 1{,}77 \text{ mm}^2 = 14{,}16 \text{ A}$$

Aufgabe 4.1: Welche Windungszahl kann bei 20 Leiterstäben/Nut für eine achtpolige Wicklung bei $Q = 48$ maximal erreicht werden?

Ergebnis: $N = 160$

Zweischichtwicklungen. Eine Sehnenwicklung ist nur bei Ausführung einer Zweischichtwicklung (Bild 4.5), die beide genannten Spulenformen erhalten kann, möglich. Wie wieder am Beispiel eines Ständers mit $Q = 24$, $q = 2$ zu erkennen ist, entstehen hier doppelt so viel Spulengruppen wie bei der Einschichtwicklung. Ober- und Unterschicht eines Strangs sind um die Sehnung gegeneinander verschoben, ohne dass dies einen anderen Strang behindert.

In allen bisherigen Wicklungen war q als Anzahl der Nuten pro Pol und Strang ganzzahlig, womit diese Ausführung auch die Bezeichnung Ganzlochwicklung trägt. Für Drehstromgeneratoren erweist es sich jedoch, wie noch gezeigt wird, als sehr günstig, den rechnerischen q-Wert nach Gl. (4.3) bruchzahlig zu wählen. In der praktischen Ausführung bedeutet dies, dass die einzelnen Spulengruppen eines Strangs unterschiedliche Windungszahlen (Bild 4.6) besitzen. Bei einer vierpoligen Wicklung mit $q = 2,5$ erhält z. B. von den beiden Spulengruppen eines Strangs die eine $q = 3$, die zweite $q = 2$ und die Wicklung damit im Mittel $q = 2,5$. Man bezeichnet solche Wicklungen als Bruchlochwicklungen und führt sie sowohl als Einschicht- wie als Zweischichtwicklungen aus.

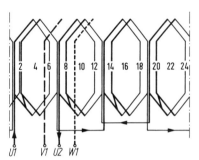 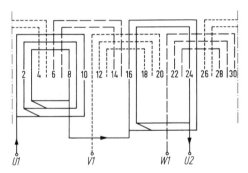

Bild 4.5 Zweischicht-Drehstromwicklung
$p = 2$, $q = 2$, $Q = 24$ (gesehnt)
—— Oberschicht, —— Unterschicht

Bild 4.6 Einschicht-Bruchlochwicklung
$p = 2$, $q = 2,5$, $Q = 30$

Wie im nächsten Abschnitt mit Bild 4.11 gezeigt, wirkt eine Bruchlochwicklung hinsichtlich ihrer Wicklungsfaktoren wie eine Ganzlochwicklung mit wesentlich höherer Lochzahl q. Sie unterdrückt daher die unerwünschten Spannungsanteile durch die Oberfelder stärker als Wicklungen mit einer ganzzahligen Lochzahl.

4.1.2 Wicklungsfaktoren

Ungesehnte Ganzlochwicklungen. Die Achse des räumlich sinusförmigen Läuferfeldes erreicht während ihrer Drehbewegung die q Leiter einer Spulengruppe, die in benachbarten Nuten liegen, nacheinander mit einer kleinen Zeitdifferenz. Die Zeiger der

4.1 Drehstromwicklungen

Stabspannungen sind damit nicht gleichphasig, sondern addieren sich unter dem Winkel

$$\alpha = p \cdot \frac{2\pi}{Q} = \frac{180°}{m \cdot q} \tag{4.5}$$

Da ungesehnte Wicklungen stets als Spulenweite eine Polteilung besitzen, sind die Stabspannungen einer Windung 180° phasenverschoben. Die Teilspannungen der Hin- und Rückleiter einer Spule ergeben damit einen Zeiger doppelten Betrages.

Addiert man jetzt die q Spulenspannungen der Spulengruppe, so ergibt sich z.B. für $q = 3$ ein Schema nach Bild 4.7. Die resultierende Spannung U_{gr} wird kleiner als die algebraische Summe der drei Spulenspannungen U_{sp}. Es ist also zu unterscheiden, ob die $q \cdot z_Q$ Windungen der Spulengruppe in einer Nut liegen oder gleichmäßig auf q Nuten verteilt sind. Um dies zu berücksichtigen, wird ein sog. Zonen- oder Gruppenfaktor

$$k_{d1} = \frac{U_{gr}}{q \cdot U_{sp}} = \frac{\text{geometrische Spannungssumme}}{\text{algebraische Spannungssumme}} \leq 1 \tag{4.6}$$

definiert, mit welchem die Windungszahl der Wicklung zu multiplizieren ist. Anstelle eines Gesamtbetrages der N-fachen Windungsspannung wird durch die Phasenverschiebung nur der $(N \cdot k_{d1})$-fache Wert erreicht.

Für die Berechnung des Zonenfaktors folgt aus Bild 4.7

$$U_{gr} = 2r \cdot \sin q\frac{\alpha}{2} \quad \text{und} \quad r = \frac{U_{sp}}{2 \cdot \sin \alpha/2}$$

Mit diesen Beziehungen wird nach Gl. (4.6) der Zonenfaktor für Ganzlochwicklungen

$$k_{d1} = \frac{\sin q\dfrac{\alpha}{2}}{q \cdot \sin \dfrac{\alpha}{2}} \tag{4.7}$$

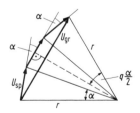

Bild 4.7 Bestimmung des Zonenfaktors

Beispiel 4.2: Es ist der Zonenfaktor einer Drehstromwicklung mit der Annahme auszurechnen, dass die Leiter gleichmäßig als Belag über die 60°-Zone verteilt sind, d.h. $\alpha \to 0$, $q \to \infty$.

Nach Bild 4.7 erhält man bei $q \to \infty$ den Zonenfaktor als Verhältnis von Bogen zu Sehne eines Sechstelkreises. Es ist

$$k_{d1} = \frac{\text{Sehne}}{\text{Bogen}} = \frac{r}{\dfrac{2\pi}{6} \cdot r} = \frac{3}{\pi} = 0{,}955$$

Ebenso nach Gl. (4.7) mit $q \cdot \alpha = 60° \stackrel{\wedge}{=} \frac{\pi}{3}$ und $\sin\frac{\alpha}{2} \to \frac{\alpha}{2}$

$$k_{d1} = \frac{\sin q\frac{\alpha}{2}}{q \cdot \sin\frac{\alpha}{2}} = \frac{\sin 30°}{q \cdot \frac{\alpha}{2}} = \frac{0{,}5}{\pi/6} = \frac{3}{\pi}$$

Aufgabe 4.2: Um eine möglichst große einphasige Wechselspannung zu erhalten, wird eine Wicklung über die volle Polteilung, also mit dreifacher Windungszahl, gewickelt, die zwei anderen Stränge entfallen. Es ist der Zonenfaktor dieser Wicklung auszurechnen und die Größe der erzeugten Spannung im Verhältnis zu dem Wert bei normaler Drehstromwicklung anzugeben. Dabei soll wie im Beispiel 4.2 $\alpha \to 0$, $q \to \infty$ angenommen werden.

Ergebnis: $k_{d1} = 2/\pi$, $(U_{Str})_{m=1} = 2\,(U_{Str})_{m=3}$

Gesehnte Ganzlochwicklungen. Ist die Spulenweite W kleiner als die Polteilung (Bild 4.8), so dürfen die zwei Stabspannungen U_s einer Windung ebenfalls nicht mehr algebraisch addiert werden. Diese zusätzliche Spannungsminderung (Bild 4.9) wird durch einen Sehnungsfaktor

$$k_{p1} = \frac{U_{sp}}{2U_s}$$

erfasst.

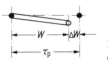

Bild 4.8 Spulenweite W einer gesehnten Wicklung

Bild 4.9 Bestimmung des Sehnungsfaktors

Mit den Beziehungen

$$U_{sp} = 2U_s \cdot \cos\frac{\varepsilon}{2} = 2U_s \cdot \sin\frac{\pi}{2} \cdot \frac{W}{\tau_p}$$

erhält man für den Sehnungsfaktor

$$\boxed{k_{p1} = \cos\frac{\varepsilon}{2} = \sin\frac{\pi}{2} \cdot \frac{W}{\tau_p}} \tag{4.8}$$

Der Zonenfaktor bleibt durch die Sehnung unbeeinflusst, so dass im allgemeinen Fall zur Berechnung der induzierten Gesamtspannung in einem Wicklungsstrang die Windungszahl mit dem Wicklungsfaktor

$$\boxed{k_{w1} = k_{d1} \cdot k_{p1}} \tag{4.9}$$

zu multiplizieren ist.

Anstelle der auf $2 \cdot p \cdot q$ Nuten verteilten Strangwindungszahl $N = z_Q \cdot p \cdot q$ rechnet man mit Hilfe des Wicklungsfaktors mit dem reduzierten Wert $N \cdot k_{w1}$, wonach die Wicklung wie eine konzentrierte Spule behandelt wird.

Wicklungsfaktor der Oberfelder. Treten in der Induktionsverteilung des Läuferfeldes neben dem Grundfeld auch Oberfelder der Ordnungszahl ν auf (Bild 4.10), so erstre-

4.1 Drehstromwicklungen

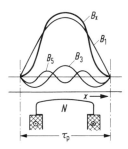

Bild 4.10 Läuferdrehfeld B_x mit Grundfeld B_1 sowie 3. und 5. Oberfeld

cken sich deren Halbwellen nur über einen Umfangsteil, welcher dem $(1/\nu)$-fachen des Grundwellenwertes entspricht. Es gilt daher

$$\tau_{p\nu} = \frac{\tau_p}{\nu} \tag{4.10}$$

womit jeder für das Grundfeld angegebene Winkel für ein Oberfeld mit dessen Ordnungszahl ν zu multiplizieren und insbesondere

$$\alpha_\nu = \nu \cdot \alpha \tag{4.11}$$

zu setzen ist. Die in der Ständerwicklung durch die Oberfelder induzierten Leiterspannungen sind sowohl in Bild 4.7 wie nach Bild 4.9 unter dem ν-fachen Winkel zu addieren. Damit erhält man den Zonenfaktor und den Sehnungsfaktor für ein beliebiges Oberfeld zu

$$k_{d\nu} = \frac{\sin q \cdot \dfrac{\nu \cdot \alpha}{2}}{q \cdot \sin \dfrac{\nu \cdot \alpha}{2}} \tag{4.12}$$

und

$$k_{p\nu} = \cos \frac{\nu \cdot \varepsilon}{2} = \sin \frac{\pi}{2} \cdot \nu \cdot \frac{W}{\tau_p} \tag{4.13}$$

Der resultierende Wicklungsfaktor ergibt sich nach

$$k_{w\nu} = k_{d\nu} \cdot k_{p\nu} \tag{4.14}$$

wobei für $\nu = 1$ wieder der Grundwellenwert entsteht.

Beispiel 4.3: Eine vierpolige Drehstromwicklung mit $q = 4$ ist so zu sehen, dass die 5. und 7. Oberschwingung in der Spannungskurve möglichst stark unterdrückt werden. Die Wicklungsfaktoren k_{w1}, k_{w5} und k_{w7} sind anzugeben.

Für den Sehnungsfaktor gilt nach Gl. (4.13) $k_{p\nu} = \cos \nu \cdot \dfrac{\varepsilon}{2}$. Der notwendige Sehnungswinkel errechnet sich daher nach

$$k_{p5} = \cos \frac{5 \cdot \varepsilon}{2} = 0 \quad \text{und} \quad k_{p7} = \cos \frac{7 \cdot \varepsilon}{2} = 0$$

zu $\quad \varepsilon = 36°$ und $\varepsilon = 25{,}7°$

Bei $q = 4$ wird nach Gl. (4.5) $\alpha = \dfrac{60°}{4} = 15°$

Eine optimale Unterdrückung beider Oberwellenanteile erhält man somit durch eine Sehnung um zwei Nuten mit $\varepsilon = 2\,\alpha = 30°$.

Damit wird $k_{p1} = \cos 15° = 0{,}966$, $k_{p5} = \cos 5 \cdot 15° = 0{,}259$

$k_{p7} = \cos 7 \cdot 15° = -0{,}259$

Für den Zonenfaktor ergibt Gl. (4.12)

$$k_{d1} = \frac{\sin 4 \cdot \frac{15°}{2}}{4 \cdot \sin \frac{15°}{2}} = 0{,}958$$

$k_{d5} = 0{,}205$, $k_{d7} = -0{,}158$

Die Wicklungsfaktoren $k_{w\nu} = k_{d\nu} \cdot k_{p\nu}$ lauten

$k_{w1} = 0{,}958 \cdot 0{,}966 = 0{,}925$, $k_{w5} = 0{,}205 \cdot 0{,}259 = 0{,}0531$

$k_{w7} = 0{,}158 \cdot 0{,}259 = 0{,}0409$

Aufgabe 4.3: Welcher q-Wert und welche Sehnung müssen gewählt werden, dass bei einer vierpoligen Wicklung die 5. Oberschwingung genau zu null wird? Wie wird dann k_{w1}?

Ergebnis: $q = 5$, Sehnung um 3 Nuten, $k_{w1} = 0{,}910$

Aufgabe 4.4: In ein Blechpaket mit $Q = 24$ Nuten soll eine vierpolige Wechselstromwicklung eingebracht werden. Sie wird nur über 2/3 der Polteilung verteilt und es soll $U_3 = 0$ werden. Wie ist die Spulenweite W zu wählen und wie groß wird k_{w1}?

Ergebnis: $W/\tau_p = 2/3$, $k_{w1} = 0{,}725$

Bedeutung der Wicklungsfaktoren. Der Wicklungsfaktor nach Gl. (4.14) legt fest, inwieweit die Drehstromwicklung in Bezug auf die induzierte Strangspannung an eine beliebige Feldwelle des Läufers angepasst ist. Für das Grundfeld wird man möglichst $k_{w1} \to 1$ anstreben, um die vorhandene Windungszahl $N = z_Q \cdot p \cdot q$ gut auszunutzen. Für die Oberfelder ist dagegen $k_{w\nu} \to 0$ erwünscht, so dass trotz einer ν-ten Harmonischen im Läuferfeld keine Spannungen ν-facher Frequenz in der Wicklung entstehen. Erreicht man z. B. $k_{w5} = 0$, so bedeutet dies, dass das Oberfeld der 5. Ordnungszahl zwar in den einzelnen Leitern der Spulengruppe Spannungen induziert, diese sich jedoch resultierend zu null ergänzen. Welche Werte der Zonenfaktor für die wichtigsten Oberfelder in Abhängigkeit von der ausgeführten Nutzahl pro Pol und Strang annimmt, zeigt Tafel (4.1).

Der Zonenfaktor ist für die Oberfelder zum Teil wesentlich kleiner als für das Grundfeld, was mit Rücksicht auf die angestrebte sinusförmige Strangspannung sehr erwünscht ist. Will man einem Oberfeld vollständig seine Wirkung auf die Ständerwick-

Tafel 4.1 Zonenfaktoren von dreiphasigen Ganzlochwicklungen

q	$\nu = 1$	3	5	7	9	11	13	15
1	1,000	1,000	1,000	1,000	1,000	1,000	1,000	1,000
2	0,966	0,707	0,259	0,259	0,707	0,966	0,966	0,707
3	0,960	0,667	0,217	0,177	0,333	0,177	0,217	0,667
4	0,958	0,654	0,205	0,158	0,271	0,126	0,126	0,271
∞	0,955	0,636	0,191	0,136	0,212	0,087	0,073	0,127

4.1 Drehstromwicklungen

lung nehmen, so kann dies durch eine passende zusätzliche Sehnung erfolgen (Beispiel 4.3).

Nutungsharmonische. Unter der Vielzahl der Oberfelder, die auf eine Drehstromwicklung einwirken können, gibt es eine Gruppe, deren Einfluss sich nicht durch den Wicklungsfaktor unterdrücken lässt. Diese so genannten Nutungsharmonischen haben stets den Zonenfaktor des Grundfeldes und können aus der Bedingung $k_{d\nu} = k_{d1}$ bestimmt werden. Ein Gleichsetzen von Gl. (4.7) und (4.12) führt zu der Forderung

$$\nu \frac{\alpha}{2} - k \cdot \pi = \pm \frac{\alpha}{2}$$

und mit $\alpha = 2\pi p/Q$ nach Gl. (4.5) zu den Ordnungszahlen

$$\boxed{\nu = k \cdot \frac{Q}{p} \pm 1 = 2k \cdot m \cdot q \pm 1 \quad \text{mit} \quad k = 1; 2; 3 \text{ usw.}} \tag{4.15}$$

Für diese Harmonische ergibt sich nach Tafel 4.1 in der Tat derselbe Wert wie für das Grundfeld, wie z. B. für $q = 2$ mit $\nu = 11$ und 13 zu erkennen ist. Eine Nutungsharmonische in der Feldkurve eines Generators erscheint damit in voller relativer Höhe auch im Spannungsverlauf.

Bruchlochwicklungen. Die angegebenen Formeln gelten nicht für Bruchlochwicklungen, so dass z. B. für die Drehstromwicklung in Bild 4.6 nicht $q = 2,5$ in Gl. (4.12) eingesetzt werden darf. In diesem Fall müssen zur Bewertung der Wicklung alle Nuten eines Strangs aufgelistet und deren Spannungszeiger hinsichtlich ihrer Phasenlage zueinander dargestellt werden. Dies führt dann zu dem Ergebnis, dass eine Bruchlochwicklung bezüglich ihres wirksamen Wicklungsfaktors einer Ganzlochwicklung mit wesentlich höherem q-Wert entspricht. Als Beispiel für diese Untersuchung soll Strang U der Wicklung in Bild 4.6 analysiert werden:

Für den Phasenwinkel zwischen den Leiterspannungen benachbarter Nuten gilt nach Gl. (4.5)

$$\alpha = p \frac{360°}{Q} = 2 \frac{360°}{30} = 24°$$

Damit ergibt sich nachfolgende Tabelle, wobei zu beachten ist, dass für einen Rückleiter ein Winkel von 180° Phasengleichheit mit der Bezugslage bedeutet. So ist die Spannung in Nut 9 bezüglich Nut 1 mit $\alpha = 12°$ anzugeben.

Nuten/Strang U:	1	2	3	8	9	10	16	17	24	25
Phasenwinkel α/Grad	0	24	48	168	192	216	360	384	552	576
gleichwertig α/Grad	0	24	48	−12	12	36	0	24	12	36

Das obige Ergebnis ist in Bild 4.11 dargestellt. Es entstehen mit den Nummern (1 9 2 10 3) und (8 16 24 17 25) zwei Strahlengruppen mit jeweils 5 Spannungen und dem Winkel $\alpha^* = 12°$. Die Gruppen sind gegeneinander um den Winkel $\varepsilon = \alpha^*$ verschoben, was nach Bild 4.9 einer entsprechenden Sehnung entspricht. Im Ergebnis wirkt die Bruchlochwicklung in Bild 4.6 also wie eine Ganzlochwicklung mit $q^* = 5$, die um eine Nut auf $W/\tau_p = 14/15$ gesehnt ist. Dies ist in Bild 4.11 b gezeigt, wobei die Leiter noch ihre alte Nummerierung besitzen.

 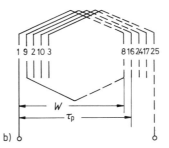

Bild 4.11 Leiterspannungen der Bruchlochwicklung in Bild 4.6 für Strang U
a) Spannungsstern   b) Ersatzwicklung mit $q^* = 5$ und Sehnung um eine Nut

Bruchlochwicklungen unterdrücken durch ihren höheren q-Wert bei gleicher Nutzahl Oberfeldeinflüsse besser als Ganzlochwicklungen. Sie werden daher gerne bei Drehstromgeneratoren zur Verbesserung der Spannungskurve eingesetzt.

4.2 Umlaufende Magnetfelder

4.2.1 Durchflutung und Feld eines Wicklungsstranges

Felderregerkurve. Wird ein Strang der Drehstromwicklung stromdurchflossen, so baut die entstehende Durchflutung ein magnetisches Feld auf, wie es in Bild 4.12 am Beispiel eines zweipoligen Ständers mit $q = 4$ gezeigt ist. Um die Verteilung der Flussdichte entlang des Luftspaltes angeben zu können, muss der räumliche Verlauf der für einen Luftspalt verfügbaren magnetischen Spannung V_{Str} bekannt sein. Man bezeichnet $V_{Str} = f(x)$ als Felderregerkurve und konzentriert zu ihrer Bestimmung den Strom einer Nut punktförmig in deren Mitte. Die magnetische Spannung ändert sich dann innerhalb der 60°-Zone eines Strangs treppenförmig, da im Abstand der Nutteilung jeweils die Amperewindungen einer Nut hinzukommen. Außerhalb des Wicklungsbereichs steht jeder Feldlinie die volle Durchflutung $\Theta_{Str} = 2 \cdot V_{Str}$ zur Verfügung.

Die Felderregerkurve eines Wicklungsstrangs ist damit bei $q > 1$ eine Treppenkurve, die neben der angestrebten räumlichen Sinusform über einer Polteilung zusätzliche Oberwellenanteile enthält (Bild 4.13). Zur Analyse sei zunächst eine Wicklung mit $q = 1$ betrachtet, so dass eine Rechteckkurve (Bild 4.14) als Durchflutungsverlauf entsteht. Die Amplitude der magnetischen Spannung wird

$$V_n = z_Q \frac{\sqrt{2}}{2} \cdot I_1$$

wenn die z_Q Leiter jeder Nut jeweils den Strom I_1 führen. Nach Fourier lässt sich das Rechteck der Breite τ_p in eine Grundwelle und alle ungeradzahligen Oberwellen zerlegen. Es besteht der Scheitelwert der Grundwelle

$$V_{n1} = \frac{4}{\pi} \cdot V_n$$

4.2 Umlaufende Magnetfelder

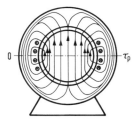

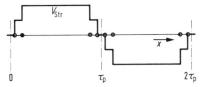

Bild 4.12 Magnetfeld eines Ständerwicklungsstrangs $p = 1$, $q = 4$

Bild 4.13 Felderregerkurve eines Wicklungsstrangs $q = 4$

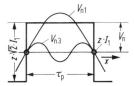

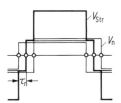

Bild 4.14 Felderregerkurve V_n bei $q = 1$ mit Grundwelle und 3. Harmonischen

Bild 4.15 Analyse der treppenförmigen Felderregerkurve V_{Str}

und der Harmonischen

$$V_{n\nu} = \frac{4}{\nu \cdot \pi} \cdot V_n$$

Die Treppenkurve mit $q > 1$ entspricht nun der Addition von q Rechteckfeldern (Bild 4.15), die jeweils um eine Nutteilung τ_Q gegeneinander verschoben sind. Man erhält daher die Analyse der Felderregerkurve eines Strangs, wenn man die Harmonischen der Einzelrechtecke unter Berücksichtigung ihrer gegenseitigen Phasenverschiebung addiert. Dies geschieht, wie bereits bei Bildung der resultierenden Spannung einer Spulengruppe, durch Einführung des Wicklungsfaktors. Die Felderregerkurve eines Wicklungsstranges enthält so eine Grundwelle der Amplitude

$$V_{Str1} = \frac{4}{\pi} \cdot \frac{z_Q \sqrt{2}}{2} \cdot I_1 \cdot q \cdot k_{w1}$$

und ungeradzahlige Oberwellen des Scheitelwertes

$$V_{Str\nu} = \frac{4}{\nu \cdot \pi} \cdot \frac{z_Q \sqrt{2}}{2} \cdot I_1 \cdot q \cdot k_{w\nu}$$

Für den räumlichen und gleichzeitig zeitlichen Verlauf der einzelnen Anteile bestehen bei einem Verlauf des Wicklungsstromes nach $i_1 = \sqrt{2} I_1 \cdot \cos \omega t$ die Gleichungen

$$\boxed{V_{1x,t} = V_{Str1} \cdot \sin \pi \frac{x}{\tau_p} \cdot \cos \omega t} \qquad (4.16)$$

$$\boxed{V_{\nu x,t} = V_{Str\nu} \cdot \sin \nu \cdot \pi \frac{x}{\tau_p} \cdot \cos \omega t} \qquad (4.17)$$

Die Anteile haben damit eine unterschiedliche Wellenlänge, schwingen jedoch alle synchron mit der Frequenz des Strangstromes.

Die Durchflutung eines Wicklungsstranges ergibt sich für den geschlossenen Feldlinienweg zu $\Theta_{Str} = 2\,V_{Str}$. Dies bedeutet für die Grundwelle den Scheitelwert

$$\Theta_{Str1} = \frac{4\sqrt{2}}{\pi} \cdot \frac{N_1}{p} \cdot k_{w1} \cdot I_1 \tag{4.18}$$

und die ungeradzahligen Harmonischen

$$\Theta_{Str\nu} = \frac{4\sqrt{2}}{\nu \cdot \pi} \cdot \frac{N_1}{p} \cdot k_{w\nu} \cdot I_1 \tag{4.19}$$

Strombelag. Wird die Nutung sehr fein, so geht im Grenzfall mit $\tau_Q \to 0$, d.h. $q \to \infty$ der Strom in einen gleichmäßigen Belag der Breite $\tau_p/3$ und der Amplitude $\sqrt{2} \cdot A$ über (Bild 4.16). Für den Strombelag A, der für die thermische Ausnützung der Maschine eine wichtige Rolle spielt, gilt die Beziehung

$$A = \frac{2m \cdot N_1 \cdot I_1}{d_1 \cdot \pi} \tag{4.20}$$

wenn die $2 \cdot m \cdot N$ Gesamtleiter entlang der Ständerbohrung des Durchmessers d_1 jeweils den Strom I_1 führen. Der ausführbare Strombelag steigt mit dem Durchmesser und liegt im Bereich $A = 200$ A/cm bis 600 A/cm bei Luftkühlung.

Anstelle der Treppenform erhält die Felderregerkurve bei $q \to \infty$ die Form eines Trapezes. In Bild 4.16 sind zusätzlich die Grundwellen von Strombelag und Felderregerkurve eingetragen und man erkennt die schon von der Gleichstrommaschine her bekannte Beziehung

$$V_{Str} = \int_0^x A_{Str}\,dx \tag{4.21}$$

Strangfeld. Der Verlauf der Flussdichteverteilung entlang der Ständerbohrung hängt bei gegebener Erregung von der örtlichen Luftspaltweite zwischen Ständer und Läufer ab. Sind beide zylindrisch, so ist δ = konstant und bei Vernachlässigung des Einflusses der Nutung und der Eisensättigung ergibt sich für den Induktionsverlauf dieselbe Treppenkurve wie für die Felderregerkurve. Fließt in der Wicklung der Wechselstrom $i_1 = \sqrt{2} \cdot I_1 \cdot \cos \omega t$, so pulsieren auch alle Durchflutungsanteile der Gln. (4.16) und (4.17) mit Netzfrequenz. Daraus folgt für die Flussdichteverteilung des magnetischen

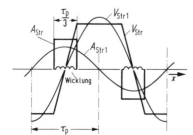

Bild 4.16 Strombelag und Felderregerkurve eines Strangs bei $q \to \infty$

4.2 Umlaufende Magnetfelder

Feldes eines Wicklungsstrangs die Beziehung

$$B_{x,t} = \left[B_1 \cdot \sin \pi \frac{x}{\tau_p} + B_3 \cdot \sin 3\pi \cdot \frac{x}{\tau_p} + ... + B_\nu \cdot \sin \nu\pi \cdot \frac{x}{\tau_p} \right] \cos \omega t \quad (4.22)$$

Es besteht aus einer räumlichen Grundwelle und ungeradzahligen Harmonischen, die alle mit der Frequenz des Ständerstromes zeitlich synchron pulsieren.

4.2.2 Drehfelder

Drehfeld-Erregerkurve. Wird die dreiphasige Wicklung an ein symmetrisches Drehstromsystem angeschlossen, so bilden die drei Stränge entsprechend ihrer räumlichen Lage und der zeitlichen Phase ihrer Ströme je eine Felderregerkurve aus. Von deren trapezförmigem Verlauf sind in Bild 4.17 nur die sinusförmigen Grundwellen V_U, V_V und V_W eingetragen. Die 60° breiten Wicklungsstränge sind durch Beläge dargestellt, die bei den Hinleitern oberhalb und bei den Rückleitern unterhalb der x-Achse liegen. Als Zeitpunkt der Betrachtung ist in Bild 4.17 a mit $\omega t = 0$ ein Augenblick gewählt, in dem nach dem Zeigerbild der drei Strangströme i_U den Maximalwert und die beiden anderen jeweils den halben negativen Maximalwert besitzen. Die drei daraus entstehenden Felderregerkurven sind eingetragen und als Summe die für das Drehfeld zuständige Kurve V_1 gebildet. Ihre Achse stimmt mit der von Strangwicklung U überein. Für die Amplitude dieser wieder sinusförmigen Drehfeld-Erregerkurve erhält man die Beziehung

$$V_1 = \frac{m}{2} \cdot V_{Str}$$

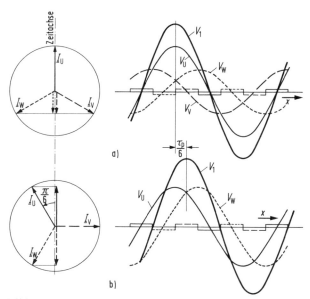

Bild 4.17 Addition der Felderregerkurven (Grundwellen) der 3 Stränge
a) Zeitpunkt $\omega t = 0$ mit $i_U = \sqrt{2} \cdot I_1$, $i_V = i_W = -0{,}5 \cdot \sqrt{2} \cdot I_1$
b) Zeitpunkt $\omega t = \pi/6$ mit $i_U = \sqrt{3}/2 \cdot \sqrt{2} \cdot I_1$, $i_V = 0$, $i_W = -i_U$

Dabei bedeutet m die Strangzahl der Wicklung, d. h. bei der üblichen Drehstromwicklung ist $m = 3$ zu setzen.

Dieselbe Betrachtung für den Zeitpunkt $\omega t = \pi/6$ ergibt die Ergebnisse in Bild 4.17 b. Hier ist der Strangstrom $i_V = 0$ und die beiden anderen haben den entgegengesetzt gleichen relativen Wert $\sqrt{3}/2$. Die Überlagerung der Strangkurven ergibt wieder eine Sinuswelle von derselben Höhe wie zuvor. Die Achse der Sinuskurve liegt jetzt aber in der Mitte der 60°-Zone von Strang V und ist somit um den Betrag $\Delta x = \tau_p/6$ gewandert.

Die Amplitude der Gesamtdurchflutung einer Drehstromwicklung ergibt sich wieder aus $\Theta_1 = 2 V_1$ und mit Gl. (4.18) zu

$$\boxed{\Theta_1 = \frac{2\sqrt{2}}{\pi} \cdot m \cdot \frac{N_1 \cdot k_{w1}}{p} \cdot I_1} \qquad (4.23)$$

Diese Gleichung ist die Grundlage der Berechnung des magnetischen Kreises der Drehstrommaschine und zur Bestimmung des Magnetisierungsstromes.

Durch die Addition der drei Strangkurven entsteht eine räumlich sinusförmige Gesamtdurchflutung, die innerhalb einer Periode des Ständerstromes der Frequenz f_1 den Weg

$$x = \Delta x \cdot 2\pi/(\pi/6) = \tau_p/6 \cdot 12 = 2\tau_p$$

zurücklegt.

Bei p Polpaaren am Umfang ist damit die Drehzahl der Drehdurchflutung

$$\boxed{n_1 = \frac{f_1}{p}} \qquad (4.24)$$

Nach der grafischen Bestimmung von Amplitude und Drehzahl der Drehfelderregung in Bild 4.17 soll das Ergebnis auch mathematisch hergeleitet werden.

Bei einem räumlichen Versatz der drei Strangwicklungen um jeweils $2\pi/3$ und einer ebensolchen zeitlichen Phasenverschiebung der Strangströme erhält man nach Gl. (4.16) die folgenden Beziehungen für die Grundwellen der drei Felderregerkurven:

Strang U: $V_U = V_{Str} \cdot \sin \pi \dfrac{x}{\tau_p} \cdot \cos \omega t$

Strang V: $V_V = V_{Str} \cdot \sin \left(\pi \dfrac{x}{\tau_p} - \dfrac{2\pi}{3} \right) \cdot \cos \left(\omega t - \dfrac{2\pi}{3} \right)$

Strang W: $V_W = V_{Str} \cdot \sin \left(\pi \dfrac{x}{\tau_p} - \dfrac{4\pi}{3} \right) \cdot \cos \left(\omega t - \dfrac{4\pi}{3} \right)$

Dabei ist angenommen, dass der Strangstrom $\underline{I}_U$ zum Zeitpunkt $\omega t = 0$ seinen Scheitelwert besitzt.

Für die Drehfeld-Erregerkurve gilt dann

$$V_{1\,x,\,t} = V_U + V_V + V_W$$

4.2 Umlaufende Magnetfelder 155

und man erhält mit Hilfe der Additionstheoreme und durch Zusammenfassen

$$V_{1x,t} = \frac{3}{2} V_{Str} \cdot \sin\left(\pi \frac{x}{\tau_p} - \omega t\right) \qquad (4.25)$$

Diese Gleichung beschreibt eine räumlich sinusförmige Kurve, die mit der Winkelgeschwindigkeit ω rotiert. Für $\omega t = 0$ errechnet sich die Lage des Maximums aus

$$\sin\left(\pi \frac{x}{\tau_p} - 0\right) = 1 \rightarrow x = \frac{\tau_p}{2}$$

für $\omega t = 2\pi$ aus

$$\sin\left(\pi \frac{x}{\tau_p} - 2\pi\right) = 1 \rightarrow x = \frac{\tau_p}{2} + 2\tau_p$$

Die in Gl. (4.24) festgestellte Drehzahl der Drehfeld-Erregerkurve ist damit bestätigt.

Beispiel 4.4: Für einen Drehstrommotor mit $P_N = 22$ kW, 400 VY, $I_{1N} = 43$ A liegen folgende Entwurfswerte vor:

Bohrungsdurchmesser $d_1 = 18$ cm, Luftspalt $\delta = 0{,}04$ cm,

Ständerwicklung mit $p = 2$, $N_1 = 60$, $k_{w1} = 0{,}958$.

Wie groß ist der Strombelag im Ständer bei P_N? Welchen Scheitelwert Θ_1 muss die Drehdurchflutung im Leerlauf erreichen, wenn die Amplitude des Drehfeldes den Wert $B_L = 0{,}8$ T besitzt? Der Eisenweg kann durch eine 50 %ige Luftspaltvergrößerung berücksichtigt werden.

Wie groß wird etwa der Leerlaufstrom des Motors?

Aus Gl. (4.20) ergibt sich der Strombelag durch die Ständerwicklung zu

$$A_1 = \frac{2m \cdot N_1 \cdot I_1}{d_1 \cdot \pi} = \frac{2 \cdot 3 \cdot 60 \cdot 43 \text{ A}}{18 \text{ cm} \cdot \pi} = 274 \text{ A/cm}$$

Nach $B_L = \mu_0 \cdot H_L = \mu_0 \cdot \dfrac{\Theta_L}{2\delta}$ berechnet sich die erforderliche Drehdurchflutung zu

$$\Theta_1 = \frac{1}{\mu_0} \cdot B_L \cdot 2\delta \cdot 1{,}5$$

wobei der Faktor 1,5 den Eisenanteil erfasst.

$$\Theta_1 = \frac{10^8}{1{,}25} \cdot \frac{\text{A} \cdot \text{cm}}{\text{V} \cdot \text{s}} \cdot 0{,}8 \cdot 10^{-4} \frac{\text{V} \cdot \text{s}}{\text{cm}^2} \cdot 2 \cdot 0{,}04 \text{ cm} \cdot 1{,}5$$

$$\Theta_1 = 768 \text{ A}$$

Nach Gl. (4.23) wird der Ständerstrom I_1 im Leerlauf, der hier fast ausschließlich der Magnetisierung dient

$$I_1 = \Theta_1 \cdot \frac{\pi}{2\sqrt{2}} \cdot \frac{p}{m \cdot N_1 \cdot k_{w1}} = \frac{768 \text{ A} \cdot \pi \cdot 2}{2\sqrt{2} \cdot 3 \cdot 60 \cdot 0{,}958} = 9{,}9 \text{ A}$$

Aufgabe 4.5: Welchen Bohrungsdurchmesser muss der Ständerblechschnitt von Beispiel 4.1 erhalten, wenn mit Rücksicht auf die Erwärmung ein Strombelag $A = 160$ A/cm zulässig ist? Wie groß ist die Drehdurchflutung Θ_1 der Ständerwicklung bei Bemessungsstrom?

Ergebnis: $d_1 = 13{,}5$ cm, $\Theta_1 = 1466$ A

Drehfeld. Da zwischen dem Verlauf von Felderregerkurve und Flussdichte eine Proportionalität besteht, gelten vorstehende Betrachtungen auch für die resultierende Feldkurve $B_{x,t}$. Die Drehstromwicklung erzeugt somit über die Grundwellen der drei Strangdurchflutungen ein magnetisches Feld sinusförmiger Gestalt, das wie das Gleichfeld des Läufers nach Bild 4.1 rotiert und die Bezeichnung Drehfeld erhalten hat. In Übereinstimmung mit Gl. (4.25) gilt für den Verlauf des Drehfeldes $B_{x,t}$

$$B_{x,t} = B_1 \cdot \sin\left(\pi \frac{x}{\tau_p} - \omega t\right) \qquad (4.26)$$

wobei B_1 die Amplitude der im Luftspalt räumlich sinusförmig verteilten Flussdichte bedeutet.

Die Entstehung des Ständerdrehfeldes konstanter Amplitude ist an zwei Voraussetzungen gebunden. Zunächst müssen die m Stränge der Drehstromwicklung untereinander gleich und in ihren Anfängen um den Winkel $2\pi/m$ räumlich versetzt sein. Außerdem müssen die m Wicklungsströme einen symmetrischen Stern mit der zeitlichen Phasenverschiebung von $360°/m$ bilden. Für den wichtigsten Fall des Dreiphasensystems bedeutet dies einen Versatz der Wicklungsstränge um jeweils $2\tau_p/3$ und eine Phasenverschiebung der Ströme um $120°$. Sind diese Voraussetzungen nicht erfüllt, so entsteht als umlaufendes Feld ein so genanntes elliptisches Drehfeld, das eine veränderliche Amplitude besitzt.

Zerlegung eines Wechselfeldes. Ein räumlich sinusförmiges Wechselfeld $\underline{B}_{Str}$, das durch einen pulsierenden Zeiger in Richtung seiner Achse festlegt (Bild 4.18), kann stets in zwei gegensinnig umlaufende Drehfelder halber Wechselfeldamplitude zerlegt werden. Entsprechend dem gewünschten positiven Drehsinne bezeichnet man das Teilfeld $\underline{B}_m$ als mit- oder rechtläufig, die Komponente $\underline{B}_g$ dagegen als gegenläufig. Diese Zerlegung gibt die Möglichkeit, das resultierende Drehfeld von beliebig räumlich angeordneten und von phasenverschobenen Strömen gleicher Frequenz gespeisten Wicklungssträngen zu bestimmen.

Versteht man in Bild 4.18 die Größe $\underline{B}_{Str}$ als Zeiger, der die Lage der Amplitude des räumlich sinusförmigen Strangfeldes festlegt, so gilt

$$\underline{B}_{Str} = \underline{B}_{Str} \cdot \cos \omega t$$

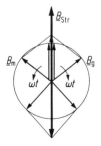

Bild 4.18 Zerlegung eines Wechselfeldes in gegensinnig rotierende Teildrehfelder $\underline{B}_m$ und $\underline{B}_g$

4.2 Umlaufende Magnetfelder

Die Zerlegung in zwei Teildrehfelder entspricht dann der Trennung nach

$$\underline{B}_{\text{Str}} \cdot \cos \omega t = \frac{1}{2} \underline{B}_{\text{Str}} \cdot e^{j\omega t} + \frac{1}{2} \underline{B}_{\text{Str}} \cdot e^{-j\omega t} \tag{4.27}$$

mit dem Mitfeld

$$\underline{B}_{\text{m}} = \frac{1}{2} \underline{B}_{\text{Str}} \cdot e^{j\omega t}$$

und dem Gegenfeld

$$\underline{B}_{\text{g}} = \frac{1}{2} \underline{B}_{\text{Str}} \cdot e^{-j\omega t}$$

Der Beweis für Gl. (4.27) ist durch die Beziehung

$$e^{\pm j\omega t} = \cos \omega t \pm j \sin \omega t$$

gegeben.

Addition von Feldern. Die Darstellung eines Drehfeldes durch einen Zeiger $\underline{B}$ gestattet auch die Bestimmung des resultierenden Drehfeldes mehrerer räumlich verteilter Wicklungen, die von zeitlich phasenverschobenen Strangströmen gespeist werden.

In Bild 4.19 werde eine Bezugsachse a festgelegt, der gegenüber die Wicklung w den räumlichen Versatzwinkel α und der Erregerstrom I den Phasenwinkel φ besitzt. Für die Teildrehfelder dieser Wicklung mit dem Wechselfeld $\underline{B}_{\text{Str}}$ gilt dann:

Mitfeld $$\underline{B}_{\text{m}} = \frac{1}{2} \underline{B}_{\text{Str}} \cdot e^{j(\omega t + \varphi)} \cdot e^{j\alpha} \tag{4.28}$$

Gegenfeld $$\underline{B}_{\text{g}} = \frac{1}{2} \underline{B}_{\text{Str}} \cdot e^{-j(\omega t + \varphi)} \cdot e^{j\alpha} \tag{4.29}$$

Diese Zerlegung kann für jeden Strang erfolgen und danach die Addition gleichsinnig rotierender Felder vorgenommen werden.

Bild 4.19 Zur Bestimmung der Teildrehfelder eines Wechselfeldes $\underline{B}_{\text{Str}}$

Als Beispiel sei wieder eine symmetrische Drehstromwicklung betrachtet (Bild 4.20). Bezugswert für die räumliche Lage der Wicklung und die Phasenfolge der Ströme sei der Strang W, so dass gilt:

$$\varphi_{\text{V}} = \frac{2\pi}{3}, \quad \alpha_{\text{V}} = -\frac{2\pi}{3}$$

$$\varphi_{\text{U}} = \frac{4\pi}{3}, \quad \alpha_{\text{U}} = -\frac{4\pi}{3}$$

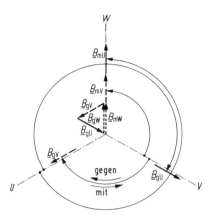

Bild 4.20 Addition der Teildrehfelder einer Drehstromwicklung (Zeitpunkt im Scheitelwert des Strangstromes I_w)

Nach Gl. (4.28) und (4.29) entstehen die resultierenden Drehfelder

Mitfeld $\quad \underline{B}_\text{m} = \underline{B}_\text{mW} + \underline{B}_\text{mV} + \underline{B}_\text{mU}$

$$= \frac{1}{2} B_\text{Str} \left[e^{j\omega t} + e^{j\left(\omega t + \frac{2\pi}{3}\right)} \cdot e^{-j\frac{2\pi}{3}} + e^{j\left(\omega t + \frac{4\pi}{3}\right)} \cdot e^{-j\frac{4\pi}{3}} \right]$$

Gegenfeld $\underline{B}_\text{g} = \underline{B}_\text{gW} + \underline{B}_\text{gV} + \underline{B}_\text{gU}$

$$= \frac{1}{2} B_\text{Str} \left[e^{-j\omega t} + e^{-j\left(\omega t + \frac{2\pi}{3}\right)} \cdot e^{-\frac{2\pi}{3}} + e^{-j\left(\omega t + \frac{4\pi}{3}\right)} \cdot e^{-j\frac{4\pi}{3}} \right]$$

Für $\omega t = 0$ ergibt dies die in Bild 4.20 angegebene Lage aller Teildrehfelder und allgemein bei m Strangwicklungen das resultierende Mitfeld

$$\boxed{B_\text{m} = \frac{m}{2} \cdot B_\text{Str}} \qquad (4.30)$$

Die Summe der Gegenfelder ist null. Ist die Wicklungsanordnung oder das angelegte Spannungssystem unsymmetrisch, so wird das gegenläufige resultierende Feld nicht null und bildet zusammen mit dem mitläufigen ein gemeinsames elliptisches Drehfeld nach Bild 4.21 (s. Beispiel 4.5).

Beispiel 4.5: Eine zweisträngige Ständerwicklung (Bild 4.21 a) besitzt zwei gleiche, senkrecht aufeinander stehende Stränge. Um ein Kreisdrehfeld zu erhalten, müssten die Strangströme I_a und I_b betragsmäßig gleich und zeitlich 90° zueinander verschoben sein. Es ist die Ortskurve der resultierenden umlaufenden Durchflutung $\underline{\Theta}$ aus deren mit- und gegenlaufenden Komponenten $\underline{\Theta}_\text{m}$ bzw. $\underline{\Theta}_\text{g}$ zu bestimmen, wenn die Ströme 120° zueinander phasenverschoben sind.

Bezieht man alle Winkel auf die Daten des Stranges A, so wird entsprechend Bild 4.19 $\alpha = -\pi/2$ und $\varphi = 2\pi/3$.

Damit erhält man die resultierenden Teildurchflutungen:

Mitdurchflutung

$$\underline{\Theta}_\text{m} = \underline{\Theta}_\text{ma} + \underline{\Theta}_\text{mb}$$

$$\underline{\Theta}_\text{m} = \underline{\Theta}_\text{ma} \left(e^{j\omega t} + e^{j\left(\omega t + \frac{2\pi}{3}\right)} \cdot e^{-j\frac{\pi}{2}} \right)$$

4.2 Umlaufende Magnetfelder

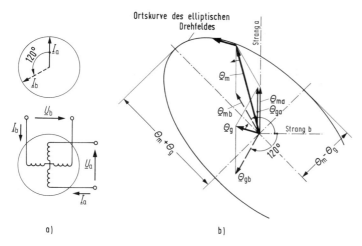

Bild 4.21 Bildung einer elliptischen Drehdurchflutung
a) Wicklungen und Strangströme des Motors in Beispiel 4.5
b) Bestimmung der resultierenden elliptischen Drehdurchflutung

Gegendurchflutung

$$\underline{\Theta}_g = \underline{\Theta}_{ga} + \underline{\Theta}_{gb}$$

$$\underline{\Theta}_g = \underline{\Theta}_{ga}\left(e^{-j\omega t} + e^{-j\left(\omega t + \frac{2\pi}{3}\right)} \cdot e^{-j\frac{\pi}{2}}\right)$$

Für $\omega t = 0$ erreichen die Zeiger die in Bild 4.21 angegebene Lage. Es entsteht eine elliptische Drehdurchflutung mit den Grenzwerten $\Theta_m + \Theta_g$ und $\Theta_m - \Theta_g$, wobei die große Halbachse um 45° zur Senkrechten geneigt ist.

Oberfelder. Aus den Treppenkurven, die bei konstantem Luftspalt sowohl die Felderreger- wie die Flussdichtekurve eines Wicklungsstrangs angeben, wurden in Bild 4.17 nur die Grundwellen zum resultierenden Drehfeld addiert. Die Oberwellen bilden jedoch mit Ausnahme der durch drei teilbaren Anteile ebenfalls je ein gemeinsames Drehfeld. Für die Scheitelwerte dieser Oberwellendrehfelder oder kürzer Oberfelder gilt dabei nach den Gln. (4.18) und (4.19)

$$\boxed{B_\nu = B_1 \cdot \frac{k_{w\nu}}{\nu \cdot k_{w1}}} \tag{4.31}$$

so dass die Amplituden B_ν mit wachsender Ordnungszahl rasch abnehmen.

Die Ordnungszahl ν der durch eine symmetrische Drehstromwicklung insgesamt erzeugten Drehfelder ergibt sich aus der Beziehung

$$\nu = \pm m \cdot k + 1 \quad \text{mit} \quad k = 0, 2, 4, 6, \ldots$$

zu $\quad \nu = 1 \quad -5 \quad 7 \quad -11 \quad 13 \quad -17 \quad 19$ usw.

Das Minuszeichen bedeutet, dass das betreffende Drehfeld mit entgegengesetztem Sinne wie das Grundfeld mit $\nu = 1$ umläuft.

Die 3., 9. Harmonischen usw. treten als Drehfeld nicht auf, da die betreffenden Strangfelder räumlich gleichphasig sind und sich wegen der zeitlichen 120°-Verschiebung damit zu null ergänzen.

Außer dem Drehfeld der Grundwelle bildet eine symmetrische Drehstromwicklung somit eine Vielzahl Oberwellendrehfelder aus, deren Polteilung τ_p/ν ist (Bild 4.22).

Ihre Polzahl beträgt somit $p_\nu = \nu \cdot p$ und nach Gl. (4.24) folgt daraus die Umlaufdrehzahl

$$n_\nu = \frac{f_1}{\nu \cdot p} = \frac{n_1}{\nu} \tag{4.32}$$

Die Oberwellendrehfelder rotieren mit einer Drehzahl, welche der Grundwellendrehzahl einer $2\nu \cdot p$-poligen Wicklung entspricht. Man kann dieses Ergebnis so deuten, als ob im Luftspalt die Grundwellendrehfelder von einer Vielzahl Maschinen unterschiedlicher Polzahl überlagert wären (Bild 4.23).

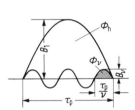
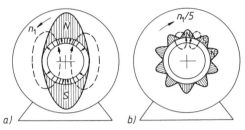

Bild 4.22 Bestimmung der den Drehfeldern B_1 und B_ν zugeordneten Flüsse Φ_1 und Φ_ν

Bild 4.23 Darstellung des Ständerdrehfeldes eines Motors
a) Grundfeld $\nu = 1$
b) Oberfeld $\nu = -5$

4.2.3 Blindwiderstände der Drehstromwicklung

Hauptreaktanz. Jeder Strang der Drehstromwicklung besitzt nach der allgemeinen Definition $L = N \cdot \Phi/I$ eine dem Drehfeldfluss Φ_h proportionale Hauptinduktivität

$$L_h = N_1 \cdot k_{w1} \cdot \frac{\Phi_h}{\hat{\imath}_1}$$

wobei $\hat{\imath}_1 = \sqrt{2} \cdot I_1$ der Scheitelwert des Strangstromes ist. Die Drehdurchflutung Θ_1 nach Gl. (4.23) erzeugt im Luftspalt der Weite δ die Flussdichteamplitude

$$B_1 = \frac{\Theta_1}{2\delta} \cdot \mu_0$$

des sinusförmigen Feldverlaufs. Dabei ist der Eisenweg vernachlässigt oder durch einen Zuschlag zum Luftspalt erfasst. Das räumlich sinusförmige Drehfeld ergibt den Hauptfluss

$$\Phi_h = \frac{2}{\pi} \cdot B_1 \cdot \tau_p \cdot l$$

4.2 Umlaufende Magnetfelder

Kombiniert man die vorstehenden Gleichungen mit Gl. (4.23), so erhält man für die Hauptinduktivität

$$L_h = \frac{2}{\pi^2} \cdot \mu_0 \frac{l \cdot \tau_p}{\delta \cdot p} \cdot (N_1 \cdot k_{w1})^2 \cdot m$$

Der zugehörige Hauptblindwiderstand wird dann

$$X_h = 2\pi \cdot f_1 \cdot L_h$$

$$\boxed{X_h = \frac{4}{\pi} \cdot \mu_0 \cdot f_1 \cdot \frac{l \cdot \tau_p}{\delta \cdot p} \cdot m(N_1 \cdot k_{w1})^2} \qquad (4.33)$$

Der Hauptblindwiderstand oder die Hauptreaktanz X_h ist eine Kenngröße der Drehstrommaschine und Bestandteil der Ersatzschaltung. Der Wert ist durch den Einfluss des Eisenweges sättigungsabhängig, was sich in Gl. (4.33) durch eine allmähliche Vergrößerung des Luftspalts ausdrücken lässt.

Streureaktanz. Die stromdurchflossene Drehstromwicklung erzeugt neben dem Drehfeld im Luftspalt auch Streufelder, die nicht mit der Läuferseite verkettet sind. Es sind dies Feldlinien im Bereich der Nuten und des Stirnraumes (Bild 4.24), die nach

$$L_\sigma = N_1 \cdot \frac{\Phi_\sigma}{\hat{\imath}_1} \quad \text{und} \quad X_\sigma = 2\pi f_1 \cdot L_\sigma$$

einen Streublindwiderstand oder eine Streureaktanz X_σ hervorrufen. Man berechnet den Wert aus der magnetischen Energie des Nutenstreufeldes $\Phi_{\sigma n}$, im Stirnraum über Messungen an Wickelkopfmodellen.

Außer dem Grundfeld mit dem Scheitelwert B_1 und den eben erwähnten Streufeldern umfasst die Drehstromwicklung auch die in Abschn. 4.2.2 aufgeführten Oberfelder. Diese Drehfelder höherer Polzahl erzeugen nach Gl. (4.32) mit

$$f_\nu = n_\nu \cdot p_\nu = \frac{n_1}{\nu} \cdot \nu \cdot p = n_1 \cdot p = f_1$$

netzfrequente Spannungen der Selbstinduktion. Da diese Oberfelder jedoch keinen Beitrag zur Leistung der $2p$-poligen Maschine leisten, fasst man sie zu einer so genannten Oberwellenstreuung, auch doppelverkettete Streuung genannt, zusammen. Es entsteht damit ein weiterer Streublindwiderstand X_ν, den man mit den Werten der Nutstreuung $X_{\sigma n}$ und Stirnstreuung $X_{\sigma s}$ zu einem gesamten Streublindwiderstand

$$\boxed{X_\sigma = X_{\sigma n} + X_{\sigma s} + X_\nu} \qquad (4.34)$$

addiert. Der Wert X_σ lässt sich für Ständer- und Läufer getrennt berechnen und spielt in der Ersatzschaltung der Drehstrommaschine dieselbe Rolle wie beim Transformator.

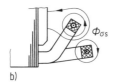

Bild 4.24 Streufelder einer Drehstromwicklung
a) Nutstreufeld,
b) Stirnstreufeld

Aufgabe 4.6: Die in Beispiel 4.4 behandelte Drehstrommaschine hat eine Länge von $l = 16$ cm. Wie groß ist bei Vernachlässigung des Eisenweges die Hauptreaktanz der Drehstromwicklung?

Ergebnis: $X_h = 22{,}4\ \Omega$

4.2.4 Spannungserzeugung und Drehmoment

Spannung durch ein Läufergleichfeld. Die durch ein Läuferfeld der Drehzahl n_1 in der Ständerwicklung induzierte Spannung soll über die Beziehung $u_q = B \cdot l \cdot v$ berechnet werden. Die räumliche Flussdichteverteilung kann dabei außer dem Grundfeld beliebige Oberfelder der Ordnungszahl ν enthalten. Ist B_1 die Amplitude des Grundfeldes Φ_h, so wird der Scheitelwert der Spannung in den N Windungen eines Strangs bei $v = 2\,\tau_p \cdot p \cdot n_1$

$$\sqrt{2}\ U_{q1} = 2l \cdot B_1 \cdot N_1 \cdot k_{w1} \cdot 2\tau_p \cdot p \cdot n_1$$

Mit Gl. (4.24) und wegen

$$\boxed{\Phi_h = \frac{2}{\pi} \cdot B_1 \cdot l \cdot \tau_p} \tag{4.35}$$

erhält man für den Effektivwert

$$U_{q1} = \sqrt{2}\,\pi \cdot N_1 \cdot k_{w1} \cdot f_1 \cdot \Phi_h$$

$$\boxed{U_{q1} = 4{,}44 \cdot N_1 \cdot k_{w1} \cdot f_1 \cdot \Phi_h} \tag{4.36}$$

Gl. (4.36) stimmt genau mit der Formel für die induzierte Spannung im Transformator überein, wenn man die wirksame Windungszahl $N_1 \cdot k_{w1}$ zugrunde legt. Dies ist verständlich, da es für die Spannungserzeugung in einer Wicklung nach $u_q \sim d\Phi_t/dt$ gleichwertig sein muss, ob die Änderung des umschlossenen Flusses durch zeitlich sinusförmiges Pulsieren eines feststehenden Feldes oder durch eine konstante Relativbewegung eines räumlich sinusförmigen Feldes entsteht.

Die Oberwellendrehfelder des Läufers rotieren zur Ständerwicklung ebenfalls mit n_1, womit man für die Amplitude einer Oberschwingung der Frequenz $\nu \cdot f_1$ in der Strangspannung die Beziehung

$$\sqrt{2}\ U_{q\nu} = 2l \cdot B_\nu \cdot N_1 \cdot k_{w\nu} \cdot 2\tau_p \cdot p \cdot n_1$$

erhält. Mit

$$\Phi_\nu = \frac{2}{\pi} \cdot B_\nu \cdot l \cdot \frac{\tau_p}{\nu}$$

(Bild 4.22) wird daraus der Effektivwert

$$\boxed{U_{q\nu} = 4{,}44 \cdot N_1 \cdot k_{w\nu} \cdot f_1 \cdot \nu \cdot \Phi_\nu} \tag{4.37}$$

Beispiel 4.6: Im Ständer einer Drehstrommaschine befindet sich eine Zweischichtwicklung mit $p = 2$, $q = 4$, $N = 80$. Der gleichstromerregte Läufer erzeugt ein räumlich sinusförmiges Feld B_1 mit dem Fluss $\Phi_h = 14$ mVs und ein Oberfeld $B_5 = 0{,}1\,B_1$. Die Drehzahl ist $n = 1500\ \mathrm{min}^{-1}$. Es ist der Effektivwert der Grundschwingung und der 5. Harmonischen der Strangspannung a) ohne Sehnung, b) bei Sehnung um 2 Nuten auszurechnen.

Für das Verhältnis $\dfrac{\Phi_v}{\Phi_h}$ gilt nach Bild 4.22 die Beziehung

$$\frac{\Phi_v}{\Phi_h} = \frac{1}{v} \cdot \frac{B_v}{B_1}$$

und damit $\Phi_5 = \dfrac{1}{5} \cdot 0{,}1 \cdot 14 \text{ mV} \cdot \text{s} = 0{,}28 \text{ mV} \cdot \text{s}$

Nach Gl. (4.24) ist ferner $f_1 = p \cdot n_1 = 2 \cdot 25 \text{ s}^{-1} = 50 \text{ Hz}$

a) ohne Sehnung gilt nach Tabelle 4.1

$$k_{w1} = k_{d1} = 0{,}958,\ k_{w5} = k_{d5} = 0{,}205$$

und damit nach den Gln. (4.36) und (4.37)

$$U_{q1} = 4{,}44 \cdot N_1 \cdot k_{w1} \cdot f_1 \cdot \Phi_h = 4{,}44 \cdot 80 \cdot 0{,}958 \cdot 50 \text{ s}^{-1} \cdot 14 \cdot 10^{-3} \text{ V} \cdot \text{s} = 238 \text{ V}$$

$$U_{q5} = 4{,}44 \cdot N_1 \cdot k_{w5} \cdot 5 \cdot f_1 \cdot \Phi_5 = 4{,}44 \cdot 80 \cdot 0{,}205 \cdot 50 \text{ s}^{-1} \cdot 5 \cdot 0{,}28 \cdot 10^{-3} \text{ V} \cdot \text{s} = 5{,}1 \text{ V}$$

b) mit Sehnung um 2 Nuten gilt nach Beispiel 4.3

$$k_{w1} = 0{,}925 \text{ und } k_{w5} = 0{,}0531$$

und damit $\quad U_{q1} = 238 \text{ V} \cdot \dfrac{0{,}925}{0{,}958} = 230 \text{ V},\ U_{q5} = 5{,}1 \text{ V} \cdot \dfrac{0{,}0531}{0{,}205} = 1{,}32 \text{ V}$

Aufgabe 4.7: Das Läuferfeld eines Drehstromgenerators sei rechteckförmig und rotiere mit $f_1 = 50$ Hz. Wie groß werden die Oberschwingungen 5. und 7. Ordnungszahl in der Strangspannung bezogen auf die Grundschwingung bei $q = 3$ ohne Sehnung?

Ergebnis: $U_5 = 0{,}0452\, U_1$, $U_7 = 0{,}0263\, U_1$

Aufgabe 4.8: Die Spannungskurve eines kleinen Generators mit einer ungesehnten Ständerwicklung von $q = 3$ enthält außer der Grundschwingung U_1 eine dritte Harmonische U_3. Der gesamte Effektivwert der Spannung ist $U = 1{,}01\, U_1$. Wie groß ist die Amplitude B_3 des Oberfeldes der gleichstromerregten Läuferwicklung bezogen auf die Grundwelle B_1?

Ergebnis: $B_3 = 0{,}204\, B_1$

Spannung durch ein Ständerdrehfeld. Die durch die Durchflutungen der Ständerwicklung entstandenen Drehfelder induzieren auf Grund ihrer durch die Gln. (4.24) und (4.32) festgelegten Drehzahlen ebenfalls Spannungen in den einzelnen Strängen. Da das Feld von den Ständerströmen selbst erzeugt ist, handelt es sich dabei um eine Spannung der Selbstinduktion.

Der Effektivwert der durch das Grundfeld erzeugten Spannung ergibt sich unmittelbar aus Gl. (4.36), da die Relativdrehzahl wieder n_1 beträgt. Bezüglich der Oberwellendrehfelder ist zu beachten, dass diese im Unterschied zu denen des gleichstromerregten Läufers die Drehzahl n_1/v besitzen. Sie induzieren damit nach

$$f_v = \frac{n_1}{v} \cdot v \cdot p = f_1$$

keine Oberschwingungen, sondern netzfrequente Spannungen des Effektivwertes

$$\boxed{U_{qv} = 4{,}44 \cdot N_1 \cdot k_{wv} \cdot f_1 \cdot \Phi_v} \qquad (4.38)$$

in der Ständerwicklung. Dies wird verständlich, wenn man beachtet, dass ein durch Wicklungsströme der Netzfrequenz f_1 erzeugtes Feld keine Spannungen fremder Frequenz in der eigenen Wicklung induzieren kann.

Drehmoment. Wie beim Transformator unterscheidet sich bei einer Drehstrommaschine die Klemmenspannung U_1 vom induzierten Wert U_q durch die Spannungsfälle des Primärstromes (Bild 4.25). Zu beachten ist dabei der ohmsche Anteil an R_1 und die Streuspannung am Blindwiderstand $X_{1\sigma}$. Der Zeiger des Drehfeldflusses Φ_h liegt wegen $u_q \sim d\Phi_h/dt$ 90° zu $\underline{U}_q$ nacheilend.

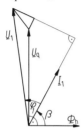

Bild 4.25 Zeigerbild zur Bestimmung der inneren Leistung

Das Produkt von U_q und I_1 des Zeigerdiagramms legt analog der entsprechenden Definition bei der Gleichstrommaschine eine innere Leistung oder Luftspaltleistung

$$P_L = m \cdot U_q \cdot I_1 \cdot \cos(90° - \beta) = m \cdot U_q \cdot I_1 \cdot \sin \beta$$

fest. Da P_L durch das mit Synchrondrehzahl n_1 rotierende Drehfeld übertragen wird, errechnet sich das zugehörige innere Drehmoment der Drehstrommaschine zu

$$M_i = \frac{P_L}{2\pi \cdot n_1} = \frac{m}{2\pi \cdot n_1} \cdot U_q \cdot I_1 \cdot \sin \beta$$

Mit $U_q = \sqrt{2} \cdot \pi \cdot f_1 \cdot N_1 \cdot k_{w1} \cdot \Phi_h$ nach Gl. (4.36) und $n_1 = f_1/p$ wird daraus

$$M_i = \frac{\sqrt{2}}{2} \cdot m \cdot p \cdot N_1 \cdot k_{w1} \cdot \Phi_h \cdot I_1 \cdot \sin \beta$$

$$\boxed{M_i = c \cdot \Phi_h \cdot I_1 \cdot \sin \beta} \tag{4.39}$$

Wie bei der Gleichstrommaschine ist also auch bei Drehstrommotoren das Drehmoment durch das Produkt Fluss mal Laststrom bestimmt. Bei der Drehstrommaschine ist zusätzlich der Phasenwinkel β zwischen den beiden Größen zu beachten.

4.3 Symmetrische Komponenten

4.3.1 Dreiphasensystem

Wird eine Drehstromwicklung durch unsymmetrische Strangströme gespeist, so lässt sich das entsprechende umlaufende Magnetfeld nach Abschnitt 4.2.2 in ein mit- und ein gegenläufiges Kreisfeld zerlegen. Diese Aufteilung in symmetrische Anteile erfolgt vorteilhafter jedoch bereits bei den ungleichen Strangströmen. Hierzu wendet man die Methode der „Symmetrischen Komponenten" [47] an, die sich als ein sehr wichtiges Hilfsmittel bei der Berechnung unsymmetrischer Schaltungen und Belastungsfälle erweist.

4.3 Symmetrische Komponenten

Mit-, Gegen- und Nullsystem. Die Zerlegung eines Drehstromsystems in symmetrische Komponenten erfolgt mit Hilfe der komplexen Rechnung, nach der die Multiplikation eines Zeigers mit $e^{j\varphi}$ eine gegenuhrzeigersinnige Drehung um den Winkel φ bedeutet (Bild 4.26).

Definiert man

$$a = e^{j120°} = -\frac{1}{2} + j\frac{\sqrt{3}}{2} \tag{4.40}$$

und

$$a^2 = e^{j240°} = -\frac{1}{2} - j\frac{\sqrt{3}}{2} \tag{4.41}$$

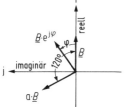
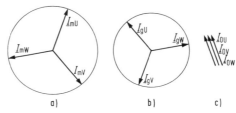

Bild 4.26 Drehung eines Zeigers in der komplexen Zahlenebene

Bild 4.27 Symmetrische Komponenten des Drehstromsystems
a) Mitsystem, b) Gegensystem, c) Nullsystem

so gelten für die drei symmetrischen Systeme nach Bild 4.27 folgende Beziehungen

Mitsystem:

$$\underline{I}_{mU} = \underline{I}_m,\ \underline{I}_{mV} = a^2 \cdot \underline{I}_m,\ \underline{I}_{mW} = a \cdot \underline{I}_m \tag{4.42}$$

Gegensystem:

$$\underline{I}_{gU} = \underline{I}_g,\ \underline{I}_{gV} = a \cdot \underline{I}_g,\ \underline{I}_{gW} = a^2 \cdot \underline{I}_g \tag{4.43}$$

Nullsystem:

$$\underline{I}_{0U} = \underline{I}_{0V} = \underline{I}_{0W} = \underline{I}_0 \tag{4.44}$$

In diese drei Anteile kann jedes beliebige unsymmetrische Drehstromsystem (Bild 4.28) zerlegt und dadurch eindeutig bestimmt werden. Eine Nullkomponente wird dabei nur

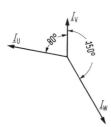

Bild 4.28 Unsymmetrisches Drehstromsystem (Beispiel 4.7)

dann auftreten, wenn ein Mittelpunktsleiter vorhanden ist, über den der Summenstrom

$$3\underline{I}_0 = \underline{I}_U + \underline{I}_V + \underline{I}_W \tag{4.45}$$

zurückfließen kann. Durch die Zerlegung enthält jeder Strangwert alle drei Stromkomponenten und es gilt

$$\underline{I}_U = \underline{I}_0 + \underline{I}_{mU} + \underline{I}_{gU} \tag{4.46a}$$

$$\underline{I}_V = \underline{I}_0 + \underline{I}_{mV} + \underline{I}_{gV} \tag{4.46b}$$

$$\underline{I}_W = \underline{I}_0 + \underline{I}_{mW} + \underline{I}_{gW} \tag{4.46c}$$

Setzt man in diese Beziehungen die Gln. (4.42) bis (4.44) ein und löst durch Multiplikation mit a bzw. a^2 nach $\underline{I}_{mU}$ und $\underline{I}_{gU}$ auf, so erhält man für die Ströme der drei symmetrischen Komponenten

Mitsystem

$$\underline{I}_m = \frac{1}{3}(\underline{I}_U + a\underline{I}_V + a^2\underline{I}_W) \tag{4.47a}$$

Gegensystem

$$\underline{I}_g = \frac{1}{3}(\underline{I}_U + a^2\underline{I}_V + a\underline{I}_W) \tag{4.47b}$$

Nullsystem

$$\underline{I}_0 = \frac{1}{3}(\underline{I}_U + \underline{I}_V + \underline{I}_W) \tag{4.47c}$$

Sie berechnen sich somit aus den unsymmetrischen Strangströmen mit Hilfe der Faktoren a und a^2. Dabei ist zu beachten, dass $a^3 = 1$ und $1 + a + a^2 = 0$ ergibt.

Beispiel 4.7: In einem Drehstromsystem mit Nullleiter fließen infolge unsymmetrischer Belastung die Strangströme nach Bild 4.28 mit $I_U = 35$ A, $I_V = 20$ A, $I_W = 50$ A. Das Stromsystem ist grafisch in seine symmetrischen Komponenten zu zerlegen.

Die grafische Lösung ist in Bild 4.29 durchgeführt. Man erhält $\underline{I}_0 = 6{,}5$ A durch Addition der drei Zeiger nach Gl. (4.47c). Durch Drehung der Zeiger $\underline{I}_V$ und $\underline{I}_W$ und Addition gemäß den Gln. (4.47a, b) ergibt sich die Größe und Phasenlage der Zeiger $\underline{I}_{mU} = 35{,}5$ A und $\underline{I}_{gU} = 13{,}3$ A des Mit- und des Gegensystems.

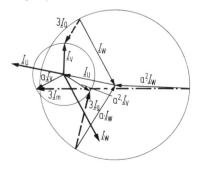

Bild 4.29 Grafische Bestimmung der symmetrischen Komponenten

4.3 Symmetrische Komponenten

Wirkung der symmetrischen Komponenten. Während das Mitsystem der Ströme in der Drehstrommaschine das mitlaufende Kreisdrehfeld aufbaut, bildet das Gegensystem das gegenläufige oder inverse Kreisdrehfeld aus. Die Teilströme finden dabei im Allgemeinen in der Maschine ungleiche Scheinwiderstände $\underline{Z} = R + jX$ vor. Man muss den symmetrischen Komponenten daher jeweils eigene Impedanzen $\underline{Z}_0$, $\underline{Z}_m$ und $\underline{Z}_g$ zuordnen, an denen durch die Ströme Spannungsfälle

$$\underline{U}_m = \underline{I}_m \cdot \underline{Z}_m, \quad \underline{U}_g = \underline{I}_g \cdot \underline{Z}_g, \quad \underline{U}_0 = \underline{I}_0 \cdot \underline{Z}_0$$

entstehen. Die Spannung U in einem Strang setzt sich damit aus den Anteilen

$$\boxed{\underline{U} = \underline{I}_m \cdot \underline{Z}_m + \underline{I}_g \cdot \underline{Z}_g + \underline{I}_0 \cdot \underline{Z}_0} \tag{4.48}$$

zusammen.

Die unterschiedliche Größe der wirksamen Scheinwiderstände für die einzelnen Komponenten erklärt sich daraus, dass sich der Läufer der Maschine in Richtung des Mitsystems dreht. Die Verkettung des mitlaufenden Drehfeldes zur Läuferwicklung ist damit anders als die des gegenläufigen. Auf die Berechnung der jeweiligen Werte wird bei der Behandlung der Drehstrommaschinen noch im Einzelnen eingegangen.

4.3.2 Zweiphasensystem

Kleinmaschinen, die an einem Wechselstromnetz betrieben werden, sind hierzu meist mit einer zweisträngigen Ständerwicklung ausgeführt. Um ein Kreisdrehfeld aufbauen zu können, müssen die zwei Stränge A und H räumlich 90° zueinander versetzt und die zugehörigen Ströme zeitlich um denselben Winkel phasenverschoben sein. Die symmetrischen Komponenten einer Zweiphasenmaschine bestehen damit aus einem Mit- und dem Gegensystem nach Bild 4.30. Es gilt für das Mitsystem

$$\boxed{\underline{I}_{mA} = \underline{I}_m, \quad \underline{I}_{mH} = j\underline{I}_m} \tag{4.49}$$

und für das Gegensystem

$$\boxed{\underline{I}_{gA} = \underline{I}_g, \quad \underline{I}_{gH} = -j\underline{I}_g} \tag{4.50}$$

Die Definition eines Nullsystems wäre sinnlos, da im Allgemeinen stets $\underline{I}_A + \underline{I}_H \neq 0$ ist. Die Wicklungsströme werden nach

$$\boxed{\underline{I}_A = \underline{I}_{mA} + \underline{I}_{gA}, \quad \underline{I}_H = \underline{I}_{mH} + \underline{I}_{gH}} \tag{4.51}$$

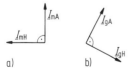

Bild 4.30 Symmetrische Komponenten des Zweiphasensystems
a) Mitsystem
b) Gegensystem

wieder aus beiden symmetrischen Komponenten gebildet. Diese lassen sich über die Gln. (4.49) bis (4.51) aus den Strömen $\underline{I}_A$ und $\underline{I}_H$ zu

$$\underline{I}_m = \frac{1}{2}(\underline{I}_A - j\underline{I}_H), \quad \underline{I}_g = \frac{1}{2}(\underline{I}_A + j\underline{I}_H) \tag{4.52}$$

berechnen.

Im Allgemeinen finden auch im Zweiphasensystem die Ströme $\underline{I}_m$ und $\underline{I}_g$ ungleiche Impedanzen $\underline{Z}_m$ und $\underline{Z}_g$ vor, so dass sich die gesamte Spannung eines Strangs wieder zu

$$\underline{U} = \underline{I}_m \cdot \underline{Z}_m + \underline{I}_g \cdot \underline{Z}_g \tag{4.53}$$

berechnet.

In den praktischen Umgang mit der Methode der symmetrischen Komponenten soll das folgende Beispiel einführen.

Beispiel 4.8: Ein Motor mit zwei gleichen 90° el. versetzten Wicklungssträngen A und H soll über eine Zusatzimpedanz $\underline{Z}$ für einen beliebigen Lastpunkt symmetriert, d. h. mit Kreisdrehfeld am Wechselstromnetz betrieben werden (Bild 4.31).

a) Es sind die symmetrischen Komponenten der Strangströme anzugeben.

b) Wie ist $\underline{Z}$ zu verwirklichen, wenn für den Symmetriepunkt die Daten $U = 230$ V, $I_A = 1{,}15$ A, $\cos \varphi_A = 0{,}707$ gelten?

a) Spannungsgleichungen beider Stränge

$$\underline{U} = \underline{Z}_{mA} \cdot \underline{I}_{mA} + \underline{Z}_{gA} \cdot \underline{I}_{gA}$$

$$\underline{U} = \underline{Z}_{mH} \cdot \underline{I}_{mH} + \underline{Z}_{gH} \cdot \underline{I}_{gH}$$

Mit

$$\underline{I}_{mA} = \underline{I}_m, \quad \underline{I}_{mH} = +j\underline{I}_m$$

$$\underline{I}_{gA} = \underline{I}_g, \quad \underline{I}_{gH} = -j\underline{I}_g$$

wird daraus

$$\underline{U} = \underline{Z}_{mA} \cdot \underline{I}_m + \underline{Z}_{gA} \cdot \underline{I}_g \quad | \quad \cdot j\underline{Z}_{gH}; -j\underline{Z}_{mH}$$

$$\underline{U} = j\underline{Z}_{mH} \cdot \underline{I}_m - j\underline{Z}_{gH} \cdot \underline{I}_g \quad | \quad \cdot \underline{Z}_{gA}; \underline{Z}_{mA}$$

Multipliziert man diese Beziehungen wie angegeben und addiert sie anschließend, so erhält man die Ströme

$$\underline{I}_m = \underline{U} \cdot \frac{\underline{Z}_{gH} - j\underline{Z}_{gA}}{\underline{Z}_{mA} \cdot \underline{Z}_{gH} + \underline{Z}_{mH} \cdot \underline{Z}_{gA}}$$

$$\underline{I}_g = \underline{U} \cdot \frac{\underline{Z}_{mH} + j\underline{Z}_{mA}}{\underline{Z}_{mA} \cdot \underline{Z}_{gH} + \underline{Z}_{mH} \cdot \underline{Z}_{gA}}$$

Da beide Wicklungsstränge gleich sind, gilt

$$\underline{Z}_{mA} = \underline{Z}_m, \quad \underline{Z}_{mH} = \underline{Z}_m + \underline{Z}$$

$$\underline{Z}_{gA} = \underline{Z}_g, \quad \underline{Z}_{gH} = \underline{Z}_g + \underline{Z}$$

4.3 Symmetrische Komponenten

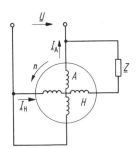

Bild 4.31 Schaltung des zweisträngigen Motors in Beispiel 4.8

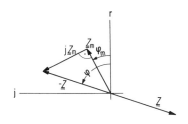

Bild 4.32 Bestimmung der Vorschaltimpedanz Z in Beispiel 4.8

Setzt man dies in die vorstehenden Stromgleichungen ein, so erhält man die symmetrischen Stromkomponenten zu

$$\underline{I}_m = \underline{U} \cdot \frac{\underline{Z}_g + \underline{Z} - j\underline{Z}_g}{\underline{Z}_m(\underline{Z}_g + \underline{Z}) + \underline{Z}_g(\underline{Z}_m + \underline{Z})}$$

$$\underline{I}_g = \underline{U} \cdot \frac{\underline{Z}_m + \underline{Z} + j\underline{Z}_m}{\underline{Z}_m(\underline{Z}_g + \underline{Z}) + \underline{Z}_g(\underline{Z}_m + \underline{Z})}$$

b) Symmetrischer Betrieb liegt vor, wenn der Motor ein Kreisdrehfeld erzeugt. Dies ist der Fall, sobald $\underline{I}_g = 0$ wird und damit nur das Mitsystem auftritt.

$$\underline{I}_g = 0 \rightarrow 0 = \underline{Z}_m + \underline{Z} + j\underline{Z}_m$$

$$\underline{Z} = -(\underline{Z}_m + j\underline{Z}_m)$$

Im Symmetriepunkt gilt

$$Z_{mA} = \frac{U_A}{I_A} = \frac{230 \text{ V}}{1{,}15 \text{ A}} = 200 \text{ }\Omega, \quad Z_m = 200 \text{ }\Omega$$

damit wird nach Bild 4.32

$$Z = \sqrt{2} \cdot Z_m = 283 \text{ }\Omega$$

Mit $\cos \varphi_A = 0{,}707$ ist $\varphi_A = \varphi_m = 45°$ und damit $\varphi = 90°$.

Die vorzuschaltende Impedanz ist also ein reiner kapazitiver Widerstand, d. h. ein Kondensator der Kapazität

$$C = \frac{1}{\omega \cdot Z} = \frac{1}{314 \text{ s}^{-1} \cdot 283 \text{ }\Omega} = 11{,}2 \text{ }\mu\text{F}$$

5 Asynchronmaschinen

Geschichtliche Entwicklung. Die Wirkungsweise der Asynchronmaschine beruht auf der Entstehung eines Drehfeldes durch eine mehrsträngige Wicklung. Ihre Erfindung fällt in die Zeit um 1885 durch den Italiener Galileo Ferraris und den Jugoslawen Nicola Tesla. Michael v. Dolivo-Dobrowolski war es dann wieder, der unter Verwendung des Dreiphasensystems, für das er den Namen Drehstrom prägte, 1889 den ersten dreiphasigen Asynchronmotor baute. Bereits zu Beginn der neunziger Jahre wurden sowohl Motoren mit Schleifring- als auch mit Käfigläufern gefertigt [48].

Der Asynchronmotor besitzt besonders in der Ausführung mit Käfigläufer gegenüber der Gleichstrommaschine den Vorteil des wesentlich einfacheren und robusteren konstruktiven Aufbaus. Er ist damit preisgünstiger und bedarf nur geringer Wartung. Von Nachteil ist die nach $n \approx n_1 = f_1/p$ enge Bindung der Betriebsdrehzahl an die Frequenz der Ständerspannung. Im normalen 50-Hz-Netzbetrieb sind damit nur Werte um 3000 min^{-1}, 1500 min^{-1}, 1000 min^{-1} usw. erreichbar. Erst die Entwicklung der Leistungselektronik und insbesondere der Frequenzumrichter haben Verfahren zur verlustarmen Drehzahlsteuerung der AsM gebracht [49].

Leistungsbereich. Kleine Asynchronmotoren unter 1 kW Leistung werden heute in sehr großer Stückzahl als Einphasenmotoren für Haushalt und Gewerbe gebaut. Im Bereich mittlerer Leistungen herrscht der Käfigläufer für 230 V/400 V Drehspannung vor. Die ausführbare Grenzleistung [50] für Drehstrom-Asynchronmaschinen steigt etwa proportional der Polzahl und liegt bei Verwendung der normalen Luftkühlung für vierpolige Motoren bei ca. 30 MW. Die größten Einheiten werden bei Spannungen von 3,6 kV bis maximal 10 kV zum Antrieb von Kesselspeisepumpen in Kraftwerken und Turboverdichtern in Stahlwerken und in der chemischen Industrie verwendet. Als Beispiel seien Motoren mit Leistungen von 5,8 MW bzw. 16 MW bei jeweils 6 kV Spannung und $n = 2990$ min^{-1} bzw. 1496 min^{-1} genannt.

5.1 Aufbau und Wirkungsweise

5.1.1 Ständer und Läufer der Asynchronmaschine

Ständer. Das Ständergehäuse, das sowohl eine Schweißkonstruktion als auch gegossen sein kann, nimmt das aktive aus gegeneinander isolierten Dynamoblechen geschichtete Eisenpaket auf. Längs der Bohrung erhält das Blechpaket Nuten zur Aufnahme der meist dreisträngigen Wicklung. Ein Beispiel für den Aufbau des Ständers einer Drehstrom-Asynchronmaschine zeigt Bild 5.1. Die Nuten sind bei Maschinen kleiner bis mittlerer Leistung meist halb geschlossen, so dass die Drähte der Wicklung einzeln eingeträufelt werden müssen (Bild 5.2). Bei großen Leistungen und höheren Spannungen verwendet man offene Nuten und fertig isolierte Formspulen.

Läufer. Der Läufer trägt ebenfalls ein direkt auf die Welle oder auf eine Tragkonstruktion geschichtetes Blechpaket mit Nuten zur Aufnahme der Läuferwicklung. Um den Durchflutungsbedarf für die Luftspaltflussdichte der Maschine möglichst gering zu

5.1 Aufbau und Wirkungsweise

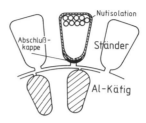

Bild 5.1 Ständer einer Drehstrom-Asynchronmaschine für 430 kW, 500 V mit Zweischicht-Formspulen (ABB, Mannheim)

Bild 5.2 Nuten eines Asynchronmotors mit Träufelwicklung im Ständer und Käfigläufer

halten, wird der Luftspalt zwischen Ständer- und Läufereisen teilweise so klein wie konstruktiv möglich gewählt. Er liegt bis zu mittleren Leistungen bei einigen Zehntel Millimetern.

In der Bauform als Schleifringläufer (Bild 5.3) enthalten auch die Läufernuten eine Drehstromwicklung, deren Enden intern verbunden und deren Anfänge über drei Schleifringe und Kohlebürsten zu den Klemmbrett-Anschlüssen K, L und M geführt werden. Hier können Widerstände oder ein Stromrichter angeschlossen werden.

In der Bauform als Käfigläufer (Bild 5.4) ist die Läuferwicklung nicht mehr zugänglich. Die Nuten sind mit einem Profilstab aus Kupfer, Bronze oder Aluminium ausgefüllt und die Leiter auf beiden Seiten über Ringe verbunden. Bei Verwendung von Aluminium gießt man die Käfigwicklung komplett in die Läufernuten. Es sind sehr mannigfaltige Nutausführungen mit Einfach- oder Doppelkäfigen üblich, wie in Abschnitt 5.5.1 noch dargestellt wird.

Bild 5.3 Schleifringläufer einer Drehstrom-Asynchronmaschine (Siemens AG, Erlangen)

Bild 5.4 Doppelstab-Käfigläufer einer Drehstrom-Asynchronmaschine für 132 kW (Siemens AG, Erlangen)

5.1.2 Asynchrones Drehmoment und Frequenzumformung

Asynchrones Drehmoment. Wird die Ständerwicklung an ein Drehspannungssystem gelegt, so nehmen die drei Stränge Ströme auf, die je eine zeitlich und räumlich phasenverschobene Durchflutung aufbauen. Resultierend bildet sich eine Drehdurchflutung und bei zunächst alleiniger Berücksichtigung der räumlichen Grundwelle entsteht ein magnetisches Drehfeld der Synchrondrehzahl

$$n_1 = \frac{f_1}{p} \tag{5.1}$$

Da das Drehfeld über den noch stehenden Läufer hinwegläuft, induziert es in den Leitern der Läuferwicklung eine Spannung. Bei geschlossener Wicklung entstehen Stabströme, die nach $F = B \cdot l \cdot I$ Tangentialkräfte bzw. über den Läuferradius ein Drehmoment bewirken. Dem Lenz'schen Gesetz gemäß läuft der Rotor in Drehfeldrichtung an, um die Relativdrehzahl zum Ständerdrehfeld zu verringern und so der Ursache der Induktion entgegenzuwirken. Erreicht die Motordrehzahl den Wert n, so ist die Relativdrehzahl auf den Betrag $\Delta n = n_1 - n$ zurückgegangen. Im Falle $n = n_1$ ist $\Delta n = 0$, womit die Spannungsinduktion und damit Stabstrom und Drehmoment zu null werden. Der Asynchronmotor kann daher die Drehfeldzahl nicht exakt erreichen, da er auch im Leerlauf ein geringes Moment zur Überwindung der eigenen Reibungsverluste benötigt. Er läuft nicht synchron, d. h. im Gleichlauf mit dem Ständerdrehfeld, sondern stets asynchron.

Man bezeichnet den relativen Unterschied zwischen Drehfeld- und Motordrehzahl als Schlupf s und definiert

$$s = \frac{\Delta n}{n_1} = \frac{n_1 - n}{n_1} \tag{5.2}$$

Für die Betriebsdrehzahl der Asynchronmaschine gilt damit die Beziehung

$$n = n_1 (1 - s) \tag{5.3}$$

Läuferspannung. Die Frequenz von Läuferspannung und -strom ist von der Schlupfdrehzahl Δn abhängig und erreicht im Stillstand den Wert der Netzfrequenz f_1, da hier die Umlaufdrehzahl des Drehfeldes für beide Wicklungen gleich ist. Im Lauf ändert sich die Läuferfrequenz proportional Δn nach

$$f_2 = f_1 \cdot \frac{\Delta n}{n_1} = s \cdot f_1 \tag{5.4}$$

Auch die Größe der Läuferspannung ist der Schlupfdrehzahl proportional. Nach Gl. (4.36) beträgt die in einem Strang der Ständerwicklung durch den Hauptfluss Φ_h des Grundwellendrehfeldes induzierte Spannung

$$U_\text{q1} = 4{,}44 \cdot f_1 \cdot N_1 \cdot k_\text{w1} \cdot \Phi_\text{h} \tag{5.5}$$

Im Stillstand erzeugt dasselbe Drehfeld in der Läuferwicklung die so genannte Läuferstillstandsspannung U_q20, die wegen $f_2 = f_1$ bei $s = 1$ ebenfalls Netzfrequenz besitzt. Ihr

5.1 Aufbau und Wirkungsweise

Wert kann bei stehender Maschine an den offenen Läuferklemmen gemessen werden und errechnet sich entsprechend Gl. (5.5) zu

$$U_{q20} = 4{,}44 \cdot f_1 \cdot N_2 \cdot k_{w2} \cdot \Phi_h \tag{5.6}$$

Bei Betrieb der Maschine mit dem Schlupf s sinkt die Läuferspannung dann auf

$$U_{q2} = s \cdot U_{q20} \tag{5.7}$$

Im Stillstand verhalten sich demnach die induzierten Spannungen in Ständer- und Läuferwicklung mit

$$\frac{U_{q1}}{U_{q20}} = \frac{N_1 \cdot k_{w1}}{N_2 \cdot k_{w2}} \tag{5.8}$$

wie die wirksamen Windungszahlen.

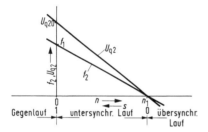

Bild 5.5 Verlauf der Läuferspannung und -frequenz in Abhängigkeit vom Schlupf

Frequenzumformer. Nach Gl. (5.4) ist es möglich, über die drei Läuferklemmen einer Asynchronmaschine eine Drehspannung variabler Frequenz zu erzeugen. Wird als Antrieb ein Käfigläufermotor gewählt, so erhält man einen asynchronen Frequenzumformer nach Bild 5.6.

Sind p_F und p_M die Polpaarzahlen von Schleifringläufer F und Antrieb M, so gilt für den Schlupf des Frequenzwandlers nach Gl. (5.2)

$$s_F = \frac{n_{1F} \pm n}{n_{1F}} \quad \text{mit} \quad n = n_{1M} \cdot (1 - s_M)$$

Das Minuszeichen ist dabei für Antrieb des Schleifringläufers in seiner Drehfeldrichtung zu setzen. Mit Gl. (5.4) erhält man die möglichen Läuferfrequenzen zu

$$f_2 = f_1 \cdot s_F = f_1 \cdot \left[1 \pm \frac{n_{1M}}{n_{1F}}(1 - s_M)\right]$$

$$f_2 = f_1 \cdot \left[1 \pm \frac{p_F}{p_M}(1 - s_M)\right] \tag{5.9}$$

Für die Leistungsbilanz gelten mit den Bezugsrichtungen nach Bild 5.6 nach Abschnitt 5.2.2 bei vernachlässigten Verlusten die Beziehungen:

$$P_{1F} = P_{2F}/s_F, \quad P_{2M} = P_{1F}(s_F - 1), \quad P_{1M} = P_{2M}/(1 - s_M) \tag{5.10}$$

Bei $s_F > 1$ wird dem Schleifringläufer sowohl über den Ständer wie die Welle Leistung zugeführt.

Verwendet man als Antrieb M eine polumschaltbare Maschine, so besteht nach Gl. (5.9) die Möglichkeit, vier verschiedene Frequenzen zu erzeugen. Vor der Entwicklung der stationären Frequenzumrichter mit Schaltungen der Leistungselektronik wurden derartige Maschinenumformer z. B. zur Versorgung von schnell laufenden Gruppenantrieben eingesetzt. Mit einem drehzahlvariablen Antrieb bleibt der Schleifringläufermotor aber auch heute eine einfache Technik zur Erzeugung einer sinusförmigen Drehspannung einstellbarer Frequenz für den Laborbetrieb.

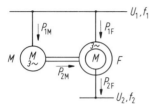

Bild 5.6 Aufbau eines asynchronen Frequenzwandlers

Beispiel 5.1: Zur Versorgung eines Mehrmotorenantriebs mit stufenweiser Drehzahleinstellung steht ein asynchroner Frequenzwandler nach Bild 5.6 zur Verfügung. Folgende Daten sind gegeben:

Motor M: $P_N = 30$ kW, polumschaltbar 3000/1500 min^{-1}

Schleifringläufer F: $P_N = 37$ kW, zehnpolig.

a) Welche Frequenzen sind im Leerlauf des Umformers einstellbar?

b) Welche Leistung P_{F2} kann bei der höchsten Frequenz und der Bemessungsleistung P_N des Motors entnommen werden? Verluste sollen vernachlässigt und $s_N = 0,05$ angenommen werden.

a) Mögliche Leerlauffrequenzen

$$f_2 = f_1 (1 \pm p_F/p_M) \text{ bei } p_F = 5 \text{ und } p_M = 1 \text{ bzw. } 2$$

Minuszeichen bei gleicher Drehfeldrichtung beider Maschinen.

	$p_M = 1$	$p_M = 2$
gleiche Drehfeldrichtung	$f_2 = 200$ Hz	$f_2 = 75$ Hz
ungleiche Drehfeldrichtung	$f_2 = 300$ Hz	$f_2 = 175$ Hz

b) Bei $f_2 = 300$ Hz gilt $s_F = f_2/f_1 = 300$ Hz/50 Hz $= 6$ und damit bei $P_{2M} = P_N = 30$ kW

$$P_{1F} = \frac{P_{2M}}{s_F - 1} = 30 \text{ kW}/5 = 6 \text{ kW}$$

$$P_{2F} = P_{1F} \cdot s_F = 6 \text{ kW} \cdot 6 = 36 \text{ kW}$$

Der Hauptteil der Leistung von $P_{2F} = 36$ kW wird also über die Welle des Umformers zugeführt.

Beispiel 5.2: Ein Drehstrom-Schleifringläufermotor mit Dreieckschaltung soll als Frequenzwandler verwendet und an den Schleifringen im Leerlauf eine Strangspannung von $U_2 = 48$ V, $f_2 = 10$ Hz entnommen werden. Die Daten der Ständerwicklung sind $U_{q1} = 200$ V, $f_1 = 50$ Hz, $N_1 = 80$, $p = 2$. Wie groß müssen die Läuferwindungszahl N_2 bei $k_{w2} = k_{w1}$ und die Drehzahl gewählt werden?

5.1 Aufbau und Wirkungsweise

Nach Gl. (5.4) ist $f_2 = s \cdot f_1$, womit zur Erzeugung einer 10-Hz-Spannung ein Schlupf $s = 10/50 = 0{,}2$ einzustellen ist. Für die Betriebsdrehzahl erhält man nach Gl. (5.3)

$$n = \frac{f_1}{p}(1-s) = \frac{50 \text{ s}^{-1}}{2}(1-0{,}2) = 20 \text{ s}^{-1} = 1200 \text{ min}^{-1}$$

Die Läuferstillstandsspannung wird nach Gl. (5.7) mit $U_{q2} = U_2$

$$U_{q20} = \frac{U_{q2}}{s} = \frac{48 \text{ V}}{0{,}2} = 240 \text{ V}$$

Um diese Spannung zu erzeugen, ist eine sekundäre Windungszahl nach Gl. (5.8)

$$N_2 = N_1 \cdot \frac{U_{q20}}{U_{q1}} \cdot \frac{k_{w1}}{k_{w2}} = 80 \cdot \frac{240 \text{ V}}{200 \text{ V}} = 96$$

notwendig.

Aufgabe 5.1: Welche Spannung kann durch dieselbe Maschine noch bei einer Läuferfrequenz von $f_2 = 1$ Hz erzeugt werden? Die Netzfrequenz soll dabei $f_1 = 60$ Hz betragen und das Ständerdrehfeld durch entsprechende Spannungsänderung die Größe wie in Beispiel 5.2 besitzen.

Ergebnis: $U_2 = 4{,}8$ V

Aufgabe 5.2: Ein sechspoliger Drehstrom-Schleifringläufermotor besitzt eine Ständerwicklung für $U_1 = 230$ VΔ, $N_1 = 63$, $f_1 = 50$ Hz. Welche 60-Hz-Leerlaufspannung U_2 kann den Läuferklemmen bei dessen Sternschaltung und $N_2 = 72$, $U_{q1} \approx U_1$, $k_{w2} = k_{w1}$ entnommen werden? Mit welcher Drehzahl muss man den Läufer antreiben?

Ergebnis: $n = -200 \text{ min}^{-1}$, $U_2 \approx 546$ V

Magnetisierungsdurchflutung. Genau wie die Ständerwicklung über ihre netzfrequenten Strangströme die Drehdurchflutung $\underline{\Theta}_1$ erzeugt, baut bei belasteter Maschine die Läuferwicklung über ihre schlupffrequenten Strangströme eine eigene Drehdurchflutung $\underline{\Theta}_2$ auf. Diese besitzt zum Läufer die Drehzahl

$$n_2 = \frac{f_2}{p} = s \cdot \frac{f_1}{p}$$

$$n_2 = \Delta n$$

In Bezug auf den Ständer ist noch die Betriebsdrehzahl n zu addieren, so dass auch die Drehdurchflutung $\underline{\Theta}_2$ resultierend mit $n_1 = \Delta n + n$ umläuft. Beide räumlich sinusförmig verteilten Durchflutungen rotieren synchron und können zu einem gemeinsamen Wert $\underline{\Theta}_\mu$ addiert werden (Bild 5.7). Das Drehfeld der belasteten Asynchronmaschine bildet sich somit nicht wie im Leerlauf nur als Folge der primären Durchflutung, sondern wie beim Transformator durch die resultierende Magnetisierungsdurchflutung

$$\boxed{\underline{\Theta}_\mu = \underline{\Theta}_1 + \underline{\Theta}_2} \tag{5.11}$$

aus.

Drehfeld-Raumdiagramm. Die Darstellung der räumlichen Lage der Einzeldrehfelder bzw. ihrer Durchflutungen kann zusammen mit den Strömen und Spannungen eines Strangs in einem Zeigerdiagramm erfolgen. Dies ist auf Grund der bereits in Bild 4.17 festgestellten Tatsache möglich, da der Zeiger eines Strangstromes auch die Lage der resultierenden Durchflutung der Drehstromwicklung festlegt. So gibt in Bild 5.8 der Zeiger $\underline{I}_1$ nicht nur seine zeitliche Phase zur induzierten Spannung $\underline{U}_{q1}$ an, sondern darüber hinaus die räumliche Stellung der Drehdurchflutung $\underline{\Theta}_1$ zur ebenfalls in der Senkrechten liegenden Achse der betreffenden Strangwicklung.

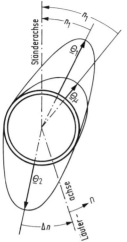

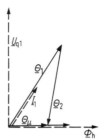

Bild 5.8 Zeigerdiagramm der Drehdurchflutungen

Bild 5.7 Darstellung der sinusförmigen Drehdurchflutungen $\underline{\Theta}_1$, $\underline{\Theta}_2$ und $\underline{\Theta}_\mu$ (nur positive Halbwelle gezeichnet)

Führt auch die Läuferwicklung Strom, so lässt sich in dem Diagramm auch die Drehdurchflutung $\underline{\Theta}_2$ angeben, da diese wie $\underline{\Theta}_1$ mit n_1 rotiert. Damit ist die Lage der Magnetisierungsdurchflutung $\underline{\Theta}_\mu$ und des resultierenden Drehfeldes $\underline{B}$ bekannt. Seine Stellung entspricht der zeitlichen Phase des Zeigers $\underline{\Phi}_h$, der wegen $u_q \sim d\Phi_{ht}/dt$ der induzierten Spannung 90° nacheilt. Im Augenblick des Spannungsmaximums ist also der mit der Strangwicklung verkettete Fluss des Drehfeldes null.

Insgesamt besagt das Ergebnis nach Bild 5.8, dass bei einer Drehstrommaschine das zeitliche Diagramm der Wechselstromgrößen $\underline{I}_1$ und $\underline{\Phi}_h$ mit dem Raumdiagramm der Drehfeldgrößen $\underline{\Theta}_1$ und $\underline{\Theta}_\mu$ übereinstimmt. Bezugspunkt sowohl für die Augenblickswerte der Stranggrößen wie für die räumliche Lage der Drehfeldgrößen zur Strangwicklung ist die senkrechte Zeitachse, in die üblicherweise die Spannung gelegt wird.

5.1.3 Drehtransformatoren

Einfachdrehregler. Nach Gl. (5.8) verhält sich die Drehstrom-Asynchronmaschine im Stillstand wie ein Transformator. Die Größe der in der Läufer- und der Ständerwicklung induzierten Spannung hängt von den jeweiligen Windungszahlen und ihre Phasenlage von der räumlichen Stellung der Wicklungsachsen ab. Verdreht man den Läufer um den elektrischen Winkel β, so ändert sich auch die zeitliche Phasenlage beider Spannungen zueinander um denselben Wert. Diese Tatsache wird in Drehtransformatoren oder Drehreglern zur Erzeugung einer stufenlos einstellbaren Drehspannung ausgenützt.

In der Schaltung als Einfachdrehregler (Bild 5.9) liegt die Läuferwicklung am Primärnetz der Sternspannung $\underline{U}_N$ und die Ständerwicklung in Reihe zwischen Ein- und Ausgang. Die Wicklungsspannungen $\underline{U}_1$ und $\underline{U}_2 = \underline{U}_N$ addieren sich dadurch unter dem Verdrehwinkel β der Wicklungsachsen. Sieht man von allen Spannungsverlusten ab, so erreicht die abgegebene Spannung $\underline{U}_L = \underline{U}_N + \underline{U}_1$ jeden Punkt der Ortskurve nach Bild 5.11. Es entsteht ein kontinuierlicher Steuerbereich zwischen $U_N - U_1$ bis $U_N + U_1$.

5.1 Aufbau und Wirkungsweise

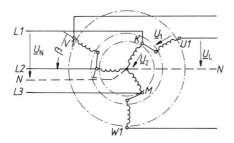

Bild 5.9 Schaltung eines einfachen läufergespeisten Drehtransformators

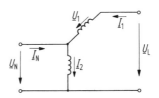

Bild 5.10 Einsträngige Schaltung der Wicklungen eines Drehtransformators

Lastdiagramme. Das prinzipielle Verfahren des läufergespeisten Drehreglers soll über die Schaltung für einen Strang nach Bild 5.10 erläutert werden. Dabei sind alle Verluste und inneren Spannungsfälle vernachlässigt und die Richtungspfeile wie beim Spartransformator gewählt.

Für die Belastung des Drehreglers spielt die Wahl der Verdrehrichtung eine wichtige Rolle. Man erhält bei gegebenem Laststrom I_1 dann den kleinsten Läuferstrom I_2, wenn der Läufer entgegen seiner Drehfeldrichtung verstellt wird. Diese Wahl stimmt mit der Drehrichtung überein, in welcher der Läufer bei Entfernen der Blockierung rotiert.

Das Verhalten der Schaltung für beide Verdrehrichtungen ist in Bild 5.11 dargestellt. Erfolgt die Drehung des Läufers in seiner Drehfeldrichtung (Bild 5.11 a), so eilt die Ständerspannung $\underline{U}_1$ dem Zeiger $\underline{U}_N$ um den Winkel β vor. Bei reiner Wirkbelastung und den Zählpfeilen nach Bild 5.10 liegt der Ständerstrom $\underline{I}_1$ in Gegenphase zur Verbraucherspannung $\underline{U}_L$. Die Läuferwicklung nimmt zunächst den Leerlaufstrom $\underline{I}_0$ zur Magnetisierung des Drehfeldes auf und darüber hinaus eine Stromkomponente $\underline{I}'_1$ zum Ausgleich der Ständerdurchflutung infolge $\underline{I}_1$. Bei gleicher Achsenlage ($\beta = 0$) beider Seiten wäre dazu der Strom $\underline{I}''_1 = -\underline{I}_1 \cdot N_1/N_2$ erforderlich, wobei übereinstimmende Wicklungsfaktoren der Drehstromwicklungen angenommen sind. Bei einer Verdrehung um den Winkel $+\beta$ gilt dann

$$\underline{I}'_1 = \underline{I}''_1 \cdot e^{-j\beta}$$

und $\quad \underline{I}_2 = \underline{I}_0 + \underline{I}'_1, \quad \underline{I}_N = \underline{I}_2 - \underline{I}_1$

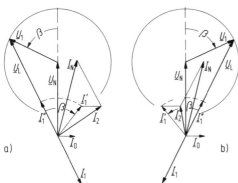

Bild 5.11 Zeigerdiagramm der Spannungen und Ströme des Drehtransformators
a) Verdrehung in Drehfeldrichtung
b) Verdrehung gegen Drehfeldrichtung

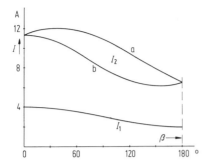

Bild 5.12 Wicklungsströme eines 3-kW-Schleifringläufermotors in der Schaltung als Drehtransformator bei Belastung durch einen Festwiderstand
Kurve a bei Verdrehung nach Bild 5.11 a
Kurve b bei Verdrehung nach Bild 5.11 b

Verdreht man den Läufer entgegen seiner Drehfeldrichtung, so erhält man nach Bild 5.11 b bei derselben Steuerkurve der Verbraucherspannung $U_L = f(\beta)$ und gleicher Belastung I_1 kleinere Läuferströme I_2. Die Verdrehung entgegen der Läuferdrehfeldrichtung, d. h. im Sinne des wirkenden Drehmoments ist also günstiger.

Vorstehende Überlegungen werden durch die in Bild 5.12 angegebenen Belastungskennlinien eines 3-kW-Schleifringläufermotors in der Schaltung als Drehtransformator nach Bild 5.9 bestätigt. Während der Kurvenverlauf $I_1 = f(\beta)$ praktisch unabhängig von der Drehrichtung nach Bild 5.11 ist, erhält man für $I_2 = f(\beta)$ die beiden Kurven a und b.

Durch die galvanische Verbindung zwischen Netz- und Verbraucherseite erhält der Drehregler wie ein Spartransformator eine erhöhte Durchgangsleistung P_D im Vergleich zur Typenleistung P_T des Motors. Bei Vernachlässigung aller Verluste und der Magnetisierung gilt

$$P_D = P_T \cdot \frac{U_L}{U_1}$$

Wegen $U_L = f(\beta)$ ist das Verhältnis P_D/P_T vom Verdrehwinkel β abhängig. Für $\beta = 90°$ ergibt sich

$$P_D = P_T \sqrt{1 + (U_2/U_1)^2}$$

Beispiel 5.3: Ein Schleifringläufermotor mit beidseitiger Sternschaltung soll als Drehregler benutzt werden. Die Daten der Läuferwicklung sind $N_2 = 96$, $p = 2$, $U_2 = 230$ V. Der Ständerblechschnitt hat 48 Nuten.

Wie groß muss die in Reihe geschaltete Leiterzahl z_1 werden, so dass eine einstellbare Spannung im Bereich $U = 230$ V $\pm 33{,}3$ % entsteht?

$U = U_2 + 33{,}3$ % bedeutet in der Stellung mit phasengleicher Addition

$U_{max} = U_2 (1 + 1/3) = 4/3\ U_2 = U_1 + U_2$

$U_1 = U_2/3$

Nach Gl. (5.8) gilt die Beziehung $U_{q1}/U_{q20} = (N_1 \cdot k_{w1})/(N_2 \cdot k_{w2})$, angenähert $N_1/N_2 = U_1/U_2$ und damit $N_1 = 96/3 = 32$.

Bei $Q_1 = 48$ sind $q_1 = Q_1/(2p \cdot m) = 48/(2 \cdot 2 \cdot 3) = 4$ Nuten pro Pol und Strang auszuführen. Die Leiterzahl pro Nut ergibt sich dann nach Gl. (4.4) zu

$z_1 = N_1/(p \cdot q_1) = 32/(2 \cdot 4) = 4$

5.2 Darstellung der Betriebseigenschaften

5.2.1 Spannungsgleichungen und Ersatzschaltung

Spannungsgleichungen. Wie beim Transformator für die Primär- und Sekundärseite lässt sich bei der Asynchronmaschine eine Spannungsgleichung der Ständer- und der Läuferwicklung aufstellen. Sie lauten jeweils für einen Strang:

$$\boxed{\underline{U}_1 = R_1 \cdot \underline{I}_1 + jX_{1\sigma} \cdot \underline{I}_1 + \underline{U}_{q1}} \tag{5.12a}$$

$$\boxed{0 = R_2 \cdot \underline{I}_2 + s \cdot jX_{2\sigma} \cdot \underline{I}_2 + \underline{U}_{q2}} \tag{5.13}$$

Beide Wicklungen sind mit dem gemeinsam erregten Drehfeld verkettet, dessen Fluss Φ_h nach den Gln. (5.5) und (5.6) die Spannungen U_{q1} bzw. U_{q2} erzeugt. Die beiden Streublindwiderstände $X_{1\sigma}$ und $X_{2\sigma}$ berücksichtigen die Wirkung der in Abschnitt 4.2.3 beschriebenen Feldanteile, die nicht zum Hauptfeld Φ_h gehören, also im Wesentlichen die Selbstinduktion durch die Streufelder. Da auf der Läuferseite die Frequenz $f_2 = s \cdot f_1$ besteht, ist der für Stillstand berechnete Wert $X_{2\sigma} = 2\pi f_1 \cdot L_{2\sigma}$ mit dem Schlupf s zu multiplizieren.

Übersetzungsverhältnisse. Um wie beim Transformator eine galvanisch gekoppelte Ersatzschaltung der Wicklungen zu erhalten, werden die Läufergrößen auf die Ständerwindungszahl umgerechnet und dies wieder mit einem Hochkomma gekennzeichnet. Über die Gln. (5.7) und (5.8) erhält man dann mit $U_{q1} = U_q$ den induzierten Läuferwert zu $U'_{q2} = s \cdot U'_{q20} = s \cdot U_q$ und damit die beiden obigen Spannungsgleichungen in der Form

$$\boxed{\underline{U}_1 = R_1 \cdot \underline{I}_1 + jX_{1\sigma} \cdot \underline{I}_1 + \underline{U}_q} \tag{5.12b}$$

$$\boxed{0 = R'_2 \cdot \underline{I}'_2 + s \cdot jX'_{2\sigma} \cdot \underline{I}'_2 + s \cdot \underline{U}_q} \tag{5.14}$$

Aus der Bedingung nach gleich bleibender Durchflutung bei der Umrechnung folgt für den Strom bei beliebiger Ständer- und Läuferstrangzahl

$$I'_2 \cdot m_1 \cdot N_1 \cdot k_{w1} = I_2 \cdot m_2 \cdot N_2 \cdot k_{w2}$$

$$\boxed{I'_2 = I_2 \cdot \frac{m_2 \cdot N_2 \cdot k_{w2}}{m_1 \cdot N_1 \cdot k_{w1}}} \tag{5.15}$$

Die Forderung nach Konstanz der Kupferverluste und Streublindleistungen bringt schließlich

$$m_1 \cdot R'_2 \cdot I'^2_2 = m_2 \cdot R_2 \cdot I^2_2$$

$$\boxed{R'_2 = R_2 \cdot \frac{m_1(N_1 \cdot k_{w1})^2}{m_2(N_2 \cdot k_{w2})^2}} \tag{5.16}$$

und
$$X'_{2\sigma} = X_{2\sigma} \cdot \frac{m_1(N_1 \cdot k_{w1})^2}{m_2(N_2 \cdot k_{w2})^2} \quad (5.17)$$

Ersatzschaltbild. Die durch das Hauptfeld induzierte Spannung $\underline{U}_q$ in den Gln. (5.12) und (5.14) kann wie beim Transformator als Spannungsfall des gemeinsamen Magnetisierungsstromes $\underline{I}_\mu = \underline{I}_1 + \underline{I}'_2$ an der Hauptreaktanz X_h der Ständerwicklung nach Gl. (4.33) dargestellt werden. Damit entstehen die Beziehungen

$$\underline{U}_1 = R_1 \cdot \underline{I}_1 + jX_{1\sigma} \cdot \underline{I}_1 + jX_h(\underline{I}_1 + \underline{I}'_2) \quad (5.18)$$

$$0 = \frac{R'_2}{s} \cdot \underline{I}'_2 + jX'_{2\sigma} \cdot \underline{I}'_2 + jX_h(\underline{I}_1 + \underline{I}'_2) \quad (5.19)$$

Die Gleichung der Läuferseite wurde dabei gleichzeitig durch den Schlupf s dividiert.

Trennt man die Größe R'_2/s nach

$$\frac{R'_2}{s} = R'_2 + R'_2 \frac{1-s}{s}$$

so bilden die beiden Gln. (5.18) und (5.19) die Maschengleichungen der Ersatzschaltung nach Bild 5.13.

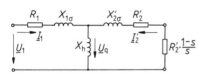 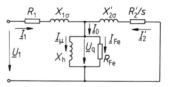

Bild 5.13 Ersatzschaltbild der Asynchronmaschine mit Darstellung der mechanischen Belastung durch einen Nutzwiderstand

Bild 5.14 Vollständiges Ersatzschaltbild der Asynchronmaschine

Nutzwiderstand. Dieser Ersatzstromkreis der Asynchronmaschine stimmt genau mit dem eines Transformators überein, der mit dem Nutzwiderstand $R'_2(1-s)/s$ abgeschlossen ist. Bei der Asynchronmaschine stellt er die elektrische Nachbildung der mechanischen Belastung der Welle dar, während in dem Widerstand R'_2 die Stromwärmeverluste der Läuferwicklung umgesetzt werden. Da der Schlupf die Motordrehzahl eindeutig festlegt, besagt die Ersatzschaltung:

Das elektrische Verhalten einer Asynchronmaschine mit geschlossenem Läuferkreis entspricht bei einer beliebigen Drehzahl dem Betrieb eines Transformators gleicher Ersatzdaten, der mit dem Widerstand $R'_2(1-s)/s$ belastet ist.

Wie beim Transformator lassen sich auch die Eisenverluste in der Ersatzschaltung erfassen. Vernachlässigt man wieder den Verlustanteil der Streuflüsse, so wird die Eisenwärme des Hauptfeldes durch einen Widerstand R_{Fe} parallel zur Hauptreaktanz X_h berücksichtigt. Damit erhält man die endgültige Ersatzschaltung (Bild 5.14) der Asynchronmaschine, wobei die Aufteilung von R'_2/s üblicherweise unterbleibt.

5.2 Darstellung der Betriebseigenschaften

Zeigerdiagramm. Über die Ersatzschaltung lässt sich das Zeigerdiagramm des Motors (Bild 5.15) für jede beliebige durch den Schlupf festgelegte Belastung angeben. An die Stelle der Sekundärspannung des Transformators tritt der ohmsche Spannungsfall $I'_2 \cdot R'_2 (1-s)/s$. Im idealen Leerlauf mit $s \to 0$ wird die Sekundärseite wegen $R'_2/s \to \infty$ stromlos, so dass die Läuferwicklung wie geöffnet erscheint. Der Motor nimmt nur noch einen Leerlaufstrom hauptsächlich zur Magnetisierung auf.

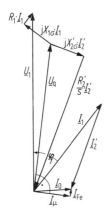
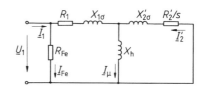

Bild 5.16 Vereinfachte Ersatzschaltung der Asynchronmaschine

Bild 5.15 Vollständiges Zeigerdiagramm der Asynchronmaschine

5.2.2 Einzelleistungen und Drehmoment

Vereinfachte Ersatzschaltung. Die Berechnung des Betriebsverhaltens der Asynchronmaschine und insbesondere der Funktion $I_1 = f(s)$ wird wesentlich erleichtert, wenn man den Eisenverlustwiderstand R_{Fe} in Bild 5.14 parallel zu den Eingangsklemmen legt. Es entsteht damit die vereinfachte Ersatzschaltung in Bild 5.16, die für die Praxis fast immer genügend genau ist. Die Eisenverluste P_{Fe} sind jetzt von der Belastung unabhängig angenommen, was der üblichen Bestimmung in einem Leerlaufversuch entspricht.

Leistungsbilanz. Die Leistungsbilanz der Asynchronmaschine sei zunächst qualitativ anhand eines Schemas (Bild 5.17) dargestellt. Von der aufgenommenen Wirkleistung P_1 werden bereits im Ständer die Kupferverluste der Wicklung P_{Cu1} und die Eisenverluste P_{Fe} in Wärme umgesetzt. Letztere kann man, da im normalen Betriebsbereich die Läuferfrequenz nur wenige Hertz beträgt, ganz dem Ständereisen zuordnen. Auf den

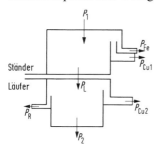

Bild 5.17 Leistungsbilanz der Asynchronmaschine

Läufer wird die Luftspaltleistung P_L[1]) übertragen, von der dann die Stromwärmeverluste der Läuferwicklung P_{Cu2} abzuziehen sind. Die restliche Leistung P_{2i} erscheint für den Motor elektrisch bereits als abgegeben, obwohl noch der Betrag P_R zur Deckung der mechanischen Reibungs- und Ventilationsverluste benötigt wird. An der Welle steht schließlich die Leistung P_2 zur Verfügung.

Sämtliche in der Leistungsbilanz aufgeführten elektrischen Einzelleistungen lassen sich auch über das Ersatzschaltbild (Bild 5.16) berechnen. So gilt für die primären Verluste in den m Wicklungssträngen:

$$P_{Cu1} = m \cdot I_1^2 \cdot R_1 \tag{5.20}$$

$$P_{Fe} = m \cdot \frac{U_1^2}{R_{Fe}} \tag{5.21}$$

Die auf die Sekundärseite der Ersatzschaltung übertragene Luftspaltleistung $P_L = P_1 - P_{Cu1} - P_{Fe}$ wird in dem Widerstand R_2'/s umgesetzt. Es ist damit

$$P_L = m \cdot I_2'^2 \cdot \frac{R_2'}{s} \tag{5.22}$$

worin die Stromwärmeverluste der Läuferwicklung mit

$$P_{Cu2} = m \cdot I_2'^2 \cdot R_2' \tag{5.23}$$

enthalten sind. Für die abgegebene Leistung zuzüglich Reibungsverlusten $P_2 + P_R$ erhält man aus den Gln. (5.22) und (5.23)

$$P_2 + P_R = P_L - P_{Cu2} = m \cdot I_2'^2 \cdot \frac{R_2'}{s}(1-s)$$

und die Aufteilung

$$P_2 + P_R = P_L(1-s) \tag{5.24}$$

$$P_{Cu2} = P_L \cdot s \tag{5.25}$$

Drehmoment. Für das Drehmoment gilt die allgemeine Beziehung

$$M = \frac{P_2}{2\pi \cdot n}$$

Setzt man darin n und P_2 nach Gl. (5.3) bzw. (5.24) ein, so wird

$$M = \frac{P_L(1-s)}{2\pi \cdot n_1(1-s)} - \frac{P_R}{2\pi \cdot n} = M_i - M_R$$

---

[1]) Diese wird im Schrifttum auch als innere Leistung P_i oder Drehfeldleistung P_D bezeichnet.

5.2 Darstellung der Betriebseigenschaften

Wie bei der Gleichstrommaschine bezeichnet man

$$M_i = \frac{P_L}{2\pi \cdot n_1} \qquad (5.26)$$

als inneres Moment.

Die Gl. (5.26) ist eine für die Asynchronmaschine sehr wichtige Beziehung. Sie besagt, dass das innere Drehmoment unabhängig von der Betriebsdrehzahl stets allein aus der Luftspaltleistung berechnet werden kann. Das an der Welle verfügbare Moment ist nach $M = M_i - M_R$ noch um ein zur Überwindung der eigenen mechanischen Reibung erforderliches Moment M_R kleiner.

Drehmomentgleichung. Luftspaltleistung und Drehmoment lassen sich entsprechend den Gln. (5.22) und (5.26) für beliebige Schlupfwerte aus der Ersatzschaltung der Asynchronmaschine nach Bild 5.16 berechnen. Definiert man für die gesamten Blindwiderstände von Ständer- und Läuferwicklung

$$X_1 = X_h + X_{1\sigma}, \quad X_2' = X_h + X_{2\sigma}' \qquad (5.27)$$

so ergibt die Auswertung der beiden Spannungsgleichungen (5.18, 5.19) die Wicklungsströme

$$\underline{I}_1 = \frac{\frac{R_2'}{s} + jX_2'}{(R_1 + jX_1)\left(\frac{R_2'}{s} + jX_2'\right) + X_h^2} \cdot \underline{U}_1 \qquad (5.28)$$

$$\underline{I}_2' = -\frac{jX_h}{(R_1 + jX_1)\left(\frac{R_2'}{s} + jX_2'\right) + X_h^2} \cdot \underline{U}_1 \qquad (5.29)$$

In Gl. (5.28) ist nur der Eisenverlustwiderstand R_{Fe} der Ersatzschaltung nicht berücksichtigt, was aber unproblematisch ist, da dieser die Ergebnisse der übrigen Werte nicht beeinflusst. Der Eisenverluststrom $\underline{I}_{Fe}$ kann nachträglich durch Addition zu $\underline{I}_1$ nach Gl. (5.28) erfasst werden.

Die meist für die Berechnung der Drehmoment-Schlupf-Beziehung vorgenommene Vereinfachung $R_1 = 0$ führt bei Drehzahlsteuerung der Asynchronmaschine über einen Umrichter im unteren Frequenzbereich zu unzulässigen Fehlern, da hier nicht mehr $R_1 < 2\pi \cdot f_1 \cdot L_\sigma$ gilt. Die Berechnung wird damit aufwändiger, doch sind zur Kürzung die einfachen Zwischenumformungen weggelassen.

Trennt man in Gl. (5.29) den Läuferstrom in Wirkanteil I'_{2w} und Blindanteil I'_{2b}, so ergibt sich mit

$$I'^2_2 = I'^2_{2w} + I'^2_{2b}$$

$$I'^2_2 = \frac{X_h^2}{\left(R_1 \frac{R'_2}{s} + X_h^2 - X_1 X'_2\right)^2 + \left(R_1 X'_2 + \frac{R'_2}{s} X_1\right)^2} \cdot U_1^2$$

Für das innere Drehmoment gilt nach den Gln. (5.22) und (5.26)

$$M_i = \frac{m}{2\pi \cdot n_1} \cdot \frac{R'_2}{s} \cdot I'^2_2$$

Für die nachfolgenden Berechnungen ist es sinnvoll, die

primäre Streuziffer

$$\boxed{\sigma_1 = \frac{X_{1\sigma}}{X_h}} \qquad (5.30)$$

sekundäre Streuziffer

$$\boxed{\sigma_2 = \frac{X'_{2\sigma}}{X_h}} \qquad (5.31)$$

gesamte Streuziffer

$$\boxed{\sigma = 1 - \frac{X_h^2}{X_1 \cdot X'_2}, \quad \sigma = 1 - \frac{1}{(1+\sigma_1)(1+\sigma_2)}} \qquad (5.32)$$

einzuführen. Nach einigen Umformungen ergibt sich damit die allgemeine Drehmoment-Schlupf-Beziehung zu

$$\boxed{M_i = \frac{m \cdot U_1^2}{2\pi \cdot n_1} \cdot \frac{1-\sigma}{\frac{R'_2}{s \cdot X_1 X'_2}(R_1^2 + X_1^2) + \frac{sX'_2}{R'_2 X_1}(R_1^2 + \sigma^2 X_1^2) + 2R_1(1-\sigma)}} \qquad (5.33)$$

Differenziert man diese Gleichung $M_i = f(s)$ und setzt die erste Ableitung gleich null, so erhält man den Punkt des maximalen Drehmomentes beim so genannten Kippschlupf

$$\boxed{s_K = \frac{R'_2}{X'_2} \cdot \sqrt{\frac{R_1^2 + X_1^2}{R_1^2 + \sigma^2 X_1^2}}} \qquad (5.34\,\text{a})$$

Das zugehörige Maximalmoment wird entsprechend als Kippmoment M_K bezeichnet und berechnet sich durch Einsetzen von Gl. (5.34a) in (5.33) zu

$$\boxed{M_K = \frac{m \cdot U_1^2}{4\pi \cdot n_1} \cdot \frac{1-\sigma}{R_1(1-\sigma) + \sqrt{(R_1^2 + \sigma^2 X_1^2)(1 + R_1^2/X_1^2)}}} \qquad (5.35\,\text{a})$$

5.2 Darstellung der Betriebseigenschaften

Daten des Kipppunktes. Für die Betrachtung der grundsätzlichen Zusammenhänge sollen die Gln. (5.34 a) und (5.35 a) vereinfacht werden. So gilt bei kleinen Streuziffern und damit nach Gl. (5.32)

$$\sigma X_1 = X_1 - \frac{X_h^2}{X_2'} = X_h + X_{1\sigma} - X_h \frac{X_2' - X_{2\sigma}'}{X_2'} = X_{1\sigma} + X_{2\sigma}' \frac{1}{1+\sigma_2}$$

$$\sigma X_1 \approx X_{1\sigma} + X_{2\sigma}' = X_\sigma$$

Im 50-Hz-Betrieb wird ferner stets $R_1 \ll X_1$ sein, womit für die Daten des Kipppunktes die nachstehenden Beziehungen entstehen:

$$\boxed{s_K = \frac{R_2'}{\sqrt{R_1^2 + X_\sigma^2}} \approx \frac{R_2'}{X_\sigma}} \qquad (5.34\,\text{b})$$

$$\boxed{M_K = \frac{m \cdot U_1^2}{4\pi \cdot n_1} \cdot \frac{1-\sigma}{R_1(1-\sigma) + \sqrt{R_1^2 + X_\sigma^2}} \approx \frac{m \cdot U_1^2}{4\pi \cdot n_1 \cdot X_\sigma}} \qquad (5.35\,\text{b})$$

Kloß'sche Gleichung. Ersetzt man in Gl. (5.33) den Quotienten R_2'/X_2' über Gl. (5.34 a), so erhält man für die Funktion $M_i = f(s)$ den Ausdruck

$$M_i = \frac{m \cdot U_1^2}{4\pi n_1} \cdot \frac{2(1-\sigma)}{2R_1(1-\sigma) + \sqrt{(R_1^2 + \sigma^2 X_1^2)\,(1 + R_1^2/X_1^2)} \cdot (s/s_K + s_K/s)}$$

Er enthält das Kippmoment nach Gl. (5.35 a), das im Wesentlichen nur mit relativen Schlupfwerten verknüpft ist. Bei Vernachlässigung des Terms $2R_1(1-\sigma)$ erhält man somit die bezogene Momentengleichung

$$\boxed{\frac{M}{M_K} = \frac{2}{\dfrac{s}{s_K} + \dfrac{s_K}{s}}} \qquad (5.36)$$

wobei vereinfacht $M = M_i$ gesetzt ist. Gl. (5.36) stellt eine allgemeine Drehmomentbeziehung dar, die für alle Asynchronmaschinen gültig und als Kloß'sche Gleichung bekannt ist. Sind die Daten des Kipppunktes einer Maschine gegeben, so kann mit ihr das Drehmoment für einen beliebigen Schlupf bestimmt werden.

Die Auswertung von Gl. (5.36) ergibt den Verlauf $M/M_K = f(s)$ nach Bild 5.18. Für

$$\frac{s}{s_K} \ll 1 \quad \text{ist} \quad \frac{M}{M_K} \approx 2 \cdot \frac{s}{s_K}$$

wonach die Drehzahl $n = n_1(1-s)$ linear wie beim Gleichstrom-Nebenschlussmotor leicht mit der Belastung abfällt. Für

$$\frac{s}{s_K} \gg 1 \quad \text{ist} \quad \frac{M}{M_K} \approx 2 \cdot \frac{s_K}{s}$$

wonach das Drehmoment während des Anlaufs nach einer Hyperbel zunimmt.

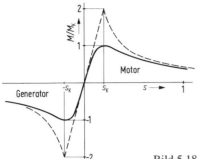

Bild 5.18 Verlauf des Drehmomentes nach der Kloß'schen Formel

Beispiel 5.4: Ein vierpoliger Drehstrom-Asynchronmotor für $P_N = 22$ kW, $U_N = 230$ VΔ, $f_1 = 50$ Hz, hat folgende Daten seiner Ersatzschaltung:

$$R_1 = 0{,}14\ \Omega,\ R_2' = 0{,}20\ \Omega,\ X_{1\sigma} = 0{,}45\ \Omega,\ X_{2\sigma}' = 0{,}40\ \Omega,\ X_h = 13\ \Omega$$

Es sind zu bestimmen:

a) Kippschlupf und Kippmoment

b) Welche Werte erhält man für s_K und M_K mit den Näherungsgleichungen?

c) Wie groß ist das Anzugsmoment M_A?

d) Wie groß ist die Drehzahl des Motors, wenn die Stromwärmeverluste im Läufer $P_{Cu2} = 900$ W und die Reibungsverluste $P_R = 200$ W betragen?

a) Die Maschine hat die Blindwiderstände

$$X_1 = X_h + X_{1\sigma} = 13{,}45\ \Omega,\ X_2' = X_h + X_{2\sigma}' = 13{,}40\ \Omega$$

und die Streuziffer

$$\sigma = 1 - \frac{X_h^2}{X_1 \cdot X_2'} = 1 - \frac{13^2\ \Omega^2}{13{,}45\ \Omega \cdot 13{,}4\ \Omega} = 0{,}0623$$

Für die Daten des Kipppunktes erhält man unter Beachtung des Ständerwiderstandes und der Streuziffer nach den Gln. (5.34 a) und (5.35 a)

$$s_K = \frac{R_2'}{X_2'} \cdot \sqrt{\frac{R_1^2 + X_1^2}{R_1^2 + \sigma^2 X_1^2}} = \frac{0{,}20\ \Omega}{13{,}4\ \Omega} \cdot \sqrt{\frac{(0{,}14^2 + 13{,}45^2)\ \Omega^2}{(0{,}14^2 + 0{,}0623^2 \cdot 13{,}45^2)\ \Omega^2}} = 0{,}2363$$

$$M_K = \frac{m \cdot U_1^2}{4\pi \cdot n_1} \cdot \frac{1 - \sigma}{R_1(1 - \sigma) + \sqrt{(R_1^2 + \sigma^2 X_1^2)(1 + R_1^2/X_1^2)}}$$

$$M_K = \frac{3 \cdot 230^2\ V^2}{4\pi \cdot 25\ s^{-1}} \cdot \frac{1 - 0{,}0623}{0{,}14\ \Omega \cdot 0{,}937 + \sqrt{(0{,}14^2 + 0{,}0623^2 \cdot 13{,}45^2)\ \Omega^2 (1 + 0{,}14^2/13{,}45^2)}}$$

$$M_K = 483\ N \cdot m$$

b) Mit den Näherungsgleichungen (5.34 b) und (5.35 b) ergibt sich

$$s_K \approx \frac{R_2'}{X_\sigma} = \frac{0{,}20\ \Omega}{0{,}45\ \Omega + 0{,}40\ \Omega} = 0{,}2353$$

$$M_K \approx \frac{m \cdot U_1^2}{4\pi \cdot n_1 \cdot X_\sigma} = \frac{3 \cdot 230^2\ V^2}{4\pi \cdot 25\ s^{-1} \cdot 0{,}85\ \Omega} = 594{,}3\ N \cdot m$$

c) Über die Kloß'sche Formel erhält man mit $s = 1$ das Anlaufmoment

$$M_A = M_K \cdot \frac{2}{s_K + 1/s_K} = 483 \text{ N} \cdot \text{m} \cdot \frac{2}{0{,}236 + 1/0{,}236} = 216 \text{ N} \cdot \text{m}$$

d) Für die Luftspaltleistung gilt

$$P_{LN} = P_N + P_{Cu2} + P_R = 22 \text{ kW} + 0{,}90 \text{ kW} + 0{,}20 \text{ kW} = 23{,}1 \text{ kW}$$

und damit nach Gl. (5.25)

$$s_N = \left(\frac{P_{Cu2}}{P_L}\right)_N = \frac{0{,}90 \text{ kW}}{23{,}1 \text{ kW}} = 0{,}039$$

Die Drehzahl beträgt dann nach Gl. (5.3)

$$n_N = n_1 (1 - s_N) = 1500 \text{ min}^{-1} (1 - 0{,}039) = 1442 \text{ min}^{-1}$$

Aufgabe 5.3: Wie groß ist das Anlaufmoment eines vierpoligen Asynchronmotors, der im Stillstand $P_1 = 4$ kW aufnimmt, wenn davon 50 % primäre Verluste sind?

Ergebnis: $M_A = 12{,}75 \text{ N} \cdot \text{m}$

Aufgabe 5.4: Der sekundäre Anlaufstrom eines Kurzschlussläufermotors ist das Sechsfache des Wertes bei Betrieb mit $s_N = 0{,}03$. Es ist das Verhältnis Anlauf- zu Bemessungsmoment M_A/M_N anzugeben.

Ergebnis: $M_A/M_N = 1{,}08$

5.2.3 Stromortskurve

Kreisdiagramm. Nach der Ersatzschaltung ist der Ständerstrom der Asynchronmaschine bei fester Klemmenspannung und konstanten Widerständen und Reaktanzen nur eine Funktion des Schlupfes. Für den Zeiger $\underline{I}_1 = f(s)$ entsteht dadurch eine für die Maschine charakteristische Ortskurve, aus der sich viele weitere Aussagen über das Betriebsverhalten herleiten lassen.

Die Bestimmung dieses Diagramms erfolgt durch Auswertung der komplexen Gleichung für den Ständerstrom $\underline{I}_1$ nach Gl. (5.28) entsprechend der Ersatzschaltung nach Bild 5.13. Die Eisenverluste bleiben damit zunächst unberücksichtigt, sie lassen sich bei Verwendung der vereinfachten Ersatzschaltung nach Bild 5.16 leicht nachträglich einfügen. Nach Gl. (5.28) gilt

$$\boxed{\underline{I}_1 = \frac{\dfrac{R_2'}{s} + jX_2'}{(R_1 + jX_1)\left(\dfrac{R_2'}{s} + jX_2'\right) + X_h^2} \cdot \underline{U}_1} \qquad (5.28)$$

Mit Hilfe der Ortskurventheorie lässt sich nun zeigen, dass diese Gleichung der allgemeinen Form

$$\underline{I}_1 = \frac{\underline{A} + \underline{B} \cdot s}{\underline{C} + \underline{D} \cdot s} \cdot \underline{U}_1$$

für den Zeiger $\underline{I}_1 = f(s)$ bei fester Klemmenspannung $\underline{U}_1$ einen Kreis beschreibt. Die Konstanten $\underline{A}$, $\underline{B}$, $\underline{C}$ und $\underline{D}$ sind, wie sich durch Vergleich mit Gl. (5.28) erkennen lässt, Kombinationen komplexer Widerstände. Der Schlupf s ist eine reelle Variable.

Berechnung des Kreisdiagramms. Die Lage der Stromortskurve in der komplexen Zahlenebene soll durch Berechnung von drei charakteristischen Kreispunkten P_0, P_k und P_∞ erfolgen. Nach Gl. (5.28) ist

$$\underline{I}_1 = \frac{\underline{U}_1}{\underline{Z}_1}$$

worin

$$\boxed{\underline{Z}_1 = \frac{(R_1 + jX_1)\left(\dfrac{R'_2}{s} + jX'_2\right) + X_h^2}{\left(\dfrac{R'_2}{s} + jX'_2\right)}} \tag{5.37}$$

die an den Eingangsklemmen der Ersatzschaltung (Bild 5.13) gemessene Gesamtimpedanz darstellt. Trennt man $\underline{Z}_1 = R(s) + jX(s)$ in Real- und Imaginärteil auf, so entsteht

$$\boxed{R(s) = R_1 + \frac{R'_2}{s} \cdot \frac{X_h^2}{\left(\dfrac{R'_2}{s}\right)^2 + X'^2_2}} \tag{5.38}$$

$$\boxed{X(s) = X_1 - X'_2 \cdot \frac{X_h^2}{\left(\dfrac{R'_2}{s}\right)^2 + X'^2_2}} \tag{5.39}$$

Leerlaufpunkt P_0 bei $s = 0$.

Für $s = 0$ verschwinden die zweiten Glieder obiger Gleichungen und es werden

$$R(s) = R_1 \quad \text{und} \quad X(s) = X_1$$

Dies Ergebnis stimmt mit dem Widerstand der Ersatzschaltung nach Bild 5.13 bei $s = 0$, d. h. offenem Läuferkreis überein. Man erhält den Leerlaufstrom zu

$$I_0 = \frac{U_1}{\sqrt{R_1^2 + X_1^2}} \quad \text{bei} \quad \tan\varphi_0 = \frac{X_1}{R_1}$$

Kurzschlusspunkt P_k bei $s = 1$:

Für $s = 1$ erhält man mit $R'_2 \ll X'_2$ und $X'_2 = X_h + X'_{2\sigma}$

$$R(s) = R_1 + R'_2 \frac{X_h^2}{(X_h + X'_{2\sigma})^2} = R_1 + R'_2 \cdot \frac{1}{\left(1 + \dfrac{X'_{2\sigma}}{X_h}\right)^2}$$

$$X(s) = X_1 - \frac{X_h^2}{X'_2}$$

5.2 Darstellung der Betriebseigenschaften

Beide Gleichungen können mit Hilfe der bereits in Abschnitt 5.2.2 definierten Streuziffern

$$\sigma_1 = \frac{X_{1\sigma}}{X_h}, \quad \sigma_2 = \frac{X'_{2\sigma}}{X_h}, \quad \sigma = 1 - \frac{X_h^2}{X_1 \cdot X'_2}$$

noch vereinfacht werden.

Bei stehender Maschine treten damit an den Eingangsklemmen der Kurzschlusswiderstand

$$R(s) = R_k = R_1 + \frac{R'_2}{(1+\sigma_2)^2} \approx R_1 + R'_2$$

und die Kurzschlussreaktanz

$$X(s) = X_k = \sigma \cdot X_1 \approx X_{1\sigma} + X'_{2\sigma}$$

auf. Sie entsprechen umso genauer der Summe beider Wicklungs- bzw. Streublindwiderstände, je größer X_h im Vergleich zu den Streublindwiderständen ist. Für den Stromzeiger im Kurzschluss erhält man

$$I_k = \frac{U_1}{\sqrt{R_k^2 + X_k^2}} \quad \text{bei} \quad \tan \varphi_k = \frac{X_k}{R_k}$$

Kreispunkt P_∞ bei $s = \infty$:

Für $s = \infty$ errechnet sich aus den Gln. (5.38) und (5.39)

$$R(s) = R_1 \quad \text{und} \quad X(s) = X_k$$

Dies ergibt den Stromzeiger

$$I_\infty = \frac{U_1}{\sqrt{R_1^2 + X_k^2}} \quad \text{bei} \quad \tan \varphi_\infty = \frac{X_k}{R_1}$$

Die Konstruktion des Kreisdiagramms aus den drei Stromzeigern $\underline{I}_0$, $\underline{I}_k$, $\underline{I}_\infty$ erfolgt üblicherweise in Bezug auf die in der reellen Achse liegende Spannung $\underline{U}_1$ (Bild 5.19). Der Mittelpunkt M ist durch die Lage von P_0, P_k und P_∞ über den Schnittpunkt der Mittelsenkrechten eindeutig festgelegt. Der Zeiger des Ständerstromes $\underline{I}_1$ für einen beliebigen Schlupf s ergibt sich vom Koordinaten-Ursprung aus an den Kreispunkt $P(s)$.

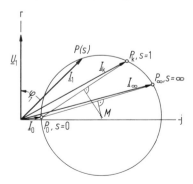

Bild 5.19 Bestimmung der Ortskurve des Ständerstromes aus den Punkten P_0, P_k und P_∞

Das Kreisdiagramm wurde um 1900 von Heyland und Osanna entwickelt und trägt daher auch die Bezeichnung Heyland-Kreis.

Beispiel 5.5: Der Entwurf eines vierpoligen Drehstrom-Asynchronmotors für $P_2 = 22$ kW, $U_1 = 230$ V Δ ergibt die Ersatzkreisdaten: $R_1 = 0{,}15\ \Omega$, $R'_2 = 0{,}25\ \Omega$, $X_{1\sigma} = 0{,}65\ \Omega$, $X'_{2\sigma} = 0{,}55\ \Omega$, $X_h = 18{,}8\ \Omega$. Es sind die drei Punkte P_0, P_k und P_∞ der Ortskurve $\underline{I}_1 = f(s)$ anzugeben.

Kreispunkt P_0:

Es ist $X_1 = X_{1\sigma} + X_h = 19{,}45\ \Omega$, $X'_2 = X'_{2\sigma} + X_h = 19{,}35\ \Omega$

Wegen $R_1 \ll X_1$ wird

$$I_0 \approx I_\mu = \frac{U_1}{X_1} = \frac{230\ \text{V}}{19{,}45\ \Omega} = 11{,}8\ \text{A}, \quad \varphi_0 \approx 90°$$

Der Kreispunkt P_0 liegt damit praktisch auf der imaginären Achse.

Kreispunkt P_k:

Sekundäre Streuziffer

$$\sigma_2 = \frac{X'_{2\sigma}}{X_h} = \frac{0{,}55\ \Omega}{18{,}8\ \Omega} = 0{,}0293$$

Gesamte Streuziffer

$$\sigma = 1 - \frac{X_h^2}{X_1 \cdot X'_2} = 1 - \frac{18{,}8\ \Omega^2}{19{,}45\ \Omega \cdot 19{,}35\ \Omega} = 1 - 0{,}94$$

$$\sigma = 0{,}06$$

Der Wirk- und der Blindanteil der Kurzschlussimpedanz werden:

$$R_k = R_1 + \frac{R'_2}{(1+\sigma_2)^2} = 0{,}15\ \Omega + \frac{0{,}25\ \Omega}{1{,}0293^2} = 0{,}386\ \Omega$$

$$X_k = \sigma \cdot X_1 = 0{,}06 \cdot 19{,}45\ \Omega = 1{,}167\ \Omega$$

Damit ist $Z_k = \sqrt{R_k^2 + X_k^2} = \sqrt{0{,}386^2 + 1{,}167^2}\ \Omega = 1{,}23\ \Omega$

und $\quad I_k = \dfrac{U_1}{Z_k} = \dfrac{230\ \text{V}}{1{,}23\ \Omega} = 187\ \text{A}, \quad \tan \varphi_k = \dfrac{X_k}{R_k} = \dfrac{1{,}167\ \Omega}{0{,}386\ \Omega} = 3{,}02 \quad \varphi_k \approx 71{,}7°$

Kreispunkt P_∞:

Man erhält den Zeiger $\underline{I}_\infty$ über

$$Z_\infty = \sqrt{R_1^2 + X_k^2} = \sqrt{0{,}15^2 + 1{,}167^2}\ \Omega = 1{,}18\ \Omega$$

$$I_\infty = \frac{U_1}{Z_\infty} = \frac{230\ \text{V}}{1{,}18\ \Omega} = 194{,}9\ \text{A}, \quad \tan \varphi_\infty = \frac{X_k}{R_1} = \frac{1{,}167\ \Omega}{0{,}15\ \Omega} = 7{,}78$$

$$\varphi_\infty = 82{,}7°$$

Der Kreismittelpunkt lässt sich über den Schnittpunkt der Mittelsenkrechten der Sehnen P_0P_k und P_0P_∞ bestimmen.

Koordinaten des Kreisdiagramms. Eine weitere Möglichkeit zur Bestimmung der Lage der Stromortskurve besteht in der Angabe des Radius R und der Mittelpunktskoordi-

5.2 Darstellung der Betriebseigenschaften

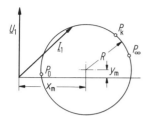

Bild 5.20 Bestimmung der Stromortskurve aus Radius und Mittelpunktskoordinaten

naten $M(x_\mathrm{m}/y_\mathrm{m})$ nach Bild 5.20. Die Auswertung der Stromgleichung $\underline{I}_1 = f(s)$ ergibt mit $r_1 = R_1/X_1$

$$R = \frac{U_1}{2X_1} \cdot \frac{1-\sigma}{r_1^2 + \sigma} \tag{5.40}$$

$$x_\mathrm{m} = R \cdot \frac{1+\sigma}{1-\sigma} \tag{5.41}$$

$$y_\mathrm{m} = R \cdot \frac{2r_1}{1-\sigma} \tag{5.42}$$

Alle drei Größen besitzen die Maßeinheit Ampere, lassen sich also wie der Stromzeiger eintragen.

Interessant ist die in obigen Gleichungen enthaltene Tatsache, dass Lage und Durchmesser der Stromortskurve unabhängig vom Läuferwiderstand der Maschine sind. Der Wert R_2 beeinflusst nur die Schlupfeinteilung des Kreises, d. h. z. B. die Lage des Kurzschlusspunktes.

Die Kenntnis der Koordinatengleichungen genügt zwar zur Bestimmung des Kreises, ergibt aber nicht die Lage der drei charakteristischen Punkte P_0, P_k und P_∞. Da diese aber für die Auswertung des Diagramms benötigt werden, bestimmt man im Allgemeinen, wie bereits dargestellt, auch die Lage des Kreises direkt aus den Stromzeigern $\underline{I}_0$, $\underline{I}_\mathrm{k}$ und $\underline{I}_\infty$.

Beispiel 5.6: Es sind Mittelpunkt und Durchmesser des in Beispiel 5.5 bestimmten Kreisdiagramms zu berechnen.

Mit $U_1 = 230$ V, $X_1 = 19{,}45$ Ω, $\sigma = 0{,}06$, $R_1 = 0{,}15$ Ω wird

$$r_1 = R_1/X_1 = 0{,}15/19{,}45 = 7{,}71 \cdot 10^{-3}$$

$$R = \frac{U_1}{2X_1} \cdot \frac{1-\sigma}{r_1^2 + \sigma} = \frac{230 \text{ V}}{2 \cdot 19{,}45 \text{ Ω}} \cdot \frac{1 - 0{,}06}{7{,}71^2 \cdot 10^{-6} + 0{,}06} = 92{,}5 \text{ A}$$

$$x_\mathrm{m} = R \cdot \frac{1+\sigma}{1-\sigma} = 92{,}5 \text{ A} \frac{1{,}06}{0{,}94} = 104{,}3 \text{ A}$$

$$y_\mathrm{m} = R \cdot \frac{2r_1}{1-\sigma} = 92{,}5 \text{ A} \frac{2 \cdot 7{,}71 \cdot 10^{-3}}{0{,}94} = 1{,}52 \text{ A}$$

Schlupfgerade. Für die Einteilung des Kreisumfangs in Schlupfwerte gibt es verschiedene grafische Verfahren. Meist wird die Konstruktion nach Bild 5.21 angewandt. Man wählt einen beliebigen Kreispunkt P_B und eine Parallele zur Sehne $P_B P_\infty$. Auf dieser Geraden werden durch die Sehnen $P_B P_0$ und $P_B P_K$ die Schlupfwerte $s = 0$ und $s = 1$ festgelegt und der Zwischenraum linear unterteilt. Um den Schlupfpunkt P_s zu erhalten, ist danach eine Gerade von P_B durch s zu zeichnen, die den Kreis in P_s schneidet.

Aufgabe 5.5: Mit den Daten und dem Ergebnis von Beispiel 5.5 ist das Kreisdiagramm mit der Schlupfgeraden zu zeichnen. Für den Bemessungspunkt des Motors mit $s_N = 0{,}04$ sind daraus der Ständerstrom I_1 und das Moment M_N anzugeben. Wie groß ist ferner das Verhältnis M_K/M_N und M_A/M_N?

Ergebnis: $I_1 = 41$ A, $M_N = 152{,}6$ N · m, $M_K/M_N = 2{,}25$, $M_A/M_N = 0{,}96$

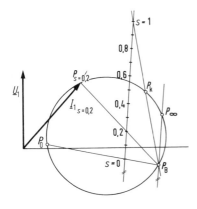

Bild 5.21 Konstruktion der Schlupfgeraden

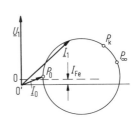

Bild 5.22 Berücksichtigung der Eisenverluste in der Stromortskurve

Verlustaufteilung. Das über die Spannungsgleichungen der Ersatzschaltung nach Bild 5.13 abgeleitete Kreisdiagramm erfasst nicht den allerdings sehr kleinen Wirkstromanteil I_{Fe} der Eisenverluste. Man kann diese jedoch nachträglich berücksichtigen, indem man die waagerechte –j-Achse von 0 nach 0' um den Eisenverluststrom

$$\underline{I}_{Fe} = \frac{U_1}{R_{Fe}} \qquad (5.43)$$

absenkt (Bild 5.22). Die Eisenverluste werden damit als konstanter Betrag unabhängig von der Belastung eingeführt und sind in der Wirkkomponente des Leerlaufstromes enthalten.

In der Praxis ist ab Maschinenleistungen von einigen kW die gesamte Wirkkomponente des Leerlaufstromes so gering, dass der Punkt P_0 fast auf der –j-Achse liegt. Der Eisenverlustanteil ist dann ohne Einfluss auf den Gesamtstrom.

Trägt man im Kreisdiagramm (Bild 5.23) den Stromzeiger $\underline{I}_1$ in einem beliebigen Betriebspunkt P_x an, so entspricht die Strecke $\overline{P_x B_0}$ dem vom Netz gelieferten Wirkstrom $I_{1w} = I_1 \cdot \cos \varphi_1$. Nach $P_1 = m_1 \cdot U_1 \cdot I_1 \cdot \cos \varphi_1 = m_1 \cdot U_1 \cdot I_{1w}$ ist sie jedoch auch ein Maß für die aufgenommene Wirkleistung P_1 der Maschine.

5.2 Darstellung der Betriebseigenschaften

Die abgegebene Leistung P_2 wird im Leerlauf bei $s = 0$ und im Stillstand bei $s = 1$ jeweils null. Dazwischen ist sie mit guter Näherung der Strecke $\overline{P_x B_3}$ proportional, die auf der Senkrechten $\overline{P_x B_0}$ durch die Verbindungsgeraden $P_0 P_k$ entsteht. Man bezeichnet diese Gerade daher auch als Leistungslinie.

In den Punkten P_0 und P_∞ wird die von der Maschine aufgenommene Leistung nur auf der Ständerseite umgesetzt, da im Leerlauf der Läuferkreis offen und bei $s = \infty$ $R_2/s = 0$ ist. Näherungsweise erhält man daher über die Verbindungsgerade $P_0 P_\infty$ mit der Strecke $\overline{B_0 B_2}$ die gesamten Ständerverluste P_{v1} im Betriebspunkt P_x. Vernachlässigt man die Leerlaufkupferverluste gegenüber den Eisenverlusten, so lässt sich P_{v1} durch den Punkt B_1 auf der Höhe von P_0 in die Ständerkupferverluste P_{Cu1} und Eisenverluste P_{Fe} aufteilen. Von der Gesamtleistung bleiben dann nur noch die Läuferkupferverluste übrig, die damit durch die Strecke $\overline{B_2 B_3}$ dargestellt werden.

Nach den Gln. (5.24) und (5.25) wird die Luftspaltleistung der Asynchronmaschine $P_L = P_2 + P_{Cu2}$, wenn man die Reibungsverluste P_R der abgegebenen Leistung zuschlägt. Damit entstehen im Kreisdiagramm in der Strecke $\overline{B_2 P_x}$ ein Maß für die Luftspaltleistung und das Drehmoment M_i der Maschine. Die Verbindungslinie $P_0 P_\infty$ trägt daher auch die Bezeichnung Drehmomentlinie.

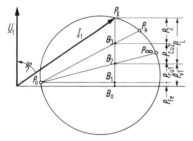
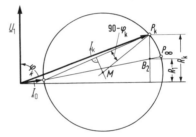

Bild 5.23 Bestimmung der Einzelleistungen

Bild 5.24 Festlegung des Kreismittelpunktes aus P_0 und P_k

Leistungs- und Drehmomentmaßstab. Zur Bestimmung von Leistungen und Drehmoment aus dem Kreisdiagramm muss ein Maßstab bekannt sein. Nach $P = m_1 \cdot U_1 \cdot I_{1w}$ und Gl. (5.26) erhält man:

Strommaßstab	m_1	in A/cm
Leistungsmaßstab	$m_P = 3 \cdot U_1 \cdot m_1$	in W/cm
Drehmomentmaßstab	$m_M = 9{,}55 \cdot m_P/n_1$	in N · m/cm

mit n_1 in min^{-1}

Messtechnische Bestimmung des Kreisdiagramms. Von den zur Konstruktion der Stromortskurve verwendeten drei charakteristischen Punkten lassen sich P_0 und P_k in einem Leerlauf- bzw. einem Kurzschlussversuch experimentell bestimmen. Um den Kreis eindeutig festzulegen, ist dann entweder noch die Aufnahme eines beliebigen Lastpunktes dazwischen notwendig oder man verwendet eine Näherung zur Mittelpunktsbestimmung. Auch dafür gibt es eine Reihe Möglichkeiten, von denen in Bild 5.24 ein Verfahren dargestellt ist. Man trägt hierbei im Punkt P_k den Winkel

$90° - \varphi_k$ von der Sehne $P_0 P_k$ aus an und erhält den Mittelpunkt M im Schnittpunkt zwischen dem freien Schenkel und der Mittelsenkrechten auf $P_0 P_k$.

Um die Schlupfgerade eintragen zu können, muss auch die Lage des Punktes P_∞ bekannt sein. Diesen erhält man mit guter Genauigkeit dadurch, dass man die Senkrechte in P_k gleich dem Kurzschlusswiderstand

$$R_k = \frac{U_k}{I_k} \cdot \cos \varphi_k$$

setzt und über $R_k \approx R_1 + R'_2$ unterteilt. Die Verbindungslinie $P_0 B_2$ ergibt dann die Drehmomentlinie $P_0 P_\infty$.

Leerlauf- und Kurzschlussversuch. Der in einem Leerlaufversuch bei der Bemessungsspannung U_N bestimmte Strom $\underline{I}_0^*$ entspricht nicht dem Zeiger des Punktes P_0 mit $s = 0$, da der Motor zur Deckung der mechanischen Reibung bereits ein Drehmoment entwickelt. Es muss also aus $\underline{I}_0^*$ die durch die Reibungsverluste P_R bedingte Wirkkomponente entfernt werden, um den Leerlaufstrom $\underline{I}_0$ zu erhalten. Man bestimmt die Lage von P_0 aus den Stromkomponenten:

Blindanteil
$$I_b = I_\mu = I_0^* \cdot \cos \varphi_0^*$$

Wirkanteil
$$I_w = I_0^* \cdot \sin \varphi_0^* - \frac{P_R}{3 U_{1Str}}$$

Die Reibungsverluste P_R lassen sich aus der aufgenommenen Leerlaufleistung P_0 berechnen. Diese besteht nach

$$P_0 = P_{Cu0} + P_{Fe} + P_R$$

aus den Leerlaufkupferverlusten

$$P_{Cu0} = 3 \cdot R_1 \cdot I_0^{*2}$$

den Eisenverlusten

$$P_{Fe} \sim U^2$$

und den Lager- und Luftreibungsverlusten P_R.

Man nimmt bei $n \approx n_1$ eine Messreihe $P_0, I_0^* = f(U_1)$ auf und errechnet $P_{Fe+R} = f(U_1^2)$. Diese Kurve ist wegen der quadratischen Abhängigkeit der Eisenverluste von der Spannung etwa eine Gerade (Bild 5.25), die auf der Ordinatenachse, d.h. bei $U_1^2 = 0$, die Reibungsverluste abschneidet.

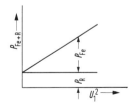

Bild 5.25 Trennung der Eisen- und Reibungsverluste aus dem Leerlaufversuch

5.2 Darstellung der Betriebseigenschaften

Der Kurzschlussversuch wird mit Rücksicht auf die Wicklungserwärmung stets bei verminderter Spannung durchgeführt und der Stromwert I_k linear auf die Bemessungsspannung umgerechnet. Durch

$$I_{kN} = I_k \cdot \frac{U_N}{U_k} \quad \text{und} \quad \cos \varphi_k = \left(\frac{P_k}{I_k \cdot U_k}\right)_{\text{Str}}$$

liegt die Lage des Kurzschlusspunktes fest. In Wirklichkeit ist der Kurzschlussstrom bei der Bemessungsspannung allerdings etwas größer, als diese Umrechnung ergibt. Auf die Gründe dafür wird im Anschluss eingegangen.

Beispiel 5.7: Zur messtechnischen Bestimmung der Stromortskurve eines Asynchronmotors mit $U_N = 400$ V wurde in Sternschaltung durchgeführt:

a) ein Leerlaufversuch bei $n \approx n_1$, $R_1 = 0{,}96\ \Omega$

$U_0 =$	100	150	200	250	300	400 V
$I_0^* =$	2,7	2,1	1,7	1,8	2,2	3,5 A
$P_0 =$	291	308	333	375	424	582 W

b) ein Kurzschlussversuch mit $U_k = 100$ V, $I_k = 10{,}2$ A, $P_k = 655$ W.

Es sind die Punkte P_0 und P_k festzulegen.

Aus der Leerlaufmessung bei U_N erhält man

$$\cos \varphi_0^* = \frac{P_0}{\sqrt{3} \cdot U_0 \cdot I_0^*} = \frac{582\ \text{W}}{\sqrt{3} \cdot 400\ \text{V} \cdot 3{,}5\ \text{A}} = 0{,}240, \quad \sin \varphi_0^* = 0{,}971$$

Dies ergibt die Blindkomponente des Leerlaufstromes zu

$$I_\mu = I_0^* \cdot \sin \varphi_0^* = 3{,}5\ \text{A} \cdot 0{,}971 = 3{,}4\ \text{A}$$

Zur Berechnung der Wirkkomponente I_w sind die Reibungsverluste P_R zu bestimmen. Man berechnet $P_{\text{Fe+R}} = P_0 - 3 \cdot R_1 \cdot I_0^{*2}$ und trägt $P_{\text{Fe+R}} = f(U_0)^2$ auf (Bild 5.25).

Durch den Ordinatenabschnitt ergibt sich $P_R = 255$ W und

$$I_w = I_0^* \cdot \cos \varphi_0^* - \frac{P_R}{3 \cdot U_{\text{Str}}} = 3{,}5\ \text{A} \cdot 0{,}24 - \frac{255\ \text{W}}{3 \cdot 230\ \text{V}} = 0{,}47\ \text{A}$$

Damit liegt der Stromzeiger im Leerlaufpunkt P_0 mit

$$\underline{I}_0 = (0{,}47 - j\, 3{,}4)\ \text{A}$$

fest.

Den Kurzschlusspunkt P_k erhält man aus

$$\cos \varphi_k = \frac{P_k}{\sqrt{3} \cdot U_k \cdot I_k} = \frac{655\ \text{W}}{\sqrt{3} \cdot 100\ \text{V} \cdot 10{,}2\ \text{A}} = 0{,}37$$

$$I_{kN} = 10{,}2\ \text{A} \cdot \frac{400\ \text{V}}{100\ \text{V}} = 40{,}8\ \text{A}$$

Aufgabe 5.6: Die Berechnung der Eisen- und Reibungsverluste aus Beispiel 5.7 und ihre Trennung ist durchzuführen.

Abweichungen zwischen errechneter und gemessener Stromortskurve.
Nimmt man an einer Asynchronmaschine den Ständerstrom und das Drehmoment vom Leerlauf bis in den Bremsbetrieb auf, so ergeben sich teils beträchtliche Abweichungen zu dem aus der Stromortskurve errechneten Verlauf. Dies hat eine ganze Reihe von Ursachen.

1. Das Kreisdiagramm berücksichtigt wie das angegebene Ersatzschaltbild nur die Grundwelle des Ständerdrehfeldes. Alle Oberwellenerscheinungen, die sich vor allem auf das Drehmoment stark auswirken können, sind damit zunächst nicht erfasst.
2. Die Widerstandswerte der Wicklungen gelten nur für die der Berechnung zugrunde liegende Betriebstemperatur. Da der ohmsche Widerstand etwa 4%/10 K ansteigt, können vor allem zwischen den Anlaufwerten bei kalter oder betriebswarmer Maschine merkliche Unterschiede entstehen.

Sobald die Stäbe eines Kurzschlussläufers eine bestimmte Höhe überschreiten, macht sich der Einfluss der Stromverdrängung bemerkbar. Er führt zu einer Abhängigkeit von R_2 von der Läuferfrequenz. Diese Erscheinung wird in der Bauform des Stromverdrängungsläufers bewusst verstärkt und lässt sich bei der Berechnung der Stromortskurve berücksichtigen. Sie zählt damit nicht zu den sonst unfreiwilligen Abweichungen.

3. Die Blindwiderstände der Ersatzschaltung sind nicht wie angenommen konstant, sondern infolge der Eisensättigung stromabhängig. Dabei ist bei kleinen Schlupfwerten die Veränderung der Hauptreaktanz und etwa ab dem Kippschlupf die der Streureaktanzen zu beachten. Insgesamt entstehen durch diese Sättigung Abweichungen von der Kreisform nach Bild 5.26.

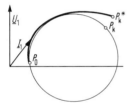
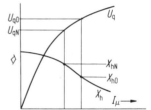

Bild 5.26 Abweichung der Stromortskurve von der Kreisform

Bild 5.27 Abhängigkeit des Hauptblindwiderstandes X_h von der Sättigung

Im Leerlaufpunkt P_0 liegt die induzierte Spannung U_{q0} üblicherweise bereits im gekrümmten Teil der Magnetisierungskennlinie $U_q = f(I_\mu)$, (Bild 5.27). Sinkt nun bei Belastung durch den primären Spannungsfall $\underline{I}_1 \cdot (R_1 + jX_{1\sigma})$ der Wert U_q auf $U_{qN} < U_{q0}$, so geht der Durchflutungsbedarf noch stärker zurück und der Quotient $X_h = U_q/I_\mu$ steigt von X_{h0} auf X_{hN} an. Dadurch ergeben sich bei kleineren Schlupfwerten, wo I_1 noch mehr als bei $s \to 1$ durch die Größe der Hauptreaktanz X_h mitbestimmt wird, in Wirklichkeit geringere Ströme als nach dem Kreisdiagramm.

Die Streureaktanz $X_{1\sigma} + X'_{2\sigma}$ wird durch die magnetische Sättigung verringert, da bei Strömen wesentlich über I_N der Durchflutungsbedarf für den Eisenweg des Streuflusses nicht mehr vernachlässigt werden darf. Für den Nutstreufluss über den Nutschlitz (Bild 5.28) bedeutet dies z. B. eine starke örtliche Sättigung an den Zahnspitzen. Dies wirkt wie eine allmähliche Erweiterung von b auf b' und damit wie eine Verringerung der Nutstreuinduktivität. Da der Strom mit

$$I_k \approx \frac{U_1}{\sqrt{(R_1 + R'_2)^2 + (X_{1\sigma} + X'_{2\sigma})^2}}$$

5.2 Darstellung der Betriebseigenschaften

Bild 5.28 Scheinbare Erweiterung der Nutöffnung b auf b' infolge Sättigung der Zahnspitzen durch den Nutstreufluss

und $\quad R_1; R_2' < X_{1\sigma}; X_{2\sigma}'$

bei $s = 1$ wesentlich durch die Streureaktanzen begrenzt wird, nimmt der Kreisdurchmesser allmählich zu. Anstelle des aus dem Kurzschlussversuch mit dem Bemessungsstrom umgerechneten Punktes P_k erhält man in Wirklichkeit P_k^* (Bild 5.26).

5.2.4 Betriebsbereiche und Kennlinien

Einteilung des Kreisumfangs. Die möglichen Betriebszustände der Asynchronmaschine sind durch den Wert des Schlupfes festgelegt und belegen jeweils einen bestimmten Teil des Kreisumfangs.

Dem Motorbetrieb sind mit dem Drehzahlbereich $0 \leq n \leq n_1$ die Schlupfwerte $0 \leq s \leq 1$ zugeordnet. Dies entspricht in Bild 5.29 dem Kreisumfang zwischen P_0 und P_k. Die zur Spannung phasengleiche Wirkkomponente des Ständerstromes bedeutet eine Leistungsaufnahme aus dem Netz und Ausbildung eines Momentes in Drehfeldrichtung. Im Bereich zwischen P_k und P_∞ ist $s > 1$, d. h. die Maschine läuft nach Gl. (5.3) mit negativer Drehzahl oder entgegen der Drehfeldrichtung. Da das Maschinenmoment sich nicht umkehrt, muss der Asynchronmotor im Bereich $s > 1$ angetrieben werden und arbeitet damit zwischen P_k und P_∞ als Bremse.

Unterhalb der imaginären Achse ist der Wirkanteil des Ständerstromes in Gegenphase mit der Netzspannung, womit nach dem VPS Generatorbetrieb vorliegt. Der Schlupf ist mit $s < 0$ negativ und die Maschine wird mit übersynchroner Drehzahl $n = n_1(1 + |s|)$ angetrieben. Die Leistungs- und Momentenlinie des Kreisdiagramms bleiben auch für den Generatorbetrieb gültig. So ist die Entfernung Leistungslinie – Kreis im Motor-

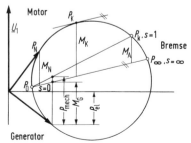

Bild 5.29 Einteilung des Kreisdiagramms nach Betriebsbereichen

betrieb der an der Welle abgegebenen beim Generator der zugeführten mechanischen Leistung proportional. Der Drehmomentbedarf des Generators wird durch den Wert M_G, die dem Netz zugeführte elektrische Leistung durch P_{el} festgelegt. Die weitere Darstellung des Generatorbetriebes der Asynchronmaschine soll gesondert im Abschnitt 5.5.3 erfolgen.

Kenndaten des Motorbetriebes. Für den üblichen Motorbereich der Asynchronmaschine lassen sich dem Kreisdiagramm (Bild 5.29) alle Betriebsgrößen, insbesondere die für Anlauf, Kipppunkt und Leerlauf entnehmen und die Kurven $I_1 = f(s)$ und $M = f(s)$ (Bild 5.30) angeben. Das höchste erreichbare Drehmoment wurde bereits in Abschnitt 5.2.2 als Kippmoment M_K bezeichnet und mit dem zugehörigen Kippschlupf s_K berechnet. Es ergibt sich aus der Stromortskurve durch die Tangente parallel zur Drehmomentenlinie P_0P_∞.

Der Schlupf s_N des Asynchronmotors beträgt für Motorleistungen über 1 kW etwa 1 bis 6 %, wobei große Maschinen im Bemessungsbetrieb die geringsten Abweichungen von der Synchrondrehzahl aufweisen. Der Kippschlupf hat etwa den 4- bis 6fachen Wert von s_N und liegt damit bei 6 bis 30 %. Die kurzzeitige Überlastungsfähigkeit des Motors wird durch das Kippmoment begrenzt, wobei man etwa $M_K : M_N = 2$ bis 3 annehmen darf. Die Kurve des Ständerstromes steigt vom Leerlaufwert bei $s = 0$ stetig an und erreicht im Stillstand den 4- bis 7fachen Bemessungsstrom. Auf die hieraus resultierenden Schwierigkeiten wird im Zusammenhang mit dem Anlassen noch eingegangen.

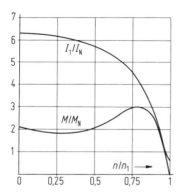

Bild 5.30 Verlauf von Drehmoment und Ständerstrom im Motorbereich

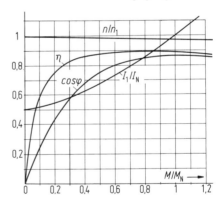

Bild 5.31 Betriebskennlinien der Asynchronmaschine

Belastungskurven. Um einen Überblick über das Verhalten des Asynchronmotors zwischen Leerlauf und Volllast zu erhalten, werden die einzelnen Motordaten über dem abgegebenen Drehmoment aufgetragen. Bild 5.31 zeigt ein Beispiel für einen Käfigläufermotor für 400 V mit $P_N = 11$ kW. Die Drehzahl hat wie beim fremderregten Gleichstrommotor einen flach abfallenden Verlauf, der wieder als Nebenschlusscharakteristik bezeichnet wird. Der Leerlaufstrom beträgt etwa 25 bis 60 % von I_N und ist im Vergleich zum Transformator vor allem deshalb so groß, weil zur Überwindung des Luftspaltes ein erhöhter Amperewindungsbedarf besteht. Während der Wirkungsgrad

5.2 Darstellung der Betriebseigenschaften

bei nicht zu kleiner Teillast noch gut ist, sinkt der Leistungsfaktor cos φ rascher ab. Laufen somit in einem Netzabschnitt viele Asynchronmotoren mit Teillast, so entsteht insgesamt ein hoher Blindstromanteil, der zu einer ungünstigen Ausnutzung der Installation führt. Hier bietet sich eine Blindleistungskompensation durch eine Kondensatorbatterie oder eine Synchronmaschine an, um den Leistungsfaktor in der Zuleitung zu verbessern.

Beispiel 5.8: Einem Kurzschlussläufermotor für $P_N = 22$ kW, $U = 400$ V, $I_N = 41$ A in Sternschaltung, $\cos \varphi_N = 0{,}89$ soll eine Kondensatorbatterie in Dreieckschaltung zur Übernahme der Blindleistung zugeschaltet werden.

Welche Leistung Q_C muss die Kondensatorbatterie erhalten und welche Kapazität pro Strang?

Für die Blindleistungsaufnahme des Motors gilt

$$Q = \sqrt{3} \cdot U \cdot I_N \cdot \sin \varphi_N = \sqrt{3} \cdot 400 \text{ V} \cdot 41 \text{ A} \cdot 0{,}456 = 12{,}95 \text{ kvar}$$

Nach DIN 48500 ist eine Kondensatoreinheit mit $Q_C = 12{,}5$ kvar zu wählen.

Die Kapazität ergibt sich aus

$$Q_C = 3 I_C \cdot U = 3 U^2 / X_C$$

$$Q_C = 3 \omega C \cdot U^2$$

zu

$$C = \frac{Q_C}{3\omega \cdot U^2} = \frac{12\,500 \text{ var}}{3 \cdot 314 \text{ s}^{-1} \cdot 400 \text{ V}^2} = 82{,}93 \text{ µF}$$

Die vom Netz zu liefernde Scheinleistung geht durch die Batterie auf

$$S = \sqrt{P_1^2 + (Q - Q_C)^2}$$

zurück. Dabei ist die Wirkleistung

$$P_1 = \sqrt{3} \, U \cdot I_N \cdot \cos \varphi_N = \sqrt{3} \cdot 400 \text{ V} \cdot 41 \text{ A} \cdot 0{,}89 = 25{,}28 \text{ kW}$$

$$S = \sqrt{25{,}28 + 0{,}45^2} \text{ kVA} = 25{,}284 \text{ kVA}$$

Dies ergibt den Netzstrom

$$I = \frac{S}{\sqrt{3} \cdot U} = \frac{25\,284 \text{ VA}}{\sqrt{3} \cdot 400 \text{ V}} = 36{,}5 \text{ A}$$

5.2.5 Drehmomente und Kräfte der Oberfelder

Oberwellendrehfelder. Wie bereits in Abschnitt 4.2.2 gezeigt wurde, bildet eine mehrsträngige symmetrische Ständerwicklung infolge der Treppendurchflutung ihrer einzelnen Stränge Drehfelder der Ordnungszahl

$$\nu = \pm k \cdot m_1 + 1, \text{ mit } k = 0;\ 2;\ 4;\ 6 \text{ usw.}$$

aus. Dabei bedeuten m_1 die Strangzahl und k eine beliebige geradzahlige ganze Zahl einschließlich Null. Es entstehen damit außer dem Grundwellenfeld nach

$$\nu = 1 \quad -5 \quad 7 \quad -11 \quad 13 \quad -17 \quad 19 \text{ usw.}$$

alle ungeradzahligen und nicht durch drei teilbaren Oberwellendrehfelder. Das Minuszeichen bedeutet, dass das betreffende Drehfeld im entgegengesetzten Sinne wie das Grundfeld mit $\nu = 1$ umläuft.

Asynchrone Oberfeldmomente. Die Oberwellendrehfelder oder kürzer Oberfelder besitzen nach Gl. (4.32) die Synchrondrehzahl

$$\boxed{n_v = \frac{n_1}{v}} \tag{4.32}$$

und können damit entsprechend ihrer Relativdrehzahl

$$\Delta n_v = n_v - n$$

in der Läuferwicklung Ströme induzieren. Deren Frequenz ist

$$f_{2v} = v \cdot p \cdot \Delta n_v$$

und damit nach den Gln. (4.24) und (4.32)

$$f_{2v} = f_1 \cdot \frac{\Delta n_v}{n_v}$$

Definiert man analog zur Grundwelle

$$\boxed{f_{2v} = s_v \cdot f_1} \tag{5.44}$$

so erhält man den Schlupf des Läufers zur v. Feldoberwelle des Ständers mit

$$\boxed{s_v = \frac{\Delta n_v}{n_v} = 1 - v(1-s)} \tag{5.45}$$

Genau wie die Läuferströme $\underline{I}'_2$ nun mit dem Grundwellendrehfeld ein Drehmoment bei $s \neq 0$ ausbilden, erzeugen die Läuferströme der Drehfeldoberwellen ein asynchrones Drehmoment bei $s_v \neq 0$. Diese Oberfeldmomente M_v überlagern sich dem der Grundwelle, so dass an der Welle der Maschine nur der resultierende Wert zur Verfügung steht (Bild 5.32).

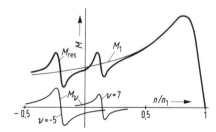

Bild 5.32 Asynchrone Oberfeldmomente durch Wicklungsharmonische

In den Synchronpunkten bei $s_v = 0$, d. h. wenn der Läufer die Drehzahl des betreffenden Oberwellendrehfeldes besitzt, ist $M_v = 0$. Außerhalb dieser Punkte, die nach Gl. (5.45) dem Schlupf

$$s = 1 - \frac{1}{v}$$

entsprechen, ruft jedes Oberfeldmoment Einsattelungen der Grundwellenkennlinie hervor. Das resultierende Wellenmoment hat einen Verlauf, wie er etwa bei der mechanischen Kupplung einer Hauptmaschine der Polzahl $2p$ mit einer Reihe von schwächeren Motoren steigender Polzahl $v \cdot 2p$ entsteht. Während des Hochlaufs arbeiten die

5.2 Darstellung der Betriebseigenschaften

mitlaufenden „Oberwellenmaschinen" bis $s_v = 0$ im Motorbetrieb und verstärken das resultierende Moment, danach bremsen sie im Generatorbetrieb.

Den stärksten Einfluss auf das Drehmoment besitzen neben der 5. und 7. Oberwelle die Nutungsharmonischen mit der Ordnungszahl nach Gl. (4.15)

$$v = \pm k \frac{Q}{p} + 1, \quad \text{mit} \quad k = 1; 2; 3 \text{ usw.}$$

da diese nach Tabelle 4.1 den Grundwellenwicklungsfaktor besitzen.

Synchrone Oberfeldmomente. Außer der Ständerwicklung mit dem Strom $\underline{I}_1$, erzeugt auch die Läuferwicklung durch den Strom $\underline{I}'_2$ neben der Grundwellendurchflutung ungeradzahlige Harmonische, die Oberwellendrehfelder ausbilden können. Diese rotieren zum Läufer mit der Drehzahl $s \cdot n_1/v$, da die Grundwelle selbst mit $s \cdot n_1$ umläuft. Besitzen nun eine beliebige Ständeroberwelle und ein Läuferoberwellenfeld, die beide dieselbe Polzahl aufweisen, in irgendeinem Betriebspunkt dieselbe Umlaufdrehzahl, so können sie zusammen ein Drehmoment ausbilden. Es entspricht dies der Wirkungsweise der Synchronmaschine, wo auch das vom Läuferstrom erregte Polradfeld und das Drehfeld des Ständerstromes nur bei ihrer Synchrondrehzahl ein von null verschiedenes mittleres Moment erzeugen.

Als Beispiel für die Entstehung eines synchronen Oberfeldmomentes seien wieder die Nutungsharmonischen betrachtet. Besitzt eine vierpolige Maschine die Nutzahlen $Q_1 = 24$, $Q_2 = 28$, so entstehen nach Gl. (4.15) die Oberwellenfelder für $k = 1$

Ständer: $v_1 = \pm 12 + 1 = 13$ (mitlaufend)
$= -11$ (gegenlaufend)
Läufer: $v_2 = \pm 14 + 1 = 15$ (mitlaufend)
$= -13$ (gegenlaufend)

Es kann damit ein Drehmoment der 13. Harmonischen entstehen, wenn die Umlaufdrehzahlen übereinstimmen. Für die mitlaufende Ständerwelle gilt

$$(n_{13})_1 = \frac{n_1}{13}$$

für die gegenläufige Läuferwelle

$$(n_{13})_2 = -\frac{s \cdot n_1}{13} = -\frac{n_1 - n}{13}$$

da die Läufergrundwelle nur mit $s \cdot n_1$ rotiert. In Bezug auf den Ständer addiert sich die Motordrehzahl, so dass bei gleicher Umlaufdrehzahl gelten muss

$$(n_{13})_1 = (n_{13})_2 + n$$

$$\frac{n_1}{13} = -\frac{n_1 - n}{13} + n$$

und daraus

$$n = \frac{n_1}{7}$$

Bei der Drehzahl $n_1/7$ tritt damit ein synchrones Oberfeldmoment auf (Bild 5.33), das den Motor bei dieser Drehzahl zu halten versucht. Außerhalb seiner synchronen Drehzahl pulsiert das Moment zeitlich um den Mittelwert null und kann zu Geräuschen Anlass geben.

Besonders unangenehm sind Oberfeldmomente, die im Stillstand auftreten (Totpunkte), da sie ein Anlaufen des Läufers zu verhindern versuchen (Kleben des Läufers).

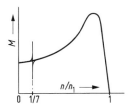

Bild 5.33 Synchrones Oberfeldmoment

Beispiel 5.9: Ein Kurzschlussläufermotor ohne Nutschrägung und Sehnung hat die Nutzahlen $Q_1 = 36$, $Q_2 = 16$ und $p = 2$. Es sind die Drehzahlen n_x anzugeben, bei denen in der Drehmomentkurve Einsattelungen zu erwarten sind.

Es entstehen asynchrone Oberfeldmomente durch Ständerdrehfelder der Ordnungszahl $\nu = (-5)$, 7, (-11), 13, (-17), 19, (-23) usw., wobei die eingeklammerten Werte im Bremsbereich liegen.

Die Synchronpunkte dieser Momente liegen bei den Drehzahlen n_1/ν. Wegen $p = 2$ wird $n_1 = 1500$ min^{-1} und damit

$$\nu = \quad\quad\quad 7 \quad\quad 13 \quad\quad 19$$
$$n_x = n_1/\nu = 214{,}3 \quad 115{,}4 \quad 79 \text{ min}^{-1}$$

Synchrone Oberfeldmomente:

Nutungsharmonische der Ständerwicklung

$$\nu_1 = \pm k \cdot \frac{Q_1}{p} + 1 = \pm k \cdot 18 + 1$$

$$k = 1 \quad\quad\quad\quad 2$$
$$\nu_1 = -17; 19 \quad\quad -35; 37$$

Nutungsharmonische der Läuferwicklung

$$\nu_2 = \pm k \cdot \frac{Q_2}{p} + 1 = \pm k \cdot 8 + 1$$

$$k = 1 \quad\quad\quad\quad 2$$
$$\nu_2 = -7; 19 \quad\quad -15; 17$$

Es können zusammenarbeiten

7. Ständerwelle (mitlaufend) mit -7. Läuferwelle (gegenlaufend)

-17. Ständerwelle (gegenlaufend) mit 17. Läuferwelle (mitlaufend).

Die Synchrondrehzahlen lassen sich nach der Beziehung

$$\frac{n_1}{\nu_1} = \frac{n_1 - n}{\nu_2} + n$$

berechnen, wobei das Vorzeichen von v zu beachten ist.

$v_1 = 7$: $\dfrac{n_1}{7} = -\dfrac{n_1 - n}{7} + n$

$n = \dfrac{n_1}{4} = 375 \text{ min}^{-1}$

$v_1 = -17$: $-\dfrac{n_1}{17} = \dfrac{n_1 - n}{17} + n$

$n = -\dfrac{n_1}{8} = -187{,}5 \text{ min}^{-1}$

Aufgabe 5.7: Ein vierpoliger Drehstrom-Asynchronmotor hat die Nutzahlen $Q_1 = 24$, $Q_2 = 20$. Bei welchen Drehzahlen treten synchrone Oberwellenmomente auf, wenn man nur die Nutungsharmonischen bis $k = 1$ berücksichtigt?

Ergebnis: $n = -300 \text{ min}^{-1}$

Maßnahmen zur Unterdrückung der parasitären Momente. Die erste Maßnahme zur Vermeidung von Oberfeldmomenten muss darin bestehen, die Ständerwicklung so auszulegen, dass die stärksten Oberwellenfelder gar nicht oder nur schwach auftreten. Dies lässt sich nach Abschnitt 4.2.2 verwirklichen, wenn die betreffenden Wicklungsfaktoren durch $q > 1$ und eine zusätzliche Sehnung möglichst klein gehalten werden. Auf diese Weise lassen sich zumindest die 5. und 7. Harmonische beseitigen.

Über den Wicklungsfaktor nicht zu beeinflussen sind die Nutungsharmonischen, die nach Abschnitt 4.2.2 stets den Grundwellenwicklungsfaktor besitzen. Da diese Oberwellenfelder somit nicht zu vermeiden sind, kann man nur noch ihre Wirkung auf die Läuferstäbe aufheben. Dies geschieht nach Bild 5.34 durch eine Schrägung der Läufernuten um eine Ständernutteilung. Dadurch wird die Verkettung der Läuferstäbe mit der Nutungsoberwelle für $k = 1$ zu null, so dass in der Wicklung keine entsprechenden Ströme induziert werden können, womit auch kein Drehmoment entsteht. Mit dem Betrag τ_{n1} schrägt man für die nicht existierende Ordnungszahl $v = Q/p$ und erfasst damit gleichmäßig die benachbarten Ordnungszahlen $v = \pm Q/p + 1$.

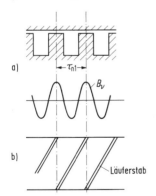

Bild 5.34 Nutschrägung zur Entkopplung der Läuferwicklung von Ständer-Nutungsharmonischen

a) Ständernutteilung und Lage der fiktiven Nutungsharmonischen B_v mit $v = Q/p$
b) Schrägung der Läufernuten um eine Ständernutteilung

Oberfeldmomente durch Zusatzeisenverluste. Misst man die Drehmoment-Drehzahl-Kurve einer Asynchronmaschine, vor allem in der Bauform als Kurzschlussläufer, und lässt die relativ spitzen Einsattelungen durch die bereits besprochenen Oberfeldmomente außer Acht, so erhält man im Allgemeinen den Verlauf $M = f(n)$ nach Bild 5.35. Das

Wellenmoment ist im Motorbetrieb kleiner als der Grundwellenwert und weicht im Bremsbereich sogar wesentlich davon ab.

Die Ursache dieser Differenzen sind zusätzliche parasitäre Drehmomente, die vor allem wieder durch die Nutungsharmonischen entstehen. Im Unterschied zu den bisher behandelten Oberfeldmomenten werden sie nicht durch Ströme in der Läuferwicklung, sondern durch zusätzliche Eisenverluste hervorgerufen.

An der Entstehung dieser Eisenverluste sind meist mehrere Erscheinungen gleichzeitig beteiligt [51–53]. So sind bei Käfigläufern die Stäbe gegenüber dem Eisen nicht isoliert, was bei schräg gestellten Nuten zur Ausbildung von Querströmen über das Eisen von Stab zu Stab führen kann. Die Stromwärmeverluste dieser Querströme bilden einen Teil der über den Luftspalt übertragenen Leistung und sind damit drehmomentbildend.

Dasselbe trifft auf zusätzliche Eisenverluste zu, die durch die Nutungsharmonischen entstehen. Diese hochpoligen Oberwellendrehfelder rotieren zum Läufereisen mit der Drehzahl $\Delta n_\nu = n_1/\nu - n$ und magnetisieren das Dynamoblech in den Zähnen nach Gl. (5.44) mit der Frequenz

$$f_{2\nu} = f_1[1 - \nu(1-s)] \tag{5.46}$$

um. Bei $Q/p = \pm 18$ und $s_K = 0{,}2$ ergibt dies z. B. im Kipppunkt im Mittel über 700 Hz. Weiter können sich in einer dünnen geschlossenen Oberflächenschicht des Läufers, die durch eine Gratbildung beim Überdrehen der Bleche entsteht, Wirbelstromverluste ausbilden.

Berechnet man die als Zahnpulsationsverluste bezeichneten Eisenverluste $P_{\mathrm{Fe}\nu}$ der stets paarweise auftretenden Nutungsharmonischen [54, 55], so bestimmt sich die zugehörige Luftspaltleistung nach Gl. (5.25) zu

$$P_{\mathrm{L}\nu} = \frac{P_{\mathrm{Fe}\nu}}{s_\nu} \tag{5.47}$$

Das Oberwellendrehmoment wird dann

$$M_\nu = \frac{P_{\mathrm{L}\nu}}{2\pi \cdot n_\nu} \tag{5.48}$$

Der Verlauf von parasitären Drehmomenten durch Eisenverluste ist wesentlich gestreckter als der durch Wicklungsströme und ergibt die in Bild 5.35 dargestellten Kurven.

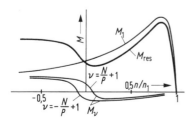

Bild 5.35 Oberfeldmomente M_ν durch Zusatzeisenverluste der Nutungsharmonischen $\nu = \pm Q/p + 1$
M_1 Grundfeldmoment

5.2 Darstellung der Betriebseigenschaften

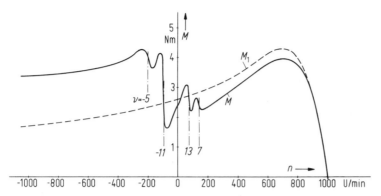

Bild 5.36 Gemessene Momentenkurve eines Drehstrom-Käfigläufers für $P_N = 2,2$ kW bei $U_1 = 0,3\ U_N$, $p = 3$, $Q_1 = 36$, $Q_2 = 44$, Einschichtwicklung

Resultierende Momentenkurve. Das Wellenmoment der Asynchronmaschine ist nach vorstehenden Aussagen ein Summenwert, der sich aus dem gewünschten Moment M_1 des Grunddrehfeldes mit der Drehzahl n_1 und überlagerten Störmomenten ergibt. In welchem Umfang die gemessene Momentenkurve vom eigentlichen Grundfeldverlauf abweichen kann, zeigt Bild 5.36 am Beispiel eines älteren sechspoligen Käfigläufermotors für $P_N = 2,2$ kW.

Bei den Nutzahlen $Q_1 = 36$, $Q_2 = 44$ und einer Läufernutschrägung um eine halbe Läufernutteilung ist deutlich der Einfluss von asynchronen Oberfeldmomenten 5. bis 13. Ordnungszahl zu erkennen. Die hohen Momentwerte bei negativen Drehzahlen sind nach Bild 5.35 hauptsächlich auf Zusatzeisenverluste zurückzuführen.

Die angegebene Kurve wurde bei einer Teilspannung von $0,3 \cdot U_N$ aufgenommen, wobei die Oberfeldanteile besonders deutlich hervortreten. Bei Bemessungsspannung und damit hohen Wicklungsströmen im Anlaufbereich tritt durch die Sättigung der Zahnköpfe infolge des Streuflusses ein Abschleifen des eckigen treppenförmigen Feldverlaufs der Wicklungsstränge auf. Dies führt zu einem Absinken der Oberfeldanteile und damit auch der Störmomente.

Rüttelkräfte. Außer für die unerwünschten Einsattelungen in der Momentenkurve sind die Oberwellenfelder auch für die Entstehung einseitiger radialer Zugkräfte zwischen Ständer und Läufer verantwortlich. Sie entstehen durch gegensinnig umlaufende Harmonische, deren Ordnungszahlen nebeneinander liegen, so dass die Felder eine Schwebung ausbilden. Entlang des Bohrungsumfangs bilden sich gegenüberliegend eine Zone mit hoher und geringer Flussdichte im Luftspalt aus. Da diese ungleiche Feldverteilung umläuft, ruft sie rotierende einseitige Zugkräfte hervor. Dadurch werden einzelne Maschinenteile zu Schwingungen angeregt, was besonders dann, wenn Resonanzen entstehen, zu Geräuschen führt.

Beispiel 5.10: Ein vierpoliger Kurzschlussläufermotor hat die Daten:
$$Q_1 = 36, \quad P_{2N} = 4 \text{ kW}, \quad M_N = 26,8 \text{ N} \cdot \text{m}, \quad s_N = 0,05,$$
$$M_K/M_N = 2,4, \quad s_K = 0,2, \quad I_K/I_N = 3,9$$

Es sei angenommen, dass die Oberwellendrehfelder der Nutungsharmonischen $v = -17$ und 19 bei I_N in den Läuferzähnen zusammen Wirbelstromverluste von 0,4 % der Bemessungsleistung erzeugen. Es ist abzuschätzen, um welchen Betrag das Kippmoment durch die Oberfeldmomente dieser Zusatzeisenverluste zurückgeht.

Es kann angenommen werden, dass bei konstanter Ummagnetisierungsfrequenz in den Läuferzähnen die Wirbelstromverluste durch die Nutungsharmonischen mit dem Quadrat des Ständerstromes ansteigen. Damit wird

$$P^*_{Fev} = 0{,}004 P_{2N} \cdot \left(\frac{I_K}{I_N}\right)^2 = 0{,}004 \cdot 4000 \text{ W} \cdot 3{,}9^2 = 243{,}3 \text{ W}$$

Die Ummagnetisierungsfrequenz im Läufer errechnet sich nach den Gln. (5.44) und (5.45) zu

$$f_{2v} = f_1 \cdot s_v \quad \text{mit} \quad s_v = 1 - v(1-s)$$

Nach Bild 5.35 reduziert sowohl das Oberfeldmoment der −17. wie 19. Nutungsharmonischen das Kippmoment. Man macht daher nur einen geringen Fehler, wenn man mit dem mittleren Schlupf

$$s_{vm} = v(1-s)$$

rechnet, der zu einer fiktiven 18. Oberwelle gehört. Die Ummagnetisierungsfrequenz wird damit

im Bemessungspunkt

$$f_{2v} = 18 \cdot 50(1 - s_N) \text{ Hz}$$

im Kipppunkt

$$f_{2v} = 18 \cdot 50(1 - s_K) \text{ Hz}$$

Da die Wirbelstromverluste vom Quadrat der Frequenz abhängen, gilt damit

$$P_{Fev} = P^*_{Fev} \cdot \frac{(f_{2v})^2_K}{(f_{2v})^2_N} = P^*_{Fev} \cdot \frac{(1-s_K)^2}{(1-s_N)^2}$$

$$P_{Fev} = 243{,}3 \text{ W} \cdot \left(\frac{0{,}8}{0{,}95}\right)^2 = 172{,}5 \text{ W}$$

Diese Eisenverluste entsprechen der Luftspaltleistung

$$P_{Lv} = \frac{P_{Fev}}{(s_{vm})_K} = \frac{172{,}5 \text{ W}}{18 \cdot 0{,}8} = 12 \text{ W}$$

Das Oberfeldmoment errechnet sich mit $n_v = n_1/18$ und $n_1 = 25 \text{ s}^{-1}$ zu

$$M_v = \frac{P_{Lv}}{2\pi \cdot n_v} = \frac{18 \cdot 12 \text{ W}}{2\pi \cdot 25 \text{ s}^{-1}} = 1{,}375 \text{ W} \cdot \text{s}$$

$$M_v = 1{,}375 \text{ N} \cdot \text{m}$$

Das Kippmoment wird daher um

$$\frac{M_v}{M_K} = \frac{1{,}375}{2{,}4 \cdot 26{,}8} \cdot 100\% = 2{,}14\%$$

geschwächt.

5.3 Steuerung von Drehstrom-Asynchronmaschinen

5.3.1 Verfahren zur Drehzahländerung

Die wichtigsten Möglichkeiten, die zur Steuerung der Drehzahl von Asynchronmaschinen bestehen, lassen sich bereits der Grundgleichung

$$n = n_1(1-s) = \frac{f_1}{p}(1-s)$$

entnehmen. Um die einem bestimmten Drehmoment zugeordnete Drehzahl zu verändern, bestehen danach folgende Verfahren:

1. Vergrößerung des Schlupfes s durch
   - Vorwiderstände bei Schleifringläufermotoren
   - Absenken der Klemmenspannung
   - Energierückspeisung aus dem Läufer in das Netz.

2. Änderung der Polzahl $2p$ durch
   - eine polumschaltbare Wicklung
   - getrennte Ständerwicklungen unterschiedlicher Polzahl.

3. Änderung der Frequenz f der Drehspannung durch
   - Umrichterschaltungen der Leistungselektronik.

Alle angegebenen Verfahren haben praktische Bedeutung erlangt und sollen nachstehend im Einzelnen besprochen werden.

Schlupferhöhung durch Läufervorwiderstände. In der Ausführung der Maschine als Schleifringläufer besteht die Möglichkeit, an die Anschlüsse K, L, M des Läufers einen einstellbaren Drehstromwiderstand R_{2v} zuzuschalten. Der wirksame Strangwiderstand der Läuferwicklung erhöht sich damit von R_2 auf $R_2 + R_{2v}$ und man erhält die Ersatzschaltung in Bild 5.37. Sie realisiert die Spannungsgleichung (5.13) mit der Erweiterung durch R_{2v}.

Die Wirkung des Läufervorwiderstandes kann unmittelbar Bild 5.37 entnommen werden. Bei Kurzschluss der Klemmen K, L, M, d. h. $R_{2v} = 0$ genügt z. B. zur Erzeugung des Stromes I_{2N} und damit des Bemessungsmomentes eine kleine induzierte Läuferspannung U_{q2} durch den geringen Schlupf s_N. Mit R_{2v} im Läuferkreis muss für ebenfalls I_{2N} wegen des zusätzlichen Spannungsfalles U_v ein höherer Wert U_{q2} gebildet werden, was die Maschine nur durch eine Vergrößerung des Schlupfes s erreichen kann.

Der Läufervorwiderstand bewirkt also bei gegebener Belastung eine Verringerung der Betriebsdrehzahl.

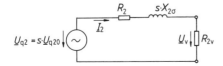

Bild 5.37 Schlupferhöhung der AsM durch einen Läufervorwiderstand R_{2v}

Für die quantitative Auswertung ist zu beachten, dass nach dem Ersatzschaltbild der AsM jedem Betriebszustand und damit auch jedem Punkt der Stromortskurve ein fester Quotient R_2/s zugeordnet ist. Die im Kreisdiagramm nach Bild 5.21 mit Hilfe der Schlupfgeraden angegebene Schlupfeinteilung gilt also nur für einen gegebenen festen Läuferwiderstand. Ändert man den gesamten sekundären Strangwiderstand vom Wert R_2 auf $R_2 + R_{2v}$, so erhält man für einen bestimmten Betriebspunkt auf dem Kreis anstelle des Schlupfes s den neuen Wert s^* über die Gleichung

$$\frac{R_2 + R_{2v}}{s^*} = \frac{R_2}{s}$$

und damit

$$s^* = s\left(1 + \frac{R_{2v}}{R_2}\right) \qquad (5.49)$$

Diese Beziehung besagt, dass sich im Kreisdiagramm der einem Umfangspunkt und damit einem konstanten Strom und Drehmoment zugeordnete Schlupfwert über den resultierenden Läuferkreiswiderstand beliebig vergrößern lässt.

Für die neue Betriebsdrehzahl n^* gilt nach $n = n_1(1-s)$ im Vergleich zum alten Wert n

$$n^* = n - \frac{R_{2v}}{R_2}(n_1 - n) \qquad (5.50)$$

Der Kippschlupf der Maschine steigt ebenfalls nach Gl. (5.49) an, während das Kippmoment, das nach Gl. (5.35 a) vom Läuferwiderstand unabhängig ist, unverändert bleibt.

Eine Drehzahlsteuerung durch Zusatzwiderstände ist konstruktiv nur beim Schleifringläufermotor möglich. Hier kann über die Schleifringe der Läuferwicklung ein einstellbarer dreisträngiger Widerstand zugeschaltet werden (Bild 5.38). Die einzelnen Stufen lassen sich durch einen Handschalter oder über Schütze anwählen.

Mit Mitteln der Leistungselektronik lässt sich nach Bild 5.39 eine kontaktlose, stetige Einstellung des wirksamen Läufervorwiderstandes erreichen. Der Läuferstrom I_2 wird dabei zunächst in einer Drehstrombrückenschaltung gleichgerichtet und danach einem

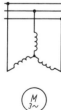

Bild 5.38 Schleifringläufer mit dreisträngigem Vorwiderstand R_v

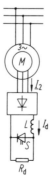

Bild 5.39 Schleifringläufermotor mit gepulstem Vorwiderstand R_d

5.3 Steuerung von Drehstrom-Asynchronmaschinen

Festwiderstand R_d zugeführt. Die Drosselspule L dient zur Glättung des Gleichstromes I_d. Parallel zu dem Festwiderstand liegt ein Gleichstromsteller S, der als elektronischer Ein- und Ausschalter eingesetzt ist. Ist dieser geöffnet, so fließt I_d über den Widerstand, bei geschlossenem Schalter ist R_d dagegen überbrückt.

R_d lässt sich über eine Energiebilanz in einen gleichwertigen Läufervorwiderstand R_{2v} nach Bild 5.37 umrechnen. Bezeichnet man mit t_E die Einschaltdauer von R_d und mit t_P die Periodendauer der Taktung, so erhält man die Beziehung

$$I_d^2 \cdot R_d \cdot t_E = 3 \cdot I_2^2 \cdot R_{2v} \cdot t_P$$

Mit der bei B6-Schaltungen gültigen Stromübersetzung von $I_d/I_2 = \sqrt{1{,}5}$ ergibt dies die Zuordnung

$$1{,}5 \cdot R_d \cdot t_E = 3 R_{2v} \cdot t_P$$

$$R_{2v} = \frac{1}{2} R_d \cdot \frac{t_E}{t_P}$$

Für verschiedene wachsende Läuferwiderstände R_{2v} erhält man Drehzahl-Drehmoment-Kennlinien nach Bild 5.40. Nach Gl. (5.50) wird, ausgehend von der normalen Betriebskennlinie, in jedem Arbeitspunkt die Schlupfdrehzahl $n_1 - n$ um den Faktor R_{2v}/R_2 vergrößert. Das Kippmoment bleibt erhalten und kann bis in den Bereich negativer Werte verschoben werden. Im üblichen Betriebsbereich entstehen wie bei der Gleichstrommaschine mit Steuerung über Ankervorwiderstände immer steilere Geraden mit einer entsprechenden größeren Lastabhängigkeit der Drehzahl. Für alle Kurven gilt dieselbe Stromkennlinie $I_1 = f(M)$.

Der entscheidende Nachteil dieser Steuermethode liegt in den hohen zusätzlichen Stromwärmeverlusten der Vorwiderstände. Um ein bestimmtes Moment zu erhalten, muss ein fester Betriebspunkt auf dem Kreis erreicht werden, was einer unveränderlichen aus dem Netz entnommenen Primärleistung entspricht. Die mechanische abgegebene Leistung sinkt jedoch nach $P_2 \sim n \cdot M$ mit der Drehzahl und damit auch der Wirkungsgrad.

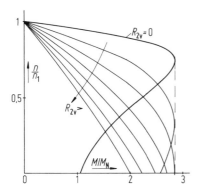

Bild 5.40 Drehzahleinstellung durch Läufervorwiderstände R_{2v}

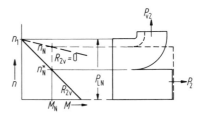

Bild 5.41 Leistungsbilanz für Bemessungsmoment bei Drehzahlsteuerung durch Läufervorwiderstände

P_{v2} Stromwärmeverluste im Läuferkreis

Dies Ergebnis wird auch durch die Zerlegung der drehmoment-proportionalen Luftspaltleistung P_L in den Gln. (5.24) und (5.25) deutlich. Bei konstantem Moment $M \sim P_L$ geht mit steigendem Schlupf der als abgegebene Leistung $P_2 = P_L(1 - s)$ verfügbare Anteil zugunsten der gesamten Stromwärmeverluste $P_{v2} = P_L \cdot s$ zurück.

Die grafische Darstellung dieses Sachverhalts ergibt für Belastung mit dem Bemessungsmoment M_N das Diagramm nach Bild 5.41. Bei $R_{2v} = 0$ gilt die gestrichelte Drehzahlkennlinie und für M_N die gestrichelte Aufteilung der Luftspaltleistung P_{LN}. Wird ein Vorwiderstand R_{2v} zugeschaltet, so sinkt die Drehzahl auf n_N^* und man erhält die dargestellte Leistungsaufteilung.

Für Dauerbetrieb und über einen größeren Bereich ist die Drehzahleinstellung über Läufervorwiderstände daher zu unwirtschaftlich. Sie wird jedoch dort angewandt, wo kurzzeitig geringe Drehzahlen zum Anfahren, wie z. B. bei Hebezeugen, Zentrifugen, verlangt werden.

Beispiel 5.11: Ein vierpoliger Drehstrom-Schleifringläufermotor gibt bei seiner Bemessungsdrehzahl von $n_N = 1446$ min^{-1} eine Leistung von $P_2 = 22$ kW an der Welle ab, die gesamten Reibungsverluste betragen 250 W, der Läuferstrom $I_{2N} = 46$ A. Wie groß muss der Läuferzusatzwiderstand sein, so dass der Motor bei $s_K = 4,5\, s_N$ mit dem Kippmoment anläuft?

Der Schlupf ist nach Gl. (5.2)

$$s_N = \frac{n_1 - n_N}{n_1} = \frac{54 \text{ min}^{-1}}{1500 \text{ min}^{-1}} = 0{,}036, \quad \text{damit} \quad s_K = 4{,}5 \cdot 0{,}036 = 0{,}162$$

Nach den Gln. (5.24) und (5.25) gilt für das Verhältnis Läuferkupferverluste zur gesamten mechanisch angegebenen Leistung

$$\frac{P_{Cu2}}{P_2 + P_R} = \frac{s}{1-s}$$

womit man für den Bemessungspunkt $P_{Cu2} = \dfrac{0{,}036}{0{,}964}(22 \text{ kW} + 0{,}25 \text{ kW}) = 831$ W erhält.

Die Läuferkupferverluste sind $P_{Cu2} = 3 \cdot R_2 \cdot I_{2N}^2$ und

$$R_2 = \frac{831 \text{ W}}{3 \cdot 46^2 \cdot \text{A}^2} = 0{,}131 \; \Omega$$

Den Läuferzusatzwiderstand erhält man über Gl. (5.49) nach

$$\frac{R_2}{s_k} = R_2 + R_{2v}$$

$$R_{2v} = R_2 \left(\frac{1}{s_K} - 1\right) = 0{,}131 \; \Omega \left(\frac{1}{0{,}162} - 1\right)$$

$$R_{2v} = 0{,}678 \; \Omega$$

Der obige Motor habe bei $\vartheta_1 = 20\,°\text{C}$ Betriebstemperatur die Werte $n_N = 1450$ min^{-1}, $R_{2k} = 0{,}125 \; \Omega$. Auf welchen Wert n_N^* sinkt die Drehzahl bei M_N, wenn sich der Läufer auf $\vartheta_2 = 120\,°\text{C}$ erwärmt?

Für den warmen Widerstand gilt

$$R_{2w} = R_{2k} \cdot \frac{235\,°\text{C} + \vartheta_2}{235\,°\text{C} + \vartheta_1} = 0{,}125 \; \Omega \cdot \frac{355\,°\text{C}}{255\,°\text{C}} = 0{,}174 \; \Omega$$

Dies entspricht einer Widerstandserhöhung von $R_{2v} = R_{2w} - R_{2k} = 0{,}049 \; \Omega$.

5.3 Steuerung von Drehstrom-Asynchronmaschinen

Nach Gl. (5.50) ergibt dies die neue Drehzahl

$$n_N^* = n_N - \frac{R_{2v}}{R_2}(n_1 - n_N) = 1450 \text{ min}^{-1} - \frac{0{,}049 \, \Omega}{0{,}125 \, \Omega} \cdot 50 \text{ min}^{-1} = 1430 \text{ min}^{-1}$$

Aufgabe 5.8: Ein Drehstrommotor mit dem Anlaufmoment M_{AN} hat die Widerstandsdaten $R_1 = R_2' = 0{,}25 \, \Omega$, $X_{1\sigma} + X_{2\sigma}' = 1{,}0 \, \Omega$. Wie verändert sich das Anzugsmoment, wenn man

a) den Primärwiderstand R_1,

b) den Läuferwiderstand R_2

verdoppelt? Es ist das Verhältnis M_A/M_{AN} unter Vernachlässigung des Querzweiges im Ersatzschaltbild anzugeben.

Ergebnis: a) $M_A/M_{AN} = 0{,}8$ b) $M_A/M_{AN} = 1{,}6$

Aufgabe 5.9: Ein Schleifringläufermotor hat die Bemessungsdaten $P_{1N} = 11{,}1$ kW, $P_{2N} = 10$ kW und $s_N = 0{,}03$. Die Reibungsverluste können vernachlässigt werden. Durch Läufervorwiderstände R_{2v} soll bei Bemessungsmoment die Drehzahl $0{,}8 \, n_N$ eingestellt werden. Es sind der neue Wirkungsgrad und die Einzelverluste zu bestimmen.

Ergebnis: $\eta = 0{,}72$, $P_{v1} = 790{,}7$ W, $P_{Cu2} = 309{,}3$ W, $P_{Rv} = 2000$ W

Änderung der Klemmenspannung. Nach den Gln. (5.34) und (5.35) bleibt bei einer Verringerung der Ständerspannung U_1 der Kippschlupf s_K unverändert, während das Kippmoment mit $M_K \sim U_1^2$ quadratisch abnimmt. Bei der normalen Läuferauslegung mit $s_K = 0{,}15$ bis $0{,}3$ ergibt sich dann das Kennlinienfeld in Bild 5.42 a. Dieser Verlauf bedeutet für viele Antriebsaufgaben einen sehr eingeschränkten Drehzahlstellbereich, da die Betriebspunkte unterhalb des Kippmomentes vielfach instabil sind. So wird der Motor z. B. bei einem drehzahlunabhängigen Lastmoment immer auf den Schnittpunkt P mit dem oberen Kennlinienast beschleunigen.

Für den Einsatz mit Spannungsabsenkung verwendet man daher meist Maschinen mit einem so genannten Widerstandsläufer, bei dem z. B. durch einen höheren spezifischen Widerstand des Käfigs das Kippmoment erst bei $s_K \approx 1$ auftritt. Man erhält dann die weichen Drehzahlkurven in Bild 5.42 b und kann jetzt praktisch den ganzen Drehzahlbereich nutzen.

Die Methode der Spannungsabsenkung eignet sich besonders zur Drehzahleinstellung bei kleinen Lüfter- und Pumpenantrieben, da hier das erforderliche Drehmoment $M_w \sim n^2$ ist. Eine derartige Lastkurve ist in Bild 5.42 b mit möglichen stabilen Arbeitspunkten eingetragen. Bei niedrigen Drehzahlen, d. h. hohen Schlupfwerten, sind mit $P_2 \sim n^3$ nur geringe Abgabeleistungen erforderlich, was im Hinblick auf die Läuferver-

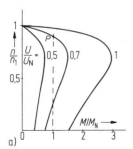
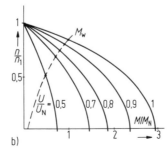

Bild 5.42 Drehzahl-Drehmoment-Kennlinien bei variabler Ständerspannung

a) Verlauf bei normaler Läuferauslegung
b) Betrieb mit Widerstandsläufer
M_W – Lüfterwiderstandsmoment

luste P_{Cu2} sehr erwünscht ist. Nach den Gln. (5.24) und (5.25) errechnen sich diese zu

$$P_{Cu2} = P_2 \cdot \frac{s}{1-s}$$

steigen also bei fester Abgabeleistung P_2 überproportional mit s an. Auf dieses Problem wird in Abschnitt 5.4.1 im Zusammenhang mit der Technik der Drehstromsteller noch näher eingegangen.

Polumschaltung. Eine Änderung der Polpaarzahl p des Ständerdrehfeldes ergibt nach Gl. (5.1) eine grobstufige Drehzahlsteuerung. Man verwendet dazu Maschinen mit Käfigläufer, da dieser im Gegensatz zur Schleifringläuferwicklung mit ihrer gegebenen Spulenweite nicht an eine feste Polzahl gebunden ist. Der Wechsel auf die neue Polpaarzahl kann entweder dadurch erreicht werden, dass in den Ständernuten zwei getrennte Drehstromwicklungen unterschiedlicher Polzahl liegen, von denen stets nur eine in Betrieb ist, oder durch die Umschaltung der Spulengruppen einer einzigen Wicklung. Für eine mehrfach polumschaltbare Maschine verwendet man auch eine Kombination beider Verfahren.

Anwendungsgebiete polumschaltbarer Motoren sind z. B. Werkzeugmaschinen und Hebezeuge, wo neben der Betriebsdrehzahl eine Langsamstufe zum Positionieren erforderlich ist. Bei Pumpen- und Lüfterantrieben lässt sich mit der Polumschaltung eine grobstufige Änderung der Förderleistung erreichen. Durch den Anlauf über die höhere zur niederen Polzahl im Betrieb kann man ferner die Anlaufverlustwärme im Läufer wesentlich herabsetzen.

Dahlander-Schaltung. Die wichtigste Technik zur Polumschaltung ist die Dahlander-Schaltung der Drehstromwicklung, die eine Änderung der Polpaarzahl im Verhältnis $p_2 : p_1 = 2 : 1$ ermöglicht. In Bild 5.43 ist das Wicklungsschema eines Strangs für eine 4/2-polige Ausführung angegeben, wobei folgender grundsätzlicher Aufbau zu erkennen ist:

– Die Spulenweite der Wicklung stimmt mit der Polteilung der höherpoligen Ausführung (p_2) überein, womit für die kleinere Polpaarzahl p_1 eine Sehnung um $\varepsilon = 90°$ besteht.
– Die Zonenbreite entspricht der normalen Breite der Polpaarzahl p_1 mit der Lochzahl q_1. Bezogen auf p_2 ist die Zonenbreite damit doppelt so breit wie üblich.
– Für die Polpaarzahl p_2 werden alle Spulengruppen eines Strangs in Reihe geschaltet, bei p_1 erfolgt eine Aufteilung auf zwei parallele Zweige.

Mit obigen Vorgaben gelten für das Beispiel einer 4/2-poligen Dahlander-Schaltung die in Bild 5.43 b eingetragenen Stromrichtungen. Wie bereits in Abschnitt 4.2.1 gezeigt, lassen sich dann für beide Fälle die treppenförmigen Felderregerkurven eines Wicklungsstrangs (Bild 5.43 c) angeben, die jeweils eine Grundwelle der gewünschten Polzahl enthalten. Die Addition der drei Strangkurven ergibt wieder die vier- oder zweipolige Drehdurchflutung.

Für die Verbindung der drei Wicklungsstränge und ihrer Anschlüsse an das Netz bestehen je nach dem gewünschten Leistungsverhältnis verschiedene Möglichkeiten. Bei der

5.3 Steuerung von Drehstrom-Asynchronmaschinen

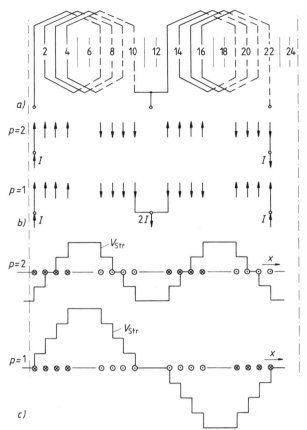

Bild 5.43 Polumschaltung mit der Dahlander-Schaltung $p_1 : p_2 = 1 : 2$, $q = 4$

a) Wicklungsschema eines Strangs
b) Stromverteilung in den Leitern
c) Felderregerkurven eines Strangs

höheren Polzahl mit Reihenschaltung der Spulengruppen kann eine Stern- oder eine Dreieckschaltung verwendet werden. Für die niedere Polzahl mit ihren parallelen Zweigen nimmt man praktisch immer die Doppelsternschaltung.

Bild 5.44 zeigt die drei Möglichkeiten und die bei konstantem Strangstrom I und gleicher Außenleiterspannung U erreichbaren Scheinleistungen. Wegen der verschiedenen Wirkungsgrade, Leistungsfaktoren und Kühlbedingungen weichen die Bemessungsleistungen P_N teils wesentlich davon ab.

Die Kombination Doppelstern/Dreieck (YY/D) für die hohe/niedere Drehzahl wird als Standardschaltung eingesetzt. Wie die Angaben in Tafel 5.1 zeigen, gilt für das Leis-

  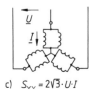

a) $S_Y = \sqrt{3} \cdot U \cdot I$ b) $S_D = 3 \cdot U \cdot I$ c) $S_{YY} = 2\sqrt{3} \cdot U \cdot I$

Bild 5.44 Schaltung der Spulengruppen einer Dahlander-Schaltung
a) Sternschaltung
b) Dreieckschaltung
c) Doppelsternschaltung

Tafel 5.1 Bemessungsleistungen in kW für Drehstrommotoren der Baugröße 112 M

Synchrondrehzahl	Normmotor	YY/D		– polumschaltbarer Motor –	YY/Y	
3000 min^{-1}	4	4,4			4,4	
1500 min^{-1}	4	3,7	1,9		1,4	3,6
750 min^{-1}	2,2		1,4			0,9

tungsverhältnis bei den beiden Drehzahlen $P_{YY}/P_D = 1,2$ bis 1,4. Die Schaltung Doppelstern/Stern (YY/Y) für die hohe/niedere Drehzahl wird bei Lüfterantrieben mit der Charakteristik $M \sim n^2$ eingesetzt. Hier gilt etwa $P_{YY}/P_Y = 3$ bis 4.

5.3.2 Ersatzschaltung und Betrieb mit frequenzvariabler Spannung

Proportionalität U/f. Nach der Grundgleichung

$$n = \frac{f_1}{p}(1-s)$$

kann die Drehzahl einer Asynchronmaschine stufenlos über die Frequenz der angelegten Drehspannung verändert werden. Solange man für deren Erzeugung einen eigenen Drehstromgenerator benötigte, der z. B. durch einen Gleichstrommotor mit der entsprechenden Drehzahl angetrieben wurde, war diese Möglichkeit der Drehzahlsteuerung nur sehr begrenzt wirtschaftlich einsetzbar. Anwendungsgebiete waren allenfalls Gruppenantriebe der Holzbearbeitung und Textilindustrie mit einer jeweils einheitlichen Drehzahl und damit der Möglichkeit einer gemeinsamen Versorgung. Durch die Entwicklung der Leistungselektronik ist die Frequenzänderung jedoch zur wichtigsten Steuertechnik von Drehstrommotoren geworden. Die Schaltungen und Wirkungsweise der hier eingesetzten Frequenzumrichter werden in Abschnitt 5.4.3 besprochen.

Das Drehmoment einer Asynchronmaschine wird nach Gl. (4.39) mit

$$M_i = c \cdot \Phi_h \cdot I_1 \cdot \sin <(\Phi_h, I_1)$$

wie bei einer Gleichstrommaschine durch das Produkt Erregerfeld mal Laststrom bestimmt. Um die Ausnutzung des Bemessungsbetriebs zu erhalten, muss man daher bei einer Frequenzsteuerung den Fluss des magnetischen Kreises nach Gl. (4.36)

$$\Phi_h = \frac{1}{\sqrt{2} \cdot \pi \cdot N_1 \cdot k_{w1}} \cdot \frac{U_q}{f_1}$$

aufrechterhalten. Vernachlässigt man zunächst den Spannungsfall in der Ständerwicklung, setzt also $U_q = U_1$, so bedeutet dies prinzipiell, dass jede Frequenzänderung eine proportionale Anpassung der Spannungshöhe, d. h. die Zuordnung $U_1 \sim f_1$ erfordert.

Stromortskurven. Wird eine Asynchronmaschine am Netz mit proportional zueinander geänderten Frequenz- und Spannungswerten betrieben, so entsteht in der Beziehung für die Stromortskurve $\underline{I}_1 = f(s)$ nach Gl. (5.28) über die Blindwiderstände in

5.3 Steuerung von Drehstrom-Asynchronmaschinen

der Kreisfrequenz $\omega_1 = 2\pi \cdot f_1$ eine weitere Variable. Mit der Streuziffer σ nach Gl. (5.32) und

$$X_1 = \omega_1 L_1 \quad X_2' = \omega_1 L_2'$$

erhält man dann die allgemeine Stromgleichung

$$\underline{I}_1 = \frac{\underline{U}_1}{\omega_1} \cdot \frac{\dfrac{R_2'}{s} + j\omega_1 L_2'}{\dfrac{R_1}{\omega_1} \cdot \dfrac{R_2'}{s} - \sigma\omega_1 L_1 L_2' + j\left(R_1 L_2' + \dfrac{R_2'}{s} L_1\right)} \tag{5.51}$$

Bei frequenzproportionaler Spannungsänderung ist

$$U_1/f_1 = U_N/f_N = \text{konstant}$$

und es ergibt sich für jede Kreisfrequenz ω_1 eine eigene Stromortskurve, in welcher der Schlupf s die übliche Variable ist.

Die Kreisdiagramme können über die jeweiligen Stromwerte $\underline{I}_0$ und $\underline{I}_\infty$ bei $s = 0$ und $s = \infty$ bestimmt werden. Beide Zeiger liegen in Abhängigkeit von ω_1 selbst wieder auf einem Kreis.

Kreis für $\underline{I}_0$:

Für $s = 0$ erhält man aus Gl. (5.51)

$$\underline{I}_0 = \frac{U_N}{\omega_N} \cdot \frac{1}{R_1/\omega_1 + jL_1} \tag{5.51 a}$$

Dies ist die Gleichung eines Kreises K_0, dessen Mittelpunkt auf der imaginären Achse liegt. Es gilt für:

$$\omega_1 = 0: \quad \underline{I}_0 = 0$$
$$\omega_1 = \infty: \quad \underline{I}_0 = \frac{U_N}{j\omega_N L_1}$$

Kreis für $\underline{I}_\infty$:

Für $s = \infty$ erhält man wieder aus Gl. (5.51):

$$\underline{I}_\infty = \frac{U_N}{\omega_N} \cdot \frac{1}{R_1/\omega_1 + j\sigma L_1} \tag{5.51 b}$$

Damit beschreibt auch $\underline{I}_\infty$ einen Kreis K_∞ mit den Endpunkten

$$\omega_1 = 0: \quad \underline{I}_\infty = 0$$
$$\omega_1 = \infty: \quad \underline{I}_\infty = \frac{U_N}{j\omega_N \sigma L_1}$$

Das Ergebnis ist in Bild 5.45 dargestellt.

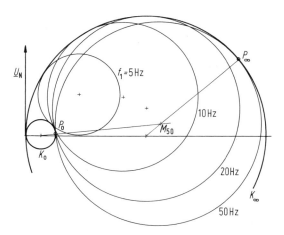

Bild 5.45 Stromortskurven bei Frequenzsteuerung und konstantem Verhältnis $\dfrac{U_1}{\omega_1} = \dfrac{U_N}{\omega_N}$

Alle möglichen Kreisdiagramme $\underline{I}_1 = f(\omega_1, s)$ für beliebige Kreisfrequenz $\omega_1 = 2\pi f_1$ und proportionale Klemmenspannung U_1 liegen zwischen den beiden Kreisen K_0 und K_∞. Die Konstruktion des jeweiligen Mittelpunktes kann, wie angegeben, über die Berührungspunkte P_0 und P_∞ erfolgen.

Bild 5.45 lässt erkennen, dass etwa ab $f_1 < 20$ Hz der Kreisdurchmesser und damit das Kippmoment stark abnehmen. Der Grund liegt darin, dass sich der Einfluss des Ständerwiderstandes immer mehr bemerkbar macht und den Wert U_q überproportional herabsetzt.

Steuerkennlinie. Um eine gleich bleibende magnetische Ausnutzung und damit die volle Drehmomentbelastbarkeit der Maschine bis zu den kleinsten Drehzahlen zu erhalten, müssen ein konstanter Magnetisierungsstrom und damit nach der Ersatzschaltung die Proportion $U_q \sim f_1$ eingehalten werden. Diese Bedingung lässt sich näherungsweise durch ein Anheben der Steuerkennlinie nach Bild 5.46 erreichen, wobei dies jedoch lastabhängig erfolgen muss.

Für den Leerlauf bedeutet die Forderung $U_q \sim f_1$, dass der Strom I_0 in Gl. (5.51 a) frequenzunabhängig seinen Bemessungswert I_{0N}, der praktisch nur durch den Ständerblindwiderstand $X_1 = \omega_N L_1$ bestimmt wird, behalten muss. Damit entsteht die Bedingung

$$I_{0N} = \frac{U_N}{\omega_N L_1} = \frac{U_1}{\omega_1} \cdot \frac{1}{\sqrt{(R_1/\omega_1)^2 + L_1^2}}$$

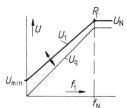

Bild 5.46 Steuerkennlinie $U_1 = g(f_1)$ eines Frequenzumrichters

5.3 Steuerung von Drehstrom-Asynchronmaschinen

Die Umformung liefert die Steuergleichung

$$U_1 = U_N \frac{f_1}{f_N} \cdot \sqrt{1 + \left(\frac{R_1}{X_1} \cdot \frac{f_N}{f_1}\right)^2}$$

mit dem Anfangswert bei $f_1 \to 0$

$$U_{\min 0} = U_N \cdot \frac{R_1}{X_1}$$

Diese Spannungsanhebung reicht allerdings nicht aus, um auch bei Belastung den vollen Drehfeldfluss und damit z. B. das Bemessungskippmoment zu gewährleisten. Dies erhält man mit $f_1 \to 0$ über Gl. (5.35 a) zu

$$M_K = \frac{m \cdot p(1 - \sigma)}{4\pi \cdot f_N} \cdot \frac{X_1}{R_1^2} U_{\min}^2$$

Soll der Wert nach Gl. (5.35 b) eingehalten werden, so führt dies zu der Forderung

$$U_{\min K} = U_N \frac{R_1}{\sqrt{X_\sigma \cdot X_1}}$$

Mit den Daten aus Beispiel 5.4 ergeben sich die Anfangswerte $U_{\min 0} = 0{,}01 \cdot U_N$ und $U_{\min K} = 0{,}04 \cdot U_N$. Stellt man also konstant den höheren Wert $U_{\min K}$ ein, so nimmt die Maschine einen zu großen Leerlaufstrom auf. Die Kennlinie $U_1 = g(f_1)$ des Umrichters muss also lastabhängig korrigiert werden. Dies erfordert eine Bestimmung des Schlupfes s und damit die Erfassung der Läuferdrehzahl, womit man dann gleich auf eine Drehzahlregelung des Antriebs übergehen kann.

In der Praxis lässt sich die Spannungs-Frequenz-Kennlinie der Umrichterschaltungen ohne Drehzahlregelung nach Bild 5.46 oft durch eine veränderliche Neigung um den Eck- oder Typenpunkt P_T auf die speziellen Daten der eingesetzten Asynchronmaschine einstellen. In P_T endet der Proportionalbereich der U_1-f_1-Kennlinie mit den Bemessungswerten des Antriebs hinsichtlich Betriebsspannung und Leistung. Zwar werden schon mit Rücksicht auf den Einsatz von preiswerten IEC-Normmotoren vielfach die Werte $U_N = 400$ V und $f_N = 50$ Hz gewählt, jedoch ist vor allem letzteres nicht erforderlich. So führt man z. B. für Hebezeuge Motoren mit Bemessungsfrequenzen bis hinunter zu 20 Hz aus und kann dadurch die hier gefragten geringen Drehzahlen auch mit den üblichen vierpoligen Maschinen erreichen. Umgekehrt werden Antriebe für die Textilindustrie z. B. mit $f_N = 87$ Hz projektiert. Allgemein kann man durch die freie Wahl von f_N den Drehzahlbereich auf die Erfordernisse der Anlage anpassen.

Betriebsdiagramme. Da die Maschine mit Betrieb im Typenpunkt P_T bereits den Bemessungswert der Spannung U_N und ihre volle Leistung erreicht hat, wird zur weiteren Drehzahlsteigerung nur noch die Frequenz auf $f_1 > f_N$ erhöht. Bei konstanter Betriebsspannung $U_1 = U_N$ bedeutet dies wegen $\Phi \sim U_N/f_1$ eine laufende Minderung des Drehfeldflusses, d. h. der magnetischen Ausnutzung. Wie bei einer Drehzahleinstellung der Gleichstrommaschine unterscheidet man also auch bei der Frequenzsteuerung von Asynchronmaschinen einen Proportional- und einen Feldstellbereich. Spannung, Leis-

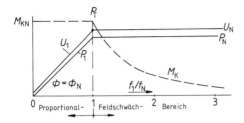

Bild 5.47 Betriebsdiagramme der AsM am Frequenzumrichter

tung und Drehmoment lassen sich wie dort in einem Betriebsdiagramm nach Bild 5.47 über der Drehzahl darstellen. Unterhalb des Typenpunktes P_T ist wieder ein Betrieb mit dem Drehmoment $M = M_\text{N}$, danach mit der Leistung P_N möglich.

Der Verlauf der Kennlinien $n = f(M)$ einer frequenzgesteuerten Asynchronmaschine soll prinzipiell über einige charakteristische Werte bestimmt werden:

Leerlaufdrehzahl. Nach Gl. (5.1) gilt mit dem Bezugswert $n_{1\text{N}}$ bei der Frequenz f_N

$$\boxed{n_1 = n_{1\text{N}} \frac{f_1}{f_\text{N}}} \tag{5.52}$$

Kippschlupf. Nach Gl. (5.34 b) erhält man

$$s_\text{K} = \frac{R'_2}{X\sigma} = s_\text{KN} \frac{f_\text{N}}{f_1}$$

Kippmoment. Nach der vereinfachten Beziehung in Gl. (5.35 b) wird

$$\boxed{M_\text{K} = \frac{m \cdot U_1^2}{4\pi \cdot n_1 \cdot X_\sigma} = M_\text{KN} \left(\frac{U_1}{U_\text{N}}\right)^2 \cdot \left(\frac{f_\text{N}}{f_1}\right)^2} \tag{5.53}$$

wobei die nach Bild 5.46 im unteren Drehzahlbereich erforderliche Spannungsanhebung bereits berücksichtigt ist.

Schlupfdrehzahl bei M_K. Mit $\Delta n = n_1 \cdot s$ erhält man als Drehzahlabsenkung bei M_K

$$\Delta n_\text{K} = n_1 \cdot s_\text{K} = \frac{f_1}{p} \cdot s_\text{KN} \cdot \frac{f_\text{N}}{f_1} = \Delta n_\text{KN}$$

Solange $U_1 \sim f_1$ eingestellt wird, bleibt demnach das Kippmoment konstant und die dortige Drehzahl liegt stets um denselben Betrag Δn_KN unterhalb des jeweiligen Leerlaufwertes. Dies bedeutet parallele Kennlinien $n = f(M)$, wie bei der fremderregten Gleichstrommaschine bei Änderung der Ankerspannung und voller Erregung. Im Bereich der Feldschwächung sinkt das Kippmoment und die Drehzahlkennlinie verkürzt sich bei aber weiter gleichbleibendem Wert Δn_KN entsprechend. Damit entsteht eine immer stärkere Neigung der Kennlinien, was wieder dem Verhalten der Gleichstrommaschine im Feldstellbereich entspricht. Das gesamte Drehzahl-Kennlinienfeld der frequenzgesteuerten Asynchronmaschine ist in Bild 5.48 angegeben.

Grenzen des Feldschwächbereichs. Da bei Betrieb der Asynchronmaschine mit der Bemessungsleistung P_N im Feldschwächbereich das an der Welle geforderte Moment

5.3 Steuerung von Drehstrom-Asynchronmaschinen

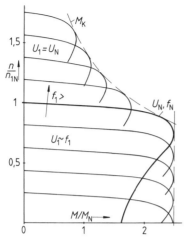

Bild 5.48 Drehzahlkennlinien der frequenzgesteuerten Asynchronmaschine

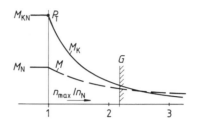

Bild 5.49 Verlauf von Kippmoment M_K und Lastmoment M bei Betrieb mit der Leistung P_N im Feldschwächbereich
G Drehzahlgrenze

M linear, das zugehörige Kippmoment M_K jedoch quadratisch mit der Frequenz abnimmt, ergibt sich eine höchstzulässige Drehzahl n_{max} für diesen Einsatz. Sie ist erreicht, wenn nach Bild 5.49 an der Stelle G der Abstand zwischen Kippmoment

$$M_K = M_{KN} \cdot \left(\frac{f_N}{f_{max}}\right)^2$$

und dem notwendigen Wellenmoment

$$M = M_N \cdot \frac{n_N}{n_{max}}$$

bis auf den erforderlichen Sicherheitsabstand gesunken ist. Vernachlässigt man mit $n_N/n_{max} = f_N/f_{max}$ den jeweiligen Schlupf und setzt die Grenze G bei einem Verhältnis $M/M_K = a < 1$ an, so erhält man die maximal zulässige Betriebsfrequenz im Feldschwächbereich mit der Leistung P_N nach Einsetzen obiger Beziehungen zu

$$f_{max} = a \cdot \frac{M_{KN}}{M_N} \cdot f_N$$

Bei etwa $M_{KN}/M_N = 3$ und $a = 0{,}7$ ist diese Grenze für $f_N = 50$ Hz bereits bei 105 Hz erreicht. Will man die volle Leistung im Feldschwächbereich bei wesentlich höheren Drehzahlen, so müssen also Maschinen mit sehr großem Kippmoment eingesetzt werden. Dies bedeutet nach Gl. (5.35 b), dass der Streublindwiderstand X_σ verringert werden muss, was durch eine geeignete Wicklungsauslegung und entsprechende Nutformen erreicht werden kann. Es lassen sich Werte $M_{KN}/M_N \leq 10$ realisieren [82].

Beispiel 5.12: Ein vierpoliger Asynchronmotor hat die Daten $U_N = 400$ V, 50 Hz in Sternschaltung, $P_N = 4{,}7$ kW, $n_N = 1440$ min^{-1}, Kippschlupf $s_{KN} = 0{,}25$.

a) Bei welcher Frequenz f_{ND} liegt der Typenpunkt P_T in Dreieckschaltung (Index D) und welchen Wert darf die maximale Betriebsfrequenz f_{max} hier für Betrieb mit P_N und dem Abstand $a = 0{,}7$ zum Kipppunkt annehmen?

Mit den Gln. (5.1) und (5.2) wird der Schlupf $s_N = 60$ min^{-1}/1500 min^{-1} = 0,04 und damit nach der Kloß'schen Gleichung (5.36) das Drehmomentverhältnis bei Bemessungsbetrieb

$$M_{KN}/M_N = 0{,}5(s_{KN}/s_N + s_N/s_{KN}) = 0{,}5(6{,}25 + 0{,}16) = 3{,}2$$

Für den Typenpunkt mit der Leistung P_N gilt die Bedingung

$$\left(\frac{U_1}{U_N} \cdot \frac{f_N}{f_1}\right)^2 = 1 \quad \text{damit} \quad f_1 = f_{ND} = \frac{U_{ND}}{U_N} \cdot f_N$$

$$f_{ND} = \sqrt{3} \cdot 50 \text{ Hz} = 86{,}6 \text{ Hz}$$

Die maximale Betriebsfrequenz im Feldschwächbereich beträgt

$$f_{max} = a \cdot f_{ND} \cdot M_{KN}/M_N = 0{,}7 \cdot 86{,}6 \text{ Hz} \cdot 3{,}2 = 194 \text{ Hz}$$

b) Der Motor wird in Sternschaltung bei $U_N = 400$ V, $f_1 = 100$ Hz mit s_N betrieben. Wie groß ist bei Vernachlässigung der Reibungsverluste die Abgabeleistung P_2?

Neues Kippmoment

$$M_K = M_{KN} \cdot \left(\frac{f_N}{f_1}\right)^2 = 3{,}2 M_N \left(\frac{50 \text{ Hz}}{100 \text{ Hz}}\right)^2 = 0{,}8 M_N$$

Neuer Kippschlupf

$$s_K = s_{KN} \cdot \frac{f_N}{f_1} = 0{,}25 \cdot 0{,}5 = 0{,}125$$

Drehmoment nach Kloß'scher Gleichung

$$M = 0{,}8 M_N \cdot \frac{2}{0{,}125/0{,}04 + 0{,}04/0{,}125} = 0{,}464 M_N$$

Betriebsdrehzahl bei 100 Hz: $n = 3000$ min^{-1} $(1 - s_N) = 0{,}96 \cdot 3000$ min^{-1} = 2880 min^{-1}

Abgabeleistung $P_2 = P_N \cdot M/M_N \cdot n/n_N = 4{,}5$ kW $\cdot$ 0,464 $\cdot$ 2880/1440 = 4,18 kW

Aufgabe 5.10: Ein vierpoliger Drehstrom-Asynchronmotor für $f_N = 50$ Hz und mit $s_N = 0{,}03$, $s_{KN} = 0{,}3$ soll im Feldschwächbereich mit der Leistung P_N betrieben werden.

Bei welchen Maximalwerten f_{max} und n_{max} wird das Kippmoment gleich dem Lastmoment?

Ergebnis: $f_{max} = 244{,}3$ Hz, $n_{max} = 6879$ min^{-1}

Ersatzschaltung bei veränderlicher Frequenz.

In der Regel enthält die Ersatzschaltung der Drehstrom-Asychronmaschine auf die Netzfrequenz $f_N = 50$ Hz bezogene Daten. Für die Drehzahlregelung des Antriebs im Umrichterbetrieb ist aber der Einfluss der ständig variablen Frequenz f_1 der Ständerspannung U_1 auf die Motorkenngrößen zu beachten. Wie sich diese mit der Frequenz verändern, soll für die nachstehende bereits in Abschnitt 5.2.1 abgeleitete Ersatzschaltung gezeigt werden.

Die Widerstände R_1 und R_2 können als frequenzunabhängig angenommen werden, da die geringe Drahtstärke der Ständerwicklung und die Schlupffrequenz in den Läuferstäben keine Stromverdrängung ergeben. Davon unabhängig ist natürlich die Temperaturabhängigkeit der Widerstände einer Kupferwicklung zu beachten, für die sich nach Bild 8.7 über den Strahlensatz die Beziehung

$$\boxed{R_{1w} = R_{1k} \cdot \frac{235\,°\text{C} + \vartheta_w}{235\,°\text{C} + \vartheta_k}}$$

5.3 Steuerung von Drehstrom-Asynchronmaschinen

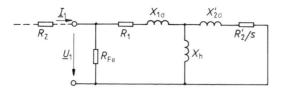

Bild 5.50 Ersatzschaltung der Asynchronmaschine mit Zusatzverlusten

ergibt, wobei ϑ_k und ϑ_w die Temperaturen bei kalter und betriebswarmer Maschine sind. Bei Wärmeklasse H mit z. B. $\vartheta_w = 155\,°\mathrm{C}$ erhöht sich der Ohmwert bereits um 50 % gegenüber dem kalten Zustand bei angenommenen $\vartheta_k = 25\,°\mathrm{C}$.

Blindwiderstände. Mit $X = 2\mathrm{p}fL$ sind alle Blindwiderstände zunächst linear frequenzabhängig. Mit den Bezugswerten des Bemessungsbetriebs (Index N) gilt damit für den Hauptblindwiderstand X_h und die Streuwerte X_σ

$$\boxed{X_\mathrm{h} = X_\mathrm{hN} \cdot \left(\frac{f_1}{f_\mathrm{N}}\right)} \quad \text{und} \quad \boxed{X_\sigma = X_{\sigma\mathrm{N}} \cdot \left(\frac{f_1}{f_\mathrm{N}}\right)}$$

Feldschwächbereich. Im Betrieb der Maschine mit Frequenzen $f_1 > f_\mathrm{N}$, also oberhalb der Eckfrequenz f_N des Umrichters, wird die Ständerspannung mit $U_1 = U_\mathrm{N}$ konstant gehalten. Dies bedeutet nach dem Induktionsgesetz mit $U = c\,\Phi\,f$ ein konstantes Produkt $\Phi f_1 = \Phi_N f_\mathrm{N}$. Das Magnetfeld Φ des Motors wird also mit dem Faktor f_N/f_1 geschwächt, womit je nach Sättigungsgrad des magnetischen Kreises der Durchflutungsbedarf, d. h. der Magnetisierungstrom I_μ, überproportional sinkt. In Abschnitt 1.2.4 ist dies mit dem Sättigungsfaktor

$$k_\mathrm{s} = 1 + \frac{V_\mathrm{Fe}}{V_\mathrm{L}}$$

beschrieben, wobei V_Fe der Durchflutungsanteil für den Eisenweg, V_L der Durchflutungsanteil für den Luftspalt ist.

In Bild 5.51 werden für den Bemessungspunkt der Faktor $k_\mathrm{s} = 2$ also $V_\mathrm{Fe} = V_\mathrm{L}$ angenommen und zur Verallgemeinerung bezogene Werte $\varphi = \Phi/\Phi_\mathrm{N}$ verwendet. Trägt man zusätzlich den hyperbolischen Verlauf der Feldwerte $\varphi = h\,(f_1/f_\mathrm{N})$ ein, so kann das jeweilige Verhältnis Φ/I_μ bestimmt werden.

Der Blindwiderstand der Maschine ergibt sich nun grundsätzlich aus dem Verhältnis

$$L_\mathrm{h} = \frac{N \cdot \Phi_\mathrm{h}}{I_\mu}$$

das in Bild 5.51 wieder in bezogenen Werten eingetragen ist. Die Hauptinduktivität L_h steigt demnach dann auf den Wert $L_\mathrm{h} = k_\mathrm{s}\,L_\mathrm{hN}$, wenn der Durchflutungsanteil V_Fe ohne Bedeutung wird. Für den Hauptblindwiderstand in Bild 5.50 gilt damit die Beziehung

$$\boxed{X_\mathrm{h} = X_\mathrm{hN} \frac{f_1}{f_\mathrm{N}} \cdot k} \quad \text{mit} \quad 1 \leq k \leq k_\mathrm{s}$$

je nach eingestellter Frequenz f_1.

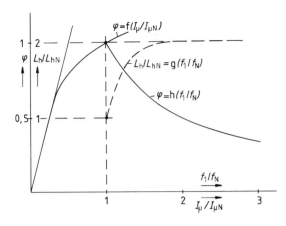

Bild 5.51 Kennlinien zur Bestimmung der Motor-Hauptinduktivität
$\varphi = \Phi/\Phi_N = f(I_\mu/I_{\mu N})$, Leerlaufkennlinie bei f_N, $\varphi = h(f_1/f_N)$ Feldschwächung
$L_h/L_{hN} = g(f_1/f_N)$ = relative Induktivität

Die beiden Streublindwiderstände X_{1s} und X'_{2s} sind mit den zwei Anteilen doppelverkettete Streuung (Oberwellenstreuung) und Schrägungsstreuung auch von X_h abhängig, während dies für die Nut- und Stirnstreuung nicht gilt.

Für die beiden Streublindwiderstände soll aus oben genannten Gründen der Faktor k nur halb angesetzt werden. Damit werden

$$X_{1\sigma} = X_{1\sigma N}\left(\frac{f_1}{f_N}\right) \cdot 0{,}5 \cdot (k+1)$$
$$X'_{2\sigma} = X'_{2\sigma N}\left(\frac{f_1}{f_N}\right) \cdot 0{,}5 \cdot (k+1)$$

mit $1 \leq k \leq k_s$

Eisen- und Zusatzverlust. Nach Gl. (1.17) und [165] werden die Hysterese- und Wirbelstromverluste mit der Zuordnung $B \sim U/f$ zwischen Flussdichte, Spannung und Frequenz bei variablen Werten von U und f durch die Gleichung

$$P_{Fe} = A \cdot \left(\frac{U_1}{f_1}\right)^2 \left(\frac{f_1}{f_N}\right)^{1{,}6}$$

bestimmt. Der Faktor A ist eine Maschinenkonstante, welche im Wesentlichen die Masse und Blechqualität des Motors enthält.

Erfasst man sowohl für den Bemessungsbetrieb mit $P_{FeN} = 3U_N^2/R_{FeN}$ als auch bei Umrichterspeisung mit $P_{Fe} = 3U_1^2/R_{Fe}$ die jeweiligen Eisenverluste durch den in Bild 5.50 eingetragenen Querwiderstand R_{Fe}, so entsteht die Beziehung

$$\frac{P_{Fe}}{P_{FeN}} = \frac{U_1^2/f_1^{0{,}4}}{U_N^2/f_N^{0{,}4}} = \frac{3 \cdot U_1^2/R_{Fe}}{3 \cdot U_N^2/R_{FeN}}$$

Damit errechnet sich der frequenzvariable Eisenverlustwiderstand zu

$$R_{Fe} = R_{FeN} \cdot \left(\frac{f_1}{f_N}\right)^{0{,}4}$$

5.3 Steuerung von Drehstrom-Asynchronmaschinen

Die Bestimmung von R_FeN erfolgt aus einem Leerlaufversuch entsprechend Abschnitt 5.2.3.

Anmerkung. In DIN EN 60034–28 (VDE 0530 T. 28), Ausgabe 2. 2008 ist für relativ schlechte Blechqualitäten von 6,5 bis 8 W/kg bei 1,5 T, 50 Hz der Exponent 0,5 gewählt.

Bei Umrichterspeisung sind die Zusatzverluste gegenüber dem Netzbetrieb höher als die in VDE 0530 angenommenen 0,5 % der Aufnahmeleistung. In Anlehnung an VDE 0530 T. 17, Bild 3 ist der Prozentsatz auf 0,75 % erhöht und auf P_N bezogen. Für die Abhängigkeit von den Betriebsdaten werden die Ergebnisse in [165] verwendet. Die Zusatzverluste ergeben sich danach zu

$$P_\mathrm{Z} = 0,0075 \cdot \left(\frac{I_1}{I_\mathrm{N}}\right)^2 \cdot \left(\frac{f_1}{f_\mathrm{N}}\right)^2 \cdot P_\mathrm{N}$$

Will man auch die Zusatzverluste in der Ersatzschaltung (Bild 5.50) berücksichtigen, so verlangt dies einen Längswiderstand R_Z vor dem Spannungsanschluss. Dann gilt für die Verlustleistung $P_\mathrm{Z} = 3\, I_1^2\, R_\mathrm{Z}$ und durch Vergleich mit der obigen Gleichung:

$$\boxed{R_\mathrm{Z} = 0,0025 \cdot \left(\frac{P_\mathrm{N}}{I_\mathrm{N}^2}\right) \cdot \left(\frac{f_1}{f_\mathrm{N}}\right)^2}$$

Für einen Motor mit den Daten $P_\mathrm{N} = 2,8$ kW, $I_\mathrm{N} = 5,7$ A, $U_\mathrm{N} = 400$ V, 50 Hz erhält man z. B. das Ergebnis $R_\mathrm{Z} = 0,22\ \Omega\ (f_1/f_\mathrm{N})^2$ und damit im Bemessungsbetrieb mit $f_1 = f_\mathrm{N}$ die Zusatzverluste $P_\mathrm{Z} = 3 \cdot (5,7\ \mathrm{A})^2 \cdot 0,22\ \Omega = 21$ W.

5.3.3 Anlass- und Bremsverfahren

Wird der stillstehende Asynchronmotor auf die volle Betriebsspannung geschaltet, so fließt nach Abklingen des Einschaltvorgangs bei noch stillstehender Maschine entsprechend dem Kreisdiagramm der 4- bis 7-fache Bemessungsstrom. Diese hohe Strombelastung kann zu störenden Spannungseinbrüchen führen, so dass in öffentlichen Versorgungsnetzen nur Motoren bis zu einigen Kilowatt Leistung direkt eingeschaltet werden dürfen. Für größere Maschinen muss man zur Herabsetzung des hohen Anlaufstroms besondere Maßnahmen ergreifen.

Anlassen von Schleifringläufermotoren. Hier ist wie zur Drehzahlsteuerung die Möglichkeit gegeben, durch Läuferzusatzwiderstände die Schlupfeinteilung der Stromortskurve (Bild 5.52) zu verändern. Durch einen Vorwiderstand R_{2v} aus Gl. (5.49) mit

$$\boxed{R_{2v} = R_2 \cdot \left(\frac{1}{s} - 1\right)} \tag{5.54}$$

kann man mit dem Strom und Drehmoment jedes beliebigen Kreispunktes mit dem Schlupf s anfahren. Will man im Anlauf z. B. nur den Strom I_N zulassen, so gilt mit $s = s_\mathrm{N}$ und $n_\mathrm{N} = n_1(1 - s_\mathrm{N})$

$$(R_{2v})_{I_\mathrm{N}} = R_2 \cdot \frac{n_\mathrm{N}}{n_1 - n_\mathrm{N}}$$

Durch die Erhöhung des Läuferkreiswiderstandes wird der Kurzschlusspunkt P_k bis in den Punkt P_k^* mit dem gewünschten Anlaufstrom I_k^* verschoben. Anstelle des Schlupfes s ohne Vorwiderstand besteht mit R_{2v} in P_k^* jetzt der Schlupf $s = 1$ (Bild 5.52).

Widerstandsstufen des Anlassers. Um während des Hochlaufs der Maschine ein genügend großes Beschleunigungsmoment zu erhalten, wird der Anlasswiderstand mit steigender Drehzahl stufenweise abgeschaltet. Entsprechende Bestimmungen bei Gleichstrommaschinen sind auch für die Auslegung von Drehstromanlassern in VDE 0660-Richtlinien festgelegt. Man wählt für den Anlassspitzenstrom I_{sp} im Ständer etwa das 1,5-fache, für den Schaltstrom etwa das 1,1-fache des Bemessungsstromes.

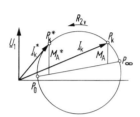
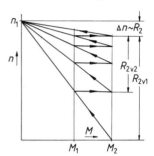

Bild 5.52 Einfluss von Läufervorwiderständen auf die Lage des Kurzschlusspunktes P_k^*

Bild 5.53 Anlassvorgang beim Schleifringläufermotor

Die Abstufung des Anlasswiderstandes kann über das Drehzahl-Kennlinienfeld $n = f(M)$ in Bild 5.53 erfolgen. Im betrachteten Bereich mit M_2 beim Anlassspitzenstrom I_{sp} und M_1 im Umschaltpunkt sind die Kurven praktisch Geraden, d. h. es gilt nach Bild 5.18 der lineare Bereich der Kloß'schen Gleichung mit der Zuordnung $M \sim M_K \cdot s/s_K$. Dies deutet für die originale Nebenschlusskennlinie bei $R_{2v} = 0$ für den Drehzahlrückgang $\Delta n = s \cdot n_1$ oder die Proportion $\Delta n \sim s_K \sim R_2$ und bei Einsatz eines Vorwiderstandes damit $\Delta n^* \sim R_2 + R_{2v}$. Es gilt also die in Bild 5.53 eingetragene Stufung. In Übereinstimmung mit Gl. (5.50) erhält man die Proportion

$$\frac{R_{2v}}{R_2} = \frac{n - n^*}{n_1 - n} = \frac{\Delta n^*}{\Delta n}$$

mit dem in Bild 5.51 angegebenen Höchstwert R_{2v1} bei $n = 0$. Die Widerstandswerte können also aus den Drehzahlen bei M_2 bestimmt werden.

Beispiel 5.12: Bei einem vierpoligen Schleifringläufermotor mit $P_{2N} = 10$ kW und $n_N = 1455$ min^{-1} wird im Stillstand bei Sternschaltung der Läuferwicklung zwischen zwei Schleifringen eine Spannung von 350 V gemessen. Es sind der Rotorstrom I_{2N} und der Widerstand R_2 zu bestimmen, wenn für den Bemessungspunkt $\cos \varphi_2 \approx 1$ gilt. Wie groß muss der Anlasswiderstand pro Strang werden, wenn mit dem Bemessungsstrom angefahren werden soll?

Mit $P_R = 0$ gilt nach Gl. (5.24) $P_L = \dfrac{P_2}{1 - s}$

und damit bei $s_N = \dfrac{45 \text{ min}^{-1}}{1500 \text{ min}^{-1}} = 0{,}03$ für die Luftspaltleistung im Bemessungspunkt

$$P_{LN} = \frac{10 \text{ kW}}{1 - 0{,}03} = 10{,}3 \text{ kW}$$

5.3 Steuerung von Drehstrom-Asynchronmaschinen

Wegen $\cos \varphi_2 \approx 1$ wird

$$P_{LN} = \sqrt{3} \cdot U_{20} \cdot I_{2N} \quad \text{und der Läuferstrom}$$

$$I_{2N} = \frac{10{,}3 \cdot 10^3 \text{ W}}{\sqrt{3} \cdot 350 \text{ V}} = 17 \text{ A}$$

Für die Kupferverluste erhält man aus Gl. (5.25)

$$P_{Cu2N} = P_{LN} \cdot s_N = 3 \cdot R_2 \cdot I_{2N}^2$$

und damit

$$R_2 = \frac{0{,}03 \cdot 10{,}3 \cdot 10^3 \text{ W}}{3 \cdot 17^2 \text{ A}^2} = 0{,}356 \text{ }\Omega$$

Der Anlasswiderstand berechnet sich nach Gl. (5.54) zu

$$R_{2v} = \frac{R_2}{s_N} - R_2 = \frac{0{,}356 \text{ }\Omega}{0{,}03} - 0{,}356 \text{ }\Omega$$

$$R_{2v} = 11{,}5 \text{ }\Omega$$

Elektronischer Anlasser. Unter dieser Bezeichnung sind heute Drehstromsteller (s. Abschnitt 5.4.1) auf dem Markt, welche die Motorspannung von einem Anfangswert U_A innerhalb einer einstellbaren Rampenzeit auf den Betriebswert U_N hochfahren. U_A kann so gewählt werden, dass der Anlaufstrom den zulässigen Grenzwert I_{sp} nicht überschreitet. Damit dies auch während des Hochlaufs z. B. gegen ein hohes Lastträgheitsmoment nicht geschieht, kann man die Elektronik mit einer unterlagerten Stromerfassung versehen, welche die weitere Spannungsanhebung nur im Rahmen einer einstellbaren Strombegrenzung zulässt.

Mitunter muss ein Motor eingeschaltet bleiben, obwohl längere Leerlaufzeiten vorhanden sind, d. h. es liegt die Betriebsart S6 vor. Hier kann obiger elektronischer Anlasser auch zur Energieeinsparung verwendet werden, indem er in den Leerlaufzeiten die Motorspannung auf U_0 herabsetzt. Durch den dann geringeren Leerlaufstrom sinken einmal die Stromwärmeverluste P_{Cu0} aber vor allem die Eisenverluste auf

$$P_{Fe} = P_{FeN} \cdot \left(\frac{U_0}{U_N}\right)^2$$

Infolge der Zusatzverluste durch die nicht sinusförmige Spannung des Stellers sind die Werte in Wirklichkeit wieder etwas höher. Welche Einsparung bei einer bestimmten Betriebsart ungefähr erreicht werden kann, soll nachstehende Überschlagsrechnung zeigen.

Ein Drehstrommotor wird im Durchlaufbetrieb S6 eingesetzt, wobei über 25 % der Spieldauer t_S, d. h. während einer relativen Einschaltdauer von $t_r = 0{,}25$ Belastung mit den Verlusten P_{vN} auftritt. In der restlichen Zeit $t_S(1 - t_r)$ läuft die Maschine im Leerlauf mit den Verlusten $P_{v0} = P_{FeN} = P_{vN}/3$.

Senkt man in der Leerlaufzeit die Spannung auf $U_0/U_N < 1$ herab, so ergeben sich die mittleren Verluste während der Spieldauer näherungsweise zu

$$P_{vM} = P_{vN} \left[t_r + \frac{1}{3} \left(\frac{U_0}{U_N}\right)^2 \cdot (1 - t_r) \right]$$

Wird $U_0/U_N = 1/3$ eingestellt, so ergibt sich $P_{vM} = 0{,}28\,P_{vN}$, während ohne die Absenkung der Spannung der mittlere Wert $P_{vM} = 0{,}5\,P_{vN}$ auftritt. Bei einer 7,5-kW-Maschine mit $P_{vN} = 1000$ W lassen sich in obiger Betriebsart somit 220 W einsparen.

Stern-Dreieck-Schaltung. Ist wie bei Käfigläufermotoren die Verwendung eines Anlassers nicht möglich, so wird zum Anlauf im Allgemeinen die Primärspannung herabgesetzt. Bei kleinen bis mittleren Leistungen erfolgt dies meist über die Stern-Dreieck-Schaltung der Ständerwicklung mit einem Walzenschalter oder über Schütze. Der Motor wird zunächst in Stern angefahren und nach dem Hochlauf auf Dreieck umgeschaltet. Gegenüber dem Normalbetrieb beträgt die Strangspannung nur das $1/\sqrt{3}$fache des Bemessungswertes, womit das Anzugsmoment auf 1/3 des Betrages bei Dreieckschaltung zurückgeht. Gleichzeitig sinkt auch der Anlaufstrom in der Zuleitung auf 1/3 des Normalwertes (Bild 5.54).

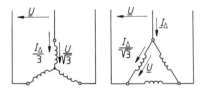

Bild 5.54 Spannungen und Ströme bei Stern-Dreieck-Anlauf

Stern-Dreieck-Anlauf. Ohne Beachtung der elektromagnetischen Ausgleichsvorgänge beim Ein- und Umschalten der Maschine erhält man bei Stern-Dreieck-Anlauf die Strom- und Momentenkennlinien nach Bild 5.55. Muss der Motor gegen ein Lastmoment M_w hochlaufen, so ist der Verlauf des Lastmomentes über der Drehzahl zu beachten. Eine Beschleunigung des Antriebs ist nur so lange möglich, wie $M > M_w$ ist, d. h. der Motor bleibt bei der Drehzahl n_Y hängen und muss auf Dreieck umgeschaltet werden. Liegt dieser Punkt zu niedrig, so tritt auch hier noch ein großer Stromstoß auf, womit die Stern-Dreieck-Schaltung nur wenig wirksam ist.

Günstiger bezüglich des Anzugsmomentes verhalten sich Maschinen mit Stromverdrängungsläufer. Beim Doppelstabkäfig z. B. liegt das Anzugsmoment im Bereich des Kippwertes, so dass es auch bei verminderter Spannung nicht wesentlich unter das Bemessungsmoment sinkt.

Anlasstransformatoren. Bei großen Motorleistungen verwendet man zum Hochlauf auch Anlasstransformatoren in Sparschaltung (Bild 5.56 c). Wird die Motorspannung

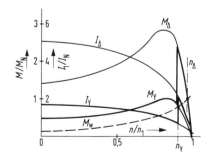

Bild 5.55 Strom- und Momentenverlauf bei Stern-Dreieck-Anlauf

n_Y Betriebsdrehzahl bei Sternschaltung
n_Δ Betriebsdrehzahl bei Dreieckschaltung
- - - Verlauf des Lastmomentes M_w

5.3 Steuerung von Drehstrom-Asynchronmaschinen

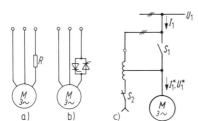

Bild 5.56 Anlaufschaltungen
a) Kursa-Schaltung mit Widerstand R
b) Kursa-Schaltung mit Thyristoren
c) mit Spartransformator

von U_1 auf U_1^* reduziert, sinkt im gleichen Verhältnis auch der Ständerstrom I_1^*. Der Netzstrom I_1 wird durch die Transformatorübersetzung nochmals um denselben Faktor herabgesetzt, so dass sowohl der Anlaufstrom wie das Moment mit dem Quadrat der Motorspannung zurückgehen. Nach dem Hochlauf wird zunächst der Schalter S_2 geöffnet, womit der Spartransformator noch als Drosselspule wirkt. Danach legt man den Motor über S_1 an die volle Netzspannung.

Kusa-Schaltung. Um bei **Ku**rzschlussläufern einen **Sa**nftanlauf zu ermöglichen, kann man in die Zuleitung einen einsträngigen Widerstand (Bild 5.56 a) oder eine Drosselspule einschalten. Der Motor läuft dann mit einem vom Widerstandswert R abhängigen elliptischen Drehfeld und das Anzugsmoment lässt sich zwischen dem vollen Wert und null einstellen [56].

Die Anzugsströme werden in dieser Schaltung ungleich, wobei allerdings nur der im Strang mit R wesentlich zurückgeht. Anstelle des Vorwiderstandes R kann man auch ein antiparalleles Thyristorpaar in einen Strang einschalten und durch kontinuierliches Verstellen des Zündwinkels einen Sanftanlauf erhalten (Bild 5.56 b). In der Praxis verwendet man heute zum Sanftanlauf mit kleinen Werten für Anlaufstrom und -moment meist gleich den zuvor beschriebenen elektronischen Anlasser.

Weitere Möglichkeiten zur Begrenzung des Anlaufstromes bestehen in der Verwendung eines Anwurfmotors oder einer Aufteilung der Ständerwicklung [57].

Bremsschaltungen des Asynchronmotors. Wie bei der Gleichstrommaschine unterscheidet man zwischen Verlustbremsung, wobei die Energie in Wärme umgesetzt wird, und der Nutzbremsung mit Energierücklieferung an das Netz. Letzteres bedeutet Generatorbetrieb der Asynchronmaschine und wird erst in Abschnitt 5.5.3 behandelt.

Gleichstrombremsung. Wird die Ständerwicklung der Asynchronmaschine mit Gleichstrom erregt, so baut die Grundwellendurchflutung ein räumlich sinusförmiges und zeitlich konstantes Feld auf. Dies entspricht einer bestimmten Momentaufnahme des Drehfeldes, wobei nachstehend zu Bild 5.57 für verschiedene Schaltungen die Gleichströme I_d angegeben sind, die dieselbe Durchflutung wie der Ständerstrom I_N aufbauen. In der

Bild 5.57 Schaltungen zur Gleichstrombremsung der Asynchronmaschine

Schaltung a wird z. B. durch den Gleichstrom der Augenblick erfasst, wo die Strangströme die Werte $i_u = i_{max}$, $i_v = i_w = -0{,}5 i_{max}$ besitzen. Dreht sich der Rotor, so werden in der kurzgeschlossenen Läuferwicklung Ströme induziert, die ein Bremsmoment ausbilden. Da die Relativbewegung zwischen Feld und den Läuferstäben gleich der Betriebsdrehzahl ist, spielt diese bei der Gleichstrombremsung die Rolle der Schlupfdrehzahl des Motorbetriebes.

$$\text{a) } I_d = \sqrt{2}\, I_N \quad \text{b) } I_d = \sqrt{\frac{3}{2}}\, I_N \quad \text{c) } I_d = \frac{3}{\sqrt{2}}\, I_N \quad \text{d) } I_d = \sqrt{6}\, I_N$$

Das Verhalten der Maschine bei Gleichstrombremsung lässt sich mit der üblichen Ersatzschaltung beschreiben, wenn man auf der Primärseite, anstelle eine feste Spannung anzulegen, einen konstanten Strom I_1 einprägt (Bild 5.58 a) [58, 59]. Die Ständergrößen R_1 und $X_{1\sigma}$ beeinflussen das erzeugte Drehmoment nicht, da der Strom I_1 vorgegeben ist. Dieser Wechselstrom ist so zu wählen, dass er dieselbe Ständerdurchflutung wie der Gleichstrom aufbaut. Will man für den Schlupf die Definition nach Gl. (5.2) beibehalten, so muss man bei der Gleichstrombremsung dem sekundären Widerstand in der Ersatzschaltung den Wert $R_2'/(1-s)$ zuordnen.

Die Bremskennlinien (Bild 5.58 b) können unmittelbar aus dem Ersatzschaltbild berechnet werden und haben einen sehr ähnlichen Verlauf wie die Motorkennlinie $M = f(s)$.

Über die in $R_2'/(1-s)$ umgesetzte Luftspaltleistung erhält man für das Bremsmoment

$$\boxed{M_{Br} = \frac{m}{2\pi \cdot n_1} \cdot \frac{R_2'}{1-s} \cdot I_2'^2} \tag{5.55}$$

Bei vernachlässigtem Wert $X_{2\sigma}'$ ergibt sich das Kippmoment der Bremskennlinie zu

$$\boxed{M_{BK} = \frac{m}{4\pi \cdot n_1} \cdot X_h \cdot I_1^2} \tag{5.56}$$

Es tritt bei der Drehzahl

$$\boxed{n_K = n_1 \cdot \frac{R_2'}{X_h}} \tag{5.57}$$

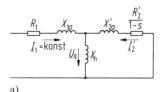

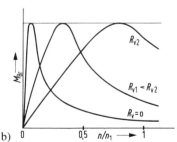

a)
b)
Bild 5.58 Gleichstrombremsung
a) Ersatzschaltung
b) Bremsmomentkennlinien

5.3 Steuerung von Drehstrom-Asynchronmaschinen

auf, d. h. wegen $R'_2 \ll X_h$ bei sehr kleinen Werten. Für den Hauptblindwiderstand ist der sättigungsabhängige Quotient $X_h = U_q/I_\mu$ einzusetzen. Beim Schleifringläufer lässt sich das einer Drehzahl zugeordnete Bremsmoment wieder durch Zusatzwiderstände beeinflussen [58, 59].

Beispiel 5.13: Ein vierpoliger Schleifringläufermotor mit den Daten $P_N = 22$ kW, $U_N = 400$ V Sternschaltung, $I_N = 41$ A, $R_1 = 0{,}18\ \Omega$, $R'_2 = 0{,}16\ \Omega$, $X_h = 30\ \Omega$ soll nach Schaltung in Bild 5.56a eine Gleichstrombremsung erhalten.

a) Welche Leistung hat die Batterie zu liefern, wenn die Ständerdurchflutung von I_N erreicht werden soll?

b) Wie groß wird das Bremsmoment bei halber Synchrondrehzahl und $I_d = I_N$, wenn ein Läufervorwiderstand $R'_{2v} = 9R'_2$ zugeschaltet wird? Es kann $X'_{2\sigma} = 0$ vereinfacht und die Sättigung von X_h vernachlässigt werden.

a) Nach Bild 5.56a gilt bei Erregung auf Ständerdurchflutung von I_N

$$I_d = \sqrt{2}\, I_N = \sqrt{2} \cdot 41\ \text{A} = 58\ \text{A}$$

und der resultierende Wicklungswiderstand

$$R_d = R_1 + R_1 \| R_1 = \frac{3}{2} R_1$$

Stromwärmeverluste

$$P_d = R_d \cdot I_d^2 = \frac{3}{2} R_1 \cdot (\sqrt{2} \cdot I_N)^2 = 3 R_1 \cdot I_N^2 = 3 \cdot 0{,}18\ \Omega \cdot 41^2\ \text{A}^2 = 907{,}7\ \text{W}$$

b) Bei $X'_{2\sigma} = 0$ gelten nach Bild 5.57 folgende Beziehungen

$$I_1^2 = I_\mu^2 + I'^2_2,\quad I'_2/I_\mu = X_h \cdot \frac{1-s}{R'_2}$$

Bei einem Gesamtwiderstand $R'_2 + R'_{2v} = 10\, R'_2 = 1{,}6\ \Omega$ und $X_h = 30\ \Omega$, $s = 0{,}5$ erhält man

$$I_\mu = I'_2 \frac{R'_2}{X_h(1-s)} = I'_2 \frac{1{,}6\ \Omega}{30\ \Omega \cdot 0{,}5} = 0{,}1067 \cdot I'_2$$

Da in Bild 5.56a der Gleichstrom gleich dem Scheitelwert des Ständerstromes ist, wird $I_1 = I_d/\sqrt{2} = 41\ \text{A}/\sqrt{2} = 29\ \text{A}$ und damit

$$I'_2 = \sqrt{\frac{I_1^2}{1 + (I_\mu/I'_2)^2}} = \sqrt{\frac{29^2\ \text{A}^2}{1 + 0{,}1067^2}} = 28{,}8\ \text{A}$$

Bremsmoment

$$M_{Br} = \frac{3}{2\pi \cdot n_1} \cdot \frac{10\, R'_2}{1-s} \cdot I'^2_2$$

$$M_{Br} = \frac{3}{2\pi \cdot 25\ \text{s}^{-1}} \cdot \frac{1{,}6\ \Omega}{0{,}5} \cdot 28{,}8^2\ \text{A}^2$$

$$M_{Br} = 50{,}7\ \text{N} \cdot \text{m}$$

Gegenstrombremsung. Ändert man aus dem Motorbetrieb bei der Drehzahl $n \approx n_1$ heraus durch Vertauschen zweier Zuleitungen (Bild 5.59) die Drehfeldrichtung, so besteht unmittelbar danach der Schlupf $s \approx 2$. Die Maschine, die zuvor noch mit dem Moment

M_M belastet war, bremst nun nach Bild 5.60 mit dem Moment M_{Br} ab, wobei alle Ausgleichsvorgänge wieder vernachlässigt sind. Bei $n = 0$ muss abgeschaltet werden, da der Motor andernfalls in seiner neuen Drehfeldrichtung hochläuft. Auch bei dieser Gegenstrombremsung lässt sich bei Schleifringläufermotoren das Bremsmoment durch Zusatzwiderstände R_{2v} beeinflussen.

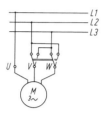

Bild 5.59 Änderung der Drehfeldrichtung zur Gegenstrombremsung

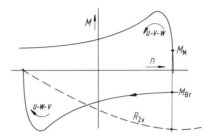

Bild 5.60 Bremskennlinie bei Gegenstrombremsung

Ohne Vorwiderstände R_{2v} und bei der Spannung U_N nimmt der Motor bei $s = 2$ nach dem Kreisdiagramm Ströme I_1 auf, die über dem Kurzschlusswert I_k liegen. Für einen ständigen, betriebsmäßigen Einsatz der Gegenstrombremsung muss daher der Ständerstrom entweder durch Herabsetzen der Klemmenspannung oder durch Zuschalten von R_{2v} begrenzt werden.

Die Gegenstrombremsung kann z. B. bei Hubwerken zum Absenken der Last verwendet werden. Um ein Gewicht mit dem wirksamen Moment M_w mit konstanter Geschwindigkeit abzulassen, bleibt die Asynchronmaschine im Hubsinne geschaltet und die Momentenkennlinie wird mit dem Widerstand R_{2v} so stark verschoben, dass bei der gewünschten Senkdrehzahl ein stabiler Schnittpunkt entsteht (s. Beispiel 5.14).

Beispiel 5.14: Ein leerlaufender vierpoliger Drehstrommotor mit den Daten $I_{2N} = 46$ A, $R_2 = 0{,}25$ Ω, $s_k = 0{,}16$ soll beim Umschalten auf Gegenstrombremsung das Anfangsbremsmoment M_K entwickeln. Wie groß muss der Zusatzwiderstand werden?

Nach Gl. (5.49) gilt

$$\frac{R_2}{s_K} = \frac{R_2 + R_{2v}}{s^*}$$

mit $s^* = 2$ unmittelbar nach der Umschaltung.

Daraus $\quad R_{2v} = 2\dfrac{R_2}{s_K} - R_2 = 2 \cdot \dfrac{0{,}25 \text{ Ω}}{0{,}16} - 0{,}25 \text{ Ω} = 2{,}88 \text{ Ω}$

Aufgabe 5.11: Der Motor aus Beispiel 5.14 soll in einem Hebezeug eine Last mit der konstanten Drehzahl von 300 min^{-1} absenken, wobei er im Hubsinne eingeschaltet bleibt. Wie groß ist der Läuferzusatzwiderstand zu wählen, so dass in dem Arbeitspunkt der Rotorstrom I_{2N} und das Bemessungsdrehmoment von 290 N · m entstehen? Die mechanischen Reibungsverluste können vernachlässigt werden.

Ergebnis: $R_{2v} = 8{,}36$ Ω

5.3 Steuerung von Drehstrom-Asynchronmaschinen

5.3.4 Unsymmetrische Betriebszustände

Unter dieser Überschrift fasst man alle Erscheinungen zusammen, die sich infolge einer Störung der Spannungsversorgung oder einer Abweichung vom gleichwertigen Aufbau der Wicklungsstränge in Ständer und Läufer ergeben. Aus der Vielzahl der Möglichkeiten sollen nachstehend nur zwei in der Praxis auftretende Betriebszustände behandelt werden.

Ausfall einer Strangspannung. Wird durch einen Fehler eine Zuleitung zu den Anschlüssen des Drehstrommotors unterbrochen, so sind nach Bild 5.61 nur noch zwei Wicklungsstränge an der Außenleiterspannung U_L in Betrieb. Sie wirken dann wie eine um 60° gesehnte Wechselstromwicklung und der Motor kann als Einphasenmaschine behandelt werden. Damit können die Ergebnisse in Abschnitt 5.6.1 mit der dort in Bild 5.111 angegebenen prinzipiellen Ersatzschaltung verwendet werden. Das Gleiche gilt für die Drehmomentkennlinie $M = f(n)$ nach Bild 5.113, die zeigt, dass der Drehstrommotor nach Ausfall einer Strangspannung kein Anlaufmoment mehr hat. Tritt der Fehler dagegen erst während des Betriebs auf, so läuft der Motor trotzdem mit allerdings bei gleichem Schlupf vermindertem Drehmoment weiter.

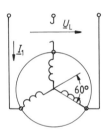

Bild 5.61 Drehstromwicklung mit einer unterbrochenen Zuleitung

Nachstehend soll zunächst die Ersatzschaltung des nur mit der Spannung $U_L = \sqrt{3}\, U_{Str}$ versorgten Drehstrommotors bestimmt werden. Sie kann unmittelbar aus Bild 5.110 entwickelt werden, wobei in Bezug auf die Widerstandswerte des Drehstrombetriebs folgende Änderungen zu beachten sind:

Durch die Reihenschaltung der zwei Stränge verdoppeln sich die Wirk- und Streublindwiderstände, womit für die Werte der Ersatzschaltung $(R_1)_1$ usw. gilt

$$(R_1)_1 = 2R_1 \quad (R_2)_1 = 2R_2 \quad (X_{1\sigma})_1 = 2X_{1\sigma} \quad (X_{2\sigma})_1 = 2X_{2\sigma}$$

Der Hauptblindwiderstand $X_h \sim 3 \cdot (N_1 \cdot k_{w1})^2$ des Drehstrombetriebs nach Gl. (4.33) bleibt erhalten, da sich die Wirkungen von verdoppelter Windungszahl und des Sehnungsfaktors $k_{p1} = \cos 60°/2 = \sqrt{3}/2$ aufheben.

$$(X_h)_1 \sim (2N_1 \cdot k_{w1} \cdot k_{p1})^2 = 4(N_1 \cdot k_{w1})^2 \cdot 3/4 = 3(N_1 \cdot k_{w1})^2$$

Damit wird $(X_h)_1 = X_h$

Die Ersatzschaltung des Drehstrommotors bei Ausfall einer Strangspannung hat damit den Aufbau nach Bild 5.62. Sie enthält die beiden Läuferkreise von Mit- und Gegensystem mit den zugehörigen Schlupfwerten $s_m = s$ und $s_g = 2 - s$. Zum Vergleich mit dem Drehstrombetrieb ist die dort gültige Schaltung mit der gestrichelten Rückleitung eingetragen.

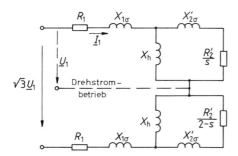

Bild 5.62 Ersatzschaltung der Drehstrom-Asynchronmaschine im Wechselstrombetrieb

Über den Scheinwiderstand $\underline{Z}_1$ der Ersatzschaltung lässt sich wie im Drehstrombetrieb die Ortskurve $\underline{I}_1 = f(s)$ des Ständerstromes bestimmen. Sie ist wie dort ein Kreis, wobei die Rechnung ergibt, dass der komplexe Wert $\underline{Z}_1$ nur von der Variablen $s^* = s(2-s)$ abhängig ist, für die aber keine Werte $s^* > 1$ existieren. Das Kreisdiagramm des einphasigen Betriebs hat damit zwischen $s = 1$ und $s = \infty$ eine Lücke, was das Fehlen eines Bremsbetriebs bedeutet. Dies erklärt sich damit, dass für $s > 1$ aus der Sicht des Mitsystems jetzt das Drehmoment des Gegensystems erneut, aber in die andere Drehrichtung antreibend wirkt.

Die Lage des Kreisdiagramms soll in Bezug auf die Stromortskurve des Drehstrombetriebs wieder über die Lage der Punkte für $s = \infty$, $s = 1$ und $s = 0$ erfolgen. Für die ersten beiden Schlupfwerte sind die zwei Querzweige der Ersatzschaltung in Bild 5.62 gleich, so dass mit den Indizes ( )$_1$ für einsträngigen und ( )$_3$ für Drehstrombetrieb gilt:

$$s = \infty: \quad (\underline{Z}_\infty)_1 = 2(\underline{Z}_\infty)_3 \quad \text{und} \quad s = 1: \quad (\underline{Z}_1)_1 = 2(\underline{Z}_1)_3$$

Da im Unterschied zum Drehstrombetrieb mit U_{Str} die Wicklung jetzt an der Spannung $U_L = \sqrt{3}\, U_{Str}$ liegt, ergeben sich die auf den Drehstrombetrieb bezogenen Ströme

$$s = \infty: \quad (I_\infty)_1 = \sqrt{3}/2(I_\infty)_3 \quad \text{und} \quad s = 1: \quad (I_k)_1 = \sqrt{3}/2(I_k)_3$$

Für den idealen Leerlauf mit $s = 0$ erhält man mit $R'_2/2$, $X'_{2\sigma} \ll X_h$

$$(\underline{Z}_0)_1 \approx 2R_1 + R'_2/2 + j(2X_{1\sigma} + X_h + X'_{2\sigma}) \quad \text{gegenüber}$$

$$(\underline{Z}_0)_3 = R_1 + j(X_{1\sigma} + X_h)$$

im Drehstrombetrieb. Je nach den Ersatzkreisdaten ergibt sich damit ein Stromverhältnis von etwa

$$s = 0: \quad (I_0)_1 = 1{,}6\, (I_0)_3$$

Das einsträngige Kreisdiagramm liegt damit, wie in Bild 5.63 gezeigt, innerhalb der Ortskurve für den Drehstrombetrieb.

Nach Ausfall einer Strangspannung vergrößert sich im normalen Betriebsbereich die Stromaufnahme und verringern sich Leistungsfaktor, Leistung und Drehmoment. Das Wechselfeld erzeugt im Ständer 100-Hz-Schwingungen mit Harmonischen und als Folge einen deutlichen Brummton, welcher den fehlerhaften Betrieb anzeigt [106].

5.3 Steuerung von Drehstrom-Asynchronmaschinen

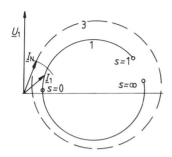

Bild 5.63 Stromortskurve der einsträngigen Asynchronmaschine
3 Drehstrombetrieb

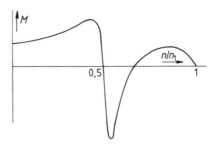

Bild 5.64 Drehmomentkennlinie des Schleifringläufermotors bei Unterbrechung eines Läuferstrangs

Ausfall eines Läuferstrangs. Ist bei einem Schleifringläufermotor in der Läuferwicklung ein Strang, z. B. in der Leitung zu einem der Anschlüsse K, L, M unterbrochen, so besitzt er die eigenartige Drehmomentkennlinie nach Bild 5.64. Der Motor läuft zwar trotz dieses Fehlers selbstständig an, erreicht jedoch nur knapp die halbe Synchrondrehzahl. Danach kehrt sich ab $n > 0{,}5 n_1$ das Drehmoment um, womit der Läufer angetrieben werden muss. Im oberen Drehzahlbereich entsteht dann wieder ein positives Drehmoment. Tritt der Fehler des unterbrochenen Läuferstrangs also erst im Betrieb auf, so hält der Motor zumindest im Leerlauf die volle Drehzahl. Die Erklärung dieses als Görges'sches Phänomen bekannten Verhaltens soll nachstehend nur qualitativ erfolgen.

Im unteren Drehzahlbereich erweckt die Kennlinie $M = f(n)$ nach Bild 5.64 den Eindruck, als ob sich die Polzahl der Maschine verdoppelt hat. Nutzbar als Ersatz für eine Polumschaltung ist diese Erscheinung nicht, da unzulässig hohe Wicklungsströme auftreten und zudem das Netz durch Ströme fremder Frequenzen gestört wird. Diese liegen bei Drehzahlen etwas unterhalb des halben Synchronwertes bei einigen Hertz und ergeben damit eine Schwebung des 50-Hz-Netzstromes.

Das Ständerdrehfeld induziert in der mit der Drehzahl n rotierenden Läuferwicklung einen Strom I_2 mit der Schlupffrequenz $s \cdot f_1$. Da ein Läuferstrang unterbrochen ist, wirken die beiden anderen als gesehnte einsträngige Wicklung, in der I_2 nur ein Wechselfeld Φ_2 ausbilden kann. Dieses hat nach Abschnitt 4.2.2 jedoch die Wirkung zweier gegensinnig rotierender Teildrehfelder Φ_{2m} und Φ_{2g}. Beide rotieren zum Läufer jeweils in ihrem Sinne mit der Schlupfdrehzahl $\Delta n = s \cdot n_1$. Damit entsteht ein Zustand, den man, wie in Bild 5.65 dargestellt, als Zusammenwirken zweier Teilmotoren, nämlich eines „Mitmotors" durch Φ_{2m} und eines „Gegenmotors" durch Φ_{2g}, deuten kann.

Wirkung des Mitdrehfeldes: Das Mitfeld Φ_{2m} entspricht der Situation bei ungestörtem Betrieb. Es rotiert mit $n_{2m} = \Delta n + n = n_1$ synchron mit dem Ständerdrehfeld und erzeugt die normale Drehmomentkurve.

Wirkung des Gegendrehfeldes: Das Gegendrehfeld Φ_{2g} rotiert zum Ständer mit der Drehzahl $n_{2g} = \Delta n - n = s \cdot n_1 - (1 - s) n_1 = n_1(2s - 1)$. Es induziert damit in der Ständerwicklung netzfremde Ströme I_{1g} der Frequenz $f_{1g} = f_1 \cdot (2s - 1)$, auf welche die 50-Hz-Netzspannung keine Wirkung hat. Der Strom I_{1g} wird nur durch den Scheinwiderstand von

Motorwicklung und Netzanschluss begrenzt, d. h. im Idealfall wirkt die Ständerwicklung kurzgeschlossen. Die „Gegenmaschine" entspricht damit einer läufergespeisten Asynchronmaschine mit Kurzschlusswicklung im Ständer, eine Technik, die für Außenläufermotoren z. B. bei Ventilatorantrieben angewandt wird. Steht hier der Ständer still, so rotiert der Läufer entgegen seiner Drehfeldrichtung, da nur so die Lenz'sche Regel erfüllt ist, die eine Minimierung der Relativbewegung zum induzierten Teil verlangt.

Solange also das Läufergegenfeld Φ_{2g} in seinem Drehsinne zum Ständer rotiert, entwickelt es ein Drehmoment M_g in der anderen Richtung und damit im Sinne von M_m. Dies ist im Schlupfbereich $1 > s > 0{,}5$ also in der unteren Drehzahlhälfte der Fall. Bei $s = 0{,}5$ steht Φ_{2g} still, womit I_{1g} und M_g verschwinden. Ab $s < 0{,}5$ wird n_{2g} negativ, d. h. Φ_{2g} rotiert zum Ständer im Sinne der Drehzahl n, womit M_g bremsend wirkt. Dies entspricht dem Übergang in den Generatorbetrieb bei einer läufergespeisten Maschine. Im oberen Drehzahlbereich werden Gegenfeld Φ_{2g} und I_{1g} so klein, dass M_g nur noch geringe Werte erreicht.

Mit- und Gegenmaschine bilden also jeweils die in Bild 5.65 skizzierten Drehmomentkurven $M_m = f(n)$ und $M_g = f(n)$. Die Addition zu $M = M_m + M_g$ ergibt dann den Verlauf in Bild 5.64.

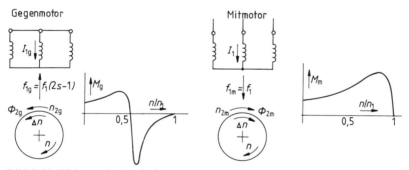

Bild 5.65 Wirkung der Läuferfelder Φ_{2m} und Φ_{2g}

5.3.5 Dynamisches Verhalten von Asynchronmaschinen

Die bekannte Ersatzschaltung und das daraus entwickelte Kreisdiagramm erfassen nur den stationären Betrieb der Asynchronmaschine. Sie gelten nicht für die Dauer von elektromagnetischen Ausgleichsvorgängen als Folge von Schalthandlungen wie Zuschalten an das Netz, Stern-Dreieck-Umschaltung, Laststößen und Ähnlichem [60, 61].

Berechnungsverfahren. Um den Aufwand zu verringern, führt man Berechnungen zum dynamischen Verhalten im Allgemeinen an einer gleichwertigen zweisträngigen Maschine nach Bild 5.66 mit um 90° versetzten Wicklungssträngen durch. Die Beziehungen zur Drehstrommaschine entstehen aus der Bedingung, dass die Ersatzmaschine eine Drehdurchflutung und damit ein Drehfeld gleicher Größe erzeugen muss. Im Unterschied zur Gleichstrommaschine mit ihrer durch die Kohlebürsten festliegenden Ankerwicklungsachse ändert sich aber auch bei der Ersatzmaschine die Verkettung von Ständer- und Läuferwicklung ständig mit dem Drehwinkel α. So gilt z. B. für die Stän-

5.3 Steuerung von Drehstrom-Asynchronmaschinen

derwicklung 1 in Bild 5.66 die Spannungsgleichung

$$u_{S1} = R_{S1} \cdot i_{S1} + L_1 \cdot \frac{di_{S1}}{dt} + L_{11} \cdot \cos \alpha \cdot \frac{di_{R1}}{dt} + L_{12} \cdot \sin \alpha \cdot \frac{di_{R2}}{dt}$$

Dabei bedeuten L_{11} und L_{12} die Gegeninduktivitäten zu den beiden Läufersträngen.

In den Differenzialgleichungen treten also trigonometrische Funktionen auf, was die Berechnung beträchtlich erschwert. Um dies zu vermeiden, führt man häufig eine weitere Transformation der Maschinendaten, nämlich von dem ständerfesten Koordinatensystem KS in Bild 5.66 auf das drehfeldfeste System KD durch. KS steht im Raum still und die Läuferwicklung rotiert mit dem Drehwinkel

$$\alpha = \omega_L \cdot t = 2\pi \cdot f_1 \cdot (1-s)/p$$

was die obigen sin- und cos-Funktionen verursacht. Das neue Koordinatensystem KD rotiert dagegen mit dem Drehwinkel

$$\alpha_D = \omega_1 \cdot t = 2\pi \cdot f_1/p$$

und damit synchron mit der Drehdurchflutung oder dem Drehfeld der Maschine.

Wie bei der Park'schen Transformation für eine Synchronmaschine in Abschnitt 6.3.3 gezeigt, verschwinden durch den Bezug auf das drehfeldfeste System KD alle trigonometrischen Funktionen und es entsteht wie dort ein Differenzialgleichungssystem mit konstanten Faktoren. Bei der Auswertung für den interessierenden Vorgang, wie z. B. das Zuschalten der Spannung zum Anlauf der Maschine, sind dann die zugehörigen Anfangsbedingungen einzusetzen.

Die Berechnung dynamischer Vorgänge führt nur in meist stark vereinfachten Fällen zu einer Lösung durch analytische Gleichungen. Man bestimmt daher direkt die Zeitdiagramme der gesuchten Größen wie Ströme oder Drehmoment. Dies erfolgte früher auf einem Analogrechner und wird heute mit einem PC durchgeführt. Dazu sind seit Jahren Simulationsprogramme wie z. B. PSPICE auf dem Markt und eine eigene Literatur, die sich mit dem Einsatz dieser Software meist für elektronische Schaltungen aber auch elektrische Maschinen befasst [4].

Einschaltströme und Hochlaufmoment. Eines der wichtigsten Ergebnisse aller Berechnungen dynamischer Vorgänge bei Asynchronmaschinen ist die Erkenntnis, dass hierbei Wicklungsströme und Drehmomente auftreten, die völlig außerhalb der stationären Kennlinien liegen. Es ist dies die Folge der elektromagnetischen Ausgleichvorgänge im Schaltaugenblick, durch welche die Anfangsbedingungen mit z. B. $i = 0$ und $\Phi = 0$ im Einschaltfall durch abklingende Gleichstromglieder erfüllt werden. Für den unbelasteten Hochlauf eines Motors kleinerer Leistung sind Drehmoment-Drehzahl-Diagramme nach Bild 5.67 typisch, die stark pendelnd um die gestrichelte Dauerbetriebskurve $M = f(n)$ verlaufen. Das Drehmoment schwingt mehrfach bis in den negativen Bereich, es treten übersynchrone Drehzahlen auf und das stationäre Kippmoment wird deutlich überschritten [62].

Nachstehend sind für die drei wichtigsten dynamischen Vorgänge die maximal auftretende Stromamplitude I_{max} und die höchste Drehmomentspitze M_{max} jeweils bezogen

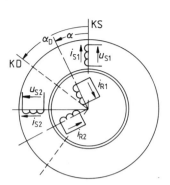

Bild 5.66 Zweisträngige Ersatzmaschine mit einem ständerfesten (KS) und drehfeldfesten (KD) Koordinatensystem

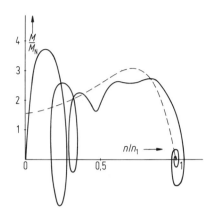

Bild 5.67 Dynamische Drehmomentkennlinie eines kleineren Motors bei Leeranlauf

auf die Bemessungswerte zusammengestellt. Sie werden in der Literatur mehrfach und gleichlautend angegeben.

Direkter Anlauf mit der Spannung U_N

Die Berechnung der beim Einschalten der Betriebsspannung auftretenden Ströme und Drehmomente kann unter der Annahme erfolgen, dass während der ersten Stromspitze der Läufer noch stillsteht. Bei Schalten im Nulldurchgang einer Strangspannung wird dann wie beim Stoßkurzschluss des Transformators der stationäre Kurzschluss- oder Anlaufstrom I_A durch ein Gleichstromglied auf die Anfangsbedingung $i = 0$ angehoben und damit etwa verdoppelt.

Wiedereinschalten nach Kurzunterbrechung

Fällt die Betriebsspannung durch äußere Umstände im Millisekundenbereich aus, so ist der ungünstigste Zeitpunkt der Spannungsrückkehr die Phasenopposition gegenüber der durch das Restdrehfeld Φ_h induzierten Spannung U_q. Das Feld wird nämlich direkt nach dem Ausfall der Spannung durch die im Läufer weiterfließenden Ströme aufrechterhalten und klingt exponentiell ab. Entsprechendes gilt für die Spannung u_q, die sich bei Phasenopposition zu u_N addiert und maximal eine Verdoppelung der Werte bewirkt. Dieser Effekt tritt natürlich nicht auf, wenn im Falle einer gesicherten Stromversorgung nach Spannungsausfall ein Notstromaggregat synchronisiert den Betrieb übernimmt.

Stern-Dreieck-Anlauf

Bei diesem Anlassvorgang wird der Motor auch kurzzeitig vom Netz getrennt und danach wieder zugeschaltet. Der Vorgang ist damit ähnlich dem Fall des Wiedereinschaltens bei Spannungsopposition mit vergleichbaren Werten.

Insgesamt ergeben sich für die drei Schaltvorgänge Stoßströme und Spitzenmomente nach nachstehender Zusammenstellung [64].

5.4 Stromrichterbetrieb von Asynchronmaschinen

Größe	Direkter Anlauf	Stern-Dreieck-Anlauf	Wiedereinschalten
I_{max}/I_A	$2\sqrt{2}$	$4\sqrt{2}$	$4\sqrt{2}$
I_{max}/I_N	11 bis 18	22 bis 36	22 bis 36
M_{max}/M_K	2	4	4
M_{max}/M_N	5 bis 7	10 bis 14	10 bis 14

Neben der Phasenlage der Spannung im Einschaltaugenblick spielt es im Drehstrombetrieb auch eine Rolle, ob die Zuschaltung auf alle drei Stränge gleichzeitig oder z. B. durch eine Unsymmetrie des Schalters einphasig verzögert erfolgt. Im ungünstigsten Fall ergibt sich die maximale Drehmomentspitze zu

$$M_{max} = M_A \left(1 + \frac{\sqrt{2}}{\sin \varphi}\right) \qquad (5.58)$$

mit M_A als stationärem Anlaufmoment und $\varphi = 90° - \varphi_k$. Bild 5.68 zeigt den zeitlichen Verlauf des Einschaltmomentes einer Drehstrom-Asynchronmaschine bei noch stillstehendem Läufer nach [63].

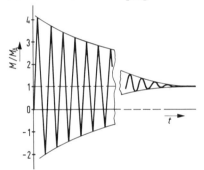

Bild 5.68 Verlauf des Einschaltmomentes einer Asynchronmaschine bei blockiertem Läufer (2 Stränge bei $u = 0$, den dritten $\pi/2$ verzögert eingeschaltet)

5.4 Stromrichterbetrieb von Asynchronmaschinen

Die Entwicklung der Leistungselektronik hat die Anwendung der unter Abschnitt 5.3.1 beschriebenen Verfahren zur Drehzahleinstellung der Asynchronmaschine stark beeinflusst. Dies gilt vor allem für die Technik der Frequenzumrichter, durch die das System Asynchronmotor + Umrichter weitgehend die Nachfolge des stromrichtergespeisten Gleichstromantriebs angetreten hat [65].

Nachstehend werden die auf der Basis von Stromrichterschaltungen eingesetzten Verfahren zur Drehzahlsteuerung der Asynchronmaschine behandelt. Die Wirkungsweise der Stromrichter wird nur hinsichtlich der Spannungsbildung besprochen, darüber hinaus muss auf das umfangreiche Schrifttum verwiesen werden.

5.4.1 Spannungsänderung mit Drehstromstellern

In Abschnitt 5.3.1 wurde die Drehzahlsteuerung der Asynchronmaschine durch Absenken der Ständerspannung besprochen (Bild 5.42). Anstelle eines Stelltransformators verwendet man dazu fast immer eine Stromrichterschaltung mit je einem antiparallelen Thyristorpaar oder einen Triac in den Zuleitungen.

Der prinzipielle Aufbau dieser Drehstromsteller genannten Schaltung ist in Bild 5.69 gezeigt. Der Drehzahlregelung ist wieder ein Stromregelkreis unterlagert, womit der Steuerwinkel α bei einem neuen Drehzahlsollwert nur im Rahmen der eingestellten Stromgrenze geändert wird.

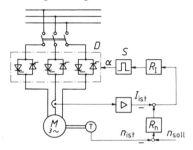

Bild 5.69 Spannungssteuerung durch einen Drehstromsteller
D Drehstromsteller
S Steuergerät
R_I Stromregler
R_n Drehzahlregler
T Tachogenerator

Das Ergebnis dieser Spannungssteuerung soll an dem einfachen Fall eines Wechselstromstellers mit ohmsch-induktiver Belastung nach Bild 5.70 gezeigt werden. Durch Anschnittsteuerung jeder Halbschwingung mit dem Zündwinkel α wird die am Verbraucher anliegende Spannung u_L beliebig zwischen dem vollen Wert α = $α_{min}$ und null bei α = 180° einstellbar. Die Kurvenform ist allerdings im Gegensatz zum Einsatz eines Stelltransformators nicht mehr sinusförmig, sondern enthält Oberschwingungen.

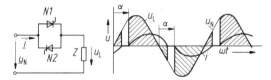

Bild 5.70 Spannungssteuerung durch einen Wechselstromsteller
a) Schaltung mit antiparallelen Thyristoren N1 und N2
b) Diagramm des Stromes und der Lastspannung

Bei der Steuerung eines Motors über einen Drehstromsteller liegt für diesen ebenfalls eine ohmsch-induktive Belastung vor. Die auftretenden Kurvenformen sind hier zusätzlich von der Entscheidung abhängig, ob auch ein Leiter an den Wicklungssternpunkt angeschlossen wird. Ist dies der Fall, so entsprechen die Diagramme den Ergebnissen beim Wechselstromsteller, ohne N-Anschluss erhält man dagegen noch mehr verzerrte Kurvenformen. So ergibt z. B. die Speisung eines 3-kW-Kurzschlussläufermotors mit 0,6 U_N bei etwa ein Drittel Synchrondrehzahl die Liniendiagramme nach Bild 5.71. Die starken Oberschwingungen in Strom und Spannung erzeugen erhöhte Eisen- und Stromwärmeverluste in der Maschine [66–68].

Dem Einsatz des Stellers zur Drehzahlsteuerung sind durch die dabei auftretenden Läuferverluste Grenzen gesetzt. Mit Gl. (5.25) gilt für die Stromwärmeverluste im Läufer

$$P_{Cu2} = s \cdot P_L$$

und mit $s = (n_1 - n)/n_1$, $P_L = 2\pi \cdot n_1 \cdot M$

erhält man $P_{Cu2} = 2\pi(n_1 - n) \cdot M$

5.4 Stromrichterbetrieb von Asynchronmaschinen

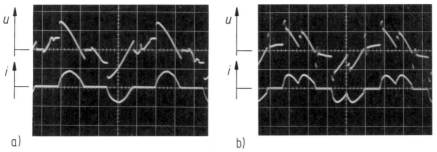

Bild 5.71 Oszillogramme von Strom und Strangspannung eines 3-kW-Drehstrommotors bei Spannungssteuerung mit Drehstromsteller $U = 0{,}6\,U_N$, $n \approx n_1/3$
a) mit Sternpunktanschluss   b) ohne Sternpunktanschluss

Für die Abgabeleistung gilt allgemein

$$P_2 = 2\pi \cdot n \cdot M$$

Bezieht man die Verlust- und die Abgabeleistung auf ihre Bemessungswerte, so ergibt sich

$$P_{Cu2} = P_{Cu2N} \cdot \frac{n_1 - n}{n_1 - n_N} \cdot \frac{M}{M_N}$$

$$P_2 = P_N \cdot \frac{n}{n_N} \cdot \frac{M}{M_N}$$

Die Läuferverluste sind damit wegen $M = M_w$ vom Verlauf des Lastmomentes $M_w = f(n)$ abhängig. Für die wichtigsten Charakteristiken bestehen nachstehende Zusammenhänge:

1. Konstantes Lastmoment $M_w = M_N$

$$P_{Cu2} = P_{Cu2N} \cdot \frac{1 - n/n_1}{s_N}$$

$$P_2 = P_N \cdot \frac{n/n_1}{1 - s_N}$$

Der Höchstwert der Läuferverluste wird bei $n = 0$ mit

$$P_{Cu2M} = P_{Cu2N}/s_N$$

erreicht.

2. Lastmoment $M_w = M_N \cdot \dfrac{n}{n_N}$

$$P_{Cu2} = P_{Cu2N} \cdot \frac{1 - n/n_1}{s_N} \cdot \frac{n/n_1}{1 - s_N}$$

$$P_2 = P_N \cdot \left(\frac{n/n_1}{1 - s_N}\right)^2$$

Über den Differenzialquotienten dP_{Cu2}/dn erhält man den Maximalwert der Verluste bei $n = 0{,}5\,n_1$ mit

$$P_{Cu2M} = \frac{0{,}25}{s_N(1 - s_N)} \cdot P_{Cu2N}$$

3. Lastmoment $M_w = M_N \cdot \left(\dfrac{n}{n_N}\right)^2$

$$P_{Cu2} = P_{Cu2N} \cdot \frac{1 - n/n_1}{s_N} \cdot \left(\frac{n/n_1}{1 - s_N}\right)^2$$

$$P_2 = P_N \cdot \left(\frac{n/n_1}{1 - s_N}\right)^3$$

Die Maximalverluste ergeben sich diesmal bei $n = \dfrac{2}{3}\,n_1$ mit

$$P_{Cu2M} = \frac{4 \cdot P_{Cu2N}}{27 s_N (1 - s_N)^2}$$

Die Auswertung dieser Ergebnisse ist mit $s_N = 0{,}1$ in Bild 5.72 dargestellt. Besonders bei konstantem Lastmoment ergeben sich sehr hohe Verlustwerte, die in diesem Fall bei $n = 0$ den 10fachen Bemessungswert ausmachen.

Der Einsatz des Drehstromstellers zur Drehzahlsteuerung beschränkt sich daher auf kleine Pumpen- und Lüfterantriebe mit einer Charakteristik $M_w \sim n^2$. Hier bleibt nach Bild 5.72 die Läuferwärme noch in vertretbaren Grenzen. Ein Beispiel für die Auslegung eines Antriebs ist nachstehend angegeben.

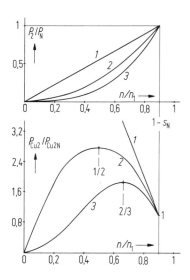

Bild 5.72 Relative Läuferverluste und Abgabeleistungen bei verschiedenen Lastcharakteristiken $M_w = f(n)$ in Abhängigkeit von der Drehzahl bei $s_N = 0{,}1$

1   $M_w = M_N$

2   $M_w = M_N \cdot \dfrac{n}{n_N}$

3   $M_w = M_N \cdot \left(\dfrac{n}{n_N}\right)^2$

5.4 Stromrichterbetrieb von Asynchronmaschinen 241

Beispiel 5.15: Eine Pumpe mit einer Antriebsleistung $P_p = 3{,}2$ kW bei $n_N = 3000$ min^{-1} und quadratischem Momentenbedarf nach $M_p = M_N(n/n_N)^2$ soll über einen Kurzschlussläufermotor im Bereich $n = 1500$ min^{-1} bis 2800 min^{-1} drehzahlgesteuert werden.

Es ist die Typenleistung eines Asynchronmotors mit Widerstandsläufer zu bestimmen, der über einen Drehstromsteller mit variabler Klemmenspannung betrieben wird. Es soll im ganzen Drehzahlbereich Dauerbetrieb möglich sein.

Motordaten:

Verlustverhältnis $P_{Cu1}/P_{Cu2} = 0{,}7$,

Wirkungsgrad bei $P_N\eta = 0{,}8$.

Die Eisen- und Reibungsverluste können durch den Faktor $k_v = 1{,}5$ zu den Kupferverlusten und die verminderte Kühlung durch den Reduktionsfaktor $f_v = 0{,}88$ erfasst werden.

Es ist eine zweipolige Maschine mit $n_1 = 3000$ min^{-1} vorzusehen, die dann bei voller Spannung den oberen Drehzahlbereich von 2800 min^{-1} erfasst.

Für die Läuferverluste gilt bei beliebiger Drehzahl mit

$$P_{Cu2} = s \cdot P_L, \quad P_L = 2\pi \cdot n_1 \cdot M, \quad M = M_N \cdot \left(\frac{n}{n_1}\right)^2$$

$$P_{Cu2} = \frac{n_1 - n}{n_1} \cdot 2\pi \cdot n_1 \cdot M_N \cdot \left(\frac{n}{n_1}\right)^2$$

Bei der angegebenen Lastcharakteristik $M_p \sim n^2$ treten die maximalen Läuferverluste nach Bild 5.72 bei $n = 2/3 n_1$ auf und betragen hier

$$P_{Cu2M} = \frac{8}{27} \cdot \pi \cdot n_1 \cdot M_N$$

Das Pumpenmoment ist $M_N = \dfrac{P_p}{2\pi \cdot n_N} = \dfrac{3{,}2 \text{ kW}}{2\pi \cdot 50 \text{ s}^{-1}} = 10{,}2 \text{ W} \cdot \text{s}$

Die Gesamtverluste berechnen sich nach Datenangabe mit $P_{Cu1} = 0{,}7 P_{Cu2}$ zu

$$P_v = k_v \cdot 1{,}7 \, P_{Cu2M}$$

$$P_v = 1{,}5 \cdot 1{,}7 \cdot \frac{8}{27} \cdot \pi \cdot 50 \text{ s}^{-1} \cdot 10{,}2 \text{ W} \cdot \text{s} = 1211 \text{ W}$$

Für die zulässigen Verluste des Motors der Typenleistung P_T gilt

$$P_{vT} = f_v \cdot P_T \frac{1-\eta}{\eta}$$

wobei $f_v < 1$ die verminderte Kühlung erfasst.
Der Motor muss so ausgelegt werden, dass mindestens $P_{vT} = P_v$ ist. Dies bedeutet die Mindestleistung

$$P_T = \frac{P_{vT} \cdot \eta}{f_v(1-\eta)} = \frac{1211 \text{ W} \cdot 0{,}80}{0{,}88 \cdot 0{,}20} = 5{,}5 \text{ kW}$$

Es ist ein zweipoliger Motor mit $P_N = 5{,}5$ kW zu wählen.

5.4.2 Untersynchrone Stromrichterkaskade

Läuferrückspeisung. Bei der Drehzahlsteuerung eines Schleifringläufermotors durch Vorwiderstände R_{2v} wird die dem Läufer entnommene Leistung P_{2el} ausschließlich mit $P_{2el} = 3 \cdot R_{2v} \cdot I_2^2$ in Wärme umgesetzt. Um dies zu vermeiden, werden schon lange

Techniken eingesetzt, mit denen die bei der Drehzahlabsenkung frei werdende Energie an das Netz zurückgegeben werden kann.

Bis zur Entwicklung der Leistungselektronik Anfang der 60er-Jahre löste man diese Aufgabe der Energierückspeisung mit Maschinenumformern, z. B. in der Scherbius-Kaskade. Hier wird die schlupffrequente Läuferleistung P_{2el} in einem so genannten Einankerumformer gleichgerichtet und einem nachgeschalteten Gleichstrommotor zugeführt. Dieser treibt eine angekuppelte Asynchronmaschine übersynchron an, womit diese im Generatorbetrieb in das Netz zurückspeist. Insgesamt arbeiten zwischen den Läuferklemmen und dem Drehstromnetz also drei elektrisch in Reihe geschaltete Maschinen, ein Aufwand, der sich nur bei großen Antriebsleistungen lohnte.

Die Leistungselektronik vereinfacht die Technik der Läuferrückspeisung wesentlich. Nach Bild 5.73 wird an die Schleifringe ein statischer Umrichter, der aus einem Diodengleichrichter GR und einem vollgesteuerten Thyristorstromrichter WR in Wechselrichteraussteuerung besteht, angeschlossen. Der Weg über den Gleichstrom-Zwischenkreis ist erforderlich, um die beiden Drehstromsysteme mit der Schlupffrequenz f_2 auf der Läuferseite und der Frequenz f_1 netzseitig voneinander zu entkoppeln. Ein nachgeschalteter Transformator dient der Spannungsanpassung, der Drehstromwiderstand R zum Anfahren des Antriebs. Der gesamte Aufbau wird als untersynchrone Stromrichterkaskade (USK) bezeichnet. Im Vergleich zur Drehzahlsteuerung über Vorwiderstände gilt bei vernachlässigten Verlusten die Gegenüberstellung der Leistungsbilanzen aus Bild 5.74 [69–72].

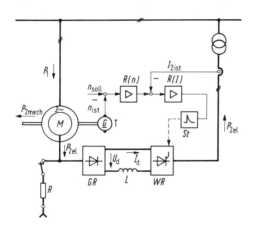

Bild 5.73 Untersynchrone Stromrichterkaskade zur Drehzahlsteuerung von Schleifringläufermotoren

- GR Diodengleichrichter
- WR Wechselrichter
- $R(n)$ Drehzahlregler
- $R(I)$ Stromregler
- R Anlasswiderstand

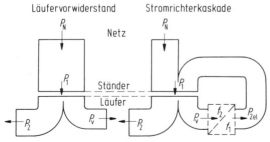

Bild 5.74 Vergleichende Leistungsbilanz bei Drehzahlsteuerung durch Läuferwiderstände und Stromrichterkaskade

5.4 Stromrichterbetrieb von Asynchronmaschinen

Das Verhalten eines Schleifringläufermotors mit einer USK soll über die Ersatzschaltung in Bild 5.75 gezeigt werden. Läufer und Netz mit den Spannungen $U_{q2} = s \cdot U_{20}$ und U_N sind im Zwischenkreis über die Gleichspannungen U_{d1} und U_{d2} miteinander verbunden. U_{d1} ergibt sich schlupfabhängig durch Gleichrichtung der Läuferspannung, U_{d2} ist über den Steuerwinkel α des Wechselrichters WR einstellbar. Die Drosselspule L nimmt die Spannungsoberschwingungen, d. h. die Unterschiede in den Augenblickswerten auf.

Für den Vergleich mit der Wirkung eines Läufervorwiderstandes ist in Bild 5.75 zwischen den Läuferklemmen 1–2 der Widerstand R_{2v} mit dem Spannungsfall $U_R = I_2 \cdot R_{2v}$ angedeutet. Die Wirkung dieser Spannung übernimmt bei der USK die Wechselrichterspannung U_{d2}. Ein Läuferstrom $I_2 \sim I_d$ und damit ein Drehmoment $M \sim I_2$ können erst dann entstehen, wenn durch einen entsprechend großen Schlupf s die Läuferspannung U_{q2} so groß geworden ist, dass die Bedingung $U_{d1} = U_{d2}$ erreicht ist. Erst jetzt kann im Zwischenkreis ein Strom I_d fließen und damit die Leistung $P_d = U_d \cdot I_d$ an den Wechselrichter abgegeben werden. Im Unterschied zum Spannungsfall U_R an einem Läufervorwiderstand ist die Wechselrichterspannung U_{d2} außerdem nicht vom Läuferstrom I_2 und damit von der Belastung abhängig. Dies bedeutet, dass auch ein Absenken der Leerlaufdrehzahl erreicht werden kann.

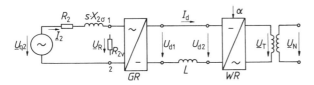

Bild 5.75 Ersatzschaltung eines Drehstrom-Schleifringläufermotors mit untersynchroner Stromrichterkaskade

GR Diodengleichrichter
WR Thyristorwechselrichter

Für die Spannung des Gleichrichters GR in Drehstrombrückenschaltung gilt nach Gl. (2.54 b)

$$U_{d1} = \frac{3\sqrt{2}}{\pi} U_L = \frac{3\sqrt{6}}{\pi} \cdot s \cdot U_{20}$$

wobei U_{20} der Strangwert der Läuferstillstandsspannung ist.

Die Wechselrichterspannung U_{d2} ergibt sich mit dem Bezugspfeil in Bild 5.75 und $\alpha \geq 90°$ zu

$$U_{d2} = -\frac{3\sqrt{6}}{\pi} \cdot U_T \cdot \cos \alpha$$

U_T ist die sekundäre Strangspannung des in vielen Fällen nachgeschalteten Transformators.

Im Leerlauf mit $I_2 \sim I_d \to 0$ stellt sich damit über die Bedingung

$$U_{d1} = U_{d2}$$
$$s_0 \cdot U_{20} = -U_T \cdot \cos \alpha$$

der Leerlaufschlupf

$$s_0 = -\frac{U_T}{U_{20}} \cdot \cos \alpha$$

ein. Für $\alpha = 90°$ erhält man daraus $s_0 = 0$ und die Leerlaufdrehzahl $n_0 = n_1$, d. h. das Ergebnis bei kurzgeschlossenem Läufer. Allgemein gilt mit

$$n_0 = n_1 \cdot (1 - s)$$

für die Leerlaufdrehzahl

$$\boxed{n_0 = n_1 \cdot \left(1 + \frac{U_T}{U_{20}} \cdot \cos \alpha\right) \quad 90° \leq \alpha \leq 150°} \quad (5.59)$$

wenn man die Trittgrenze des Wechselrichters bei $\alpha = 150°$ ansetzt. Das Verhältnis U_T/U_{20} bestimmt den maximal erreichbaren Leerlaufschlupf

$$s_{0\text{max}} = -\frac{U_T}{U_{20}} \cdot \cos 150° = \frac{\sqrt{3}}{2} \cdot \frac{U_T}{U_{20}}$$

Bei Belastung fällt die Drehzahl nach

$$n = n_0 \cdot (1 - s)$$

weiter ab und man erhält ein Feld mit parallelen Kennlinien nach Bild 5.76. Die einzelnen Nebenschlusskurven sind etwas stärker geneigt als bei einem Käfigläufermotor, da die Verluste in den Dioden, Thyristoren und der Drosselspule wie ein entsprechend erhöhter Läuferwiderstand wirken.

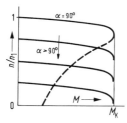

Bild 5.76 Drehzahlkennlinien bei Steuerung mit einer Stromrichterkaskade
α Steuerwinkel des Wechselrichters

Untersynchrone Stromrichterkaskaden werden dort eingesetzt, wo mit maximalen Schlupfwerten von 30 % bis 50 % nur ein begrenzter Drehzahlstellbereich gefordert ist. Dies ist vor allem bei großen Pumpen-, Gebläse- und Verdichterantrieben der Fall, die wegen der Charakteristik $P \sim n^3$ nicht bei kleinen Drehzahlen betrieben werden. Da die Kaskade nur für die dem Läufer entnommene Leistung also

$$P_{2\text{el}} = P_2 \cdot \frac{s}{1 - s} - P_{\text{Cu}2}$$

ausgelegt werden muss, ergibt sich mit $s_{\text{max}} \leq 0{,}5$ ein Vorteil gegenüber der Gleichstrommaschine mit Einquadrantenstromrichter. Der begrenzte Stellbereich bedeutet allerdings, dass der Antrieb über den Anlasswiderstand R in Bild 5.73 hochgefahren werden muss.

Der durch die Drosselspule L geglättete Zwischenkreisstrom I_d ergibt auf der Läuferseite den bei Drehstrombrückenschaltungen typischen 120°-Rechteckstrom, womit auch der Ständerstrom nicht mehr sinusförmig ist. Damit entstehen wieder Zusatzverluste durch die Oberschwingungen und Pendelmomente.

5.4 Stromrichterbetrieb von Asynchronmaschinen

Beispiel 5.16: Ein Drehstrom-Schleifringläufermotor für $P_N = 200$ kW, $U_N = 400$ V, $U_{20} = 300$ V, $\eta_M = 0{,}948$ soll durch eine untersynchrone Stromrichterkaskade drehzahlgesteuert werden. Der Wirkungsgrad des Umrichters mit Transformator nach Bild 5.73 kann mit $\eta_K = 0{,}92$ angenommen werden.

a) Für den Betriebspunkt $n = 0{,}5\, n_1$, $M = M_N$ ist die Wirkleistungsbilanz anzugeben.

Aufnahmeleistung des Motors

$$P_1 = \frac{P_N}{\eta_M} = \frac{200 \text{ kW}}{0{,}948} = 211 \text{ kW}$$

Motorverluste bei M_N, I_N

$$P_{vM} = P_1 - P_N = 11 \text{ kW}$$

Abgabeleistung bei $0{,}5\, n_N$, M_N

$$P_{2m} = 0{,}5\, P_N = 100 \text{ kW}$$

Abgabeleistung an den Umrichter

$$P_{2el} = P_1 - P_{vM} - P_{2m} = 100 \text{ kW}$$

Verluste der Kaskade

$$P_{vK} = P_{2el}(1 - \eta_K) = 100 \text{ kW}\,(1 - 0{,}92) = 8 \text{ kW}$$

Rückgespeiste Leistung

$$P_K = P_{2el} - P_{vK} = 92 \text{ kW}$$

Netzleistung

$$P_D = P_1 - P_K = 119 \text{ kW}$$

Das Diagramm der Leistungen zeigt Bild 5.77.

b) Welche Übersetzung U_N/U_T muss der Transformator für $n_0 = 0{,}5\, n_1$ erhalten?

$$n_0 = n_1(1 - s_0) = 0{,}5\, n_1 \text{ bedeutet } s_0 = 0{,}5$$

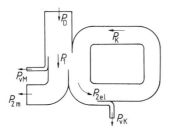

Bild 5.77 Leistungsbilanz eines Antriebs mit USK
Zahlenwerte in Beispiel 5.16

An der Trittgrenze des Wechselrichters gilt die Beziehung

$$s_0 = -\frac{U_T}{U_{20}} \cdot \cos 150°$$

und damit für die Transformatorübersetzung bei $U_{20} = 300$ V Leiterspannung

$$U_T = 0{,}5 \cdot \frac{2}{\sqrt{3}} \cdot 300 \text{ V} = 173 \text{ V}$$

$$U_T/U_N = 173 \text{ V}/400 \text{ V}$$

c) Wie groß wird der Gleichstrom I_d im Zwischenkreis bei Bemessungsmoment?

Bei der niedrigsten Drehzahl ist $P_{2el} = 100$ kW mit

$$P_{2el} = U_d \cdot I_d = \frac{3\sqrt{2}}{\pi} \cdot s \cdot U_{20} \cdot I_d$$

wobei sich die Gleichspannung U_d nach Gl. (2.54 b) berechnet. Man erhält damit $s = 0{,}5$

$$I_d = \frac{\pi}{3\sqrt{2}} \cdot \frac{P_{2el}}{s \cdot U_{20}} = \frac{\pi}{3\sqrt{2}} \cdot \frac{100 \text{ kW}}{0{,}5 \cdot 300 \text{ V}} = 494 \text{ A}$$

5.4.3 Einsatz von Frequenzumrichtern

Das in Abschnitt 5.3.2 behandelte Verfahren der Drehzahlsteuerung über eine Spannung einstellbarer Frequenz hat inzwischen in der elektrischen Antriebstechnik eine zentrale Bedeutung erlangt. Das System Frequenzumrichter + Drehstrommotor – sowohl in der hier zunächst angesprochenen asynchronen Bauart wie als Synchronmaschine – hat den stromrichtergespeisten Gleichstrommotor als jahrzehntelange klassische Lösung für drehzahlgeregelte Antriebe weitgehend verdrängt. Der Grund liegt neben den in der Regel geringeren Kosten gegenüber dem Einsatz des Gleichstomantriebs vor allem in einer ganzen Reihe von technischen Vorteilen wie:

– höhere Grenzdrehzahlen
– kleineres Läuferträgheitsmoment und Leistungsgewicht (kg/kW)
– keine Stromwenderprobleme wie Kohlestaub und Abrieb der Lauffläche, daher
– geringerer Wartungsaufwand
– einfachere explosionsgeschütze Ausführung in EExe.

Antriebssystem. Um hinsichtlich der Ausgangsfrequenz des Umrichters völlige Freizügigkeit zu erreichen, ist zur Entkopplung der Drehstromsysteme von Netz und Motor ein Gleichstrom- oder Gleichspannungszwischenkreis erforderlich. Das gesamte Antriebssystem, also Umrichter + Motor – in den Normen VDE 0160 (EN 61800) PDS (Power Drive System) genannt – hat damit eine Struktur nach Bild 5.78.

Für die Baugruppen GR und WR sind je nach Leistung und sonstigen Anforderungen jeweils verschiedene elektronische Stellglieder im Einsatz.. Nachstehend werden einige grundsätzliche Ausführungen des FU vorgestellt, wobei aber die Auswirkungen auf das Netz und den Motor im Vordergrund stehen. Über die Technik der Umrichter selbst gibt es eine Vielzahl von Fachaufsätzen [73–87] und unter dem Sachgebiet „Leistungselektronik" ein umfangreiches Buchangebot, auf das hier verwiesen werden muss.

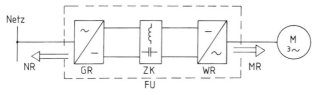

Bild 5.78 Struktur eines Umrichterantriebs,
GR Netzgleichrichter, ZK Zwischenkreis, WR Wechselrichter, FU Frequenzumrichter,
NR Netzrückwirkungen, MR Motorrückwirkungen

5.4 Stromrichterbetrieb von Asynchronmaschinen

In Bild 5.78 ist mit den Pfeilen NR und MR angedeutet, dass ein Frequenzumrichter sowohl an das Drehstromsystem des Netzes als auch an den Motor besondere Anforderungen stellt. So belastet der Umrichter das Netz mit den

Netzrückwirkungen in der Form von

- Blindströmen
- Oberschwingungen
- kurzzeitigen Spannungseinbrüchen
- hochfrequenten Störimpulsen.

In Richtung Antrieb entstehen für den Asynchronmotor zusätzliche Belastungen in der Form von

Motorrückwirkungen durch

- Oberschwingungen in Strom und Spannung
- Schwingungen und Geräusche
- Zusatzverluste
- transiente Überspannungen
- Wellenspannungen.

Auf diese motorseitigen Probleme wird in Abschnitt 5.4.4 speziell eingegangen.

Alle Umrichterrückwirkungen werden in den umfangreichen Normen nach VDE 0160 bzw. EN 61800 im Einzelnen behandelt und Grenzwerte sowie Prüfverfahren für das Antriebssystem festgelegt. Dies sind insbesonders Anforderungen an die Störfestigkeit des Umrichters und seine elektromagnetische Störaussendung. Die Einhaltung der Vorschriften verlangt in der Regel in Richtung Netz eine vorgeschaltete Induktivität L_v und ein Filter als LC-Kombination.

I-Umrichter. Schaltet man in Bild 5.79 a in den Zwischenkreis des Umrichters eine Längsinduktivität (Drosselspule) L genügender Größe, so liefert er an den Wechselrichter WR idealisiert einen Gleichstrom I_d. Dessen Stellglieder wie GTOs oder

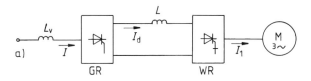

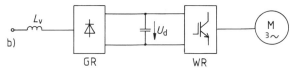

Bild 5.79 Prinzipielle Umrichterschaltungen

a) Prinzip eines I-Umrichters
   GR B6-Thyristorgleichrichter
   WR B6-GTO-Wechselrichter
   L_v Vordrossel

b) Prinzip eines U-Umrichters
   GR B6-Diodengleichrichter
   WR IGBT-Wechselrichter
   L_v Vordrossel

IGBTs werden so angesteuert, dass der Gleichstrom in zyklischer Folge auf die drei Stränge der Motorwicklung geschaltet wird. Es entsteht dadurch ein sprungförmig umlaufendes Magnetfeld mit der eingestellten Zykluszeit, dem der Käfigläufer asynchron folgt.

Je nach Schaltung der Drehstromwicklung des Asynchronmotors entstehen Strangströme mit den in Bild 5.80 angegebenen idealisierten Kurvenformen. Sie bedeuten wesentliche Oberschwingungen in Strom und Spannung mit der Folge erhöhter Stromwärme und Eisenverluste. In VDE 0530 T. 17 wird für einen Motor der Baugröße 315 M im Vergleich zur Sinuseinspeisung eine Erhöhung der Verluste um 25 % angegeben. Die verfügbare Leistung z. B. eines Normmotors sinkt damit entsprechend.

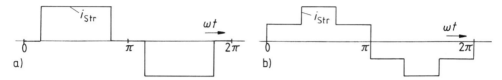

Bild 5.80 Idealisierte Kurvenformen des Strangstromes bei Betrieb mit I-Umrichter
a) Sternschaltung der Drehsromwicklung   b) Dreieckschaltung

Besonders einfach und ohne Mehraufwand im Leistungsteil ist bei I-Umrichtern ein Vierquadrantenbetrieb möglich. Mit Ansteuerung des Thyristorstromrichters GR in den Wechselrichterzustand kann eine Rückspeisung von Bremsenergie ins Netz erfolgen. Drehrichtungsumkehr erreicht man durch Änderung der Ansteuerfolge der motorseitigen Stellglieder.

Durch die Entwicklung der U-Umrichter zu einem relativ preiswerten Serienprodukt mit motorseitig geringen Rückwirkungen sind I-Umrichter weitgehend vom Markt verdrängt. Typische Anwendungsgebiete sind/waren Einzelantriebe für Pumpen, Extruder und Zentrifugen höherer Leistung im Frequenzbereich von 5 bis 150 Hz [76–78].

U-Umrichter Schaltet man in den Zwischenkreis anstelle der Längsinduktivität L quer einen Kondensator C, so erhält man einen Umrichter mit Gleichspannungszwischenkreis. Bild 5.79 b zeigt die im unteren Leistungsbereich noch häufig verwendete Variante mit einem netzseitigen B6-Diodengleichrichter GR und einer IGBT-Brücke als Wechselrichter. Mitunter werden hier auch bei geringeren Motorspannungen als Stellglieder MOS-FET eingesetzt. Die Schaltung erhält wieder eine Netzdrossel und ein LC-Filter zur Minderung der Netzrückwirkungen.

Durch die B6-Diodenbrücke wird der Kondensator C fast auf den Scheitelwert der Netzspannung aufgeladen, womit der Zwischenkreis eine etwa konstante Gleichspannung U_d erhält. Netzseitig wirkt die Schaltung wie ein Drehstromladegerät, so dass der Leiterstrom aus den dafür typischen zwei Ladeimpulsen pro Halbschwingung besteht. In Bild 5.81 hat dies der Verfasser bei einen 2,2-kW-Antrieb im Bezug zur Strangspannung des Netzes aufgenommen. Der Netzstrom hat zur Spannung fast keine Phasenverschiebung, so dass annähernd $\cos \varphi \approx 1$ gilt. Wegen der starken Oberschwingungen im Stromverlauf beträgt der Leistungsfaktor, in den nach Gl. (1.4) zusätzlich zum $\cos \varphi$

5.4 Stromrichterbetrieb von Asynchronmaschinen

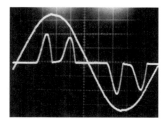

Bild 5.81 Netzseitige Strangspannung und Strangstrom eines U-Umrichters mit B6-Diodenbrücke

der Grundschwingungsanteil des Stromes eingeht, dagegen nur etwa $\lambda = 0{,}78$ [164]. Umrichter in dieser Technik sind dank B6-Blocks (Six pack) als Leistungsteil und einer Prozessorsteuerung so kompakt, dass sie bis zu einigen kW Leistung im etwas vergrößerten Anschlusskasten des Motors untergebracht werden können.

Pulsumrichter. In dieser Technik, die sich weitestgehend im gesamten Leistungsbereich durchgesetzt hat, wird die konstante Zwischenkreisspannung U_d pro Halbschwingung der gewünschten Frequenz in eine Vielzahl von Einzelimpulsen unterschiedlicher Spannungszeitflächen zerlegt. Für die erforderliche Ansteuerung der IGBT-Stellglieder sind verschiedene Verfahren entwickelt worden. Vielfach wird durch eine Pulsweitenmodulation die Breite der Einzelimpulse so variiert, dass die gewünschte Sinusspannung in Bild 5.82 a als Unterschwingung der Pulsfolge entsteht Bild 5.82 b zeigt eine Aufnahme der Leiterspannung bei dieser sinusbewerteten Pulsung, wobei die Taktfrequenz 1 kHz beträgt.

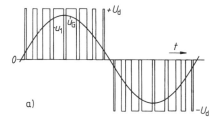 

Bild 5.82 Ausgangsspannung eines Pulsumrichters
a) Pulsweitenmodulation der Zwischenspannung
  Unterschwingungsverfahren, u_G Spannungs-Grundschwingung
b) Leiterspannung bei ca. 1 kHz Taktfrequenz

Bei Taktfrequenzen im Bereich bis zu einigen kHz sind im Oszillogramm des Motorstromes die durch die Pulsung entstandenen Oberschwingungen noch deutlich zu erkennen. Die Folge sind entsprechende Zusatzverluste und häufig störende Geräusche. Dies lässt sich vermeiden, indem man die Taktfrequenz mit $f > 16$ kHz über die Hörschwelle legt. Bild 5.83 zeigt zwei Beispiele für den Motorstrom eines 2,2-kW-Käfigläufers bei Betrieb mit 20 Hz und Bemessungsmoment.

Bei Taktfrequenzen über ca. 10 kHz und damit genügend großem Abstand zur Betriebsfrequenz von bis zu einigen 100 Hz kann zusätzlich am Ausgang des Umrichters ein LC-Tiefpass zur Siebung eingesetzt werden. Mit dem Nachteil der damit verbundenen Minderung des dynamischen Verhaltens werden Spannung und Strom des Motors praktisch sinusförmig.

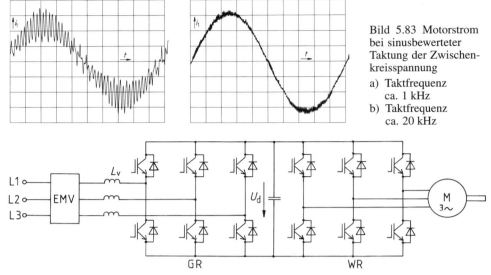

Bild 5.83 Motorstrom bei sinusbewerteter Taktung der Zwischenkreisspannung
a) Taktfrequenz ca. 1 kHz
b) Taktfrequenz ca. 20 kHz

Bild 5.84 U-Umrichter mit beidseitiger IGBT-Brücke für sinusförmigen Netzstrom

Die in VDE 0160 geforderten Grenzen für die Netzrückwirkung des Antriebssystems Umrichter + Motor haben zu Schaltungen nach Bild 5.84 geführt, in denen der B6-Diodengleichrichter durch eine entsprechende IGBT-Brücke ersetzt ist. Zusammen mit den vorgeschalteten Induktivitäten gestatten sie den Betrieb eines Hochsetzstellers, mit dem die Ladung des Zwischenkreiskondensators so erfolgen kann, dass netzseitig ein fast sinusförmiger Strom auftritt. In Bild 5.85 sind die Strom-Oszillogramme für beide Fälle dargestellt. Man erkennt links die beiden Ladeimpulse der B6-Diodenbrücke und daneben den fast sinusförmigen Strom beim Einsatz von IGBTs auch auf der Netzseite. Mit der weitgehenden Vermeidung der Oberschwingungen wird damit nicht nur der $\cos \varphi$, sondern auch der Leistungsfaktor λ nahezu 1.

Feldorientierte Regelung. Wird bei der Drehzahlsteuerung von Asynchronmaschinen über Frequenzumrichter lediglich der Effektivwert der Motorspannung nach der Steuerkennlinie $U_1 = g(f_1)$ eingestellt, so kann allenfalls im stationären Betrieb stets der Fluss ϕ_N eingehalten und damit die optimale Ausnutzung erreicht werden. Für dynamische Lastzustände, wie Anlauf und rasche Umsteuervorgänge, ist dagegen nicht sicher-

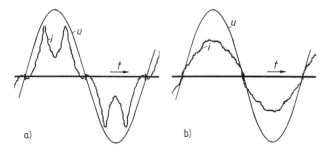

Bild 5.85 Kurvenform des Netzstromes [162]
a) netzseitige B6-Diodenbrücke
b) netzseitige IGBT-Brücke

5.4 Stromrichterbetrieb von Asynchronmaschinen

gestellt, dass der Ständerstrom in jedem Augenblick die zur Magnetisierung und Drehmomentbildung richtige Größe und Phasenlage hat. Ist dies gefordert, so ist ein Regelkonzept einzusetzen, mit dem es möglich ist, wie bei einer Gleichstrommaschine mit Erregerstrom I_E und Laststrom I_A den Ständerstrom in seinen Komponenten Wirk- und Blindanteil unabhängig voneinander einzustellen.

Grundlage dieser feldorientierten Regelung oder Vektorregelung ist die Beschreibung des Maschinenverhaltens durch die Einführung von Raumzeigern für alle elektrischen und magnetischen Größen. Diese Raumzeiger entstehen jeweils aus der Addition der Augenblickswerte von Strom, Spannung und Magnetfeld in den drei Strängen der Drehstromwicklung. Als anschauliches Beispiel sei auf die Bestimmung der mit Synchrondrehzahl rotierenden Drehfeld-Erregerkurve in Bild 4.17 verwiesen, die durch den Raumzeiger $\underline{V}_1$ dargestellt werden kann.

Alle Raumzeiger rotieren gegenüber dem ortsfesten durch die Lage der Ständerwicklung bestimmten Bezugssystem, das in Bild 5.86 mit der Achse A_S gekennzeichnet ist, mit der Winkelgeschwindigkeit $\dot{\varphi}_S$. Im stationären Betrieb der Maschine entspricht diese Winkelgeschwindigkeit der Kreisfrequenz ω_1. In der Technik der Vektorregelung wählt man nun für die Beschreibung des Maschinenverhaltens ein neues rotierendes Koordinatensystem A_Φ, dessen Bezugsachse mit der Lage des Raumzeigers $\underline{\Phi}$ des Drehfeldflusses übereinstimmt. Auf diese Weise hat man alle Größen und insbesondere den Stromzeiger $\underline{i}_1$ und seine Komponenten $\underline{i}_w$ und $\underline{i}_b$ „feldorientiert". In diesem neuen rotierenden Bezugssystem sind alle Werte zudem Gleichstromgrößen.

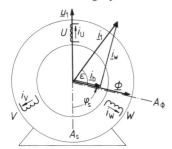

Bild 5.86 Raumzeigerdiagramm zur Realisierung der feldorientierten Regelung

A_S ortsfeste Bezugsachse für die Drehstromgrößen
A_Φ rotierende Bezugsachse des Flussraumzeigers $\underline{\Phi}$

Da nach Gl. (4.39) die senkrecht zum Flusszeiger liegende Stromkomponente das Drehmoment bestimmt und die parallele grundsätzlich die Magnetisierung übernimmt, hat man mit den feldorientierten Stromkomponenten $\underline{i}_b$ und $\underline{i}_w$ die Verhältnisse der fremderregten Gleichstrommaschine nachgebildet. Es gilt die Zuordnung $i_b \sim I_E$ und $i_w \sim I_A$, und man kann jetzt wie dort für das gewünschte Feld Φ und den Sollwert der Drehzahl zwei getrennte Regelkreise aufbauen.

Die gesamte Struktur einer feldorientierten Regelung ist kompliziert und Inhalt vieler Veröffentlichungen und ganzer Lehrbücher [81–85, 148–150]. Über Koordinatenwandler und Maschinenmodelle werden aus den Strangwerten der Maschine die Istwerte i_w und i_b und des Feldes bestimmt und den Reglern zugeführt. Danach muss eine Rücktransformation auf die dreisträngigen Steuerspannungen für den Betrieb des Frequenzumrichters erfolgen. Insgesamt entsteht ein hoher regeltechnischer Aufwand, den man heute mit der Mikroprozessortechnik realisiert.

Das Antriebssystem Asynchronmaschine + Frequenzumrichter ist heute bis in den MW-Leistungsbereich verfügbar und erreicht mit den oben skizzierten Regelverfahren die Qualität des klassischen Gleichstromantriebs mit netzgeführten Stromrichtern. Auf Grund seiner Vorteile gegenüber Gleichstrommotoren wie geringer Wartungsaufwand, hohe Grenzdrehzahl, geringeres Trägheitsmoment beherrscht die Asynchronmaschine zusammen mit der umrichtergesteuerten Synchronmaschine weitestgehend den Markt der drehzahlgeregelten elektrischen Antriebe in allen Bereichen der Förder- und Produktionstechnik sowie im Verkehrswesen.

5.4.4 Motorrückwirkungen bei Umrichterbetrieb

Durch die Steuerung über einen Frequenzumrichter entstehen für den Asynchronmotor besondere Betriebsbedingungen, die in Bild 5.78 als Motorrückwirkungen bezeichnet sind. Diese werden in VDE 0530 T. 17 (IEC 60034-17) – Umrichtergespeiste Induktionmotoren mit Käfigläufer – grundlegend dargestellt. Gegenüber der Versorgung mit einem rein sinusförmigen Spannungssystem treten die nachstehend erläuterten Erscheinungen auf:

Lagerströme. Im Umrichterbetrieb kann im galvanisch geschlossenen Kreis Welle – beidseitige Lagerschilde – Gehäuse und damit über die Wälzlager ein Kreisstrom entstehen, welcher Letztere durch Strommarken in kurzer Zeit zu zerstören vermag. Ursache sind in diesem Kreis induzierte Wellenspannungen und Lagerspannungen.

Als Wellenspannung bezeichnet man die Induktion im oben definierten Stromkreis durch einen Ringfluss entlang des Gehäuseumfangs. Dieser kann durch Unsymmetrien in der Konstruktion von Ständer und Blechpaket, aber auch durch eine Nullkomponente der Strangströme im Ablauf der IGBT-Schaltvorgänge entstehen.

Lagerspannungen entstehen durch eine kapazitive Einkopplung am Radialspalt der Lager. Ursache ist vor allem die mit der Pulsfrequenz des Umrichters wechselnde Differenz zwischen dem mittleren Potenzial der Ständerwicklung und dem geerdeten Blechpaket. Die Höhe der Lagerspannung hängt von den zwischen der Ständerwicklung und den übrigen Bauteilen wirkenden Kapazitäten ab und kann bis ca. 30 V erreichen.

Bei Betrieb mit einem Spannungszwischenkreis-Umrichter treten beide Spannungsarten gleichzeitig auf und können schon bei Werten von einigen Volt zu einem Durchschlag des Schmierfilms der Lager und damit zu den genannten Kreisströmen führen. VDE 0530 T. 17 empfiehlt bei Umrichtern mit Pulsfrequenzen über 10 kHz und Betriebsspannungen ab 500 V den Einsatz eines isolierten Lagers, vorzugsweise auf der Nichtantriebsseite, oder Filtermaßnahmen am Umrichter.

Zusätzliche Verluste. Die Oberschwingungen in den Strangspannungen beim Einsatz von U-Umrichtern und Schaltungen mit gepulstem Verlauf der Motorspannung bewirken entsprechend ihrer Frequenz geringe Änderungen der Flussdichten im magnetischen Kreis und damit nach Abschnitt 1.2.2 zusätzliche Eisenverluste. Diese können bei Frequenzen von einigen 100 Hz bis zu etwa 4 % der Gesamtverluste ausmachen, werden aber bei Taktung im Bereich von über 10 kHz vernachlässigbar klein [89–93].

Den Hauptanteil der zusätzlichen Verluste durch Oberschwingungen bilden dagegen die Stromwärmeverluste in der Ständerwicklung und im Läuferkäfig. Bei I-Umrichtern sind

5.4 Stromrichterbetrieb von Asynchronmaschinen

diese Stromharmonischen $I_{1\nu}$ durch die Fourier-Analyse des eingeprägten Rechteckstroms nach Bild 5.80 vorgegeben und können daher bei Kenntnis der wirksamen Widerstände $R_{1\nu}$ und $R_{2\nu}$ zu

$$P_{z\nu} = 3\Sigma I_{1\nu}^2 \cdot (R_{1\nu} + R'_{2\nu})$$

berechnet werden. Vor allem im Läufer ist bei der Bestimmung des wirksamen Käfigwiderstandes die Stromverdrängung zu beachten. Die gesamten zusätzlichen Stromwärmeverluste können so bei I-Umrichtern 10 bis 20 % betragen.

Ist wie bei U-Umrichtern oder gepulsten Schaltungen die Spannung mit ihren Oberschwingungsanteilen U_ν vorgegeben, so bestimmen sich die Stromanteile über den gesamten Streublindwiderstand X_σ der Maschine zu

$$I_\nu = \frac{U_\nu}{X_\sigma}$$

Für kleine Stromwerte und damit entsprechend geringe Verluste ist also ein großer Streublindwiderstand von Vorteil. Diese Auslegung hat aber nach Gl. (5.35 b) den Nachteil eines verminderten Kippmomentes M_K. Gerade dieser Wert sollte aber im Umrichterbetrieb, sofern ein Betrieb mit Feldschwächung vorgesehen ist, möglichst groß sein. Es ist also ein Kompromiss zwischen diesen konträren Forderungen zu suchen.

Insgesamt kann für die Berechnung der zusätzlichen Verluste kein allgemeingültiges Verfahren angegeben werden. Je nach Gestaltung des Motors (Wicklung, Nutformen, Schrägung) und der Umrichtertechnik (Pulsmuster, Taktfrequenz) entstehen sehr unterschiedliche Ergebnisse, die anteilig etwa 8 bis 16 % ausmachen. Nimmt man im Mittel bei modernen Pulsumrichtern eine Erhöhung der Verluste um 12 % an, so ergibt dies ausgehend von einem Wirkungsgrad von 92 % etwa eine Minderung um einen Punkt.

Pendelmomente. Insoweit die Stromoberschwingungen der Ständerwicklung ein eigenes Drehfeld aufbauen, erzeugen sie mit ihren Strömen im Läufer asynchrone Oberfeldmomente, die, wie in Abschnitt 5.2.5 gezeigt, antreibend oder bremsend wirken können. Sie sind aber wegen ihrer geringen Höhe ohne nennenswerten Einfluss. Von größerer Bedeutung ist das Zusammenwirken von Oberfeldern gleicher Polzahl, die aber mit unterschiedlicher Winkelgeschwindigkeit zueinander umlaufen. Sie erzeugen ständig wechselnde Drehmomente, die in ihrer zeitlichen Summe null sind und als Pendelmomente bezeichnet werden. Beim Einsatz von I-Umrichtern sind vor allem Pendelmomente der 6-fachen und der 12-fachen Grundfrequenz f_1 zu beachten, die nach dem VDE-Beiblatt etwa 15 bzw. 5 % des Bemessungsmomentes betragen können. Bei Verwendung von Pulsumrichtern sind die Frequenzen der Pendelmomente vom Verhältnis Puls- zu Netzfrequenz abhängig, können aber auch hier die angegebenen Werte erreichen.

Pendelmomente regen das mechanische System Motor – Arbeitsmaschine zu mechanischen Drehschwingungen an. Es ist deshalb darauf zu achten, dass die torsionskritischen Drehzahlen nicht in der Nähe der Pendelfrequenzen liegen.

Geräusche. Die pulsierenden Oberfelder der umrichtergespeisten Maschine erzeugen im Blechschnitt nach Gl. (1.21) Zugkräfte, die Schwingungen im hörbaren Frequenzbereich und damit Geräusche erzeugen. Sie können vor allem beim Einsatz von Pulsumrichtern mit Taktfrequenzen im unteren kHz-Bereich beträchtlich sein, besonders wenn an einigen Stellen des Drehzahlbereiches mechanische Resonanzen auftreten. Hier kann der Geräuschpegel im Vergleich zum Betrieb mit Sinusspannung um bis zu 15 dB(A) ansteigen. Die wirksamste Lösung zur Vermeidung dieser teilweise sehr unangenehmen Heulgeräusche ist das Heraufsetzen der Taktfrequenz über die Hörgrenze von ca. 16 kHz, was bei Verwendung von IGBT-Stellgliedern auch möglich ist.

Isolationsschäden. Besonders seit dem Einsatz der schnell schaltenden IGBTs wurden zunehmend frühe Durchschläge in der Ständerwicklung festgestellt. Das Thema wurde Gegenstand vieler Untersuchungen [22–26], an denen sich auch der ZVEI mit einem Forschungsauftrag an die TU Dresden beteiligte. Als Ursache wurden die steilen Spannungsanstiege der gepulsten Zwischenkreisspannung mit Anstiegszeiten von $t_a < 1$ μs am Eingang der Wicklung festgestellt.

Beim Schalten der Zwischenkreisspannung U_d in Bild 5.84 entstehen je nach Länge der Kabelverbindung zu den Motoranschlüssen Wanderwellen, die dort reflektiert und bis zum doppelten Wert aufgebaut werden können. Bei den teils sehr kleinen Impulsbreiten sind darüber hinaus Überlagerungen von transienten Spannungsimpulsen bis zum Dreifachen der Zwischenkreisspannung möglich. Verschiebungsströme in den Querkapazitäten zwischen Wicklung und Blechpaket können zusätzlich zu einer ungleichmäßigen Verteilung der Spannung entlang der Wicklung mit dem Ergebnis führen, dass die Eingangsspulen schon den größten Teil der Spannungsbelastung übernehmen müssen. Die Windungsisolation kann so mit Feldstärken belastet werden, die das über 10-fache des Wertes bei Netzbetrieb erreichen. Bei einer derartigen Beanspruchung kann es zu Teilentladungen in der Lackisolation und damit zu Durchschlägen kommen [26].

Als Maßnahmen gegen das vorzeitige Auftreten von Wicklungsschäden sind zu nennen:

– geordnete Lage der Lackdrähte in der Nut ohne Kreuzung entfernter Windungen und Einsatz von Phasentrennern,
– Begrenzung der Anstiegszeit der Spannungsflanken durch Filter [44],
– Einsatz von Lacksystemen mit höherer Teilentladungsbeständigkeit.

5.5 Spezielle Bauformen und Betriebsarten der Asynchronmaschine

5.5.1 Stromverdrängungs- und Doppelstabläufer

Stromverdrängung. Jeder Leiterstab in einer Nut (Bild 5.87) umgibt sich mit einem Streufeld, dessen Flussdichte $B_{\sigma Q}$ an jeder Stelle innerhalb der Nuthöhe h_Q von dem jeweils umschlossenen Anteil des Leiterstroms und der Nutbreite abhängig ist.

Denkt man sich nun den Gesamtquerschnitt in viele dünne übereinanderliegende Teilleiter zerlegt, so sind diese jeweils von einem Streufeld umgeben, das in Richtung zur Nutöffnung immer geringer wird. Der Scheinwiderstand Z_T jedes Teilleiters besteht damit aus dem für alle gleichen ohmschen Anteil R_T und einem dem eigenen Streufeld proportionalen Streublindwiderstand $X_{\sigma T}$. Damit entsteht die in Bild 5.87 c angegebene

5.5 Spezielle Bauformen und Betriebsarten der Asynchronmaschine

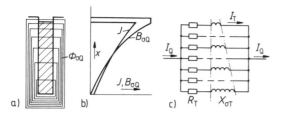

Bild 5.87 Stromverdrängung in einem Hochstab
a) Steufeldlinie
b) Stromdichte und Feldverlauf entlang des Hochstabs
c) Ersatzschaltung mit Teilleitern

Ersatzschaltung des Hochstabs mit nach oben abnehmenden Werten für Z_T und einer entsprechend $I_T \sim 1/Z_T$ ungleichen Aufteilung des gesamten Nutstromes I_Q auf die Teilleiter. Der Strom fließt also im Wesentlichen in den oberen Zonen, was man als einseitige Stromverdrängung bezeichnet. Sie ist umso ausgeprägter, je höher h_Q und die Frequenz sind.

Beeinflussung des Wirk- und Streublindwiderstandes. Die Stromwärmeverluste im Leiter sind dem Mittelwert des Quadrats der Stromdichte über dem Querschnitt proportional und damit bei Stromverdrängung stets größer als bei gleichmäßiger Verteilung desselben Gesamtstromes. Dies entspricht einer Erhöhung des wirksamen ohmschen Widerstandes $R_\sim$ gegenüber dem Gleichstromwert R_-, die umso stärker ist, je höher der Stab und die Frequenz werden.

Man berücksichtigt diese Widerstandserhöhung durch einen Faktor $k_R > 1$, den man bei der jeweiligen Frequenz aus den Leiterabmessungen berechnen kann [3]. Man erhält damit den wirksamen Widerstand zu

$$R_\sim = k_R \cdot R_-$$

Die Stromverdrängung beeinflusst auch den Wert der Streureaktanz X_σ. Der darin enthaltene Anteil der Nutstreuung verringert sich durch die Stromverdrängung, da der Nutstreuleitwert nicht mehr wie bei Gleichstrom ausgenützt wird. Man definiert daher einen Faktor $k_L < 1$, mit dem man den ohne Verdrängung errechneten Nutstreuleitwert korrigiert.

Stromortskurve bei Stromverdrängung. Asynchronmaschinen mit Stromverdrängungsläufer erhalten Stäbe nach z. B. Bild 5.88. Da der beschriebene Effekt frequenzabhängig ist, bedeutet dies, dass er wegen $f_2 = s \cdot f_1$ am stärksten im Stillstand auftritt. Mit dem Hochlauf geht die Stromverdrängung stetig zurück und verschwindet ganz im Bereich $s \to 0$. Die Stromortskurve eines Motors mit Stromverdrängungsläufer ist daher kein Kreis mehr, sondern hat einen Verlauf nach Bild 5.89. Dem Diagramm kann wieder über die Momentenlinie $P_0 P_\infty$ das Drehmoment entnommen werden.

Will man die Ortskurve berechnen, so kann dies über eine Schar von normalen Kreisen erfolgen, denen jeweils nur ein Punkt für die gesuchte Ortskurve entnommen wird. Man bestimmt für eine Reihe Schlupfwerte s_x mit $f_2 = s_x \cdot f_1$ die von der Stromverdrängung abhängigen Werte R'_2 und $X'_{2\sigma}$ und zeichnet mit jedem Wertepaar ein Kreisdiagramm. Aus diesem ist jeweils nur der Stromzeiger bei s_x verwendbar, da bei allen übrigen Schlupfwerten andere Läuferfrequenzen und damit R'_2 und $X'_{2\sigma}$ Werte auftreten, als dem betreffenden Kreis zugrunde liegen. Man erhält eine Kreisschar, die den Punkt P_0 gemeinsam hat und deren Durchmesser infolge der kleiner werdenden Streureaktanz mit wachsendem Schlupf zunehmen. Gleichzeitig verlagert sich der Punkt P_k immer mehr nach oben, da der wirksame ohmsche Widerstand größer wird. Verbindet man die auf den Einzelkreisen gültigen Betriebspunkte, so erhält man die gesamte Stromortskurve des Stromverdrängungsläufers.

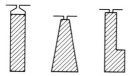

Bild 5.88 Nutformen von Stromverdrängungsläufern

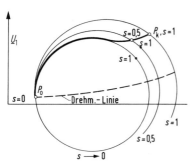

Bild 5.89 Konstruktion der Stromortskurve eines Stromverdrängungsläufers

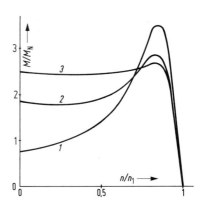

Bild 5.90 Drehmomentkennlinien verschiedener Läufertypen
1 Schleifringläufer
2 Hoch- oder Keilstabläufer
3 Doppelstabläufer

Die Stromverdrängung kann auf den Verlauf der Drehmomentkurve einen starken Einfluss ausüben (Bild 5.90). Er bezieht sich vor allem auf den abfallenden Ast und ergibt höhere Anzugsmomente als die Normalausführung.

Doppelkäfigläufer. Besonders hohe Anzugsmomente liefert die Ausführung des Läufers mit Doppelkäfig (Bild 5.91 a). Man legt die obere Stabreihe mit einem Bruchteil des unteren Querschnittes aus, so dass der obere so genannte Anlaufkäfig einen großen, der Betriebskäfig dagegen einen kleinen ohmschen Widerstand aufweist. Die Aufteilung der Streureaktanzen in der üblichsten Ausführung des Läufers zeigt Bild 5.91 b. Die Betriebswicklung besitzt einen nur mit ihren Stäben verketteten Streufluss und damit die eigene Streureaktanz $X_{2\sigma b}$. Alle Streulinien, die auch die Anlaufwicklung umfassen, sind dagegen vom Gesamtstrom erregt, so dass ihr Blindwiderstand $X_{2\sigma g}$ auch vom gesamten Läuferstrom durchflossen sein muss.

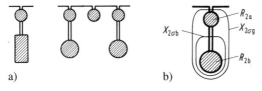

Bild 5.91 Ausführung von Doppelstabläufern
a) Nutformen
b) Streufeldlinien einer Doppelstabnut

Für beide Wicklungen gilt bei gemeinsamen Kurzschlussringen die Schaltung nach Bild 5.92 als Läuferersatzkreis. Der Betriebskäfig besitzt auf Grund seiner Lage tief im Eisen eine hohe eigene Streureaktanz $X_{2\sigma b}$. Beide Wicklungen haben außer $X_{2\sigma g}$ auch den Ringwiderstand R_{2g} gemeinsam und jeweils ihren eigenen Wirkwiderstand.

Im Stillstand fließt der Strom wegen des großen Wertes von $X_{2\sigma b}$ im Wesentlichen über den oberen Zweig und damit den Anlaufkäfig. Im Betrieb mit $s \to 0$ verteilt sich der

5.5 Spezielle Bauformen und Betriebsarten der Asynchronmaschine

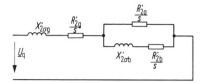

Bild 5.92 Ersatzschaltbild des Läufers bei Doppelstäben mit gemeinsamen Kurzschlussringen

Läuferstrom dagegen umgekehrt proportional den ohmschen Widerständen und konzentriert sich damit weitgehend auf den Betriebskäfig. Wie beim Hochstabläufer ist daher der wirksame ohmsche Widerstand für den Anlauf wesentlich vergrößert. Durch eine entsprechende Auslegung des Nutquerschnittes lässt sich die Drehmomentenkurve (Bild 5.90) des Doppelkäfigläufers weitgehend beeinflussen.

5.5.2 Linearmotoren

Aufbau. Wird der Ständer einer Drehstrom-Asynchronmaschine an einer Stelle radial aufgeschnitten und der Umfang in eine Ebene gestreckt, so entsteht ein kammartiges Blechpaket mit Drehstromwicklung. Die Rolle des Käfigläufers kann entsprechend eine Schiene aus leitendem Material wie Kupfer, Aluminium oder Eisen übernehmen.

Für den praktischen Aufbau dieser asynchronen Linearmotoren wird meist ein Schnitt nach Bild 5.93 zugrunde gelegt, so dass eine ungerade Anzahl von Polteilungen entsteht. Die Ständerwicklung besitzt dadurch in der Anfangs- und der Endzone nur die halbe Leiterzahl/Nut, während sie im Mittelbereich aus einer normalen Drehstrom-Zweischichtwicklung besteht. In der einseitigen Ausführung (Bild 5.94) benötigt der Linearmotor hinter der „Läufer"-Schiene einen magnetischen Rückschluss, der dem Rotorblechpaket entspricht. Günstiger ist daher die doppelseitige Bauform, die aus zwei spiegelbildlich angeordneten Ständern besteht (Bild 5.95) [94–97].

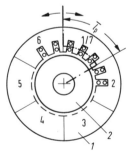
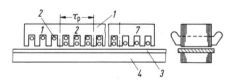

Bild 5.93 Herleitung des Linearmotors aus einer aufgeschnittenen Asynchronmaschine
1 Ständer mit Drehstromwicklung,
2 Käfigläufer

Bild 5.94 Aufbau eines einseitigen Linearmotors
1 Ständerblechpaket
2 abgestufte Drehstromwicklung
3 Läuferschiene
4 magnetischer Rückschluss

Wirkungsweise und Betriebsverhalten. Anstelle des Drehfeldes der üblichen Asynchronmaschine bildet die Drehstromwicklung im Mittelbereich des Linearmotors ein reines Wanderfeld aus.

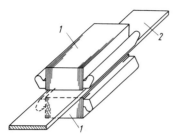

Bild 5.95 Aufbau eines doppelseitigen Linearmotors
1 Ständerblechpaket mit Drehstromwicklung
2 Läuferschiene

Entsprechend der Umfangsgeschwindigkeit des Drehfeldes entlang der Ständerbohrung mit

$$v_1 = d_1 \cdot \pi \cdot n_1 = 2p \cdot \tau_p \cdot f_1/p$$

bewegt sich das Wanderfeld geradlinig mit

$$\boxed{v_1 = 2\,\tau_p \cdot f_1} \tag{5.60}$$

entlang des Ständerblechpakets. Je nach Schlupfgeschwindigkeit $\Delta v = s \cdot v_1$ zur Schiene werden dort wie in der Käfigwicklung eines rotierenden Läufers Sekundärströme I_2 induziert, die nach $F = B \cdot I_2 \cdot l$ eine Vorschubkraft F_v im Sinne der Lenz'schen Regel bewirken. Bei fixiertem Ständer (Stator) bewegt sich die Schiene mit der Geschwindigkeit

$$v = v_1\,(1 - s)$$

in Richtung des Drehfeldes. Wird die Schiene festgehalten, so bewegt sich der Ständer (Kurzstator) durch die Schubkraft entgegen der Wanderfeldrichtung.

Die Berechnung der möglichen Schubkraft F_v eines Linearmotors kann vereinfacht – ohne Berücksichtigung der beidseitigen Randzonen – aus der Gleichung für das Drehmoment M_i des rotierenden Motors erfolgen. Dies entsteht mit $M_i = r \cdot F_t$ aus der gesamten Tangentialkraft F_t am Läuferumfang mit dem Radius $r = d_1/2$ als Hebelarm. Mit $F_t = F_v$ erhält man Gl. (5.26)

$$M_i = F_v \cdot \frac{d_1}{2} = \frac{P_L}{2\pi \cdot n_1}$$

$$F_v = \frac{P_L}{d_1 \cdot \pi \cdot n_1}$$

Unter Berücksichtigung von Gl. (5.24) und vernachlässigten Reibungsverlusten ergibt dies mit P_N als Bemessungsleistung die Schubkraft

$$\boxed{F_v = \frac{P_L}{v_1} = \frac{P_N}{v_N}} \tag{5.61a}$$

Eine Besonderheit des einseitigen Linearmotors wie in Bild 5.94 sind die hohen magnetischen Feldkräfte zwischen Ständer und dem Rücken der Läuferschiene, die nach Gl. (1.21) dem Quadrat der Luftspaltflussdichte proportional sind. Diese Anziehungskräfte, die beim TRANSRAPID nutzbringend zum Schweben der Fahrgastkabine eingesetzt werden, liegen in der Regel beim Mehrfachen der Vorschubkraft.

5.5 Spezielle Bauformen und Betriebsarten der Asynchronmaschine

Der Zusammenhang zwischen der elektrischen und magnetischen Ausnutzung des Materials und der erreichbaren Schubkraft kann mit den erwähnten Vereinfachungen über Gl. (4.39) gewonnen werden. Ersetzt man dort den Ständerstrom I_1 durch den Strombelag A_1 nach Gl. (4.20) und für das Luftspaltfeld Gl. (4.35), so erhält man die Beziehung

$$F_v = C_L \cdot A_F \cdot (A_1 \cdot B_L) \sin \beta \qquad (5.61\,\text{b})$$

Darin bedeuten:

A_F – einseitige Oberfläche des Kurzstators mit $A_F = 2p \cdot l \cdot \tau_p$
A_1 – Strombelag in der Drehstromwicklung
C_L – Konstante mit ca. 0,7
B_L – Flussdichte im Luftspalt
β – Phasenwinkel zwischen Strom I_1 und Φ_L nach Bild 4.24

Während das Drehmoment bei gegebenem Produkt $(A_1 \cdot B_L)$ nach Gl. (1.29) mit dem Bohrungsvolumen nach $d^2 \cdot l$ ansteigt, ist die Vorschubkraft des Linearmotors proportional zur Oberfläche des Blechpakets. Die erreichbaren Schubkräfte liegen bei einem Mehrfachen der Gewichtskraft des Ständers (s. Beispiel 5.17).

Wird eine Konstruktion wie in Bild 5.95 gewählt, in der die Läuferschiene nur aus einem Kupfer- oder Aluminiumblech besteht, so wirkt diese magnetisch wie ein sehr großer Luftspalt zwischen den Ständerseiten. Dies führt trotz reduzierter Flussdichte B_L zu einem hohen Magnetisierungsstrom, was sich in einem entsprechend schlechten Leistungsfaktor und Wirkungsgrad äußert.

Beispiel 5.17: Ein vierpoliger Drehstrom-Käfigläufermotor für $P_N = 5,5$ kW, $n_N = 1455$ min^{-1}, habe einen Bohrungsdurchmesser $d_1 = 125$ mm. Die Masse des Gehäuses mit aktivem Teil betrage $m = 27$ kg. Es sei angenommen, dass es gelingt, mit dieser Masse einen Kurzstator-Linearmotor gleicher Leistung zu fertigen.

a) Welche Anzugskraft F_N erreicht der Linearmotor etwa?

Nach Gl. (5.61 a) erhält man $v = d_1 \cdot \pi \cdot n_N = 0,125$ m $\cdot \pi \cdot 24,25$ s^{-1} = 9,52 m/s
$F_N = P_N/v_N = 5500$ W/9,52 m/s = 577,5 N

Die Vorschubkraft beträgt damit etwa das 2,2fache der Gewichtskraft.

Die Betriebskennlinien des Linearmotors können prinzipiell aus dem bekannten Ersatzschaltbild der Asynchronmaschine bestimmt werden. Für den praktischen Fall ist allerdings der nicht unerhebliche Einfluss der Randzonen zu beachten, die das Ergebnis verschlechtern. Das Kraft-Geschwindigkeits-Diagramm ist stark von dem wirksamen „Läuferwiderstand" R_2' und damit von dem Material der Schiene abhängig. Besonders bei Aluminium und Eisen ähnelt die Kurve $F = f(v)$ auf Grund des geringeren elektrischen Leitwertes der Momentenkennlinie $M = f(n)$ eines Motors mit Läuferzusatzwiderständen. Zur Steuerung der Geschwindigkeit des Linearmotors eignen sich alle bereits vom Käfigläufer her bekannten Verfahren. Es sind eine Polumschaltung, die Herabsetzung der Klemmenspannung und die Frequenzsteuerung möglich.

Kurz- und Langstatormotor. Infolge seiner fortlaufenden geradlinigen Bewegung muss bei einem Linearmotor ein Maschinenteil die Länge des zurückzulegenden Weges erhalten. Ob hierzu der Ständer oder die Läuferschiene gewählt wird, hängt von der Antriebsaufgabe ab und führt zu folgenden Ausführungen:

Beim Kurzstator-Linearmotor (Bild 5.96 a) besitzt der Sekundärteil, d. h. die Schiene 3 die Gesamtlänge der Bewegung. Steht sie fest, so wird der Motor 1 entlang der Schiene hin- und herlaufen. Wird der Ständer 1 fixiert, so bewegt sich die Schiene, um z. B. in der Bauform des so genannten Polysolenoid mit einer runden Stange eine Schubaufgabe ausführen zu können.

Beim Langstator-Linearmotor (Bild 5.96 b) wird das kammartige Ständerblechpaket 2 mit der Drehstromwicklung über die ganze Wegstrecke verlegt. Der induzierte Teil 3 läuft dann entlang der Ständerstrecke. Im Vergleich zum bewegten Kurzstatormotor liegt der Vorteil darin, dass die Antriebsleistung nicht auf den laufenden Teil übertragen werden muss.

Bild 5.96 Varianten eines Linearmotors
a) doppelseitiger Kurzstatormotor
b) Langstatormotor

Alle drei Betriebsvarianten werden in der Praxis ausgeführt. In der Ausführung mit Kurzstator ist der Linearmotor ein Serienprodukt, das für viele Stellaufgaben eingesetzt werden kann.

Bild 5.97 zeigt die Kennlinien eines doppelseitigen Linearmotors mit zwischenliegender Kupferschiene von ca. 5 mm Stärke. Der Motor wird mit Rücksicht auf die Erwärmung im Aussetzbetrieb S3 und 40 % relativer Einschaltdauer betrieben. Er erreicht hier bei einem Schlupf $s_N = 0{,}23$ eine Schubkraft von $F_N = 5400$ N.

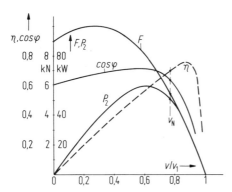

Bild 5.97 Betriebskennlinien eines Linearmotors für $F_N = 5{,}4$ kN, $v_1 = 12$ m/s

Anwendungen. In der industriellen Antriebstechnik kann der Linearmotor prinzipiell überall dort eingesetzt werden, wo geradlinige Bewegungen auszuführen sind. Als Beispiele seien Stapelgeräte, Torantriebe, Laufkatzen und Förderanlagen genannt. Auf den Einsatz der synchronen Bauart als Positionierantrieb in Werkzeugmaschinen sei auf Abschnitt 6.4.3 verwiesen.

Eine spezielle Anwendung hat der Linearmotor in der Verkehrstechnik gefunden. Gegenüber der klassischen Lösung mit dem Antrieb der Räder auf Schienen bestehen verschiedene Vorteile. So wird die Zugkraft nicht mehr durch die Reibung zwischen Rad und Schiene übertragen und ist damit unabhängig von Achslasten und Reibungsbeiwerten. In der Variante des Kurzstatormotors liegt die Schiene entlang des Fahrweges, ihr jeweils aktiver Teil wandert also mit der Bewegung und muss so nicht gekühlt werden. Zur Energieversorgung des bewegten Ständers muss wie im klassischen Bahnbetrieb ein meist seitlicher Stromabnehmer vorgesehen werden. In dieser Technik wurden verschiedentlich Bahnen für Förderanlagen und zum Personentransport in Parks eingesetzt.

Für die Technik des Langstatormotors mit über der Wegstrecke verlegter Drehstromwicklung hat sich die synchrone Bauart durchgesetzt. Stichwort ist hier das Verkehrssystem TRANSRAPID, dessen Technik bei der Behandlung der Synchronmaschine in Abschnitt 6.4.4 behandelt wird.

5.5.3 Asynchrongeneratoren

Der Asynchrongenerator am Drehstromnetz. Wie bereits in Abschnitt 5.2.4 angegeben, erfasst das Kreisdiagramm in seiner unteren Hälfte auch den Generatorbetrieb der Asynchronmaschine am Netz (Bild 5.98). Hierzu ist durch entsprechenden Antrieb ein Schlupf $s < 0$ einzustellen, so dass der Läufer schneller als das Ständerfeld rotiert. Die Umkehr der Energierichtung drückt sich in der Ersatzschaltung dadurch aus, dass der Widerstand $R_2'/s < 0$ und damit vom Verbraucher zur Energiequelle wird. Man kann dem Kreisdiagramm unmittelbar entnehmen, dass auch für den Generatorbereich ein Kippmoment besteht. Es ergibt sich jetzt mit M_{KG} aus der Senkrechten unterhalb der Sehne $P_0 P_\infty$ und ist deutlich größer als im Motorbetrieb mit M_{KM}. Wie im Motorbetrieb wird der zulässige Strom I_N jedoch weit vorher erreicht, wobei die Drehzahlen mit $n_G > n_1$ im übersynchronen Bereich liegen.

Selbsterregte Asynchrongeneratoren. Die Richtung der Blindkomponente des Ständerstromes bleibt bei der Umkehr von Motor- in Generatorbetrieb unverändert. Dies bedeutet, dass die Asynchronmaschine ihren Magnetisierungsstrom nicht selbst erzeugen kann, sondern ihn stets über die Zuleitung beziehen muss. Im Netzbetrieb ist dies ohne weiteres möglich, da hier Synchrongeneratoren, die induktive Ströme liefern können, zur Verfügung stehen. Soll jedoch ein Asynchrongenerator ohne Anschluss an das Drehstromnetz, d. h. im Grenzfall vollständig im Alleinbetrieb arbeiten, so muss ihm die notwendige Blindleistung auf andere Weise zur Verfügung gestellt werden. Dies kann nach Bild 5.99 durch eine Kondensatorbatterie erfolgen, die selbst kapazitive Blindleistung benötigt, also induktive abgibt.

Mit der angegebenen Schaltung ist, wie bei der Gleichstrommaschine, auch eine Selbsterregung möglich. Die sättigungsabhängige Maschinenhauptreaktanz und die Konden-

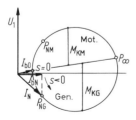

Bild 5.98 Generatorbetrieb am Netz

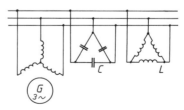

Bild 5.99 Selbsterregung des Asynchrongenerators über eine Kondensatorbatterie
C, L Sättigungsdrosseln

satoren bilden zusammen einen Schwingkreis, der bei angetriebenem Läufer durch einen Stromstoß oder den Restmagnetismus zu aufklingenden Schwingungen angeregt werden kann. Es stellt sich ein stabiler Gleichgewichtszustand (Bild 5.100) ein, der durch den Schnittpunkt der Leerlaufkennlinie mit der Kondensatorgeraden festgelegt ist. Die Größe der Leerlaufspannung ist damit durch die Wahl der Kapazität in einem größeren Bereich einstellbar.

Spannungshaltung. Nach Bild 5.98 benötigt die Asynchronmaschine bei Belastung mit I_N im Generatorbetrieb einen größeren Magnetisierungsstrom $I_\mu = I_{bN}$ als im Leerlauf mit I_{b0}. Die Folge ist, dass die Spannung des Generators mit wachsender Belastung relativ rasch sinkt, da nur so der Magnetisierungsbedarf durch eine Kondensatorbatterie mit fester Kapazität gedeckt werden kann. Wird z. B. nach Bild 5.100 im Leerlauf die Spannung U_0 erreicht, so sinkt der Wert bei Belastung auf U_N, da erst hier die erforderliche Blindstromerhöhung $\Delta I_b = I_{bN} - I_{b0}$ aufgebracht werden kann [98].

Die Belastungskennlinien $U = f(I_1)$ ähneln denen des selbsterregten Gleichstrom-Nebenschlussgenerators (Bild 5.101). Bei fester Drehzahl und Kondensatoreinstellung sinkt die Spannung mit der Belastung, wobei sich der Generator unterhalb eines bestimmten Wertes entregt. Dies ist der Fall, wenn der zusätzliche Blindstrom ΔI_b nach Bild 5.100 nicht weiter erhöht werden kann. Ein einfaches Mittel, diesen Zusammenbruch der Spannung zu vermeiden, ist eine Vergrößerung der Kapazität.

Zur Vermeidung der weichen Spannungskennlinie erhalten „kondensatorerregte Konstantspannungsgeneratoren" nach Bild 5.99 parallele Drosselspulen L zur Kondensatorbatterie geschaltet. Diese Drosseln besitzen auf Grund ihrer Magnetisierungskennlinie einen scharfen Sättigungsknick (Bild 5.102), so dass sie ab $U > U_N$ einen rasch ansteigenden Anteil des Blindstromes der Kondensatoren übernehmen. Für die Kombination Kondensator–Drosseln gilt dann die resultierende Blindstromkennlinie LC.

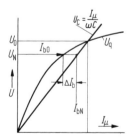

Bild 5.100 Einstellung der Leerlauf- und der Lastspannung eines selbsterregten Asynchrongenerators

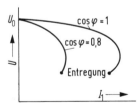

Bild 5.101 Belastungskennlinien des selbsterregten Asynchrongenerators

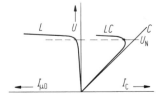

Bild 5.102 Blindstromkennlinie LC einer Kondensatorbatterie mit parallelen Sättigungsdrosseln

5.5 Spezielle Bauformen und Betriebsarten der Asynchronmaschine

Die Selbsterregung des Asynchrongenerators mit Kondensator und Sättigungsdrosseln ist in Bild 5.103 dargestellt. Im Leerlauf stellt sich jetzt nur noch die Spannung U_0 anstelle U'_0 ohne Drosseln ein. Die Betriebsspannung bei Belastung liegt nur noch wenig tiefer.

Eine bessere Spannungskonstanz ist auch dadurch möglich, dass die Kondensatorkapazität stufenweise der Belastung angepasst oder die Antriebsdrehzahl erhöht wird (Bild 5.104). Im letzteren Falle ergeben sich die gestrichelten Kennlinien mit einer geringeren Steigung der Geraden $U = I_C/\omega C$. Die Frequenz der Klemmenspannung steigt natürlich mit der Drehzahl an.

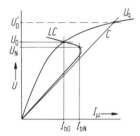

Bild 5.103 Einstellung der Spannung eines selbsterregen Asynchrongenerators mit parallelen Sättigungsdrosseln

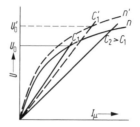

Bild 5.104 Spannungseinstellung durch Drehzahlerhöhung n nach n' (- - -) oder Änderung der Kapazität beim selbsterregten Asynchrongenerator

Selbsterregte Asynchrongeneratoren [98] werden mitunter als Notstromaggregate und für kleine ferngesteuerte, wartungsfreie Kraftanlagen eingesetzt.

Beispiel 5.18: Ein vierpoliger Käfigläufermotor für $U_N = 400$ V Außenleiterspannung hat bei Synchrondrehzahl $n_1 = 1500$ min^{-1} den Leerlaufstrom $I_0 = 2{,}89$ A. Der Motor soll in der Schaltung nach Bild 5.99 mit $U_0 = 400$ V, 50 Hz selbsterregt betrieben werden. Welche Kapazität/Strang ist vorzusehen?

Im Leerlauf ist praktisch $I_\mu = I_0$ und wegen der Dreieckschaltung der Kondensatoren $I_C = I_0/\sqrt{3}$. Damit wird

$$X_C = \frac{U_0}{I_C} = \frac{\sqrt{3} \cdot 400 \text{ V}}{2{,}89 \text{ A}} = 239{,}7 \text{ }\Omega$$

$$C = \frac{1}{2\pi \cdot f_1 \cdot X_C} = \frac{1}{2\pi \cdot 50 \text{ s}^{-1} \cdot 239{,}7 \text{ }\Omega} = 13{,}3 \text{ }\mu\text{F}$$

Aufgabe 5.12: Bei gleicher magnetischer Ausnutzung soll durch entsprechende Drehzahl eine 60-Hz-Spannung erzeugt werden. Welche Kapazität C ist erforderlich?

Ergebnis: $C = 9{,}2$ µF

5.5.4 Die elektrische Welle

Mitunter ist es erforderlich, dass zwei oder mehr Motoren mit genau gleicher Drehzahl laufen, ohne dass dies durch eine mechanische Verbindung erzwungen werden kann. Derartige Fälle treten bei Verladekränen, Hubbrücken, Wehranlagen usw. auf, wobei sich der erforderliche Gleichlauf bis auf eine möglichst gute Übereinstimmung der Winkellagen der Läufer erstreckt.

Diese Aufgabe lässt sich mit Asynchronmotoren durch die Schaltung der elektrischen Welle [99] lösen, wovon hier nur eine Ausführungsvariante angegeben werden soll.

Die elektrische Ausgleichswelle. Nach Bild 5.105 sind die Hauptantriebe A_I und A_II, die sowohl Asynchron- wie Gleichstrommotoren sein können, mit je einem Schleifringläufermotor gekuppelt. Diese liegen phasengleich am Netz und sind ebenso läuferseitig verbunden.

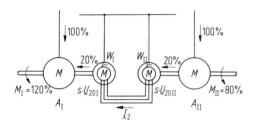

Bild 5.105 Schaltung der elektrischen Ausgleichswelle
$A_\mathrm{I} A_\mathrm{II}$ Hauptantriebsmotoren
$W_\mathrm{I} W_\mathrm{II}$ Ausgleichsmaschinen (Schleifringläufermotoren)

Im symmetrischen Betrieb bei völligem Gleichlauf werden in den beiden Läuferwicklungen die Spannungen $s \cdot \underline{U}_{20\mathrm{I}}$ und $s \cdot \underline{U}_{20\mathrm{II}}$ induziert, die sich weder nach Größe noch Phase unterscheiden. Damit diese Spannungen möglichst groß werden, betreibt man die Ausgleichsmotoren W_I und W_II mit erhöhtem Schlupf, indem man sie mit kleinerer Polzahl ausführt und damit stark untersynchron laufen lässt. Bei gleicher Polzahl kann man die Schleifringläufer auch entgegen ihrem Drehfeld betreiben.

Entsteht zwischen beiden Maschinensätzen z. B. mit M_I und $M_\mathrm{II} < M_\mathrm{I}$ eine ungleiche Lastverteilung, so will der eine seine Drehzahl absenken. Dies beginnt damit, dass zunächst die beiden Läuferspannungen den Winkel ϑ gegeneinander ausbilden (Bild 5.106). Im Läuferkreis entsteht eine Differenzspannung $\Delta \underline{U}_2$, die einen Strom zur Folge hat. Wegen $X_\sigma > R'_2/s$ wird dieser Ausgleichsstrom im Wesentlichen durch die Streureaktanz begrenzt, so dass er $\Delta \underline{U}_2$ fast 90° nacheilt. Er ist damit etwa in Phase mit der Läuferspannung und kann ein Drehmoment ausbilden, mit dem der Schleifringläufer W_I seinen Hauptmotor A_I unterstützt. Diese Zusatzleistung wird von W_II geliefert und damit A_II verstärkt belastet. Beide Sätze sind daher trotz unterschiedlicher Momente M_I und M_II gleich belastet und laufen bis auf die zum Ausgleich notwendige Winkelabweichung im Gleichlauf.

Bild 5.106 Zeigerbild der Schleifringläuferspannung bei ungleicher Lastverteilung

5.5.5 Doppeltgespeiste Schleifringläufermotoren

In dieser Sonderbetriebsart eines Schleifringläufermotors wird die Ständerwicklung mit einem Drehstromsystem der Frequenz f_1 und die Läuferwicklung mit einem der Frequenz f_2 versorgt. Die Drehzahl der Welle ergibt sich dann aus der Bedingung, dass

5.5 Spezielle Bauformen und Betriebsarten der Asynchronmaschine

die Umfangsgeschwindigkeit beider Drehfelder bezogen auf den Ständer gleich sein muss. Ist Δn die Drehzahl des Läuferfeldes zu seiner Wicklung, so führt die Bedingung

$$n = n_1 \pm \Delta n = n_1 \pm f_2/p$$

zu der Drehzahlgleichung

$$n = \frac{f_1 \pm f_2}{p} \qquad (5.62)$$

Das Pluszeichen gilt für ein gegenläufiges, das Minuszeichen für ein mitlaufendes Läuferdrehfeld.

Wählt man $f_2 = f_1$, schließt also auch die Läuferwicklung an das 50-Hz-Netz an, so ergibt sich bei gegenläufigen Drehfeldrichtungen mit $n = 2f_1/p = 2n_1$ die doppelte Synchrondrehzahl. Diese Technik wurde vor der Einführung der Frequenzumrichter für schnell laufende Antriebe z. B. bei Holzbearbeitungsmaschinen eingesetzt.

Die Herabsetzung der Drehzahl durch Anschluss eines läuferseitigen Frequenzumrichters wird seit der Einführung der Leistungselektronik mittels der in Abschnitt 5.4.2 beschriebenen untersynchronen Stromrichterkaskade realisiert. Da diese zum Anschluss an die Läuferklemmen eine Diodenbrücke enthält, kann nur Energie in einer Richtung, und zwar vom Läufer zurück in das Netz übertragen werden.

Windkraftgeneratoren. Im Bestreben, den Anteil regenerativer Energien am Gesamtbedarf zu vergrößern, hat die Windkraft mit derzeit ca. 5 % in der Gesamtbilanz nach der Wasserkraft bereits die zweite Stelle erreicht. Ein Problem bei der Projektierung dieser Anlagen ist die oft stark schwankende Windgeschwindigkeit, der sich die Generatordrehzahl für den 50-Hz-Betrieb bei direktem Netzanschluss anpassen muss. Neben den Konzepten

- Synchrongenerator oder Drehstrom-Käfigläufermotor mit ständerseitigem Frequenzumrichter zur Anpassung der variablen Generator- an die Netzfrequenz,
- polumschaltbarer Käfigläufermotor mit großer Polzahl bei geringer und $p = 1$ für hohe Windgeschwindigkeit

ist der doppeltgespeiste Schleifringläufermotor eine interessante Alternative. Ein Beispiel für ein derartiges Generatorkonzept zeigt Bild 5.107. Die Ständerwicklung ist direkt an das öffentliche Netz angeschlossen, läuferseitig ist ein IGBT-Frequenzumrichter zwischengeschaltet. Die LC-Tiefpässe sind zur Verminderung von Oberschwingungen und hochfrequenten Spannungsimpulsen vorgesehen [160].

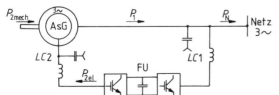

Bild 5.107 Doppeltgespeister Schleifringläufermotor als Windgenerator
FU IGBT-Frequenzumrichter
LC Tiefpassfilter

Aus Gl. (5.62) lässt sich die vom Umrichter bei gleichsinniger Drehfeldrichtung und untersynchronem Betrieb einzustellende Läuferfrequenz f_2 mit

$$\boxed{f_2 = f_1 - p\,n} \tag{5.63}$$

bestimmen. Im übersynchronen Zustand mit $n > n_1$ wird f_2 in Gl. (5.63) negativ, was unterschiedliche Drehfeldrichtungen bedeutet.

Der Vorteil gegenüber der Technik mit ständerseitigem Umrichter besteht darin, dass die läuferseitige Elektronik nur für eine schlupfabhängige Leistung P_{2el} ausgelegt werden muss. Nach Bild 5.108 gilt die Leistungsbilanz

$$P_{2mech} + P_{2el} = P_L + P_{v2}$$

Mit $P_{2mech} = P_L \cdot (1 - s)$ nach Gl. (5.24) erhält man ohne Beachtung der Verluste

$$\boxed{P_{2el} = \frac{P_{2mech} \cdot s}{1 - s}} \tag{5.64}$$

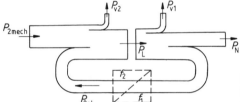

Bild 5.108 Leistungsbilanz des doppeltgespeisten Schleifringläufers als Windgenerator im untersynchronen Betrieb

Durch den Einsatz der IGBTs mit Freilaufdiode kann der Umrichter in beiden Richtungen Energie übertragen. Seine Leistung richtet sich nach dem maximal auftretenden Schlupf. Im untersynchronen Betrieb mit $s = 1 - n/n_1 > 0$ ergibt sich die maximale Umrichterleistung aus der kleinsten anzunehmenden Drehzahl des Windrades. Bei halber Synchrondrehzahl ist $P_{2el} = P_{2mech}$, womit sich Welle und Umrichter die über den Luftspalt übertragene Leistung etwa hälftig teilen. Im übersynchronen Zustand kehrt sich mit $s < 0$ das Vorzeichen von P_{2el} um, womit auch der Umrichter in das Netz einspeist.

5.5.6 Energiesparmotoren

Wirkungsgradklassen. Vor allem im Zusammenhang mit der Umweltbelastung durch Kohlekraftwerke werden zunehmend Forderungen nach einer effizienteren Nutzung der elektrischen Energie gestellt. Vom Anteil der Industrie mit ca. 34 % am Gesamtverbrauch wird etwa die Hälfte in Elektromotoren umgesetzt, so dass deren Wirkungsgrad das besondere Interesse gilt. So schreiben die USA und Kanada schon seit Jahren mit dem Bundesgesetz EPACT (Energy Policy and Conservation Act) für Drehstrommotoren Mindestwirkungsgrade vor. In Europa haben die EU-Kommission und die Vertretung der nationalen Herstellerverbände von Elektromotoren CEMEP (European Commitee of Manufacturers of Electrical Machines and Power Electronics) mit der gleichen Zielsetzung eine Vereinbarung getroffen, die gesetzliche Regelungen vermeidet. Sie klassifiziert mit den 2- und 4-poligen Drehstrommotoren in Normalausführung im Bereich von 1 kW bis 100 kW die wichtigsten Industrieantriebe in die drei Wirkungsgradklassen eff 3, eff 2 und eff 1. Motoren mit dem bislang üblichen Wirkungsgrad eff3 (Standard) werden zum Teil schon nicht mehr angeboten und sollen in den nächsten Jahren kontinuierlich vom Markt verschwinden. Mit eff2 (Improved Efficiency) werden Motoren mit verbessertem Wirkungsgrad und mit eff1 (High Efficiency) solche mit deutlich erhöhter Energieeffizienz bezeichnet. Die Kennzeichnung erfolgt mittels der geschützten Logos

und ist auf dem Leistungsschild anzugeben.

In Bild 5.109 sind die Wirkungsgradkurven für die drei Klassen in Abhängigkeit von der Bemessungsleistung für vierpolige Motoren dargestellt. Die Unterschiede werden mit steigender Leistung natürlich immer geringer, da es ab $\eta > 90\,\%$ immer schwieriger wird, die ohnehin relativ geringen Verluste weiter zu mindern.

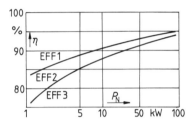

Bild 5.109 Wirkungsgradkurven der drei Klassen eff 3, eff 2 und eff 1 bei vierpoligen Drehstrom-Asynchronmotoren

Minderung der Verluste. Eine Erhöhung des Wirkungsgrades kann grundsätzlich durch zwei Maßnahmen erreicht werden:

1. durch Verringerung der Einzelverluste bei P_N innerhalb der gegebenen Baugröße,
2. durch Ausnutzung der in Abschnitt 3.1.3 beschriebenen Wachstumsgesetze.

Für die erste Maßnahme ist mit Bild 5.110 die relative Verlustaufteilung einer vierpoligen Maschine von etwa 11 kW angegeben. Leider lassen sich mit den nachstehend aufgeführten grundsätzlichen Möglichkeiten zur Minderung der Verluste, nämlich

– Einsatz von Elektroblechen mit noch geringeren spezifischen Verlusten (mit dem Nachteil eines evtl. höheren Magnetisierungsstromes)
– Nachbehandlung des Blechpaketes zur Minderung der Zusatzverluste
– höherer Nutfüllfaktor durch aufwändigere Wickeltechnik
– reibungsarmere Lagerungen
– kleinerer, optimierter Lüfter
– Läuferkäfig aus Kupfer

die Stromwärmeverluste im Ständer als Hauptanteil nur wenig reduzieren. Eine deutliche Minderung der Stromwärmeverluste im Läufer bringt dagegen die Verwendung von Kupfer anstelle von Aluminium als Leitermaterial. Dies verlangt aber für eine wirt-

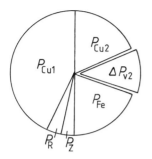

Ständerstromwärme $p_{Cu1} = 42\,\%$,
Stromwärme im Al-Käfig $p_{Al} = 30\,\%$
Eisenverluste $p_{Fe} = 20\,\%$
Reibungs- und Zusatzverluste $p_R = p_Z = 4\,\%$
Δp_{v2} Minderung durch Kupferkäfig

Bild 5.110 Typische Verlustaufteilung bei einer AsM von 11 kW, relative Werte

schaftliche Serienfertigung die Herstellung eines Kupferkäfigs im üblichen Druckgussverfahren. Wegen der hohen Schmelztemperatur von 1083 °C gegenüber nur 660 °C bei Aluminium entstehen allerdings hohe thermische Anforderungen an die Gussform, so dass diese Technologie derzeit für die Serienfertigung noch in der Entwicklung ist [154, 155].

Beim Einsatz eines Cu-Käfigs gleichen Querschnitts sinken die Stromwärmeverluste im Läufer umgekehrt zu den Leitwerten $\gamma_{Cu} = 56$ m/(Ω mm^2) und $\gamma_{Al} = 35$ m/(Ω mm^2), d. h. auf $(35/56) \cdot 100\,\% = 62{,}5\,\%$. Aus dem 30 %-Verlustanteil bei Verwendung von Aluminium verbleiben dann noch $0{,}625 \cdot 30\,\% \approx 19\,\%$, so dass nach Bild 5.110 ein Segment mit $\Delta p_{v2} = 11\,\%$ entfernt wird. Bezeichnet man die gesamte Minderung der Verluste mit Δp_v, so gilt für den neuen Wirkungsgrad η_{Cu} anstelle des alten Wertes η_{Al} mit Al-Käfig nach den allgemeinen Beziehungen

$$\eta = \frac{P_N}{P_N + P_v} \quad \text{und daraus} \quad P_N = P_v \cdot \frac{\eta}{1-\eta}$$

nach einigen Zwischenschritten

$$\boxed{\eta_{Cu} = \frac{\eta_{Al}}{1 - (1 - \eta_{Al}) \cdot \dfrac{\Delta p_v}{100\,\%}}} \qquad (5.65)$$

Als Nachteil beim Einsatz eines Cu-Käfigs ist festzuhalten, dass sich wegen des geringeren Läuferwiderstandes R_2 das Anzugsmoment $M_A = M_{s=1}$ deutlich verringert. Dies ist unmittelbar dem Kreisdiagramm in Bild 5.29 zu entnehmen, wo bei geringeren Läuferverlusten der Punkt P_k in Richtung P_∞ wandert und damit den Abstand zur Drehmomentlinie $P_0 P_\infty$ verringert. Dasselbe Ergebnis erhält man über die Kloß'sche Gleichung (5.36) mit dem nach $s_K = R_2'/X_\sigma$ jetzt kleineren Kippschlupf. Ferner steigt – wie Beispiel 5.5 zeigt – der Kurzschlussstrom geringfügig an.

Beispiel 5.19: Ein vierpoliger Drehstrom-Asynchronmotor für 5,5 kW, 1455 min^{-1} hat in der eff 3 – Ausführung einen Wirkungsgrad von 82 %. Die relativen Werte für Kipp- und Anzugsmoment sind $M_K/M_N = 3$ und $M_A/M_N = 2$. Mit Al-Käfig betragen die Stromwärmeverluste in Läufer $p_{Al} = 30\,\%$.

a) Welcher Wirkungsgrad lässt sich etwa mit Cu-Käfig erreichen?

Der Läuferwiderstand sinkt im umgekehrten Verhältnis der Leitwerte auf

$$R_{2Cu} = R_{2Al} \cdot \gamma_{Al}/\gamma_{Cu} = R_{2Al} \cdot 35/56 = 0{,}625\, R_{2Al}$$

5.5 Spezielle Bauformen und Betriebsarten der Asynchronmaschine

Bei Annahme unveränderter Ströme gilt dann für die relativen Läuferverluste

$$p_{Cu2} = 0{,}625 \cdot 30\,\% = 19\,\%$$

so dass eine Einsparung von $\Delta p_v = p_{Al} - p_{Cu2} = 30\,\% - 19\,\% = 11\,\%$ erreicht wird.
Mit vorstehender Gleichung erhält man damit den neuen Wirkungsgrad

$$\eta_{Cu} = \frac{0{,}82}{1 - 0{,}18 \cdot 0{,}11} = 0837$$

Die Klasse eff 2 mit bei 5,5 kW $\eta \geq 85{,}7\,\%$ wird also nicht erreicht.

b) Auf welchen Wert sinkt bei einem Cu-Käfig ungefähr das relative Anzugsmoment?

Aus den angegebenen Werten errechnet sich für den Al-Käfig $M_A = 0{,}667\, M_K$. Für das Anzugsmoment ergibt sich andererseits aus der Kloß'schen Gleichung (5.36)

$$M_A = 0{,}667 \cdot M_K = \frac{2 M_K}{\dfrac{1}{s_K} + s_K}$$

mit der Lösung $s_K = 0{,}382$. Mit $s_K = R'_2/X_\sigma$ nach Gl. (5.34 b) sinkt der Kippschlupf ebenfalls mit dem Verhältnis der Leitwerte 0,625 und beträgt damit nur noch

$$(s_K)_{Cu} = 0{,}382 \cdot 0{,}625 = 0{,}239$$

Für das neue Anzugsmoment ergibt dies

$$(M_A)_{Cu} = \frac{2 M_K}{\dfrac{1}{0{,}239} + 0{,}239} = 0{,}452\, M_K$$

Da das Kippmoment unabhängig vom Läuferwiderstand ist, erhält man bei konstant angenommenem Bemessungsmoment M_N die Beziehung

$(M_A)_{Cu}/0{,}452 = M_K = 3\, M_N$ und daraus das Ergebnis $(M_A)_{Cu} = 1{,}36\, M_N$

Das relative Anzugsmoment M_A/M_N ist also stark gesunken, wobei der obige Wert geringfügig besser wird, wenn man die bei einem Kupferkäfig etwas flachere Kennlinie $n = f(M)$ berücksichtigt. Nimmt man das Verhältnis des Drehzahlabfalls Δn proportional zur Änderung des Kippschlupfs an, so entsteht die Zuordnung

$$\frac{(\Delta n)_{Cu}}{(\Delta n)_{Al}} = \frac{(s_K)_{Cu}}{(s_K)_{Al}} \quad \text{und mit allgemein } \Delta n = n_1 - n_N.$$

wird $(\Delta n)_{Cu} = 45\,\text{min}^{-1} \cdot 0{,}239/0{,}382 = 28\,\text{min}^{-1}$

Bei M_N = konst. beträgt damit die neue Bemessungsdrehzahl $n_N = 1472\,\text{min}^{-1}$, was nach Gl. (1.2) eine höhere Leistung als 5,5 kW ergibt. Der neue Wert für M_N kann damit im Verhältnis 1455/1472 reduziert werden, was zu dem neuen relativen Wert $(M_A)_{Cu}/M_N = 1{,}37$ führt.

Bei direktem Betrieb am Netz ist eine derart deutliche Reduktion des Anzugsmomentes bedenklich. Im Umrichterbetrieb dagegen kann sie durch eine entsprechende Wahl der Steuerkennlinie vermieden werden.

Ändern der Baugröße. Eine weitere Verbesserung bringt eine Vergrößerung des Bauvolumens, da sich nach den Wachstumsgesetzen die Verluste bei gleich bleibender Strom- und Flussdichte nur mit der 3. Potenz, die Leistung dagegen mit der 4. Potenz der linearen Abmessungen verändern. Ist k der Faktor einer Vergrößerung einer Abmessung l, d. h. $k = 1 + \Delta l/l_N$, so ergibt sich mit dem Index N für die Bezugsmaschine

$$\frac{P_v}{P_1} = \frac{P_{vN}}{P_{1N}} \cdot \frac{k^3}{k^4} = \frac{1}{k} \cdot \frac{P_{vN}}{P_{1N}}$$

Mit $P_v/P_1 = 1 - \eta$ und $P_{vN}/P_{1N} = 1 - \eta_N$ erhält man daraus $1 - \eta = (1 - \eta_N)/k$ bzw. für den neuen erhöhten Wirkungsgrad

$$\boxed{\eta = 1 - \frac{1}{k} \cdot (1 - \eta_N)} \tag{5.66}$$

Der baugrößere Motor wird dann nicht mit der möglichen Leistung P_1, sondern mit Teillast betrieben, was, wie der Wirkungsgradkurve $\eta = (M/M_N)$ in Bild 5.31 zu entnehmen ist, sogar eine geringe weitere Verbesserung ergeben kann.

Als Beispiel für die Auswirkung der Wirkungsgradklasse auf die Betriebskosten sind in Tafel 5.2 die relativen Gesamtkosten bezogen auf einen vierpoligen Standardmotor, Schutzgrad IP 55, Wärmeklasse F mit $P_N = 11$ kW angegeben. Für die Berechnung sind ein Betrieb über 15 Jahre mit einem jährlichen Einsatz, der 3000 h Belastung mit P_N entspricht, sowie ein Energiepreis von 7 Cent/kWh angenommen.

Tafel 5.2 Betriebskosten-Vergleich eines vierpoligen 11-kW-Motors über 15 Jahre bei 3000 h/Jahr

Klasse	eff 3	eff 2	eff 1
Wirkungsgrad [%]	85,0	88,5	91,5
1. Anschaffung [%]	1,8	2,2	2,7
2. Montage, Wartung [%]	0,3	0,3	0,3
3. Nutzleistung [%]	83,2	83,2	83,2
4. Verlustleistung [%]	14,7	10,8	7,8
Summe 1. bis 4. [%]	100	96,5	94,0

Die Zahlen variieren natürlich je nach den angenommenen Daten, sie zeigen aber, dass die Anschaffungskosten, über die gesamte Betriebszeit verteilt, gering sind. Die Mehrkosten eines Energiesparmotors amortisieren sich dabei umso rascher, je höher die Energiekosten und die jährliche Nutzungsdauer sind. Für die eingesparten Verluste ΔP_v zwischen den Klassen 1 und 3 erhält man die Gleichung:

$$\Delta P_v = P_N \cdot \frac{\eta_1 - \eta_3}{\eta_1 \cdot \eta_3}$$

Bei obigem Motor sind dies $\Delta P_v = 919,3$ W. Nimmt man bei einem ständig eingesetzten Industrieantrieb jährlich $t_N = 6060$ Volllaststunden an, so ergibt sich eine jährliche Ersparnis ΔK nach

$$\Delta K = \Delta P_v \cdot t_N \cdot K_{kWh}$$
$$\Delta K = 0{,}9193 \text{ kW} \cdot 6060 \text{ h} \cdot 0{,}07 \text{ Euro/kWh} = 390 \text{ Euro}$$

Dies entspricht etwa dem Mehrpreis gegenüber der Basisausführung in eff 3, so dass der Einsatz eines Energiesparmotors nach eff 1 nicht nur ökologisch, sondern auch wirtschaftlich die richtige Entscheidung ist.

5.6 Einphasige Asynchronmaschinen

Beispiel 5.20: Ein Drehstrom-Asynchronmotor für $P_N = 5{,}5$ kW habe die relativen Einzelverluste: $p_{Cu1} = 50\,\%$, $p_{Al} = 30\,\%$, $p_{Fe} = 15\,\%$, $p_{V+R} = 3\,\%$, $p_z = 2\,\%$.

Der Wirkungsgrad beträgt in dieser Basisausführung $\eta_N = 82\,\%$.

Durch verschiedene Maßnahmen und eine Vergrößerung der Achshöhe von 112 mm auf 132 mm gelingt eine Minderung der Einzelverluste auf folgende Prozentsätze der alten Werte:

Ständerkupferverluste auf	52 %
Verluste im Käfig	55 %
Eisenverluste	70 %
Reibungs- und Ventilationsverluste	60 %

a) Es sind die alten und neuen Einzelverluste und der neue Wirkungsgrad anzugeben.

Für die Gesamtverluste gilt die Gleichung

$$P_v = P_N(1 - \eta_N)/\eta_N$$

und damit $P_v = 5500\,\text{W}\,(1 - 0{,}82)/0{,}82 = 1207\,\text{W}$

Für die Einzelverluste gilt dann die Aufstellung:

	alt	neu
Ständerkupferverluste	$P_{Cu1} = 0{,}50 \cdot 1207\,\text{W} = 604\,\text{W}$	$P_{Cu1} = 0{,}52 \cdot 604\,\text{W} = 314\,\text{W}$
Verluste im Käfig	$P_{Al} = 0{,}30 \cdot 1207\,\text{W} = 362\,\text{W}$	$P_{Al} = 0{,}55 \cdot 362\,\text{W} = 199\,\text{W}$
Eisenverluste	$P_{Fe} = 0{,}15 \cdot 1207\,\text{W} = 181\,\text{W}$	$P_{Fe} = 0{,}70 \cdot 181\,\text{W} = 127\,\text{W}$
Reibungsverluste	$P_{V+R} = 0{,}03 \cdot 1207\,\text{W} = 36\,\text{W}$	$P_{V+R} = 0{,}60 \cdot 36\,\text{W} = 22\,\text{W}$
Zusatzverluste	$P_z = 0{,}02 \cdot 1207\,\text{W} = 24\,\text{W}$	$P_z = 1{,}00 \cdot 24\,\text{W} = 24\,\text{W}$
Summe:	$P_{vN} = 1207\,\text{W}$	$P_v = 686\,\text{W}$

Der neue Wirkungsgrad beträgt $\eta = P_N/(P_N + P_v) = 5500\,\text{W}/(5500\,\text{W} + 686\,\text{W}) = 88{,}9\,\%$

b) Der jährliche Betrieb des Motors kann zu $t_N = 3000$ h Volllast zusammengefasst werden. Welche Kosten werden bei einem Preis von $K_{kWh} = 8$ Cent/kWh pro Jahr durch die Wirkungsgradverbesserung gespart?

Die Verlusteinsparung beträgt $\Delta P_v = P_{vN} - P_v = 1207\,\text{W} - 686\,\text{W} = 521\,\text{W}$

Damit werden pro Jahr

$$\Delta K = \Delta P_v \cdot t_N \cdot K_{kWh} = 0{,}521\,\text{kW} \cdot 3000\,\text{h} \cdot 0{,}08\,\text{Euro/kWh}$$

$$\Delta K = 125\,\text{Euro}$$

eingespart.

5.6 Einphasige Asynchronmaschinen

5.6.1 Einphasenmotoren ohne Hilfswicklung

Mit- und Gegenfeld. Wird der Ständer der Asynchronmaschine mit nur einem Wicklungsstrang ausgeführt, so bildet die Durchflutung nur ein Wechselfeld aus. Nach Abschnitt 4.2.2 kann dies jedoch in zwei gegensinnig umlaufende Drehfelder halber Wechselfeldamplitude zerlegt werden. Das in Motordrehrichtung rotierende oder mitlaufende Feld induziert in der Läuferwicklung Ströme I_{2m} der Frequenz $f_{2m} = s \cdot f_1$ wie bei einer Drehstrommaschine. Das gegenläufige Drehfeld hat zu den Läuferstäben die Relativdrehzahl $\Delta n_g = n_1 + n$ oder den Schlupf

$$s_g = \frac{\Delta n_g}{n_1} = \frac{n_1 + n_1(1-s)}{n_1} = 2 - s$$

Es entstehen somit im Vergleich zum Kreisdrehfeld zusätzlich Läuferströme I_{2g} der Frequenz $f_{2g} = (2 - s) f_1$.

Jedes Teildrehfeld bildet nun mit beiden Läuferströmen je ein Drehmoment aus, womit insgesamt vier Anteile entstehen. Das Moment des mitlaufenden Feldes mit dem Strom I_{2g} und umgekehrt das von Φ_g mit I_{2m} pulsiert jedoch zeitlich um den Mittelwert null. Beides sind also Pendelmomente, die nichts zum Nutzmoment beitragen. Es bleiben die Momente der zwei Teildrehfelder mit den jeweils eigenen Läuferströmen, die zusammen das Motormoment ergeben [100].

Ersatzschaltung. Besitzt eine Maschine also außer dem Mitdrehfeld eine gegenläufige Komponente und damit resultierend ein elliptisches Drehfeld, so treten in der Wirkung auf den Läufer zwei Schlupfwerte auf. Man definiert als Schlupf des Läufers zum Mitfeld

$$s_m = s \qquad (5.67)$$

und zum Gegenfeld

$$s_g = 2 - s \qquad (5.68)$$

Die Aufspaltung in Mit- und Gegenfeld zeigt sich auch in der Ersatzschaltung des einsträngigen Motors (Bild 5.111). Jedem Drehfeld ist eine Hauptreaktanz X_h mit, entsprechend der Aufteilung in zwei Drehfelder, dem halben Wert der Wechselstromreaktanz zugeordnet. Die Einwirkung beider Drehfelder auf die Läuferwicklung wird durch je einen angekoppelten Läuferkreis erfasst, für welche die Schlupfwerte $s_m = s$ und $s_g = 2 - s$ gelten. Da die Magnetisierungsströme $\underline{I}_1 + \underline{I}'_{2m}$ oben und $\underline{I}_1 + \underline{I}'_{2g}$ unten für die meisten Lastzustände ungleich sind, wirken auf die Läuferkreise unterschiedliche Spannungen. Sie führen zu den beiden Luftspaltleistungen

$$P_{Lm} = \frac{R_2}{s} \cdot I_{2m}^2 \qquad (5.69)$$

$$P_{Lg} = \frac{R_2}{2-s} \cdot I_{2g}^2 \qquad (5.70)$$

Das resultierende Moment beträgt damit

$$M = \frac{P_{Lm} - P_{Lg}}{2\pi \cdot n_1} \qquad (5.71)$$

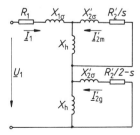

Bild 5.111 Ersatzschaltbild des Einphasenmotors

5.6 Einphasige Asynchronmaschinen

Im Stillstand bei $s = 1$ sind beide Läuferkreise gleichwertig und $M = 0$, so dass die Maschine nicht selbst anlaufen kann. Im Lauf überwiegt das Mitmoment der gewählten Drehrichtung und der Motor kann belastet werden.

Der Verlauf der Momentenkurve lässt sich mit Hilfe der Methode der symmetrischen Komponenten (s. Abschnitt 4.3) berechnen. Man erhält eine Kennlinie, wie sie bei zwei in Reihe geschalteten Drehstrommotoren entsteht, deren Läufer verbunden sind (Bild 5.112). Da die Scheinwiderstände der beiden Motoren wegen der unterschiedlichen Schlupfwerte s_m und s_g nicht übereinstimmen, teilt sich auch die Netzspannung ungleich auf beide Maschinen auf. Da das Drehmoment dem Quadrat der Spannung proportional ist, erhält man mit den Teilwerten U_I und U_{II}:

$$M = M_I + M_{II} = M(s) \cdot \left(\frac{U_I}{U_N}\right)^2 + M(2-s) \cdot \left(\frac{U_{II}}{U_N}\right)^2 \quad (5.72)$$

Dabei bedeuten $M(s)$ und $M(2-s)$ die Drehmomente des normalen Drehstrombetriebs bei den Schlupfwerten s und $2-s$ bei der Spannung U_N. Die Auswertung ergibt Bild 5.113.

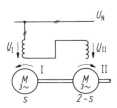

Bild 5.112 Darstellung des Einphasenmotors als Satz aus zwei gegensinnig geschalteten Drehstrommaschinen

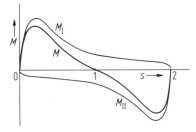

Bild 5.113 Resultierende Momentenkennlinie aus Mitmoment M_I und Gegenmoment M_{II}

5.6.2 Einphasenmotoren mit Kondensatorhilfswicklung

Die Ausführung von Kleinmaschinen als Einphasenmotoren ist wegen des einfachen Netzanschlusses sehr erwünscht, doch sollte der Motor selbst anlaufen können. Hierzu ist anstelle des Wechselfeldes ein umlaufendes Feld Voraussetzung, wozu mindestens eine zweite räumlich versetzte Wicklung benötigt wird. Dieser zweite Strang braucht nur für den Anlauf eingeschaltet sein und wird als Hilfswicklung bezeichnet [100–104].

Die Anschlussbezeichnungen für Einphasenmotoren mit Hilfswicklung sind in VDE 0530 T.8 mit

$U1 - U2$ für die Hauptwicklung (Arbeitswicklung)

$Z1 - Z2$ für die Hilfswicklung

festgelegt. Um Doppelindizes zu vermeiden, werden im Folgenden Größen der Hauptwicklung mit dem Index A, die der Hilfswicklung mit dem Index H gekennzeichnet.

Der Zweiphasenmotor. Wird eine Asynchronmaschine mit zwei 90° gegeneinander versetzten Wicklungssträngen N_A und N_H (Bild 5.114) ausgeführt, so bildet sich ein Kreisdrehfeld aus, wenn die zeitliche Phasenverschiebung der Strangströme ebenfalls 90° beträgt. Die Windungszahlen N_A und N_H brauchen nicht übereinzustimmen, jedoch müssen dann, um gleich große Strangflüsse sicherzustellen, die Spannungen das Verhältnis der wirksamen Windungszahlen einhalten. Beide Stränge nehmen dann mit $P_A = P_H$ die gleiche Leistung auf und es gilt das Zeigerdiagramm nach Bild 5.115 mit den Beziehungen

$$\boxed{\frac{U_A}{U_H} = \frac{I_H}{I_A} = \frac{N_A \cdot k_{wA}}{N_H \cdot k_{wH}}} \tag{5.73}$$

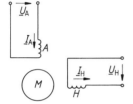
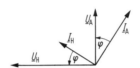

Bild 5.114 Schaltung eines zweisträngigen Motors

Bild 5.115 Zeigerdiagramm des zweisträngigen Motors im symmetrischen Betrieb

Der Zweiphasenmotor verhält sich somit bei Anschluss an ein Spannungssystem nach

$$\underline{U}_H = j\frac{N_H \cdot k_{wH}}{N_A \cdot k_{wA}} \cdot \underline{U}_A$$

wie eine Drehstrommaschine. Es gelten mit $m = 2$ sowohl deren Ersatzschaltbild wie das Zeigerdiagramm pro Strang.

Symmetrierung durch einen Kondensator. Der symmetrische Betrieb des Zweiphasenmotors kann für einen Arbeitspunkt auch bei einphasiger Speisung erreicht werden. Hierzu ist dem als Hilfswicklung bezeichneten zweiten Strang ein Kondensator zuzuschalten (Bild 5.116), dessen Kapazität sich danach richtet, für welchen Betriebspunkt, wie z. B. Volllast oder Anlauf, ein Kreisdrehfeld erwünscht ist.

Die Auslegung der Hilfswicklung und des Kondensators kann nach dem Zeigerdiagramm (Bild 5.117) erfolgen. Mit dem Arbeitspunkt für den zu symmetrierenden Betrieb liegen Größe und Phasenlage des Stromes $\underline{I}_A$ in der Hauptwicklung mit der Windungszahl N_A fest. Es muss jetzt $\underline{I}_H \perp \underline{I}_A$ und $\underline{U}_H \perp \underline{U}_A$ erreicht werden, womit das

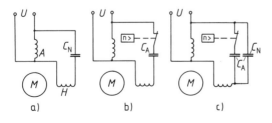

Bild 5.116 Schaltungen von Motoren mit Kondensatorhilfswicklung
a) Betriebskondensatormotor
b) Anlaufkondensatormotor
c) Doppelkondensatormotor

5.6 Einphasige Asynchronmaschinen

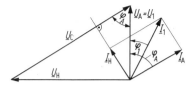

Bild 5.117 Zeigerdiagramm des Kondensatormotors im Symmetriepunkt (d. h. Kreisdrehfeld)

Zeigerdiagramm gegeben ist. Über das Verhältnis der Strangspannungen sind dann nach Gl. (5.73) die Windungszahl N_H und der Hilfsstrangstrom I_H bestimmt. Das Übersetzungsverhältnis

$$\ddot{u} = \frac{N_H \cdot k_{wH}}{N_A \cdot k_{wA}} \tag{5.74}$$

und der Phasenwinkel φ der Strangströme zu ihrer Spannung sind nach Bild 5.117 und den Gln. (5.73), (5.74) mit $\varphi = \varphi_A$ über die Zuordnung

$$\tan \varphi = \ddot{u} \tag{5.75}$$

verknüpft. Der Betriebskondensator C_N ist im Bezug zur Netzspannung $U_1 = U_A$ für den Wert

$$U_C = U_A \cdot \sqrt{1 + \ddot{u}^2} \tag{5.76}$$

auszulegen. Die erforderliche Kapazität C_N berechnet sich über $X_C = U_C/I_H$ aus obigen Gleichungen zu

$$C_N = \frac{(I/U)_A}{\omega \cdot \ddot{u} \cdot \sqrt{1 + \ddot{u}^2}} = \frac{1}{\omega} \cdot \left(\frac{I}{U}\right)_A \cdot \frac{\cos \varphi}{\tan \varphi} \tag{5.77}$$

Da zwischen den Strangströmen im Kreisdrehfeldbetrieb eine 90°-Phasenverschiebung besteht, erhält man den Netzstrom I_1 zu

$$I_1 = \sqrt{I_A^2 + I_H^2} = I_A \sqrt{1 + \cot^2 \varphi} = \frac{I_A}{\sin \varphi} \tag{5.78}$$

Aus der Wirkstrombilanz in Bild 5.117 mit

$$I_1 \cdot \cos \varphi_1 = I_A \cdot \cos \varphi + I_H \cdot \sin \varphi$$

ergibt sich der netzseitige Verschiebungsfaktor = Leistungsfaktor

$$\cos \varphi_1 = \sin 2\varphi \tag{5.79}$$

Da der Kondensator die Motorblindleistung weitgehend kompensiert, gilt für den Netzleistungsfaktor ab Leistungen über 100 W $\cos \varphi_1 = 0{,}95$ bis $0{,}98$. Den Praktiker interessiert vor allem der Kapazitätsaufwand bezogen auf die Motorleistung $P_N = P_1 \cdot \eta$. Über Gl. (5.77) und mit $P_1 = 2(U \cdot I)_A \cdot \cos \varphi$ erhält man die Beziehung

$$C_N = \frac{0{,}5}{\omega \cdot \eta} \cdot \frac{P_N}{U_1^2 \cdot \tan \varphi} \tag{5.80}$$

Für vierpolige Motoren ergibt sich daraus etwa $C_N/P_N = 30\ \mu F/kW$.

Für den Entwurf des Motors ist Gl. (5.75) entscheidend. Sie bestimmt bei gegebenen Windungszahlen von Arbeits- und Hilfswicklung den Phasenwinkel des Stromes I_{AN} für den Symmetriepunkt. Nur in diesem Betriebszustand arbeitet der Kondensatormotor mit einem Kreisdrehfeld und hat hier die gleichen Daten wie beim Anlegen einer zweiphasigen Spannung nach Gl. (5.73).

Anzugsmoment. Die Berechnung des Betriebsverhaltens von Kondensatormotoren außerhalb ihres Symmetriepunktes erfolgt mit Hilfe der in Abschnitt 4.3 kurz dargestellten Methode der symmetrischen Komponenten [47]. Das Drehmoment ergibt sich jeweils aus der Differenz der Momente des Mit- und Gegensystems zu

$$M = M_m - M_g$$

Die beiden Anteile lassen sich aus den Drehmomenten $M(s)$ und $M(2-s)$ des symmetrischen Zweiphasenmotors bei den Schlupfwerten $s_m = s$ und $s_g = 2 - s$ berechnen, wenn man die quadratische Abhängigkeit von der Spannung berücksichtigt. Es wird

$$\boxed{M_m = M(s) \cdot \left(\frac{U_m}{U_N}\right)^2} \tag{5.81}$$

$$\boxed{M_g = M(2-s) \cdot \left(\frac{U_g}{U_N}\right)^2} \tag{5.82}$$

Dabei bedeuten $\underline{U}_m = \underline{Z}_m \cdot \underline{I}_m$ und $\underline{U}_g = \underline{Z}_g \cdot \underline{I}_g$ die symmetrischen Spannungskomponenten des Mit- und des Gegensystems.

Die Berechnung der Drehmomentenkennlinie $M = f(n)$ über die Gln. (5.81) und (5.82) folgt prinzipiell dem in Beispiel 4.8 vorgestellten Verfahren. Es ist sehr aufwändig und soll daher hier nicht im Einzelnen durchgeführt werden. Von besonderem Interesse ist neben den Betriebsdaten im Bemessungspunkt mit C_N, die mit den obigen Gleichungen für Kreisdrehfeld bereits festliegen, das Anzugsmoment M_{EA} des Motors. Hier gilt $s_m = s_g = 1$ und für die Scheinwiderstände der beiden Stränge $\underline{Z}_A = \underline{Z}_{Ak}$ und $\underline{Z}_H = \ddot{u}^2 \cdot \underline{Z}_{Ak} - jX_C$ mit dem Ergebnis:

$$\boxed{M_{EA} = M_A \cdot \frac{\ddot{u} \cdot z \cdot \cos \varphi_k}{\ddot{u}^4 + z^2 - 2\ddot{u}^2 \cdot z \cdot \sin \varphi_k}} \tag{5.83}$$

mit $\boxed{z = \frac{X_C}{Z_{Ak}}} \tag{5.84}$

Dabei bedeuten Z_{Ak} und $\cos \varphi_k$ die Kurzschlussdaten der Hauptwicklung und M_A das Anzugsmoment des symmetrischen Zweiphasenmotors.

Betriebskondensatormotor. In dieser Ausführung (Bild 5.116 a) bleibt die Hilfswicklung auch nach dem Anlauf eingeschaltet. Ist die Kondensatorkapazität dabei zur Symmetrierung im Bemessungspunkt gewählt, so lässt sich dieselbe Bemessungsleistung wie im Zweiphasenbetrieb erzielen.

Diese Auslegung hat jedoch den Nachteil, dass durch den im Stillstand wieder stark unsymmetrischen Betrieb entsprechend Gl. (5.83) nur ein geringes Anzugsmoment auftritt

5.6 Einphasige Asynchronmaschinen

(Bild 5.118 a). Man wählt daher gerne zur Vergrößerung des Anzugsmomentes eine etwas größere Kapazität und nimmt die im Lastbetrieb auftretenden Abweichungen von den optimalen Werten in Kauf.

Doppelkondensatormotor. Die Differenziation von Gl. (5.83) ergibt, dass das maximale Anzugsmoment des Kondensatormotors bei $z = \ddot{u}^2$ entsteht, d. h. wenn man die Kapazität nach

$$\boxed{X_{\text{CA}} = \ddot{u}^2 \cdot Z_{\text{Ak}}} \tag{5.85}$$

wählt. Im Vergleich zur Symmetrierung im Bemessungspunkt mit C_N bedeutet dies nach Gl. (5.77) eine Vergrößerung des Kondensators um den Faktor

$$\frac{C_A}{C_N} = \frac{X_{\text{CN}}}{X_{\text{CA}}} = \frac{Z_{\text{AN}}}{Z_{\text{Ak}}} \cdot \sqrt{1 + \frac{1}{\ddot{u}^2}}$$

Zur Verbesserung des Anzugsmomentes bedarf es daher einer höheren Kapazität $C_A > C_N$, die allerdings wegen des dann hohen Stromes I_H nur im Anlauf eingeschaltet sein darf. Doppelkondensatormotoren (Bild 5.116 c) erhalten daher Fliehkraftschalter oder ein Stromrelais, womit die Kapazität nach dem Hochlauf von C_A auf C_N reduziert wird. Die Drehmomentkennlinie (Bild 5.118 b) hat im Anlauf einen wesentlich günstigeren Verlauf und geht nach der Umschaltung in die Kurve des Betriebskondensatormotors über.

Anlaufkondensatormotor. In dieser Ausführung (Bild 5.116 b) braucht die Hilfswicklung nur für den Anlauf dimensioniert werden [104]. Es lassen sich dabei sehr hohe Anzugsmomente erzielen, die nach Gl. (5.83) bei $z = \ddot{u}^2$ den Maximalwert

$$\boxed{(M_{\text{EA}})_{\text{opt}} = M_A \cdot \frac{1}{2\ddot{u}} \cdot \frac{\cos \varphi_k}{1 - \sin \varphi_k}} \tag{5.86}$$

erreichen und das Moment des symmetrischen Zweiphasenmotors überschreiten können. Der Motor läuft nach dem Anlauf als reine Einphasenmaschine weiter (Bild 5.118 c).

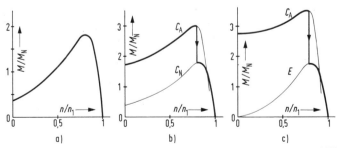

Bild 5.118 Drehmomentkennlinien von Motoren mit Kondensatorhilfswicklung
a) Betriebskondensatormotor
b) Doppelkondensatormotor
   C_A beide Kondensatoren eingeschaltet, C_N nur mit Betriebskondensator
c) Anlaufkondensatormotor
   C_A mit Anlaufkondensator, E als einsträngige Maschine

Beispiel 5.21: Ein Zweiphasenmotor hat die Strangwerte $U_A = 230$ V, $I_A = 1,7$ A, $N_A = 164$ und $\cos \varphi = 0,6$. Der zweite Strang ist durch eine Hilfswicklung mit Betriebskondensator zu ersetzen. Es sind zu bestimmen:

a) Windungszahl N_H und Strom I_H des Hilfsstrangs

b) die Werte für U_C und C_N

c) der Netzstrom I_1 und der Leistungsfaktor $\cos \varphi_1$.

a) Bei $\cos \varphi = 0,6$ ist $\varphi = 53,1°$, $\sin \varphi = 0,80$, $\tan \varphi = 1,33$. Nach Gl. (5.74) erhält man für die Windungszahl der Hilfswicklung $N_H = N_A \cdot ü = 164 \cdot 1,33 = 218$ ($k_{wH} = k_{wA}$ angenommen). Der Strom wird

$$I_H = \frac{I_A}{ü} = \frac{1,7 \text{ A}}{1,33} = 1,28 \text{ A}$$

b) Mit Gl. (5.76) erhält man $U_C = U_A \cdot \sqrt{1 + ü^2} = 230 \text{ V} \cdot \sqrt{1 + 1,33^2}$

$U_C = 383$ V

Nach Gl. (5.77) wird $C_N = \dfrac{I_A \cdot \cos \varphi}{\omega \cdot U_A \cdot \tan \varphi} = \dfrac{1,7 \text{ A} \cdot 0,6}{314 \text{ Hz} \cdot 230 \text{ V} \cdot 1,33}$

$C_N = 10,6$ µF

c) Der Netzstrom wird

$$I_1 = \frac{I_A}{\sin \varphi} = \frac{1,7 \text{ A}}{0,8} = 2,13 \text{ A}$$

und der Leistungsfaktor

$\cos \varphi_1 = \sin 2\varphi = \sin 106,2°$

$\cos \varphi_1 = 0,96$ ind.

Aufgabe 5.13: Es ist die dem Netz bei Lastbetrieb entnommene Schein-, Wirk- und Blindleistung bei a) Zweiphasenbetrieb, b) Kondensatorbetrieb des Motors anzugeben.

Ergebnis: a) $S_1 = 782$ V · A, $P_1 = 469$ W, $Q_1 = 626$ var

b) $S_1 = 490$ V · A, $P_1 = 469$ W, $Q_1 = 142$ var

Aufgabe 5.14: Der nach Beispiel 5.21 ausgelegte Betriebskondensatormotor habe einen Kurzschlussstrom $I_{Ak} = 3,1\ I_A$ und $\cos \varphi_k = 0,48$. Wie groß sind

a) das relative Anzugsmoment M_{EA}/M_A bei der Kapazität C_N,

b) die optimale Anlaufkapazität C_A,

c) das maximale relative Anzugsmoment M_{EA}/M_A bei C_A?

Ergebnis: a) $M_{EA}/M_A = 0,15$, b) $C_A = 41,3$ µF, c) $M_{EA}/M_A = 1,47$

Aufgabe 5.15: Es sind das Verhältnis Kondensatorleistung zu aufgenommener Motorwirkleistung Q_C/P_1 und der Netzleistungsfaktor $\cos \varphi_1$ für einen bei P_1 symmetrischen Betriebskondensatormotor anzugeben. Der Phasenwinkel der Strangströme betrage $\varphi = 45°$.

Ergebnis: $Q_C/P_1 = 1$, $\cos \varphi = 1$

5.6.3 Einphasenmotoren mit Widerstandshilfswicklung

In dieser Ausführung (Bild 5.119) wird die zeitliche Verschiebung der zwei Strangströme dadurch erreicht, dass die Hilfswicklung einen erhöhten ohmschen Widerstand

5.6 Einphasige Asynchronmaschinen

erhält. Dies kann z. B. durch einen geringeren Drahtquerschnitt erfolgen oder durch eine erhöhte Windungszahl, von der ein Teil bifilar, d. h. magnetisch unwirksam gewickelt wird. Letzteres erhöht die Wärmekapazität der Wicklung, was sich günstig auf die Erwärmung während des Anlaufs auswirkt.

Bezeichnet man mit R_A und R_H die Widerstände von Haupt- und Hilfswicklung und besteht ein Übersetzungsverhältnis

$$\ddot{u} = \frac{N_H \cdot k_{wH}}{N_A \cdot k_{wA}} \tag{5.87}$$

so berechnet sich der als Zusatzwiderstand R_v wirkende Anteil von R_H zu

$$R_v = R_H - R_A \cdot \ddot{u}^2 \tag{5.88}$$

Die Hilfswicklung wird durch ein vom hohen Anlaufstrom betätigtes thermisches (Bimetall) oder elektromagnetisches Relais eingeschaltet und nach dem Erreichen des Kippmomentes wieder vom Netz getrennt. Danach läuft der Motor als reine Einphasenmaschine (Bild 5.120) weiter.

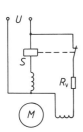
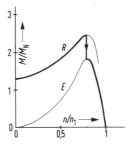

Bild 5.119 Schaltung eines Motors mit Widerstandshilfswicklung
S Anlaufstromrelais

Bild 5.120 Drehmomentkennlinie eines Motors mit Widerstandshilfswicklung
R mit eingeschalteter Widerstandshilfswicklung,
E Betrieb als einsträngige Maschine

Bezieht man nach

$$r = \frac{R_v}{Z_{Ak}} \tag{5.89}$$

wie beim Kondensatormotor den Zusatzwiderstand R_v auf den Scheinwiderstand der Hauptwicklung im Kurzschluss, so lässt sich wieder das Anzugsmoment des Motors angeben. Mit Hilfe der Methode der symmetrischen Komponenten erhält man

$$M_{EA} = M_A \frac{\ddot{u} \cdot r \cdot \sin \varphi_k}{\ddot{u}^4 + r^2 + 2\ddot{u}^2 \cdot r \cos \varphi_k} \tag{5.90}$$

wobei M_A das Anzugsmoment des Zweiphasenmotors mit den Daten der Arbeitswicklung bedeutet.

Will man bei vorgegebenem Übersetzungsverhältnis wieder das maximale Anzugsmoment erreichen, so bestimmt sich der erforderliche Zusatzwiderstand über das Nullsetzen der Ableitung dM_{EA}/dr. Man erhält $r = ü^2$, d. h.

$$\boxed{R_v = ü^2 \cdot Z_{AK}} \tag{5.91}$$

Das Anzugsmoment erreicht bei dieser Auslegung den Wert

$$\boxed{(M_{EA})_{opt} = M_A \frac{1}{2ü} \cdot \frac{\sin \varphi_k}{1 + \cos \varphi_k}} \tag{5.92a}$$

oder
$$\boxed{(M_{EA})_{opt} = M_A \frac{\tan \varphi_k/2}{2ü}} \tag{5.92b}$$

Durch die Widerstandshilfswicklung wird kein symmetrischer Betrieb erreicht, sondern stets nur ein elliptisches Drehfeld. Mit Rücksicht auf den hohen Anlaufstrom vom 5- bis 6fachen Bemessungsstrom und die starke thermische Belastung der Hilfswicklung liegt die übliche Leistungsgrenze dieser Motoren bei einigen hundert Watt Abgabeleistung.

Beispiel 5.22: Ein zweisträngiger Motor für $U = 230$ V, $P_N = 150$ W soll eine Widerstandshilfswicklung erhalten. Ein Strang verbleibt als Hauptwicklung, wobei hierfür folgende Messwerte vorliegen:

$$R_A = 15\ \Omega,\ I_{Ak} = 4{,}39\ \text{A bei } 230\ \text{V},\ \cos \varphi_k = 0{,}66.$$

a) Welches Übersetzungsverhältnis ist zu wählen, wenn das optimale Anzugsmoment mit 50 % des Zweiphasenbetriebs auszulegen ist?

b) Wie groß muss der Widerstand R_H der Hilfswicklung werden?

a) Mit $(M_{EA})_{opt} = 0{,}5\ M_A$ und $\varphi_k = 48{,}7°$, $\tan \frac{\varphi_k}{2} = 0{,}453$ erhält man aus Gl. (5.92b)

$$ü = \frac{M_A}{(M_{EA})_{opt}} \cdot \frac{1}{2} \tan \frac{\varphi_k}{2} = 2 \cdot \frac{1}{2} \cdot 0{,}453 = 0{,}453$$

b) Bei Auslegung nach $(M_{EA})_{opt}$ gilt $R_v = Z_{Ak} \cdot ü^2$ und mit

$$Z_{Ak} = \frac{U}{I_{Ak}} = \frac{230\ \text{V}}{4{,}39\ \text{A}} = 52{,}4\ \Omega$$

$$R_v = 52{,}4\ \Omega \cdot 0{,}453^2 = 10{,}75\ \Omega$$

Der Widerstand der Hilfswicklung ist

$$R_H = R_v + R_A \cdot ü^2 = 10{,}75\ \Omega + 15\ \Omega \cdot 0{,}453^2$$

$$R_H = 13{,}83\ \Omega$$

5.6.4 Der Drehstrommotor am Wechselstromnetz

Steinmetz-Schaltung. Auch der Drehstrommotor kann über einen Kondensator am Einphasennetz für einen festen Betriebspunkt symmetriert werden, so dass sein Verhalten dem bei Drehstromanschluss entspricht. Die bekannteste Ausführung hierfür ist die Steinmetz-Schaltung (Bild 5.121). Um für einen beliebigen Leistungsfaktor $\cos \varphi$ symmetrische Strangspannungen und -ströme zu erreichen, sind außer dem Kondensator entweder ein ohmscher Widerstand oder Induktivitäten zuzuschalten. Dieselbe Aufgabe lässt sich auch durch Verwendung eines einphasigen Spartransformators lösen (Bild 5.122).

5.6 Einphasige Asynchronmaschinen

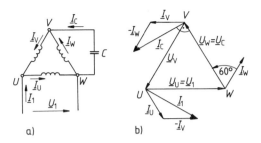

Bild 5.121 Symmetrierung des Drehstrommotors am Wechselstromnetz bei $\varphi = 60°$
a) Steinmetz-Schaltung mit Betriebskondensator
b) Zeigerdiagramm bei $\varphi = 60°$

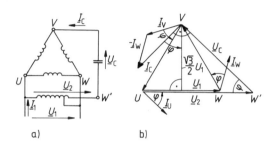

Bild 5.122 Symmetrierung des Drehstrommotors bei $\varphi < 60°$
a) Steinmetz-Schaltung mit Spartransformator
b) Zeigerdiagramm bei $\varphi < 60°$

Allgemeine Symmetriebedingungen. Von dem symmetrischen Spannungsdreieck in Bild 5.122 b werden z. B. die Punkte U und W durch die einphasige Netzspannung $\underline{U}_1$ festgelegt, während dann der dritte Punkt V mit Hilfe der Kondensatorspannung $\underline{U}_C$ zustande kommt. Diese ergibt sich senkrecht zu dem Stromzeiger $\underline{I}_C = \underline{I}_v - \underline{I}_w$ und stimmt im Allgemeinen mit $\underline{U}_w$ nicht überein. Im Zeigerdiagramm entsteht die Spannung $\underline{U}_2$, welche durch den Spartransformator erzeugt wird.

Aus dem Zeigerbild ergibt sich für die Kondensatorspannung

$$\boxed{U_C = \frac{\sqrt{3}}{2} \cdot \frac{U_1}{\sin \varphi}} \tag{5.93}$$

Für die Kapazität gilt mit $U_1 = U_{Str}$ und $I_C = \sqrt{3} \cdot I_{Str}$

$$\boxed{C = \frac{I_C}{\omega U_C} = \left(\frac{I}{U}\right)_{Str} \cdot \frac{2 \sin \varphi}{\omega}} \tag{5.94}$$

Aus Bild 5.122 b erhält man die Ausgangsspannung U_2 des Spartransformators zu

$$U_2 = \frac{1}{2} U_1 + U_C \cdot \cos \varphi = \frac{1}{2} U_1 \left(1 + \sqrt{3} \cdot \cot \varphi\right)$$

und damit die erforderliche Übersetzung

$$\boxed{\ddot{u} = U_2/U_1 = \frac{1}{2}\left(1 + \sqrt{3} \cdot \cot \varphi\right)} \tag{5.95}$$

Die Durchgangsleistung S_D des Transformators beträgt nach Gl. (3.31)

$$S_D = U_2 \cdot I_2$$

und damit wegen $I_2 = I_C$

$$S_D = \frac{\sqrt{3}}{2}(U \cdot I)_{Str} \cdot \left(1 + \sqrt{3} \cdot \cot \varphi\right) \qquad (5.96)$$

Die angegebenen Gleichungen erlauben die Symmetrierung der Drehstrom-Asynchronmaschine in jedem beliebigen Belastungspunkt. Bei $\varphi < 60°$ wird $ü > 1$ und bei $\varphi > 60°$ entsprechend $ü < 1$.

Sonderfall $\varphi = 60°$. Wird für die Symmetrierung der Maschine $\varphi = 60°$, d. h. mit $\cos \varphi = 0{,}5$ eine Teillast gewählt, so vereinfachen sich die vorstehenden Beziehungen und man erhält mit $\sin \varphi = \sqrt{3}/2$, $\cot \varphi = 1/\sqrt{3}$

$$U_C = U_1$$

$$C = \left(\frac{I}{U}\right)_{Str} \cdot \frac{\sqrt{3}}{\omega}$$

$$I_1 = \sqrt{3} \cdot I_{Str}$$

$$ü = 1$$

Der Transformator wird also nicht mehr benötigt und der Motor entnimmt dem Wechselstromnetz den Leiterstrom der Dreieckschaltung.

Für die obige Gleichung muss der Strangstrom I_{Str} des Motors bei $\varphi = 60°$ bekannt sein. Dieser kann mit der Näherung, dass der Motorblindstrom zwischen Leerlauf und Bemessungspunkt konstant bleibt, aus den Leistungsschilddaten bestimmt werden. Dann gilt:

$$I_b = I_N \cdot \sin \varphi_N = I_{Str} \cdot \sin 60° = \sqrt{3}/2 \cdot I_{Str}$$

$$I_{Str} = \frac{2 \sin \varphi_N}{\sqrt{3}} \cdot I_N$$

Der Kondensator berechnet sich somit zu

$$C = \left(\frac{I}{U}\right)_{NStr} \cdot \frac{2 \sin \varphi_N}{\omega}$$

Vergleicht man dies mit Gl. (5.94), so erhält man das Ergebnis: Wird die Kapazität des Kondensators für Kreisdrehfeldbetrieb im Bemessungspunkt gewählt, jedoch ohne Spartransformator angeschlossen, so entsteht das Kreisdrehfeld bei $\varphi = 60°$.

Symmetrierung mit RC-Glied. Für eine Auslegung mit $\varphi > 60°$ ist nach Gl. (5.93) eine Kondensatorspannung $U_C < U_1$ erforderlich. Unter diesen Voraussetzungen kann die Symmetrierung auch durch ein RC-Glied nach Bild 5.123 erfolgen. Aus dem Zeigerdiagramm errechnen sich Widerstand R und Kondensatorblindwiderstand X_C zu

$$R = \frac{U_R}{I_C} = \frac{U_1}{\sqrt{3} \, I_{Str}} \cdot \sin(\varphi - 60°) \qquad (5.97)$$

$$X_C = \frac{U_C}{I_C} = \frac{U_1}{\sqrt{3} \, I_{Str}} \cdot \cos(\varphi - 60°), \quad C = \frac{1}{\omega X_C} \qquad (5.98)$$

5.6 Einphasige Asynchronmaschinen

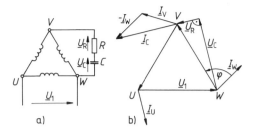

Bild 5.123 Symmetrierung des Drehstrommotors bei $\varphi > 60°$
a) Steinmetz-Schaltung mit Kondensator und Widerstand
b) Zeigerdiagramm bei $\varphi > 60°$

In allen angegebenen Schaltungen stimmt im Symmetriepunkt das Betriebsverhalten der an das Wechselstromnetz angeschlossenen Maschine mit dem Drehstrombetrieb überein. Außerhalb tritt hingegen wieder ein elliptisches Drehfeld auf, so dass die Ausnutzung durch das Gegenmoment sinkt [105].

Beispiel 5.23: Ein Drehstrommotor mit den Bemessungsdaten 230 V/400 V, 1,7 A/0,97 A, $\cos \varphi = 0{,}77$ soll in Dreieckschaltung nach Steinmetz symmetriert werden. Es sind die erforderliche Kapazität und die Auslegung des Spartransformators anzugeben.

Bei $\cos \varphi = 0{,}77$ wird $\sin \varphi = 0{,}638$ und $\varphi = 39{,}6° < 60°$, womit eine Transformatorübersetzung $ü > 1$ notwendig ist.

Die Kondensatorspannung wird

$$U_C = \frac{\sqrt{3}}{2} \cdot \frac{U_1}{\sin \varphi} = \frac{\sqrt{3}}{2} \cdot \frac{230 \text{ V}}{0{,}638} = 312{,}2 \text{ V}$$

und die Kapazität

$$C = \left(\frac{I}{U}\right)_{\text{Str}} \cdot \frac{2 \sin \varphi}{\omega} = \frac{0{,}97 \text{ A}}{230 \text{ V}} \cdot \frac{2 \cdot 0{,}638}{314 \text{ s}^{-1}} = 17{,}1 \text{ µF}$$

Für die Transformator-Übersetzung gilt

$$ü = \frac{1}{2}\left(1 + \sqrt{3} \cot \varphi\right) = \frac{1}{2}\left(1 + \sqrt{3} \cdot 1{,}2068\right) = 1{,}545$$

Die Durchgangsleistung beträgt

$$S_D = \frac{\sqrt{3}}{2}(U \cdot I)_{\text{Str}} \cdot \left(1 + \sqrt{3} \cot \varphi\right)$$

$$S_D = \frac{\sqrt{3}}{2} \cdot 230 \text{ V} \cdot 0{,}97 \text{ A}\left(1 + \sqrt{3} \cdot 1{,}2068\right) = 597 \text{ VA}$$

Bezogen auf die Scheinleistung des Motors S_M ergibt sich die Durchgangsleistung des Spartransformators allgemein zu

$$S_D = \frac{1 + \cot \varphi}{2\sqrt{3}} \cdot S_M$$

Aufgabe 5.16: Ein Drehstrom-Asynchronmotor nimmt in Dreieckschaltung bei $\cos \varphi = 0{,}5$ die Wirkleistung $(P_1)_3 = 100\%$ und die Schein- bzw. Blindleistung S_3, Q_3 auf. Wie ändern sich diese Leistungen (Index 1), wenn der Motor am Einphasennetz in Steinmetz-Schaltung symmetriert wird?

Ergebnis: $(P_1)_1 : (P_1)_3 = 1$, $S_1 : S_3 = 1/\sqrt{3}$, $Q_1 : Q_3 = 1/3$

5.6.5 Spaltpolmotoren

Prinzip. Die Voraussetzungen für ein umlaufendes Ständerdrehfeld bei einem Einphasenmotor, nämlich zwei um den Winkel β räumlich versetzte Wechselfelder, die außerdem um den Winkel α zeitlich phasenverschoben sind, werden beim Spaltpolmotor durch den sehr einfachen Aufbau nach Bild 5.124 erreicht. Es zeigt einen unsymmetrischen zweipoligen Blechschnitt, der bis zu Leistungen von etwa 10 W verwendet wird.

Die räumliche Trennung der beiden Teilfelder Φ_H und Φ_S ist durch einen Schlitz vorgenommen, der den gesamten Polbogen in einen Hauptpol H und einen Spaltpol S unterteilt. Den Spaltpol umgibt ein kräftiger Kurzschlussring R, der häufig auch zweigeteilt ausgeführt wird. Das gesamte Ständerfeld $\underline{\Phi}_1 = \underline{\Phi}_H + \underline{\Phi}_S + \underline{\Phi}_{1\sigma}$ ist mit der Hauptwicklung N_1 verkettet, die an die Netzspannung U_1 angeschlossen wird. Der Läufer erhält im Allgemeinen eine Käfigwicklung, doch sind auch synchrone Bauarten mit Dauermagnetläufer auf dem Markt.

Die erforderliche zeitliche Phasenverschiebung der Felder Φ_H und Φ_S erreicht man durch deren unterschiedliche Durchflutung. Während diese für das Hauptfeld Φ_H durch den Wert $\underline{\Theta}_H = \underline{I}_1 \cdot N_1$ gegeben ist, wirkt auf das Spaltpolfeld Φ_S zusätzlich noch der Ringstrom $\underline{I}_R$ und damit die Gesamtdurchflutung $\underline{\Theta}_S = \underline{I}_1 \cdot N_1 + \underline{I}_R \cdot N_R$.

Betriebsverhalten. Lässt man für die grundsätzliche Erklärung der Drehfeldbildung die Rückwirkung des Läuferstromes außer Acht, so gilt für die Ständerwicklungen die Ersatzschaltung nach Bild 5.125. Sie entspricht der Darstellung eines kurzgeschlossenen Transformators, dessen Sekundärwicklung nur mit einem Teil des Primärflusses verkettet ist. Vom Standpunkt der Spaltpolwicklung N_R ist das Hauptpolfeld Φ_H ein Streufluss, dessen zugeordneter Blindwiderstand X_{hH} wie $X_{1\sigma}$ zu behandeln ist. Für die beiden Teilfelder gelten also nach Bild 5.125 die Zuordnungen

Hauptpolfeld $\qquad \Phi_H \sim X_{hH} \cdot I_1 \sim I_1$

Spaltpolfeld $\qquad \Phi_S \sim U_q \sim I_\mu$

Aus der Ersatzschaltung lässt sich mit Bild 5.126 das Zeigerdiagramm der Ständergrößen angeben. Den Phasenwinkel α, um den das Spaltpolfeld $\underline{\Phi}_S$ dem Hauptpolfeld $\underline{\Phi}_H$

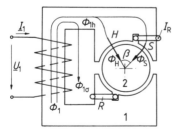

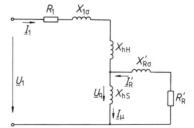

Bild 5.124 Aufbau eines Spaltpolmotors
1 Ständer mit Erregerwicklung
2 Käfigläufer
R Kurzschlussring

Bild 5.125 Ersatzschaltung eines Spaltpolmotors für stromlosen Läufer

5.6 Einphasige Asynchronmaschinen

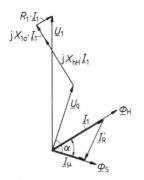

Bild 5.126 Zeigerdiagramm der Ständergrößen eines Spaltpolmotors

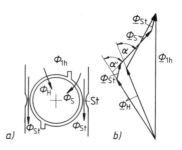

Bild 5.127 Wirkung der Streustege
a) Anordnung der Teilfelder
b) Zeigerdiagramm der Teilfelder

nacheilt, erhält man darin aus dem Stromdiagramm $\underline{I}_1 + \underline{I}'_R = \underline{I}_\mu$. Da beide Felder weder die gleiche Größe besitzen noch der Winkel $\alpha = 90°$ erreicht wird, kann der Spaltpolmotor nur ein elliptisches Drehfeld ausbilden. Die Drehrichtung ergibt sich durch das nacheilende Feld $\underline{\Phi}_S$ stets vom Haupt- zum Spaltpol.

Der Ständerblechschnitt von Spaltpolmotoren wird in der Regel nach Bild 5.129 mit so genannten Streustegen und dadurch ständerseitig ungeteilt ausgeführt. Dies hat zunächst fertigungstechnische Vorteile, da zur einfachen Montage der Wicklung bereits der Kern abgetrennt ist. Darüber hinaus bildet sich über die zwei Streustege nach Bild 5.127 a ein Flussanteil Φ_{St} aus, dessen Größe noch durch die Ausbildung einer Engstelle (Isthmus) beeinflusst werden kann. Die Wirkung dieser Maßnahme ist in Bild 5.127 b zu erkennen. Da der Gesamtfluss näherungsweise konstant ist, müssen alle seine Komponenten dieselbe Summe wie ohne die Streustege ergeben. Ohne diese entsteht aber zwischen den beiden Polflüssen der Winkel α, mit den zusätzlichen Streusteganteilen dagegen der günstigere, größere Phasenwinkel α'.

Kennlinien. Der Entwurf neuer Spaltpolmotoren stützt sich auch heute noch auf die Optimierung von Versuchsmustern, bei denen einzelne Parameter systematisch variiert werden. Zwar ist eine umfassende Theorie vorhanden [107, 108], doch ist die Vorausberechnung der Betriebswerte wegen der magnetischen Unsymmetrien, Sättigungszonen und Gegenfelder sehr umfangreich und unsicher.

Bedingt durch die konzentrische Erregung der Pole weicht die Feldkurve eines Spaltmotors wie die einer Gleichstrommaschine stark von der Sinusform ab. Sie enthält ins-

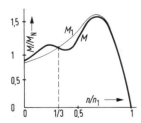

Bild 5.128 Drehmomentkennlinie eines Spaltpolmotors

besondere eine 3. Harmonische, was sich in der Momentenkennlinie $M = f(n)$ nach Bild 5.128 durch eine Einsattelung bei $n = n_1/3$ bemerkbar macht.

Spaltpolmotoren besitzen auf Grund der Verluste in der Kurzschlusswicklung und durch das gegenläufige Drehfeld im Läuferkäfig einen relativ schlechten Wirkungsgrad. Auch bei den höchsten Leistungen von ca. 150 W erreicht er nur knapp 40 %. Das Anlaufmoment ist geringer als das gleich großer Kondensatormotoren, der Anlaufstrom liegt etwa beim doppelten Bemessungsstrom.

Drehzahlsteuerung. Vor allem im Einsatz als Lüfterantrieb wird mitunter eine zweite Drehzahlstufe gewünscht. Diese kann bei vierpoligen Motoren durch eine spezielle Polumschaltung in der so genannten Kreuzpolschaltung erreicht werden. Eine Drehzahlabsenkung nach Bild 5.42 b durch ein kleines Kippmoment kann einfach durch Zuschalten eines Vorwiderstandes erfolgen. Ähnlich wirkt die Umschaltung einer zweigeteilten Erregerwicklung von Parallel- auf Reihenschaltung.

Bauformen. Spaltpolmotoren werden gezielt für einen bestimmten Einsatz, z. B. als Antrieb in einem Heizlüfter oder der Laugenpumpe einer Waschmaschine gefertigt. Wie bei allen Geräten für Großserien spielen fertigungstechnische Überlegungen eine große Rolle. Bild 5.129 zeigt einige typische Bauformen für zweipolige Motoren.

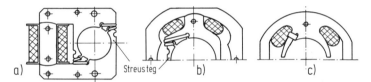

Bild 5.129 Ständerbauformen zweipoliger Spaltpolmotoren

Variante a) ist mit dem unsymmetrischen Blechschnitt eine sehr preisgünstige Ausführung. Sie wird zweipolig bis etwa zu Leistungen von 10 W verwendet und erreicht Wirkungsgrade von 10 bis 15 %.

Variante b) besitzt einen zweigeteilten Ständerschnitt, was das Einbringen der Ständerwicklung N_1 erleichtert. Bei Leistungen von 10 bis 50 W ergeben sich Wirkungsgrade bis 25 %.

Variante c) wird bis zu den größten Leistungen von ca. 150 W auch in vierpoliger Ausführung eingesetzt.

6 Synchronmaschinen

Geschichtliche Entwicklung. Synchronmaschinen wurden zunächst als Einphasengeneratoren gebaut, die etwa ab der Mitte des 19. Jahrhunderts zur Versorgung von Beleuchtungsanlagen Anwendung fanden. Den ersten dreiphasigen Synchrongenerator entwickelten 1887 unabhängig voneinander F. A. Haselwander und Bradley. In der Folgezeit bildeten sich mit der Schenkelpolmaschine und dem Turbogenerator die im nächsten Abschnitt beschriebenen typischen Bauformen aus. Als Erfinder des Walzenläufers mit einer auf Nuten am Umfang verteilten Erregerwicklung gilt Charles E. Brown, ein Gründer der Brown, Boveri AG.

Die weitere Entwicklung der Synchronmaschine ist eng mit dem Ausbau der elektrischen Energieversorgung zu immer größeren Generator-Einheitsleistungen verbunden. Daneben wurden aber schon immer dort, wo man eine konstante Antriebsdrehzahl benötigte oder die Möglichkeit des Phasenschieberbetriebs nutzen wollte, Synchronmotoren als Industrieantriebe eingesetzt.

Leistungsbereich. Drehstrom-Synchrongeneratoren besitzen die größten Einheitsleistungen elektrischer Maschinen. Als Turbogeneratoren für Wärmekraftwerke werden bislang zweipolige Generatoren mit Leistungen von ca. 1200 MVA bei 50 Hz und 21 kV Spannung gefertigt. Bei vierpoligen Maschinen liegen die Daten sogar bei ca. 1700 MVA und 27 kV. Die größten Schenkelpolmaschinen mit senkrechter Wellenanordnung für Wasserkraftwerke erreichen über 800 MVA.

Als Industrieantrieb hat die Synchronmaschine durch die Entwicklung der Frequenzumrichter stark an Bedeutung gewonnen. Sie steht dadurch als drehzahlregelbarer Antrieb vom Bereich der Servomotoren bis zu den größten Leistungen zur Verfügung. Als Beispiel sei ein 30-MW-Hochofengebläse mit Synchronmotor und Anfahrumrichter genannt. Bis in den MW-Bereich verwendet man Synchronmotoren auch als Antriebe für Zementmühlen, Förderanlagen und Walzgerüste.

Zu großen Stückzahlen bringen es Synchronmaschinen wieder als Kleinstmotoren z. B. für Uhren, Phonogeräte und in der Feinwerktechnik.

6.1 Aufbau der Synchronmaschine

6.1.1 Bauformen

Voll- und Schenkelpolmaschine. Die prinzipiellen Unterschiede im Aufbau gleichstromerregter Synchronmaschinen zeigt Bild 6.1. Sie betreffen im Wesentlichen die Konstruktion zur Erzeugung des Erregergleichfeldes.

Bei der Vollpolmaschine (Bild 6.1 a) besteht der Läufer aus einer massiven Stahlwalze, in die radial über 2/3 der Polteilung Nuten eingefräst sind. Diese nehmen die Erregerwicklung w_E auf, die damit auf mehrere konzentrisch zur Polachse liegende Spulen verteilt ist. Es werden in dieser Bauform zwei- und vierpolige Maschinen ausgeführt.

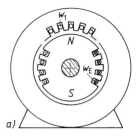 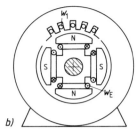 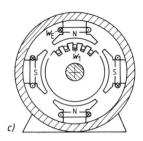

Bild 6.1 Bauformen der Synchronmaschine
a) Vollpolmaschine (Turbogenerator)
b) Schenkelpolmaschine (Innenpolmaschine)
c) Schenkelpolmaschine (Außenpolmaschine)

Schenkelpolmaschinen besitzen in der Innenpol-Ausführung (Bild 6.1 b) den gleichen Ständeraufbau wie Vollpolmaschinen, im Läufer dagegen ausgeprägte Einzelpole zur Erzeugung des Gleichfeldes. Wie bei Gleichstrommaschinen liegt um jeden Polkern eine Erregerwicklung w_E, während zum Luftspalt hin durch den Polschuh eine möglichst sinusförmige Feldform angestrebt wird.

Die Außenpol-Schenkelpolmaschine (Bild 6.1 c) ist ähnlich einer Gleichstrommaschine aufgebaut, nur trägt der Läufer eine Drehstromwicklung w_1, deren Anschlüsse über Schleifringe zugänglich sind. Dieser Maschinentyp wird z. B. zur bürstenlosen Erregung von Generatoren eingesetzt (s. Abschn. 6.1.2).

Ständer. Der prinzipielle Aufbau des Ständers (Stators) der Synchronmaschine wurde bereits in Bild 4.1 zur Darstellung einer Drehstromwicklung angegeben. Das Gehäuse besteht aus einer Schweißkonstruktion, die im Falle einer H_2-Kühlung gasdicht und druckfest auszuführen ist, so dass sie auch einer Knallgasexplosion standhält. Es nimmt das bei Großmaschinen aus Segmenten geschichtete Blechpaket auf, für das verlustarme, kaltgewalzte Elektrobleche verwendet werden. Die offenen Nuten entlang der Ständerbohrung nehmen die Drehstromwicklung auf, die bei größeren Leistungen als Hochspannungswicklung für 6 kV bis 27 kV ausgeführt ist. Außerdem muss der gesamte Kupferquerschnitt zur Vermeidung von Zusatzverlusten durch Stromverdrängung in parallele isolierte Einzelleiter aufgeteilt werden. Diese ändern z. B. in der Form des Roebel-Stabes (Bild 6.2) ihre Lage zyklisch in der Nut. Die Verdrillung ergibt für alle Teilleiter gleiche Verkettung mit dem Nutstreufluss und damit eine gleichmäßige Stromverteilung (s. Abschnitt 5.5.1).

Turbogenerator. Werden Synchrongeneratoren wie in Wärmekraftwerken von Dampf- oder Gasturbinen angetrieben, so ist man mit Rücksicht auf deren Auslegung bestrebt, die Drehzahl so groß wie möglich zu wählen. Für 50-Hz-Netze ergibt sich dann nach Gl. (4.24) mit $n_1 = f_1/p$ die höchste Drehzahl zu 3000 min^{-1} bei zweipoliger Ausführung der Maschine. Die hierbei im Läufer (Rotor) auftretenden Fliehkräfte sind so groß, dass als Bauform die Vollpolmaschine nach Bild 6.1 a gewählt werden muss. Trotzdem erreicht man bei einem Durchmesser von ca. 1250 mm in den Rotorzähnen die Grenze der zulässigen mechanischen Beanspruchung. Das entsprechend der möglichen Ausnut-

6.1 Aufbau der Synchronmaschine 289

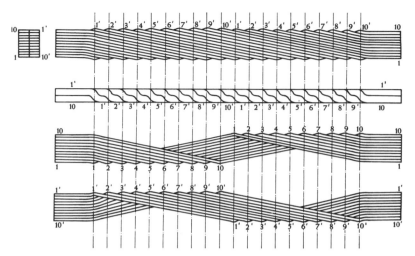

Bild 6.2 Verdrillung der parallelen Teilleiter einer Nut im Roebel-Stab

zungsziffer C in kW · min/m³ (s. Abschnitt 1.1.4) erforderliche Volumen $d^2 \cdot l$ muss damit durch eine große axiale Länge l realisiert werden. Turbogeneratoren großer Leistung erhalten daher einen sehr langgestreckten Läufer.

Ein Beispiel für die Ausführung einer Vollpolmaschine als Turbogenerator großer Leistung zeigen die Bilder 6.3 und 6.4. Der Wickelkopf im Ständer wird zur Aufnahme der großen Stromkräfte im Kurzschlussfall durch Abstützungen und Versteifungen gegen eine Deformation gesichert. Der Rotorkörper ist ein einteiliges Schmiedestück aus einer

Bild 6.3 Ständer eines flüssigkeitsgekühlten Turbogenerators für 400 MVA (ABB, Mannheim)

Bild 6.4 Läufer eines 400 MVA Turbogenerators (ABB, Mannheim)

Stahllegierung mit hoher Permeabilität. Symmetrisch zur Polachse werden die Nuten eingefräst, welche die Profilstäbe der Erregerwicklung aufnehmen und mit einem Nutkeil aus einem unmagnetischen aber elektrisch leitenden Material z. B. einer Al-Legierung verschlossen werden. Zur Aufnahme der Fliehkräfte schiebt man über die Wickelköpfe unmagnetische Stahlkappen und schrumpft diese mit einem Bajonettverschluss auf die Läuferenden. In Verbindung mit den Nutkeilen entsteht so an der Läuferoberfläche ein leitender Käfig, den man als Dämpferwicklung bezeichnet. Sie dämpft Pendelungen des Läufers bei Laststößen und verhindert unzulässige Erwärmungen der Läuferoberfläche bei Schieflasten.

Die Versorgung der Erregerwicklung mit Gleichstrom erfolgt in der klassischen Technik über zwei an einem Wellenende aufgesetzte Schleifringe. Bei der bürstenlosen Erregung wird der Erregerstrom von einer im Läufer des angekuppelten Erregergenerators mitrotierenden Diodenschaltung geliefert.

Schenkelpolgenerator. Wird eine Synchronmaschine von Wasserturbinen oder auch einem Dieselmotor angetrieben, so ist die Polzahl den hier gegebenen Drehzahlen von etwa $60\ \text{min}^{-1}$ bis $750\ \text{min}^{-1}$ anzupassen. Man erhält dann für $f_1 = 50\ \text{Hz}$ bei z. B. $n_1 = 75\ \text{min}^{-1}$ achtzig Pole entlang des Bohrungsumfangs, die man jetzt bei der geringen Fliehkraftbeanspruchung wie bei einer Gleichstrommaschine im Ständer als Einzelpole mit konzentrischen Erregerspulen ausführen kann. Der Läufer wird so zu einem Polrad mit großem Durchmesser und dazu vergleichsweise geringer axialer Länge (Bilder 6.5 a und 6.5 b). In der Ausführung für Flusskraftwerke erhalten die Maschinen eine senkrechte Bauform mit gemeinsamer Welle für Polrad und Turbine. Die größten Schenkelpolgeneratoren erreichen Einzelleistungen von mehr als 800 MVA und Läuferdurchmesser von über 15 m.

Für den Einsatz der Synchronmaschine als Motor gelten die gleichen Prinzipien. Für hochtourige Antriebe, z. B. für Verdichter und Gebläse, muss man wieder die zylindrische Läuferbauform und damit Vollpolmaschinen einsetzen. Im unteren Drehzahlbereich wie bei Förderantrieben oder Walzwerksmotoren mit entsprechend hohen Polzahlen kommt dagegen die Schenkelpolmaschine zur Anwendung.

6.1 Aufbau der Synchronmaschine

Bild 6.5 a Ständer eines Wasserkraftgenerators für 61 MVA, 11 kV, 100 min^{-1} (Siemens AG)

Bild 6.5 b Polrad eines Wasserkraftgenerators für 61 MVA, 11 kV, 100 min^{-1} (Siemens AG)

6.1.2 Erregersysteme

Erregerleistung. Für den Betrieb einer elektrisch erregten Synchronmaschine und speziell im Einsatz als Drehstromgenerator benötigt man für die Läuferwicklung einen einstellbaren Gleichstrom. Dieser wird durch das Erregersystem geliefert, dessen Regeleinrichtungen vor allem die Spannungshaltung und die Blindlaststeuerung im stationären und dynamischen Betrieb (Laststöße) übernehmen. Die erforderlichen Erregerleistungen erstrecken sich für zweipolige Turbogeneratoren von ca. 3 kW bei 100 kVA bis etwa 4000 kW bei einer 1000-MVA-Maschine. Für vierpolige Generatoren im Grenzleistungsbereich beträgt der Erregerstrom über 10 kA. Je nach Leistung der Synchronmaschine und den Gegebenheiten der Anlage haben sich für das Erregersystem verschiedene Techniken herausgebildet [109, 110].

Gleichstrom-Erregermaschine. Die früher allgemein angewandte Erregertechnik, eine direkt angekuppelte Gleichstromhaupt- mit Hilfserregermaschine (Bild 6.6) lässt sich mit Rücksicht auf die mechanische und elektrische Belastung des Ankers nur bis zu Einheitsleistungen der Synchronmaschine von ca. 150 MVA ausführen. Dem Spannungsregler steht die konstante Ankerspannung des Hilfsgenerators, der selbsterregt ist, zur Verfügung. Von Nachteil ist bei dieser Technik die große Zeitkonstante der Erregerwicklung des Hauptgenerators, die sehr schnelle Änderungen der Erregerspannung an der Synchronmaschine unmöglich macht.

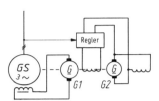
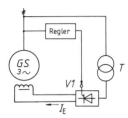

Bild 6.6 Gleichstrom-Erregermaschinen
G1 Haupterregermaschine
G2 Hilfserregermaschine

Bild 6.7 Statische Erregereinrichtung mit Erregertransformator T und Thyristorstromrichter $V1$

Stromrichtererregung. Moderne Erregersysteme basieren auf Schaltungen der Leistungselektronik und stehen bis zu den höchsten Leistungen zur Verfügung. Nach Art des Aufbaus der Baugruppen unterscheidet man hauptsächlich zwischen folgenden drei Verfahren:

1. Statische Erregung mit einem Thyristorstromrichter
2. Innenpol-Drehstromerregergenerator mit Dioden- oder Thyristorstromrichter
3. Außenpol-Drehstromerregergenerator mit rotierendem Diodengleichrichter.

Die statische Erregereinrichtung nach Bild 6.7 benötigt keine rotierende Erregermaschine, sondern entnimmt die Leistung vom Synchrongenerator selbst. Über einen Transformator T, der auch aus dem Eigenbedarfsnetz gespeist werden kann, wird ein netzgeführter Stromrichter $V1$ versorgt. Mit seiner Phasenanschnittsteuerung ist dann eine schnelle Einstellung der Erregergleichspannung möglich.

Innenpol-Drehstromerregermaschinen $G1$ in Bild 6.8 sind direkt an den Synchrongenerator angekuppelt. Die Drehspannung der Ständerwicklung wird entweder in einem Thyristorstromrichter $V1$ in die Erregergleichspannung umgeformt und geregelt oder in einer Diodenschaltung nur gleichgerichtet. Im letzteren Fall übernimmt anstelle des Gleichrichters $V2$ ein gesteuerter Stromrichter auf der Erregerseite von $G1$ die Regelung durch Ändern der Drehspannung.

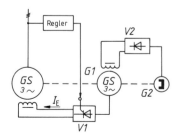

Bild 6.8 Direkt gekuppelte Innenpol-Drehstromerregermaschine $G1$
$G2$ Hilfserregermaschine mit Dauermagnetläufer
$V1$ Thyristorstromrichter
$V2$ Diodengleichrichter

6.1 Aufbau der Synchronmaschine

In den Schaltungen nach Bild 6.6 bis 6.8 benötigt die Synchronmaschine zur Übernahme des Gleichstroms in die Läuferwicklung zwei Schleifringe. Bei den größten Turboeinheiten sind damit Stromstärken von über 10 kA zu übertragen, was nur mit sehr breiten Schleifringen und vielen parallel geschalteten Kohlebürsten bei entsprechenden Verlusten möglich ist. Die Probleme dieser Stromübertragung lassen sich umgehen, wenn man die in Bild 6.9 dargestellte Erregertechnik mit einem mitrotierenden Diodengleichrichter einsetzt. Der unmittelbar mit der Synchronmaschine *GS* gekuppelte Haupterregergenerator *G1* ist wie eine Gleichstrommaschine mit Außenpolen gebaut und trägt damit die Drehstromwicklung auf dem Läufer. Zusätzlich ist hier nun eine Diodenschaltung *V1* untergebracht, welche die Drehspannung von *G1* gleichrichtet und der Erregerwicklung der Synchronmaschine *GS* zuführt. Da dies alles auf dem rotierenden Teil der Anlage erfolgt, sind keine Schleifringe notwendig. Die Regelung des Erregerstromes I_E übernimmt der Stromrichter *V2* über die Feldwicklung des Haupterregergenerators *G1*. *V2* wird seinerseits über die Drehstromwicklung im Ständer eines ebenfalls angekuppelten Hilfsgenerators *G2*, der meist einen Dauermagnetläufer hat, versorgt.

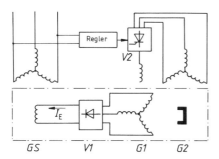

Bild 6.9 Schleifringlose Erregereinrichtung
G1 Außenpol-Drehstromerregermaschine
G2 Hilfserregermaschine mit Dauermagnetläufer
V1 Mitrotierender Diodengleichrichter
V2 Thyristorstromrichter
- - - rotierender Teil

Bürstenlose Erregung. Außer für Großgeneratoren in der Technik nach Bild 6.9 wird die bürstenlose Erregung vor allem auch bei Synchronmotoren eingesetzt. Derartige Maschinen kommen in Verbindung mit Frequenzumrichtern als drehzahlregelbare Antriebe in einem weiteren Leistungsbereich zur Anwendung. Um eine kompakte Bauweise zu erhalten, wird der Erregergenerator mit auf die Motorwelle gebaut und damit in das Gehäuse der Synchronmaschine einbezogen. Das ganze Erregersystem ist damit von außen nicht mehr erkennbar [111].

In Bild 6.10 ist der mögliche Aufbau eines bürstenlosen Synchronmotors angegeben. Als Erregermaschine ist ein Drehstrom-Schleifringläufermotor gewählt, an dessen Läuferwicklung eine mitrotierende Drehstrombrückenschaltung aus Dioden angeschlossen ist. Diese erzeugt damit unmittelbar die Erregerspannung bzw. den Erregerstrom der Synchronmaschine.

Die Einstellung der erforderlichen Erregung erfolgt über eine variable Ständerspannung der AsM mit Hilfe eines Drehstromstellers. Entsprechend Gl. (5.8) wird auf diese Weise auch die Läufer- und damit auch die Erregerspannung geändert. Um auch im Stillstand und bei geringer Motordrehzahl eine ausreichende Erregung zur Verfügung zu haben, wird der Schleifringläufer entgegen der Drehrichtung des Ständerdrehfeldes der AsM, d. h. im Schlupfbereich $s > 1$, betrieben.

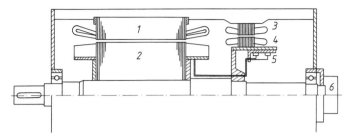

Bild 6.10 Konstruktion eines Synchronmotors mit eingebauter, bürstenloser Erregereinrichtung
1 Ständer und 2 Läufer des Synchronmotors
3 Ständer und 4 Läufer einer Drehstrom-Schleifringläufermaschine
5 Rotierender Diodensatz, 6 Polradwinkelgeber

Anstelle der Asynchronmaschine kann natürlich auch wie in Bild 6.9 eine Außenpol-Synchronmaschine verwendet werden.

Selbsterregte, kompoundierte Synchrongeneratoren. Der Synchrongenerator kann sich wie die Gleichstrommaschine selbst erregen, wenn man seine Klemmenspannung über Gleichrichter zur Erzeugung des Erregerstromes heranzieht. Darüber hinaus kann auch die zur Spannungshaltung erforderliche verstärkte Erregung bei Belastung selbsttätig durch eine Kompoundierung bereitgestellt werden. Synchronmaschinen mit einem derartigen Erregersystem werden als „Konstantspannungsgeneratoren" bezeichnet und z. B. zur Versorgung von Schiffsbordnetzen eingesetzt [112].

Die erforderliche Erregung I_{EN} der Synchronmaschine besteht nach Bild 6.11 a bei Belastung aus einem der Spannung U_1 proportionalen Anteil I_{E0} und einem stromabhängigen Zusatz ΔI_E. Diese zweite Komponente wird durch die Größe und die Phasenlage des Ständerstromes I_1 bestimmt.

Für das Prinzip der Selbsterregung mit zusätzlicher Kompoundierung ist daher eine Schaltung nach Bild 6.11 b geeignet. Die eine Primärwicklung eines Dreiwicklungstransformators T ist über eine Drosselspule L an die Generatorspannung angeschlossen

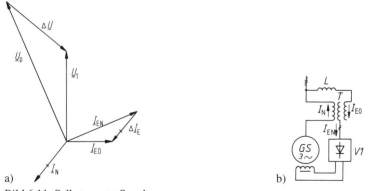

Bild 6.11 Selbsterregte Synchrongeneratoren
a) Bestimmung des Erregerstromes I_{EN}
b) Schaltung mit Transformator T und Gleichrichter $V1$

und liefert durch die auf der Sekundärseite angeschlossene Gleichrichterschaltung die Leerlauferregung I_{E0}. Die belastungsabhängige Zusatzerregung kommt über die zweite vom Laststrom durchflossene Primärwicklung des Transformators, der hier als Stromwandler arbeitet. Der gesamte Erregerstrom I_{EN} entsteht dann durch die phasenrichtige Addition beider Anteile.

6.1.3 Synchronmaschinen mit Dauermagneterregung

Die in Abschnitt 1.2.4 beschriebenen Fortschritte in der Dauermagnettechnik haben neben der Gleichstrommaschine auch die Entwicklung dauermagneterregter Synchronmotoren gefördert. Sie werden heute bei Leistungen bis über 10 kW für Einzel- und Gruppenantriebe in der Kunstfaser- und Textilindustrie sowie zu Positionieraufgaben eingesetzt.

Für die Konstruktion des Läufers mit Ferrit- oder Seltenerd-Magneten zeigt Bild 6.12 einige Möglichkeiten. Die Varianten a) und b) besitzen Polflächen aus Weicheisen und damit prinzipiell das Verhalten einer Schenkelpolmaschine nach Bild 6.1 b bei konstantem Erregerstrom I_E. Die Bauform c) hat durch die sechs Aussparungen im Läuferblech ein deutlich verringertes Trägheitsmoment. Die Blechaußenkontur besteht häufig aus einem Polygonzug, auf dessen ebener Oberfläche die quaderförmigen SE-Magnete aufgeklebt werden. Eine Glasfaserbandage über dem Umfang nimmt zusätzlich Fliehkraftbeanspruchungen auf und schützt die sehr spröden Magnete vor Beschädigungen. Wegen der geringen relativen Permeabilität $\mu_p \approx 1{,}1$ wirken die Oberflächenmagnete aus der Sicht des Ständers wie ein um die Magnethöhe h_D vergrößerter Luftspalt.

Die Läuferbauform in Bild 6.12 c wird meist bei synchronen Servomotoren (AC-Servomotoren) gewählt, die im Drehmomentbereich bis ca. 150 N·m für Positionieraufgaben in Werkzeugmaschinen und Handhabungsrobotern Anwendung finden. Die Maschinen werden über Frequenzumrichter drehzahlgeregelt und haben in diesem Bereich die dauermagneterregte Gleichstrommaschine abgelöst. Der Bedeutung entsprechend wird auf diesen AC-Servomotor in Abschnitt 6.4.3 gesondert eingegangen.

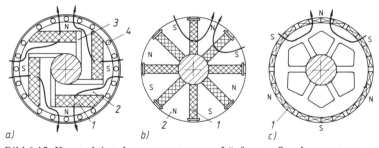

Bild 6.12 Konstruktion dauermagneterregter Läufer von Synchronmotoren
a) Vierpoliger Läufer mit Dämpferkäfig
   1 Rechteckmagnete
   2 Weicheisen
   3 Luftspalt
   4 Dämpferkäfig
b) Achtpoliger Läufer
   1 Rechteckmagnete
   2 Weicheisenpole
c) Sechspoliger Läufer mit geringem Trägheitsmoment
   1 Seltenerd-Magnete

Für den Einsatz dauermagneterregter Synchronmaschinen ist allgemein von Bedeutung, dass ohne Sondermaßnahmen [118, 119] das Läufergleichfeld durch die Werkstoffdaten und Abmessungen der Magnete fest vorgegeben ist. Es entfallen damit alle Einflussmöglichkeiten auf die Betriebsdaten, speziell auf Betrag und Phasenlage des Ständerstromes, die sonst durch die Änderung des Feldes über den Erregerstrom gegeben sind.

6.1.4 Synchronmaschinen mit Zahnspulenwicklungen

Technik der Zahnspulenwicklungen. Zahnspulenwicklungen sind eine spezielle Form der Bruchlochwicklungen, die so gestaltet sind, dass die Teilspulen nur einen Ständerzahn umfassen. Sie kommen praktisch nur bei dauermagneterregten Synchronmotoren höherer Polzahl zum Einsatz. Beispielhaft seien sogenannte Torquemotoren genannt, die als Direktantrieb in der Fördertechnik ein Getriebe vermeiden. Auch Servomotoren werden in dieser Technik gefertigt.

Bild 6.13 zeigt als Beispiel einen Teil des Wicklungsschemas einer Zahnspulenwicklung für die häufig angewandte zehnpolige Ausführung mit $Q = 12$ Nuten. Nach Gl. (4.3) ergibt dies bei $m = 3$ Wicklungssträngen die Lochzahl $q = 2/5$.

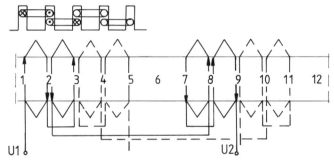

Bild 6.13 Wicklungsschemata
Zehnpolige Zahnspulenwicklung mit $Q = 12$ $W = \tau_Q$

Beim Schema der Zahnspulenwicklung ist zusätzlich gezeigt, wie jede Spule nur um einen Ständerzahn gewickelt ist. Diese Vereinfachung gegenüber der üblicherweise größeren Spulenweite $W \approx t_p$ hat eine ganze Reihe von Vorteilen:

- sehr kurze Wickelkopflänge,
- kompakte Spulen mit erhöhtem Nutfüllfaktor,
- einfache Wickeltechnik besonders bei offenen Nuten,
- bessere Wärmeleitung an das Blechpaket.

Insgesamt erhält man durch Ausführung einer Zahnspulenwicklung einen deutlich verringerten Widerstand R_1 eines Wicklungsstrangs und damit kleinere Stromwärmeverluste. Die Zahnspulenwicklung erhöht also die Energieeffizienz des Antriebs – eine immer wichtigere Eigenschaft.

6.1 Aufbau der Synchronmaschine 297

Feldkurve. Dauermagneterregte Synchronmaschinen erhalten eine durch die Polzahl des Läufers bestimmte möglichst sinusförmige Feldkurve. Sie können daher nur mit einer gleichpoligen Feldwelle der Drehstrom-Ständerwicklung ein nutzbares Drehmoment entwickeln und dem Motor damit seine Leistung geben. Es besteht hier ein prinzipieller Unterschied zum Asynchron-Käfigläufermotor, der auf alle Oberfelder des Ständers reagiert und entsprechende Oberfeldmomente ausbildet, die sich vor allem beim Anlauf durch Sattelbildung störend auswirken. (s. Abschnitt 5.2.5)

Im Unterschied zur klassischen Drehstromwicklung, mit der man durch die Wahl einer Lochzahl $q > 1$ eine Felderregerkurve mit einem hohen Anteil der gewünschten Polzahl (Grundwelle) erhält, ist die mit einer Zahnspulenwicklung erreichbare Felderregerkurve meist sehr stark oberwellenhaltig. In Bild 6.14 ist dieser Durchflutungsverlauf, den die stromdurchflossenen Leiter entlang der Ständerbohrung ausbilden, für die vorgestellte Ausführung mit $Q = 12$ und $q = 2/5$ aufgetragen. Aus dem Drehstromsystem ist dafür der Augenblick des Maximums eines Wicklungsstromes gewählt. Wie üblich (s. Abschnitt 4.2.1) ist ein in die Mitte der Nut konzentrierter Strom angenommen. Der Verlauf der Flussdichte entlang der Bohrung entspricht grundsätzlich diesem Verlauf, wobei natürlich keine senkrechten Kanten und Ecken auftreten.

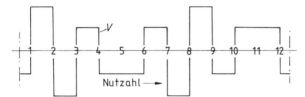

Bild 6.14 Felderregerkurve der Zahnspulenwicklung in Bild 6.13 mit $Q = 12$ und $q = 2/5$ bei Strommaximum im Strang U

Problematik. Die Fourieranalyse der Felderregerkurve in Bild 6.14 liefert die für Bruchlochwicklungen typischen Unterwellen und eine Vielzahl von Oberwellen, wobei nach [168] der gewünschte zehnpolige Anteil nur knapp den höchsten Wert hat. Außerdem ist neben anderen vor allem eine starke vierzehnpolige Feldwelle vorhanden, was bedeutet, dass der Läufer auch mit dieser Polzahl ausgeführt werden könnte. Es entsteht dann ein Motor mit einer bei gleicher Frequenz entsprechend geringeren Synchrondrehzahl und etwas verminderter Leistung.

Alle Feldoberwellen der Ständerwicklung üben auf den Läufer im Wesentlichen radiale Kräfte aus, die zu Schwingungen und Geräuschen führen können. Auf das Drehmoment-verhalten wirken sie sich nur dann aus, wenn in der Läuferfeldkurve Oberfelder gleicher Polzahl vorhanden sind. In diesem Fall entstehen synchrone Störmomente der entsprechenden Polzahl, die sich als Pendelmomente zeigen. Ansonsten erhöhen die Ständeroberfelder nur die doppelverkettete Streuung und damit den Blindwiderstand der Ständerwicklung. Zusätzliche Verluste sind nur dann zu erwarten, wenn das Dauermagnetmaterial – meist ein SE-Magnet in Neodym-Eisen-Bor-Legierung – eine merkbare elektrische Leitfähigkeit und größere Abmessungen aufweist. In diesem Fall entstehen durch die mit Schlupfdrehzahl zum Läufer rotierenden Oberfelder Wirbelstromverluste.

Abschließend sei nochmals darauf hingewiesen, dass Zahnspulenwicklungen zwar bei dauermagneterregten Synchronmotoren eine wachsende Bedeutung erlangen, diese Technik sich aber nicht für die Auslegung von Asynchronmaschinen eignet. Hier ist eine möglichst sinusförmige Felderregerwelle entlang des Bohrungsumfangs anzustreben, da sonst eine Vielzahl von asynchronen Störmomenten entstehen.

6.2 Betriebsverhalten der Vollpolmaschine

6.2.1 Erregerfeld und Ankerrückwirkung

Feldkurve. Da die Erregerwicklung beim Vollpolläufer auf mehrere Nuten verteilt ist, ergibt sich für den Verlauf der Durchflutung V_E entlang der Polteilung τ_p und wegen des konstanten Luftspaltes auch für die Feldkurve eine Treppenform (Bild 6.15). Die ideale sinusförmige Verteilung der Flussdichte B_{Lx} ist damit nicht vorhanden, sondern es entstehen neben dem Grundfeld ungeradzahlige Harmonische als Oberwellenfelder.

Rotiert der Läufer mit der Drehzahl n_1, so induzieren die Teilfelder Φ_ν des Läufergleichfeldes in jedem Wicklungsstrang des Ständers nach Gl. (4.37) mit

$$U_{q\nu} = 4{,}44\, N_1 \cdot k_{w\nu} \cdot f_1 \cdot \nu \cdot \Phi_\nu$$

Sinusspannungen der Frequenz $f_\nu = \nu \cdot f_1$. Da durch die Ausführung der Drehstromwicklung jedoch für die Wicklungsfaktoren der Oberfelder $k_{w\nu} \to 0$ erreicht wird, sind die höherfrequenten Anteile in der Gesamtspannung gering. Im Folgenden werden daher immer nur die sinusförmigen Grundwellen der Luftspaltfelder berücksichtigt.

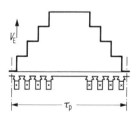
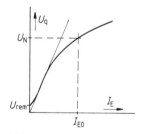

Bild 6.15 Felderregerkurve V_E eines Vollpolläufers

Bild 6.16 Leerlaufkennlinie eines Synchrongenerators

Misst man nun bei konstanter Antriebsdrehzahl $n = n_1$ die bei steigender Erregung induzierte Strangspannung, so erhält man wie bei einem Gleichstromgenerator eine Leerlaufkennlinie $U_q = f(I_E)$. Sie weicht mit beginnender magnetischer Sättigung immer mehr von der Anfangssteigung ab, womit zur Erzeugung der Bemessungsspannung U_N der Leerlauferregerstrom I_{E0} erforderlich ist (Bild 6.16). Die Remanenzspannung U_{rem} von einigen Prozent des Bemessungswertes ist wieder für die Selbsterregung des Generatorbetriebs von Bedeutung.

Ankerrückwirkung. Die durch das Läufergleichfeld (Polradfeld) in einer Ständerwicklung induzierte Spannung wird auch als ideelle Polradspannung U_p bezeichnet, da

6.2 Betriebsverhalten der Vollpolmaschine

dieser Wert im Belastungsfall ein reiner Rechenwert ist. Zwischen $\underline{U}_p$ und dem induzierenden Fluss $\Phi_E \sim \Theta_E$ besteht wegen $u \sim d\Phi/dt$ grundsätzlich eine 90°-Phasenverschiebung, so dass im Augenblick des Maximalwertes von $\underline{U}_p$ der vom Wicklungsstrang umfasste Fluss gerade null ist. Es gilt damit die in Bild 6.17 gezeigte Zuordnung, wobei die Achse der Läuferfeldkurve mit Φ_E durch einen Zeiger $\underline{\Theta}_E$ der zugehörigen Durchflutung gekennzeichnet ist.

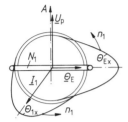

Bild 6.17 Drehdurchflutungen von Ständer- und Erregerwicklung

Wird die Synchronmaschine belastet, so erzeugt die stromdurchflossene Ständerwicklung eine eigene Drehdurchflutung $\underline{\Theta}_1$, die nach Gl. (4.24) mit $n_1 = f_1/p$ und damit synchron mit der Läuferdurchflutung rotiert. Beide Anteile bilden dann zusammen die resultierende Felderregung, deren Wert durch die Addition von $\underline{\Theta}_E$ und $\underline{\Theta}_1$ gegeben ist.

Bereits bei der Asynchronmaschine (Abschnitt 5.1.2) wurde festgestellt, dass im Zeigerdiagramm von Spannung und Strom einer Wicklung der Zeiger $\underline{I}_1$ auch die räumliche Lage der Drehdurchflutung $\underline{\Theta}_1$, bezogen auf die mit dem Spannungszeiger zusammenfallende Wicklungsachse A, in Bild 6.17 angibt. Es lassen sich also auch bei der Synchronmaschine in das Zeitzeigerdiagramm der Wechselstromgrößen $\underline{U}$ und $\underline{I}$ die Raumzeiger der Drehdurchflutungen von Ständer und Läufer aufnehmen. $\underline{\Theta}_1$ liegt stets in Richtung $\underline{I}_1$, $\underline{\Theta}_E$ eilt der ideellen Polradspannung 90° nach.

Die Addition der beiden Drehdurchflutungen ist in Bild 6.18 für den Fall des Generatorbetriebs der Synchronmaschine vorgenommen. Als Ergebnis erhält man mit

$$\boxed{\underline{\Theta}_\mu = \underline{\Theta}_E + \underline{\Theta}_1} \quad (6.1)$$

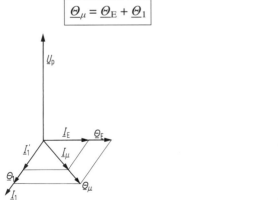

Bild 6.18 Addition der Drehdurchflutungen und Erregerströme (Generatorbetrieb)

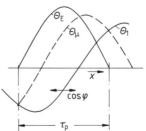

Bild 6.19 Rückwirkung der Ständerdrehdurchflutung $\underline{\Theta}_1$ abhängig von der Phasenlage des Ständerstromes

die im Luftspalt resultierend wirksame Magnetisierungsdurchflutung Θ_μ. Sie ist für den Drehfeldfluss Φ_h der belasteten Maschine maßgebend, der in der Ständerwicklung jetzt die Spannung U_q induziert.

Wie bei der Gleichstrommaschine wird also auch bei einer Synchronmaschine das Luftspaltfeld durch den Belastungsstrom beeinflusst. Während aber dort die Lage der rückwirkenden Ankerdurchflutung durch die Kohlebürsten räumlich fixiert wird, ist die Zuordnung der Drehdurchflutung $\underline{\Theta}_1$ zu $\underline{\Theta}_E$ vom Phasenwinkel φ des Ständerstromes abhängig (Bild 6.19). Je nach Betriebsweise der Synchronmaschine kann, wie angedeutet, $\underline{\Theta}_1$ in Phase bis Gegenphase zu $\underline{\Theta}_E$ liegen.

Da man die Drehstromwicklung der Synchronmaschine, die ja den Belastungsstrom führt, häufig auch als Ankerwicklung bezeichnet (siehe VDE 0530, T. 4), nennt man den Einfluss von $\underline{I}_1$ auf das resultierende Luftspaltfeld wieder Ankerrückwirkung.

Stromdiagramm. Anstelle der Addition der Drehdurchflutungen kann man auch direkt die Stromzeiger zusammensetzen, wenn man den Ständerstrom $\underline{I}_1$ in einen äquivalenten Erregerstrom $\underline{I}_1'$ umformt, ihn also auf die Erregerseite bezieht. Man erhält so den resultierend wirksamen Magnetisierungsstrom $\underline{I}_\mu$, mit dem aus der Leerlaufkennlinie $U_q = f(I_E)$ direkt die induzierte Ständerstrangspannung U_q entnommen werden kann.

Für die Ständerdrehdurchflutung gilt nach Gl. (4.23)

$$\boxed{\underline{\Theta}_1 = \frac{2\sqrt{2}}{\pi} \cdot m \cdot \frac{N_1 \cdot k_{w1}}{p} \cdot \underline{I}_1} \qquad (6.2)$$

Für die Grundwelle der Treppendurchflutung der Erregerwicklung erhält man analog zu Gl. (4.18)

$$\boxed{\Theta_E = \frac{4}{\pi} \cdot \frac{N_E \cdot k_{wE}}{p} \cdot I_E} \qquad (6.3)$$

Dabei stellt I_E bereits den Maximalwert des Stromes und N_E die gesamte Erregerwindungszahl dar. Setzt man die Gln. (6.2) und (6.3) in die Beziehung $\underline{\Theta}_\mu = \underline{\Theta}_E + \underline{\Theta}_1$ ein, so erhält man die Stromgleichung über

$$\underline{\Theta}_\mu = \frac{4}{\pi} \cdot \frac{N_E \cdot k_{wE}}{p} \cdot \underline{I}_E + \frac{2\sqrt{2}}{\pi} \cdot m \cdot \frac{N_1 \cdot k_{w1}}{p} \cdot \underline{I}_1$$

und $\quad \underline{I}_\mu = \underline{I}_E + \dfrac{m \cdot N_1 \cdot k_{w1}}{\sqrt{2}\, N_E \cdot k_{wE}} \cdot \underline{I}_1$

zu $\quad \boxed{\underline{I}_\mu = \underline{I}_E + \underline{I}_1'} \qquad (6.4)$

Die Umrechnung des Ständerstromes mit $\underline{I}_1' = g \cdot \underline{I}_1$ auf die Erregerseite erfolgt über den Faktor

$$\boxed{g = \frac{m}{\sqrt{2}} \cdot \frac{N_1 \cdot k_{w1}}{N_E \cdot k_{wE}}} \qquad (6.5)$$

6.2 Betriebsverhalten der Vollpolmaschine

Die Durchflutungen nach Gl. (6.1) und die Erregerströme nach Gl. (6.4) bilden im Zeigerdiagramm (Bild 6.18) ähnliche Dreiecke. Die induzierte Spannung in der Ständerwicklung der Maschine ändert sich infolge der Ankerrückwirkung vom Leerlaufwert $U_{q0} = U_p \sim \Theta_E \sim I_E$ auf $U_q \sim \Theta_\mu \sim I_\mu$ (Bild 6.20). Ohne Berücksichtigung der Sättigung sind sich auch das Spannungs- und das Erregerstromdreieck ähnlich.

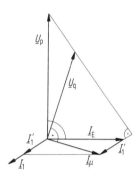

Bild 6.20 Zeigerdiagramm der induzierten Spannungen und Erregerströme im Generatorbetrieb

Beispiel 6.1: Ein zweipoliger Turbogenerator mit dem Strangstrom $I_{1N} = 3900$ A, $\cos \varphi_N = 0{,}7$ ind. benötigt im Leerlauf zur Erzeugung der Bemessungsspannung den Leerlauferregerstrom $I_{E0} = 595$ A. Die Erregerwindungszahl beträgt $N_E = 136$ bei $k_{wE} = 0{,}8$. Die Ständerwicklung besitzt $Q_1 = 42$ Nuten mit jeweils zwei in Reihe geschalteten Stäben und eine Spulenweite von $W = 16$ Nuten. Unter Vernachlässigung der Sättigung und mit der Vereinfachung $U_1 = U_q$ ist der Erregerstrombedarf bei Belastung mit I_{1N} anzugeben.

Die Ständerwicklung besitzt

$$q_1 = \frac{Q_1}{2m \cdot p} = \frac{42}{2 \cdot 3 \cdot 1}$$

$q_1 = 7$ Nuten/Pol und Strang.

Für die Ständerwindungszahl ergibt dies

$$N_1 = z_Q \cdot p \cdot q_1 = 2 \cdot 1 \cdot 7 = 14$$

Nach Gl. (4.7) erhält man bei $q = 7$ etwa einen Zonenfaktor $k_{d1} = 0{,}957$. Da einer Polteilung eine Spulenweite von $Q_1/2p = 21$ entspricht, ist die Ständerwicklung nach Gl. (4.8) um den Faktor

$$k_{p1} = \sin \frac{\pi}{2} \cdot \frac{W}{\tau_p} = \sin \frac{\pi}{2} \cdot \frac{16}{21} = 0{,}93$$

gesehnt. Für die Umrechnung des Ständerstromes in einen gleichwertigen Erregerstrom gilt nach Gl. (6.5)

$$g = \frac{m}{\sqrt{2}} \cdot \frac{N_1 \cdot k_{w1}}{N_E \cdot k_{wE}} = \frac{3 \cdot 14 \cdot 0{,}957 \cdot 0{,}93}{\sqrt{2} \cdot 136 \cdot 0{,}8} = 0{,}243$$

Damit wird $I'_{1N} = g \cdot I_{1N} = 0{,}243 \cdot 3900$ A $= 948$ A.

Mit der getroffenen Vereinfachung schließen nach Bild 6.20 $\underline{I}'_1$ und die Richtung von $\underline{U}_q = \underline{U}_1$ den Phasenwinkel φ_N ein. Die Spitzen der Zeiger $\underline{I}'_1$ und $\underline{I}_\mu$ des Stromdreiecks bilden daher den Winkel $90° + \varphi_N$. Damit gilt nach dem cos-Satz

$$I_E^2 = I_\mu^2 + I'^2_1 - 2I_\mu \cdot I'_1 \cdot \cos(90° + \varphi_N)$$

$$= I_\mu^2 + I'^2_1 + 2I_\mu \cdot I'_1 \cdot \sin \varphi$$

Um die Spannung U_N zu erhalten, muss I_E so nachgestellt werden, dass $I_\mu = I_{E0}$ bleibt. Mit $\varphi_N = 45{,}5°$ gilt dann

$$I_E = \sqrt{595^2 + 948^2 + 2 \cdot 595 \cdot 948 \cdot \sin 45{,}5°} \text{ A}$$

$$I_E = 1435 \text{ A}$$

Aufgabe 6.1: Bei welchem Leistungsfaktor werden mit der Vereinfachung $U_q = U_N$ und ohne magnetische Sättigung mit obigem Generator bei halbem Bemessungsstrom die relativen Erregungen $I_E/I_{E0} = 1$ und $1{,}28$ notwendig?
Ergebnis: $I_E/I_{E0} = 1$ bei $\cos \varphi = 0{,}917$ kap., $I_E/I_{E0} = 1{,}28$ bei $\cos \varphi = 1$

6.2.2 Zeigerdiagramm und Ersatzschaltung

Wie beim Asynchronmotor besteht auch bei der Synchronmaschine ein Unterschied zwischen der induzierten Spannung $\underline{U}_q$ und der Klemmenspannung $\underline{U}_1$ als Folge der Spannungsfälle an R_1 und $X_{1\sigma}$. Der Blindwiderstand $X_{1\sigma}$ erfasst dabei wieder die Wirkung des gesamten Streuflusses, der von der Ständerdurchflutung erzeugt, jedoch nicht mit der Erregerwicklung verkettet ist.

Das komplette Zeigerdiagramm der Synchronmaschine für Generatorbetrieb ist in Bild 6.21 angegeben. Die in der Ständerwicklung induzierte Spannung unterscheidet sich um den Spannungsfall $\underline{I}_1 \cdot (R_1 + jX_{1\sigma})$ von der Klemmenspannung $\underline{U}_1$ und benötigt nach der Leerlaufkennlinie der Maschine (Bild 6.22) den Magnetisierungsstrom $\underline{I}_\mu$, der $\underline{U}_q$ 90° nacheilt. Um die Proportionalität zwischen dem Spannungs- und dem Stromdreieck zu erhalten, wird die Kennlinie $U_q = f(I_\mu)$ durch eine Gerade durch den Betriebspunkt ersetzt, so dass die magnetische Sättigung trotzdem richtig erfasst ist. Mit dem Umrechnungsfaktor g lässt sich der Strom $\underline{I}_1'$ und damit nach Gl. (6.4) das gesamte Erregerdreieck angeben. Senkrecht zu $\underline{I}_E$ erhält man die so genannte ideelle Polradspannung $\underline{U}_p$, die bei dieser Läufererregung nach der linearisierten Leerlaufkennlinie ohne Ankerrückwirkung, d.h. im Leerlauf vorhanden wäre. Zwischen den Zeigern $\underline{U}_p$ und $\underline{U}_q$ entsteht in der Verlängerung von $jX_{1\sigma} \cdot \underline{I}_1$ ein Spannungsfall $jX_h \cdot \underline{I}_1$, den man der Hauptreaktanz X_h der Ständerwicklung zuordnet.

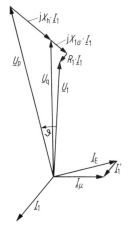

Bild 6.21 Vollständiges Zeigerdiagramm des Synchrongenerators bei ohmsch-induktiver Belastung

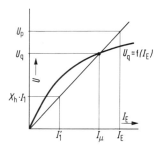

Bild 6.22 Im Betriebspunkt linearisierte Leerlaufkennlinie

6.2 Betriebsverhalten der Vollpolmaschine

Synchronreaktanz. Der Unterschied in der induzierten Spannung zwischen Leerlauf und Belastung ist die Folge der Ankerrückwirkung. Durch sie ist aus dem I_E proportionalen Leerlaufdrehfeld das durch die Größe von I_μ bestimmte verbleibende Feld bei Belastung geworden. Entsprechend der veränderten resultierenden Drehfeldamplitude ändert sich auch die induzierte Spannung von $\underline{U}_p$ auf $\underline{U}_q$.

Dasselbe Ergebnis erhält man, wenn man nach der linearisierten Leerlaufkennlinie die Wirkung der Drehdurchflutungen von Läufer und Ständer bzw. deren Drehfelder getrennt bestimmt und anschließend überlagert. Dann wird durch das Läuferfeld in der Ständerwicklung wie im Leerlauf die Spannung $\underline{U}_p$ induziert und durch das Ständerdrehfeld in der eigenen Wicklung der Wert $jX_h \cdot \underline{I}_1$. Diese Selbstinduktion ist dabei wie üblich durch den Spannungsfall an einem Blindwiderstand X_h erfasst. Insgesamt bilden beide Teilspannungen den vorhandenen induzierten Wert $\underline{U}_q$. Man bezeichnet X_h als Hauptreaktanz der Ständerwicklung und zieht ihn mit der Streureaktanz nach $X_d = X_h + X_{1\sigma}$ zur Synchronreaktanz[1]) zusammen.

Ersatzschaltung. Über das Zeigerdiagramm lässt sich mit

$$\underline{U}_1 = \underline{U}_p + \underline{I}_1 (R_1 + j (X_h + X_{1\sigma})) \tag{6.6}$$

die Spannungsgleichung der Synchronmaschine für die Ständerseite angeben. Aus ihr kann man für den stationären Betrieb ein Ersatzschaltbild (Bild 6.23) aufstellen, das im Unterschied zur Asynchronmaschine nur die Ständerwicklung umfasst. Die Läuferwicklung braucht nicht berücksichtigt zu werden, da die durch das Läuferdrehfeld ständerseitig hervorgerufene Spannung $\underline{U}_p$ in der Ersatzschaltung als Quellenspannung enthalten ist und das Ständerfeld wegen der fehlenden Relativbewegung in der Läuferwicklung ohne Wirkung bleibt. Der Unterschied zwischen der Polradspannung $\underline{U}_p$ und der Klemmenspannung $\underline{U}_1$ wird durch den Spannungsfall an den Reaktanzen X_h und $X_{1\sigma}$ und dem ohmschen Wicklungswiderstand R_1 dargestellt.

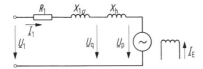

Bild 6.23 Ersatzschaltbild der Vollpolmaschine

6.2.3 Synchronmaschinen im Alleinbetrieb

Spannungsänderung. Bei der Bestimmung des Betriebsverhaltens der belasteten Synchronmaschine soll zunächst angenommen werden, dass der Synchrongenerator allein das betreffende Netz speist, womit ein so genannter Inselbetrieb vorliegt. Die Klemmenspannung wird sich dann je nach Größe und Phasenlage des Ständerstromes bei konstant eingestellter Läufererregung ändern. Der Verlauf der sich damit ergebenden Belastungskennlinie $U_1 = f(I_1)$ lässt sich über das Ersatzschaltbild des Generators berechnen, wobei man üblicherweise den vor allem bei größeren Maschinen relativ sehr kleinen Ständerwiderstand R_1 vernachlässigt. Bei unveränderter Erregung und damit

---
[1]) Auf die Unterscheidung von un- und gesättigten X_d-Werten wird erst später eingegangen.

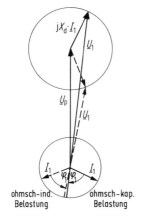
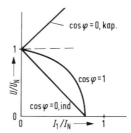

Bild 6.25 Belastungskennlinien im Inselbetrieb bei I_E = konstant, x_d = 1,3

Bild 6.24 Ortskurve der Klemmenspannung im Inselbetrieb für I_E und I_1 = konstant und beliebigen Leistungsfaktor

fester Polradspannung U_p ergibt sich die Klemmenspannung U_1 bei konstantem Ständerstrom und beliebigem Leistungsfaktor über eine Ortskurve, die aus einem Kreis mit dem Radius $X_d \cdot I_1$ um die Spitze von U_p besteht (Bild 6.24).

Wie beim Transformator sinkt die verfügbare Klemmenspannung bei induktivem Strom unter den Leerlaufwert und liegt bei kapazitiver Belastung darüber. Wird die Erregung nicht nachgestellt, so erhält man die in Bild 6.25 angegebenen Belastungskennlinien. Um dem Verbraucher eine konstante Spannung zur Verfügung zu stellen, muss man die Erregung bei induktiver Last somit wesentlich verstärken, während sie bei kapazitivem Strom verringert werden kann (Bild 6.26).

Beispiel 6.2: Ein Drehstrom-Synchrongenerator in Sternschaltung für U_N = 380 V, I_{1N} = 100 A und mit X_d = 2,02 Ω hat eine Leerlauferregung von I_{E0} = 2,2 A. Ohne Berücksichtigung der Sättigung und mit R_1 = 0 sind bei Leerlauferregung und reiner Wirkbelastung die Spannungskurve $U_1 = f(I_1)$ und die Regulierkennlinie $I_E = f(I_1)$ anzugeben.

Nach Bild 6.27 ist bei $\cos \varphi = 1$ der Effektivwert der Strangspannung $U_1 = \sqrt{U_p^2 - (X_d \cdot I_1)^2}$ und man erhält bei U_p = 220 V folgende Tabelle für die Spannung U_L zwischen zwei Klemmen:

I_1	=	0	25	50	75	100 A
$X_d \cdot I_1$	=	0	50,5	101	151,5	202 V
$U_L = \sqrt{3} \cdot U_1$	= 380	370	337	275	148 V

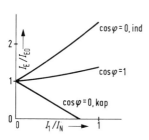

Bild 6.26 Regulierkennlinien im Inselbetrieb für konstante Klemmenspannung, x_d = 1,3

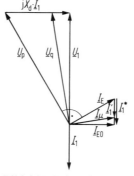

Bild 6.27 Zeigerdiagramm zu Beispiel 6.2

6.2 Betriebsverhalten der Vollpolmaschine

Bei reiner Wirkbelastung steht nach Bild 6.27 $\underline{I}'_1$ senkrecht auf $\underline{I}_{E0}$, womit der Erregerstrom $I_E = \sqrt{I_{E0}^2 + I_1^{*2}}$ wird. Ohne Sättigung gilt ferner die Proportion

$$\frac{I_1^*}{I_{E0}} = \frac{X_d \cdot I_1}{U_{NStr}}$$

und damit

$$I_E = I_{E0} \cdot \sqrt{1 + \left(\frac{X_d \cdot I_1}{U_{NStr}}\right)^2}$$

Man erhält daraus die Regulierkennlinie entsprechend der Tabelle

I_1	= 0	25	50	75	100 A
I_E/I_{E0}	= 1	1,03	1,1	1,21	1,36

Aufgabe 6.2: Es ist die Erregerleistung eines Turbogenerators mit den Daten S_N = 214 MVA, U_N = 10,5 kV Leiterspannung, I_N = 11,77 kA, cos φ = 0,7 ind., X_d = 0,93 Ω abzuschätzen, wenn im Leerlauf bei betriebswarmer Wicklung R_E = 0,15 Ω und I_{E0} = 820 A gemessen werden?
Ergebnis: P_{EN} = 690 kW

Dauerkurzschluss. Erregt man den ständerseitig dreipolig kurzgeschlossenen Synchrongenerator, so wird mit $R_1 \ll X_d$ der Strom allein durch die eigene Synchronreaktanz begrenzt. Der Generator mit der Quellenspannung $\underline{U}_p$ ist durch den Blindwiderstand X_d belastet. Im Zeigerdiagramm (Bild 6.28) erscheinen nur noch phasengleiche Spannungen in der reellen und Ströme in der imaginären Achse. Der Ständerstrom erreicht einen Wert, bei dem seine Ankerrückwirkung das Hauptfeld bis auf den kleinen Betrag aufhebt, der zur Erzeugung des inneren Spannungsfalls $\underline{U}_q = -jX_{1\sigma} \cdot \underline{I}_k$ erforderlich ist.

Die Kennlinien des Generators für Leerlauf und Kurzschluss lassen sich in einem Diagramm (Bild 6.29) zusammenfassen. Um mit relativen Werten arbeiten zu können, be-

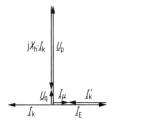

Bild 6.28 Zeigerdiagramm für Dauerkurzschluss

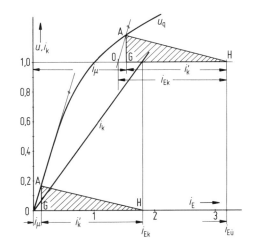

Bild 6.29 Bestimmung des Potier-Dreiecks

zieht man dabei alle Größen auf charakteristische Daten und definiert

$$u_\mathrm{q} = \frac{U_\mathrm{q}}{U_\mathrm{N}}, \quad i_\mathrm{k} = \frac{I_\mathrm{k}}{I_\mathrm{N}}, \quad i_\mathrm{E} = \frac{I_\mathrm{E}}{I_\mathrm{E0}}$$

Da das U_q proportionale Hauptfeld nur klein ist, besteht im Kurzschluss keine magnetische Sättigung und der Verlauf $i_\mathrm{k} = f(i_\mathrm{E})$ ist eine Gerade. Ist nach Gl. (6.5) der Umrechnungsfaktor g bekannt, so lässt sich die Aufteilung der eingestellten Kurzschlusserregung i_Ek in Ankerrückwirkung $i'_\mathrm{k} = g \cdot i_\mathrm{k}$ und den verbleibenden Magnetisierungsstrom i_μ vornehmen.

Potier-Dreieck. In Bild 6.29 entsteht ein Dreieck, dessen Katheten durch i'_k und die relative Spannung $u_\mathrm{x} = \overline{GA}$ gebildet werden und das die Bezeichnung Potier-Dreieck trägt. Die Spannung $U_\mathrm{x} = u_\mathrm{x} \cdot U_\mathrm{N}$ wird als Spannungsfall an einer Potier-Reaktanz X_p definiert, wobei näherungsweise $X_\mathrm{p} \approx X_{1\sigma}$ gilt. Man bestimmt diesen Wert über einen Belastungsversuch bei $\cos\varphi = 0$ nach Bild 6.29 und benötigt ihn zur Berechnung des Bemessungserregerstromes.

Für eine Belastung mit U_N und I_N bei $\cos\varphi = 0$ ind. wird die Erregung $i_\mathrm{Eü}$ erforderlich und eingestellt. Die hier zum Ausgleich der Ankerrückwirkung benötigte Erregung i'_k ist aber dieselbe wie beim Kurzschlussversuch mit $i_\mathrm{k} = i_\mathrm{N}$. Das Potier-Dreieck AGH ist demnach nur entlang der Leerlaufkennlinie $u_\mathrm{q} = f(i_\mathrm{E})$ bis $u_\mathrm{q} = 1$ verschoben. Der Schnittpunkt der Anfangstangente OA mit der Leerlaufkennlinie ergibt die Strecke $GA = u_\mathrm{x}$. Über $X_\mathrm{p} = u_\mathrm{x} \cdot U_\mathrm{N}/I_\mathrm{N}$ liegt dann auch die Potier-Reaktanz fest.

Erregerstrom. Zur Bestimmung des Erregerstromes im Bemessungsbetrieb werden in VDE 0530, T. 4 mehrere Verfahren angegeben, von denen eines die Potier-Reaktanz verwendet. Es entspricht dem in Bild 6.30 b) enthaltenen Diagramm, während a) die Zuordnung der Größen im üblichen Zeigerbild darstellt. Die praktische Anwendung des Verfahrens ist in Beispiel 6.3 enthalten.

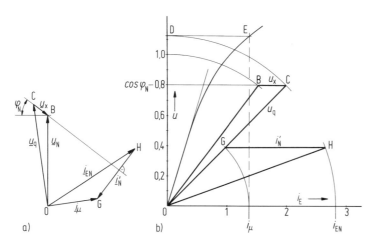

Bild 6.30 Bestimmung des Bemessungserregerstromes
a) Zeigerdiagramm der Erregerströme
b) Konstruktion des Erregerstromes I_EN

6.2 Betriebsverhalten der Vollpolmaschine

Beispiel 6.3: Von einem zweipoligen Drehstrom-Turbogenerator für $S_N = 214$ MVA, $U_N = 10,5$ kV, 50 Hz in Sternschaltung, Leerlauferregerstrom $I_{E0} = 765$ A sind die angegebenen Werte des Leerlauf- und Kurzschlussdiagramms mit $u = U_q/U_N$, $i_E = I_E/I_{E0}$, $i_k = I_k/I_N$ gegeben:

$i_E =$	0,2	0,45	0,75	1,0	1,2	1,4	1,6	1,8
$u =$	0,28	0,60	0,86	1,0	1,08	1,15	1,2	1,25
$i_k =$		0,25		linear bis				1,0

Aus einem Übererregungsversuch mit $\cos \varphi = 0$ bei der Spannung U_N wurde mit $I_{Eü} = 3,2 \cdot I_{E0}$ der Erregerstrom für den Ständerstrom I_N bestimmt.
In einem grafischen Verfahren sind:

a) die Potier-Reaktanz $X_p \approx X_{1\sigma}$

b) der Erregerstrom der Maschine für I_N und $\cos \varphi_N = 0,8$ induktiv zu bestimmen.

Lösung: a) Die bei den Betriebswerten U_N, I_N und $\cos \varphi = 0$ zum Ausgleich der Ankerrückwirkung erforderliche Erregung i'_k ist dieselbe wie im Kurzschlussversuch mit $I_k = I_N$. Das so genannte Potier-Dreieck AGH in Bild 6.29 wird nur entlang der Leerlaufkennlinie bis $u = 1$ verschoben.

Es sind bekannt:

$\overline{1H} = i_{Eü} = I_{Eü}/I_{E0} = 3,2$

$\overline{HO} = i_{Ek} = 1,8$ als Erregerstrom für $I_k = I_N$, d. h. $i_k = 1$.

$\overline{OA} =$ Anfangstangente.

Der Schnittpunkt von $\overline{OA}$ mit der Leerlaufkennlinie ergibt den Punkt A und damit $\overline{GA} = x_p \cdot i_N = 0,19$.

Mit der Impedanz $Z_N = \dfrac{U_N}{\sqrt{3} \cdot I_N} = \dfrac{U_N^2}{S_N} = \dfrac{10,5^2 \cdot 10^6 \text{ V}^2}{214 \text{ MV} \cdot \text{A}} = 0,515 \; \Omega$

wird $X_p = 0,19 \cdot 0,515 \; \Omega = 0,098 \; \Omega$

b) Der Erregerstrom i_{EN} setzt sich aus den Anteilen i_μ für die erforderliche induzierte Spannung u_q und dem Wert i'_N zur Kompensation der Ankerrückwirkung zusammen.
Konstruktion des Diagramms in Bild 6.30

$\overline{OB} = u_N = 1$

$\overline{BC} = u_x = i_N \cdot x_p = 1 \cdot 0,19$ – Streuspannung phasenrichtig addiert ergibt die Quellenspannung

$\overline{OC} = u_q$ – dazu ist der Magnetisierungsstrom

$\overline{DE} = \overline{OG} = i_\mu$ erforderlich.

$\overline{GH} = i'_N$ – Ankerrückwirkung des Bemessungsstromes, aus $\overline{GH}$ in Bild 6.29, da dort $i_k = i_N$.

$\overline{OH} = i_{EN} = i_\mu + i'_N$ – Erregerstrom.

Zur Verdeutlichung der Konstruktion ist im selben Diagramm links zusätzlich das übliche Zeigerbild angegeben. Die Dreiecke OBC und OGH sind in beiden Bildern jeweils gleich.

Es ergibt sich $i_{EN} = 2,75$, d. h. $I_{EN} = i_{EN} \cdot I_{E0} = 2,75 \cdot 765$ A $= 2104$ A.

Leerlauf-Kurzschluss-Verhältnis. Wird der Generator aus dem Leerlauf heraus bei der Spannung U_N kurzgeschlossen, so fließt nach dem Ausgleichsvorgang der Kurzschlussstrom I_{k0}. Bezieht man diesen Wert auf den Bemessungsstrom, so erhält man das Leerlauf-Kurzschluss-Verhältnis

$$\boxed{K_c = \frac{I_{k0}}{I_N}} \tag{6.7}$$

Nach VDE 0530, Teil 4 wird diese Kenngröße einer Synchronmaschine mit demselben Ergebnis durch

$$K_c = \frac{I_{E0}}{I_{Ek}} \qquad (6.8)$$

als Quotient der zugehörigen Erregerströme definiert. Nach Bild 6.31 ist I_{E0} der Erregerstrom zum Erreichen der Bemessungsspannung U_N nach der Leerlaufkennlinie und I_{Ek} der Erregerstrom für I_N im dreipoligen Kurzschluss. Über den Strahlensatz an der Kurzschlussgeraden I_k erkennt man die Gleichwertigkeit der beiden Brüche in den Gln. (6.7) und (6.8).

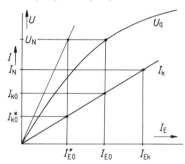

Bild 6.31 Leerlauf- und Kurzschluss-Kennlinie zur Bestimmung der Kenngröße K_c

Bei Turbogeneratoren sind für K_c je nach Leistung und Gestaltung der Kühlverfahren Mindestwerte von 0,35 bis 0,45 einzuhalten. Damit kann I_{Ek} fast den dreifachen Wert des Leerlauferregerstromes I_{E0} erreichen. Der Wert K_c macht damit eine Aussage über die Größe der Ankerrückwirkung. Wie in Bild 6.29 zu erkennen ist, wird die Kurzschlusserregung für den Ständerstrom I_N mit $I_{Ek} \approx I'_N$ nämlich im Wesentlichen zur Kompensation der Ständerdurchflutung durch I_N benötigt. Kleine Werte von K_c bedeuten also eine starke Ankerrückwirkung, die durch entsprechende Erhöhung der Erregung ausgeglichen werden muss.

Aus dem obigen Diagramm lassen sich mit X_d und X_{dges} die ungesättigte und gesättigte Synchronreaktanz einer Synchronmaschine entnehmen. Es sind

$$X_d = \frac{U_N}{I^*_{k0}}, \quad X_{dges} = \frac{U_N}{I_{k0}} \qquad (6.9)$$

Um wie in den Bildern 6.29 und 6.30 allgemeingültige Daten zu erhalten, definiert man für dieses „per-unit-System" eine Impedanz $Z_N = (U_N/I_N)_{Str}$ und erhält damit mit $x_d = X_d/Z_N$ eine bezogene Synchronreaktanz. Mit den Gln. (6.8) und (6.9) erhält man dann für das Leerlauf-Kurzschluss-Verhältnis

$$K_c = \frac{I_{k0}}{I_N} = \frac{U_N/X_{dges}}{U_N/Z_N} = \frac{Z_N}{X_{dges}} \qquad (6.10)$$

$$K_c = \frac{1}{x_{dges}}$$

6.2 Betriebsverhalten der Vollpolmaschine

Ein Wert von $K_c = 0{,}4$ bedeutet also $x_{dges} = 2{,}5$ und nach Gl. (6.7) einen Leerlaufkurzschlussstrom von nur $I_{k0} = 0{,}4\,I_N$. Im Folgenden insbesondere den Rechenbeispielen wird der Unterschied zwischen x_d und x_{dges} vereinfachend vernachlässigt.

Beispiel 6.4: Ein Turbogenerator mit $I_{1N} = 3900$ A, $I_{E0} = 595$ A besitzt das Leerlauf-Kurzschluss-Verhältnis $K_c = 0{,}55$ und eine Leerlaufkennlinie mit der Steigung $U_q/I_E = 14{,}1$ V/A. Der Umrechnungsfaktor ist $g = 0{,}257$. Über das Potier-Dreieck bei Dauerkurzschluss aus dem Leerlauf heraus ist bei $R_1 = 0$ der Wert der Ständer-Streureaktanz $X_{1\sigma}$ abzuschätzen.

Aus dem Leerlauf-Kurzschluss-Verhältnis erhält man den Dauerkurzschlussstrom zu

$$I_{k0} = K_c \cdot I_N = 0{,}55 \cdot 3900 \text{ A} = 2145 \text{ A}$$

Dies entspricht einer Ankerrückwirkung von

$$I'_{k0} = g \cdot I_{k0} = 0{,}257 \cdot 2145 \text{ A} = 551 \text{ A}$$

Zum Aufbau des Restfeldes steht nach Bild 6.29 der Strom

$$I_\mu = I_{E0} - I'_{k0} = 595 \text{ A} - 551 \text{ A} = 44 \text{ A}$$

zur Verfügung. Entsprechend der Steigung der Leerlaufkennlinie ergibt dies eine Spannung von

$$U_q = 14{,}1\frac{\text{V}}{\text{A}} \cdot 44 \text{ A} = 620 \text{ V}$$

Diese tritt als Spannungsfall des Kurzschlussstromes I_{k0} an der Ständerstreureaktanz $X_{1\sigma}$ auf. Es ist damit

$$X_{1\sigma} = \frac{U_q}{I_{k0}} = \frac{620 \text{ V}}{2145 \text{ A}} = 0{,}289\ \Omega$$

Aufgabe 6.3: Bei welcher Erregung I_E/I_{E0} fließt der Bemessungsstrom bei obigem Generator als Dauerkurzschlussstrom?

Ergebnis: $I_E/I_{E0} = 1{,}82$

Aufgabe 6.4: Wie groß ist das Leerlauf-Kurzschluss-Verhältnis eines Turbogenerators mit $I_{1N} = 5{,}5$ kA, $g = 0{,}174$, $I_{E0} = 550$ A, wenn im dreipoligen Dauerkurzschluss das Drehfeld durch die Ankerrückwirkung nur noch 6 % des Leerlaufwertes beträgt?

Ergebnis: $K_c = 0{,}54$

Zwei- und einpoliger Dauerkurzschluss. Bei einem zwei- oder einpoligen Kurzschluss (Bild 6.32) kann der Ständer kein Drehfeld, sondern nur ein Wechselfeld aufbauen. Zerlegt man dies in zwei gegensinnig rotierende Teildrehfelder, so verhält sich das mitlaufende wie im symmetrischen dreipoligen Kurzschluss. Das inverse Feld dagegen rotiert mit doppelter synchroner Drehzahl über den Läufer hinweg und induziert in der Erregerwicklung eine Spannung zweifacher Netzfrequenz. Daneben entstehen in den Massivteilen des Läufers Wirbelströme, die zusätzliche Verluste und unter Umständen starke Erwärmungen hervorrufen.

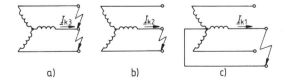

Bild 6.32 Dauerkurzschluss der Ständerwicklung
a) dreipolig,
b) zweipolig,
c) einpolig

Der Ständerstrom ist bei zwei- oder einpoligem Kurzschluss größer als im symmetrischen Fall. Sein Wert lässt sich abschätzen, wenn man vereinfacht annimmt, dass durch die Rückwirkung der mitlaufenden Ständerdrehdurchflutung die Läufererregung voll kompensiert wird. Bei gegebener Erregung muss so bei allen drei Kurzschlussarten mit

$$(\Theta_1)_{3\text{pol}} = (\Theta_1)_{2\text{pol}} = (\Theta_1)_{1\text{pol}}$$

die gleiche mitlaufende Ständerdrehdurchflutung entstehen. Nach Gl. (6.2) ist die Amplitude der Drehdurchflutung

$$\Theta_1 = \frac{2 \cdot \sqrt{2}}{\pi} \cdot m \cdot \frac{N_1 \cdot k_{\text{w1}}}{p} \cdot I_1$$

wobei für die einzelnen Fälle folgende Daten einzusetzen sind.

Dreipoliger Kurzschluss: $m = 3$, N_1, k_{w1}

Zweipoliger Kurzschluss: $m = 1$, $2 N_1$, $k_{\text{w1}} \cdot \frac{\sqrt{3}}{2}$

Einpoliger Kurzschluss: $m = 1$, N_1, k_{w1}.

Im zweipoligen Kurzschluss werden zwei Stränge zusammengefasst und die räumliche 120°-Verschiebung durch eine Sehnung von $\varepsilon = 60°$ berücksichtigt. Setzt man die obigen Werte in die gleichgesetzten Drehdurchflutungen ein, so erhält man für die erforderlichen Kurzschlussströme der im Leerlauf auf U_N erregten Maschine

$$3I_{\text{k3pol}} = \sqrt{3} \cdot I_{\text{k2pol}} = I_{\text{k1pol}}$$

In Wirklichkeit wird dies Verhältnis nicht ganz erreicht, da auch die Streureaktanzen und der Einfluss des gegenläufigen Ständerfeldes zu berücksichtigen sind. Dadurch ergeben sich für genauere Berechnungen folgende Beziehungen für die Dauerkurzschlussströme aus dem Leerlauf mit U_N heraus.

Dreipoliger Kurzschluss: $\boxed{I_{\text{k3}} = \dfrac{U_\text{N}}{X_\text{d}}}$ (6.11 a)

Zweipoliger Kurzschluss $\boxed{I_{\text{k2}} = \dfrac{\sqrt{3} \cdot U_\text{N}}{X_\text{d} + X_2}}$ (6.11 b)

Einpoliger Kurzschluss $\boxed{I_{\text{k1}} = \dfrac{3 U_\text{N}}{X_\text{d} + X_2 + X_0}}$ (6.11 c)

X_2 und X_0 stellen die für das gegenläufige bzw. das Nullsystem der symmetrischen Komponenten des Ständerfeldes wirksamen Blindwiderstände dar (Werte s. Tafel 6.1, S. 333).

Aufgabe 6.5: Für einen zweipoligen Turbogenerator ist mit den jeweils mittleren Werten nach Tafel 6.1 das Verhältnis der Ständerströme im drei-, zwei- und einpoligen Dauerkurzschluss bei Leerlauferregung anzugeben.

Ergebnis: $I_{\text{k3}} : I_{\text{k2}} : I_{\text{k1}} = 1 : 1{,}61 : 2{,}7$

6.2.4 Synchronmaschinen im Netzbetrieb

Betriebsarten. Wird eine Synchronmaschine auf das Verbundnetz geschaltet, so sind für sie Klemmenspannung und Frequenz fest vorgegeben. Dieser Fall liegt praktisch immer im Kraftwerkseinsatz vor sowie bei Synchronmotoren ohne Drehzahlsteuerung mit Umrichtern und führt zu einem wesentlich veränderten Betriebsverhalten.

Die möglichen Betriebsarten lassen sich leicht über das vereinfachte Ersatzschaltbild (Bild 6.33) darstellen. Der Ständerstrom errechnet sich hierbei aus der Spannungsgleichung zu

$$\underline{I}_1 = -\mathrm{j}\,\frac{\underline{U}_1 - \underline{U}_\mathrm{p}}{X_\mathrm{d}} = -\mathrm{j}\,\frac{\Delta \underline{U}}{X_\mathrm{d}}$$

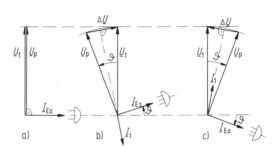

Bild 6.33 Vereinfachtes Ersatzschaltbild mit $R_1 = 0$

Bild 6.34 Diagramme der Synchronmaschine im Netzbereich
a) Leerlauf b) Generatorbetrieb c) Motorbetrieb

a) **Leerlauf.** Wird die ideelle Polradspannung nach Größe und Phase gleich der Netzspannung eingestellt (Bild 6.34 a), so ist mit $\Delta \underline{U} = 0$ auch $I_1 = 0$ und die Maschine arbeitet im Leerlauf. Im Zeigerdiagramm eilt der Zeiger $\underline{I}_\mathrm{E0}$, der nach Abschnitt 6.2.1 auch die Erregerfeldachse festlegt, der Netzspannung $\underline{U}_1$ um 90° nach.

b) **Generatorbetrieb.** Leitet man an der Welle einer Synchronmaschine über ihren Antrieb ein Drehmoment ein, so will der Läufer beschleunigen. Dies beginnt mit einem Herausdrehen der in Bild 6.34 durch den Zeiger $\underline{I}_\mathrm{E}$ und einen Pol gekennzeichneten Erregerfeldachse aus der Leerlaufstellung um den so genannten Polradwinkel ϑ. Als Folge entsteht eine entsprechende zeitliche Phasenverschiebung zwischen der jetzt gegenüber $\underline{U}_1$ um den Winkel ϑ voreilenden ideellen Polradspannung $\underline{U}_\mathrm{p}$. Es bildet sich die Differenzspannung $\Delta \underline{U}$ aus, die einen ihr 90° nacheilenden Ständerstrom hervorruft. Nach dem VPS ist $\underline{I}_1$ fast reiner Generatorwirkstrom, d. h. die Synchronmaschine gibt elektrische Energie an das Netz ab. Die Größe des Polradwinkels ϑ stellt sich so ein, dass Gleichgewicht zwischen der zugeführten mechanischen Wellenleistung und der elektrisch abgegebenen Netzleistung besteht. Die synchrone Drehzahl bleibt erhalten, wobei sich im Unterschied zum Leerlauf nur der Zeiger $\underline{U}_\mathrm{p}$ und die Läuferachse um den Winkel ϑ in Drehrichtung verschoben haben.

c) **Motorbetrieb.** Wird die leerlaufende Synchronmaschine mechanisch an der Welle belastet, so will der Läufer seine Drehzahl verringern. Sobald jedoch eine nacheilende Winkelabweichung der Polradspannung auftritt (Bild 6.34 c), kann infolge der Spannung $\Delta \underline{U}$ wieder ein Ständerstrom fließen. Dieser ist fast in Phase mit $\underline{U}_1$, d. h. die Maschine nimmt elektrische Energie aus dem Netz auf. Sie entwickelt ein Motormoment, das der geforderten Last das Gleichgewicht hält. Auch hier bleibt die synchrone Drehzahl erhalten und es entsteht nur eine Winkelnacheilung der Läuferachse.

Die elastische Kupplung des Läufers an den Zeiger der Netzspannung lässt sich durch eine Federverbindung zwischen den Zeigern $\underline{U}_1$ und $\underline{U}_p$ (Bild 6.35) veranschaulichen. $\underline{U}_1$ rotiert unbeeinflusst durch das Verhalten der Maschine mit der durch das Netz vorgegebenen Kreisfrequenz ω. Der Zeiger $\underline{U}_p$ wird dann je nach der eingestellten Last mehr oder weniger zurückbleiben, so dass die dem Motormoment entsprechende Federkraft der Belastung das Gleichgewicht halten kann. Beide Zeiger laufen bis auf die lastabhängige Winkelabweichung synchron.

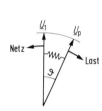

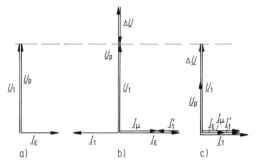

Bild 6.35 Federverbindung zur Darstellung der elastischen Kupplung zwischen Ständerdrehfeld und Polrad

Bild 6.36 Blindlastbetrieb der Synchronmaschine am Netz
a) Leerlauf
b) Übererregung mit Abgabe induktiver Blindleistung
c) Untererregung mit Aufnahme induktiver Blindleistung

d) **Über- und Untererregung.** In dem dargestellten Generator- wie Motorbetrieb wurde die Leerlauferregung beibehalten und nur durch Antrieb oder Belastung an der Welle eingegriffen. Bleibt die Maschine dagegen mechanisch im Leerlauf und wird dafür der Erregerstrom I_E verstellt, so ändert sich die Polradspannung nicht in ihrer Phase, sondern der Amplitude (Bild 6.36). Sowohl bei verstärkter wie verminderter Erregung liegt $\Delta \underline{U}$ in Richtung der Netzspannung, womit ein reiner Blindstrom auftritt. Bei Übererregung fließt ein kapazitiver Strom, der die Läuferdurchflutung soweit abbaut, wie es zur Erzeugung eines resultierenden der Netzspannung proportionalen Feldes erforderlich ist. Bei Untererregung verstärkt ein induktiver Blindstrom die zu schwache Läuferdurchflutung. Hier muss die Synchronmaschine wie der Asynchronmotor ihre Magnetisierungs-Blindleistung zumindest teilweise aus dem Netz beziehen.

Wirk- und Blindlaststeuerung. Aus den obigen Ergebnissen lassen sich folgende Regeln ableiten:

Eine leer laufende Synchronmaschine geht in den Generatorbetrieb über, d. h. sie gibt elektrische Energie ab, wenn man ihrer Welle ein erhöhtes Antriebsmoment zuführt. Wird sie dagegen mechanisch belastet, so bezieht sie als Motor eine entsprechende Energie aus dem Netz.

6.2 Betriebsverhalten der Vollpolmaschine

Ändert man dagegen die Erregung einer leer laufenden Synchronmaschine, so lässt sich nur die Blindleistungsbilanz beeinflussen. Bei Übererregung gibt die Ständerwicklung induktiven Blindstrom ab und wirkt damit wie ein Kondensator. Bei Untererregung verhält sich die Maschine durch induktive Stromaufnahme wie eine Drosselspule. In beiden Fällen spricht man von einem Phasenschieberbetrieb.

In der Praxis werden beide Steuerverfahren gleichzeitig angewandt. So betreibt man Drehstromgeneratoren in Kraftwerken praktisch immer übererregt, um so den Blindstrombedarf des Netzes zu decken. Aber auch Synchronmotoren im Netzbetrieb können neben ihrer Antriebsaufgabe durch Übererregung Blindleistung abgeben. Auf diese Weise kann der Leistungsfaktor einer Anlage nach außen verbessert werden.

Betriebsdiagramme. In Bild 6.37 sind noch einmal die Zeigerdiagramme der Vollpolmaschine für Motor- und Generatorbetrieb bei Unter- und Übererregung zusammengestellt. Der ohmsche Spannungsverlust $I_1 \cdot R_1$ ist vernachlässigt und der induktive zu $jX_d \cdot I_1$ zusammengefasst. Der Endpunkt des Zeigers $\underline{U}_q$ ergibt sich aus der Aufteilung der Synchronreaktanz X_d nach der Beziehung $X_d = X_h + X_{1\sigma}$.

Da die Synchronmaschine im Gegensatz zur Asynchronmaschine auch Blindstrom abgeben kann, erreicht der Stromzeiger $\underline{I}_1$ jede Lage im Koordinatensystem. Es entsteht der in Bild 6.37 dargestellte Vierquadrantenbetrieb. Motor- und Generatorzustand defi-

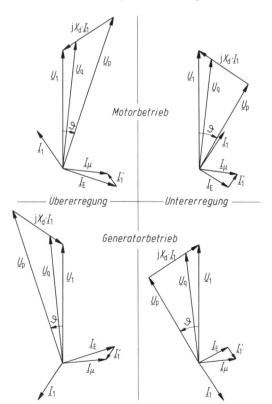

Bild 6.37 Vierquadrantenbetrieb der Synchronmaschine am Netz

nieren die Lage des Wirkstromes, Unter- oder Übererregung die Lage des Blindstromanteils.

Stromortskurve. Bei vernachlässigtem ohmschen Widerstand R_1 erhält man aus der Ersatzschaltung nach Bild 6.33 die Spannungsgleichung

$$\underline{U}_1 = \underline{U}_p + j\,X_d \cdot \underline{I}_1$$

und daraus für den Strom der Maschine

$$\boxed{\underline{I}_1 = -j\,\frac{\underline{U}_1}{X_d} + j\,\frac{\underline{U}_p}{X_d}} \tag{6.12}$$

Legt man den Zeiger $\underline{U}_1$ in die reelle senkrechte Achse, so erhält man aus Gl. (6.12) als Ortskurve des Ständerstromes einen Kreis des Radius U_p/X_d um die Spitze des Zeigers $-j\underline{U}_1/X_d$ (Bild 6.38). Je nach Erregerstrom I_E ergibt dies wegen $U_p \sim I_E$ einen anderen Durchmesser, so dass eine Synchronmaschine eine Schar von konzentrischen Kreisen als Stromortskurven besitzt. Der Kreis für $U_p = U_1$ geht durch den Koordinaten-Ursprung, da hier die im Leerlauf für das erforderliche Hauptfeld richtige Erregung eingestellt ist, womit kein Blindstrom zum Ausgleich benötigt wird. Für $U_p < U_1$ besteht stets Untererregung mit Bezug von Blindstrom, während bei $U_p > U_1$ und nicht zu großer Wirklast Blindstrom abgegeben wird.

Entlang eines Kreises ist der Stromzeiger $\underline{I}_1$ durch den Polradwinkel ϑ festgelegt, der wie zwischen den Spannungen $\underline{U}_1$ und $\underline{U}_p$ auch zwischen den Stromkomponenten der Gl. (6.12) auftritt. Der Schlupfeinteilung auf dem Kreisdiagramm der AsM entspricht bei der Synchronmaschine damit eine Winkeleinteilung, beides definiert jeweils die Wirkleistung der Maschine.

Für $\vartheta \rightarrow 90°$ ist die Stabilitätsgrenze erreicht, da hier die bei einer bestimmten Erregung größtmögliche Wirkleistung auftritt. Bei noch höherer Belastung kann die Maschine ihren Synchronlauf nicht aufrechterhalten. Sie fällt „außer Tritt" und muss abgeschaltet werden.

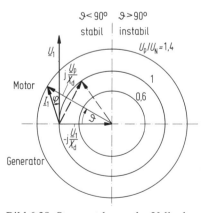

Bild 6.38 Stromortskurve der Vollpolmaschine bei $R_1 = 0$

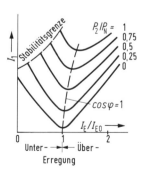

Bild 6.39 V-Kurven für verschiedene Wirkbelastungen

6.2 Betriebsverhalten der Vollpolmaschine

V-Kurven. Die mit Wirkstrom belastete Synchronmaschine kann im Allgemeinen zusätzlich so viel Blindleistung übernehmen, bis der zulässige Ständerstrom erreicht ist. Trägt man diesen für verschiedene konstante Wirkleistungen über der Erregung auf (Bild 6.39), so erhält man die V-Kurven. In deren Minimum führt die Ständerwicklung jeweils nur den der Last entsprechenden Wirkstrom, während sich zu beiden Seiten noch ein Blindstrom überlagert. Die unterste Kurve für $P_2 = 0$ ist eine reine Blindstromkennlinie, während nach oben zu der Wirkstromanteil immer größer wird. Wie Bild 6.38 zeigt, wird der maximale Polradwinkel $\vartheta_{max} \rightarrow 90°$ umso früher erreicht, je geringer der Erregerstrom ist. Man erhält damit die bei Untererregung eingetragene Stabilitätsgrenze.

Drehmoment. Nach der Stromortskurve gilt für die Wirkkomponente des Ständerstromes die Beziehung

$$I_1 \cdot \cos \varphi_1 = -\frac{U_p}{X_d} \cdot \sin \vartheta$$

Das Minuszeichen ist eingeführt, um bei den nacheilenden Polradwinkeln ϑ des Motorbetriebs ein positives Vorzeichen zu erhalten. Für die Ständerwirkleistung folgt dann

$$P_1 = m \cdot U_1 \cdot I_1 \cdot \cos \varphi_1$$

$$\boxed{P_1 = -m \cdot U_1 \frac{U_p}{X_d} \cdot \sin \vartheta} \quad (6.13)$$

Mit $\quad M = \dfrac{P_1}{2\pi \cdot n_1}$

erhält man das der Wirkleistung zugeordnete Drehmoment zu

$$\boxed{M = -\frac{m \cdot U_1}{2\pi \cdot n_1} \cdot \frac{U_p}{X_d} \cdot \sin \vartheta} \quad (6.14)$$

Das Drehmoment der Synchronmaschine verläuft somit als Funktion des Polradwinkels sinusförmig (Bild 6.40). Bei $\vartheta > 0$ eilt der Läufer vor und es besteht Generatorbetrieb, womit das Moment gemäß dem VPS negativ erscheint. Bei $\vartheta = 90°$ wird das Kippmoment erreicht. Es begrenzt die kurzzeitige Überlastungsfähigkeit und lässt sich nach Gl. (6.14) mit $U_p > U_N$ durch verstärkte Erregung erhöhen.

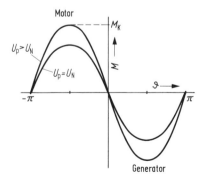

Bild 6.40 Abhängigkeit des Drehmoments der Vollpolmaschine vom Erregerstrom und vom Polradwinkel

Im Bemessungsbetrieb erreichen Turbogeneratoren etwa einen Polradwinkel bis 30° und Schenkelpolmaschinen $\vartheta_N \approx 20°$ bis 25°. Damit wird $M_K \approx 2 \cdot M_N$, was ungefähr mit den Verhältnissen bei der Asynchronmaschine übereinstimmt.

Beispiel 6.5: Welchen Polradwinkel besitzt ein Turbogenerator in Sternschaltung im Bemessungsbetrieb bei $P_N = 150$ MW, $U_N = 10,5$ kV Leiterspannung, $X_d = 0,927\ \Omega$, wenn das Erregerstromverhältnis $I_{EN}/I_{E0} = 2,6$ beträgt und die Verluste der Maschine mit $R_1 = 0$ vernachlässigt werden?

Bei Vernachlässigung der Sättigung ist $U_p \sim I_E$, und man erhält die ideelle Polradspannung bei der Erregung mit I_{EN}

$$U_p = U_N \frac{I_{EN}}{I_{E0}} = \frac{10,5}{\sqrt{3}}\ \text{kV} \cdot 2,6 = 15,76\ \text{kV}$$

Nach Gl. (6.13) berechnet sich der Polradwinkel über

$$|\sin \vartheta_N| = \frac{P_1 \cdot X_d}{m \cdot U_1 \cdot U_p} = \frac{150 \cdot 10^6\ \text{W} \cdot 0,927\ \Omega}{\sqrt{3} \cdot 10,5 \cdot 10^3\ \text{V} \cdot 15,76 \cdot 10^3\ \text{V}} = 0,485$$

$$\vartheta_N = 29°$$

Aufgabe 6.6: Wie groß muss die relative Erregung I_E/I_{E0} des obigen Generators werden, damit das Kippmoment das 2,5fache des Bemessungsmomentes beträgt?

Ergebnis: $I_E/I_{E0} = 3,15$

Aufgabe 6.7: Es ist das Antriebsmoment für einen zweipoligen sterngeschalteten Turbogenerator mit den Daten $U_N = 10,5$ kV Leiterspannung, $I_N = 5,5$ kA, $\vartheta_N = 27°$, $\eta_N = 0,982$, $f_1 = 50$ Hz anzugeben, wenn das Leerlauf-Kurzschluss-Verhältnis $K_c = 0,58$ beträgt. Bei Vernachlässigung der Sättigung sei $I_{EN}/I_{E0} = 2,7$ angenommen.

Ergebnis: $M_N = 230 \cdot 10^3$ N · m

Leistungsdiagramm. Multipliziert man in Bild 6.38 den Strommaßstab mit dem Faktor $m \cdot U_1$, so ergibt sich ähnlich wie bei der Asynchronmaschine aus der Stromortskurve ein Leistungsdiagramm. Interessiert nur der Betrag der Wirkleistung, so kann man den Motor- und Generatorbetrieb zusammenlegen und erhält damit Bild 6.41. Die Wirkleistungsachse liegt auf dem Spannungszeiger U_1, während in der Waagerechten $Q/S_N > 0$ die Aufnahme von Blindleistung also Untererregung bedeutet. Den einzelnen konzentrischen Kreisen entspricht jeweils ein fester Ständerstrom und damit eine konstante Scheinleistung der Maschine. Die gestrichelten Kreise für einen festen Erregerstrom sind entsprechend Bild 6.38 vom Fußpunkt E aus einzutragen.

Der zulässige Betriebsbereich der Synchronmaschine liegt nun innerhalb der in Bild 6.41 angegebenen Grenzlinien, die sich aus verschiedenen Anforderungen ergeben.

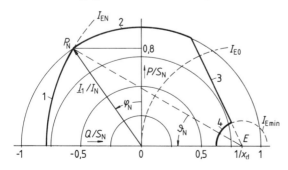

Bild 6.41 Leistungsdiagramm der Synchronmaschine $x_d = 1,2$, cos $\varphi_N = 0,8$
1–4 Grenzlinien für Dauerbetrieb

6.2 Betriebsverhalten der Vollpolmaschine

Der Bereich 1 entsteht aus dem Kreis für eine Erregung mit I_{EN}, ist also die Betriebsgrenze mit Rücksicht auf die Läufererwärmung, wegen der nur $I_E \leq I_{EN}$ zulässig ist. Der Bereich 2 entsteht durch die Forderung $I_1 \leq I_N$, mit der die Erwärmung der Ständerwicklung begrenzt wird. Um noch eine gewisse Reserve für Stoßbelastungen zu behalten, darf die theoretische Stabilitätsgrenze von $\vartheta = 90°$ nicht ausgenutzt werden, sondern der Polradwinkel muss über die Linie 3 z. B. auf $\vartheta_{max} = 75°$ beschränkt werden. Soll schließlich noch ein Mindestkippmoment sichergestellt sein, so muss mit der Linie 4 ein geringer Mindesterregerstrom $I_{E\,min}$ garantiert werden.

Beispiel 6.6: Ein Turbogenerator für $S_N = 400$ MVA, $\cos \varphi_N = 0{,}8$, $x_d = 1{,}2$ besitzt das Leistungsdiagramm in Bild 6.41.

Welche maximale Blindleistung kann die Maschine bei Übererregung mit I_{EN} abgeben?

Nach Bild 6.41 entspricht die Strecke $\overline{OE} = a$ im Leistungsdiagramm der Blindleistung $Q = 3 \cdot U_1^2 / X_d$.

In bezogenen Größen mit $U_1/U_N = 1$, $S_N = 3 \cdot U_N^2/Z_N$, $I_1/I_N = 1$ ist dies

$$a = Q/S_N = Z_N/X_d = 1/x_d = 1/1{,}2 = 0{,}833$$

Für die Strecke $\overline{P_N E} = b$ gilt nach dem Cosinus-Satz

$$b^2 = 1^2 + a^2 - 2 \cdot 1 \cdot a \cos(90° + \varphi_N)$$

$$b^2 = 1 + 0{,}833^2 + 2 \cdot 0{,}833 \sin 36{,}9°$$

$$b = 1{,}64$$

Im Fußpunkt von Bereich 1 in Bild 6.41 erreicht man damit die Blindleistung

$$Q/S_N = -(b - a) = -1{,}64 + 0{,}833 = -0{,}807$$

Es kann damit die Blindleistung $Q = 0{,}807 \cdot 400$ MVA $= 323$ Mvar abgegeben werden.

Aufgabe 6.8: Es sind die Teilleistungen P und Q des obigen Generators im Übergang zwischen den Bereichen 2 und 3 des Leistungsdiagramms anzugeben, wenn $\vartheta_{max} = 75°$ eingehalten ist.

Ergebnis: $P = 313$ MW, $Q = 250$ Mvar (Untererregung)

6.2.5 Besonderheiten der Schenkelpolmaschine

Ständerlängs- und Ständerquerdurchflutung. Bei der Vollpolmaschine kann die Ständerdrehdurchflutung wegen des konstanten Luftspaltes unabhängig von ihrer Stellung zur Läuferachse stets dasselbe Feld erzeugen wie eine gleich große Erregerdurchflutung. Man darf daher entsprechend Gl. (6.1) Θ_E und Θ_1 bei beliebiger Phasenlage des Ständerstromes zur Magnetisierungsdurchflutung Θ_μ zusammenfassen und die Stromgleichung

$$\underline{I}_\mu = \underline{I}_E + \underline{I}_1 \cdot g$$

aufstellen.

Bei der Schenkelpolmaschine mit ausgeprägten Polen und damit ungleichem Luftspalt längs des Läuferumfangs ist eine einfache Addition der beiden Drehdurchflutungen nicht möglich (Bild 6.42). Die Komponente der Ständeramperewindungen quer zur Erregerachse Θ_{1q} (q-Richtung) wird nämlich wegen des großen Luftspaltes der Pollücke nur ein wesentlich kleineres Feld aufbauen können als ein gleich großer Anteil Θ_{1d} in

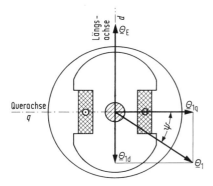

Bild 6.42 Zerlegung der Ständerdrehdurchflutung in Längs- und Querkomponente

der Erregerachse (*d*-Richtung). Vor der Zusammenfassung der Teildurchflutungen ist daher zunächst zu untersuchen, welche Feldamplituden die Ständerlängs- und die Ständerquerdurchflutung

$$\Theta_{1d} = \Theta_1 \cdot \sin \psi \tag{6.15}$$

$$\Theta_{1q} = \Theta_1 \cdot \cos \psi \tag{6.16}$$

bezogen auf eine gleichwertige Erregerdurchflutung erzeugen.

In Bild 6.43 besitzen alle drei Durchflutungen Θ_E, Θ_{1d} und Θ_{1q} die gleiche Amplitude, wobei für die Ständerwerte nur die Grundwelle berücksichtigt ist. Der Amperewindungsverlauf der Erregerspule ist über der Polteilung vereinfacht trapezförmig angenommen. Auf Grund der durch die örtliche Luftspaltweite festgelegten magnetischen Leitfähigkeit entstehen drei Feldkurven B_E, B_d und B_q. Ihre Grundwellen sind B_{E1}, B_{d1} und B_{q1}, wobei die Amplitude des Erregerfeldes am größten ist. Definiert man nun mit

$$k_{Bd} = \frac{B_{d1}}{B_{E1}} < 1$$

$$k_{Bq} = \frac{B_{q1}}{B_{E1}} < k_{Bd}$$

zwei Faktoren k_{Bd} und k_{Bq}, so erhält man, da die drei Durchflutungen gleich waren, eine Bewertung der Komponenten Θ_{1d} und Θ_{1q} im Verhältnis zu Θ_E. Gegenüber der Erregerdurchflutung sind die Ständeramperewindungen nur mit dem k_{Bd}- bzw. k_{Bq}-fachen Wert

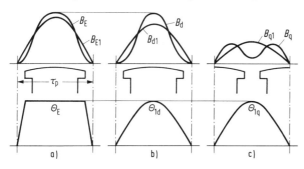

Bild 6.43 Bestimmung der Grundwellenfelder bei gleicher Erregung in Längs- und Querrichtung

6.2 Betriebsverhalten der Vollpolmaschine

wirksam. Die resultierende Magnetisierungsdurchflutung der Schenkelpolmaschine ergibt sich damit zu

$$\underline{\Theta}_\mu = \underline{\Theta}_E + k_{Bd} \cdot \underline{\Theta}_{1d} + k_{Bq} \cdot \underline{\Theta}_{1q} \qquad (6.17)$$

Die beiden Faktoren liegen je nach der Breite des Polschuhbogens zur Polteilung bei k_{Bd} = 0,85 bis 0,92 und k_{Bq} = 0,25 bis 0,45.

Stromgleichung. Will man wieder, wie bei der Vollpolmaschine, anstelle der Durchflutungen die Ströme zu einem resultierenden Magnetisierungsstrom $\underline{I}_\mu$ zusammensetzen, so muss der entsprechende Umrechnungsfaktor bestimmt werden.

Die konzentrierte Erregerspule ergibt die Durchflutung

$$\Theta_E = \frac{N_E}{p} \cdot I_E \qquad (6.18)$$

wenn N_E die Zahl der in Reihe geschalteten Windungen aller Pole ist. Für die Ständerdurchflutungen gilt nach den Gln. (6.2), (6.15) und (6.16)

$$\Theta_{1d} = \frac{2\sqrt{2}}{\pi} \cdot m \cdot \frac{N_1 \cdot k_{w1}}{p} \cdot I_1 \cdot \sin \psi$$

$$\Theta_{1q} = \frac{2\sqrt{2}}{\pi} \cdot m \cdot \frac{N_1 \cdot k_{w1}}{p} \cdot I_1 \cdot \cos \psi$$

Setzt man diese Beziehungen in Gl. (6.17) ein, so erhält man die Stromgleichung

$$\underline{I}_\mu = \underline{I}_E + \underline{I}'_{1d} + \underline{I}'_{1q} \qquad (6.19)$$

Dabei gilt die Zuordnung

$$I'_{1d} = k_{Bd} \cdot g_s \cdot I_1 \cdot \sin \psi \qquad (6.20)$$

$$I'_{1q} = k_{Bq} \cdot g_s \cdot I_1 \cdot \cos \psi \qquad (6.21)$$

mit dem Umrechnungsfaktor für Schenkelpolmaschinen

$$g_s = \frac{2\sqrt{2}}{\pi} \cdot m \cdot \frac{N_1 \cdot k_{w1}}{N_E} \qquad (6.22)$$

Bei der zeichnerischen Bestimmung des Magnetisierungsstromes $\underline{I}_\mu$ nach Gl. (6.19) wird der Ständerstrom in seine Komponenten in d- und q-Richtung zerlegt und diese mit $k_{Bd} \cdot g_s$ bzw. $k_{Bq} \cdot g_s$ multipliziert (Bild 6.44). Der auf die Läuferseite umgerechnete Wert $\underline{I}'_1 = \underline{I}'_{1d} + \underline{I}'_{1q}$ erhält durch die verschiedene Bewertung der zwei Anteile eine andere Phasenlage als der Ständerstrom. Der resultierende Magnetisierungsstrom ist dann wie bei der Vollpolmaschine $\underline{I}_\mu = \underline{I}_E + \underline{I}'_1$.

Zeigerdiagramm. Durch die Zerlegung der Ständerdurchflutung in ihre Komponenten bestimmt man die Ankerrückwirkung getrennt für die d- und q-Richtung und überlagert das Ergebnis. Dasselbe gilt auch für die Spannung der Selbstinduktion durch das Stän-

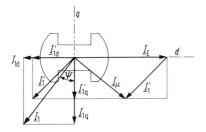

Bild 6.44 Zeigerdiagramm der Erregerstromkomponenten

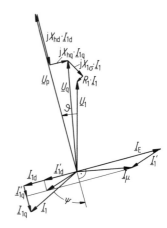

Bild 6.45 Zeigerdiagramm der Schenkelpolmaschine im Generatorbetrieb bei ohmsch-induktiver Belastung

derfeld im Zeigerdiagramm (Bild 6.45). Der Strom $\underline{I}_{1d}$ in Längsrichtung erzeugt das Ständerlängsfeld und den Spannungsfall $jX_{hd} \cdot \underline{I}_{1d}$, die Querkomponente $\underline{I}_{1q}$ die Spannung $j X_{hq} \cdot \underline{I}_{1q}$. Dabei müssen wegen der verschiedenen Leitwerte in den zwei Achsen auch getrennte Hauptreaktanzen X_{hd} und $X_{hq} < X_{hd}$ unterschieden werden. Die Ständerwicklung besitzt bei der Schenkelpolmaschine demnach zwei Synchronreaktanzen:

die synchrone Längsreaktanz $\boxed{X_d = X_{hd} + X_{1\sigma}}$ (6.23)

die synchrone Querreaktanz $\boxed{X_q = X_{hq} + X_{1\sigma}}$ (6.24)

Die Hauptreaktanzen berücksichtigen jeweils den Flussanteil, der als Ankerrückwirkung den Luftspalt überquert, $X_{1\sigma}$ den gesamten Streufluss der Ständerwicklung.

Von der resultierend induzierten Spannung $\underline{U}_q$ sind wie bei der Vollpolmaschine der ohmsche und der Streuspannungsfall abzuziehen, um die Klemmenspannung zu erhalten.

Man kann die Synchronreaktanzen messtechnisch durch einen Versuch bestimmen, welcher der Leerlaufmessung bei einer Asynchronmaschine entspricht. Die Ständerwicklung wird dazu an Spannung gelegt und der Läufer bei offener Erregerwicklung mit fast synchroner Drehzahl angetrieben. Durch den geringen Schlupf zwischen Ständerdrehfeld und Polrad stimmen im stetigen Wechsel einmal die beiden Achsen überein ($\vartheta = 0°$, 180° usw.) oder stehen senkrecht zueinander ($\vartheta = 90°$, 270° usw.). Die aus dem Quotienten der oszillographierten Strangwerte von Spannung und Strom errechnete Reaktanz pulsiert damit zwischen den Extremen X_d und X_q (Bild 6.46).

Führt man die Messung mit nur einem Strang und im Stillstand durch, so wird das Ergebnis durch die kurzgeschlossene Dämpferwicklung und Wirbelströme in den massiven Eisenteilen verfälscht. Man misst dann zu kleine Werte, so wie dies auch bei der Asynchronmaschine bei angekoppeltem Läuferkreis, d. h. $s > 0$ geschieht.

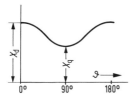

Bild 6.46 Abhängigkeit der Synchronreaktanz von der Polradstellung

6.2 Betriebsverhalten der Vollpolmaschine

Stromortskurve. Der Ständerstrom der Schenkelpolmaschine soll wieder mit der Vereinfachung $R_1 = 0$ mit Hilfe des Zeigerdiagramms in Bild 6.47 berechnet werden.

Im Unterschied zu Bild 6.45 ist darin auch der Streuspannungsfall $jX_{1\sigma} \cdot \underline{I}_1 = jX_{1\sigma}(\underline{I}_{1d} + \underline{I}_{1q})$ aufgeteilt und mit den Spannungsfällen an den Hauptreaktanzen zusammengefasst.

Zerlegt man die Netzspannung $\underline{U}_1$ in die Komponenten in d- und q-Richtung, so erhält man die Gleichungen:

$$\underline{U}_1 \cdot e^{j\vartheta} \cdot \cos\vartheta = \underline{U}_p + jX_d \cdot \underline{I}_{1d}$$

$$-j\underline{U}_1 \cdot e^{j\vartheta} \cdot \sin\vartheta = jX_q \cdot \underline{I}_{1q}$$

Dabei bedeutet nach der komplexen Rechnung der Faktor $e^{j\vartheta}$ eine Drehung des Zeigers $\underline{U}_1$ ohne Betragsänderung um den Winkel ϑ. Aus obigen Gleichungen lassen sich die Teilströme $\underline{I}_{1d}$ und $\underline{I}_{1q}$ berechnen und zu

$$\underline{I}_1 = \underline{I}_{1d} + \underline{I}_{1q} = j\frac{U_p}{X_d} - \frac{U_1}{X_q} \cdot e^{j\vartheta} \cdot \sin\vartheta - j\frac{U_1}{X_d} \cdot e^{j\vartheta} \cdot \cos\vartheta$$

zusammenfassen. Setzt man die ebenfalls aus der komplexen Rechnung bekannte Beziehung $e^{j\vartheta} = \cos\vartheta + j\cdot\sin\vartheta$ ein, so entsteht die Stromgleichung

$$\boxed{\begin{aligned}\underline{I}_1 &= j\frac{U_p}{X_d} - \frac{U_1}{2}\left(\frac{1}{X_q} - \frac{1}{X_d}\right)\sin 2\vartheta \\ &\quad -j\frac{U_1}{2}\left[\frac{1}{X_d} + \frac{1}{X_q} - \left(\frac{1}{X_q} - \frac{1}{X_d}\right)\cos 2\vartheta\right]\end{aligned}} \qquad (6.25)$$

Die Trennung nach Real- und Blindanteil in Bezug zur Klemmenspannung $\underline{U}_1$ (Bild 6.48) ergibt den Wirkstrom

$$I_{1w} = -\frac{U_p}{X_d}\cdot\sin\vartheta - \frac{U_1}{2}\left(\frac{1}{X_q} - \frac{1}{X_d}\right)\sin 2\vartheta$$

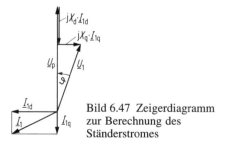

Bild 6.47 Zeigerdiagramm zur Berechnung des Ständerstromes

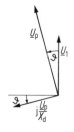

Bild 6.48 Zeigerdiagramm zur Berechnung des Drehmomentes

und den Blindstrom

$$I_{1b} = \frac{U_p}{X_d} \cdot \cos\vartheta - \frac{U_1}{2}\left(\frac{1}{X_d}+\frac{1}{X_q}\right) + \frac{U_1}{2}\left(\frac{1}{X_q}-\frac{1}{X_d}\right)\cos 2\vartheta$$

Wertet man beide Gleichungen bei jeweils festem Verhältnis U_p/U_1 für beliebige Polradwinkel ϑ aus, so erhält man die Stromortskurve der Schenkelpolmaschine nach Bild 6.49.

Während bei starker Erregung, d.h. großen U_p-Werten ein Verlauf ähnlich wie bei der Vollpolmaschine auftritt, schnürt sich die Ortskurve bei schwacher Erregung ein und ergibt schließlich eine zusätzliche innere Schleife. Für $U_p = 0$ erhält man den gestrichelten Kreis. Die Punkte maximaler Wirkleistung und damit des Kippmomentes liegen auf der strichpunktierten Linie und werden bei $\vartheta < 90°$ erreicht.

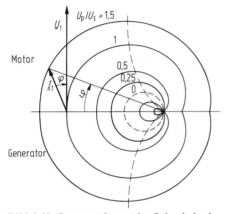 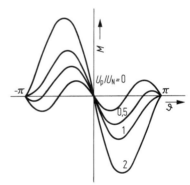

Bild 6.49 Stromortskurve der Schenkelpolmaschine für $R_1 = 0$ bei verschiedenen Erregungen

Bild 6.50 Drehmoment der Schenkelpolmaschine in Abhängigkeit vom Polradwinkel bei verschiedenen Erregungen

Drehmoment. Das Drehmoment berechnet sich bei vernachlässigten Verlusten aus der Drehstromleistung

$$P_1 = m \cdot U_1 \cdot I_{1w}$$

und

$$M = \frac{P_1}{2\pi \cdot n_1}$$

zu

$$\boxed{M = -\frac{m \cdot U_1}{2\pi \cdot n_1}\left[\frac{U_p}{X_d}\cdot\sin\vartheta + \frac{U_1}{2}\left(\frac{1}{X_q}-\frac{1}{X_d}\right)\sin 2\vartheta\right]} \qquad (6.26)$$

Das Minuszeichen bedeutet wieder, dass ein positiver, d.h. voreilender Polradwinkel Generatorbetrieb ergibt.

Das erste Glied der Gleichung entspricht dem Drehmoment der Vollpolmaschine, während das zweite das so genannte Reaktionsmoment darstellt. Durch dies tritt das Kippmoment, wie bereits in der Stromortskurve festgestellt, bei einem kleineren Polradwinkel als 90° auf (Bild 6.50). Infolgedessen ist auch der Lastwinkel bei P_N wie angegeben bei Schenkelpolmaschinen kleiner als bei Turbogeneratoren.

6.2 Betriebsverhalten der Vollpolmaschine

Reaktionsmoment. Als Folge des unterschiedlichen magnetischen Leitwertes in Längs- und Querrichtung entwickelt die Schenkelpolmaschine auch im unerregten Zustand ein Drehmoment. Für dieses Reaktionsmoment erhält man aus Gl. (6.26) bei $U_p = 0$

$$M_R = -\frac{m \cdot U_1^2}{4\pi \cdot n_1} \cdot \left(\frac{1}{X_q} - \frac{1}{X_d}\right) \sin 2\vartheta \qquad (6.27)$$

Es entspricht der Kurve mit $U_p/U_N = 0$ in Bild 6.50. Mit $X_q \approx 0{,}5 X_d$ erreicht das maximale Reaktionsmoment bei $\vartheta = 45°$, wie man aus Vergleich mit Gl. (6.14) feststellen kann, etwa den halben Wert des Kippmomentes einer Vollpolmaschine bei Leerlauferregung mit $U_p = U_N$.

Eine einfache Erklärung für die Ausbildung des Reaktionsmomentes lässt sich aus der Richtwirkung des Eisens in einem magnetischen Feld geben. Das mit n_1 rotierende Drehfeld (Bild 6.51) kann auf einen nicht leitenden Ferritzylinder kein Drehmoment ausüben, während es einen Körper mit magnetischer Vorzugsrichtung in seine Achse einstellt und mitnimmt. Dabei ist in beiden Fällen selbstverständlich die drehmomentbildende Wirkung von Wirbelstrom- und Hystereseverlusten nicht berücksichtigt. Die praktische Bedeutung des Reaktionsmomentes für den Bau von Reluktanzmotoren wird in Abschnitt 6.5.1 behandelt.

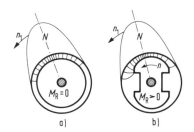

Bild 6.51 Darstellung des Reaktionsmomentes M_R über die Richtwirkung auf einen Eisenkörper
a) zylindrischer Körper $M_R = 0$,
b) Läufer mit magnetischer Vorzugsrichtung $M_R > 0$

Beispiel 6.7: Eine Schenkelpolmaschine mit $U_N = 6{,}3$ kV in Sternschaltung, $I_N = 367$ A, hat im Bemessungsbetrieb die Strangwerte $X_d = 19{,}2\ \Omega$, $X_q = 11{,}5\ \Omega$, $U_p = 9{,}3$ kV und den Polradwinkel $\vartheta_N = 20{,}6°$.

a) Es ist der Polradwinkel ϑ_K anzugeben, bei dem das Kippmoment auftritt.

b) Wie groß müsste das Verhältnis X_d/X_q werden, so dass bei Erregung mit I_{EN} das Kippmoment bereits bei $\vartheta_K = 60°$ auftritt?

Um den Polradwinkel bei Kippmoment zu erhalten, ist Gl. (6.26) zu differenzieren und $dM/d\vartheta = 0$ zu setzen.

$$\frac{dM}{d\vartheta} = 0 = -\frac{m \cdot U_1}{2\pi \cdot n_1}\left[\frac{U_p}{X_d} \cdot \cos\vartheta + U_1\left(\frac{1}{X_q} - \frac{1}{X_d}\right)\cos 2\vartheta\right]$$

Für ϑ_K gilt somit

$$\frac{\cos\vartheta_K}{\cos 2\vartheta_K} = -\frac{U_1 X_d}{U_p}\left(\frac{1}{X_q} - \frac{1}{X_d}\right)$$

$$\left(\frac{\cos\vartheta}{\cos 2\vartheta}\right)_K = -\frac{U_1}{U_p} \cdot \frac{X_d - X_q}{X_q} = -\frac{6{,}3 \cdot 10^3\ \text{V}}{\sqrt{3} \cdot 9{,}3 \cdot 10^3\ \text{V}} \cdot \frac{7{,}7\ \Omega}{11{,}5\ \Omega} = -0{,}262$$

Ohne eine weitere analytische Auswertung erhält man ϑ_K aus der Kurve $y = \cos\vartheta/\cos 2\vartheta$ für $y = -0{,}262$.

Tabelle:

ϑ	$\cos\vartheta$	$\cos 2\vartheta$	y
76°	0,242	−0,883	−0,274
77°	0,225	−0,899	−0,250

Es wird $\vartheta_K = 76{,}5°$.

b) Für $\vartheta_K = 60°$ wird

$$\left(\frac{\cos\vartheta}{\cos 2\vartheta}\right)_K = -\frac{0{,}5}{0{,}5} = -1$$

und damit

$$\frac{X_d - X_q}{X_q} = \frac{U_p}{U_1} = \frac{9{,}3\cdot\sqrt{3}\cdot 10^3\text{ V}}{6{,}3\cdot 10^3\text{ V}} = 2{,}56 \qquad \frac{X_d}{X_q} = 3{,}56$$

Aufgabe 6.9: Es ist das Drehmoment M_{sch} der obigen Schenkelpolmaschine mit dem einer Vollpolmaschine M_{voll} gleicher Daten ($X_d = 19{,}2\;\Omega$) bei $\vartheta_N = 20{,}6°$ zu vergleichen.

Ergebnis: $M_{sch} = 1{,}25\,M_{voll}$

6.3 Verhalten der Synchronmaschine im nichtstationären Betrieb

6.3.1 Drehzahlsteuerung und Stromrichterbetrieb

Der Einsatz einer Synchronmaschine als drehzahlgeregelter Antrieb in fast allen Bereichen ist erst seit der Entwicklung der Frequenzumrichter möglich. Bevor nachstehend auf die hier angewandten Techniken eingegangen wird, soll die Inbetriebnahme der Synchronmaschine an einem Netz konstanter Spannung und Frequenz betrachtet werden.

Synchronisation. Für die Inbetriebnahme eines Drehstromgenerators an das öffentliche Netz steht immer der vorgesehene Antrieb, d. h. eine Turbine oder auch ein Dieselmotor zur Verfügung. Bevor der Generator über einen Leistungsschalter mit dem Netz verbunden wird, ist nur sicherzustellen, dass seine Drehspannung nach Amplitude, Frequenz und Phasenlage mit der des Netzes übereinstimmt. Man bezeichnet diesen Vorgang als Synchronisieren und kann ihn z. B. mit dem einfachen Hilfsmittel der Dunkelschaltung in Bild 6.52 kontrollieren.

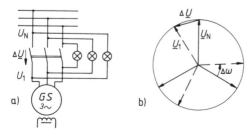

Bild 6.52 Synchronisation einer Synchronmaschine auf das Netz
a) Dunkelschaltung
b) Spannungsdiagramm

6.3 Verhalten der Synchronmaschine im nichtstationären Betrieb

An den drei Schalterstrecken sind Glühlampen angeschlossen, die damit an der Differenz $\Delta \underline{U}$ der Strangwerte beider Drehspannungssysteme liegen. Da mit $f_1 = f_N + \Delta f$ die Frequenz der Generatorspannung $\underline{U}_1$ um $\pm \Delta f$ von der Netzfrequenz abweicht, rotiert der Spannungsstern $\underline{U}_1$ gegenüber $\underline{U}_N$ mit der Relativgeschwindigkeit $\Delta \omega = 2\pi \cdot \Delta f$. Die Spannungsdifferenz schwankt damit im Bereich $0 \leq \Delta U \leq 2U_N$, was sich bei den Glühlampen in einem Wechsel der Lichtstärke zwischen hell und dunkel äußert. Der Schalter ist dann bei momentan erloschenen Lampen zu schließen. Stimmt die Phasenfolge der Systeme nicht überein, so leuchten und erlöschen die drei Lampen nicht gemeinsam, sondern in zyklischer Reihenfolge. In diesem Fall sind zwei Zuleitungen zu vertauschen.

Asynchroner Anlauf. Hat eine Synchronmaschine die in Abschnitt 6.1.1 beschriebene Dämpferwicklung, so kann diese so ausgelegt werden, dass ein asynchroner Anlauf wie bei einem Käfigläufermotor möglich ist. Da das Ständerdrehfeld während des Hochlaufs in der offenen Erregerwicklung hohe schlupffrequente Spannungen induzieren würde, schließt man diese über etwa den zehnfachen Eigenwiderstand kurz. Bei der asynchronen Leerlaufdrehzahl $n_0 \approx n_1$ wird der Erregerstrom zugeschaltet, womit der Läufer ruckartig in den Synchronismus gezogen wird. Diese Grobsynchronisation ist mit mechanischen Pendelungen des Läufers (s. Abschnitt 6.3.2) und Stromstößen für das Netz verbunden [123].

Drehzahlgeregelte Antriebe. Durch die Verfügbarkeit ausgereifter Umrichtertechnik von kleinen transistorisierten Geräten bis zu Thyristoranlagen im MW-Bereich kann die Synchronmaschine für jede Anwendung als drehzahlgeregelter Motor eingesetzt werden. Sie steht damit in Konkurrenz zum Asynchronmotor, demgegenüber sie den Vorteil hat, keinen ständerseitigen Magnetisierungsstrom ausbilden zu müssen. Der $\cos \varphi$ kann vielmehr bis zum optimalen Wert von 1 durch die Umrichtersteuerung eingestellt werden, so dass eine höhere Ausnutzung des Bauvolumens als bei einer AsM zu erreichen ist. Synchronmaschinen sind daher – von Klein- und Kleinstmotoren abgesehen – ab Leistungen im kW-Bereich als dauermagneterregte Servomotoren bis zu Schiffs- und Mühlenantrieben im MW-Bereich im Einsatz. Hinsichtlich der eingesetzten Umrichtertechnik gilt etwa folgende Gliederung:

1. Im Leistungsbereich von Servomotoren, aber auch schon für Hauptspindelantriebe werden dauermagneterregte Synchronmotoren verwendet. Die Versorgung erfolgt durch transistorisierte Pulsumrichter mit konstanter Zwischenkreisspannung.
2. Alternativ zum Käfigläufermotor werden auch Synchronmaschinen über Umrichter mit sinusmodulierter Ausgangsspannung betrieben. Der Leistungsbereich dieser Antriebe reicht von ca. 10 kW bis über 1 MW.
3. Für mittlere bis große Leistungen (ca. 100 kW bis 20 MW) hat sich der Stromrichtermotor bewährt.
4. Synchronmaschinen für Direktumrichter für einen Frequenzbereich von null bis 20 Hz kommen für Großantriebe bei Zementmühlen, Brechern, Verdichtern usw. zum Einsatz.

Dauermagnetmotor. Für Servoantriebe mit Bemessungsmomenten bis $150\,\text{N} \cdot \text{m}$ hat sich eine Läuferkonstruktion nach Bild 6.14c durchgesetzt. Dieser Maschinentyp wird in Abschnitt 6.4.3 gesondert behandelt.

Stromrichtermotor. Als Stromrichtermotor wird ein Regelantrieb aus einer Synchronmaschine mit Stromzwischenkreis-Umrichter bezeichnet. Die Maschine erhält üblicherweise eine bürstenlose Erregung durch einen rotierenden Gleichrichtersatz und einen eigenen Erregergenerator auf der Läuferwelle. Dieser kann eine Außenpol-Synchronmaschine oder aber auch eine Konstruktion wie in Bild 6.11 sein.

Den Aufbau der Synchronmaschine mit Stromzwischenkreis-Umrichter zeigt Bild 6.53. Der netzgeführte Stromrichter V1 in Sechspuls-Brückenschaltung arbeitet wie bei einem Gleichstromantrieb mit Phasenanschnittsteuerung der Drehspannung und liefert an den Zwischenkreis die Gleichstromleistung $U_d \cdot I_d$. Der eingestellte Strom I_d ist dabei durch die Induktivität L für den nachfolgenden Schaltungsteil eingeprägt.

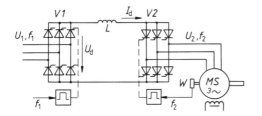

Bild 6.53 Schaltung eines Stromrichtermotors
V1 Netzgeführter Thyristorstromrichter
V2 Lastgeführter Thyristorstromrichter
W Winkelgeber

Der maschinenseitige Stromrichter V2 erhält die Zündbefehle an seine Thyristoren von einem Geber W am Wellenende des Antriebs. Dieser Positionsmelder, der z. B. mit Hallsonden arbeiten kann, erfasst die Polradstellung und damit die Lage der Achsen des Läuferfeldes. Entsprechend dieser Position erfolgt die Aufschaltung des Zwischenkreisstromes I_d in zyklischer Reihenfolge auf immer zwei Wicklungsstränge des Ständers. Insgesamt entstehen dadurch die sechs in Bild 6.54 dargestellten Schaltzustände mit den eingetragenen Lagen der Ständerdurchflutung Θ_1. Diese steht jeweils über $T/6$ im Raume still und springt mit jedem Stromwechsel um 60° weiter.

Die Einspeisung des Stromes I_d auf die Wicklungsstränge und damit die räumliche Lage der Durchflutung Θ_1 werden nun über den Polradmelder so gesteuert, dass im Mittel zur Achse des Läuferfeldes $\Phi_E \sim \Theta_E$ ein Winkel von $\beta_{mittel} = 90°$ entsteht. Dies entspricht nach

$$M \sim \Phi_E \cdot I_d \cdot \sin \beta$$

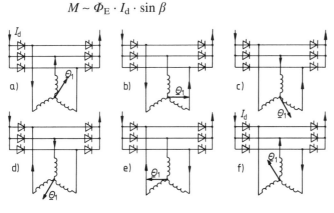

Bild 6.54 Schaltzustände des maschinenseitigen Stromrichters und Lage des Zeigers Θ_1 der Ständerdrehdurchflutung

6.3 Verhalten der Synchronmaschine im nichtstationären Betrieb

einem Betrieb mit maximalem Drehmoment und den Verhältnissen der Gleichstrommaschine, bei der die Achsen von Erreger- und Ankerquerfeld auch senkrecht zueinander stehen. Bild 6.55 zeigt dies für die Zeitspanne, in der Θ_1 im Raume still steht. Die Erregerdurchflutung Θ_E hat zu Beginn die Lage 1, am Ende die Stellung 2, womit im Mittel ein Winkel von $\beta = 90°$ entsteht.

Zur Umkehr der Drehrichtung wird die Zündreihenfolge der Thyristoren des Stromrichters V2 geändert, so dass in der Ständerwicklung der Synchronmaschine ein Drehfeld umgekehrter Richtung entsteht. Das generatorische Bremsen erfolgt ebenfalls nur durch eine Zündwinkelverstellung. Der Stromrichter V1 wird in den Wechselrichterbetrieb mit einer negativen Spannung U_d gesteuert, womit bei unveränderter Stromrichtung eine Energielieferung aus dem Zwischenkreis ins Netz erfolgt. Der maschinenseitige Stromrichter arbeitet jetzt als Gleichrichter, der die Generatorleistung der Synchronmaschine in den Zwischenkreis speist [124, 125].

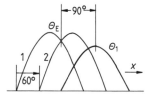

Bild 6.55 Lage von Ständer- und Erregerdurchflutung während eines 60°-Intervalls

Direktumrichter. In dieser Technik wird die Synchronmaschine nach Bild 6.56 über drei in Sternschaltung verbundene, netzgeführte Umkehrstromrichter, wie sie von Gleichstromantrieben bekannt sind, gesteuert. Die Ständerstrangspannungen entstehen durch Phasenanschnittsteuerung unmittelbar aus der Netzspannung. Die Stromrichter sind dazu so geführt, dass sich im Mittel eine sinusförmige Spannung an den Klemmen

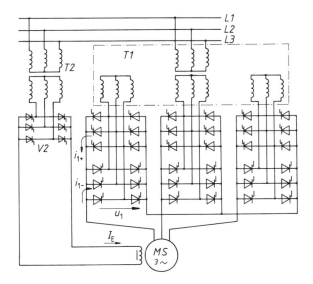

Bild 6.56 Synchronmaschinenantrieb mit Direktumrichter
T1 Stromrichtertransformator,
V1 Dreisträngiger Umkehrstromrichter,
T2 Erregertransformator,
V2 Erregerstromrichter

der Synchronmaschine einstellt (Bild 6.57). Es lassen sich sowohl die Frequenz wie dazu proportional die Amplitude der drei Wechselspannungen variieren, doch kann die Ausgangsfrequenz f_1 vom Verfahren her nur unterhalb der Netzfrequenz f_N liegen, es gilt etwa $0 \leq f_1 \leq 0{,}45 f_N$.

Nach Bild 6.57 liefert die eine B6-Brücke den Strangstromteil i_{1+} für die positive, die andere gegenparallele Brücke i_{1-} für die negative Halbschwingung des Ständerstromes. Für eine kreisstromfreie Ablösung der zwei Brücken jedes Strangs wird bei jedem Polaritätswechsel eine kurze stromlose Pause Δt vorgesehen. Wie beim Umkehrstromrichter für Gleichstromantriebe ist ein Vierquadrantenbetrieb, d. h. Treiben und Bremsen in beiden Drehrichtungen möglich.

Im unteren Frequenz- und damit auch Spannungsbereich arbeitet die Anlage, wie in Bild 6.57 gezeichnet, als Steuerumrichter, d. h. beide Brücken befinden sich stets in Teilaussteuerung. Dies hat den Nachteil, dass ständig die für netzgeführte Stromrichter typische Steuerblindleistung vom Netz bezogen werden muss. Im oberen Steuerbereich fährt man daher in der Umgebung der Spannungsamplitude mit Vollaussteuerung, d. h. bildet die Momentanwerte über die Kuppen der Sinuslinien. Man bezeichnet diese Technik nach der Form der Spannungskurve als Trapezumrichter [126, 127].

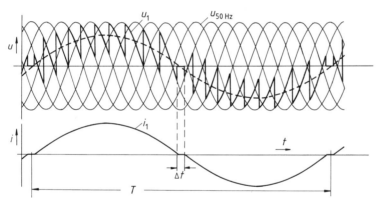

Bild 6.57 Verlauf von Strangspannung u_1 und -strom i_1 einer Synchronmaschine bei Betrieb mit Direktumrichter, $f = 15$ Hz

6.3.2 Pendelungen und unsymmetrische Belastung

Synchronisierendes Moment. Nach den Gln. (6.13) und (6.14) wird der Lastzustand der Synchronmaschine an einem starren Netz durch den Wert des Polradwinkels festgelegt. Im Bereich $0 \leq \vartheta \leq \vartheta_K$ ergeben sich dabei stets stabile Arbeitspunkte, da z. B. ein Synchronmotor eine größere mechanische Belastung durch entsprechende Erhöhung seines Motormomentes $M \sim \sin \vartheta$ ausgleichen kann.

Von diesem stationären Betrieb ist das Verhalten der Synchronmaschine bei einer kurzzeitigen plötzlichen Laständerung zu unterscheiden. Inwieweit hierbei das Polrad aus seiner alten Winkellage gebracht wird, hängt von der Steigung der Momentenkurve im

6.3 Verhalten der Synchronmaschine im nichtstationären Betrieb

betreffenden Betriebspunkt ab. Es wird die Auswirkung eines momentanen Stoßmomentes ΔM_w umso kleiner sein, je steiler der Verlauf $M = f(\vartheta)$, d. h. je größer die synchronisierende „Rückstellkraft" ist (Bild 6.58). Man bezeichnet daher den Differenzialquotienten der Momentenkurve als synchronisierendes Moment

$$\boxed{\Delta M_\mathrm{s} = \frac{\mathrm{d}M}{\mathrm{d}\vartheta}} \tag{6.28}$$

und erhält z. B. für die Vollpolmaschine aus Gl. (6.14) den Betrag

$$\boxed{\Delta M_\mathrm{s} = M_\mathrm{K} \cdot \cos \vartheta} \tag{6.29}$$

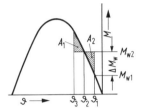

Bild 6.58 Pendelungen des Polrades durch einen Laststoß ΔM_w

Mechanische Pendelungen. Jede plötzliche Laständerung ist bei einer Synchronmaschine mit dem Auftreten mechanischer Pendelungen des Läufers verbunden. So nimmt bei einem Lastsprung von $M_{\mathrm{w}1}$ auf $M_{\mathrm{w}2}$ (Bild 6.58) der Läufer des Synchronmotors die neue Gleichgewichtslage ϑ_2 nicht sofort ein. Er wird durch das zunächst überschüssige Lastmoment $M_{\mathrm{w}2} - M$ verzögert, und zwar auf Grund seiner Massenträgheit über den Punkt ϑ_2 hinaus. Ab $\vartheta > \vartheta_2$ ist $M > M_{\mathrm{w}2}$ und das Polrad wird wieder beschleunigt, um erneut über das stationäre Ziel ϑ_2 hinauszuschießen. Es tritt ein stetiger Wechsel zwischen Abgabe und Aufnahme kinetischer Energie auf, die den Teilflächen $A_1 = A_2$ proportional ist. Der Läufer pendelt mit abklingender Amplitude um die Winkellage ϑ_2. Da diese Pendelungen einer kleinen Relativbewegung des Läufers zum Ständerdrehfeld entsprechen, werden vor allem in der Dämpferwicklung Ströme induziert, welche bremsend wirken. Die Pendelungen sind daher gedämpft und klingen nach einigen Sekunden ab.

Die Berechnung der mechanischen Pendelungen der Synchronmaschine führt zu einer nicht linearen Differenzialgleichung, da das Moment vom Sinus des Polradwinkels abhängt. Man kann die Beziehung jedoch linearisieren, indem man sich mit

$$\vartheta = \vartheta_0 + \alpha$$

auf kleine Ausschläge α der Winkellage ϑ um den stationären Wert ϑ_0 beschränkt. Man erhält dann die Differenzialgleichung der Pendelung in Analogie zur freien Torsionsschwingung in der Mechanik nach

$$\boxed{\frac{J}{p} \cdot \frac{\mathrm{d}^2\alpha}{\mathrm{d}t^2} + D \cdot \frac{\mathrm{d}\alpha}{\mathrm{d}t} + \Delta M_\mathrm{s} \cdot \alpha = 0} \tag{6.30}$$

Es bedeuten:

$\dfrac{J}{p} \cdot \dfrac{d^2\alpha}{dt^2}$ das Beschleunigungsmoment durch die Massenträgheit, wobei der mechanische Winkel $\alpha_{\text{mech}} = \alpha/p$ einzusetzen ist.

$D \cdot \dfrac{d\alpha}{dt}$ das Dämpfungsmoment, das vor allem durch Ausgleichsströme in der Dämpferwicklung, die infolge der Relativbewegung des Ständerdrehfeldes zu den Kurzschlussstäben entstehen, gebildet wird.

$\Delta M_s \cdot \alpha$ das Rückstellmoment, analog der Federkraft bei der mechanischen Torsionsschwingung.

Die Lösung obiger Differenzialgleichung ergibt die aus der Mechanik bekannte gedämpfte Schwingung nach

$$\alpha = A \cdot e^{-\frac{t}{T_D}} \cdot \sin \omega_p \cdot t$$

mit der Kreisfrequenz

$$\boxed{\omega_p = 2\pi \cdot f_p = \sqrt{p \cdot \dfrac{\Delta M_s}{J}} \cdot \sqrt{1 - \dfrac{D^2 \cdot p}{4J \cdot \Delta M_s}}} \quad (6.31)$$

und der Zeitkonstanten

$$\boxed{T_D = \dfrac{2 \cdot J}{p \cdot D}} \quad (6.32)$$

Vernachlässigt man mit $D = 0$ die Dämpfung, so erhält man mit

$$\boxed{f_{p0} = \dfrac{1}{2\pi} \cdot \sqrt{p \cdot \dfrac{\Delta M_s}{J}}} \quad (6.33)$$

die ungedämpfte Eigenfrequenz des Polrades der Synchronmaschine. Ihr Wert liegt etwa in den Grenzen 1 bis 2 Hz.

Beispiel 6.8: Ein zweipoliger Turbogenerator hat die Daten:

$P_N = 50$ MW, $\vartheta_N = 28°$, $f_1 = 50$ Hz, Trägheitsmoment des Läufers $J = 2113$ W·s³. Es ist die ungedämpfte Pendelfrequenz des Läufers bei M_N abzuschätzen.

Bei der Vollpolmaschine gilt die Beziehung

$$\dfrac{M_N}{M_K} = \sin \vartheta_N, \text{ so dass man mit } M_N = \dfrac{P_N}{2\pi \cdot n_1}$$

das Kippmoment zu

$$M_k = \dfrac{P_N}{2\pi \cdot n_1 \cdot \sin \vartheta_N} = \dfrac{50 \cdot 10^6 \text{ W}}{2\pi \cdot 50 \text{ s}^{-1} \cdot \sin 28°} = 339 \text{ kW} \cdot \text{s}$$

erhält.

6.3 Verhalten der Synchronmaschine im nichtstationären Betrieb

Das synchronisierende Moment für den Bemessungspunkt wird

$$\Delta M_{SN} = M_K \cdot \cos \vartheta_N = 339 \text{ kW} \cdot \text{s} \cdot 0{,}883 = 299 \text{ kW} \cdot \text{s}$$

Die Eigenfrequenz des Läufers ist

$$f_{p0} = \frac{1}{2\pi} \cdot \sqrt{p \cdot \frac{\Delta M_{sN}}{J}} = \frac{1}{2\pi} \cdot \sqrt{1 \cdot \frac{299 \cdot 10^3 \text{ W} \cdot \text{s}}{2113 \text{ W} \cdot \text{s}^3}} = 1{,}89 \text{ Hz}$$

Schieflast. Die Stromverteilung in einem Netz kann dazu führen, dass nicht alle drei Wicklungsstränge des Synchrongenerators gleichmäßig belastet sind. Eine derartige Schieflast ist innerhalb bestimmter Grenzen zulässig und muss bei der Dimensionierung vor allem der Dämpferwicklung des Generators berücksichtigt werden.

Die Berechnung der unsymmetrischen Belastung erfolgt mit Hilfe der symmetrischen Komponenten durch Zerlegung der ungleichen Strangströme in ein symmetrisches Mit- und Gegensystem. Während sich dann das Mitfeld wie das normale Ständerdrehfeld der Synchronmaschine verhält, rotiert das Gegenfeld mit doppelter Drehzahl zum Läufer. Ohne Gegenmaßnahmen würde es in der Erregerwicklung einen Wechselstrom der Frequenz $2f_1$ erzeugen, dessen Feld wieder in zwei Teildrehfelder zerlegt werden kann. Durch die mit $2f_1/p$ in Drehrichtung des Läufers rotierende Komponente wird dann in der Ständerwicklung eine der Relativdrehzahl $n_1 + 2f_1/p = 3n_1$ proportionale Drehspannung dreifacher Netzfrequenz entstehen. Führt man diese Überlegung weiter, so ergibt sich, dass in der Ständerwicklung Oberschwingungen ungeradzahliger und in der Läuferwicklung geradzahliger Ordnungszahl entstehen. Diese zusätzlichen Wicklungsströme verursachen zusammen mit induzierten Wirbelströmen im massiven Eisen hohe Zusatzverluste.

Kompensation der gegenläufigen Durchflutung. Ist dagegen eine kräftige Dämpferwicklung vorhanden, so wird das inverse oder gegenläufige Feld durch die Gegendurchflutung, welche die durch das Feld induzierten Dämpferströme aufbauen, weitgehend aufgehoben. Es entspricht dies bei der Asynchronmaschine einem Betrieb mit dem Schlupf $s = 2$, wo in der Ersatzschaltung der Läuferkreis im Vergleich zur Hauptinduktivität sehr niederohmig ist. Dies bedeutet, dass mit $\underline{I}'_2 \approx \underline{I}_1$ der das Luftspaltfeld erzeugende Magnetisierungsstrom $\underline{I}_\mu$ sehr klein wird und das inverse Feld damit weitgehend verschwindet. Die Kompensation der inversen Ständerdurchflutung ist umso vollkommener, je kleiner der ohmsche Widerstand und die Streureaktanz der Dämpferwicklung sind.

6.3.3 Die Synchronmaschine in Zweiachsendarstellung

Wicklungsschema. Die Drehstrom-Schenkelpolmaschine lässt sich durch ein Schema nach Bild 6.59 darstellen. Dabei ist hier entsprechend der Gleichstrommaschine die Außenpolform gewählt, bei der sich die über Schleifringe zugängliche Drehstromwicklung U, V, W auf dem Läufer befindet. Der Ständer trägt außer der Erregerwicklung E in den Polschuhen eine Dämpferwicklung, die durch zwei kurzgeschlossene Spulen D und Q in den Hauptachsen ersetzt ist.

Dieser Maschinentyp wird gerne für kleinere Leistungen gewählt und stimmt in seinem Betriebsverhalten völlig mit der sonst üblichen Innenpolbauform überein. Die Umkehrung bewirkt allerdings, dass die mit n_1 rotierende Drehstromwicklung kein Drehfeld, sondern ein räumlich stehendes sinusförmiges Feld ausbildet, das wieder zur Achse des Erregerfeldes eine feste Lage einnimmt.

Zur mathematischen Beschreibung der Synchronmaschine nach Bild 6.59 wären zunächst die Spannungsgleichungen der sechs Wicklungen aufzustellen. Dabei ergeben sich recht komplizierte Ausdrücke, da der Luftspalt und damit der magnetische Leitwert längs des Umfangs nicht konstant sind. Die Gleichungen enthalten daher mit dem Winkel γ veränderliche Koeffizienten.

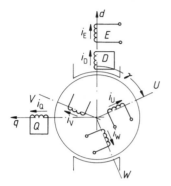
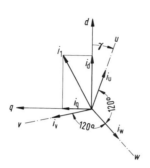

Bild 6.59 Schema der Wicklungen einer Schenkelpolmaschine mit Außenpolen

Bild 6.60 Transformation der rotierenden Drehstromgrößen auf ein festes d, q-System

Park'sche Transformation. Diese Schwierigkeiten lassen sich umgehen, wenn die Stranggrößen der rotierenden Drehstromwicklung in gleichwertige Achsengrößen des feststehenden $d, q, 0$-Systems umgewandelt werden. Diese Darstellung der Synchronmaschine bezeichnet man als Zweiachsentheorie, sie wurde erstmals von Park [128] angegeben.

Im dreiphasigen System erzeugen $m = 3$ Wicklungsstränge die Drehstromdurchflutung $\Theta_1 = m/2 \cdot \Theta_{Str}$. Damit nun durch die transformierten Ströme i_d und i_q bei gleichen Effektivwerten dieselbe resultierende Durchflutung entsteht, erhöht man die Windungszahlen N_d, N_q der Ersatzwicklung auf das 3/2fache der Strangwicklungen N_u, N_v, N_w, d. h. es wird

$$N_{d,q} = \frac{3}{2} \cdot N_{u,v,w}$$

Ferner bezieht man zur Verallgemeinerung (per-unit-System) die Stranggrößen auf den Drehstromwert, d. h. den $m/2$fachen Strangstrom.

Die Gleichströme i_d und i_q ersetzen nun die Ständerwechselströme i_u, i_v, i_w dann richtig, wenn beide Systeme die gleiche Gesamtdurchflutung $\Theta_1 \sim i_1$ aufbauen (Bild 6.60). Dies ist der Fall, sobald die Projektionen der Strangströme auf die Längs- und die Querachse mit der Größe von i_d bzw. i_q übereinstimmen.

6.3 Verhalten der Synchronmaschine im nichtstationären Betrieb

Damit gilt

$$i_d = \frac{2}{3}\left[i_u \cdot \cos\gamma + i_v \cdot \cos\left(\gamma - \frac{2\pi}{3}\right) + i_w \cdot \cos\left(\gamma + \frac{2\pi}{3}\right)\right] \qquad (6.34\,\text{a})$$

$$i_q = -\frac{2}{3}\left[i_u \cdot \sin\gamma + i_v \cdot \sin\left(\gamma - \frac{2\pi}{3}\right) + i_w \cdot \sin\left(\gamma + \frac{2\pi}{3}\right)\right] \qquad (6.34\,\text{b})$$

Für die Rücktransformation ist zu beachten, dass im Drehstromsystem im allgemeinen Fall noch eine Nullkomponente

$$i_0 = \frac{1}{3}(i_u + i_v + i_w)$$

auftreten kann. Diese leistet keinen Beitrag zum Luftspaltfeld und ist daher in i_d und i_q nicht enthalten.

Aus den obigen drei Gleichungen ergeben sich die Strangströme zu

$$i_u = i_d \cdot \cos\gamma - i_q \cdot \sin\gamma + i_0 \qquad (6.35\,\text{a})$$

$$i_v = i_d \cdot \cos\left(\gamma - \frac{2\pi}{3}\right) - i_q \cdot \sin\left(\gamma - \frac{2\pi}{3}\right) + i_0 \qquad (6.35\,\text{b})$$

$$i_w = i_d \cdot \cos\left(\gamma + \frac{2\pi}{3}\right) - i_q \cdot \sin\left(\gamma + \frac{2\pi}{3}\right) + i_0 \qquad (6.35\,\text{c})$$

Genau dieselben Beziehungen lassen sich zur Transformation der Spannungen und Spulenflüsse angeben. So erhält man z. B. jeweils für die d- bzw. u-Achse

$$u_d = \frac{2}{3}\left[u_u \cdot \cos\gamma + u_v \cdot \cos\left(\gamma - \frac{2\pi}{3}\right) + u_w \cdot \cos\left(\gamma + \frac{2\pi}{3}\right)\right] \qquad (6.36)$$

bzw. $\quad u_u = u_d \cdot \cos\gamma - u_q \cdot \sin\gamma + u_0 \qquad (6.37)$

und

$$\Psi_d = \frac{2}{3}\left[\Psi_u \cdot \cos\gamma + \Psi_v \cdot \cos\left(\gamma - \frac{2\pi}{3}\right) + \Psi_w \cdot \cos\left(\gamma + \frac{2\pi}{3}\right)\right] \qquad (6.38)$$

bzw. $\quad \Psi_u = \Psi_d \cdot \cos\gamma - \Psi_q \cdot \sin\gamma + \Psi_0 \qquad (6.39)$

Spannungsgleichungen. Die Spannungsgleichung eines Strangs der Dreiphasenwicklung lautet z. B. für den Strang U

$$u_u = R_1 \cdot i_u + \frac{d\Psi_u}{dt}$$

Setzt man darin die Beziehungen für u_u, i_u und Ψ_u ein, so erhält man nach der Differenziation für den wichtigsten Fall der Sternschaltung ohne Mittelpunktsleiter, d. h. ohne

Nullkomponente

$$u_\mathrm{d} \cdot \cos \gamma - u_\mathrm{q} \cdot \sin \gamma = R_1 (i_\mathrm{d} \cdot \cos \gamma - i_\mathrm{q} \cdot \sin \gamma)$$
$$+ \frac{\mathrm{d}\Psi_\mathrm{d}}{\mathrm{d}t} \cdot \cos \gamma - \Psi_\mathrm{d} \cdot \omega \cdot \sin \gamma - \frac{\mathrm{d}\Psi_\mathrm{q}}{\mathrm{d}t} \cdot \sin \gamma - \Psi_\mathrm{q} \cdot \omega \cdot \cos \gamma$$

Trennt man die Gleichung nach cos- und sin-Gliedern, so entstehen mit $\mathrm{d}\gamma/\mathrm{d}t = \omega$ die beiden Beziehungen

$$\boxed{u_\mathrm{d} = R_1 \cdot i_\mathrm{d} + \frac{\mathrm{d}\Psi_\mathrm{d}}{\mathrm{d}t} - \omega \cdot \Psi_\mathrm{q}} \tag{6.40}$$

$$\boxed{u_\mathrm{q} = R_1 \cdot i_\mathrm{q} + \frac{\mathrm{d}\Psi_\mathrm{q}}{\mathrm{d}t} + \omega \cdot \Psi_\mathrm{d}} \tag{6.41}$$

Dasselbe Ergebnis erhält man, wenn man anstelle des Strangs U einen anderen wählt.

Für den Ständer lassen sich die Spannungsgleichungen unmittelbar angeben, da seine Wicklungen bereits im d, q-System liegen. Es gilt für die Erregerwicklung

$$\boxed{u_\mathrm{E} = R_\mathrm{E} \cdot i_\mathrm{E} + \frac{\mathrm{d}\Psi_\mathrm{E}}{\mathrm{d}t}} \tag{6.42}$$

und die zwei Dämpferstränge

$$\boxed{0 = R_\mathrm{D} \cdot i_\mathrm{D} + \frac{\mathrm{d}\Psi_\mathrm{D}}{\mathrm{d}t}} \tag{6.43}$$

$$\boxed{0 = R_\mathrm{Q} \cdot i_\mathrm{Q} + \frac{\mathrm{d}\Psi_\mathrm{Q}}{\mathrm{d}t}} \tag{6.44}$$

Modellmaschine. Die fünf Gleichungen (6.40) bis (6.44) stellen die Spannungsgleichungen der transformierten Synchronmaschine dar. Für das komplette Differenzialgleichungssystem der Maschine fehlen noch die Drehmomentenbeziehung und die Berechnung der Spulenflüsse aus den Einzelströmen. Beides soll hier nicht abgeleitet werden, da die weitere Verwendung zu einem praktischen Rechenbeispiel ohnehin den Rahmen dieses Buches überschreitet.

Für die Darstellung der Synchronmaschine ergeben sich jedoch bereits aus den Spannungsgleichungen interessante Möglichkeiten. Die Beziehungen entsprechen nämlich genau den Maschengleichungen einer Modellmaschine nach Bild 6.61, die damit der Ersatzschaltung der transformierten Synchronmaschine entspricht. Sie besteht im Ständer unverändert aus einer Erregerwicklung in d-Richtung und zwei Dämpferwicklungen D und Q. Der Läufer ist wie bei der Gleichstrommaschine aufgebaut, besitzt jedoch durch die beiden Bürstenpaare zwei Wicklungsachsen. Der jeweils senkrecht zu einer Läuferwicklung wirksame Spulenfluss entspricht in seiner Lage dem Erregerfeld der Gleichstrommaschine und kann wie dort nach $u \sim n \cdot N \cdot \Phi \sim \omega \cdot \Psi$ eine Bewegungsspannung erzeugen. Der Spulenfluss der eigenen Wicklungsachse entspricht in seiner Lage dem Ankerquerfeld der Gleichstrommaschine, das ebenfalls bei jeder Stromände-

6.3 Verhalten der Synchronmaschine im nichtstationären Betrieb

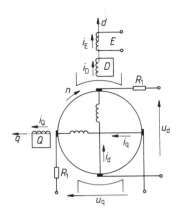

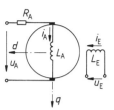

Bild 6.62 Modell der Gleichstrommaschine aus der Zweiachsentheorie

Bild 6.61 Modell der transformierten Synchronmaschine

rung nach $L\,di/dt = d\Psi/dt$ in der Anker- und Wendepolwicklung eine Spannung der Selbstinduktion induziert.

Über den beabsichtigten Zweck – die Darstellung der Synchronmaschine – hinaus, erweisen sich die fünf Spannungsgleichungen aber auch als zur Beschreibung anderer Maschinentypen geeignet. So erhält man nach Bild 6.62 die Ersatzschaltung der fremderregten Gleichstrommaschine, wenn man beachtet, dass bei dieser in der d-Achse nur die Erregerwicklung wirksam ist, während in der Querachse die Anker- und Wendepolwicklung an der Netzspannung liegen. Aus den Gln. (6.40) und (6.42) wird damit

$$u_q = u_A = R_A \cdot i_A + \frac{d\Psi_A}{dt} + \omega \cdot \Psi_E$$

$$u_A = R_A \cdot i_A + L_A \frac{di_A}{dt} + c \cdot n \cdot w \cdot \Phi$$

$$u_E = R_E \cdot i_E + L_E \cdot \frac{di_E}{dt}$$

was jeweils mit dem Ergebnis in Abschnitt 2.4.3 übereinstimmt. (Die Spannung der Querachse u_q der Zweiachsentheorie darf nicht mit dem allgemeinen Formelzeichen für die Quellenspannung u_q verwechselt werden.)

Auch die Asynchronmaschine lässt sich mit Hilfe der Zweiachsentheorie beschreiben. Diese führt damit zu einer übergeordneten Darstellung der elektrischen Maschinen, woraus der Einzeltyp als Sonderfall entwickelt werden kann. Die Theorie findet vor allem bei der Berechnung des dynamischen Verhaltens mit Hilfe der elektronischen Rechner Verwendung.

6.3.4 Stoßkurzschluss

Wird der erregte Synchrongenerator plötzlich kurzgeschlossen, so treten innerhalb des Ausgleichsvorgangs hohe Stromspitzen auf, welche den späteren Dauerkurzschlusswert wesentlich übersteigen. Der Grund liegt darin, dass zunächst der begrenzende Einfluss der Ankerrückwirkung, die das Luftspaltfeld weitgehend abbaut, noch nicht wirksam ist. Zu Beginn des Kurzschlusses besteht noch das volle Hauptfeld, das erst allmählich auf den im Dauerkurzschluss übrigen kleinen Rest abklingt.

Der zeitliche Verlauf des Kurzschlussvorgangs lässt sich über das Differenzialgleichungssystem in der Park'schen Transformation berechnen. Der Aufwand ist, sofern man keine einschränkenden Vernachlässigungen vornimmt, beträchtlich, so dass man die Diagramme heute über eine PC-Software, z. B. PSPICE, bestimmt und ausdruckt. Im Folgenden soll daher nur für den einfachsten Fall, dass der Generator aus dem Leerlauf mit $U_\mathrm{p} = U_\mathrm{N}$ heraus kurzgeschlossen wird, der zeitliche Verlauf des Ständerstromes eines Strangs angegeben werden.

Verlauf des Ständerstromes. Für die Spannung im Strang U bis zum Kurzschlusseintritt bei $\omega t = 0$ gelte die Beziehung

$$u_\mathrm{u} = \sqrt{2} \cdot U_\mathrm{N} \cdot \sin(\omega t - \alpha)$$

Mit $\gamma = \omega t - \alpha$ ist nach Bild 6.59 bei $\omega t = \alpha$, d. h. $\gamma = 0$ der Wicklungsstrang U mit dem maximalen Fluss verkettet und damit $u_\mathrm{u} = 0$. Für den Kurzschlussstrom im Strang U erhält man dann die allgemeine Beziehung

$$\boxed{\begin{aligned} i_\mathrm{u} = \sqrt{2} \cdot U_\mathrm{N} &\left[\frac{1}{2}\left(\frac{1}{X_\mathrm{d}''}+\frac{1}{X_\mathrm{q}''}\right)\cos\alpha \cdot \mathrm{e}^{-\frac{t}{T_\mathrm{s}}} + \frac{1}{2}\left(\frac{1}{X_\mathrm{d}''}-\frac{1}{X_\mathrm{q}''}\right) \right. \\ &\times \cos(2\omega t - \alpha)\cdot \mathrm{e}^{-\frac{t}{T_\mathrm{s}}} \\ &\left. -\left\{\left(\frac{1}{X_\mathrm{d}''}-\frac{1}{X_\mathrm{d}'}\right)\mathrm{e}^{-\frac{t}{T_\mathrm{d}''}} + \left(\frac{1}{X_\mathrm{d}'}-\frac{1}{X_\mathrm{d}}\right)\mathrm{e}^{-\frac{t}{T_\mathrm{d}'}} + \frac{1}{X_\mathrm{d}}\right\}\cos(\omega t - \alpha)\right] \end{aligned}} \quad (6.45)$$

Sie ergibt nach Abklingen der Exponentialfunktionen den Dauerkurzschlussstrom

$$i_\mathrm{ku} = -\frac{\sqrt{2}\,U_\mathrm{N}}{X_\mathrm{d}} \cdot \cos(\omega t - \alpha) \quad \text{mit} \quad I_\mathrm{k} = \frac{U_\mathrm{N}}{X_\mathrm{d}}$$

was mit Gl. (6.11 a) übereinstimmt.

Für $\omega t = 0$ besitzen alle e-Funktionen den Wert eins und man erhält gemäß der Anfangsbedingung des Leerlaufs $i_\mathrm{u} = 0$.

Reaktanzen der Synchronmaschine. Die einzelnen Anteile des Kurzschlussstromes werden durch die Haupt- und Streureaktanzen der beteiligten Wicklungen festgelegt, wobei man für die auftretenden Kopplungen üblicherweise die Ersatzgrößen X_d'', X_q'' und X_d' definiert.

Die Anfangs- oder subtransiente Längsreaktanz X_d'' stellt den im Kurzschlusseintritt wirksamen Blindwiderstand in d-Richtung dar (Bild 6.63). Hier sind mit der Ständerwicklung die Dämpferwicklung D und die über die Gleichstromquelle niederohmig geschlossene Erregerwicklung E magnetisch gekoppelt. An den Eingangsklemmen misst man wie beim Transformator eine Kurzschlussreaktanz aus dem Wert X_hd und den drei Streureaktanzen.

6.3 Verhalten der Synchronmaschine im nichtstationären Betrieb

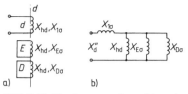

Bild 6.63 Bestimmung der subtransienten Längsreaktanz x_d''
a) Kopplung der Wicklungen in d-Richtung
b) Ersatzschaltung

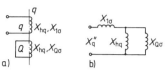

Bild 6.64 Bestimmung der subtransienten Querreaktanz x_q''
a) Kopplung der Wicklung in q-Richtung
b) Ersatzschaltung

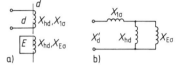

Bild 6.65 Bestimmung der transienten Längsreaktanz x_d'
a) Kopplung der Wicklungen in d-Richtung
b) Ersatzschaltung

In der q-Richtung ist außer der Ständerwicklung nur die Dämpferwicklung Q wirksam (Bild 6.64). Für die Berechnung der subtransienten Querreaktanz X_q'' in Querrichtung gilt daher die angegebene Schaltung.

Die Zeitkonstanten in der Gleichung des Ständerkurzschlussstromes errechnen sich nach $T = X/\omega R$ ebenfalls aus derartigen Ersatzschaltungen und den ohmschen Wicklungswiderständen. Sie sollen im Einzelnen nicht abgeleitet werden. Die üblichen Größen der wirksamen Zeitkonstanten sind zusammen mit den relativen Reaktanzen $x = X/Z_N$ für die wichtigsten Bauformen der Synchronmaschine in Tafel 6.1 angegeben.

Analyse des Stoßkurzschlussstromes. Analysiert man den Kurzschlussstrom nach Gl. (6.45), so ergibt der erste Summand ein abklingendes Gleichstromglied, dessen Größe von dem Augenblick des Kurzschlusseintrittes abhängt. Schaltet man bei $\alpha = 0$, d.h. wegen $u_1 = \sqrt{2} \cdot U_N \sin(\omega t - \alpha)$ im Spannungs-Nulldurchgang, so wird das Gleichstromglied am größten. Es verschwindet bei $\alpha = 90°$ und $u_1 = \sqrt{2} \cdot U_N$ im Schaltaugenblick. Der zweite Anteil entsteht nur bei $X_d'' \neq X_q''$, was für Schenkelpolmaschinen ohne oder mit unvollständiger Dämpferwicklung zutrifft. Er ist ein Wechselstrom doppelter Netzfrequenz, der mit der Zeitkonstanten des Gleichstromgliedes abklingt.

Tafel 6.1 Reaktanzen und Zeitkonstanten von Synchronmaschinen[1])

Bauart	$x_{d\,ges}$	x_q	x_d'	x_d''	x_q''	x_2	x_0	T_s in s	T_d' in s	T_d'' in s
Zweipolige Turbogeneratoren	1,2 bis 2,0	1,1 bis 1,8	0,16 bis 0,26	0,1 bis 0,15	0,1 bis 0,15	0,09 bis 0,15	0,02 bis 0,1	0,06 bis 0,25	0,5 bis 2,0	0,05 bis 0,10
Schenkelpolmaschine mit vollständiger Dämpferwicklung	0,75 bis 1,4	0,45 bis 0,9	0,22 bis 0,4	0,14 bis 0,25	0,14 bis 0,28	0,14 bis 0,27	0,03 bis 0,22	0,07 bis 0,25	0,5 bis 2,5	0,02 bis 0,08
Schenkelpolmaschine ohne Dämpferwicklung	0,75 bis 1,4	0,45 bis 0,9	0,22 bis 0,4	0,22 bis 0,4	0,45 bis 0,8	0,35 bis 0,63	0,04 bis 0,3	0,09 bis 0,6	0,05 bis 2,5	–

[1]) Siemens-AG. Formel- und Tabellenbuch für Starkstrom-Ingenieure, 3. Auflage.

Die übrigen Anteile stellen einen netzfrequenten Wechselstrom dar, der den maximalen Effektivwert

$$\boxed{I_k'' = \frac{U_N}{X_d''}} \tag{6.46}$$

besitzt und als Anfangs-Kurzschlusswechselstrom bezeichnet wird. Da $T_d'' \ll T_d'$ ist, bleiben bald nach dem Kurzschlusseintritt nur die beiden letzten Summanden mit dem transienten Kurzschlusswechselstrom des maximalen Effektivwertes

$$\boxed{I_k' = \frac{U_N}{X_d'}} \tag{6.47}$$

übrig. Dieser erreicht dann nach einigen Sekunden den Dauerkurzschlussstrom

$$\boxed{I_k = \frac{U_N}{X_d}} \tag{6.48}$$

Im Liniendiagramm des Kurzschlussstromes (Bild 6.66) ist zur Vereinfachung $X_d'' = X_q''$ gesetzt, so dass der doppelfrequente Stromanteil nicht auftritt. Ferner ist mit $\alpha = 0$ das maximale Gleichstromglied mit dem Anfangswert $\sqrt{2} \cdot I_k''$ angenommen. Die Hüllkurve des Kurzschlussstromes schneidet die Ordinate damit bei dem Betrag $2 \cdot \sqrt{2} \cdot I_k''$.

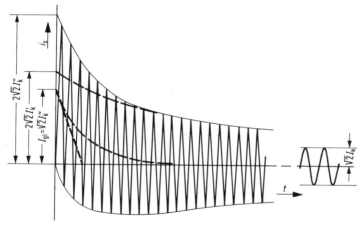

Bild 6.66 Verlauf des Stoßkurzschlussstromes eines Strangs bei maximalem Gleichstromglied

Die Entstehung eines Gleichstromgliedes erklärt sich wie beim Transformator daraus, dass der Ständerstrom bei einer Spannungskurve nach $u = \sqrt{2} \cdot U_N \cdot \sin(\omega t - \alpha)$ im Kurzschlussaugenblick nicht den für induktive Last erforderlichen stationären Verlauf nach $-\cos(\omega t - \alpha)$ annehmen kann. Er muss vielmehr nach der Anfangsbedingung $i = 0$ beginnen und erreicht dies durch ein Gleichstromglied der Höhe $\sqrt{2} \cdot I_k'' \cdot \cos \alpha$.

Die maximale Spitze des Ständerstromes entsteht eine halbe Periode nach einem Kurzschluss im Spannungs-Nulldurchgang. Hier addieren sich die Amplitude des Stoßkurzschlusswechselstromes und das Gleichstromglied. Dieser Stoßkurzschlussstrom I_s darf nach VDE 0530 für Synchronmaschinen bei dreipoligem Kurzschluss maximal das 21fache des Bemessungsstromes I_N betragen. Für zweipolige Turbogeneratoren muss $x_d'' \geq 0{,}10$ sein, d. h. es wird $I_k'' \leq 10 I_N$ und der Stoßkurzschlussstrom mit Berücksichtigung der Dämpfung etwa

$$\boxed{I_s = \sqrt{2} \cdot 1{,}8 \cdot I_k''} \tag{6.49}$$

also das 18fache vom Scheitelwert des Bemessungsstromes.

Auch die Erregerwicklung nimmt während des Ausgleichsvorgangs hohe Stromspitzen auf. Außer einem induzierten Gleichstrom entsteht dabei als Gegenstück zum Gleichstromglied der Ständerwicklung ein Wechselstromanteil.

Beispiel 6.9: Es ist die maximale Stromspitze des Ständerstromes eines Turbogenerators nach dem Kurzschluss aus dem Leerlauf bei Bemessungsspannung anzugeben. Die Daten der Maschine sind:

$$I_N = 3{,}9 \text{ kA}, \; x_d = 1{,}7, \; x_d' = 0{,}20, \; x_d'' = x_q'' = 0{,}13, \; T_s = 0{,}15 \text{ s}, \; T_d' = 1{,}5 \text{ s}, \; T_d'' = 0{,}07 \text{ s}.$$

Die maximale Stromspitze tritt nach $t = 10$ ms, $\omega t = \pi$ (eine Halbschwingung) und Kurzschlusseintritt im Spannungs-Nulldurchgang bei $\alpha = 0$ auf. Der Kurzschlussstrom kann nach Gl. (6.45) aus seinen Komponenten berechnet werden.

Bei $t = 0{,}01$ s besitzen die e-Funktionen folgende Werte:

$$e^{-\frac{t}{T_s}} = e^{-\frac{0{,}01}{0{,}15}} = 0{,}9355$$

$$e^{-\frac{t}{T_d'}} = e^{-\frac{0{,}01}{1{,}5}} \approx 1$$

$$e^{-\frac{t}{T_d''}} = e^{-\frac{0{,}01}{0{,}07}} = 0{,}867$$

Wegen $\dfrac{1}{X_d} = \dfrac{I_N}{U_N} \cdot \dfrac{1}{x_d}$ und $x_d'' = x_q''$ wird der Kurzschlussstrom bei $\omega t = \pi$

$$I_s = \sqrt{2} \cdot I_N \left[\frac{1}{x_d''} \cdot e^{-\frac{t}{T_s}} - \left\{ \left(\frac{1}{x_d''} - \frac{1}{x_d'} \right) e^{-\frac{t}{T_d''}} + \left(\frac{1}{x_d'} - \frac{1}{x_d} \right) e^{-\frac{t}{T_d'}} + \frac{1}{x_d} \right\} \cos \pi \right]$$

$$= \sqrt{2} \cdot 3{,}9 \text{ kA} \left[\frac{0{,}9355}{0{,}13} + \left(\frac{1}{0{,}13} - \frac{1}{0{,}2} \right) \cdot 0{,}867 + \left(\frac{1}{0{,}2} - \frac{1}{1{,}7} \right) \cdot 1 + \frac{1}{1{,}7} \right] = 80{,}2 \text{ kA}$$

$I_s = 14{,}55$ Scheitelwert, von I_N

Aufgabe 6.10: Das Wievielfache des Scheitelwertes von I_N erreicht die Stromspitze bei Kurzschlusseintritt im Spannungsmaximum?

Ergebnis: $I_s = 7{,}51 \cdot \sqrt{2} \cdot I_N$

6.4 Spezielle Bauarten von Synchronmaschinen

6.4.1 Turbogeneratoren

Die Entwicklung des Turbogenerators zur Grenzleistungsmaschine [129–131] ist das markanteste Beispiel für die großen Fortschritte des Elektromaschinenbaus in seiner über hundertjährigen Geschichte. Sie waren in diesem Falle vor allem durch die Erfindung immer wirksamerer Kühlsysteme möglich.

Der Übergang zu größeren Einheitsleistungen im Generatorenbau bringt eine Reihe wirtschaftlicher Vorteile und wurde dadurch ermöglicht, dass sich der Bedarf an elektrischer Energie früher etwa pro Jahrzehnt verdoppelte. Neben den Ersparnissen an Raum- und Kraftwerksanlagen steigt nach dem Wachstumsgesetz auch die spezifische Leistung des Generators, ausgedrückt in kW/kg. Die größere Maschine ist relativ preiswerter und durch den höheren Gesamtwirkungsgrad wirtschaftlicher.

Luftkühlung. Die Leistungssteigerung der auf der Erfindung des Walzenläufers durch Ch. Brown 1901 basierenden Turbogeneratoren erfolgte zunächst bei normaler Luftkühlung durch stetige Vergrößerung der Ständerbohrung und der Maschinenlänge. Für zweipolige Generatoren des 50-Hz-Netzes liegt dabei der größte durch die Fliehkraftbeanspruchungen begrenzte Läuferdurchmesser d_{2max} bei 1,28 m. Die axiale Länge l_2 des Rotorkörpers ist mit Rücksicht auf die Lagerbelastung, die Wechselfestigkeit und die Lage der ersten kritischen Drehzahl auf etwa 9 m begrenzt. Bereits Anfang der 30er-Jahre war die damals größte Einheitsleistung der luftgekühlten Maschine mit ca. 80 MVA erreicht. Derzeit werden luftgekühlte Synchronmaschinen in Turbobauart bis ca. 300 MVA gebaut [136, 161].

Wasserstoff-Kühlung. Eine neue Entwicklungsphase begann für den Turbogeneratorenbau in Europa nach dem Zweiten Weltkrieg durch die bereits in den USA erprobte Wasserstoffkühlung. Das Maschinengehäuse ist hierbei druckfest und gasdicht ausgeführt und erhält an den Seiten eingebaute Wasserkühler, an welche das in einem Kreislauf bewegte H_2-Gas die Verlustwärme abgibt. Die Verwendung von Wasserstoffgas anstelle der Luft bringt gleich mehrere Vorteile. Durch das wesentlich geringere spezifische Gewicht sinken die Gasreibungsverluste des Läufers, was sich vor allem bei Teillast im Wirkungsgrad bemerkbar macht. Außerdem ist das Wärmeabfuhrvermögen bei gleichem Druck etwa doppelt so groß wie bei Luft, so dass bei gleichen spezifischen Verlusten kleinere Übertemperaturen auftreten. Zusätzlich verbessert wird die Kühlung durch eine Erhöhung des Gasdruckes, der heute bis 4 bar beträgt. Mit dieser indirekten Wasserstoffkühlung wurden in Deutschland Turbogeneratoren bis ungefähr 150 MVA gebaut.

Direkte H_2-Kühlung. Eine weitere Leistungssteigerung erreicht man durch die so genannte direkte Leiterkühlung. Durch Verwendung von Hohlleitern in der Läuferwicklung (Bild 6.67) muss die Wärme nicht mehr über die Kupferisolation und das Läufereisen transportiert werden, sondern kann direkt am Entstehungsort abgeführt werden. Das Wasserstoffgas strömt beidseitig unter den Wickelkopfkappen ein und entweicht in der Mitte durch radiale Bohrungen.

Flüssigkeitskühlung. Mit der direkten Leiterkühlung des Läufers erhöht sich dessen Grenzleistung auf über 600 MVA. Damit ist jetzt die Leistungsgrenze des Ständers überschritten, die bei indirekter Leiterkühlung – vor allem aus Transportgründen – bei 250 bis 300 MVA liegt. Zur weiteren Steigerung der Einheitsleistung muss daher auch die Ständerwicklung eine intensivere Kühlung erhalten. Hier erfolgte der Übergang gleich auf die direkte Flüssigkeitskühlung durch Öl oder Wasser, indem zwischen die Teilleiter der Wicklung einige Hohlleiter angeordnet werden (Bild 6.68). Die günstigste Wärmeabfuhr erreicht man durch Wasser, wobei dessen elektrische Leitfähigkeit über einen Ionen-Austauscher innerhalb des Kreislaufes leicht in zulässigen Grenzen gehal-

6.4 Spezielle Bauarten von Synchronmaschinen

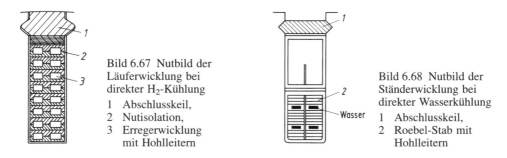

Bild 6.67 Nutbild der Läuferwicklung bei direkter H_2-Kühlung
1 Abschlusskeil,
2 Nutisolation,
3 Erregerwicklung mit Hohlleitern

Bild 6.68 Nutbild der Ständerwicklung bei direkter Wasserkühlung
1 Abschlusskeil,
2 Roebel-Stab mit Hohlleitern

ten werden kann. Ein wesentlicher Vorteil der direkten Wasserkühlung ist ferner, dass durch die gute Wärmeabfuhr die thermisch-mechanische Beanspruchung der Isolation durch Wärmedehnung deutlich sinkt. Mit Flüssigkeitskühlung im Ständer und direkter Wasserstoffkühlung im Läufer, die durch Axialventilatoren noch verstärkt wird, lassen sich zweipolige Turbogeneratoren bis etwa 1000 MVA bauen. Ein Beispiel für Aufbau und Kühlsystem einer 400-MVA-Maschine zeigt Bild 6.69.

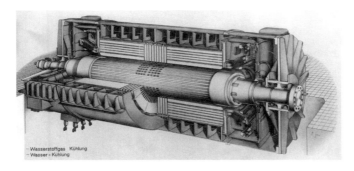

Bild 6.69 Schnittbild eines Turbogenerators für 400 MVA mit wassergekühlter Ständerwicklung und direkter H_2-Kühlung im Läufer (ABB-Mannheim)

Kühlsysteme. Die derzeitige Entwicklung befasst sich mit der nur flüssigkeitsgekühlten Maschine, bei der auch die Läuferwicklung über eine Hohlwelle direkt vom Wasser durchflossen wird. Nach diesem Prinzip sind zweipolige Maschinen bei den angegebenen geometrischen Grenzdaten mit Leistungen von ca. 2350 MVA ausführbar. Ein derartiger Generator benötigt bei Erregerströmen von über 10 kA eine Erregerleistung von etwa 15 MW.

Weitere Entwicklungen sind im Bereich supraleitender Wicklungen zu erwarten, sofern der Bedarf nach noch höheren Einheitsleistungen besteht. Eine schematische Zusammenstellung der einzelnen Kühlsysteme zeigt Bild 6.70. Die angegebenen Leistungen dienen dabei nur als Richtwerte für die ungefähre Abgrenzung der einzelnen Verfahren.

Die untere Wirtschaftlichkeitsgrenze für die H_2-Kühlung liegt heute bei etwa 100 MVA, also wesentlich unter der Grenzleistung mit Luftkühlung. Entsprechendes gilt auch für die anderen Kühlsysteme, die man, wenn man sie einmal beherrscht, aus wirtschaftlichen Gründen auch bei Leistungen einsetzt, wo es noch nicht unbedingt nötig wäre [133–138].

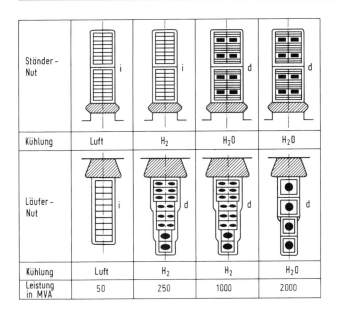

Bild 6.70 Kühlsysteme von Turbogeneratoren
i indirekte Kühlung,
d direkte Kühlung

6.4.2 Die Einphasen-Synchronmaschine

Synchronmaschinen mit nur einem Wicklungsstrang im Ständer finden hauptsächlich zur Bahnstromversorgung mit $16^2/_3$ Hz Verwendung. Der Ständer ist nur über 2/3 τ_p bewickelt, so dass die erzeugte Spannung dem verketteten Wert einer Drehstrommaschine, aus der ein Wicklungsstrang entfernt wurde, entspricht.

Bei Belastung kann die Ständerdurchflutung nur ein Wechselfeld aufbauen, das man wie bei der Schieflast von Drehstromgeneratoren in ein mit- und ein gegenläufiges Drehfeld zerlegt. Ohne Dämpferwicklung würden wie dort als Folge des inversen Feldes in der Erregerwicklung Oberschwingungen gerader und in der Ständerwicklung ungerader Ordnungszahl entstehen. Die einphasige Synchronmaschine benötigt daher eine kräftige Dämpferwicklung im Läufer, deren Strom die gegenläufige Ständerdrehdurchflutung kompensieren muss. Dies gelingt ihr umso besser, je geringer ihr ohmscher Widerstand und ihre Streureaktanz sind.

Im Unterschied zur Drehstrommaschine ist die innerhalb einer Periode abgegebene Leistung nicht konstant, sondern pulsiert wegen $u_1 = \sqrt{2}\, U_N \cdot \sin \omega t$, $i_1 = \sqrt{2}\, I \sin(\omega t - \varphi)$ und $P_1 = u_1 \cdot i_1$ mit doppelter Netzfrequenz. Dieselben Schwankungen macht auch das Drehmoment mit, so dass Einphasengeneratoren federnd aufgestellt werden, um das Fundament zu entlasten.

6.4.3 Dauermagneterregte AC-Servomotoren

Durch die Entwicklung der Seltenerd-Magnete auf der Basis von Samarium/Kobalt und Neodym/Eisen/Bor stehen heute Dauermagnetmaterialien mit einer hohen Remanenz-

6.4 Spezielle Bauarten von Synchronmaschinen

flussdichte $B_{rem} \leq 1{,}5$ T und Koerzitivfeldstärken von über $H_C = 1000$ kA/m mit praktisch geradliniger Kennlinie zur Verfügung. Während sich diese Werkstoffe aus Kostengründen bei dauermagneterregten Gleichstrom-Kleinmotoren der Kfz-Elektrik wie Scheibenwischer- oder Gebläseantrieben noch nicht durchgesetzt haben, werden sie seit Jahren zur Erregung von Synchronmaschinen verwendet. Dabei handelt es sich im Wesentlichen um so genannte AC-Servomotoren oder Positionierantriebe im Drehmomentenbereich von $M_N = 0{,}1$ N · m bis 150 N · m bei Drehzahlen von $n_N = 1000$ min^{-1} bis 6000 min^{-1}. Einsatzgebiete dieser Antriebe sind:

– Werkstücktische bei Fräs, Hobel- und Schleifmaschinen
– Werkzeughalter bei Drehmaschinen
– Achsbewegungen bei Robotern
– Positionieraufgaben bei Transferstraßen.

Aufbau. AC-Servomotoren mit Dauermagneterregung werden fast immer sechspolig ausgeführt, da die hier geringen Rückhöhen der Blechpakete und der kurze Wickelkopf eine gute Ausnutzung des Bauvolumens sichern. Hinsichtlich der Drehzahl n_N besteht durch den Betrieb am Frequenzumrichter trotzdem Freiheit. Die Gehäuseform ist modern rechteckig, die Ständerwicklung wird meist mit der Lochzahl $q = 2$ ausgeführt, d. h. das Ständerblechpaket enthält $Q = 36$ Nuten. Wegen der rechteckigen Außenkontur ist eine Schrägung zur Vermeidung von Nutrastmomenten nicht möglich, sie wird daher durch die Anordnung der SE-Magnete realisiert.

Der Läufer erhält einen Aufbau nach Bild 6.14 c, wonach die SE-Magnete meist aus Preisgründen als rechteckige Plättchen hergestellt und auf eine dann polygone Läuferoberfläche geklebt werden. Eine getränkte Glasfaserbandage sichert zusätzlich gegen das Abheben der Magnete durch die Fliehkräfte (Schleuderschutz).

Die Berechnung der erforderlichen Magnethöhe h_D kann nach den Unterlagen in Abschnitt 1.2.3 erfolgen. Da wegen des kleinen Luftspaltes δ von etwa 1 mm die Magnetpolfläche A_D praktisch gleich der mittleren Luftspaltfläche A_L ist, erhält man aus den Gln. (1.25) und (1.28) die Beziehung

$$\boxed{h_D = \frac{\mu_p}{B_{rem}/B_D - 1} \cdot \frac{k_s}{1+\sigma} \cdot \delta} \qquad (6.50\,\text{a})$$

Wählt man nach Gl. (1.27) mit $B_D = B_{rem}/2$ einen Arbeitspunkt in der Nähe des Energiemaximums $(BH)_{max}$, so erhält man eventuell Magnethöhen, die nur wenig über der Luftspaltweite $\delta \approx 1$ mm liegen. Ob dies ausführbar ist, muss noch durch Bewertung der Ankerrückwirkung geprüft werden.

Ankerrückwirkung. Wie schon in Abschnitt 6.2.1 gezeigt, nimmt die Ständerdrehdurchflutung Θ_1 oder ihr Feld Φ_1 Einfluss auf die Erregung und hier auf Gestalt und Größe der Flussdichte des Dauermagnetfeldes Φ_D. Diese wie bei der Gleichstrommaschine als Ankerrückwirkung bezeichnete Situation ist in Bild 6.71 dargestellt. Dabei ist angenommen, dass durch die Steuerung ein 90°-Winkel zwischen beiden Feldern eingehalten wird. Bei sinusförmiger Stromeinspeisung und dem Zeitpunkt mit dem Scheitelwert des Stromes im Strang U erhält man die eingetragenen Feldlinien

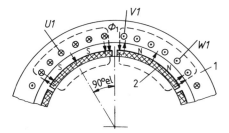

Bild 6.71 Ankerrückwirkung des Ständerdrehfeldes Φ_1 bei Sinusstrom (Strang U führt i_{max})
1 Ständer mit Wicklung
2 SE-Dauermagnet

mit dem Ergebnis, dass jeweils an einer Polkante die Pfeile von Φ_D und Φ_1 gegenläufig sind. Das Dauermagnetfeld wird hier durch die Durchflutung Θ_1 der Ständerwicklung geschwächt, was wieder den Verhältnissen bei einer Gleichstrommaschine entspricht.

Wie in Bild 1.18 zu erkennen, entsteht dann eine irreversible Teilentmagnetisierung der Dauermagnetkante, wenn der Betriebspunkt in den gekrümmten Kennlinienteil der Kurve $B = f(H)$ gerät. Bei SE-Magneten mit ihrer praktisch geradlinigen Kennlinie darf der Arbeitspunkt nicht hinter die Koerzitivfeldstärke H_C gelangen. Dies entspricht der Forderung, $\Theta_1/2\, h_D < H_C$. Die Magnethöhe h_D ist im Vergleich zu Gl. (1.26 a) und Bild 1.18 doppelt einzusetzen, da Θ_1 einen geschlossenen Feldlinienweg mit zwei Luftspaltquerungen erfasst. Der Maximalwert der Ständerdurchflutung entsteht im oben betrachteten Zeitpunkt mit dem Wert $\Theta_{1max} = \sqrt{2}\, I_{1max} \cdot (1 + 0{,}5 + 0{,}5)\, N_1/p$. Damit erhält man die Forderung

$$h_D \geq \sqrt{2} \cdot \frac{N_1 \cdot I_{1max}}{p \cdot H_C} \tag{6.50 b}$$

Eventuell ist also der nach Gl. (6.50 a) bestimmte Wert zu korrigieren.

Beispiel 6.10: Der Entwurf einer sechspoligen dauermagneterregten SM liefert folgende Daten: SE-Magnete mit $B_{rem} = 1{,}02$ T, $H_C = 760$ kA/m bei betriebswarmer Maschine, Drehstromwicklung mit $N_1 = 258$, $p = 3$, $\delta = 0{,}9$ mm, $k_s = 1{,}2$, $\sigma = 0{,}05$

Auf welchen Wert ist der Ständerstrom I_1 zu begrenzen, wenn der Magnet für einen Betriebspunkt mit $B_D = B_{rem}/2$ ausgelegt werden soll?

Nach Abschnitt 1.2.3 wird $\mu_p = B_{rem}/(\mu_0 \cdot H_C) = 1{,}02$ T$/(0{,}4 \cdot \pi \cdot 10^{-6}$ V $\cdot$ s/A $\cdot$ m $\cdot$ 760 kA/m$) = 1{,}07$. Damit erhält man in Bezug zur Luftspaltweite aus Gl. (6.50 a)

$$h_D = \frac{1{,}07}{2-1} \cdot \frac{1{,}2}{1{,}05} \cdot 0{,}9 \text{ mm} = 1{,}1 \text{ mm}$$

Diese Magnethöhe erlaubt nach Gl. (6.50 b) ohne irreversible Entmagnetisierung den Maximalstrom

$$I_{max} = \frac{3 \cdot 760 \text{ A/mm}}{\sqrt{2} \cdot 258} \cdot 1{,}1 \text{ mm} = 6{,}87 \text{ A}$$

Steuerung bei Sinusstrom. AC-Servomotoren werden immer über Frequenzumrichter versorgt und gesteuert (Bild 6.72). Im rechteckigen Gehäuse sind ein Drehzahl- und ein Polradlagegeber integriert. Letzterer muss bei Betrieb des Motors mit sinusförmigen Strömen kontinuierlich die genaue Läuferfeldlage feststellen, so dass ein Resolver oder ein hochauflösender inkrementaler Geber zu verwenden ist. Wird der Eingangsgleich-

6.4 Spezielle Bauarten von Synchronmaschinen   345

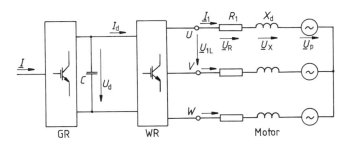

Bild 6.72 Aufbau eines AC-Servomotorsystems

richter GR als B6-Brücke mit IGBTs ausgeführt, so kann der Ladestrom in den Zwischenkreiskondensator C so getaktet werden, dass netzseitig fast sinusförmige Ströme I entstehen. Diese modernste Technik mindert so deutlich das Problem der Netzrückwirkungen eines Umrichters.

Der motorseitige Wechselrichter WR arbeitet mit einer festen Zwischenkreisspannung U_d und liefert gesteuert durch den Mikroprozessor die drei Sinusströme I_1. Diese Technik erfüllt die höchsten Anforderungen an die Dynamik und die Positioniergenauigkeit.

Die angesprochene 90°-Verschiebung zwischen den Achsen von Dauermagnet- und Ständerfeld analog zur Gleichstrommaschine führt zu einem Zeigerbild nach Bild 6.73 a. Der ohmsche Spannungsfall ist vernachlässigt und das Dauermagnetfeld durch einen fiktiven Erregerstrom $\underline{I}_E$ erfasst. Der Ständerstrom $\underline{I}_1$ liegt phasengleich mit der Polradspannung $\underline{U}_p$ und erhält dadurch in Bezug zur Strangspannung $\underline{U}_1$ eine induktive Komponente. Dies lässt sich durch eine so genannte Vorsteuerung nach Bild 6.73 b vermeiden, womit $\cos \varphi = 1$ entsteht. Bei gleicher Leistung kann hier der Strom des Umrichters reduziert werden.

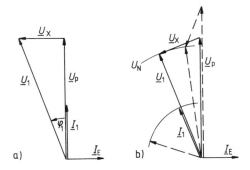

Bild 6.73 Zeigerbild der dauermagneterregten Synchronmaschine
a) 90°-Versatz zwischen Erregerfeld und Ständerdurchflutung
b) Betrieb mit $\cos \varphi = 1$ und mit Übererregung

Bild 6.73 b zeigt auch, dass eine Drehzahlerhöhung über den Eckpunkt des Umrichters mit den Daten $U_1 = U_N$, $f_1 = f_N$ hinaus wie bei der Asynchronmaschine kaum möglich ist. Steigert man nämlich die Drehzahl bei konstanter Spannung U_N, so erhöht sich trotzdem wegen des konstanten Dauermagnetfeldes die Polradspannung U_p drehzahlproportional. Die Spannungsgleichung $\underline{U}_1 = \underline{U}_p + \underline{U}_x$ erzwingt dann eine stark kapazitive Phasenlage von $\underline{I}_1$ mit der entsprechenden Minderung der Leistung. Der Motor arbeitet mit einer starken Übererregung.

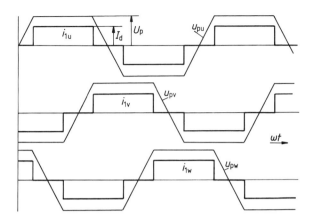

Bild 6.74 Strom- und Spannungsverläufe bei Blockstrom eines AC-Servomotors

Blockstrom. Für die Technik mit Blockstrom sind in Bild 6.74 die Kurvenformen von Strangstrom I_1 und Polradspannung U_p angegeben. Sie treten in dieser Form auch beim unter Abschnitt 6.3.1 erwähnten klassischen Stromrichtermotor auf. Bei $q = 2$ und einer Ständernutschrägung um eine Teilung erhält man bei Annahme eines idealen Rechteckfeldes der Dauermagneten einen trapezförmigen Verlauf der Polradspannung u_p mit einem konstanten Bereich über 120°. Steuert man nun den Wechselrichter so aus, dass die 120°-Stromblöcke i_1 jedes Strangs in Phase mit dem zugehörigen Spannungsverlauf u_p liegen, so erhält man die Zuordnung nach Bild 6.74.

Es sind stets nur zwei Strangwicklungen bestromt, in denen immer $i_1 = I_d$ und gleichzeitig $u_p = U_p$ besteht. Der Betrieb entspricht damit dem einer Gleichstrommaschine mit der inneren Leistung

$$P_i = 2 \cdot U_p \cdot I_d$$

wozu der Wechselrichter die Außenleiterspannung

$$U_{1L} = 2 (U_p + R_1 \cdot I_d)$$

liefern muss.

Linearer Positionierantrieb. Zur Positionierung des Schlittens 3 eines Bearbeitungszentrums muss bei Verwendung rotierender Maschinen 2 eine Umsetzung der Drehbewegung in einen geradlinigen Verlauf erfolgen. Die klassische Lösung hierfür ist eine Kugelrollspindel 1, über die der Tisch bewegt wird (Bild 6.75 a). Die Nachteile dieser

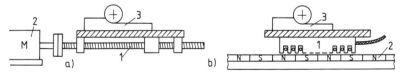

Bild 6.75 Positionierantriebe mit AC-Servomotoren
a) Rotierender Motor mit Kugelrollspindel
   1 Kugelrollspindel 2 Motor 3 Schlitten
b) Direktantrieb durch einen Linearmotor
   1 Ständer mit Schlitten 2 Magnetplatte

6.4 Spezielle Bauarten von Synchronmaschinen

Konstruktion wie Spiel- und Reibungseinflüsse, Elastizitäten sowie zusätzlicher Massen auf die Dynamik und Stellgenauigkeit lassen sich mit dem Einsatz eines Linearantriebs vermeiden. Diese Technik ist seit einigen Jahren auf der Basis von Kurzstator-Linearmotoren mit Läuferschienen aus SE-Magneten auf dem Markt. Das Prinzip dieses linearen Positionierantriebs ist in Bild 6.75 b skizziert. Das Primärteil 1 (Ständer) mit Schlitten 3 enthält im ungeschrägten Blechpaket die Drehstromwicklung. Das feststehende Sekundärteil 2 (Läufer) trägt um eine Nutteilung geschrägte SE-Magnete mit im Abstand der Polteilung wechselnder Polarität.

Schub- und Anziehungskräfte. Zur Berechnung der auftretenden Kräfte ist im Vergleich zum asynchronen Linearmotor zu beachten, dass die SE-Magnete über einer Polteilung τ_p näherungsweise ein Rechteckfeld der Flussdichte B_L mit der Bedeckung α erzeugen. Damit kann die Grundgleichung (1.19 b) mit $F = B \cdot l \cdot I$ verwendet werden, wobei innerhalb τ_p die Leiterstromsumme $3q_1 \cdot z_Q \cdot I_1$ wirksam ist. Pro Pol erhält man so die Schubkraft

$$F_{zp} = B_L \cdot \alpha \cdot l \cdot 3q_1 \cdot z_Q \cdot I_1$$

Führt man mit den Gln. (4.4) und (4.20) die Windungszahl N_1 und den Ständerstrombelag A_1 ein, so ergibt sich die Beziehung

$$\boxed{F_{zp} = \alpha \cdot l \cdot \tau_p \cdot A_1 \cdot B_L} \tag{6.51 a}$$

Bezieht man die Schubkraft auf die Polfläche $A_p = l \cdot \tau_p$, so entsteht ein dem Drehschub rotierender Maschinen vergleichbarer spezifischer Wert

$$\boxed{f_{zp} = \alpha \cdot A_1 \cdot B_L \approx 0{,}6\, A_1 \cdot B_L} \tag{6.51 b}$$

Dabei ist $\alpha \approx 0{,}8$ angenommen und mit der kleineren Zahl 0,6 der verminderte Einfluss der Randzonen berücksichtigt. Die wirksame Flussdichte B_L kann mit den in Abschnitt 1.2.4 angegebenen Formeln aus den geometrischen Daten und den Kenngrößen des Dauermagnetmaterials berechnet werden. Der Strombelag erreicht mit $A_1 \leq 800$ A/cm hohe Werte, wozu das bewegte Primärteil allerdings mit einer Wasserkühlung ausgestattet wird.

In der üblichen Einkammausführung sind die hohen magnetischen Anziehungskräfte F_a zwischen dem Primärteil und der Dauermagnetschiene zu beachten, da diese sich nicht wie bei einer rotierenden Maschine gegenüberliegend aufheben. Sie können je nach Luftspaltweite das bis zu Zehnfache der Vorschubkraft bzw. ein Vielfaches der Gewichtskraft betragen und bereiten allein schon bei der Montage des Antriebs an der Bearbeitungsmaschine einige Schwierigkeiten (s. Beispiel 6.11).

Die Berechnung der Anzugskraft pro Pol folgt Gl. (1.21) mit

$$\boxed{F_{ap} = \frac{B_L^2}{2\mu_0} \cdot \alpha \cdot l \cdot \tau_p} \tag{6.52 a}$$

Der spezifische Wert ergibt sich dann zu

$$f_{ap} = \frac{B_L^2}{2\mu_0} \cdot \alpha \qquad (6.52\,b)$$

Für das Verhältnis Schub- zu Anzugskraft erhält man aus obigen Gleichungen:

$$F_{zp}/F_{ap} = 2 \cdot \mu_0 \cdot \frac{A_1}{B_L}$$

Das Verhältnis verschiebt sich also zu Gunsten der Schubkraft durch die erwähnten hohen Strombeläge.

Durch die rechnergeführte Steuerung des vorgeschalteten Frequenzumrichters besitzen lineare Positionierantriebe optimale Eigenschaften mit Kennwerten wie z. B.

- Beschleunigung $\qquad a \leq 200 \text{ m/s}^2 = 20 \text{ g}$
- Verfahrgeschwindigkeit $\qquad v \leq 200 \text{ m/min}$
- Einstellgenauigkeit $\qquad \Delta x \geq 0{,}1 \text{ µm}$

Beispiel 6.11: Das Primärteil (Kurzstator) eines Linearantriebs mit der aktiven Fläche $A_F = l \cdot b = 300 \text{ mm} \cdot 125 \text{ mm}$ hat eine Masse von $m = 10$ kg. Im Luftspalt bestehe infolge der SE-Dauermagnete eine konstante Flussdichte von $B_L = 0{,}7$ T bei $\alpha = 0{,}8$.

a) Welcher relativen Zusatzmasse m_a/m entspricht die Anziehungskraft F_a durch die SE-Dauermagnete auf das Primärteil?

Nach Gl. (6.52 a) erhält man mit $A_F = 2p \cdot l \cdot \tau_p$ und $F_a = 2p \cdot F_{ap}$

$$F_a = (0{,}7 \text{ V} \cdot \text{s/m}^2)^2 \cdot 0{,}8 \cdot 0{,}3 \cdot 0{,}125 \text{ m}^2/(2 \cdot 0{,}4 \cdot \pi \cdot 10^{-6} \text{ V} \cdot \text{s/A} \cdot \text{m}) = 5610 \text{ N}$$

Dies entspricht nach $m_a = F_a/g = 5610 \text{ N}/9{,}81 \text{ m/s}^2 = 572$ kg der relativen Zusatzmasse

$$m_a/m = 572 \text{ kg}/10 \text{ kg} = 57{,}2$$

b) Wie groß wird bei einem Strombelag von $A_1 = 800$ A/cm etwa die Vorschubkraft F_z?

Nach Gl. (6.51 b) wird $F_z = 0{,}6 \cdot A_F \cdot (A_1\, B_L)$

$$F_z = 0{,}6 \cdot 0{,}3 \cdot 0{,}125 \text{ m}^2 \cdot 8 \cdot 10^4 \text{ A/m} \cdot 0{,}7 \text{ V} \cdot \text{s/m}^2 = 1260 \text{ N}$$

c) Auf welchen Wert muss B_L gesenkt werden, wenn die Anzugskraft F_a nur noch das Dreifache der Schubkraft sein darf?

Mit $F_z/F_a = 2 \cdot \mu_0 \cdot A_1/B_L = 1/3$ wird

$$B_L = 2 \cdot \mu_0 \cdot A_1 \cdot 3 = 2 \cdot 0{,}4 \cdot \pi \cdot 10^{-6} \text{ V} \cdot \text{s/A} \cdot \text{m} \cdot 8 \cdot 10^4 \text{ A/m} \cdot 3 = 0{,}6 \text{ T}$$

6.4.4 Synchrone Langstator-Linearmotoren

Magnetschwebebahn. Unter dem Namen TRANSRAPID wurde in Deutschland bereits seit Ende der 70er-Jahre ein Schnellverkehrssystem entwickelt, das als Antriebs- und Trageinheit einen synchronen Langstator-Linearmotor besitzt. Der TRANSRAPID fährt inzwischen schon ca. 15 Jahre auf einer 31 km langen Versuchsstrecke im Emsland (Niedersachsen) und befördert dort Interessenten aus aller Welt mit Fahrgeschwindigkeiten bis etwa 500 km/h. Der bislang fehlende Einsatz im öffentlichen Verkehrswesen in Europa ist nicht technisch bedingt, sondern hat seine Ursache in der kritischen Bewertung der Wirtschaftlichkeit und damit der Finanzierbarkeit dieses Systems im Ver-

6.4 Spezielle Bauarten von Synchronmaschinen

gleich zur bestehenden Bahntechnik. Ein erster Exporterfolg ist der im Jahre 2002 erfolgte Bau einer Zubringerstrecke zwischen Shanghai und seinem 33 km entfernten Flughafen in China.

Das Besondere der Schwebebahntechnik ist die Vereinigung von Tragen der Fahrgastkabine und ihr Antrieb in einer Einheit, nämlich einem eisenbehafteten synchronen Langstator-Linearmotor. Das System ist in Bild 6.76 mit Fahrweg 1, Fahrzeug 2 und Linearmotor 3, 4 skizziert. Der eisenbehaftete Langstator 3 liegt an der Unterseite der Tragkonstruktion 1, während die beidseitigen Arme des Fahrzeugs den Läufer 4 mit seinen Elektromagneten enthalten. Beidseitige Führungsmagnete 5 sichern durch ihre Feldkräfte F_x den horizontalen Abstand zwischen Fahrzeug und Tragkonstruktion.

Der Linearmotor übernimmt zunächst durch die magnetischen Anziehungskräfte F_y zwischen Stator und Läufer die Gewichtskraft des Fahrzeugs und ermöglicht damit den berührungsfreien Lauf der Schnellbahn. Ferner liefert er mit F_z die Antriebskraft für das Fahrzeug. Damit entfallen alle sonst im Bahnbetrieb durch die kraftschlüssige Verbindung zwischen Rad und Laufschiene sowie den Stromabnehmern und Fahrdrähten auftretenden Probleme wie

– Begrenzung der Zugkraft durch die rollende Reibung und das Achsgewicht
– Schwingungen und Geräusche durch Stoßstellen
– Kontaktprobleme durch Schwingungen des Stromabnehmers

und erlauben somit Fahrgeschwindigkeiten von über 500 km/h [169, 170].

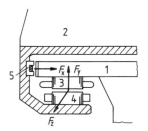

Bild 6.76 Schema der Magnetschwebebahn TRANSRAPID
1 Fahrweg
2 Fahrzeug
3, 4 Linearmotor
5 Führungsmagnet

Motoraufbau. Bild 6.77 zeigt das Prinzip des Langstator-Linearmotors. Das Primärteil 1 trägt in offenen Nuten eine Drehstromwicklung 2 mit $q = 1$, die längs des gesamten Fahrwegs verlegt ist. Der „Läufer" 3 besitzt ausgeprägte Pole mit einer konzentrischen Erregerwicklung 4. Eine Energiezufuhr über einen Stromabnehmer ist nicht erforderlich, da die Versorgung der Magnete und aller sonstigen Bordsysteme ein Lineargenerator 5 übernimmt. Seine Wicklung liegt an der Oberfläche der Polschuhe und liefert eine von der Fahrgeschwindigkeit abhängige Spannung U, die aus den Nutungsharmonischen der Feldkurve B_x gewonnen wird.

In Bild 6.78 ist der Feldverlauf für eine angenommene Lage der beidseitigen Blechpakete gezeigt. Nach den Gln. (4.3) und (4.15) entstehen mit $Q = 2 \cdot p \cdot m \cdot q$ Feldwellen der Ordnungszahl

$$v = k\frac{Q}{p} \pm 1 \quad \text{mit } k = 1; 2; 3 \ldots$$

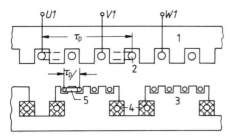 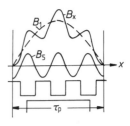

Bild 6.77 Aufbau des Langstator-Linearmotors
1 Statorblech 2 Drehstromwicklung
3 Läuferpole 4 Erregerwicklung
5 Lineargenerator

Bild 6.78 Feldkurve B_x mit Nutungsharmonischen B_5

Die Drehstromwicklung liefert damit wegen $q = 1$ und $m = 3$ vor allem die Feldwellen B_5 und B_7. Nach Gl. (4.32) hat eine Harmonische der Ordnungszahl ν die Wandergeschwindigkeit $v_\nu = v_1/\nu$, womit zwischen ihr und dem mit v_1 bewegten Lineargenerator des Läufers die Schlupfgeschwindigkeit

$$\Delta v = v_1 - v_\nu = v_1(1 - 1/\nu)$$

d. h. im Mittel ca. 83 % der Fahrgeschwindigkeit auftritt. Die Wicklung des Lineargenerators ist mit $W = \tau_p/6$ an eine fiktive mittlere Feldwelle B_6 angepasst und erzeugt nach der Gleichung $U_\nu = 2 \cdot N \cdot B_\nu \cdot l \cdot \Delta v$ eine mittelfrequente Spannung und damit die Energie für das Bordnetz.

Kräfte. Für die Kraftwirkungen in den drei Achsen nach Bild 6.76 gelten grundsätzlich die bereits zuvor für den linearen Servomotor abgeleiteten Gleichungen und damit für die

Schubkraft $\quad F_z \sim A_1 \cdot B_L$
Hubkraft $\quad F_y \sim B_L^2$

Aus obigen Gleichungen ergeben sich für den Betrieb des Langstator-Linearmotors folgende Grundsätze:

– Bei der Verknüpfung von Tragen und Antreiben in einem Motor bestimmt allein die Tragaufgabe, also das gesamte Fahrzeuggewicht, die erforderliche Flussdichte B_L.
– Der durch die Regelung für den Schwebezustand einzustellende Erregerstrom im Läufer ergibt sich aus dem Fahrzeuggewicht und der Luftspaltweite.
– Die Vorschubkraft (Antriebskraft) kann damit nur noch über die Höhe des Strombelags A_1, d. h. des Ständerstromes I_1 und seines Phasenwinkels β beeinflusst werden.
– Die längs des Fahrwegs verlegte Drehstromwicklung wird in Abschnitte unterteilt und vor Eintreffen des Fahrzeugs in einen Bereich über Frequenzumrichter versorgt.
– Ein bestromter Abschnitt der Drehstromwicklung ist sehr viel länger als das Fahrzeug. Damit wird der wirksame Blindwiderstand des Motors vor allem durch das Streufeld des freien Ständers und nicht durch den Hauptblindwiderstand X_h bestimmt.

6.4.5 Transversalflussmotoren

Konstruktionsprinzip. Bei einer Drehfeldmaschine in der üblichen konventionellen Bauweise befinden sich alle Leiter der Drehstromwicklung in den Nuten des Ständerblechpaketes entlang der Bohrung. Sie liegen damit bis auf die Wickelköpfe parallel zur Welle und somit axial. Ihr Querschnitt wird bei vorgegebener Stromdichte durch den Bemessungswert I_{1N} des Strangstromes bestimmt. Das Magnetfeld Φ wird dagegen über die Zähne und den Rücken dazu querstehend, also in radialen Ebenen, geführt. In Bild 6.79a ist diese klassische Bauweise skizziert, die aber zur Folge hat, dass sich Wicklung und Magnetfeld, die für die Werte von Strombelag A_1 und Flussdichte B_L im Luftspalt maßgebend sind, den Gesamtquerschnitt in Umfangsrichtung zwischen Bohrung und Nutgrund teilen müssen. Der stromführende Leiterquerschnitt kann damit nur auf Kosten der flussführenden Zahnbreite oder umgekehrt vergrößert werden – Nut- und Zahnquerschnitt begrenzen sich somit gegenseitig.

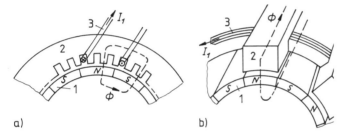

Bild 6.79 Richtung von Magnetfeld Φ und Wicklung mit Strom I_1
a) konventionelle Bauweise
   1 SE-Dauermagnete im Läufer   2 Ständerblechpaket   3 Drehstromwicklung im Ständer
b) Transversalflussmotor
   1 SE-Dauermagnete im Läufer   2 Ständerbleche   3 Ringwicklung im Ständer

In der Bauform als Transversalflussmotor (TFM) werden nun die beiden Wirkungsachsen getauscht. Die Ständerwicklung wird als Ring konzentrisch zur Welle ausgeführt, während das Feld außerhalb der SE-Magnete in Richtung der Wellenachse und damit transversal verläuft. In Bild 6.79b ist auch diese Bauweise skizziert. Durch sie werden Feld- und Stromführung räumlich entkoppelt, womit man erreicht, dass die stromführenden Leiter keiner Einengung mehr durch die Ständerzähne unterliegen. Erkauft wird dieser Vorteil allerdings durch einen wesentlich komplizierteren und damit teureren Aufbau des gesamten magnetischen Kreises.

Bild 6.80 zeigt einen Ausschnitt der grundsätzlichen von Weh in [157] angegebenen Ausführung pro Strang. Diese beruht wieder auf Gedanken, die Laithwaite bereits Jahre vorher veröffentlicht hatte [156]. Die SE-Magnete 1 ergeben eine Maschine hoher Polzahl und erhalten läuferseitig einen Weicheisenrückschluss 2. Im Ständer liegt die konzentrische Ringwicklung 4 und der magnetische Kreis wird durch Jochbleche 3 im Abstand der doppelten Polteilung geschlossen. Zur Erzeugung eines Drehfeldes werden bei zwei- bis viersträngiger Maschine entsprechend viele derartige Einheiten axial hintereinander angeordnet und entsprechend der zeitlichen Phasenverschiebung der Ringströme gegeneinander verdreht. So sind bei einer zweisträngigen Ausführung die Ständerpole um $\tau_p/2 = 90°$ gegeneinander versetzt und die zugehörigen Ringströme erhalten eine gegenseitige Phasenverschiebung von ebenfalls 90°.

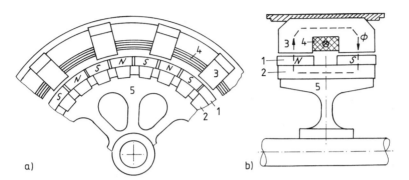

Bild 6.80 Prinzipieller Aufbau eines Transversalflussmotors
a) Querschnitt   b) Längsschnitt
1 SE-Dauermagnete   2 Läuferrückschluss   3 Jochbleche
als Ständerrückschluss   4 Ringwicklung   5 Al-Läuferkörper

Wirkungsweise. Zwar entsteht das auf den Läufer einer Maschine wirkende Drehmoment auch bei konventioneller Bauweise nach Abschnitt 1.2.3 stets durch Feldkräfte an den Zähnen [2], doch bestimmt man es meist über die Lorentzkraft mit $F = B \cdot l \cdot I$ und Gl. (1.20). Bei TFM ist dagegen die direkte Berechnung der Feldkräfte zwischen SE-Magneten und den Ständerjochen das einfachste Verfahren, was nachstehend gezeigt werden soll.

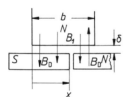

Bild 6.81 Flussdichten im Luftspalt zwischen Ständerpol und SE-Magneten zur Berechnung der Tangentialkräfte

In Bild 6.81 ist ein Ständerpol und die Stellung zweier benachbarter SE-Magnete mit den Richtungen der von beiden Seiten getrennt erzeugten Flussdichten eingetragen. B_D ist der nach den Angaben in Abschnitt 1.2.4 erreichbare Luftspaltwert durch die SE-Magnete und B_1 die Flussdichte durch die Ständerdurchflutung $N_1 \cdot I$. Diese bewirkt pro Ständerpol den Strombelag

$$A_1 = \frac{N_1 \cdot I}{2\tau_p}$$

Bezeichnet man mit δ_g den wirksamen Gesamtluftspalt eines Ständerpolbereiches, so erhält man die Flussdichte durch die Ständerdurchflutung zu

$$B_1 = \mu_0 \cdot \frac{N_1 \cdot I}{2\delta_g}$$

Für die magnetische Energie gilt bei homogenen Feldern die einfache Beziehung

$$W_m = \frac{1}{2} \cdot B \cdot H \cdot V$$

Auf die Magnetstellung in Bild 6.81 angewandt erhält man

$$W_m = \frac{l_D \cdot \delta_g}{2\mu_0}\left[(B_D + B_1)^2 \cdot x + (-B_D + B_1)^2 \cdot (b-x)\right]$$

Darin bedeutet l_D die axiale Länge eines Magneten und es wird die eindringende Pfeilrichtung positiv gewertet. Die pro Pol entstehende Tangentialkraft F_t in x-Richtung errechnet sich dann über den Differenzialquotienten

$$(F_t)_{max} = \frac{dW_m}{dx} = \frac{2l_D \cdot \delta_g}{\mu_0} \cdot B_1 \cdot B_D$$

Dabei sind während der Bewegung konstante Werte für die beiden Flussdichten angenommen. Da beides wegen des nicht rechteckigen Stromverlaufs und der über eine Polteilung τ_p nicht konstanten B_D-Werte nicht zutrifft, ist eine Korrektur mit dem Faktor $k_m < 1$ erforderlich. Damit erhält man die erreichbare Tangentialkraft pro Ständerpol, wenn man B_1 nach obigen Gleichungen durch den Strombelag A_1 ersetzt zu

$$\boxed{F_t = (F_t)_{max} \cdot k_m = k_m \cdot A_1 \cdot B_D \cdot 2\tau_p \cdot l_D} \qquad (6.53\,\text{a})$$

Wie im vorherigen Abschnitt bei den Servomotoren soll zur Verdeutlichung der Aussage eine auf die Flächeneinheit bezogene Kraft f_p, also die Kraftdichte bestimmt werden. Pro Ständerpol ist die Fläche $2\,l_D \cdot \tau_p$ anzusetzen, womit man für die Flächendichte mit $B_D = B_L$

$$\boxed{f_p = k_m \cdot A_1 \cdot B_L} \qquad (6.53\,\text{b})$$

erhält. Diese Beziehung entspricht exakt derjenigen für den Drehschub σ konventioneller Maschinen nach Gl. (1.9 a).

Ausnutzung. Die bei konventioneller Bauweise vorhandene Begrenzung des Nut- und Zahnquerschnitts gestattet mit normaler Luftkühlung etwa die Grenzwerte $A_1 = 600$ A/cm und $B_L = 1$ T. Dies ergibt mit $\alpha = 0{,}8$ bei einem dauermagneterregten Synchronmotor als maximalen Drehschub einen Wert von ca. $\sigma = 48$ kN/m^2.

Ähnlich wie bei einem doppelseitigen asynchronen Linearmotor nach Abschnitt 5.5.2 lässt sich die Ausnutzung des TFM durch beidseitige Anordnung der Ständerelemente Joch und Ringwicklung zum SE-Magnetläufer weiter verbessern. Mit zusätzlichen Weicheisen-Polschuhen für eine Flusskonzentration erhält man dann eine Ausführung nach Bild 6.82, wobei dort zur Vereinfachung der zeichnerischen Darstellung eine Linearausführung angegeben ist.

Nach Bild 6.82 b ergibt sich die Flusskonzentration mit $A_L < A_D$ durch Reduktion der Querschnittsfäche für den Fluss Φ in Richtung Luftspalt. Es gilt vereinfacht $B_L = B_D \cdot A_D/A_L$ und damit ein höherer Wert als ihn der Magnet liefern kann. Wie skizziert, schließt sich das Feld eines Ständerjochs immer über die beiden benachbarten der Gegenseite.

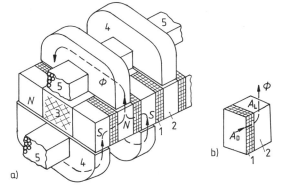

Bild 6.82 Doppelseitiger Transversalflussmotor TFM mit Flusskonzentration.
a) Aufbau einer linearen Ausführung
   1 SE-Magnete
   2 Weicheisen-Polschuhe
   3 Kunststoff
   4 Jochelemente
   5 Ringwicklung
b) Flusskonzentration durch Polschuhe 2

Mit den besten SE-Magneten mit Remanenzwerten von B_r bis über 1,4 T und den in Bild 6.82 angewandten Techniken kann durchaus $B_L \leq 1{,}6$ T erreicht werden. Hinsichtlich des Strombelags A_1 ist man beim TFM in der Wahl der Windungen N_1 weitgehend frei und nicht an einen Nutquerschnitt gebunden. Zusätzlich ist bei der offen liegenden Ringwicklung leicht eine Wasserkühlung realisierbar, womit Strombeläge von mehreren 1000 A/cm möglich sind. Bei gegebener Dauermagnethöhe ergibt sich die Stromgrenze $I_{1\max}$ – und damit der höchstzulässige Strombelag $A_{1\max}$ ähnlich wie nach Gl. (6.50 b) bei dauermagneterregten AC-Servomotoren – eher aus der Notwendigkeit eine irreversible Entmagnetisierung der SE-Magnete bei der höchsten anzunehmenden Magnettemperatur zu vermeiden.

Nimmt man beispielhaft für TFM mit Flusskonzentration die Werte $B_L = 1{,}4$ T, $A_1 = 2000$ A/cm und $k_m = 0{,}5$ an, so erhält man nach Gl. (6.53 b)

$$\sigma = f_p = 0{,}5 \cdot (2 \cdot 10^5 \text{ A/m}) \, (1{,}4 \text{ V s/m}^2) = 140 \, \text{kN/m}^2$$

Im Ergebnis lassen sich also mit Maschinen in Transversalflussausführung Kraftdichten und damit Drehmomente vom Mehrfachen normaler Motoren erreichen.

Anwendungen. Die deutlich höhere Ausnutzung des aktiven Materials gestattet bei gleicher Leistung im Vergleich zur konventionellen Maschine eine wesentliche Verringerung von Bauvolumen und Gewicht. Im Bezug zum Asynchronmotor werden in [158] für eine Leistung von 50 kW bei $n_N = 150$ min^{-1} nur 23 %, bei $n_N = 1500$ min^{-1} noch 26 % der AsM-Daten angegeben. Bei diesen Werten eignet sich der TFM besonders als Direktantrieb im Bahnbereich und in der Fördertechnik und erspart hier jeweils das Getriebe.

6.5 Synchrone Kleinmaschinen

Transversalflussmotoren werden heute von mehreren Firmen serienmäßig im Leistungsbereich bis zu einigen hundert kW gebaut und mit Frequenzumrichtern versorgt und gesteuert. Auf Grund ihrer im Vergleich zu konventionellen Motoren aufwändigen und damit teuren Konstruktion werden TFM wohl ein Nischenprodukt bleiben.

6.5 Synchrone Kleinmaschinen

6.5.1 Reluktanzmotoren

Diese Bauart einer Synchronmaschine hat ihren Namen von dem im Läufer durch Aussparungen längs des Umfangs veränderlichen magnetischen Widerstand (Reluktanz). Sie entspricht damit der Schenkelpol-Synchronmaschine ohne eingeschaltete Gleichstromerregung. Das Drehmoment des Reluktanzmotors stimmt deshalb mit dem dortigen Reaktionsmoment in Gl. (6.27) überein und entsteht wie dort durch die Richtkräfte auf den magnetisch unsymmetrischen Läufer, die ihn in die Drehfeldachse ziehen und synchron mitnehmen [139, 140].

Aufbau. Der Ständer hat wie bei allen Wechsel- und Drehstrommaschinen ohne Stromwender die Aufgabe, ein umlaufendes Magnetfeld, und zwar möglichst ein Kreisdrehfeld zu erzeugen. Entsprechend wird im oberen Leistungsbereich eine Drehstromwicklung verwendet, darunter eine zweisträngige Wicklung mit Kondensator und schließlich eine Ausführung nach dem Spaltpolprinzip.

Der Läufer besitzt zunächst eine Käfigwicklung für den asynchronen Anlauf und daneben aber Aussparungen, die eine magnetische Unsymmetrie ergeben. In Bild 6.83 sind die beiden dazu grundsätzlichen Konstruktionen gezeigt. Entfernt man wie in Bildteil a einen Teil der Zähne, so entstehen zwei Luftspaltweiten mit einem Verhältnis von 1 : 10 bis 1 : 20. Die andere Technik (Bildteil b) verwendet innen liegende Ausstanzungen – so genannte Flusssperren –, die entlang des Feldlinienweges ebenfalls den magnetischen Widerstand in der Querachse q erhöhen.

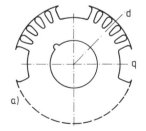
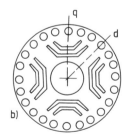

Bild 6.83 Läuferbauformen des Reluktanzmotors
a) Aussparungen am Umfang
b) Flusssperren im Innern

Zeigerdiagramm und Stromgleichung. Die magnetische Unsymmetrie verlangt die schon bei der Schenkelpolmaschine vorgenommene Unterteilung der Ständerdurchflutung in ihre Wirkung auf die Längsachse d und die Querachse q des Läufers und damit ebenso die Trennung des Ständerstromes in $\underline{I}_1 = \underline{I}_{1d} + \underline{I}_{1q}$. Aus der Unsymmetrie ergeben sich ferner für die Ständerwicklung die schon aus den Gln. (6.23) und (6.24) bekannten Größen, nämlich synchroner

Längsblindwiderstand $\quad X_d = X_{hd} + X_{1\sigma}$
Querblindwiderstand $\quad X_q = X_{hq} + X_{1\sigma}$

Zusammen mit dem ohmschen Wicklungswiderstand R_1 eines Ständerstrangs entsteht für diesen damit die Spannungsgleichung

$$\underline{U}_1 = R_1 \cdot \underline{I}_1 + jX_d \cdot \underline{I}_{1d} + jX_q \cdot \underline{I}_{1q} \quad (6.54)$$

Diese Spannungsgleichung führt zum Zeigerdiagramm eines Reluktanzmotors nach Bild 6.84, das zur Berechnung des Ständerstromes verwendet werden kann. Einfacher ergibt sich dieser aus Gl. (6.25), wenn $U_p = 0$ gesetzt wird. Man erhält

$$\underline{I}_1 = \frac{U_1}{2X_d}\left(\frac{X_d}{X_q} - 1\right)\sin 2\vartheta - j\frac{U_1}{2X_d}\left[\frac{X_d}{X_q} + 1 - \left(\frac{X_d}{X_q} - 1\right)\cos 2\vartheta\right] \quad (6.55)$$

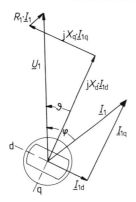

Bild 6.84 Zeigerdiagramm des Reluktanzmotors

Leistung und Drehmoment. Der erste Term der Stromgleichung enthält den Wirkanteil, über den sich die Aufnahmeleistung $P_1 = 3\,U_1 \cdot I_{1w}$ ergibt. Nach Abzug der bis auf die Reibung nur im Ständer auftretenden Verluste P_v erhält man die Abgabeleistung zu

$$P_2 = \frac{3}{2} \cdot \frac{U_1^2}{X_d}\left(\frac{X_d}{X_q} - 1\right) \cdot \sin 2\vartheta - P_v \quad (6.56)$$

Ohne Beachtung der Verluste gilt näherungsweise $M = P_1/(2\pi \cdot n_1)$ und damit

$$M = \frac{3}{4\pi \cdot n_1} \cdot \frac{U_1^2}{X_d}\left(\frac{X_d}{X_q} - 1\right) \cdot \sin 2\vartheta \quad (6.57)$$

Sie entspricht der Gl. (6.27) für das Reaktionsmoment einer Schenkelpolmaschine. Mit den getroffenen Vereinfachungen verläuft die Funktion $M = f(\vartheta)$ nach einer reinen Si-

6.5 Synchrone Kleinmaschinen

nuskurve (Bild 6.85). Bei einem Winkel $\vartheta_N = 15°$ ergibt sich dann ein Verhältnis Kipp- zu Bemessungsmoment von $M_K/M_N = 2$.

Der Anlauf des Motors erfolgt mit dem asynchronen Drehmoment der Käfigwicklung nach Bild 6.86. In der Nähe der Synchrondrehzahl fällt der Motor selbsttätig beim Intrittfallmoment M_S in den Synchronlauf und kann danach bis in die Nähe des Kippmomentes $M_K = M_{AS}$ belastet werden. Letzteres ergibt sich aus Gl. (6.57) für den Polradwinkel $\vartheta = 45°$ (Bild 6.85).

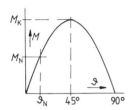

Bild 6.85 Drehmomentverlauf

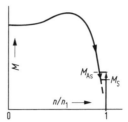

Bild 6.86 Momentenkennlinie

Entscheidend für Leistung und Drehmoment eines Reluktanzmotors ist das durch die Läufergestalt erreichte Verhältnis X_d/X_q. Durch Ausstanzen von Zähnen wie in Bild 6.83a erreicht man etwa den Wert 3 bis 4 und damit maximal 50 % der Bemessungsleistung der Asynchronmaschine mit diesem Läuferblechschnitt. Der Magnetisierungsstrom ist durch die Wirkung der Aussparungen größer und damit der Leistungsfaktor höchstens $\cos \varphi = 0{,}5$. Der Wirkungsgrad liegt nur bei etwa $\eta = 0{,}6$.

Günstigere Verhältnisse erhält man bei Verwendung von Blechschnitten nach Bild 6.83b mit innen liegenden Luftspalten (Flusssperren), die in der Querrichtung stark verringerte Leitwerte und damit ein kleines X_q ergeben. Denselben Zweck erfüllen Läuferbauformen aus einzelnen Blechsegmenten [141], mit denen die Leistung von Drehstrom-Asynchronmaschinen gleicher Baugröße erreicht wird.

Reluktanzmotoren werden bis zu Leistungen von etwa 10 kW gebaut und gerne als Gruppenantriebe dort eingesetzt, wo wie in Spinnereien viele kleinere Antriebe mit gleicher Drehzahl laufen müssen.

Beispiel 6.12: Ein vierpoliger Drehstrom-Käfigläufermotor der Baugröße 90L hat die Daten: $P_N = 2{,}5$ kW, $U_N = 400$ V Y, $I_N = 5{,}9$ A, $\cos \varphi = 0{,}81$

Der Läuferblechschnitt soll durch Aussparungen nach Bild 6.83a für einen Reluktanzmotor verwendet werden.

a) Welche neue Bemessungsleistung P_{NR} wird mit den Werten $X_d/X_q = 3$, $X_d = 0{,}8 \cdot X_1$ und $\vartheta_N = 15°$ erreicht?

Der alte Ständerblindwiderstand X_1 kann mit guter Näherung aus $X_1 = U_{Str}/I_0$ mit $I_0 = I_N \cdot \sin \varphi$ bestimmt werden. Damit erhält man

$$I_0 = 5{,}9 \text{ A} \cdot 0{,}586 = 3{,}46 \text{ A} \quad X_1 = 400 \text{ V}/(\sqrt{3} \cdot 3{,}46 \text{ A}) = 66{,}7 \text{ }\Omega$$

$$X_d = 0{,}8 \cdot 66{,}7 \text{ }\Omega = 53{,}4 \text{ }\Omega$$

Nach Gl. (6.56) gilt mit $\sin 2\vartheta_N = 0{,}5$

$$P_1 = 1{,}5 \cdot U_1^2/X_d \cdot (X_d/X_q - 1) \cdot \sin 2\vartheta_N$$
$$= 1{,}5 \, [(400 \text{ V})^2/(3 \cdot 53{,}4 \, \Omega)] \cdot (3-1) \cdot 0{,}5 = 1498 \text{ W}$$

Mit der Annahme $\eta = 0{,}8$ ergibt sich die neue Bemessungsleistung zu

$$P_{NR} = P_1 \cdot \eta = 1498 \text{ W} \cdot 0{,}8 = 1200 \text{ W}$$

b) Wie groß werden bei P_{NR} die Werte I_N und $\cos \varphi$?

In Gl. (6.55) enthält der erste Term den Wirk- und der zweite den Blindanteil des Ständerstromes. Damit werden:

$$I_w = \left[400 \text{ V}/\left(\sqrt{3} \cdot 2 \cdot 53{,}4 \, \Omega\right)\right] \cdot (3-1) \cdot 0{,}5 = 2{,}16 \text{ A}$$

$$I_b = \left[400 \text{ V}/\left(\sqrt{3} \cdot 2 \cdot 53{,}4 \, \Omega\right)\right] \cdot [3 + 1 - (3-1) \, 0{,}866] = 4{,}90 \text{ A}$$

$$I_N = \sqrt{2{,}16^2 + 4{,}90^2} \text{ A} = 5{,}35 \text{ A} \quad \cos \varphi = I_w/I_N = 2{,}16 \text{ A}/5{,}35 \text{ A} = 0{,}40$$

c) Bei welchem Verhältnis X_d/X_q und $\vartheta_N = 22{,}5°$ wird der Leistungsfaktor $\cos \varphi = 0{,}707$?

Bei $\cos \varphi = 0{,}707$ ist $\varphi = 45°$ und damit $I_w = I_b$. Nach Gl. (6.55) ergibt dies die Forderung

$$(X_d/X_q - 1) \sin 45° = X_d/X_q + 1 - (X_d/X_q - 1) \cos 45°$$

Mit $\sin 45° = \cos 45° = 1/\sqrt{2}$ erhält man

$$\sqrt{2} \, (X_d/X_q - 1) = X_d/X_q + 1 \quad \text{und daraus}$$

$$X_d/X_q \left(\sqrt{2} - 1\right) = \sqrt{2} + 1 \quad \text{mit } X_d/X_q = 5{,}83$$

6.5.2 Hysteresemotoren

Dieser Synchronkleinstmotor wird im Leistungsbereich von etwa 1 W bis 100 W gebaut und hat seinen Namen von den drehmomentbildenden Hystereseverlusten beim asynchronen Anlauf.

Aufbau. Der Ständer muss ein Drehfeld erzeugen, wozu fast immer das Spaltpolprinzip verwendet wird. Bei zwei- und vierpoligen Ausführungen wählt man eine Konstruktion wie bei asynchronen Spaltpolmotoren (Abschn. 5.6.4). Für kleine Drehzahlen eignet sich am besten die Klauenpoltechnik, deren Prinzip in Bild 6.87 skizziert ist. Eine Ringspule 1 erhält auf beiden Seiten abgewinkelte Polbleche 2, die fingerartig ineinander greifen. Auf diese Weise entstehen längs des Umfangs abwechselnd doppelte Nord- und Südpole. Um ein Drehfeld zu erreichen, wendet man das Spaltpolprinzip an. Die hierfür erforderliche Zusatzdurchflutung liefern die beidseitigen leitfähigen Scheiben 5,

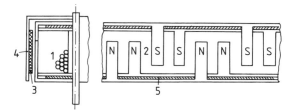

Bild 6.87 Hysteresemotor in Klauenpolausführung
1 Ringwicklung
2 doppelte Klauenpolringe
3 Dauermagnetband
4 Läuferbecher
5 Alu-Scheiben als Kurzschlussring

6.5 Synchrone Kleinmaschinen

die den Feldanteil der jeweils äußeren Nord- und Südpolzähne umfassen. Diese wirken damit wie ein Spaltpol mit Kurzschlussring.

Der Läufer enthält anstelle der Käfigwicklung des Spaltpolmotors einen Ring aus Dauermagnetmaterial. In der Bauform als Außenläufer rotiert ein Blechbecher 4 mit innenseitiger Auflage eines Dauermagnetrings 3. Die Koerzitivfeldstärke des Materials ist so gewählt, dass es durch die Ständerdrehdurchflutung ummagnetisiert werden kann.

Betriebsverhalten. Für den Anlauf des Hysteresemotors gelten die bei der Drehstrom-Asynchronmaschine in Abschn. 5.2.2 zwischen Drehmoment M_i und Läuferverlusten P_{v2} abgeleiteten Beziehungen mit

$$P_{v2}/s = P_L = 2\pi \cdot n_1 \cdot M_i$$

Das Drehmoment während des Anlaufs kann damit über die läuferseitig auftretenden Verluste bestimmt werden, die hier mit $P_{v2} = P_H$ aus den Ummagnetisierungsverlusten (Hystereseverlusten) P_H bestehen. Diese sind pro Zyklus dem Inhalt der Hystereseschleife proportional und berechnen sich nach Abschn. 1.2.2 zu

$$P_H = v_H \cdot m \cdot s \cdot f_1 \cdot B^2$$

mit $\quad v_H$ – spezifische Verluste in $W \cdot s/(kg \cdot T^2)$
m – Masse des Magnetmaterials
$s f_1$ – ummagnetisierende Schlupffrequenz
B – Amplitude des Magnetfeldes

Aus den vorstehenden Beziehungen erhält man mit $M_H = M_i$ die Drehmomentgleichung

$$\boxed{M_H = \frac{p}{2\pi} \cdot v_H \cdot m \cdot B^2} \tag{6.58}$$

wobei für die Synchrondrehzahl $n_1 = f_1/p$ gesetzt ist.

Das asynchrone Drehmoment $M_H = (n)$ ist also während des Anlaufs konstant und damit auch die Luftspaltleistung P_L. Mit den Beziehungen $P_2 = P_L (1 - s)$, $P_H = P_L \cdot s$ und $P_1 = P_L + P_{v1}$ erhält man die Leistungsbilanz in Bild 6.88.

In der realen Drehmomentkennlinie $M_H = f(n)$ nach Bild 6.89 ist ein Anteil ΔM enthalten. Er entsteht durch die Wirkung von Wirbelströmen im Dauermagnetmaterial. Nach

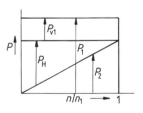

Bild 6.88 Leistungsbilanz eines Hysteresemotors im Anlauf

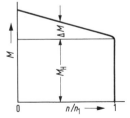

Bild 6.89 Momentenkennlinie des Hysteresemotors
ΔM Zusatzmoment durch Wirbelströme

dem Hochlauf geht der Motor ruckfrei in den synchronen Betrieb über und verhält sich wie eine dauermagneterregte Synchronmaschine.

Hysteresemotoren haben eine Reihe von Vorteilen wie hohes Anlaufmoment, ruckfreier Übergang in den Synchronbetrieb und keinen überhöhten Anlaufstrom. Der Anwendungsbereich liegt bei Kleinantrieben wie Datenspeichern, Plattenspielern oder Bandwicklern, wo relativ große Schwungmassen zu beschleunigen sind [142].

6.5.3 Schrittmotoren

Steuerprinzip. Schrittmotoren sind eine Sonderbauform der Synchronmaschine mit ausgeprägten Ständerpolen, deren Wicklungen durch Stromimpulse zyklisch angesteuert werden. Dadurch entsteht ein sprungförmig umlaufendes Magnetfeld, dem der Läufer jeweils mit einem Schritt um den Winkel α folgt. Einer Reihe von n Steuerimpulsen entspricht daher eine Drehung der Welle um den Winkel $\varphi = n \cdot \alpha$, was eine Positionierung ohne Rückmeldung erlaubt. Schrittmotoren arbeiten also in einer offenen Steuerkette, d. h. ohne den bei Gleichstrom- und Drehstrom-Servoantrieben erforderlichen Regelkreis mit Soll-Istwertvergleich der Läuferstellung [143].

Zu einem Schrittmotorenantrieb (Bild 6.90) gehört immer ein dem Motor zugeordnetes Ansteuergerät, in dem eine Programmeinheit die Steuerbefehle verarbeitet und der Leistungsstufe zuführt. Diese liefert aus einem Netzteil die erforderliche Impulsfolge zur Speisung der einzelnen Wicklungsstränge.

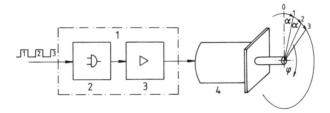

Bild 6.90 Schrittmotorenantrieb
1 Ansteuergerät
2 Programmeinheit
3 Leistungsstufe
4 Schrittmotor

Auf Grund der digitalen Drehbewegung seiner Welle eignet sich der Schrittmotor ideal als Schaltwerk (Drucker, Programmschalter, Quarzuhren usw.) und Positionierantrieb für praktisch alle Aufgaben der Automatisierungstechnik. In der Ausführung als Hybridmotor sind heute Vollschrittwinkel von $\alpha \geq 0,36°$ bei Lauffrequenzen bis 50 kHz möglich. Je nach Bauart werden Motoren mit Drehmomenten von 0,01 N · m bis ca. 10 N · m gefertigt.

Das Prinzip der Schrittmotorentechnik ist in Bild 6.91 am Beispiel eines dreisträngigen Motors mit Reluktanzläufer gezeigt. Durch die Stromimpulse werden die Wicklungsstränge 1 bis 3 nacheinander erregt und damit eine sprungförmige Winkeländerung der Ständerfeldlage erreicht. Der Läufer stellt sich jeweils so in dieses Ständerfeld ein, dass vier seiner Zähne mit den gerade erregten Ständerpolen deckungsgleich sind, was der Stellung des kleinsten magnetischen Widerstandes (Reluktanz) entspricht. Wie Bild 6.91 zu entnehmen ist, ergibt jeder Impuls einen Winkelschritt von $\alpha = 15°$.

6.5 Synchrone Kleinmaschinen

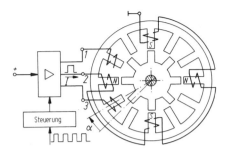

Bild 6.91 Schaltung eines dreisträngigen
Reluktanzschrittmotors
Schrittwinkel $\alpha = 15°$

Bauformen. Schrittmotoren werden mit $m = 2$ bis $m = 5$ Wicklungssträngen ausgeführt, besitzen also $2\,p \cdot m$ Ständerpole. Die wesentlichsten Konstruktionsunterschiede liegen in der Bauart des Läufers, wonach man in drei Motortypen gliedert.

1. Permanenterregte Motoren (PM-Motor) in Wechselpol-Bauweise besitzen einen zylindrischen Ferritläufer, der entlang des Umfangs mehrpolig magnetisiert ist (Bild 6.92 a), wobei man mit $p \leq 12$ Schrittwinkel bis zu 7,5° erreicht. Der Ständer ist meist zweisträngig und wird gerne nach dem Klauenpolprinzip ausgeführt. Dieser Motortyp ist preiswert, hat eine gute Dämpfung und durch den Dauermagneten auch im stromlosen Zustand ein Selbsthaltemoment.
2. Bei Reluktanzmotoren besteht der Läufer aus einem weichmagnetischen Zahnrad (Bild 6.91), das sich entsprechend den bestromten Ständerwicklungen in deren Magnetfeld einstellt. Es wird also der durch die Nut-Zahnfolge veränderliche magnetische Widerstand (variable Reluktanz – VR-Motor) zur Drehmomentbildung verwendet. Man erreicht in dieser Bauform Schrittwinkel von unter 1°, erhält aber ohne das Dauermagnetfeld kein Selbsthaltemoment und eine schlechte Dämpfung.
3. Permanenterregte Motoren in Gleichpol-Bauweise (Hybridmotoren) sind eine Kombination der beiden obigen Typen. Der Läufer besteht nach Bild 6.92 b) aus einem axial magnetisierten Dauermagneten, der beidseitig gezahnte Polschuhe aus Weicheisen erhält. Die Zähne beider Ringe sind gegeneinander um eine halbe Teilung versetzt und bilden auf der einen Seite nur Nord-, auf der anderen nur Südpole. Der Ständer besitzt ebenfalls gezahnte Pole für eine meist fünfsträngige Wicklung. Mit dieser wichtigsten Bauform vor allem für große Drehmomente erreicht man Schrittwinkel unter 1°, eine gute Dämpfung und ein Selbsthaltemoment.

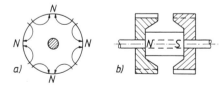

Bild 6.92 Dauermagnetläufer eines Schrittmotors
a) Wechselpolbauweise
b) Gleichpolbauweise

Die Wirkung einer Zahnung der Ständerpole zur Realisierung kleiner Schrittwinkel soll in Bild 6.93 prinzipiell am Beispiel eines viersträngigen Motors mit acht Ständerpolen, die jeweils fünf Zähne aufweisen, gezeigt werden. Bei erregter Ständerwicklung A befinde sich der Läufer mit 50 Zähnen in Lage 1, d. h. der Stellung maximalen Leitwerts zwischen Pol A und den Läuferzähnen. Wird jetzt der Strang B erregt, so springt der

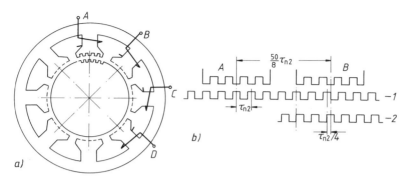

Bild 6.93 Reluktanzschrittmotor mit gezahnten Ständerpolen, Schrittwinkel $\alpha = 1{,}8°$
a) Aufbau von Ständer und Läufer   b) Läuferzahnstellung vor (1) und nach (2) einem Schritt

Läufer in die neue Lage 2 mit ebenfalls optimaler magnetischer Zuordnung. Da die Ständerpolteilung das $50/8 = 6{,}25$fache der Läuferzahnteilung τ_{n2} beträgt, entspricht die Lage 2 einer Drehung um $0{,}25 \cdot \tau_{n2}$. Der Schrittwinkel des Motors ist damit

$$\alpha = 0{,}25 \cdot \frac{360°}{50} = 1{,}8°$$

Schrittarten. Um ein möglichst hohes Drehmoment zu erreichen, erhalten die Wicklungsstränge nicht, wie es vereinfacht in Bild 6.91 angenommen ist, nacheinander einzeln ihren Stromimpuls, sondern es werden meist gleichzeitig mehrere Stränge bestromt. Je nachdem, in welcher Art und Reihenfolge dies geschieht, lassen sich, wie in Bild 6.94 am Beispiel eines Motors mit $m = 2$ gezeigt ist, die folgenden verschiedenen Schrittarten erzeugen:

1. Vollschrittbetrieb. Es werden stets alle m oder immer $m - 1$ Wicklungen bestromt. Der erste Fall erfordert das Stromdiagramm nach Bild 6.94 a und ergibt die eingetragenen Feldlagen mit einem Schrittwinkel von 90°.
2. Halbschrittbetrieb. Die Bestromung wechselt immer zwischen m und $m - 1$ Wicklungen. Mit dem Stromdiagramm nach Bild 6.94 b erhält man jetzt acht Feldachsen und entsprechend einen Schrittwinkel von 45°. Weil nacheinander eine oder zwei Wicklungen erregt sind, ändert sich die Ständerdurchflutung im Verhältnis $1 : \sqrt{2}$, was entsprechende Feld- und Drehmomentschwankungen zur Folge hat. Bei $m = 5$ sind die Unterschiede jedoch nur gering.

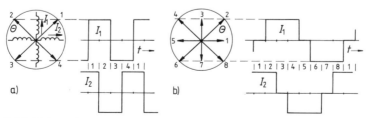

Bild 6.94 Zweisträngiger Schrittmotor, Feldlagen und Wicklungsströme
a) Vollschrittbetrieb   b) Halbschrittbetrieb

6.5 Synchrone Kleinmaschinen

Neben diesen beiden Schrittarten, die sich bei den meisten Ansteuergeräten wahlweise einstellen lassen, wird mitunter auch ein so genannter Minischrittbetrieb (ministep) vorgesehen. Hier sind die Wicklungsströme mit einer entsprechend aufwändigen Elektronik sprungweise an die Sinusform angepasst, was die Anzahl der Feldlagen nochmals wesentlich erhöht.

Ansteuerung. Bezüglich der Stromversorgung der einzelnen Wicklungen über die Endtransistoren der Leistungsstufe unterscheidet man zwei Varianten:

Bei unipolarer Einspeisung (Bild 6.95 a) erhält die Polwicklung eine Mittelanzapfung. Jede Hälfte übernimmt eine Stromrichtung und bildet damit auch nur eine Feldrichtung aus. Die Elektronik ist einfach, die Motorausnützung aber ungünstig, da stets nur 50 % des Wickelraums ausgenutzt werden. Bei bipolarer Speisung (Bild 6.95 b) fließt der Strom in beiden Richtungen und liefert damit auch nacheinander beide Feldpolaritäten. Für gleiche ohmsche Verluste in beiden Fällen muss man den Strom um den Faktor $\sqrt{2}$ reduzieren, erhält aber wegen der jetzt wirksamen vollen Windungszahl eine wieder um den Faktor $\sqrt{2}$ höhere Durchflutung/Pol. Motoren mit bipolarer Einspeisung erreichen daher höhere Drehmomente, verlangen aber durch die verdoppelte Anzahl der Schalttransistoren einen größeren Elektronikaufwand.

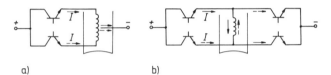

Bild 6.95 Ansteuerschaltungen eines Schrittmotors
a) Unipolare Speisung der Ständerwicklung
b) Bipolare Speisung

Statisches Drehmoment. Wird ein Schrittmotor bei erregtem Ständerstrang aus seiner Nulllage ausgelenkt, so entwickelt er ein Rückstellmoment, das nach Bild 6.96, Kurve 1 näherungsweise sinusförmig verläuft. Erreicht die Auslenkung mit $\varphi = -\alpha$ den Schrittwinkel, so erhält man das Kippmoment M_K, das in der Schrittmotorenterminologie nach DIN 42021 als Haltemoment M_H bezeichnet wird.

Ist der Motor nun dauernd mit einem Gegenmoment M_L belastet, so kann der Läufer nach Bild 6.96 nicht mehr die Leerlaufstellung mit $\varphi = 0°$ einnehmen, sondern er bleibt um den Winkel β zurück (Polradwinkel der belasteten Synchronmaschine). Mit dem nächsten Stromimpuls erhält die Momentenkurve die neue Lage 2 und der Läufer kann mit dem Beschleunigungsmoment $\Delta M = M - M_L$ einen Schritt mit dem Winkel α ausführen. Es bleibt also bei dem einmaligen Winkelfehler β, d. h. bei n Steuerimpulsen entsteht ein Verdrehwinkel $n \cdot \alpha - \beta$.

Nach Bild 6.96 kann der Motor den nächsten Schritt ausführen, solange das Lastmoment M_L kleiner als der Momentenwert im Schnittpunkt der Kurven 1 und 2 ist.

Drehmoment-Frequenz-Diagramm. Mit welchen Drehmomenten ein Schrittmotor, ohne außer Tritt zu fallen, d. h. ohne Schrittfehler bei einer bestimmten Steuerfrequenz betrieben werden kann, wird durch die Grenzfrequenz-Kennlinien in Bild 6.97 angegeben. Kurve A_0 gibt die jeweilige Startgrenzfrequenz für $J_L = 0$ an und begrenzt damit den Startbereich, in dem der Motor ohne Schrittfehler mit einem bestimmten Lastträg-

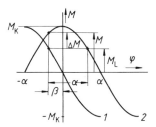

Bild 6.96 Statisches Drehmoment und Lastwinkel eines Schrittmotors

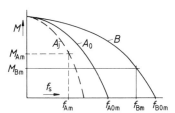

Bild 6.97 Drehmoment-Frequenz-Diagramm eines Schrittmotors
A Anlaufgrenzfrequenz-Kennlinie
B Betriebsgrenzfrequenz-Kennlinie

heitsmoment J_L anlaufen und anhalten kann. Bei $J_L > 0$ sind dann z. B. das Wertepaar Anlaufgrenzfrequenz f_{Am} und Anlaufgrenzmoment M_{Am} zulässig. Bei der maximalen Anlauffrequenz f_{A0m} ist gerade noch Leerlauf möglich. Nach dem Anlauf kann der Motor innerhalb der Betriebsgrenzkurve B arbeiten, wobei die maximale Betriebsgrenzfrequenz f_{B0m} wieder für Leerlauf gilt.

Stromversorgung. Das verfügbare Drehmoment verringert sich bei höherer Steuerfrequenz vor allem deshalb, weil die Wicklungsströme innerhalb der Stromflussdauer t_s immer stärker von der idealen Rechteckform abweichen. Beim Aufschalten einer Gleichspannung U_N steigt der Strom nämlich exponentiell mit der Zeitkonstanten $T = L/R$ des Wicklungsstranges an, d. h. der für das volle Drehmoment erforderliche Endwert $I_N = U_N/R$ wird erst etwa bei $t_s > 5T$ erreicht.

Im Konstantspannungs-Betrieb schaltet man zur Erhöhung der zulässigen Steuerfrequenz meist einen ohmschen Vorwiderstand in den Wicklungsstrang und reduziert damit die Zeitkonstante entsprechend. Als Nachteil müssen eine höhere Versorgungsspannung und zusätzliche Stromwärmeverluste in Kauf genommen werden.

Eine wesentliche Erhöhung des Frequenzbereichs kann man durch Ausführung der Ansteuereinheit mit Konstantstrom-Betrieb erreichen. Hier erhält die Motorwicklung eine höhere Spannung als U_N aufgeschaltet, so dass der Strom schneller auf einen oberen Grenzwert ansteigt. Jetzt wird die Spannung so lange abgeschaltet, bis der Strom wieder auf einen unteren Wert gesunken ist, und danach erneut Spannung angelegt. Man stellt den Strommittelwert I_N also in einem Taktbetrieb (Chopperbetrieb) ein, dessen Frequenz wesentlich über der Steuerfrequenz liegt. Hochwertige Schrittmotorenantriebe arbeiten heute meist in einer Technik des Konstantstrom-Betriebs.

7 Stromwendermaschinen für Wechsel- und Drehstrom

7.1 Übersicht

Stromwendermaschinen für den direkten Anschluss an das Wechsel- oder Drehstromnetz erhalten ständerseitig entweder eine konzentrierte Erregerspule oder eine Drehstromwicklung. Der Läufer trägt immer einen Stromwender mit einem Kohlebürstensatz und die zugehörige Zweischichtwicklung. Diese Maschinentypen kombinieren damit den Vorteil des direkten Anschlusses an das versorgende Wechsel- oder Drehstromnetz mit einer einfachen, verlustfreien Drehzahleinstellung. Je nach Bauart genügt dazu ein mechanischer Eingriff an einem Stelltransformator oder die Betätigung eines Handrades am verdrehbaren Kohlebürstensatz. Die Technik ist damit sehr einfach und im Prinzip ohne moderne Regelelektronik. Die Maschinen selbst sind allerdings in ihrer Ausführung aufwändig und teuer. Von den nachstehend aufgeführten Bauarten werden die beiden ersten heute nicht mehr gefertigt und auch der Bahnmotor ist nur noch auslaufend in älteren E-Loks im Einsatz. Sehr große Stückzahlen erreicht dagegen der Universalmotor als Antrieb in E-Werkzeugen und Hausgeräten.

Bauarten. Von schon seit Jahrzehnten nicht mehr eingesetzten Maschinen wie z. B. dem Repulsionsmotor – ein Wechselstrommotor mit kurzgeschlossenem Stromwender-Bürstensatz – abgesehen, gilt nachstehende Auflistung:

1. Ständergespeister Drehstrom-Stromwendermotor

Die Maschine hat nach Bild 7.1 im Ständer eine Drehstromwicklung 1 und im Läufer eine Stromwenderwicklung mit Drehstrombürstensatz 2. Über einen Stelltransformator 3 kann der Läuferwicklung eine einstellbare Regelspannung zugeführt werden, wobei der Stromwender als Frequenzwandler zwischen dem 50-Hz-Netz und der schlupffrequenten Läuferwicklung wirkt. Die Anordnung ist damit ein mechanischer Vorläufer

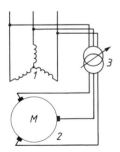

Bild 7.1 Schaltung des ständergespeisten Drehstrom-Nebenschlussmotors
1 Drehstrom-Ständerwicklung
2 Läufer mit Stromwenderwicklung und Drehstrombürstensatz
3 Stelltransformator

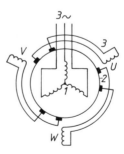

Bild 7.2 Schaltung der läufergespeisten Drehstrom-Nebenschlussmaschine

des doppeltgespeisten Schleifringläufermotors nach Abschnitt 5.5.5 mit einem IGBT-Umrichter zwischen Läufer und Netz. Die Drehzahl kann je nach Größe und Phasenlage der zugeführten Spannung unter- oder übersynchron eingestellt werden.

2. Läufergespeister Drehstrom-Stromwendermotor

Bei dieser zweiten Bauform besitzt der Ständer ebenfalls eine Drehstromwicklung 3, die jedoch als Sekundärwicklung arbeitet. Der Läufer trägt zwei Wicklungen, eine Drehstromwicklung 1, die über Schleifringe an das Netz angeschlossen ist, und eine Stromwenderwicklung 2. Ihr wird über einen Doppelbürstensatz die Regelspannung entnommen und der Ständerwicklung zugeführt. Ein Bürstensatz ist verstellbar, so dass über die Größe und Phasenlage der abgegriffenen Spannung wieder die Drehzahl geändert werden kann.

Beide Maschinentypen wurden bis zu Leistungen von einigen 100 kW für drehzahlgesteuerte Antriebe ohne große Anforderungen an Dynamik und Einstellgenauigkeit eingesetzt.

3. Wechselstrom-Bahnmotor

Der Aufbau dieses Motortyps, der über viele Jahrzehnte der alleinige Fahrantrieb für Vollbahnen war, entspricht dem eines Gleichstrom-Reihenschlussmotors (Bild 7.3) mit geblechtem Komplettschnitt im Ständer für eine Hauptpol-, Wendepol- und Kompensationswicklung (Bild 7.4). Inzwischen ist dieser Motortyp, der häufig zehnpolig bei Leistungen von über 700 kW gefertigt wurde, fast vollständig durch umrichtergespeiste Drehstrommaschinen ersetzt.

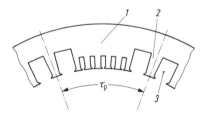

Bild 7.3 Schaltbild eines
Einphasen-Reihenschlussmotors
WK Wendepol- und
     Kompensationswicklung
E   Erregerwicklung

Bild 7.4 Ständerblechschnitt eines
Einphasen-Reihenschlussmotors
1 Hauptpol mit Nuten für die
    Kompensationswicklung
2 Wendepol
3 Nuten für die Erreger- und
    Wendepolwicklung

Historisch interessant ist, dass die nachstehend beim Universalmotor besprochenen Probleme der Stromwendung bei Wechselstrombetrieb zu der bahneigenen Sonderfrequenz $16\,^2/_3$ Hz geführt haben. Es war in den frühen Zeiten der Bahnelektrifizierung nicht möglich, bei 50 Hz Wechselstrom Motoren mit Leistungen von einigen hundert kW ohne unzulässiges Bürstenfeuer am Stromwender zu fertigen. Diese Probleme verringern sich proportional mit kleinerer Betriebsfrequenz.

4. Universalmotor

Er ist wie der obige Bahnmotor eine Stromwendermaschine mit Reihenschlusswicklung, jedoch mit vereinfachtem Aufbau. Der Motor wird mit Leistungen bis etwa 3000 W in großen Stückzahlen gefertigt und im Abschnitt 7.2 ausführlich behandelt.

7.2 Universalmotoren

7.2.1 Aufbau und Einsatz

Bauform. Universalmotoren sind nach ihrer Schaltung Reihenschlussmaschinen mit Stromwenderanker, die sowohl am Gleichstrom- wie am Wechselstromnetz – also universell – betrieben werden können. Sie erhalten einen Komplettschnitt nach Bild 7.5, bei preiswerten Ausführungen auch in der unsymmetrischen Form. Universalmotoren werden in sehr großer Stückzahl pro Jahr vor allem für Elektrowerkzeuge aller Art aber auch Hausgeräte (Staubsauger, Waschmaschinen) gefertigt. Der Leistungsbereich liegt etwa zwischen 1 W bis 3 kW bei Drehzahlen bis ca. 20 000 min^{-1}. Diese hohen Werte ergeben nach Abschnitt 1.1.4 ein kleines Bauvolumen und damit geringe Leistungsgewichte von unter 2 kg/W, was für die Handhabung wichtig ist.

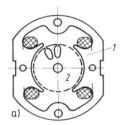
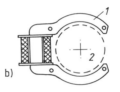

Bild 7.5 Blechschnitte von Universalmotoren
a) Symmetrischer Schnitt für zwei Erregerspulen
1 Ständer mit Erregerwicklung
2 Läufer

b) Unsymmetrischer Schnitt mit einer Erregerspule

Funkstörung. Die Reihenschaltung der Erregerwicklung erfolgt in der Regel nach Bild 7.6a symmetrisch zum Anker, da auf diese Weise zusammen mit einem Entstörkondensator C in Y-Ausführung ein LC-Tiefpass für hochfrequente Störspannungen U_{S0} gebildet wird. Diese entstehen durch das Bürstenfeuer an den Kontaktstellen von Stromwender-Kohle und sind nach VDE 08750 entsprechend dem zulässigen Störspannungspegel zu begrenzen (Bild 7.6b).

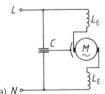
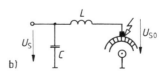

Bild 7.6 Funkstörung durch Kohlekontakt
a) Schaltung des Entstörkondensators C   b) LC-Tiefpass zur Minderung der Funkstörspannung U_{S0}

7.2.2 Ersatzschaltung und Zeigerdiagramm

Ersatzschaltbild. Da durch die Maschine Wechselstrom fließt, ist außer dem ohmschen Wicklungswiderstand R der gesamte Blindwiderstand $X = X_{Eh} + X_{E\sigma} + X_A$ des Kreises zu beachten. Es bedeuten dabei X_{Eh} und $X_{E\sigma}$ die Haupt- und die Streureaktanz der Erregerwicklung und X_A der Blindwiderstand der Ankerwicklung. Konzentriert man die Wicklungswiderstände vor der Maschine, so entsteht für den Universalmotor die einfache Ersatzschaltung nach Bild 7.7. Sie vernachlässigt die geringe Rückwirkung des Stromes in der von den Kohlebürsten kurzgeschlossenen, kommutierenden Ankerspule, die voll mit dem Erregerfeld Φ verkettet ist. Infolge der magnetischen Sättigung ist der Blindwiderstand X, vor allem durch den Hauptanteil X_{Eh}, nicht konstant, sondern sinkt mit wachsendem Belastungsstrom.

Bild 7.7 Ersatzschaltbild des Universalmotors

Da die Achse der Ankerwicklung senkrecht zu der des Erregerwechselfeldes Φ steht, kann in den Windungen N_A keine transformatorische Spannung entstehen, sondern nur wie bei der Gleichstrommaschine eine durch die Läuferdrehung induzierte Quellenspannung U_q. Diese hat, da sie nach $u_q = B \cdot l \cdot v$ an die augenblicklich vorhandene Flussdichte B gebunden ist, die Phasenlage des Erregerfeldes. Dagegen wäre eine transformatorisch erzeugte Spannung 90° zeitlich verschoben. Wie bei der Gleichstrommaschine nach Gl. (2.19a) ist der Scheitelwert der induzierten Ankerspannung

$$U_{qmax} = 4 \cdot N_A \cdot p \cdot n \cdot \Phi$$

Sie besitzt wegen des sinusförmigen Verlaufs des Erregerflusses mit der Amplitude Φ den Effektivwert

$$U_q = \frac{1}{\sqrt{2}} \cdot U_{qmax}$$

$$\boxed{U_q = \sqrt{2} \cdot 2 \cdot N_A \cdot p \cdot n \cdot \Phi} \qquad (7.1)$$

Der Erregerfluss ist nach $\Phi = \Lambda \cdot \Theta_E$ und $\Theta_E = N_E \cdot \sqrt{2} \cdot I$ direkt vom Belastungsstrom I abhängig, sofern man die Sättigung des magnetischen Kreises und damit die Änderung des Leitwertes Λ durch einen mittleren konstanten Wert ersetzt.

Setzt man obige Beziehungen in Gl. (7.1) ein, so ergibt sich für die im Anker induzierte Spannung die einfache Gleichung

$$\boxed{U_q = c_R \cdot n \cdot I} \qquad (7.2)$$

wobei eine Maschinenkonstante

$$c_R = 4p \cdot N_A \cdot N_E \cdot \Lambda$$

eingeführt ist.

7.2 Universalmotoren

Zeigerdiagramm. Für die Ersatzschaltung gilt die Spannungsgleichung

$$\boxed{\underline{U} = \underline{U}_q + \underline{I}(R + jX)} \tag{7.3}$$

die nach Gl. (7.2) in

$$\boxed{\underline{U} = \underline{I} \cdot (R + c_R \cdot n + jX)} \tag{7.4}$$

umgeformt werden kann. Aus dieser Beziehung lässt sich das Zeigerdiagramm nach Bild 7.8 für einen beliebigen Belastungsstrom I angeben. Aus dem rechtwinkligen Spannungsdreieck ergibt sich, wenn man durch den Strom I teilt, eine Beziehung für den Phasenwinkel φ mit

$$\boxed{\tan\varphi = \frac{X}{R + c_R \cdot n}} \tag{7.5}$$

so dass der Leistungsfaktor umso günstiger wird, je höher die Bemessungsdrehzahl n_N gewählt ist. Im gleichen Sinne wirkt beim klassischen Bahnmotor die mit $16^2/_3$ Hz verminderte Frequenz, die den Blindwiderstand X gegenüber einem 50-Hz-Betrieb drittelt.

Stromortskurve. Aus Gl. (7.4) erhält man für den Stromzeiger

$$\underline{I} = \frac{U}{R + c_R \cdot n + jX}$$

also eine Beziehung mit einem komplexen Widerstand und der Drehzahl n als reelle Variable. Wie mit Gl. (5.28) für die Asynchronmaschine ergibt sich damit auch für den Universalmotor für $\underline{I} = f(n)$ als Ortskurve mit Bild 7.9 ein Kreis. Jedem Stromzeiger kann über die Konstruktion nach Gl. (7.5) mit einem gewählten Widerstandsmaßstab eine feste Drehzahl zugeordnet werden. Die Senkrechte in Bild 7.9 mit der Variablen $c_R \cdot n$ übernimmt die Aufgabe der Schlupfgeraden im Kreisdiagramm der Asynchronmaschine.

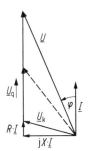

Bild 7.8 Zeigerdiagramm des Universalmotors

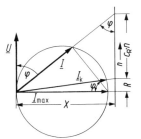

Bild 7.9 Stromortskurve des Universalmotors

Der Kreis tangiert wegen $\underline{I} = 0$ bei $n \to \infty$ den Spannungszeiger $\underline{U}$ und hat den Durchmesserstrom

$$\underline{I}_{\max} = -j\frac{U}{X} \quad \text{bei} \quad R + c_R \cdot n = 0$$

Im Gegensatz zur Asynchronmaschine ist allerdings die untere Kreishälfte nicht für eine Nutzbremsung mit Generatorbetrieb in das öffentliche Netz nutzbar. Es lässt sich zeigen, dass sich aus Maschine und Netz mit dem Widerstand $\underline{Z}_N = R_N + jX_N$ ein Reihenschwingkreis bildet, der sich ab einer bestimmten Drehzahl nach der Bedingung $X + X_N = 0$ selbsterregt. Enthält X_N Kondensatoren, so ergibt die Resonanzbedingung eine netzfremde Frequenz, bei Fehlen von Kondensatoren im Netz eine Gleichstromerregung.

Drehmoment-Drehzahlkennlinie. Das Drehmoment des Motors kann über die Abgabeleistung P_2 bestimmt werden. Berücksichtigt man nur die Stromwärmeverluste P_{Cu}, so gilt für die Abgabeleistung P_2 nach Bild 7.8

$$P_2 = U \cdot I \cdot \cos \varphi - I^2 \cdot R = (U_q + U_R) I - U_R \cdot I$$

$$P_2 = U_q \cdot I$$

Mit Gl. (7.2) entsteht daraus

$$\boxed{P_2 = c_R \cdot n \cdot I^2} \tag{7.6}$$

Damit wird das Drehmoment

$$\boxed{M = \frac{P_2}{2\pi \cdot n} = \frac{c_R}{2\pi} \cdot I^2} \tag{7.7}$$

Aus Gl. (7.7) ergibt sich bei einem Stromverlauf nach $i = \sqrt{2} \cdot I \cdot \sin \omega t$ für das momentane Drehmoment

$$M_t = 2 M \cdot \sin^2 \omega t = M \cdot (1 - \cos 2\omega t)$$

Das Drehmoment eines Universalmotors schwankt also mit doppelter Netzfrequenz um den Mittelwert M. Der Wechselanteil mit der Amplitude des Nutzmomentes erzeugt in der Maschine kleine Drehschwingungen, was sich vor allem in Geräuschen bemerkbar macht (Bild 7.10).

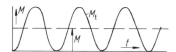

Bild 7.10 Drehmomentverlauf beim Universalmotor

Aus Gl. (7.7) lassen sich die Drehzahl-Drehmoment-Kennlinien berechnen. Zunächst ist nach Gl. (7.4)

$$I^2 = \frac{U^2}{(R + c_R \cdot n)^2 + X^2}$$

und damit

$$\boxed{M = \frac{c_R}{2\pi} \cdot \frac{U^2}{(R + c_R \cdot n)^2 + X^2}} \tag{7.8}$$

Löst man die Gleichung nach der Drehzahl n auf, so ergibt sich

$$\boxed{n = \sqrt{\frac{U^2}{2\pi \cdot c_R \cdot M} - \left(\frac{X}{c_R}\right)^2} - \frac{R}{c_R}} \tag{7.9}$$

Vergleicht man die obige Gleichung mit der des Gleichstrom-Reihenschlussmotors nach Abschnitt 2.3.2, so stimmt sie mit dann $X = 0$ und der dortigen Gl. (2.46) überein.

7.2.3 Verfahren der Drehzahländerung

Zur stufenlosen Drehzahländerung bestehen mit

- Absenken der Klemmenspannung,
- Schwächung des Erregerfeldes,
- Zuschalten von ohmschen Widerständen

die vom Gleichstromreihenschlussmotor bekannten Möglichkeiten.

Die Feldschwächung erfolgt z. B. bei Haushaltsgeräten (Rührer) über eine Anzapfung der Erregerwicklung mittels Stufenschalter S (Bild 7.11). Der Einsatz von Vorwiderständen kann in der Technik der Barkhausen-Schaltung verwirklicht werden, mit der sich auch die Leerlaufdrehzahl wesentlich herabsetzen lässt. Es ist dies der Wirkung des Ankerparallelwiderstandes R_p (Bild 7.12) zuzuschreiben, der auch bei fehlendem Ankerstrom im Leerlauf eine Felderregung ermöglicht. Die Kombination Vor- und Parallelwiderstand R_v und R_p ergibt das Kennlinienfeld von Bild 7.13 mit einem Stellbereich von 1 bis 2.

Bild 7.11 Feldschwächung durch Wicklungsanzapfungen

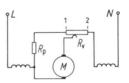

Bild 7.12 Barkhausen-Schaltung zur Drehzahlsteuerung

Das wichtigste Verfahren ist die Absenkung der Betriebsspannung und zwar in der Regel, wie nachstehend erläutert, durch eine Triacsteuerung. Spannungsabsenkung und Feldschwächung ergeben zusammen das Kennlinienfeld nach Bild 7.14. Bei $U \leq U_N$ liegen die Hyperbeln unterhalb, bei $\Phi \leq \Phi_N$ oberhalb der ungesteuerten Kennlinie.

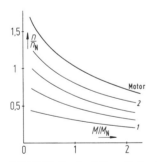

Bild 7.13 Drehzahlkennlinien bei Barkhausen-Schaltung

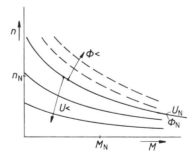

Bild 7.14 Drehzahlkennlinien bei verminderter Spannung und Feldschwächung

Triacsteuerung. Die Veränderung der Motorspannung erfolgt meist über eine Phasenanschnittsteuerung wie bei den bekannten Dimmerschaltungen. Als Stellglied dient bei diesen kleinen Leistungen immer ein Triac. Dieses Halbleiterbauteil wirkt wie zwei gegenparallel geschaltete Thyristoren, besitzt aber zur Zündung in beiden Halbschwingungen nur eine Steuerelektrode. Auf diese Weise lassen sich einfache Steuerschaltungen aufbauen, die bereits für kleine Antriebe in Haushalt und Gewerbe wirtschaftlich eingesetzt werden können. Die einfachste Möglichkeit einer derartigen Schaltung zeigt Bild 7.15. Dem Wechselstromthyristor ist ein *RC*-Zweig parallel geschaltet, an dessen Mitte die Steuerelektrode über eine spezielle Zünddiode *Z* angeschlossen ist. Dieses Halbleiterelement weist bei Erreichen einer bestimmten Spannung beliebiger Polarität, z. B. ± 35 V, eine negative Widerstandscharakteristik auf. Überschreitet nun die Kondensatorspannung u_C diese Kippspannung der Zünddiode, so liefert sie einen Stromimpuls, der den Wechselstromthyristor zündet. Die Netzspannung wird damit bis zum nächsten Nulldurchgang des Stromes an die Motorklemmen gelegt (Bild 7.16). In der negativen Halbschwingung erfolgt die Zündung ebenso. Der Zündwinkel α ist durch das Potentiometer R_p, mit dem die Amplitude und Phasenlage der Kondensatorspannung variiert werden können, einstellbar. Entsprechend ändert sich die Aufteilung der am Motor und Triac liegenden Spannungsflächen und damit der Effektivwert U_M der Motorspannung.

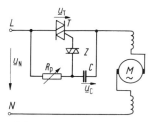

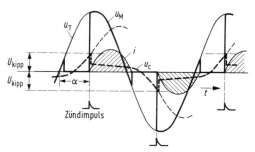

Bild 7.15 Drehzahlsteuerung eines Universalmotors durch eine Triacschaltung
T Triac
Z Diac (Zünddiode)
R_p Steuerpotentiometer

Bild 7.16 Strom- und Spannungsdiagramm bei Triacsteuerung nach Bild 7.15
U_kipp Kippspannung der Zünddiode (35 V)

7.2.4 Stromwendung

Stromwende- und Wendefeldspannung. Wie bei der Gleichstrommaschine wird der Strom der Ankerstäbe beim Passieren der neutralen Zone kommutiert. Die betreffende von der Bürste kurzgeschlossene Spule mit dem Strom I_k umfasst zu diesem Zeitpunkt den vollen Erregerfluss (Bild 7.17), der beim Wechselstrommotor mit der Frequenz f_1 pulsiert. Ist die Windungszahl einer Spule N_s, so wird nach dem Induktionsgesetz durch den Erregerfluss $\Phi_t = \Phi \sin \omega t$ die so genannte Transformationsspannung

$$u_\mathrm{tr} = N_\mathrm{s} \cdot \frac{\mathrm{d}\Phi_\mathrm{t}}{\mathrm{d}t}$$

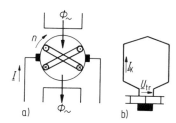

Bild 7.17 Zur Bestimmung der Stromwendung
a) Verkettung der kommutierenden Spule mit dem Hauptfeld
b) Richtungspfeile in der kurzgeschlossenen Spule

7.2 Universalmotoren

mit dem Effektivwert

$$U_{tr} = 4{,}44 \cdot f_1 \cdot N_s \cdot \Phi \tag{7.10}$$

entstehen. Im Unterschied zur „Gleichstromkommutierung" wird die Stromwendung im Wechselfeld somit zusätzlich erschwert.

Wie dort entstehen

1. die Stromwende- oder Reaktanzspannung $u_r \sim L_k \cdot di_k/dt \sim L_k \cdot i_k \cdot n$, verursacht durch den Richtungswechsel des kommutierenden Spulenstromes $i_k \sim I$. Sie wirkt nach dem Lenz'schen Gesetz der Stromänderung entgegen und ist mit

$$\underline{U}_r = -c_r \cdot n \cdot \underline{I} \tag{7.11}$$

wie bei der Gleichstrommaschine der Drehzahl und dem Ankerstrom proportional.

2. die Wendefeldspannung nach $u_w \sim B_w \cdot l \cdot v$ durch die Bewegung der Spulenstäbe im Luftspaltfeld der Flussdichte B_w. Im Unterschied zur Gleichstrommaschine höherer Leistung wird diese nicht durch Wendepole in der Pollücke, sondern entweder durch eine Bürstenverschiebung (Bild 7.18 a) oder durch ungleiche Verbindungen zum Stromwender (Schaltverschiebung, Bild 7.18 b) erreicht. In beiden Fällen gelangt die kommutierende Ankerspule mit ihren Leitern in den Bereich des Feldes des nächsten Poles mit der dortigen für die Kompensation von U_r erforderlichen Flussdichte B_w. Da diese wegen der Reihenschaltung von Anker und Errregerwicklung proportional zum Motorstrom I ist, gilt wie bei einer Gleichstrommaschine

$$\underline{U}_w = c_w \cdot n \cdot \underline{I} \tag{7.12}$$

In Bild 7.18 sind beide Varianten für eine Maschine mit Kohlebürsten auf Mitte Erregerpol gezeigt. Ohne Verschiebung kommutiert die Spule mit den Seiten 1–9 in der neutralen Zone. Bei einer Bürstenverschiebung entgegen der Drehrichtung (Bild 7.18 a) erfolgt der Kurzschluss für die Spule 2–10, die mit ihren Seiten noch innerhalb des Erregerfeldes liegt. In ihr wird daher mit gleicher Polarität wie durch ein Wendepolfeld eine Bewegungsspannung induziert, welche die Stromwendespannung aufhebt. Die unsymmetrische Gestaltung der Schaltverbindungen in Bild 7.18 b hat dieselbe Wirkung.

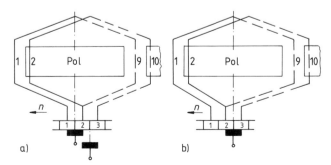

Bild 7.18 Kompensation der Stromwendespannung bei Universalmotoren durch
a) Bürstenverschiebung
b) Schaltverschiebung

Die Bürstenverschiebung hat bezüglich ihrer Wirkung auf die Stromwendung nicht die Qualität einer Ausführung der Maschine mit Wendepolen. Da für die Stromwendespannung $U_r \sim n \cdot I$ gilt, für die Bewegungsspannung im Erregerfeld dagegen $U_b \sim n \cdot B_L$, wird die gewünschte Kompensation nach $U_r + U_b = 0$ nur bei einer linearen Zuordnung $B_L \sim \Phi_L \sim I$ erreicht. Diese ist jedoch wegen der magnetischen Sättigung nicht vorhanden, so dass man sich auf eine Kompensation z. B. bei Volllast beschränken muss.

Die oben beschriebene feste Bürsten- oder auch Schaltverschiebung verlangt natürlich eine vorgegebene Drehrichtung. Werden mit Rechts- und Linkslauf beide Drehrichtungen verlangt, so sind beide Verfahren nicht anwendbar. In diesen Falle wird entweder auf eine Kompensation der Stromwendespannung verzichtet – mit dem Nachteil stärkeren Bürstenfeuers – oder eine mechanische Bürstenverstellung für beide Drehrichtungen vorgesehen.

Transformationsspannung. Wie schon mit Gl. (7.10) gezeigt, wirkt beim Universalmotor in der kommutierenden Ankerspule zusätzlich eine durch das Erregerwechselfeld Φ transformatorisch induzierte dritte Spannung U_{tr}. Wegen $u_{tr} \sim d\Phi_t/dt \sim di/dt$ lässt sich ihre zeitliche Lage zum Strom auch durch die Gleichung

$$\boxed{\underline{U}_{tr} = j \cdot c_{tr} \cdot f_1 \cdot \underline{I}} \tag{7.13}$$

angeben, d. h. sie eilt dem Ankerstrom 90° vor.

Bild 7.19 Zeigerdiagramm der Spannungen in der kurzgeschlossenen Ankerspule

Gl. (7.13) sagt aus, dass die Tranformationsspannung U_{tr} gegenüber der Stromwendespannung um 90° phasenverschoben ist (Bild 7.19) und zudem drehzahlunabhängig ist. Sie kann daher durch keins der Verfahren nach Bild 7.18 aufgehoben werden.

Auf Grund der Transformationsspannung U_{tr} zeigen Universalmotoren grundsätzlich Bürstenfeuer, das wegen des normalerweise zumindest bei E-Werkzeugen gegebenen Kurzzeitbetriebs in Kauf genommen werden kann. U_{tr} steigt proportional mit der Netzfrequenz f_1, was wie schon erwähnt der Grund für die Spezialfrequenz $16^2/_3$ Hz der Bahnnetze ist.

Beispiel 7.1 Ein Universalmotor hat die Bemessungsdaten
$$P_N = 500 \text{ W} \quad U_N = 230 \text{ V, 50 Hz} \quad I_N = 4 \text{ A} \quad \cos\varphi_N = 0{,}935$$
a) Mit der Annahme, dass die Stromwärmeverluste 70 % der Gesamtverluste P_v ausmachen, sind die Daten R und X der Ersatzschaltung zu bestimmen.
Es ist $P_v = U_N I_N \cos\varphi_N - P_N = 230 \text{ V} \cdot 4 \text{ A} \cdot 0{,}935 - 500 \text{ W} = 360 \text{ W}$
Ferner $I_N^2 R = 0{,}7 P_v \quad R = 360 \text{ W}/(4 \text{ A})^2 = 15{,}75 \text{ }\Omega$

7.2 Universalmotoren

Aus Bild 7.8 folgt $X\,I_N = U_N\,\sin\varphi_N = 230\text{ V} \cdot 0{,}3546 = 81{,}56\text{ V}$ und $X = 81{,}56\text{ V}/4\text{ A} = 20{,}39\text{ }\Omega$

b) Mit einem Vorwiderstand $R_v = 6\text{ }\Omega$ sinkt die Drehzahl um $\Delta n = 900\text{ min}^{-1}$.
Wie groß sind Drehmoment M_N und Drehzahl n_N?
Nach Gl. (7.9) ist der Drehzahlrückgang durch einen Vorwiderstand unabhängig von der Belastung $\Delta n = R_v/c_R$
Damit gilt $c_R = 6\text{ }\Omega\,/15\text{ s}^{-1} = 0{,}4\text{ }\Omega\cdot\text{s}$
Mit Gl. (7.7) wird $M_N = c_R \cdot I_N^2/2\pi = 0{,}4\text{ }\Omega\cdot\text{s}\cdot(4\text{ A})^2/2\pi = 1{,}019\text{ N}\cdot\text{m}$
Aus Gl. (7.6) errechnet sich die Drehzahl zu $n_N = 500\text{ W}/(2\pi\cdot 1{,}019\text{ N}\cdot\text{m}) = 4687{,}5\text{ min}^{-1}$

c) Mit der Annahme $R = X = 20\text{ }\Omega$ ist das Stillstandsmoment M_0 bei U_N zu bestimmen.
Bei $n = 0$ fließt der Kurzschlussstrom $I_k = U_N/Z_k$ mit $Z_k^2 = R^2 + X^2$
$Z_k = \sqrt{20^2 + 20^2}\text{ }\Omega = 28{,}28\text{ }\Omega$ wird $I_k = 8{,}132\text{ A}$ und das Stillstandsmoment mit $M \sim I^2$
$M_0 = (I_k/I_N)^2\,M_N = (8{,}132\text{ A}/4\text{ A})^2\,1{,}019\text{ N}\cdot\text{m} = 4{,}21\text{ N}\cdot\text{m}$

Aufgabe 7.1 Der obige Motor hat die Daten $R = X = 20\text{ }\Omega$ und $c_R = 0{,}4\text{ }\Omega\cdot\text{s}$
a) Welchen Wert hat der $\cos f$ bei $U = 280\text{ V}$, 60 Hz und $I = 4\text{ A}$?
b) Bei welcher Drehzahl entsteht die höchste Abgabeleistung?
Ergebnisse: a) $\cos\varphi = 0{,}939$ b) $n = (R^2 + X^2)/c_R = 4243\text{ min}^{-1}$.

8 Betriebsbedingungen elektrischer Maschinen

8.1 Elektrotechnische Normung und Vorschriften

Regeln der Technik. Wie in allen Bereichen der Elektrotechnik, so bestehen auch für die Fachgebiete Elektrische Energieversorgung und Elektrische Antriebstechnik umfangreiche Normen und Bestimmungen. Zum Thema dieses Buches sind daraus vor allem alle Festlegungen für

- die Auslegung und Konstruktion von elektrischen Maschinen und Transformatoren
- deren Einsatz hinsichtlich Sicherheit und Betriebsbedingungen
- die Prüfung von Kenndaten und Eigenschaften von Maschinen und Transformatoren

für Hersteller und Anwender von Bedeutung.

Diese Normen entstehen als Ergebnis der ehrenamtlichen Gemeinschaftsarbeit von Vertretern aus Industrie, Verbänden und Hochschulen in einer Vielzahl von Komitees. Die einzelnen Bestimmungen gelten als Maßstab für fachgerechtes Verhalten und werden damit vor allem bei sicherheitstechnischen Fragen von der Rechtsordnung im Streitfall als „Regeln der Technik" anerkannt und bei der Beurteilung von Sachverhalten zugrunde gelegt. Für eine erfolgreiche ingenieurmäßige Tätigkeit in der Elektrotechnik ist damit die Kenntnis der einschlägigen nationalen und häufig weltweiten Normen und Bestimmungen unbedingt erforderlich.

Nationale Bestimmungen. Im deutschsprachigen Raum werden die gültigen elektrotechnischen Normen durch die jeweiligen nationalen Fachverbände veröffentlicht. Sie können über die nachstehenden Anschriften

- Verband Deutscher Elektrotechniker e. V.
  VDE-Verlag GmbH, Bismarckstr. 33, D-10625 Berlin
- Österreichischer Verband für Elektrotechnik, Eschenbachgasse 9, A-1010 Wien
- Schweizerischer Elektrotechnischer Verein, Postfach, CH-8034 Zürich

bezogen werden.

Es werden jährlich Kataloge mit der Auflistung aller Bestimmungen, neuerdings auch als CD-ROM herausgegeben. In Deutschland erscheinen die Publikationen unter der Verantwortung der Deutschen Elektrotechnischen Kommission DKE, die im Jahre 1970 gemeinsam vom VDE und dem Deutschen Normenausschuss (DNA) gegründet wurde, als DIN VDE-Normen.

IEC- und Europanormen. Die schon 1906 gegründete Internationale Elektrotechnische Kommission (IEC), der alle Industriestaaten angehören, hat als Aufgabe die weltweite Standardisierung von Produktanforderungen auf dem Gebiet der Elektrotechnik. Das Ergebnis sind die IEC-Publikationen, denen sich die nationalen Verbände nach Möglichkeit anschließen sollen und die bei der weltweiten Verflechtung der Wirtschaft wachsende Bedeutung erlangen.

Das Europäische Komitee für Elektrotechnische Normung (CENELEC = **C**omite **E**uropeen de **N**ormalisation **Elec**trotechnique) erarbeitet seit 1973 mit der Beteiligung fast aller europäischen Staaten einheitliche Anforderungen und Prüfverfahren für elektrotechnische Betriebsmittel für den Europamarkt. Dabei wird angestrebt, möglichst weitgehend IEC-Standards zu übernehmen. CENELEC verabschiedet die Europanormen (EN), die dann von den nationalen Gremien wie z. B. dem VDE evtl. unter einer eigenen Kennzahl übernommen werden.

CE-Kennzeichnung. Nach einem Beschluss der Europäischen Gemeinschaft müssen elektrotechnische Produkte, die in diesem Markt vertrieben werden, das CE-Zeichen (**C**ommunautes **E**uropeennes) als grafisches Symbol tragen. Es bescheinigt nur die Übereinstimmung (Konformität) mit den Anforderungen aller Richtlinien, die für das betreffende Produkt im europäischen Markt bestehen. Das Zeichen richtet sich in erster Linie an die Zollämter und Behörden zur Marktüberwachung der EU-Staaten als eine Art „Technischer Reisepass". Über die Qualität eines Produktes macht das CE-Zeichen nur sehr eingeschränkt eine Aussage. Dies bleibt auch künftig Angaben wie dem Gütesiegel GS oder dem VDE-Prüfzeichen vorbehalten.

Für die Produkte der elektrischen Antriebstechnik kommen im Wesentlichen vier EU-Richtlinien zur Anwendung:

– Die Maschinenrichtlinie (89/392/EWG) behandelt „Grundlegende Sicherheits- und Gesundheitsanforderungen", die an den mechanischen Aufbau gestellt werden.
– Die Niederspannungsrichtlinie (73/23/EWG) hat ähnliche Ziele wie die Maschinenrichtlinie, allerdings im Hinblick auf Gefahren durch elektrischen Strom.
– Die EMV-Richtlinie (89/336/EWG), (EMV = **e**lektro**m**agnetische **V**erträglichkeit), regelt die zulässige Störemission und -immission elektrischer Geräte.
– Die Explosionsschutzrichtlinien (94/9/EWG und 95/C332/06) enthalten Schutzmaßnahmen für den Betrieb in explosionsgefährdeten Bereichen.

Alle Richtlinien verlangen jeweils die Anwendung einer ganzen Reihe von für das betreffende Ziel verabschiedeten Europanormen.

EMV. Diese Richtlinien beschäftigen sich sowohl mit der Störaussendung (Emission) als auch der Einwirkung (Immission) von Fremdeinflüssen. Im Bereich der elektrischen Maschinen sind vor allem die Kohlebürstenkontakte am Stromwender (Bürstenfeuer) von Universalmotoren die Quelle von hochfrequenten leitungsgebundenen Störspannungen und Feldstärken. Wie in Abschnitt 7.2 dargestellt, lassen sich die Störspannungen relativ leicht durch den LC-Tiefpass aus Kondensator und Induktivität der Erregerwicklung beseitigen.

Große Bedeutung hat das Thema EMV durch den Einsatz der Leistungselektronik erlangt, deren Stellglieder wie IGBTs und Thyristoren stets Störquellen sind. Durch geeignete Filterschaltungen muss erreicht werden, dass bei derartigen Betriebsmitteln keine unzulässigen Störemissionen auftreten und äußere entsprechende Einwirkungen nicht z. B. die eigene Prozessorsteuerung beeinflussen.

Normen für elektrische Maschinen und Transformatoren. Nachstehend sind die wichtigsten Normen und Bestimmungen für Begriffe, Anforderungen und Prüfverfahren zum Thema dieses Buches aufgelistet. Dabei werden die Titel des VDE-Katalogs verwendet und daneben immer die zugrunde liegende Europanorm (EN) oder IEC-Nummer angegeben. Besonders die umfangreichen Bestimmungen in der Reihe EN 60034 sind im Umgang mit elektrischen Maschinen von großer Bedeutung.

Tafel 8.1 Normen und Bestimmungen für elektrische Maschinen

DIN/VDE	Titel der Vorschrift oder Norm	EN/IEC
VDE 0160	Teil 100–102, Drehzahlveränderliche elektrische Antriebe	EN 61800-1-3
0170	Elektrische Betriebsmittel für explosionsgefährdete Bereiche	EN 50014
VDE 0530	Drehende elektrische Maschinen	EN 60034
Teil 1	Bemessung und Betriebsverhalten	EN 60034-1
Teil 2	Verfahren zur Bestimmung der Verluste und des Wirkungsgrades	EN 60034-2
Teil 3	Besondere Anforderungen an Vollpol-Synchronmaschinen	EN 60034-3
Teil 4	Verfahren zur Ermittlung der Kenngrößen von Synchronmaschinen durch Messungen	EN 60034-4
Teil 5	Schutzarten aufgrund der Gesamtkonstruktion	EN 60034-5
Teil 6	Einteilung der Kühlverfahren	EN 60034-6
Teil 7	Klassifizierung der Bauarten und der Aufstellungsarten	EN 60034-7
Teil 8	Anschlussbezeichnungen und Drehsinn	EN 60034-8
Teil 9	Geräuschgrenzwerte	EN 60034-9
Teil 11	Thermischer Schutz	EN 60034-11
Teil 12	Anlaufverfahren von Drehstrommotoren mit Käfigläufer	EN 60034-12
Teil 14	Mechanische Schwingungen ...; Messung, Bewertung und Grenzwerte der Schwingstärke	EN 60034-14
Teil 15	Bemessungsstoßspannungen drehender Wechselstrommaschinen mit Formspulen im Ständer	EN 60034-15
Teil 16	Erregersysteme für Synchronmaschinen	EN 60034-16
Teil 17	Umrichtergespeiste Induktionsmotoren mit Käfigläufer	IEC 60034-17
Teil 18	Funktionelle Bewertung von Isoliersystemen	EN 60034-18
Teil 22	Wechselstromgeneratoren für Stromerzeugungsaggregate mit Hubkolben-Verbrennungsmotor	EN 60034-22
Teil 26	Auswirkungen von Spannungsunsymmetrien auf das Betriebs-Verhalten von Drehstrom-Induktionsmotoren	EN 60034-26
Teil 28	Prüfverfahren zur Bestimmung der Größen in Ersatzschaltbildern dreiphasiger Kurzschlussläufermotoren	EN 60024-28
Teil 33	Prüfung der Isolierung von Stäben und Spulen von Hochspannungsmaschinen	EN 50209
VDE 0532	Transformatoren und Drosselspulen	
Teil 76-1	Leistungstransformatoren, Allgemeines	EN 60076-1
Teil 102	Übertemperaturen	EN 60076-2
Teil 3	Isolationspegel und Spannungsprüfungen	EN 60076-3
Teil 5	Kurzschlussfestigkeit	EN 60076-5
Teil 6	Trockentransformatoren	
Teil 10	Anwendung von Transformatoren	
Teil 13	Blitz- und Schaltstoßspannungsprüfungen	
Teil 21	Anlasstransformatoren und Anlassdrosselspulen	
Teil 41	Stromrichtertransformatoren	EN 61378-1
Teil 76-10	Bestimmung der Geräuschpegel	EN 60076-10

8.2 Bauformen und Schutzarten

Tafel 8.1 Normen und Bestimmungen für elektrische Maschinen

DIN/VDE	Titel der Vorschrift oder Norm	EN/IEC
VDE 0535	Elektrische Zugförderung	
Teil 3	Drehende elektrische Maschinen für Schienen- und Straßenfahrzeuge	ENV 60349-2
	Umrichtergespeiste Wechselstrommotoren	
VDE 0536	Belastbarkeit von Öltransformatoren	
0550	Bestimmungen für Kleintransformatoren	
0551	Trenntransformatoren und Sicherheitstransformatoren	EN 60742
0558	Teil 8/11 Halbleiter-Stromrichter – Allgemeine Anforderungen und netzgeführte Stromrichter; Transformatoren	EN 60146-1
0560	Teil 8 Bestimmungen für Motorkondensatoren	EN 60252
0740	Sicherheit handgeführter Elektrowerkzeuge	EN 50144-1
0839	Elektromagnetische Verträglichkeit (EMV) – Fachgrundnorm, Störstrahlung	EN 61000-2
0847	Teil 4 Elektromagnetische Verträglichkeit Übersicht über Störfestigkeits-Prüfverfahren	EN 61000-4
0875	Teil 14 Grenzwerte und Messverfahren für Funkstörungen von Geräten mit elektromotorischem Antrieb	EN 55014
DIN 41300 bis 41309	Kleintransformatoren, Drosseln, Übertrager (Auswahl der Kerne, Auslegung der Wicklungen)	IEC 60740
42022	Kommutatoren für elektrische Maschinen	IEC 60356
42672 bis 42677	Drehstrommotoren mit Käfigläufer Oberflächen- und innengekühlte Maschinen	IEC 60072
42678 bis 42681	Drehstrommotoren mit Schleifringläufer Oberflächen- und innengekühlte Maschinen	IEC 60072
43000 bis 43021	Kohlebürsten für elektrische Maschinen – Abmessungen und Kenndaten	IEC 60136

8.2 Bauformen und Schutzarten

Bauformen. Durch den Maschinentyp wie z. B. Drehstrom-Asynchronmaschine oder Gleichstrommotor liegt nur die Konstruktion des elektrischen und magnetischen aktiven Teils fest. Bezüglich der Anordnung der Lager, der Gehäusebefestigung, der Betriebslage usw. bestehen jeweils eine Vielzahl von Möglichkeiten, die in einer Bauform definiert werden. In Nachfolge von DIN 42950 wird diese heute durch die Europanorm EN 60034-7 bzw. VDE 0530 T. 7 erfasst und lässt zur Beschreibung von Bauform und Aufstellungsart zwei Möglichkeiten zu:

Code I. Das Kurzzeichen besteht aus den Buchstaben IM (International Mounting), dem die bisherige Bezeichnung nach DIN 42950 folgt, z. B. IM B3.

Code II. Nach den Buchstaben IM folgen vier Ziffern, welche die Bauform (1. Ziffer), die Art der Aufstellung (2. und 3. Ziffer) und die Ausführung des Wellenendes (4. Ziffer) beschreiben.

In Code I sind mit den Bauformen nach B und V nur die wichtigsten Ausführungen erfasst. Tafel 8.2 zeigt eine Auswahl von Möglichkeiten.

Tafel 8.2 Bauformen elektrischer Maschinen

Kurzzeichen	Bild	Bemerkungen
IM B3	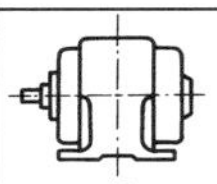 a)	Gehäuse mit Füßen und zwei Lagerschilden, freies Wellenende, Aufstellung auf Fundament. Wichtigste Bauform für Maschinen.
IM B5	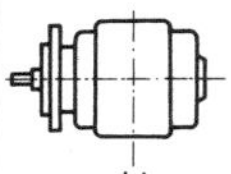 b)	Gehäuse ohne Füße, mit Befestigungsflansch auf Antriebsseite, zwei Lagerschilde, freies Wellenende. Günstige Bauform für direkten Anbau.
IM 7211	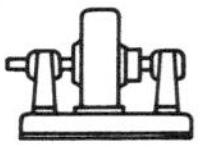 c)	Gehäuse mit Füßen und zwei Stehlagern auf gemeinsamer Grundplatte. Übliche Bauform für Großmaschinen.
IM V1	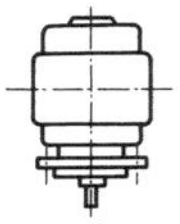 d)	Gehäuse ohne Füße, mit Befestigungsflansch auf Antriebsseite für senkrechten Anbau, zwei Lagerschilde, freies Wellenende. Verwendung wie B5
IM 8015	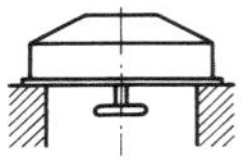 e)	Die Bauformen dieser Reihe werden vorzugsweise für Wasserkraftgeneratoren, Pumpenmotoren und Erregermaschinen eingesetzt.

Baugrößen. Von Konstruktionen für einen besonderen Einsatzfall abgesehen, werden elektrische Maschinen nach einer Reihe von genormten Baugrößen hergestellt. Kennzeichnend ist hier die Achshöhe h nach Bild 8.1, wofür in DIN 747 ein Wertebereich zwischen 56 mm bis 315 mm festgelegt ist.

Bei Drehstrom-Asynchronmaschinen hat eine IEC-Empfehlung aus dem Jahr 1971 zur Schaffung einer Normmotorenreihe auf der Basis obiger Achshöhen geführt. In DIN 42672 bis 42679 sind jeder Achshöhe die in Bild 8.1 eingetragenen Anbaumaße und je nach Drehzahl eine Wellenleistung verbindlich zugeordnet. Um pro Achshöhe verschiedene Leistungen zu erhalten, führt man die Blechpakete und damit die Gehäuse mit verschiedener Länge aus, was sich in dem Zusatz S (short), M (medium) oder L (long) zur Baugröße, also z. B. 132 S äußert.

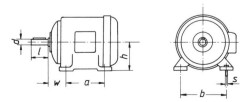

Bild 8.1 Festgelegte Anbaumaße von IEC-Normmotoren in Bauform IM B3

8.2 Bauformen und Schutzarten

Die mit einer bestimmten Baugröße erreichbare Leistung ist natürlich kein fester Wert, sondern stark von der

- Maschinenart, wie Gleichstrom-, Asynchron- oder Synchronmotor
- Bemessungsdrehzahl bzw. der Frequenz und Polzahl
- Wärmeabgabe entsprechend der gegebenen Kühlung und Schutzart abhängig.

Durch diese Normung ist zumindest im ganzen EU-Raum die volle Austauschbarkeit der Motoren verschiedener Hersteller erreicht. Ferner sind Platzbedarf und Einbaubedingungen eines Antriebs eindeutig festgelegt, was die Konstruktion einer Anlage vereinfacht.

Schutzarten. Auf die äußere Ausführung einer elektrischen Maschine hat neben der Bauform auch die gewählte Schutzart einen wesentlichen Einfluss. Diese bestimmt den Schutz von Personen vor Berührung unter Spannung stehender oder bewegter Teile innerhalb des Gehäuses und den Schutz vor Eindringen von festen Fremdkörpern und Wasser. Zur Kennzeichnung des Schutzgrades werden nach DIN 40050 bzw. VDE 0530

Tafel 8.3 Schutzarten elektrischer Maschinen, Schutzgrad

Erste Kennziffer	Berührungs- und Fremdkörperschutz Schutzumfang	Zweite Kennziffer	Wasserschutz Schutzumfang
0	Kein Berührungsschutz hinsichtlich unter Spannung stehender oder sich bewegender Teile.	0	Kein Wasserschutz.
		1	Schutz gegen senkrecht fallendes Tropfwasser.
1	Schutz gegen zufällige großflächige Berührung mit der Hand; Schutz gegen feste große Fremdkörper ($\varnothing > 50$ mm).	2	Schutz gegen Tropfwasser aus senkrechter oder schräger Richtung bis 15° zur Senkrechten.
2	Schutz gegen Berührung mit den Fingern; Schutz gegen mittelgroße Fremdkörper ($\varnothing > 12$ mm).	3	Schutz gegen Sprühwasser aus beliebiger Richtung bis 60° zur Senkrechten.
3	Schutz gegen Berührung mit Werkzeugen, Draht von einer Dicke > 2,5 mm; Schutz gegen Fremdkörper ($\varnothing > 2,5$ mm).	4	Schutz gegen Spritzwasser aus allen Richtungen.
4	Schutz gegen Berührung mit Werkzeugen, Draht o. ä. von einer Dicke > 1 mm; Schutz gegen kornförmige Fremdkörper ($\varnothing > 1$ mm), ausgenommen Öffnungen für Kühlluft und Kondenswasserabfluss geschlossener Maschinen.	5	Schutz gegen Strahlwasser aus allen Richtungen.
		6	Schutz bei Überflutung, z. B. durch schwere See, gegen das Eindringen schädlicher Mengen.
5	Vollständiger Schutz gegen Berühren mit Hilfsmitteln jeglicher Art; Schutz gegen schädliche Staubablagerungen im Innern.	7	Schutz gegen das Eindringen schädlicher Mengen beim Eintauchen unter vereinbarten Druck- und Zeitbedingungen.
6	Eindringen von Staub vollständig verhindert.	8	Schutz gegen das Eindringen schädlicher Mengen beim Untertauchen unter vereinbarten Druck- und Zeitbedingungen.

T. 5 je eine Ziffer verwendet, der die Buchstaben IP vorangestellt sind, was insgesamt nachstehenden Aufbau ergibt.

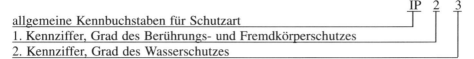

allgemeine Kennbuchstaben für Schutzart
1. Kennziffer, Grad des Berührungs- und Fremdkörperschutzes
2. Kennziffer, Grad des Wasserschutzes

Ein weiterer Zusatzbuchstabe definiert Sonderfälle, so bedeutet der Buchstabe S, dass die Prüfung auf Wasserschutz nur im Stillstand der Maschine erfolgt.

Welchen Schutzumfang die jeweiligen Kennziffern definieren, ist aus der Zusammenstellung in Tafel 8.3 ersichtlich. Danach gibt es für den Berührungs- und Fremdkörperschutz sechs, für den Wasserschutz sogar acht verschiedene Schutzgrade. Aus der Vielzahl der möglichen Kombinationen werden bevorzugt die fett gedruckten Schutzarten nach Tafel 8.4 verwendet.

Tafel 8.4 Schutzarten elektrischer Maschinen (halbfett vorzugsweise)

Berührungs- und Fremdkörperschutz	Wasserschutz Zweite Kennziffer						
Kennbuchstaben und erste Kennziffer	0	1	2	3	4	5	6
IP 0	IP 00		IP 02				
IP 1		IP 11	**IP 12**	IP 13			
IP 2		**IP 21**	**IP 22**	**IP 23**			
IP 4					**IP 44**		
IP 5					**IP 54**	**IP 55**	IP 56

8.3 Explosionsgeschützte Ausführungen

Gefährdungen. Werden elektrische Maschinen in Bereichen eingesetzt, in denen ein Funke infolge des Betriebs des Motors oder schon seine Oberflächentemperatur eine Explosion hervorrufen kann, so sind hinsichtlich der Ausführung besondere Bestimmungen einzuhalten. Diese sind in einer Reihe von Normen für „Elektrische Betriebsmittel für gasexplosionsgefährdete Bereiche" festgelegt.

Gefährdet sind einmal Bereiche, in denen infolge des starken Staubanfalls durch die Verarbeitung von z. B. Getreide, Tabak, Zucker oder Kohle bei bestimmten Staubkonzentrationen in der Luft Zündungen auftreten können. Explosionsgefahr besteht ferner häufig bei der Herstellung oder Verarbeitung petrochemischer Erzeugnisse, wenn Gase, Dämpfe oder Nebel dieser Stoffe mit der Luft explosive Gemische bilden. Schließlich gehören in diesen Bereich Bergwerke, in denen Grubengasexplosionen (Schlagwetter) auftreten können. Eine Auswahl der Gase und Dämpfe und ihre Klassifizierung nach VDE 0165 ist in Tafel 8.5 aufgelistet.

8.3 Explosionsgeschützte Ausführungen

Tafel 8.5 Kenndaten von Gasen und Dämpfen

Stoffbezeichnung	Zündtemperatur (°)	Temperaturklasse	Explosionsgruppe
Aceton	540	T1	IIA
Acetylen	300 ... 450	T2	IIC
Benzin	220 ... 300	T3	IIA
Dieselkraftstoff	220 ... 300	T3	IIA
Heizöl EL	220 ... 300	T3	IIA
Kohlenoxid	605	T1	IIA
Methanol	455	T1	IIA
Schwefelwasserstoff	270	T3	IIB
Propan	470	T1	IIA
Stadtgas	560	T1	IIB
Wasserstoff	560	T1	IIC

Gasexplosionsschutz. Für den Einsatz in explosionsgefährdeten Bereichen werden die Betriebsmittel in Gerätegruppen eingeteilt. Gruppe I erfasst Maschinen zur Verwendung in schlagwettergefährdeten Bergwerken. Gruppe II gilt für den Einsatz in allen sonstigen durch Gase oder Stäube explosionsgefährdeten Zonen.

Die baulichen Maßnahmen zur Vermeidung von Explosionen gliedern sich nach VDE 0170/0171 in Übereinstimmung mit den Europanormen ab EN 50014 in eine Reihe von Zündschutzarten. Für elektrische Maschinen sind daraus die drei folgenden Ausführungen besonders wichtig:

– Erhöhte Sicherheit EEx e   (EN 50019)
– Druckfeste Kapselung EEx d (EN 50018)
– Überdruckkapselung EEx p   (EN 50016)

Zündschutzart EEx e. Grundgedanke dieser Schutzart ist es, durch eine Reihe von Maßnahmen die Entstehung von Funken oder zu hohen Temperaturen an der Maschine zu verhindern, so dass von vornherein ein Anlass zur Zündung vermieden wird. Die explosiven Gase und Dämpfe werden dazu entsprechend ihrer Zündtemperatur in sechs Temperaturklassen T1 bis T6 eingeteilt. Jede Klasse erhält dabei eine maximal zulässige Oberflächentemperatur für alle Teile der Maschine zugeordnet (T1 – 450 °C bis T6 – 85 °C).

Um die Funkenbildung auszuschließen, bestehen verschiedene Vorschriften für die Konstruktion der Motoren. Sie betreffen die Ausführung des Läuferkäfigs, des Klemmbretts, die Luftspaltweite, die Gestaltung der Lüftung und insbesondere die Ausführung der Isolierung.

Bei der thermischen Auslegung ist zunächst die zulässige Übertemperatur der Ständerwicklung gegenüber den Werten des Dauerbetriebs $S1$ um 10 K herabgesetzt. Um im Sinne der Temperaturklassen T1 bis T6 die Oberflächenerwärmung einzuhalten, wird dem Fall des blockierten Läufers besondere Beachtung geschenkt. Hier fließt im Stillstand der Kurzschluss- oder Anlaufstrom I_A in der Ständerwicklung, womit sich bei $I_A/I_N = 4$ bis 7 die Wicklung rasch aufheizt. Nach Bild 8.2 ist daher eine Erwärmungszeit t_E anzugeben, bei der ausgehend von der Enderwärmung ϑ_N bei $S1$ und der höchs-

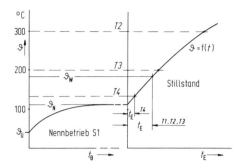

Bild 8.2 Bestimmung der Erwärmungszeit t_E bei blockiertem Läufer.
Beispiel für Iso.-Klasse B mit $\vartheta_U = 40\,°C$, $\vartheta_N = 110\,°C$, $\vartheta_W = 185\,°C$

ten Umgebungstemperatur $\vartheta_U = 40\,°C$ die zulässige Grenztemperatur erreicht wird. Diese ist, je nachdem welcher Wert zuerst auftritt, entweder die für diesen Fall je nach Wärmeklasse erhöhte zulässige Maximaltemperatur ϑ_W der Wicklung oder die zulässige Oberflächentemperatur der Klassen T1 bis T6. Für T1 bis T3 ist, wie in Bild 8.2 gezeigt, meist die kurzzeitige Überlastbarkeit der Wicklung bis ϑ_W für den t_E-Wert maßgebend.

In ähnlicher Weise wird auch für die Erwärmung des Käfigläufers eine Zeit t_E bestimmt und danach der kleinere der beiden Werte verwendet. Um den Motorschutz im Falle des blockierten Läufers sicher einstellen zu können, muss mindestens $t_E = 5\,s$ erreicht werden. Da die Auslösezeit für t_A der Schutzeinrichtung durch den Motorstrom bestimmt wird, ist bei Maschinen in der Ausführung EEx e außer der Zeit t_E auch der relative Anzugsstrom I_A/I_N anzugeben.

Zündschutzart EEx d. Mit dieser Schutzart soll erreicht werden, dass eine mögliche Explosion auf das Innere des Motors beschränkt bleibt. Das Gehäuse der Maschine muss damit den Explosionsdruck aushalten können.

Zur Definition der Gefährdung durch ein explosives Gas benötigt man jetzt außer der Zündtemperatur zusätzlich eine Angabe über die Fähigkeit des Zünddurchschlags durch enge Spalte des Motorgehäuses. Dies erfolgt durch die Gliederung in Explosionsgruppen I, IIA, IIB und IIC, die unterschiedliche Bauanforderungen festlegen. Sie betreffen vor allem die Verschraubungen sowie die Spaltweiten an Passflächen und Wellendurchführungen und bedingen teils einen erheblichen fertigungstechnischen Aufwand.

Für die thermische Auslegung gelten die normalen Bestimmungen für isolierte Wicklungen, allerdings sind auch hier die Oberflächentemperaturen der Klassen T1 bis T6 einzuhalten.

Zündschutzart EEx p. Das Eindringen eines explosionsfähigen Gasgemisches in den Motor wird dadurch verhindert, dass im Gehäuse ein Zündschutzgas mit Überdruck von mindestens 0,5 mbar gegenüber der Umgebung gehalten wird. Dies kann Luft oder ein anderes nicht entzündbares Gas sein.

Um einen sicheren Betrieb zu gewährleisten, sind eine ganze Reihe von Überwachungsmaßnahmen vorgeschrieben. Sie beinhalten vor allem die Gewährleistung des Überdrucks auch beim Einschalten und die ständige Überwachung.

8.4 Verluste, Erwärmung und Kühlung

Kennzeichnung. Die Ausführung eines Motors in einer bestimmten Zündschutzart muss auf dem Leistungsschild eindeutig vermerkt sein. Die Kennzeichnung ist recht umfänglich und enthält neben dem CE-Zeichen vor allem das Symbol

 Kennzeichen für Explosionsschutz

Die Ausführung in druckfester Kapselung für die Explosionsgruppe IIB und die Temperaturklasse T3 wird mit EEx d IIB T3 vermerkt. Bei EEx e sind auch noch die Erwärmungszeit t_E und der relative Anzugsstrom I_A/I_N aufzustempeln, damit der Motorschutz richtig gewählt werden kann.

Motorauswahl. Für den Einsatz schlagwetter- und explosionsgeschützter Maschinen kommen vor allem Drehstrom-Asynchronmotoren mit Käfigläufern in Betracht, da hier die Sicherheitsanforderungen am einfachsten zu erfüllen sind. Die Gefährdung durch Funkenbildung am Kohlebürstenkontakt bei Schleifringen oder Stromwendern gestattet es nicht, Schleifringläufermotoren oder gar Gleichstrommaschinen in der Zündschutzart EEx e auszuführen. In beiden Fällen ist aber die Ausführung nach EEx d oder EEx p zugelassen.

Da die Ausführung in druckfester Kapselung wegen des höheren Materialaufwandes vor allem bei größerer Leistung einen Motor wesentlich verteuert, wird mitunter nur der besonders gefährdete Bereich (Stromwender- oder Schleifringraum) in EEx d ausgeführt und der übrige Bereich in EEx e.

8.4 Verluste, Erwärmung und Kühlung

Einzelverluste. Eine elektrische Maschine besitzt, wie die nachstehende Aufstellung zeigt, eine Vielzahl von Verlustquellen.

1. Stromunabhängige Verluste
a) Eisenverluste durch Wirbelströme und Ummagnetisierung des Elektrobleches im Wechselfeld
b) Mechanische Lager- und Bürstenreibungsverluste
c) Lüftungsverluste durch den Antrieb von Ventilatoren in oder an der Maschine.

2. Stromabhängige Verluste
a) Stromwärmeverluste in allen Wicklungen
b) Übergangsverluste an allen Kohlebürsten

3. Lastabhängige Zusatzverluste
Pauschale Zusammenfassung von verschiedenen Verlustanteilen infolge Wirbelströmen, Oberfeldern und Kommutierung

4. Erregerverluste
Für die Berechnung oder Messung dieser verschiedenen Verlustarten bestehen in VDE 0530 Teil 2 bzw. EN 60034-2 für die verschiedenen Maschinentypen detaillierte

Bestimmungen. Diese sind insbesondere zur Angabe des Wirkungsgrades bedeutsam, der im Allgemeinen nicht nach

$$\eta = \frac{P_2}{P_1} \qquad (8.1)$$

über einen Belastungsversuch bestimmt wird. Man bevorzugt mit der Gleichung

$$\eta = 1 - \frac{P_v}{P_2 + P_v} \qquad (8.2)$$

das Einzelverlustverfahren, d. h. summiert die Teilverluste zu P_v auf. Diese indirekte Methode der Wirkungsgradbestimmung ist vor allem bei größeren Maschinenleistungen wirtschaftlicher und auch genauer.

Wirkungsgrad. Nach den Wachstumsgesetzen (s. Abschn. 3.1.3) steigt der Wirkungsgrad einer elektrischen Maschine mit der Leistung. Sieht man einmal von Transformatoren ab, für die dort typische Werte angegeben sind, so streut der Wirkungsgrad elektrischer Maschinen in einem weiten Bereich. Kleinstmotoren erreichen oft nur $\eta = 0{,}10$ bis $0{,}20$, große Turbogeneratoren dagegen $\eta \approx 0{,}99$. Durchschnittliche Werte für Industrieantriebe zeigt Bild 8.3.

Wie bei Transformatoren wird auch bei elektrischen Maschinen der maximale Wirkungsgrad mit $P_{Cu} = P_{Fe + R}$ meist schon vor der Bemessungsbelastung erreicht.

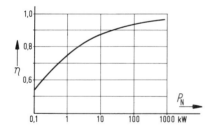

Bild 8.3 Durchschnittlicher Wirkungsgrad elektrischer Maschinen

Erwärmung. Die in einem Maschinenteil entstehende Verlustwärme erhöht dessen Temperatur gegenüber der Umgebung. Für den idealisierten Fall eines homogenen Körpers, in dem pro Zeiteinheit die Verluste P_v entstehen, lässt sich dieser Temperaturverlauf leicht angeben. Es gilt folgende Energiebilanz für die Zeitspanne Δt.

Erzeugte Wärme = abgegebene Wärme + gespeicherte Wärme

$$P_v \cdot \Delta t = \alpha \cdot O \cdot \Delta \vartheta \cdot \Delta t \quad + c \cdot m \cdot \Delta \vartheta$$

Die pro Zeiteinheit über die freie Oberfläche O abgeführte Wärme ist zunächst von der Wärmeübergangszahl α des Kühlmediums abhängig. Im Allgemeinen ist dies Luft, die in freier oder durch einen Ventilator erzwungener Strömung die Wärme abführt. Zur Berechnung der Wärmeübergangszahl gibt es eine Reihe von empirischen Formeln, die alle die Luftgeschwindigkeit v berücksichtigen. Vielfach wird bei erzwungener Luft-

8.4 Verluste, Erwärmung und Kühlung

bewegung mit der Gleichung

$$\alpha = 7{,}8 \cdot \left(\frac{v}{\text{m/s}}\right)^{0{,}78} \frac{\text{W}}{\text{m}^2 \cdot \text{K}} \tag{8.3}$$

gerechnet. Bei freier Strömung ergibt sich zusammen mit dem Strahlungsanteil etwa $\alpha = 12 \text{ W}/(\text{m}^2 \cdot \text{K})$.

Außer von der Wärmeübergangszahl ist die Wärmeabfuhr von der Temperaturdifferenz $\Delta\vartheta = \vartheta - \vartheta_a$ zwischen dem Körper der Temperatur ϑ und dem Kühlmittel der Temperatur ϑ_a abhängig.

Die gespeicherte Wärmemenge hängt von der Masse m des Körpers, seiner spezifischen Wärmekapazität c und der Temperaturzunahme $d\vartheta/dt$ ab. Sie ist damit bei konstanter Kühlmitteltemperatur ϑ_a pro Zeiteinheit proportional $\Delta\vartheta$.

Die Energiebilanz liefert eine Differenzialgleichung der Form

$$P_v = \alpha \cdot O \cdot \Delta\vartheta + c \cdot m \frac{d\vartheta}{dt}$$

Ihre Lösung ergibt eine Exponentialfunktion (Bild 8.4) nach

$$\Delta\vartheta = \Delta\vartheta_1 \left(1 - e^{-\frac{t}{T_E}}\right) \tag{8.4}$$

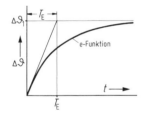

Bild 8.4 Erwärmungskurve eines verlustbehafteten Körpers

mit der Endübertemperatur des Körpers gegenüber der Umgebung

$$\Delta\vartheta_1 = \frac{P_v}{\alpha \cdot O} \tag{8.5}$$

und der Zeitkonstanten des Erwärmungsvorgangs

$$T_E = \frac{c \cdot m}{\alpha \cdot O} \tag{8.6}$$

Die Erwärmung elektrischer Maschinen folgt zwar prinzipiell diesem Gesetz, doch ist der genaue Vorgang wesentlich komplizierter. Die einzelnen Maschinenteile erwärmen sich unterschiedlich schnell, wobei sie sich zudem noch gegenseitig beeinflussen.

Wärmequellennetz. Die Berechnung der Erwärmung elektrischer Maschinen erfolgt im Allgemeinen für die Dauerbetriebsleistung P_N, wobei Analogien zum elektrischen

Strömungsfeld (Bild 8.5) verwendet werden. Entsprechend dem ohmschen Widerstand

$$R = \text{Spannungsdifferenz/Stromstärke} = \Delta U / I$$

definiert man einen thermischen Widerstand

$$R_{\text{th}} = \text{Temperaturdifferenz/Verlustleistung} = \Delta \vartheta / P_{\text{v}}$$

Bei Wärmeleitung innerhalb eines Querschnitts A, der Länge l und der Wärmeleitfähigkeit λ berechnet sich der thermische Widerstand zu

$$\boxed{R_{\text{th}} = \frac{l}{A \cdot \lambda}} \tag{8.7}$$

Bei Wärmeabgabe über eine Oberfläche O erhält man

$$\boxed{R_{\text{th}} = \frac{1}{O \cdot \alpha}} \tag{8.8}$$

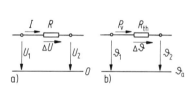

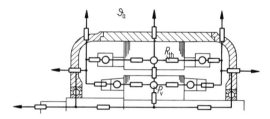

Bild 8.5 Analogien zur Erwärmungsberechnung
a) elektrische Leitung
b) Wärmeleitung

Bild 8.6 Vereinfachtes Wärmequellennetz eines Drehstrommotors
R_{th} thermischer Widerstand
P_{v} Verlustquelle

Für eine elektrische Maschine bestehen nun jeweils mehrere Wärmequellen der Verlustleistung P_{vi}, deren Wärmestrom sich auf verschiedene Wege aufteilt, wobei auch Kopplungen auftreten. Insgesamt entsteht dadurch ein vermaschtes Wärmequellennetz (Bild 8.6) aus Verlustquellen und Wärmewiderständen. Das Netz kann beliebig fein und damit genau aufgebaut werden, ergibt dann natürlich aber für die Lösung einen entsprechenden Aufwand. Man legt über die Einzelverluste im Eisen, Wickelköpfen, Leiterstäben usw. die örtlichen Verlustquellen fest und berechnet über die geometrischen Daten und Kühlverhältnisse die Wärmewiderstände. Mit der Außenlufttemperatur ϑ_{a} als Bezugswert erhält man dann über die Kirchhoff'schen Gesetze die Innentemperaturen an beliebiger Stelle.

Wärmequellennetze [3] sind heute für alle Maschinentypen bekannt und erlauben sogar die thermische Berechnung von Übergangsvorgängen. Dazu muss zusätzlich die Wärmekapazität der einzelnen Bauteile erfasst werden, was in der Ersatzschaltung durch Kondensatoren geschieht.

Wärmeklasse. Die zulässige Erwärmung elektrischer Maschinen ist mit Rücksicht auf die Wärmebeständigkeit der Isolierstoffe begrenzt.

8.4 Verluste, Erwärmung und Kühlung

Nach IEC 85 werden den verwendeten Materialien und deren Kombinationen, Isoliersysteme genannt, mit den Temperaturklassen A, E, B, F und H jeweils zulässige Grenztemperaturen zugeordnet. In VDE 0530, T.18 entstehen daraus die Wärmeklassen nach Tafel 8.6.

Die Einhaltung der zulässigen Temperaturwerte ist mit Rücksicht auf die Lebensdauer der Maschinen von großer Bedeutung. So ist für die Isolierstoffklasse A bekannt, dass jede Temperaturerhöhung um etwa 8 °C die Lebensdauer der betreffenden Wicklung gegenüber dem Wert bei der niederen Temperatur halbiert (Montsinger'sche Regel).

Tafel 8.6 Zulässige Temperatur der Isoliersysteme verschiedener Wärmeklassen

Wärmeklasse	Klassentemperatur in °C
A	105
E	120
B	130
F	155
H	180

Zur Ermittlung der Erwärmung von Wicklungen und anderen Maschinenteilen sind die drei Verfahren
- Bestimmung des ohmschen Widerstandes,
- eingebaute Temperaturfühler, z. B. als Thermoelemente oder NTC-Widerstände,
- Messung mit Thermometer

vorgesehen, wobei das Widerstandsverfahren zur Messung der Wicklungstemperatur die größte Bedeutung besitzt. Es beruht auf der Tatsache, dass Kupfer als übliches Leitermaterial seinen ohmschen Widerstand etwa 0,4 % pro Grad Celsius ändert (Bild 8.7).

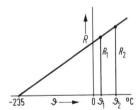

Bild 8.7 Abhängigkeit des ohmschen Widerstandes von Kupfer von der Temperatur

Wird anstelle von Kupfer als Leitermaterial Aluminium verwendet, so ist die Zahl 235 durch den Wert 225 zu ersetzen.

Man erhält die Übertemperatur $\vartheta_2 - \vartheta_a$ der Wicklung aus der Beziehung

$$\boxed{\vartheta_2 - \vartheta_a = \frac{R_2 - R_1}{R_1} \cdot (235\,°C + \vartheta_1) + (\vartheta_1 - \vartheta_a)} \tag{8.9}$$

mit R_1 Widerstand der kalten Wicklung
 R_2 Widerstand der warmen Wicklung
 ϑ_1 Temperatur der kalten Wicklung
 ϑ_2 Temperatur der warmen Wicklung
 ϑ_a Kühllufttemperatur am Ende der Messung.

Unter der Voraussetzung, dass die maximale Temperatur der Kühlluft bis 40 °C beträgt, dürfen die nach dem Widerstandsverfahren errechneten Übertemperaturen die in der Aufstellung nach Tafel 8.7 angegebenen Grenzwerte nicht überschreiten. Diese Grenz-Übertemperaturen ergeben sich aus den höchstzulässigen Dauerwerten der betreffenden Wärmeklasse nach Tafel 8.6 abzüglich der 40 °C Kühlmitteltemperatur und eines Erfahrungswertes von 5 °C bis 15 °C für den Unterschied zwischen der heißesten Stelle und dem über das Widerstandsverfahren bestimmten Mittelwert. Erwähnt sei, dass in der Fassung April 2005 von VDE 0530, T. 1 nur noch die Wärmeklassen B, F und H aufgeführt sind.

Besondere Betriebsbedingungen. Die in Tafel 8.7 angegebenen Grenzwerte setzen voraus, dass die Aufstellungshöhe der Maschine im Bereich NN bis 1000 m liegt und für die Kühlmitteltemperatur der angegebene Höchstwert eingehalten ist. Gilt Letzteres nicht, so ist die zulässige Grenzübertemperatur entsprechend zu reduzieren, bei $\vartheta_a = 60$ °C also um 20 K. Für Aufstellungshöhen über 1000 m gelten nach VDE 0530 spezielle Bestimmungen, die einerseits die verminderte Kühlung in der Höhenluft, aber auch die geringere Umgebungstemperatur erfassen.

Tafel 8.7 Grenzübertemperaturen von luftgekühlten Maschinen
Auswahl nach VDE 0530, Teil 1, Wert in Kelvin (K)

Maschinenteil	Wärme-Klasse				
	A	E	B	F	H
Wechselstromwicklungen bis $S_N < 600$ V · A	65	75	85	110	130
600 V · A $< S_N \leq 200$ kV · A	60	75	80	105	125
200 kV · A $< S_N < 5000$ kV · A	60	75	80	105	125
$S_N \geq 5000$ kV · A	60	–	80	105	125
Stromwender-Wicklungen	60	75	80	105	125
Feldwicklungen von Gleich- und Wechselstrommaschinen	60	75	80	105	125
Feldwicklungen von Vollpol-Synchronmaschinen	–	–	90	110	135
Kompensationswicklungen von Gleichstrommaschinen	60	75	90	110	135

Beispiel 8.1: Ein oberflächengekühlter Kleinmotor in Bauform IMB 5 mit glattem Gehäusemantel hat einen Außendurchmesser von $D = 80$ mm und eine Länge von 120 mm. Die Abgabe der Verlustleistung kann nur über die Mantelfläche erfolgen, wobei eine natürliche Kühlung mit $\alpha = 15$ W/(m² · K) vorliegt und das Gehäuse außen 50 K wärmer als die Umgebungsluft sein darf. Welche Bemessungsleistung P_2 kann der Motor bei einem Wirkungsgrad von $\eta = 0{,}83$ erhalten?

Kühlfläche $O = D \cdot \pi \cdot l = 0{,}08$ m $\cdot \pi \cdot 0{,}12$ m $= 0{,}03$ m²

Abführbare Verlustleistung

$$P_v = O \cdot \alpha \cdot \Delta\vartheta = 0{,}03 \text{ m}^2 \cdot 15 \frac{\text{W}}{\text{m}^2 \cdot \text{K}} \cdot 50 \text{ K}$$

$$P_v = 22{,}5 \text{ W}$$

Zulässige Abgabeleistung

$$P_2 = P_1 \cdot \eta = (P_2 + P_v) \cdot \eta$$

$$P_2 = P_v \frac{\eta}{1 - \eta} = 22{,}5 \text{ W} \frac{0{,}83}{0{,}17}$$

$$P_2 = 110 \text{ W}.$$

Aufgabe 8.1: Die Abgabeleistung des obigen Motors soll durch einen Außenlüfter auf $P_2 = 180$ W erhöht werden. Welche Luftgeschwindigkeit v muss nach Gl. (8.3) erreicht werden, um bei gleichem Wirkungsgrad die Verluste abführen zu können? Ergebnis: $v = 4{,}4$ m/s.

Kühlarten. Nach $\Delta\vartheta_1 = P_v \cdot A \cdot \alpha$ lässt sich bei gegebenen Verlusten einer Maschine die Endtemperatur im Wesentlichen nur durch eine intensivere Kühlung, d. h. Erhöhung der Wärmeübergangszahl α senken. Da außerdem nach dem Wachstumsgesetz das Verhältnis P_v/O mit steigender Leistung ungünstiger wird, sind für größere Maschinen immer bessere Kühlmethoden notwendig. Man unterscheidet daher zwischen den folgenden Kühlarten.

Selbstkühlung. Bei Selbstkühlung wird die Maschine ohne Verwendung eines Lüfters durch Luftbewegung und Strahlung gekühlt.

Eigenkühlung. Bei Eigenkühlung wird die Kühlluft durch einen am Läufer angebrachten oder von ihm angetriebenen Lüfter bewegt.

Fremdkühlung. Bei Fremdkühlung wird die Maschine entweder durch einen Lüfter gekühlt, der nicht von der Welle der Maschine angetrieben wird, oder statt der Luft durch ein anderes fremdbewegtes Kühlmittel gekühlt.

Selbstkühlung wird nur bei kleinen Leistungen angewandt, während Maschinen bis zu mittleren Leistungen fast immer Eigenkühlung besitzen. Zur Fremdkühlung innerhalb eines geschlossenen Kreislaufes geht man bei Großmaschinen über oder auch bei drehzahlgesteuerten Antrieben, wo im unteren Drehzahlbereich die Lüfterleistung nicht ausreicht.

8.5 Betriebsarten und Leistungsschildangaben

Die zulässige Übertemperatur der Wicklungen einer elektrischen Maschine darf zwar nicht überschritten werden, doch wird man mit Rücksicht auf eine gute Materialausnutzung bestrebt sein, die Grenzwerte in der vorgesehenen Betriebsweise angenähert zu erreichen. Um diese Aufgabe zu erleichtern, definieren die Bestimmungen in VDE 0530, Teil 1, bzw. EN 60034-1 zehn unterschiedliche Betriebsarten, denen jeweils ein charakteristisches Belastungsprogramm zugrunde liegt. Die Betriebsart, für welche die Bemessungsleistung P_N gilt, ist auf dem Leistungsschild anzugeben.

Im Folgenden werden die wichtigsten Betriebsarten mit ihren Kurzzeichen S1, S2 usw. vorgestellt und dabei in Bezug auf die Dauerbetriebsleistung P_N die zulässige spezielle neue Leistung $(P_N)_S$ angegeben. Die Formeln ergeben auf Grund der getroffenen Vereinfachungen nur Richtwerte. Wichtigste Annahme ist dabei, dass zwischen der Wicklungsübertemperatur $\Delta\vartheta$ und dem Quadrat der Abgabeleistung Proportionalität besteht.

Dauerbetrieb. Dauerbetrieb S1 liegt vor, wenn die Belastung so lange andauert, dass der thermische Beharrungszustand, d. h. die Endtemperatur erreicht ist (Bild 8.8). Er ist die wichtigste Betriebsart, in der die meisten Maschinen ausgeführt werden. Die im Dauerbetrieb mögliche Belastung ist P_N.

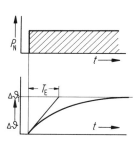
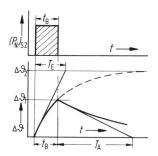

Bild 8.8 Dauerbetrieb S1
Verlauf von Abgabeleistung und
Wicklungsübertemperatur

Bild 8.9 Kurzzeitbetrieb S2
Verlauf von Abgabeleistung und
Wicklungsübertemperatur

Kurzzeitbetrieb. Beim Kurzzeitbetrieb S2 ist die Belastungszeit von so kurzer Dauer, dass der thermische Endzustand nicht erreicht wird (Bild 8.9). Für die Belastungszeit t_B empfehlen die VDE-Bestimmungen 10, 20, 60 und 90 Minuten. Die anschließende spannungslose Pause ist so groß, dass sich die Maschine praktisch wieder voll abkühlt.

Da am Ende der Belastungszeit t_B wie bei Dauerbetrieb die zulässige Grenzübertemperatur $\Delta\vartheta_1$ der betreffenden Isolierstoffklasse auftreten darf, gilt nach Gl. (8.5) bei exponentieller Erwärmung für die Übertemperatur

$$\boxed{\Delta\vartheta_1 = \Delta\vartheta_2 \left(1 - e^{-\frac{t_B}{T_E}}\right)} \tag{8.10a}$$

Die Maschine kann damit so ausgelegt werden, dass sie bei Dauerbetrieb die Endübertemperatur

$$\Delta\vartheta_2 = \frac{\Delta\vartheta_1}{1 - e^{-t_B/T_E}}$$

besitzt. Nimmt man vereinfacht an, dass die Wicklungstemperaturen nur von den Stromwärmeverlusten abhängen, so dürfen diese im Verhältnis

$$\boxed{\frac{\Delta\vartheta_2}{\Delta\vartheta_1} = \frac{1}{1 - e^{-t_B/T_E}}} \tag{8.10b}$$

zum Dauerbetrieb ansteigen. Da Maschinenstrom und abgegebene Leistung einander etwa proportional sind, erhält man aus der Dauerleistung P_N die Kurzzeitleistung

$$\boxed{(P_N)_{S2} = P_N \cdot \sqrt{\frac{1}{1 - e^{-t_B/T_E}}}} \tag{8.11}$$

Für die Erwärmungszeitkonstante gilt dabei für kleinere bis mittlere Leistungen bei Drehstrommotoren $T_E = 10$ bis 30 min.

Aussetzbetrieb. Beim Aussetzbetrieb S3 (Bild 8.10) wechseln in periodischer Folge Belastungen mit der Leistung $(P_N)_{S3}$ in der Zeit t_B mit Stillstandszeiten t_{St} ab. Beide genügen

8.5 Betriebsarten und Leistungsschildangaben

jedoch nicht, um jeweils den thermischen Beharrungszustand zu erreichen. Es wird dabei vorausgesetzt, dass die Anlaufströme die Erwärmung nicht wesentlich beeinflussen.

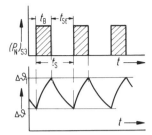

Bild 8.10 Aussetzbetrieb S3. Verlauf der Abgabeleistung und Wicklungsübertemperatur

Die VDE-Bestimmungen definieren $t_S = t_B + t_{St}$ als Spieldauer von meist 10 min und empfehlen eine relative Einschaltdauer von $t_r = t_B/t_S$ von 15, 25, 40 und 60 %. Ein Motor für z. B. Betrieb nach S3-40 % darf während der Spieldauer von $t_S = 10$ min für 4 min mit der angegebenen Belastung laufen und muss anschließend 6 min abgeschaltet werden. Nach genügend vielen Lastspielen wird der Temperaturverlauf nach Art einer Sägezahnkurve zwischen einem konstanten Höchst- und Tiefstwert pendeln.

Für die zulässige Belastung erhält man wieder mit der Bedingung einer maximalen Erwärmung bis auf $\Delta\vartheta_1$ die Beziehung

$$(P_N)_{S3} = P_N \cdot \sqrt{1 + \frac{T_E}{T_A} \cdot \frac{1 - t_r}{t_r} \left(1 - \frac{t_B}{T_E}\right)} \tag{8.12}$$

Bei $t_B \ll T_E$ kann der Klammerwert vernachlässigt werden. Für die Abkühlungszeitkonstante T_A gilt bei oberflächengekühlten Motoren etwa $T_A/T_E = 4$ bis 6.

Ununterbrochener, periodischer Betrieb mit Aussetzbelastung. In dieser Betriebsart S6 wird die Maschine in der Lastpause nicht abgeschaltet, sondern sie läuft weiter. Damit wird $T_A = T_E$ und die Gleichung zur Berechnung der zulässigen Belastung vereinfacht sich zu

$$(P_N)_{S6} = P_N \cdot \sqrt{\frac{1}{t_r} - (1 - t_r)\frac{t_S}{T_E}} \tag{8.13}$$

Bei $t_S \ll T_E$ kann der zweite Anteil wieder vernachlässigt werden.

Anlauf- und Bremswärme. Die folgenden Betriebsarten berücksichtigen Lastspiele, bei denen die Schaltwärme nicht mehr zu vernachlässigen ist. Die Vorausberechnung der möglichen Belastung wird dann wesentlich schwieriger, wobei Angaben über die Schwere des Anlaufs und das Bremsverfahren erforderlich sind. Auf die Berechnungsformeln muss daher verzichtet und auf das einschlägige Schrifttum verwiesen werden.

Aussetzbetrieb S4. Das Lastspiel entspricht in seinem Verlauf dem Betrieb S3, nur wird die zusätzliche Erwärmung während der Anlaufzeit t_A berücksichtigt (Bild 8.11). In der Praxis ist dies dann erforderlich, wenn die Betriebszeit t_B so kurz wird, dass nicht mehr

$t_A \ll t_B$ gesetzt werden kann. Die Entscheidung, ob bei einem Antrieb mit S3 oder S4 zu rechnen ist, muss durch eine Überprüfung des Einflusses der Anlaufwärme auf die Wicklungstemperatur erfolgen.

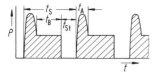

Bild 8.11 Aussetzbetrieb S4 mit Einfluss des Anlaufvorgangs

Aussetzbetrieb S5. Erfolgt bei einem periodischen Lastwechsel jeweils eine elektrische Bremsung (Bild 8.12), deren Verluste ebenfalls zu berücksichtigen sind, so liegt Betriebsart S5 vor. Bei Bestimmung der möglichen Belastung ist zwischen Gleichstrom- und Gegenstrombremsung zu unterscheiden, wobei Letztere größere Motorverluste ergibt.

Betriebsarten S7 bis S10. Die Betriebsart S7 (Bild 8.13) entspricht in ihrem Verlauf S5 mit $t_{St} = 0$, d. h. nach der elektrischen Bremsung erfolgt sofortiger Wiederanlauf. S8 beschreibt nach Bild 8.14 ein Lastspiel mit wechselnden Drehzahlen und dazwischen liegenden Bremsungen. Bei der Betriebsart S9 kann sich die Belastung und die Drehzahl im zulässigen Bereich nicht periodisch ändern. Unter S10 versteht man schließlich einen Betrieb mit maximal vier verschiedenen konstanten Belastungen, innerhalb derer jeweils der thermische Beharrungszustand erreicht wird.

Leistungsschild. Auf dem Leistungsschild einer elektrischen Maschine sind alle für den ordnungsgemäßen Einsatz wichtigen Daten aufgeführt. Dies sind vor allem die im Bemessungsbetrieb auftretenden Werte für Leistung, Strom, Leistungsfaktor und Drehzahl. Bei Drehstrommotoren mit sechs Anschlussbolzen ist zur Bemessungsspannung die passende Schaltung der Drehstromwicklung in einem Schaltbild beizulegen. Die Werte für das Drehmoment M_N und den Wirkungsgrad werden nicht auf dem Leistungsschild angegeben, da sie aus den übrigen Angaben berechenbar sind.

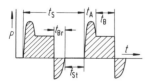 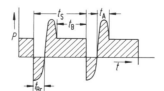 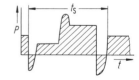

Bild 8.12 Aussetzbetrieb S5 mit Einfluss von Anlauf und elektrischer Bremsung

Bild 8.13 Ununterbrochener Betrieb S7 mit Einfluss von Anlauf und Bremsung

Bild 8.14 Betrieb S8 mit Drehzahländerung

Bemessungswerte und Toleranzen. Der Bemessungsbetrieb einer elektrischen Maschine bezieht sich auf seine Betriebsart nach Abschnitt 8.5. Hier ist er eindeutig dadurch definiert, dass an den Klemmen die Bemessungsspannung anliegen muss und die Bemessungsleistung des Leistungsschildes abgegeben wird. Diese ist beim Motor die an der Welle verfügbare mechanische Leistung, beim Generator die an den Klemmen abgegebene elektrische Leistung.

8.5 Betriebsarten und Leistungsschildangaben

Die übrigen auf dem Leistungsschild angegebenen Betriebsdaten wie Strom, Drehzahl oder Leistungsfaktor sind Werte, die sich aus dem Bemessungsbetrieb zwangsläufig ergeben und für die nur nach Vereinbarung Gewährleistungen übernommen werden. In diesem Falle gelten Toleranzen, die in Tafel 8.8 zusammengestellt sind.

Bemessungswerte und Erwärmung. Von allen messtechnischen Untersuchungen an Elektromotoren ist die Überprüfung der Wicklungserwärmung die häufigste Aufgabe. Die Maschine ist dazu mit der Spannung U_N in der vorgesehenen Betriebsart zu betreiben und an der Welle mit der Leistung P_N zu belasten. Nach $P_N = 2\pi \cdot n_N \cdot M_N$ verlangt dies neben der einfachen Drehzahlbestimmung zusätzlich die aufwändige Technik der Drehmomenterfassung durch eine Messwelle oder eine Pendelmaschine.

Tafel 8.8 Toleranzen von Betriebswerten elektrischer Maschinen

Größe	Art der Maschine	Zulässige Toleranz				
Drehfrequenz	Gleichstrommotoren	$\dfrac{P_N/\text{kW}}{n/1000\ \text{min}^{-1}}$	$< 0{,}67$	$\geq 0{,}67 \ldots 2{,}5$	$\geq 2{,}5 \ldots 10$	≥ 10
	Nebenschlussmotor		$\pm 15\,\%$	$\pm 10\,\%$	$\pm 7{,}5\,\%$	$\pm 5\,\%$
	Reihenschlussmotor		$\pm 20\,\%$	$\pm 15\,\%$	$\pm 10\,\%$	$\pm 7{,}5\,\%$
	Doppelschlussmotor	wie beim Reihenschlussmotor oder nach Vereinbarung				
	Drehstrom-Kommutatormotor mit Nebenschlussverhalten	−3 % der synchronen Drehzahl bei Höchstdrehzahl +3 % der synchronen Drehzahl bei Mindestdrehzahl				
Drehfrequenzänderung zwischen Leerlauf und Last mit P_N	Gleichstrommotoren mit Nebenschluss- oder Doppelschlussverhalten	± 20 % der gewährleisteten Drehfrequenzänderung mindestens ± 2 % der Bemessungsdrehzahl				
Schlupf	Induktionsmotoren	± 20 % des Sollschlupfes (bei $P_N < 1$ kW ± 30 %)				
Wirkungsgrad	Elektromotoren allgemein	bei indirekter Messung $\quad P_N \leq 50$ kW $\quad P_N > 50$ kW $\qquad\qquad\qquad\qquad\qquad -0{,}15\,(1-\eta) \quad -0{,}1\,(1-\eta)$ bei direkter Messung $\quad -0{,}15\,(1-\eta)$				
$\cos\varphi$	Induktionsmaschinen	$\dfrac{1-\cos\varphi}{6}$; mindestens 0,02; höchstens 0,07				
Anzugsstrom	Käfigläufer Synchronmotoren	+20 % des gewährleisteten Anzugsstromes keine Begrenzung nach unten				
Anzugsmoment	Induktionsmotoren	−15 % und +25 % des gewährleisteten Anzugsmoments (> +25 % bei Vereinbarung)				
Kippmoment	Induktionsmotoren	−10 % des gewährleisteten Wertes bei $M_K \geq 1{,}5\,M_N$ und $I_A < 4{,}5\,I_N$				
	Synchronmotoren	−10 % des gewährleisteten Wertes bei $M_K \geq 1{,}35\,M_N$				

Man könnte daher auf den Gedanken kommen, sich diesen Aufwand dadurch zu ersparen, dass man die Belastung mit P_N anhand des Wertes I_N auf dem Leistungsschild oder des Erreichens der Drehzahl n_N einstellt. Damit wäre nur eine einfache Strom- oder Drehzahlmessung erforderlich. Dieses Vorgehen wäre ein grober prinzipieller Fehler, da die auf dem Leistungsschild der Leistung P_N zugeordneten weiteren Größen obige Toleranzen haben dürfen. Sie sind daher nie ein exaktes Maß für den Bemessungsbetrieb mit P_N, auf den allein sich die zulässige Erwärmung bezieht.

Aufgabe 8.2 Ein Drehstrom-Asynchronmotor mit den Leistungsschilddaten: $U_N = 400$ V Y, $P_N = 5{,}5$ kW, $I_N = 11$ A, $n_N = 1450$ min^{-1}, $\cos \varphi = 0{,}83$ erreicht im Belastungsversuch mit der Pendelmaschine bei Enderwärmung die Werte: $M = 36$ N·m und $n = 1459$ min^{-1}. Die Bestimmung des Ständerwiderstandes ergab die Strangwerte: $R_1 = 0{,}93\,\Omega$ kalt und $R_2 = 1{,}22\,\Omega$ warm.

a) Es sind Wirkungsgrad η und die Erwärmung zu berechnen.

Nach Gl. (1.2) und Gl. (1.3) ergeben sich die
Abgabeleistung $P_{mech} = 2\pi \cdot 36$ W·s · 1459/60 s^{-1} = 5500 W
Aufnahmeleistung $P_{el} = \sqrt{3} \cdot 400$ V · 11 A · 0,83 = 6325 W

Wirkungsgrad nach Gl. (1.5) $\eta = P_{mech}/P_{el} = 5500$ W/6325 W $= 0{,}86 = 86\,\%$

Die Übertemperatur (Erwärmung) errechnet sich aus Gl. (8.9) zu

$$\Delta \vartheta = \vartheta_2 - \vartheta_1 = \frac{1{,}22 \cdot \Omega - 0{,}93 \cdot \Omega}{0{,}93 \cdot \Omega}(235\,°\text{C} + 20\,°\text{C}) = 79{,}5\,°\text{C}$$

Es wird der Grenzwert der Wärmeklasse B nach Tafel 8.7 erreicht.

b) Welche Drehzahlwerte sind nach Tafel 8.8 bei P_N tolerabel?

Der Sollschlupf $s = (1500-1459)/1500 = 0{,}0273$ darf um $\pm 20\,\%$ abweichen, damit
$s_{max} = 0{,}0273 \cdot 1{,}2 = 0{,}0328$ und $s_{min} = 0{,}0273 \cdot 0{,}8 = 0{,}0218$
Dies ergibt die Drehzahlen $n_{max} = 1500\,(1 - 0{,}0218)$ min^{-1} = 1467 min^{-1}
$n_{min} = 1500\,(1 - 0{,}0328)$ min^{-1} = 1442 min^{-1}

9 Anhang

Schrifttum

Zum Fachgebiet „Elektrische Maschinen" gibt es eine Vielzahl von Buchliteratur. Die nachstehende Liste ist daher nicht vollständig und eher darauf angelegt, ein vertieftes Studium spezieller Gebiete zu ermöglichen. Bei weiter zurückliegendem Erscheinungsjahr ist teilweise nur noch eine Ausleihe in Hochschulbibliotheken möglich.

Elektrische Maschinen (Auswahl)

Beisse, A. u. *Stölting, H.-D.:* Elektrische Kleinmaschinen. Stuttgart, B. G. Teubner, 1987.
Bödefeld, Th. u. *Sequenz, H.:* Elektrische Maschinen. Wien, Springer-Verlag, 1971.
Budig, P.-K.: Drehstromlinearmotoren. Heidelberg, Hüthig-Verlag, 1983.
Budig, P.-K.: Stromrichtergespeiste Drehstromantriebe. Berlin, VDE-Verlag 2001.
Budig, P.-K.: Stromrichtergespeiste Synchronmaschine. Berlin, VDE-Verlag 2003.
Fuest, K. u. *Döring, P.:* Elektrische Maschinen und Antriebe. 7. Aufl. Wiesbaden, Vieweg, 2007.
Giersch, H.-U., Harthus, H. u. *Vogelsang, N.:* Elektrotechnik für Fachschulen. Elektrische Maschinen. Stuttgart, B. G. Teubner, 2003.
Jonas, G.: Grundlagen zur Auslegung und Berechnung elektrischer Maschinen. Berlin, VDE-Verlag, 2001.
Kleinrath, H.: Stromrichtergespeiste Drehfeldmaschinen. Wien, Springer-Verlag, 1980.
Kovacs, K. P.: Symmetrische Komponenten in Wechselstrommaschinen. Basel–Stuttgart, Birkhäuser-Verlag, 1962.
Kovacs, K. P. u. *Racz, I.:* Transiente Vorgänge in Wechselstrommaschinen. Budapest, Verlag d. Ung. Akademie d. Wissenschaften, 1959.
Kreuth, K. P.: Schrittmotoren. München Wien, Oldenbourg Verlag, 1988.
Lazaroiu, D. F. u. *Slaiher, S.:* Elektrische Maschinen kleiner Leistung. Berlin, VEB-Verlag Technik, 1976.
Meyer, M.: Elektrische Antriebstechnik. Berlin, Springer-Verlag.
  1. Band. Asynchronmaschinen im Netzbetrieb und drehzahlgeregelte Schleifringläufermotoren, 1985.
  2. Band. Stromrichtergespeiste Gleichstrommaschinen und voll umrichtergespeiste Drehstrommaschinen, 1987.
Moszala, H.: Elektrische Kleinstmotoren u. i. Einsatz. Grafenau, expert-verlag, 1993.
Müller, G. u. *Donick, B.:* Grundlagen elektrischer Maschinen. Weinheim, Wiley-VCH, 2005.
Neidhöfer, G.: Michael von Dolivo-Dobrowolsky und der Drehstrom. Geschichte der ET, Band 19. Berlin, VDE-Verlag 2004.
Nürnberg, W.: Die Prüfung elektrischer Maschinen. Berlin, Springer-Verlag, 2001.
Richter, R.: Elektrische Maschinen, Basel–Stuttgart, Birkhäuser-Verlag.
  1. Band. Allgemeine Berechnungselemente, die Gleichstrommaschine, 1967.
  2. Band. Synchronmaschinen und Einankerumformer, 1963.
  3. Band. Die Transformatoren, 1954.
  4. Band. Die Induktionsmaschinen, 1954.
  5. Band. Stromwendermaschinen für ein- und mehrphasigen Wechselstrom. Berlin, Springer-Verlag, 1950.
Roseburg, D.: Lehr- und Übungsbuch Elektrische Maschinen und Antriebe. Leipzig, Fachbuchverlag, 1999.
Schröder, D.: Elektrische Antriebe – Bd. 1: Grundlagen. 3. Aufl. Berlin, Springer-Verlag, 2007.

Seefried, E. u. *Mildenberger, O.:* Elektrische Maschinen und Antriebstechnik. Wiesbaden, Vieweg, 2001.

Stölting, H.-D. u. *Kallenbach, E.:* Handbuch Elektrische Kleinantriebe. 3. Aufl. München. Wien, Carl Hanser Verlag, 2006.

Verzeichnis verwendeter oder weiterführender Fachliteratur

1 *Küpfmüller, K.:* Einführung in die theoretische Elektrotechnik. Berlin, Springer-Verlag, 1973.
2 *Eckhardt, H.:* Grundzüge der elektrischen Maschinen. Stuttgart, B. G. Teubner, 1982.
3 *Richter, R.:* Elektrische Maschinen. 1 Bd. Basel–Stuttgart, Birkhäuser-Verlag, 1967.
4 *Justus, O.:* Dynamisches Verhalten elektrischer Maschinen. Wiesbaden, Vieweg Verlag, 1991.
5 *Müller, W.:* Calculation of 2- or 3-dimensional linear or nonlinear fields by the CAD-programm PROFI. IEEE Trans. Magnetics 1983 S. 2670–2673.
6 *Reinboth, H.:* Kornorientierte Elektrobleche und ihre Eigenschaften. Elektrotechnik 48 (1966) S. 568–571.
7 Nippon Steel Corporation: Electrical Steel Sheets, Cat. 1990.
8 *Koch, J.* u. *Ruschmeyer, K.:* Permanentmagnete I und II. Hamburg, Verlag Boysen + Maasch, 1982.
9 *Ruschmeyer, K.* u. a.: Motoren und Generatoren mit Dauermagneten. Grafenau, expert-verlag, 1983.
10 *Koch, J.:* Vereinfachte Dimensionierung von Gleichstrommotoren mit permanent-magnetischer Erregung durch Ferroxdure-Magnete. etz-Archiv 5 (1983) S. 91–95.
11 *Mohr, A.* u. *Utsch, B.:* Technische und wirtschaftliche Bewertung neuer Dauermagnetmaterialien beim Einsatz in Gleichstrommotoren. etz-Archiv 6 (1984) S. 365–373.
12 *Marinescu, M.:* Einfluß von Polbedeckungswinkel und Luftspaltgestaltung auf die Rastmomente in permanenterregten Motoren. etz-Archiv 10 (1988) S. 83–88.
13 *Spingler, H.* u. *Voss, E.:* Gleichstrommaschinen in Viereckbauweise im Drehmomentbereich von 25 Nm bis 235 Nm. Siemens-Energietechnik 3 (1981) S. 104–106.
14 *Engelen, K., Köster, D.* u. *Weis, M.:* Eine neue Reihe geblechter AEG-Kompakt-Gleichstrommotoren für Stromrichterspeisung. Techn. Mitt. AEG-Telefunken 66 (1976) S. 58–61.
15 *Richter, R.:* Lehrbuch der Wicklungen elektrischer Maschinen. Karlsruhe, Verlag G. Braun, 1952.
16 *Sequenz, H.:* Die Wicklungen elektrischer Maschinen. Wien, Springer-Verlag, 1954.
17 Elektrische Klein- und Kleinstmotoren. ETG-Fachberichte 1/1975, Berlin, VDE-Verlag.
18 *Lang, K.:* Dimensionierung von Scheibenläufermotoren. Elektrie 34 (1980) S. 576–579.
19 *Bruchmann, K.* u. *Bost, E.:* Scheibenläufermotoren als hervorragende Kleingleichstromantriebe für dynamische Regelaufgaben. ETG-Fachberichte 1/1975 S. 15–26.
20 *Liska, M.:* Simotron K, drehzahlgeregelte Kleinantriebe mit Elektronikmotoren für industrielle Anwendungen. Siemens-Zeitschrift 46 (1972) S. 274–276.
21 *Brüderlink, R.:* Laplace-Transformation und elektrische Ausgleichsvorgänge. Karlsruhe, Verlag G. Braun, 1964.
22 *Auinger, H.:* Zulässige Spannungsbeanspruchung der Wicklungsisolierung von Drehstrom-Normmotoren bei Speisung durch Pulsumrichter. Elektrie 48 (1994) S. 2–5.
23 *Kaufhold, M.* u. *Börner, G.:* Langzeitverhalten der Isolierung von Asynchronmaschinen bei Speisung durch Pulsumrichter. Elektrie 47 (1993) S. 90–95.
24 *Bunzel, E., Graß, H.* u. *Scheuerer, F.:* Isolationsfestigkeit von Asynchronmotoren bei Umrichterbetrieb. Elektrie 47 (1993) S. 381–388.
25 *Berth, M.* u. a.: Elektrische Belastung und Ausfallverhalten der Wicklungsisolierung von Asynchronmaschinen bei Umrichterbetrieb. Elektrie 49 (1995) S. 336–344.
26 *Busch, R.:* Teilladungsbeständige Wickeldrähte, Stand der Entwicklung und Anwendungsaspekte (mit 25 Lit.-Stellen) Elektrie 56 (2002) S. 31–40.
27 *Fischer, R.:* Kriterien zur Wahl einer Stromrichterschaltung für Gleichstromantriebe. Maschinenmarkt 86 (1980) S. 1216–1219.
28 *Binder, A., Kaumann, U.* u. *Storath, A.:* Moderne Antriebstechnik spart Energie – ein Vergleich energieeffizienter Drehstrommotoren. Elektrie 52 (1998) S. 47–55.

29 *Schnurr, B.:* Hochdynamische Linearmotoren für moderne Werkzeugmaschinen. Antriebstechnik 39 (2000) S. 32–35.
30 *Weber, R.:* Transistorsteller für Gleichstrom-Antriebstechnik bis 5,2 kW. Techn. Mitt. AEG-Telefunken 69 (1979) S. 182–183.
31 *Fischer, R.:* Ankerstrom-Formfaktor bei stromrichtergespeisten Gleichstromantrieben. etz 102 (1981) S. 1158–1159.
32 *Philipps, W.:* Die Berechnung des Oberschwingungsgehaltes von Ankerströmen stromrichtergespeiser Gleichstrommotoren. ETZ-A 89 (1968) S. 126–130.
33 *Beier, E.:* Einfluß der Glättungsinduktivität auf Kommutierung und Leistung thyristorgespeister Gleichstrom-Nebenschlußmotoren. Siemens-Zeitschr. 42 (1968) S. 843–854.
34 *Andresen, E. Chr.:* Über den Einfluß von Ständerdämpfungskreisen auf die Stromwendung von Gleich- und Wechselstrommaschinen mit Wendepolen. Arch. f. ET. 50 (1966) S. 319–331.
35 *Fischer, R.:* Das dynamische Verhalten des Gleichstrom-Fahrmotors. Dissertation TH Darmstadt 1965.
36 *Schäfer, W.:* 75 Jahre Drehstromübertragung Lauffen-Frankfurt/M. ETZ-A 87 (1966) S. 847–853.
37 *Schlosser, K.:* Marksteine des Transformatorenbaus. BBC-Nachrichten 48 (1966) S. 534–549.
38 *Baehr, R.* u. *Casper, W.:* Probleme bei Grenzleistungstransformatoren. etz-a 98 (1977) S. 197–201.
39 *Schlosser, K.:* Betrachtungen über Grenzleistungs-Transformatoren. BBC-Nachrichten 57 (1975) S. 261–266.
40 Trafo-Union: Leistungstransformatoren. Druckschriften E50001-U420-A4, 22, 31.
41 *Knorr, W.:* Neue Entwicklungen auf dem Gebiet der Leistungstransformatoren. elektro-anzeiger 44 (1991) S. 62–64.
42 *Kreuzer, J.:* Der neue BBC-Gießharztransformator. Brown Boveri Technik 72 (1985) S. 298–303.
43 *Glaninger, P.:* Silicongefüllte Transformatoren. BBC-Nachrichten 65 (1983) S. 49–57.
44 *Thiel, U.:* Ausgangsfilter für Frequenzumrichter. Antriebstechnik 34 (1995) S. 66–70.
45 *Bauer, G.:* Verlust- und geräuscharme Transformatorkerne. BBC-Nachrichten 63 (1981) S. 293–299.
46 *Schlosser, K.:* Große Spartransformatoren. ETZ-A 81 (1960) S. 59–67.
47 *Kovacs, K. P.:* Symmetrische Komponenten in Wechselstrommaschinen. Basel–Stuttgart, Verlag Birkhäuser, 1962.
48 100 Jahre Drehstrommotor. AEG Technik Magazin (1989) S. 38–41.
49 *Falk, K.* u. *Kiefaber, J.:* Neue Generation oberflächengekühlter Drehstrom-Normmotoren. ABB-Technik (1989) S. 19–22.
50 *Weber, J.:* Drehstrom-Asynchronmaschinen großer Leistung. BBC-Nachrichten 53 (1971) S. 165–172.
51 *Neuhaus, W.* u. *Weppler, R.:* Einfluß der Querströme auf die Drehmomentkennlinie polumschaltbarer Käfigläufermotoren. ETZ-A 88 (1967) S. 80–84.
52 *Keve, T.:* Beitrag zur Klärung der Drehmomentsättel bei asynchronen Kurzschlußläufermotoren. ETZ-A 87 (1966) S. 221–227.
53 *Weber, W.:* Experimentelle Untersuchung des Einflusses der Läuferschränkung auf das Geräusch einer Drehstrommaschine. etz-a 98 (1977) S. 495–497.
54 *Jordan, H.* u. *Taegen, F.:* Zur Berechnung der Zahnpulsationsverluste von Asynchronmaschinen. ETZ-A 86 (1965) S. 805–809.
55 *Jordan, H.* u. *Raube, W.:* Zum Problem der Zusatzverluste in Drehstrom-Asynchronmotoren. ETZ-A 93 (1972) S. 541–545.
56 *Leonhard, A.:* Anlassen von Asynchronmotoren über Kusawiderstand, Bemessung des Kusawiderstandes. E u. M Bd. 61 (1943) S. 122–124.
57 *Alwers, E., Jordan, H.* u. *Weis, M.:* Über den Teilwicklungsanlauf von Asynchronmotoren mit Kurzschlußläufern. ETZ-A Bd. 89 (1968) S. 288–294.
58 *Krämer, J.* u. *Welk, H.:* Die Gleichstrombremsung von Drehstrom-Asynchronmaschinen. BBC-Nachrichten Bd. 47 (1965) S. 186–193.

59 *Spatz, G.:* Gleichstrombremsung von Asynchronmaschinen bei Speisung über einen Drehstromsteller. ETZ-A 93 (1972) S. 551–555.
60 *Kovacs, K. P.* u. *Rasz, J.:* Transiente Vorgänge in Wechselstrommaschinen. 1. und 2. Bd. Budapest, Verlag der Ung. Akad. d. Wiss., 1959.
61 *Bausch, H., Jordan, H.* u. *Weis, M.:* Digitale Berechnung des transienten Verhaltens von Drehstrom-Käfigläufermotoren. ETZ-A 89 (1968) S. 361–366.
62 *Jordan, H.* u. *Pfaff, G.:* Dynamische Kennlinien von Drehstrom-Asynchronmaschinen. ETZ-A 83 (1962) S. 388–390.
63 *Wütherich, W.:* Übersicht über die Einschaltmomente bei Asynchronmaschinen im Stillstand. ETZ-A Bd. 88 (1967) S. 555–559.
64 *Seifert, D.* u. *Strangmüller, T.:* Stoßmoment und Stoßstrom der Asynchronmaschine. etz-Archiv 11 (1989) S. 283.
65 ZVEI, Fachverband El. Antriebe: Gleichstrom- oder Drehstromantrieb, Systemvergleich und Entscheidungshilfe.
66 *Doebelt, R.:* Untersuchungen zum thermischen Verhalten von Asynchron-Kurzschlußläufermotoren bei der Drehzahlsteuerung mittels Drehstromsteller. Elektrie 30 (1976) S. 39–41.
67 *Geisbüsch, D.:* Drehzahlregelung von Drehstromantrieben durch Schlupfänderung. BBC-Nachrichten 61 (1979) S. 145–151.
68 *Ettner, N.:* Antriebe für Pumpen und Lüfter kleiner Leistung. Siemens-Zeitschrift 45 (1971) S. 204–206.
69 *Becker, O.:* Betriebsverhalten untersynchroner Stromrichterkaskaden. Elektroanzeiger 29 (1976) S. 89–92.
70 *Wolff, A.:* Die untersynchrone Stromrichterkaskade, ein drehzahlgeregelter Antrieb mit Drehstrommotor. Elektrie 34 (1980) S. 241–243.
71 *Elger, H.:* Schaltungsvarianten der untersynchronen Stromrichterkaskade. Siemens-Zeitschrift 51 (1977) S. 145–150.
72 *Kipke, M.:* Besonderheiten beim Bemessen des Drehstrom-Asynchronmotors einer untersynchronen Stromrichterkaskade. Siemens-Zeitschrift 49 (1975) S. 99–102.
73 *Böhm, K.* u. *Wesselak, F.:* Drehzahlregelbare Drehstromantriebe mit Umrichterspeisung. Siemens-Zeitschrift 45 (1971) S. 753–757.
74 *Nitsche, H. J.* u. *Putz, U.:* Umrichter für Drehstromantriebe. Techn. Mitt. AEG-Telefunken 67 (1977) S. 2–6.
75 *Kabisch, H.:* Möglichkeiten und Grenzen des Einsatzes umrichtergespeister Drehstromantriebe in der Industrie. Elektrie 34 (1980) S. 59–65.
76 *Klautscheck, H.:* Asynchronmaschinenantriebe mit Strom-Zwischenkreisumrichtern. Siemens-Zeitschrift 50 (1976) S. 23–28.
77 *Landeck, W.* u. *Putz, U.:* Selbstgeführter Zwischenkreisumrichter mit eingeprägtem Strom für Drehstrom-Asynchronmotoren. Techn. Mitt. AEG-Telefunken 67 (1977) S. 11–15.
78 *Weninger, R.:* Verfahren zur dynamisch richtigen Steuerung des Flusses bei der Drehzahlregelung von Asynchronmaschinen mit Speisung durch Zwischenkreisumrichter mit eingeprägtem Strom. etz-Archiv 1 (1979) S. 341–347.
79 *Flügel, W.:* Drehzahlregelung der spannungsumrichtergespeisten Asynchronmaschine im Grunddrehzahl- und Feldschwächebereich. etz-Archiv 4 (1982) S. 143–150.
80 *Kazmierkowski, M. P.* u. *Köpcke, H. J.:* Vergleich dynamischer Eigenschaften verschiedener Steuer- und Regelverfahren für umrichtergespeiste Asynchronmaschinen. etz-Archiv 4 (1982) S. 269–277.
81 *Helmers, H.:* Digital gesteuerte Asynchronmotoren mit feldorientierter Vektorregelung. Maschinenmarkt 97 (1991) S. 90–97.
82 *Würslin, R.:* Pulsumrichtergespeister Asynchronmaschinenantrieb mit hoher Taktfrequenz und sehr großem Feldschwächbereich. Dissertation Uni Stuttgart 1984.
83 *Weninger, R.:* Flußsteuerung und Drehzahlregelung der stromrichtergespeisten Asynchronmaschine im Feldschwächebereich. etz-Archiv 5 (1983) S. 243–248.
84 *Blaschke, F.:* Das Prinzip der Feldorientierung, die Grundlage für die Transvektorregelung von Drehstrommaschinen. Siemens-Zeitschrift 45 (1971) S. 757–768.

85 *Zimmermann, W.:* Feldorientiert geregelter Umrichterantrieb mit sinusförmigen Maschinenspannungen. etz-Archiv 10 (1988) S. 259–265.
86 *Andresen, E., Bieniek, K.* u. *Pfeiffer, R.:* Pendelmomente und Wellenbeanspruchungen von Drehstrom-Käfigläufermotoren bei Frequenzumrichterspeisung. etz-Archiv 4 (1982) S. 25–33.
87 *Auinger, H.:* Einflüsse der Umrichterspeisung auf elektrische Drehfeldmaschinen, insbesondere auf Käfigläufer-Induktionsmotoren. Siemens-Zeitschrift 45 (1981) S. 46–49.
88 *Pagano, E., Isastia, V.* u. *Perfetto, A.:* Berechnungsrichtlinien umrichtergespeister Asynchronmotoren. etz-A 97 (1976) S. 607–611.
89 *Weninger, R.:* Einfluß der Maschinenparameter auf Zusatzverluste, Momentenoberschwingungen und Kommutierung bei Umrichterspeisung von Asynchronmaschinen. Archiv für Elektrotechnik 63 (1981) S. 19–28.
90 *Brosch, P. F., Tiebe, J.* u. *Schusdziarra, W.:* Erwärmung kleiner Asynchronmaschinen bei Betrieb mit Frequenzumrichtern. etz-Archiv 7 (1985) S. 351–355.
91 *Depenbrock, M.* u. *Klaes, N.:* Zusammenhänge zwischen Schaltfrequenz, Taktverfahren, Momentenpulsation und Stromverzerrung bei Induktionsmotoren am Pulswechselrichter. etz-Archiv 10 (1988) S. 131–134.
92 *Budig, P. K., Muster, J.* u. *Zimmermann, R.:* Beanspruchungen von Asynchronmaschinen durch Stromrichterspeisung. Elektrie 36 (1982) S. 462–466.
93 *Zweygbergk v., S.* u. *Sokolov, E.:* Verlustermittlung im stromrichtergespeisten Asynchronmotor. ETZ-A 90 (1969) S. 612–616.
94 *Kratz, G.:* Der Linearmotor in der Antriebstechnik. Techn. Mitt. AEG-Telefunken 69 (1979) S. 74–80.
95 *Deleroi, P.* u. a.: Der Kurzstator-Linearmotor – Stand der Entwicklung. ETZ-A 96 (1975) S. 401–409.
96 *Budig, P. K.* u. *Timmel, H.:* Zur Dimensionierung von Drehstrom-Linearmotoren. Elektrie 27 (1973) S. 253–256.
97 Die Verwendung linearer Induktionsmotoren bei Transportsystemen für Höchstgeschwindigkeiten. ETZ-A 91 (1970) S. 419–420, Zeitschriften-Umschau, ca. 60 Literaturstellen. Schnellfahrtechnik. ETZ-A 96 (1975) Heft 9 S. 365–424.
98 *Kümmel, F.:* Der selbsterregte Asynchrongenerator mit annähernd konstanter Spannung. ETZ-A 76 (1955) S. 769–775.
99 *Pflügel, K.:* Gleichlauf von Antrieben durch elektrische Wellen. BBC-Nachrichten Bd. 42 (1960) S. 428–440.
100 *Gahleitner, A.:* Anlaufmoment und Pendelmoment beim zweisträngigen Kondensatormotor mit Einfach- und Doppelkäfigläufer. ETZ-A 92 (1971) S. 95–99.
101 *Jordan, H.* u. *Lax, F.:* Über den Anlauf von Einphasen-Asynchronmotoren. AEG-Mittlg. 45 (1955) S. 553–562.
102 *Vaske, P.:* Die Bemessung der Anlaufshilfsphase zweisträngiger Einphasen-Asynchronmotoren. ETZ-A 86 (1965) S. 306–311.
103 *Vaske, P.:* Über die Optimierung kleiner Einphasen-Asynchronmotoren. ETG Fachberichte 1975 El. Klein- und Kleinstmotoren, VDE-Verlag Berlin.
104 *Fischer, R.:* Berechnungen zum Anlauf von Betriebs- und Doppelkondensatormotoren. ETZ-A 91 (1970) S. 506–509.
105 *Vaske, P.:* Über den Betrieb von Drehstrom-Asynchronmaschinen mit Kondensator am Einphasennetz. ETZ-A 86 (1965) S. 500–505.
106 *Sperling, P. G.:* Betrieb eines Drehstrommotors bei Ausfall einer Phase. Siemens-Zeitschr. 43 (1969) S. 106–112.
107 *Vaske, P.:* Beitrag zur Theorie des Spaltmotors. Archiv f. Elektrotechnik 47 (1962) S. 1–28.
108 *Oesingmann, D.* u. *Usbeck, S.:* Spaltpolmotoren mit einteiligem, asymmetrischem Ständerblechschnitt. Elektrie 45 (1991) S. 141–144.
109 *Gandert, H. J.:* Erregersysteme für große Generatoren. BBC-Nachrichten 62 (1980) S. 380–387.
110 *Gerlach, R.:* Stromrichtererregung für schnellaufende Synchrongeneratoren. Techn. Mitt. AEG-Telefunken 68 (1978) S. 57–66.

111 *Laronze, J.:* Eine neue Generation von bürstenlosen Synchronmotoren. E und M 96 (1979) S. 118–120.
112 *Böning, W.:* Selbsterregte Synchrongeneratoren mit Störgrößenaufschaltung. Siemens-Zeitschrift 43 (1969) S. 465–472.
113 *Andresen, E.:* Einfluß von Umrichterart, Magnethöhe, Polbedeckung und Wicklungsanordnung auf den Betrieb von Synchronmotoren mit radialen $SmCo_5$-Magneten. etz-Archiv 7 (1985) S. 263–270.
114 *Schwarz, B.:* Ausnutzung von Pulsumrichtern in Servoantrieben mit permanenterregten Synchronmaschinen. etz-Archiv 8 (1986) S. 403–409.
115 *Gutt, H. J.:* Vergleich von Gleichstrom-, Asynchron- und dauermagneterregten Synchronmaschinen für Stellantriebe in Industrierobotern. etz-Archiv 9 (1987) S. 55–63.
116 *Demel, W.:* Baugröße und Verluste von permanenterregten Synchronmaschinen bei unterschiedlichem Verlauf des Stromes. Dissertation RWTH Aachen 1987.
117 *Aschenbrenner, F.:* Ein Berechnungsverfahren für permanenterregte Synchronmaschinen. Elektrotechnik und Informationstechnik 106 (1989) S. 389–397.
118 *Gutt, H. J.:* Permanenterregte und Massivläufer-Kleinmaschinen für hohe Drehzahlen. Elektrotechnik und Informationstechnik 107 (1990) S. 469–475.
119 *Urgell, J.:* Antrieb für Hauptspindel. Maschinenmarkt 96 (1990) S. 60–65.
120 *Shalaby, M.:* Berechnungsgang und Entwurfsoptimierung von permanenterregten Synchronmaschinen. etz-a 98 (1977) S. 498–502.
121 *Weschta, A.:* Pendelmomente von permanenterregten Synchron-Servomotoren. etz-Archiv 5 (1983) S. 141–144.
122 *Weschta, A.:* Stabilitätsverhalten der frequenzgesteuerten Synchronmaschine mit Dauermagneterregung. etz-Archiv 6 (1984) S. 227–229.
123 *Jordan, J., Lorenzen, H. W.* u. *Taegen, F.:* Über den asynchronen Anlauf von Synchronmaschinen. ETZ-A 85 (1964) S. 296–305.
124 *Gölz, G.* u. *Grumbrecht, P.:* Umrichtergespeiste Synchronmaschinen. Techn. Mitt. AEG-Telefunken 63 (1973) S. 141–148.
125 *Saupe, R.* u. *Senger, K.:* Maschinengeführter Umrichter zur Drehzahlregelung von Synchronmaschinen. Techn. Mitt. AEG-Telefunken 67 (1977) S. 20–25.
126 *Salzmann, Th.* u. *Wokusch, H.:* Direktumrichterantrieb für große Leistungen und hohe dynamische Anforderungen. Siemens-Energietechnik 2 (1980) S. 409–413.
127 *Bardahl, N., Romascan, A.* u. *Weigel, W. D.:* Statischer Umrichter zum Anfahren eines Hochofengebläses für 30 MW mit zweipoligem Synchronmotor. Siemens-Zeitschrift 52 (1978) S. 509–512.
128 *Bonfert, K.:* Betriebsverhalten der Synchronmaschine. Wien, Springer-Verlag, 1962.
129 *Leukert, W.:* 100 Jahre dynamoelektrisches Prinzip – 100 Jahre Elektromaschinenbau. ETZ-A 87 (1966) S. 841–847.
130 *Kranz, R. D.:* Der Gang der Entwicklung zum Groß-Turbogenerator. ETZ-A 91 (1970) S. 668–675.
131 *Putz, G.:* Leistungssteigerung bei zukünftigen Turbogeneratoren. BBC-Nachrichten 57 (1975) S. 250–255.
132 *Mez, F.* u. *Viktil, H.:* Ein langsamlaufender Generator für das norwegische Wasserkraftwerk Solbergfoss. Brown Boveri Technik 9 (1987) S. 502–505.
133 *Jäger, K.:* Flüssigkeitskühlung bei elektrischen Maschinen. BBC-Druckschrift D GK 90361 D.
134 *Jäger, K.:* Turbogeneratoren für große Kernkraftwerke. BBC-Druckschrift D GM 80186 D.
135 *Merz, K.:* Mechanische und elektromagnetische Grenzen beim Bau von Turbogeneratoren. BBC-Druckschrift D GM 40647 D.
136 *Bönning, H.* u. *Jäger, K.:* Neue Entwicklungen bei luftgekühlten Synchronmaschinen in Turbobauart. etz-Archiv 11 (1989) S. 109–112.
137 *Weigelt, K.:* Konstruktionsmerkmale großer Turbogeneratoren. ABB-Technik (1989) S. 3–14.
138 Turbogeneratoren für 200 bis 1200 MVA mit Wasserstoffkühlung und direkter Wasserkühlung der Statorwicklung. ABB-Technik. Druckschriften HTGG F09001–3.
139 *Schmid, M.:* Reluktanzmotoren. BBC-Nachrichten 43 (1961) S. 108–112.

140 *Gutt, H. J.:* Reluktanzmotoren kleiner Leistung. etz-Archiv 10 (1988) S. 345.
141 *Weh, H.:* Zur Weiterentwicklung wechselrichtergesteuerter Reluktanzmaschinen für hohe Leistungsdichte und große Leistungen. etz-Archiv 6 (1984) S. 135–143.
142 *Jaeschke, H. E.:* Der Hysteresemotor. E und M 60 (1942) S. 176–188.
143 *Kreuth, K. P.:* Schrittmotoren. München Wien, Oldenbourg Verlag, 1988.
144 *Maiß, K. J.:* Drehstromantriebe für Vollbahn-, Werkbahn- und Nahverkehrs-Triebfahrzeuge. Nahverkehrspraxis 29 (1981) S. 242–250.
145 *Körber, J.:* Die elektrische Ausrüstung der Hochleistungslokomotive E 120 der DB mit Drehstrommotoren. BBC-Druckschrift DVK 1451 80D.
146 *Schmidt, D.:* Der InterCityExpress mit ABB-Drehstrom-Antriebstechnik. ABB Technik 10/91, H. 10, S. 3–10.
147 *Buck, D.:* Das elektrische System von ABB-Kombikraftwerken. ABB Technik 2 (1995) S. 15–23.
148 *Späth, H.:* Steuerverfahren für Drehstrommaschinen. Berlin, Springer-Verlag, 1983.
149 *Seefried, E.* u. *Müller, G.:* Frequenzgesteuerte Drehstrom-Asynchronantriebe. Berlin, Verlag Technik, 1992.
150 *Nguyen Phung Quang:* Praxis der feldorientierten Drehstromantriebsregelungen. Ehningen, expert-verlag, 1993.
151 *Heil, W.:* 40 % mehr Leistung bei Gleichstromantrieben. antriebstechnik 34 (1995) S. 28–31.
152 *Schumann, R.:* Totgesagte leben lange, Interview über eine neue Gleichstrommotorenreihe von ABB. antriebstechnik 34 (1995) S. 10–15.
153 *Rennie, I.:* Elektromotoren mit höherem Wirkungsgrad verbessern Umweltbilanz. ABB Technik H.1 (2000), S. 20–27.
154 *Greiner, H.:* Kupfer-Druckgussläufer – schaffen sie den Durchbruch? ema 09 (2003) S. 6–11.
155 *Greiner, H.:* Kupf-Druckgussläufer machen Drehstrommotoren energie-effizienter. AZ-Fachverlage ET, N. 8 (2004), S. 107–110.
156 *Laithwaite, E. R.* u. a.: Linear motors with transverse flux. Prod. IEE Vol. 118, Nr. 12 (1971) S. 1761–1767.
157 *Weh, H.:* Permanenterregte Synchronmaschinen mit hoher Kraftdichte nach dem Transversalflusskonzept. etz-Archiv 10 (1988) S. 143–149.
158 *Canders, W.-R.:* Transversalflussmotor – Antrieb mit optimaler Kraft- und Leistungsdichte. Antriebstechnik 32 (1993) S. 62–66.
159 *Firma Voigt, Heidenheim:* Voigt Transversalflussmotoren, Grundlagen
160 *Kühne, S.* u. *Stupin, P.:* Doppelgespeiste Asynchrongeneratoren bis 5,6 MW für die Windenergie. etz Heft 7 (2005) S. 50–55.
161 *Liese, M.:* Innovative Turbogeneratoren im Sog der GuD-Kraftwerkstechnik. ETG-Mitgliederinformation Juli 2005.
162 *Link, M.* u. a.: Vier-Quadranten-Umrichter mit geregeltem Netzwechselstrom. Sonderdruck ABB Automation Products. antriebstechnik H. 3 (1999).
163 *Krause, J.:* Leistungselektronik und Antriebstechnik von morgen. etz H. 12 (2005), S. 42–48.
164 *Dorner, H.:* Netzversorgungsbelastung durch Oberschwingungen von Frequenzumrichtern. Ursachen und Vermeidung. Antriebstechnik 41 (2002) S. 26–31.
165 *Nolle, E.:* Zusatzverluste bei umrichtergespeisten Asynchronmaschinen. Hochschule Esslingen spektrum 27 (2008) S. 28–30.
166 *VDE:* ETG Fachtagung Innovative Klein- und Mikroantriebstechnik. 3 (2004).
167 *Huth, G.* u. *Urschel, S.:* Geregelte Antriebe bieten großes Einsparpotential. antriebstechnik 6 (2006) S. 56–61.
168 *Gottkehaskamp, R.:* Systematischer Entwurf von dreisträngigen Zahnspulenwicklungen bürstenloser Motoren. Antriebstechnik 10 (2007) S. 30–35.
169 *Weh, H.:* Die Integration der Funktionen magnetisches Schweben und elektrischer Vortrieb. ETZ-A 96 (1975) S. 131–135.
170 *Weh, H.:* Synchroner Langstatorantrieb mit geregelten, anziehend wirkenden Normalkräften. ETZ-A 96 (1975) S. 409–413.

Formelzeichen und Einheiten

Nachstehende Aufstellung umfasst die wichtigsten physikalischen Größen mit ihren Formelzeichen und gesetzlichen Einheiten (SI-Einheiten). Daneben wird die Umrechnung auf andere früher gerne verwendete Einheiten angegeben.

Physikalische Größe	Formelzeichen	SI-Einheiten	Kurzzeichen	Umrechnung in andere Einheiten † SI-fremde, nicht mehr anzuwendende Einheit
Länge	l	Meter	m	
Masse	m	Kilogramm	kg	1 t (Tonne) = 10^3 kg 1 kg = 0,102 kp · s^2/m
Zeit	t	Sekunde	s	1 min = 60 s 1 h (Stunde) = 3600 s
elektrische Stromstärke	I	Ampere	A	
thermodynamische Temperatur	T	Kelvin	K	Temperaturdifferenz $\Delta\vartheta$ in Kelvin
Celsius-Temperatur	ϑ	Grad Celsius	°C	$\vartheta = T - T_0$ $T_0 = 273{,}15$ K
Lichtstärke	I	Candela	cd	
Fläche	A	–	m^2	
Volumen	V	–	m^3	1 l (Liter) = 10^{-3} m^3
Kraft	F	Newton	N	1 kp († Kilopond) = 9,81 N 1 N = 1 kg · m/s^2
Druck	p	Pascal	Pa	1 Pa = 1 N/m^2 1 at († techn. Atm.) = 1 kp/cm^2 = 0,981 bar, 1 bar = 10^5 Pa 1 kp/m^2 = 1 mm WS
Drehmoment	M	–	N · m	1 kp · m = 9,81 N · m = 9,81 kg · m^2/s^2
Trägheitsmoment	J	–	kg · m^2	1 kg · m^2 = 0,102 kp · m · s^2 = 1 W · s^3 Schwungmoment GD^2 GD^2/kp · m^2 = 4 J/kg · m^2
Frequenz	f	Hertz	Hz	1 Hz = 1 s^{-1}
Kreisfrequenz	ω	–	Hz	$\omega = 2 \cdot \pi \cdot f$
Drehzahl	n	–	s^{-1}	1 s^{-1} = 60 min^{-1}
Geschwindigkeit	v	–	m/s	1 m/s = 3,6 km/h
Leistung	P	Watt	W	1 PS (†) = 75 kp · m/s = 736 W
Energie, Arbeit	W	Joule	J	1 J = 1 N · m = 1 W · s 1 kcal (†) = 427 kp · m = 4186,8 W · s 1 W · s = 0,102 kp · m
elektrische Spannung	U	Volt	V	
elektrische Feldstärke	E	–	V/m	
elektrischer Widerstand	R	Ohm	Ω	
elektrischer Leitwert	G	Siemens	S	
elektrische Ladung	Q	Coulomb	C	1 C = 1 A · s
Kapazität	C	Farad	F	1 F = 1 A · s/V
elektrische Feldkonstante	ε_0	–	F/m	$\varepsilon_0 \approx 0{,}885 \cdot 10^{-11}$ F/m
Permittivität	ε	–	F/m	$\varepsilon = \varepsilon_0 \cdot \varepsilon_r$ ε_r – Permittivitätszahl
Induktivität	L	Henry	H	1 H = 1 V · s/A = 1 Ω · s

Physikalische Größe	Formelzeichen	SI-Einheiten	Kurzzeichen	Umrechnung in andere Einheiten † SI-fremde, nicht mehr anzuwendende Einheit
magnetischer Fluss	Φ	Weber	Wb	1 Wb = 1 V · s 1 M († Maxwell) = 10^{-8} V · s = 1 G · cm^2
magnetische Flussdichte Induktion	B	Tesla	T	1 T = 1 V · s/m^2 = 1 Wb/m^2 1 T = 10^4 G († Gauß) 1 G (†) = 10^{-8} V · s/cm^2
magnetische Feldstärke	H	–	A/m	1 Oe († Oersted) = $10/4\pi$ · A/cm 1 A/m = 10^{-2} A/cm
magnetische Durchflutung	Θ	–	A	
magnetische Spannung	V	–	A	
magnetische Feldkonstante	μ_0	–	–	$\mu_0 = 4\pi \cdot 10^{-7}$ H/m $\mu_0 = 1$ G/Oe
Permeabilität	μ	–	–	$\mu = \mu_0 \cdot \mu_r$ μ_r – relative Permeabilität
Winkel	α	Radiant	rad	1 rad = 1 m/1 m $\alpha = l_{\text{Bogen}}/r$

Weitere Formelzeichen und Liste der häufig verwendeten Indizes

Physikalische Größen, die durch einen der aufgeführten Indizes gekennzeichnet sind, werden nicht mehr angegeben.

A	Fläche, Querschnitt		I_{gl}, i_{gl}	Gleichstromglied
A	Strombelag		I'_k	Übergangs-Stoßkurzschlussstrom
a	parallele Ankerzweigpaare		I''_k	Anfangs-Stoßkurzschlussstrom
a	bezogene Spannungszeitfläche		I_s	Stoßkurzschlussstrom
a	e^{j120}		I_{Fe}	Eisenverluststrom
B	Flussdichte (früher: Induktion)		J	Trägheitsmoment, Stromdichte
B_A	Flussdichte des Ankerquerfeldes		$j =$	$\sqrt{-1}$
B_L	max. Flussdichte im Leerlauf		K	Lamellenzahl
B_{max}	max. Flussdichte bei Belastung		k	Konstante
B_w	Flussdichte im Wendepol-Luftspalt		k_d	Zonenfaktor
B_1	– des Grundfeldes		k_{Fe}	Eisenfüllfaktor
c	spezifische Wärmekapazität, Konstante (c_r, c_w, c_{tr})		K_c	Leerlauf-Kurzschlussverhältnis
			k_L	Leitwertsänderung –
c_H	spezifische Hystereseverluste		k_p	Sehnungsfaktor
c_w	spezifische Wirbelstromverluste		k_R	Widerstandsänderung durch Stromverdrängung
D	Dämpfungsmoment			
d_1	Ständer-Bohrungsdurchmesser		k_w	Wicklungsfaktor
d_A	Ankerdurchmesser		L_{12}	Gegeninduktivität
d_K	Stromwender-Durchmesser		p	Polpaarzahl
f	Frequenz		M	Drehmoment
f_p	Eigenfrequenz des Polrades		M_A	Anzugsmoment
f_{p0}	ungedämpfte –		M_K	Kippmoment
g, g_s	Ankerrückwirkungsfaktor		M_w	Lastmoment
H_c	Koerzitivfeldstärke		M_v	Verlustmoment
h_Q	Nuttiefe		m	Phasen(Strang)zahl, Masse
I_d	Gleichstrom		N	Windungszahl

N_s	Windungszahl einer Spule	v_{10}, v_{15}	spezifische Eisenverluste
N_D	Entmagnetisierungsfaktor	W	Spulenweite
n_1	Synchrondrehzahl	X_d	synchrone Längsreaktanz
Δn	Schlupfdrehzahl	X_d'	transiente Längs-
P_D	Durchgangsleistung	X_d''	subtransiente –
P_T	Typenleistung	X_q''	subtransiente Querreaktanz
P_v	Verlustleistung	$X_{D\sigma}$	Streureaktanz der Dämpferwicklung D
P_{Cu}	Stromwärmeverluste		
Q	Blindleistung, Nutzahl	$X_{Q\sigma}$	Streureaktanz der Dämpferwicklung Q
q	Lochzahl = Nutzahl/Pol und Strang		
R_{th}	thermischer Widerstand	$X_{2\sigma b}$	Streureaktanz des Betriebskäfigs
R_{2a}	Widerstand des Anlaufkäfigs	$X_{2\sigma g}$	Streureaktanz beider Käfige gemeinsam
R_{2b}	– des Betriebskäfigs		
$R\sim$	– bei Stromverdrängung	y	Stromwenderschritt
S	Scheinleistung	y_1	Spulenweite
S_D	Durchgangs-Scheinleistung	y_{1Q}	– in Nuten
S_T	Typenscheinleistung	y_2	Schaltschritt
s	Schlupf	z	Gesamtleiterzahl
T	Zeitkonstante	z_Q	in Reihe geschaltete Leiterzahl/Nut
T_D	Dämpfungs-	Z	Scheinwiderstand
T_d'	transiente –	α	Winkel, Wärmeübergangszahl, ideeller Polbedeckungsfaktor
T_d''	subtransiente –		
T_E	Erwärmungs-	α_D	Steigungswinkel der Schergeraden
T_s	– des Gleichstromgliedes	β	Bürstenverdrehwinkel
t_B	Belastungszeit	δ	Luftspaltbreite
t_K	Kommutierungszeit	ε	Sehnungswinkel
t_S	Spieldauer	ξ	Streuziffer
t_{St}	Stillstandszeit	η	Wirkungsgrad
U_b	Bewegungsspannung im Ankerfeld	Θ	Durchflutung
U_B	Bürstenübergangs-	ϑ	Polradwinkel, Temperatur
U_d	Gleichspannung	$\Delta\vartheta$	Übertemperatur
U_{gr}	– einer Spulengruppe	γ	elektrische Leitfähigkeit
U_s	mittlere Lamellenspannung	Λ	magnetischer Leitwert
U_{tr}	Transformationsspannung	μ_p	permanente Permeabilität
U_w	Wendefeldspannung	ν	Ordnungszahl einer Harmonischen
U_φ	Spannungsänderung	σ	Streuziffer
u	Spulenseiten/Nut	τ_K	Lamellenteilung
$\ddot{u}$	Übersetzungsverhältnis	τ_Q	Nutteilung
u	rel. Spannung (u_R, u_x, u_k, u_φ)	τ_p	Polteilung
V	magnetische Spannung	Φ	magnetischer Fluss
v_H	spezifische Hystereseverluste	$\Phi_{\sigma n}$	Nutstreufluss
v_w	spezifische Wirbelstromverluste	Ψ, ψ	Spulenfluss, Winkel
v_K	Stromwender-Umfangsgeschwindigkeit	ω_p	Kreisfrequenz der Polradschwingung

Indizes

A	Anker, Anlauf	K	Kipppunkt, Kommutator
E	Erregung	L	Luftspalt
Fe	Eisen	N	Bemessungswert

A, H	Arbeits- bzw. Hilfswicklung	o	Leerlauf
C	Kondensator	Q	Nut
Cu	Kupfer	R	Reibung
d, q	Komponente in Längs- bzw. Querrichtung	σ	Streuwert
		μ	Magnetisierung
g, m	Gegen- bzw. Mitsystem	ν	Ordnungszahl
h	Haupt-(Feld, Reaktanz)	1	Ständer, primär
k	Kurzschluss	2	Läufer, sekundär

Schreibweise von Formelzeichen elektrischer und magnetischer Größen

Effektiv- und Mittelwerte elektrischer Größen	große lateinische Buchstaben I, U, P
Augenblickswerte elektrischer Größen	kleine lateinische Buchstaben i, u
Maximalwerte magnetischer Größen	große griechische und lateinische Buchstaben Φ, Θ, B, H
Augenblickswerte magnetischer Größen	große griechische und lateinische Buchstaben mit Index t: Φ_t, B_t
Zeiger (komplexe Größen)	lateinische Buchstaben unterstrichen $\underline{U}$, $\underline{I}$
Vektoren	Buchstabe mit Pfeil $\vec{F}$

Berechnung der Aufgaben

Nachstehend wird in konzentrierter Form der Rechengang zu den Ergebnissen der in den einzelnen Kapiteln des Buches enthaltenen Aufgaben aufgezeigt.

2.1: Bei $p = 1$ verdoppelt sich gegenüber Beispiel 2.1 die in Reihe geschaltete Leiterzahl zwischen den Bürsten, so dass für die gleiche Leerlaufspannung $U_0 = 220$ V nur die halbe Drehzahl $n = 900$ min^{-1} benötigt wird.

2.2: Nach Gl. (2.2) ist $K = 3 \cdot 36 = 108$. Wellenwicklung nicht möglich, da nach Gl. (2.7a) $y = 53,5$ nicht ganzzahlig. Schleifenwicklung ausführbar, da $Q/p = 18 = $ ganzzahlig. $y_1 = 108/4 = 27$, $y = 1$, $y_2 = 26$, Leiterzahl/Nut $= 2u \cdot N_s = 6$, wegen $u = 3$ wird $N_s = 1$, also keine parallelen Leiter. $I_s = J \cdot A_L = 4,5$ A/mm$^2 \cdot 12$ mm$^2 = 54$ A
Ankerstrom nach Gl. (2.10) und mit $a = p = 2$ wird $I_A = 4 \cdot 54$ A $= 216$ A

2.3: Es ist jeweils $\Theta_{res\,2} = \Theta_E - V_A = 0$ erforderlich. $V_{AN} = 1500$ A: $\Theta_E = 1500$ A
$\Theta_E = 2100$ A: $V_A = V_{AN} \cdot I_A/I_{AN}$, $I_A/I_{AN} = 2100$ A/1500 A $= 1,4$

2.4: Magnetische Spannung in Pollücke nach Gl. (2.16) $V_{Ax} = 0,5 \cdot 200$ A/cm $\cdot \pi \cdot 20$ cm/4
$V_{Ax} = 1571$ A. Gl. (2.18) $B_{Ax} = 0,4\pi \cdot 10^{-6}$ V $\cdot$ s/A $\cdot$ m $\cdot 1571$ A/0,05 m $= 39,5$ mT

2.5: Mittlere Lamellenspannung Gl. (2.20a) $U_s = 850$ V $\cdot 8/456 = 14,91$ V. Mit $\alpha = 0,71$ aus Gl. (2.21): $U_{s\,max\,0} = 14,91$ V/0,71 $= 21$ V. Aus Gl. (2.22) $B_{max}/B_L = 30$ V/21 V $= 1,43$

2.6: Gl. (2.22) $U_{s\,max\,0} = 30$ V/1,2 $= 25$ V. Aus Gl. (2.20b) mit $a = 1$, $v = U_{s\,max\,0}/(2\,N_s \cdot p \cdot B_L \cdot l)$
$v = 25$ V/(2 $\cdot 1 \cdot 2 \cdot 0,8$ V $\cdot$ s/m$^2 \cdot 0,18$ m) $= 43,4$ m/s
$n = v/(d_A \cdot \pi) = 43,4$ m/s/(0,3 m $\cdot \pi$) $= 46,05$/s $= 2763$/min

2.7: $V_{wL} = N_w \cdot I_A - V_A = 42 \cdot 122$ A $- 4123$ A $= 1001$ A
Aus Gl. (2.32a) $\delta_w = 0,4 \cdot \pi \cdot 10^{-6}$ V $\cdot$ s/A $\cdot$ m $\cdot 1001$ A/0,15 T $= 0,00838$ m

2.8: Aus Gl. (2.27) $v_A = 8$ V/(2 $\cdot 1 \cdot 35$ cm $\cdot 5 \cdot 10^{-8}$ V $\cdot$ s/A $\cdot$ cm $\cdot 300$ A/cm) $= 7619$ cm/s
$n = v_A/(d_A \cdot \pi) = 7619$ cm/s/(35 cm $\cdot \pi$) $= 69,3$/s $= 4157$/min

2.9: Nach Bild 2.36 muss an den Polkanten $V_{Kx} = V_{Ax}$ sein. Mit Gl. (2.15) und $x = 0,5 \cdot 0,71 \cdot \tau_p$ gilt
$0,5 \cdot Q_K \cdot z_K \cdot I_A = 0,5 \cdot 0,71 \cdot d_A \cdot \pi/2p \cdot A$ und $z_K = (0,71 \cdot 35$ cm $\cdot \pi \cdot 300$ A/cm)/(4 $\cdot 6 \cdot 122$ A) $= 8$

2.10: Gl. (2.41) $c \cdot \Phi_0 = 220$ V/24,16/s $= 9,103$ V $\cdot$ s. a) Gl. (2.38) $I_{AN} = 2\pi \cdot 72,6$ W $\cdot$ s/9,103 V $\cdot$ s
$I_{AN} = 50,1$ A. b) $c \cdot \Phi = 0,95 \cdot c \cdot \Phi_0$, $I_A = I_{AN}/0,95 = 52,7$ A

2.11: Gl. (2.43) und (2.44) $n = n_0\,(1 - P_{Cu}/P_A)$, $P_{Cu} = P_v/2$, $P_E = P_v/6$, $P_A = P_1 - P_E$
$\eta = 1 - P_v/P_1 = 0,88$, also $P_v = 0,12\,P_1$, $P_{Cu} = 0,06\,P_1$ und $P_A = P_1 - P_v/6 = 0,98\,P_1$
$P_{Cu}/P_A = 0,06\,P_1/0,98\,P_1$, $n = 1600$/min $\cdot (1 - 0,06/0,98) = 1502$/min

2.12: a) $P_1 = 220$ V $\cdot 1,7$ A $= 374$ W $P_v = (1,7$ A$)^2 \cdot (40\,\Omega + 8,65\,\Omega) = 140,6$ W
$\eta = 1 - P_v/P_1 = 1 - 140,6$ W/374 W $= 0,624$
b) $R_N = R_1 + R_p = 61,1\,\Omega$, $I_N = U_N/R_N = 220$ V/61,1 $\Omega = 3,6$ A, $P_1 = U_N \cdot I_N = 220$ V $\cdot 3,6$ A
$P_1 = 792$ W, $P_2 = U_q \cdot I_{AN} = 61,3$ V $\cdot 1,7$ A $= 104,2$ W, $\eta = P_2/P_1 = 104,2$ W/792 W $= 0,132$

2.13: Bild 2.76, Kurve 1: $U_d/U_{d0} = 0,50$ ergibt $a = 0,40$ ms,
$\qquad\qquad U_d/U_{d0} = 440$ V/515 V $= 0,85$ ergibt $a = 0,24$ ms
Mit Gl. (2.62) $F = \sqrt{1 + (0,4 \text{ ms} \cdot 515 \text{ V})^2/(10 \text{ mH} \cdot 15,3 \text{ A})^2 \cdot 0,09472} = 1,08$

$$I_A = I_{AN} \sqrt{(a \cdot U_{d0})^2/(L \cdot I_{AN})^2 \cdot 0,09472/(F^2 - 1)}$$

$$I_A = I_{AN} \sqrt{(0,24 \text{ ms} \cdot 515 \text{ V})^2/(10 \text{ mH} \cdot 15,3 \text{ A})^2 \cdot 0,094727/(1,04^2 - 1)} = 0,87$$

2.14: Bild 2.76, Kurve 3, $a_{max} = 3{,}1$ ms. Mit Gl. (2.62) und $I_A = I_{AN}$ gilt
$1 = (a \cdot U_{d0})^2/(L \cdot I_{AN})^2 \cdot 0{,}09472/(F^2 - 1)$, damit $L^2 = (3{,}1 \text{ ms} \cdot 200 \text{ V}/8 \text{ A})^2 \cdot 0{,}09472/(1{,}05^2 - 1)$
$L = 74{,}5$ mH $= L_D + L_A$, $L_D = 59{,}5$ mH

3.1: Mit $P_{FeN} = aP_{CuN}$ folgt aus Gl. (3.4a) mit $\eta_{max} = 0{,}984$: $2\sqrt{a}\,P_{CuN} = 0{,}016\,P_N$ und $\sqrt{a}\,P_{CuN} = 0{,}8$ kW. Durch Quadrieren und mit $P_v = P_{CuN}(1+a) = 2$ kW erhält man die quadratische Gleichung $4a = 0{,}64(1+a)^2$ mit der Lösung $a = 0{,}25$

3.2: Aus Gl. (3.4b) dividiert durch Gl. (3.4a) folgt mit $a = P_{FeN}/P_{CuN}$
$1 - \eta_N = 0{,}5(1 - \eta_{max}) \cdot (P_{CuN} + P_{FeN})/\sqrt{P_{CuN} \cdot P_{FeN}} = 0{,}5 \cdot (1 - \eta_{max}) \cdot (1+a)/\sqrt{a}$
$1 - \eta_N = 0{,}5 \cdot 0{,}02 \cdot 1{,}25/\sqrt{0{,}25} = 0{,}02 \cdot 1{,}25$, $\eta_N = 0{,}975$

3.3: Bemessungsverluste $P_{vN} = P_{1N}(1 - \eta_N) = 10$ kW $\cdot 0{,}04 = 400$ W
Gleiche Verlustanteile treten bei $P_1 = \sqrt{a}\,P_{1N}$ auf, d.h. mit $P_1 = 0{,}5\,P_{1N}$ wird $\sqrt{a} = 0{,}5$ also $a = 0{,}25$. $P_{vN} = P_{CuN} + P_{FeN} = P_{CuN}(1+a)$, damit $P_{CuN} \cdot 1{,}25 = 400$ W, $P_{CuN} = 320$ W,
$P_{FeN} = 0{,}25 \cdot 320$ W $= 80$ W
Für die Wirkungsgradgleichung gilt mit $p = P_1/P_{1N}$: $\eta = 1 - (a + p^2)/p \cdot P_{CuN}/P_{1N}$
Mit $\eta = 0{,}96$ und $P_{CuN}/P_{1N} = 0{,}32$ erhält man die quadratische Gleichung: $1{,}25p = a + p^2$,
Lösung: $p = 0{,}25$ und $= 1$, d.h. $P_1 = 2{,}5$ kW

3.4: Gl. (3.4a) ergibt $\eta_{max} = 1 - 2\sqrt{0{,}32 \text{ kW} \cdot 1{,}75 \text{ kW}}/100$ kW $= 0{,}985$

3.5: Mit η_{max} bei Halblast wird nach Gl. (3.3) $\sqrt{a} = 0{,}5$, also $a = 0{,}25$
Verluste bei Halblast: $P_v = (1 - \eta_{max})\,0{,}5\,P_{1N} = 0{,}03 \cdot 0{,}5 \cdot 50$ kW $= 0{,}75$ kW
Bei η_{max} gilt $P_{Cu} = P_{Fe} = 0{,}5\,P_v = 0{,}375$ kW, $P_{CuN} = P_{FeN}/a = 0{,}375$ kW$/0{,}25 = 1{,}5$ kW
Bemessungsstrom $I_N = P_{1N}/U_N = 50$ kW$/500$ V $= 100$ A
$P_{CuN} = (R_1 + R_2')\,I_N^2$ ergibt $R_1 + R_2' = 1500$ W$/(100$ A$)^2 = 0{,}15\,\Omega$
$P_{FeN} = U_N^2/R_{Fe}$ ergibt $R_{Fe} = (500 \text{ V})^2/0{,}375$ kW $= 666{,}67\,\Omega$

3.6: Nach Bild 3.2 wird $k_a = 0{,}787$ und damit entsprechend Beispiel 3.3:
$A = \pi/4 \cdot (14{,}1 \text{ cm})^2 \cdot 0{,}787 \cdot 0{,}96 = 117{,}97 \text{ cm}^2$, $\Phi = 1{,}68$ T $\cdot 117{,}97 \cdot 10^{-4}$ m$^2 = 19{,}82$ mV $\cdot$ s.
In Proportion zu Beispiel 3.3: $N_1 = 1195 \cdot 21{,}76$ mV $\cdot$ s$/19{,}82$ mV $\cdot$ s $= 1312$
und $N_2 = 1312 \cdot 0{,}525$ kV$/10$ kV $= 69$

3.7: Für die quadratische Addition der Harmonischen gilt:
$$I_\mu = I_{\mu 1}\sqrt{1 + (I_{\mu 3}/I_{\mu 1})^2 + (I_{\mu 5}/I_{\mu 1})^2 + (I_{\mu 7}/I_{\mu 1})^2} = 14{,}5 \text{ A}\sqrt{1 + (4/8)^2 + (2/8)^2 + (1/8)^2} = 16{,}7 \text{ A}$$

3.8: Bemessungsstrom $I_{1N} = P_{1N}/(\sqrt{3} \cdot U_1) = 500$ kW$(\sqrt{3} \cdot 20$ kV$) = 14{,}43$ A
Stromwärmeverluste $P_{CuN} = 3R_k \cdot I_{1N}^2$, damit
Daten vom Transformator aus Beispiel 3.6:
$R_k = 7390$ W$/(3 \cdot 14{,}43^2$ A$^2) = 11{,}83\,\Omega$, $X_k = R_k \cdot \tan\varphi_k = 11{,}83\,\Omega \cdot 3{,}940 = 46{,}61\,\Omega$
$Z_k = \sqrt{R_k^2 + X_k^2} = 48{,}09\,\Omega$ und $u_k = 6\,\%$
Daten vom Transformator aus Aufgabe 3.8: $R_k = 0{,}5 \cdot 11{,}83\,\Omega = 5{,}92\,\Omega$, $X_k = 46{,}61\,\Omega$, $Z_k = 46{,}98\,\Omega$,
damit $u_k = 6\,\% \cdot 46{,}98\,\Omega/48{,}09\,\Omega = 5{,}86\,\%$

3.9: I_s nach Gl. (3.26) mit $\tan\varphi_k = X_k/R_k = 25$, damit $\sin\varphi_k = 0{,}9992$, $\varphi_k = 87{,}71°$
Exponent der e-Fkt.: $x = -R_k/X_k \cdot \pi/2 \cdot (1 + 87{,}71°/90°) = -0{,}1241$
Dauerkurzschlussstrom nach Gl. (3.23): $I_k = I_N/u_k = 210$ A$/0{,}12 = 1750$ A
$I_s = \sqrt{2} \cdot 1750$ A $\cdot (1 + 0{,}9992 \cdot e^{-0{,}1241}) = 4{,}66$ kA

3.10: a) $I_I = I_{NI}$, $I_{II} = 1{,}1\,I_{NII}$, nach Gl. (3.29): $1:1{,}1 = u_{kII}:5\,\%$, also $u_{kII} = 5\,\%/1{,}1 = 4{,}55\,\%$
b) Nach Bild 3.47 gilt:
$I_{wI} = I_I \cdot \cos\varphi_{kI} = 19{,}3$ A $\cdot 0{,}2 = 3{,}86$ A, $I_{bI} = I_I \cdot \sin\varphi_{kI} = 19{,}3$ A $\cdot 0{,}98 = 18{,}91$ A
Ebenso $I_{wII} = 9{,}63$ A $\cdot 0{,}6 = 5{,}78$ A, $I_{bII} = 9{,}63$ A $\cdot 0{,}8 = 7{,}70$ A
$I_w = I_{wI} + I_{wII} = 9{,}64$ A, $I_b = I_{bI} + I_{bII} = 26{,}61$ A, $I_{ges} = \sqrt{I_w^2 + I_b^2} = 28{,}30$ A
$I_{2\,ges} = I_{ges} \cdot 6$ kV$/0{,}5$ kV $= 340$ A

4.1: Gl. (4.3) und (4.4) mit $z_Q = 20$, $p = 4$, $q = 48/(8 \cdot 3) = 2$, $N = z_Q \cdot p \cdot q = 20 \cdot 4 \cdot 2 = 160$

4.2: Gl. (4.5) mit $m = 1$: $(q \cdot \alpha/2)_{m=1} = 90° = \pi/2$, mit $m = 3$: $(q \cdot \alpha/2)_{m=3} = 30° = \pi/6$
Gl. (4.7), $m = 1$: $(k_{d1})_1 = (\sin 90°)/\pi/2 = 2/\pi$, $m = 3$: $(k_{d1})_3 = (\sin 30°)/\pi/6 = 3/\pi$
Mit $U = c \cdot N \cdot k_{d1}$ wird $U_3 = c \cdot N \cdot (k_{d1})_3$ und $U_1 = c \cdot 3N \cdot (k_{d1})_1$
$U_1/U_3 = 3 \cdot (k_{d1})_1/(k_{d1})_3 = 3 \cdot 2/3 = 2$

4.3: Forderung nach Gl. (4.13): $\cos(5 \cdot \varepsilon/2) = 0$, d. h. $\varepsilon = 36°$. Bei Sehnung um n Nuten ist $\varepsilon = n \cdot \alpha$ und mit Gl. (4.5) gilt $\varepsilon = n \cdot 60°/q = 36°$, ermöglicht mit $q = 5$ und $n = 3$.
Nach Gl. (4.6) bis (4.9) mit $\alpha = 60°/5 = 12°$ wird $k_{d1} = 0{,}957$, $k_{p1} = 0{,}951$, $k_{w1} = 0{,}910$

4.4: Bei $Q/2p = 24/4 = 6$ Nuten/Polteilung wird $\alpha = 180°/6 = 30°$. Es werden $q = 4$ Nuten bewickelt, damit nach Gl. (4.7) $k_{d1} = 0{,}837$
$U_3 = 0$ bedeutet $k_{p3} = 0$ und damit nach Gl. (4.13) $3W/\tau_p = 2$ also $W = 2/3\tau_p$
Damit $k_{p1} = \sin(90° \cdot 2/3) = \sqrt{3}/2$ und $k_{w1} = 0{,}837 \cdot 0{,}866 = 0{,}725$

4.5: Aus Beispiel 4.1 sind bekannt: $N_1 = 80$, $q_1 = 4$, $p = 2$, $m = 3$, $I_1 = 14{,}16$ A
Nach Gl. (4.20) ist $d_1 = (6 \cdot 80 \cdot 14{,}16 \text{ A})/(160 \text{ A/cm} \cdot \pi) = 13{,}5$ cm. Bei $q = 4$ aus Tafel 4.1 $k_{d1} = k_{w1} = 0{,}958$. Mit Gl. (4.23) $\Theta_1 = 2 \cdot \sqrt{2}/\pi \cdot 3 \cdot 0{,}5 \cdot 80 \cdot 0{,}958 \cdot 14{,}16 \text{ A} = 1466$ A

4.6: Die Daten aus Beispiel 4.4 in Gl. (4.33) einsetzen, damit bei $\tau_p = (18 \text{ cm} \cdot \pi)/4 = 14{,}14$ cm:
$X_h = 4/\pi \, \mu_0 \cdot 50 \text{ Hz} \cdot (16 \text{ cm} \cdot 14{,}14 \text{ cm})/(0{,}04 \text{ cm} \cdot 2) \cdot 3 \cdot (60 \cdot 0{,}958)^2 = 22{,}4 \, \Omega$

4.7: Tafel 4.1 bei $q = 3$ mit $k_w = k_d$ ohne Sehnung: $k_{w1} = 0{,}960$, $k_{w5} = 0{,}217$, $k_{w7} = 0{,}177$
Fourier-Analyse eines Rechteckfeldes mit der Höhe B ergibt $B_v = 4B/(v\pi)$
Nach Gl. (4.37) gilt die Proportion: $U_v/U_1 = (B_v/B_1) \cdot (k_{wv}/k_{w1})$, damit
$U_5/U_1 = (1/5) \cdot (0{,}217/0{,}960) = 0{,}0452$
$U_7/U_1 = (1/7) \cdot (0{,}177/0{,}960) = 0{,}0263$

4.8: Nach $U = \sqrt{U_1^2 + U_3^2} = 1{,}01 U_1$ wird $U_3 = 0{,}142 U_1$. Ohne Sehnung wird bei $q = 3$ nach Tafel 4.1 $k_{w1} = 0{,}960$ und $k_{w3} = 0{,}667$. Aus der Proportion $U_3/U_1 = (B_3/B_1) \cdot (k_{w3}/k_{w1})$ entsprechend Gl. (4.37) folgt: $B_3/B_1 = 0{,}142 \cdot (0{,}960/0{,}667) = 0{,}204$

5.1: Nach Gl. (5.4) muss $s = 1 \text{ Hz}/60 \text{ Hz} = 0{,}0167$ werden. Bei $\Phi = $ konst. ist $U_{q20} \sim f_1$ und damit im Vergleich zu Beispiel 5.2 $(U_{q20})_{60 \text{ Hz}} = 240 \text{ V} \cdot (60 \text{ Hz}/50 \text{ Hz}) = 288$ V
Mit Gl. (5.7) wird $U_{q2} = 0{,}0167 \cdot 288 \text{ V} = 4{,}8$ V

5.2: Erforderlicher Schlupf nach Gl. (5.4) $s = 60 \text{ Hz}/50 \text{ Hz} = 1{,}2$. Synchrondrehzahl bei $p = 3$ ist $n_1 = 1000$/min, Betriebsdrehzahl $n = n_1(1 - s) = -200$/min, Läuferstillstandsspannung über Gl. (5.5) und (5.6) und Beachtung der Δ/Y-Schaltung: $U_{q20} = \sqrt{3} \, (U_{q20})_{Str} = \sqrt{3} \, U_1 \cdot (N_2/N_1)$,
$U_{q20} = \sqrt{3} \cdot 230 \text{ V} \cdot 72/63 = 455{,}3$ V, $U_q = s \cdot U_{q20} = 1{,}2 \cdot 455{,}3 \text{ V} = 546{,}3$ V

5.3: $P_L = P_1 - P_{v1} = 4 \text{ kW} - 2 \text{ kW} = 2 \text{ kW}$, $n_1 = 1500$/min
$M_i = P_L/(2\pi \cdot n_1) = 2000 \text{ W}/(2\pi \cdot 25/\text{s}) = 12{,}73 \text{ N} \cdot \text{m}$

5.4: Luftspaltleistung nach Gl. (5.22) $P_L = 3I_2^2 \cdot R_2/s$. Im Bemessungsbetrieb:
$P_{LN} = 3I_{2N}^2 \cdot R_2/s_N$ mit $s_N = 0{,}03$. Im Anlauf: $P_{LA} = 3I_{2A}^2 \cdot R_2$ mit $I_{2A} = 6I_{2N}$
Mit $M \sim P_L$ entsteht die Proportion $M_A/M_N = (6 \cdot I_{2N})^2 \cdot 0{,}03/I_{2N}^2 = 1{,}08$

5.5: Grafische Lösung nach Bild 5.21 mit Strommaßstab 1 cm = 10 A, Leistungsmaßstab 1 cm = $3 \cdot 230 \text{ V} \cdot 10 \text{ A} = 6{,}9$ kW, Drehmomentmaßstab 1 cm = $6{,}9 \text{ kW}/(2\pi \cdot 25/\text{s}) = 43{,}9 \text{ N} \cdot \text{m}$
Daten: $I_1 = 41$ A, $M_N = 152{,}6 \text{ N} \cdot \text{m}$, $M_K/M_N = 2{,}25$, $M_A/M_N = 0{,}96$

5.6: Grafische Lösung nach Bild 5.25. Waagerechte Achse mit 1 cm = 10^4 V^2, senkrechte Achse mit 1 cm = 50 W. Achsenabschnitt der Geraden $P_{Fe+R} = f(U^2)$ ist 255 W

5.7: Oberfelder im Ständer mit $k = 1$ nach Gl. (4.15): $v_1 = \pm 24/2 + 1 = +13$ und -11, im Läufer $v_2 = \pm 20/2 + 1 = +11$ und -9. Bedingung für Synchronbetrieb der gleichpoligen Felder mit $v = 11$:
$-n_1/11 = (n_1 - n)/11 + n$ mit der Lösung $n = -0{,}2 \, n_1 = -300$/min

5.8: Mit $M_A \sim P_L$ wird bei $s = 1$ nach Gl. (5.22) $M_A \sim 3I'^2_{2k} \cdot R'_2$. Ohne Querzweig, d. h. mit $I'_2 = I_1$ ist $I'^2_{2k} = (U_1/Z_k)^2$ bei $Z_k^2 = (R_1 + R'_2)^2 + (X_{1\sigma} + X'_{2\sigma})^2$.
Für das Verhältnis M_A/M_{AN} gilt dann: $M_A/M_{AN} = R'_2/R'_{2N} \cdot (Z_{kN}/Z_k)^2$
a) $M_A/M_{AN} = 1 \cdot (0.5^2 + 1^2)/(0.75^2 + 1^2) = 0.8$ b) $M_A/M_{AN} = 2 \cdot (0.5^2 + 1^2)/(0.75^2 + 1^2) = 1.6$

5.9: Bei Betrieb mit M_N werden bei jeder Drehzahl die Bemessungswerte von Aufnahme- und Luftspaltleistung benötigt. $P_1 = 11.1$ kW konstant,
$P_2 = 0.8 \cdot 2\pi \cdot n_N \cdot M_N = 0.8 P_{2N} = 8$ kW, $\eta = P_2/P_1 = 8$ kW/11,1 kW = 0,72
Nach den Gln. (5.24) und (5.25) gilt mit $P_R = 0$: $P_{LN} = P_{2N}/(1 - s_N) = 10$ kW/0,97 = 10 309,3 W
Drehzahl mit Läuferwiderstand $n = 0.8 \cdot n_N = 0.8 \cdot n_1 (1 - s_N)$,
zugehöriger Schlupf $s = 1 - n/n_1 = 1 - 0.8(1 - 0.03) = 0.224$
$P_{v1} = P_1 - P_{LN} = 11\,100$ W $- 10\,309.3$ W $= 790.7$ W, $P_{v2} = s \cdot P_{LN} = 0.224 \cdot 10\,309.3$ W
$P_{v2} = 2309.3$ W, $P_{Cu2} = s_N \cdot P_{LN} = 0.03 \cdot 10\,309.3$ W $= 309.3$ W, $P_{RV} = P_{v2} - P_{Cu2}$
$P_{RV} = 2309.3$ W $- 309.3$ W $= 2000$ W

5.10: Aus Gl. (5.36) $m = M_{KN}/M_N = (s_{KN}/s_N + s_N/s_{KN})/2 = (10 + 0.1)/2 = 5.05$
Momentenbedingung $M = M_K$ ergibt $M = M_N \, n_N/n_{max} = M_{KN} (f_N/f_{max})^2$
mit $p \cdot n_N = f_N(1 - s_N)$, $p \cdot n_{max} = f_{max}(1 - s_K)$ und $s_K = s_{KN} f_N/f_{max}$
Eingesetzt erhält man die quadratische Gl. $(f_N/f_{max})^2 - 1/s_{KN} (f_N/f_{max}) + (1 - s_N)/(m \cdot s_{KN}) = 0$
Lösung $f_N/f_{max} = 0.2046$ also $f_{max} = 244.3$ Hz, $n_{max} = 6879$ min^{-1}

5.11: Daten nach Gl. (5.20) bis (5.26): $P_{LN} = 2\pi \cdot n_1 \cdot M_N = 2\pi \cdot 25$ Hz $\cdot 290$ W $\cdot$ s $= 4555.3$ W,
$P_{Cu2N} = 3 \cdot R_2 \cdot I_{2N}^2 = 3 \cdot 0.25 \, \Omega \cdot (46$ A$)^2 = 1587$ W, $s_N = P_{Cu2N}/P_{LN} = 0.03484$
Schlupf beim Absenken mit $n = -300$/min und $n_1 = 1500$/min $s^* = \Delta n/n_1 = 1800/1500 = 1.2$
Aus Gl. (5.49) wird mit $s = s_N$: $R_{2v} = R_2 \cdot (s^*/s - 1) = 0.25 \, \Omega \, (1.2/0.03484 - 1) = 8.36 \, \Omega$

5.12: Bei konstanter magnetischer Ausnutzung bleiben $I_\mu = 2.89$ A und $I_C = 2.89$ A$/\sqrt{3} = 1.67$ A
Die Spannung steigt dann mit $U \sim \Phi \cdot f$ auf $U_0 = 400$ V (60 Hz/50 Hz) = 480 V
Nach Beispiel 5.18 gilt für den Kondensator der Δ-Schaltung $C = I_C/(2\pi \cdot f_1 \cdot U_0)$
$C = 1.67$ A$/(2\pi \cdot 60$ Hz $\cdot 480$ V$) = 9.2 \, \mu$F

5.13: Zweiphasenbetrieb: $S_1 = 2 \cdot U_A \cdot I_A = 2 \cdot 230$ V $\cdot 1.7$ A $= 782$ V $\cdot$ A
$P_1 = S_1 \cdot \cos\varphi = 782$ V $\cdot$ A $\cdot 0.6 = 469$ W, $Q_1 = S_1 \cdot \sin\varphi = 782$ V $\cdot$ A $\cdot 0.8 = 626$ var
Kondensatorbetrieb: $S_1 = U_1 \cdot I_1 = 230$ V $\cdot 2.13$ A $= 490$ V $\cdot$ A
$P_1 = 469$ W wie zuvor, $Q_1 = \sqrt{S_1^2 - P_1^2} = 142$ var.

5.14: Mit den Gln. (5.83) und (5.84) ergibt sich $Z_{ak} = U_A/I_{Ak} = 230$ V$/(3.1 \cdot 1.7$ A$) = 43.64 \, \Omega$
$z = X_C/Z_{ak} = 1/(314$ Hz $\cdot 10.6 \, \mu$F $\cdot 43.64 \, \Omega) = 6.885$
$M_{EA}/M_A = (1.33 \cdot 6.885 \cdot 0.48)/(1.33^4 + 6.885^2 - 2 \cdot 1.33^2 \cdot 6.885 \cdot 0.8773) = 0.151$
$X_{CA} = \ddot{u}^2 \cdot Z_{ak} = 1.33^2 \cdot 43.64 \, \Omega = 77.2 \, \Omega$, $C_A = 1/(314$ Hz $\cdot 77.2 \, \Omega) = 41.3 \, \mu$F
$(M_{EA}/M_A)_{opt} = 0.48/[2 \cdot 1.33 (1 - 0.8773)] = 1.47$

5.15: Gl. (5.74) bis (5.79) $\varphi = 45°$ bedeutet $\ddot{u} = \tan\varphi = 1$, $\sin\varphi = \sqrt{2}/2$, $\cos\varphi_1 = 1$
$U_C = U_A\sqrt{1 + \ddot{u}^2} = \sqrt{2}\, U_A$, $I_C = I_H = I_A/\ddot{u} = I_A$, $Q_C = U_C \cdot I_C = \sqrt{2}\, U_A \cdot I_A$, $I_1 = I_A/\sin\varphi$
$I_1 = \sqrt{2}\, I_A$, $P_1 = U_1 \cdot I_1 \cdot \cos\varphi_1 = \sqrt{2}\, U_A \cdot I_A$.

5.16: Drehstrombetrieb: $S_3 = 3(U_1 \cdot I)_{Str}$, $P_3 = 3(U_1 \cdot I)_{Str} \cdot 0.5$, $Q_3 = 3(U_1 \cdot I)_{Str} \cdot \sqrt{3}/2$.
Daten bei Steinmetzschaltung mit gleicher Wirkleistung: $P_1 = P_3$, $U_C = U_1$, $I_C = \sqrt{3}\, I_{Str}$,
$Q_C = U_C \cdot I_C = \sqrt{3}\, U_1 \cdot I_{Str}$, $Q_1 = Q_3 - Q_C = 3(U_1 \cdot I_{Str}) \cdot (\sqrt{3}/2 - 1/\sqrt{3})$
$Q_1 = 3(U_1 \cdot I)_{Str}/(2\sqrt{3}) = 3(U_1 \cdot I)_{Str} \sqrt{3}/6$
$Q_1/Q_3 = (\sqrt{3}/6)/(\sqrt{3}/2) = 1/3$, $S_1 = U_1 \cdot I_1 = \sqrt{3} \cdot (U_1 \cdot I)_{Str}$, $S_1/S_3 = 1/\sqrt{3}$

6.1: Nach Beispiel 6.1 beträgt die Ankerrückwirkung bei $I_N/2$: $I'_1 = 474$ A und $I_{Eo} = 595$ A. Mit $I_\mu = I_{Eo}$ für $U_q = U_N$ lautet der im Beispiel angegebene cos-Satz für
$I_E/I_{Eo} = 1$: $595^2 = 595^2 + 474^2 + 2 \cdot 595 \cdot 474 \cdot \sin\varphi$, ergibt $\varphi = -23.48°$ und $\cos\varphi = 0.917$ kap.
$I_E/I_{Eo} = 1.28$: $(1.28 \cdot 595)^2 = 595^2 + 474^2 + 2 \cdot 595 \cdot 474 \cdot \sin\varphi$, ergibt $\varphi = 0$ und $\cos\varphi = 1$

6.2: Bild 6.21 mit $R_1 = 0$ bei $U_p = 10,5$ kV$/\sqrt{3} = 6,06$ kV mit dem cos-Satz bei $\cos(90° + \varphi) = -0,714$:
$U_{pN}^2 = (6,06 \text{ kV})^2 + (0,93 \text{ Ω} \cdot 11,77 \text{ kA})^2 + 2 \cdot 6,06 \text{ kV} \cdot 0,93 \text{ Ω} \cdot 11,77 \text{ kA} \cdot 0,714$,
$U_{pN} = 15,85$ kV. $I_{EN} = I_{Eo} \cdot U_{pN}/U_N = 820 \text{ A} \cdot 15,85 \text{ kV}/6,06 \text{ kV} = 2145$ A.
$P_{EN} = R_E \cdot I_{EN}^2 = 0,15 \text{ Ω} \cdot (2145 \text{ A})^2 = 690$ kW

6.3: Erregung I_{E0} ergibt $I_{k0} = K_c \cdot I_N$, d. h. mit $I_k \sim I_E$ gilt $I_E = I_{E0} \cdot (I_N/I_{k0}) = I_{E0}/K_c$.
$I_E/I_{E0} = 1/K_c = 1/0,55 = 1,82$

6.4: $I'_{ko} = g \cdot I_{ko}$ entspricht 94 % von I_{Eo}, damit $I_{ko} = 550 \text{ A} \cdot 0,94/0,174 = 2971$ A.
$K_c = I_{ko}/I_N = 2971 \text{ A}/5500 \text{ A} = 0,54$

6.5: Aus Tafel 6.1, Seite 333: $x_d = 1,6$, $x_2 = 0,12$, $x_o = 0,06$.
$I_{k3} : I_{k2} : I_{k1} = 1/1,6 : \sqrt{3}/(1,6 + 0,12) : 3/(1,6 + 0,12 + 0,06) = 1 : 1,61 : 2,7$

6.6: Nach Gl. (6.14) ist bei $\delta_N = 29°$ und $I_E/I_{Eo} = 2,6 : M_K/M_N = 1/\sin 29° = 2,06$.
Für $M_K/M_N = 2,5$ ist daher die relative Erregung $I_E/I_{Eo} = 2,6(2,5/2,06) = 3,15$ erforderlich.

6.7: Gl. (6.10) $X_d = 1/K_c \cdot (U_N/I_N)_{Str} = 10,5 \text{ kV}/(\sqrt{3} \cdot 5,5 \text{ kA} \cdot 0,58) = 1,9$ Ω.
Gl. (6.14) $M = 3 \cdot 10,5 \text{ kV}/(\sqrt{3} \cdot 2\pi \cdot 50 \text{ Hz}) \cdot (2,7 \cdot 10,5 \text{ kV})/(\sqrt{3} \cdot 1,9)$ Ω $\sin 27° = 226,4$ kN · m,
$M_N = M/\eta = 230$ kN · m

6.8: Grafische Lösung über das Dreieck im 1. Quadranten von Bild 6.41 mit der Basis $1/x_d = 0,833$, linke Seite = 1, rechte Seite mit Winkel 75° ergibt $\varphi = 38,6°$: $P = S_N \cdot \cos \varphi$
$P = 400$ MV · A · $0,7818 = 313$ MW, $Q = S_N \cdot \sin \varphi = 400$ MV · A · $0,6239 = 249,6$ Mvar

6.9: Aus Gl. (6.26) $M_{Sch}/M_{Voll} = 1 + 0,5 \cdot U_1/U_p \cdot (X_d/X_q - 1) \cdot (\sin 2\vartheta/\sin \vartheta)$
$M_{Sch}/M_{Voll} = 1 + 6,3 \text{ kV}/(2\sqrt{3} \cdot 9,3 \text{ kV}) \cdot (19,2 \text{ Ω}/11,5 \text{ Ω} - 1) \cdot (\sin 41,2°/\sin 20,6°) = 1,245$.

6.10: Gl. (6.45) mit $\alpha = -90°$ und Stromspitze bei $\omega t = \pi/2$, $t = 5$ ms:
$U_N/X = (U_N/Z_N)(Z_N/X) = I_N/x$ gibt
$I_s = \sqrt{2} I_N \cdot [(1/x_{d''} - 1/x_{d'}) \cdot e^{-t/T_d''} + (1/x_{d'} - 1/x_d) \cdot e^{-t/T_d'} + 1/x_d]$
$I_s = \sqrt{2} I_N \cdot [1/0,13 - 1/0,2] \cdot e^{-5/70} + (1/0,2 - 1/1,7) \cdot e^{-5/1500} + 1/1,7] = 7,5 \cdot \sqrt{2} I_N$

7.1: a) Aus Bild 7.18: $U_X = 1,2 \cdot X \cdot I_N = U_N \sin \varphi$ $\sin \varphi = 1,2 \cdot 20 \text{ Ω} \cdot 4 \text{ A}/280 \text{ V} = 0,3429$
$\cos \varphi = 0,939$
b) Nach Gl. (7.4) u. (7.6) $P_2 = c_R n U^2/[(R + c_R n)^2 + X^2]$
über die Ableitung $dP_2/dn = 0$ erhält man $n = (\sqrt{R^2 + X^2})/c_R = 4243$ min^{-1}

8.1: $P_v = P_2(1 - \eta)/\eta = 180 \text{ W} \cdot 0,17/0,83 = 36,87$ W. Mit Gl. (8.5) und Beispiel 8.1:
$\alpha = 36,87 \text{ W}/(0,03 \text{ m}^2 \cdot 50 \text{ K}) = 24,58 \text{ W}/(\text{m}^2 \cdot \text{K})$. Aus Gl. (8.3): $\lg(\alpha/7,8) = 0,78 \cdot \lg v$, $v = 4,4$ m/s

Sachwortverzeichnis

AC-Servomotoren 343
Akku-Handwerkzeuge 45
Alleinbetrieb 303
AlNiCo-Magnete 27
Anker 36
Ankerdurchflutung 50
Ankerquerfeld 49
Ankerrückwirkung 47, 50, 70, 298, 343
Ankerspannung 51
Ankerstellbereich 76
Ankerstrom-Formfaktor 92
Ankerstrombelag 48
Ankerumschaltung 85
Ankervorwiderstände 75
Ankerwicklung 37
Ankerwirkungsgrad 75
Anlassen von Schleifringläufermotoren 223
Anlasstransformatoren 226
Anlasswiderstände 79
Anlauf 78
Anlaufkondensatormotor 277
Anschlussbezeichnungen 64
Anziehungskräfte 347
Anzugsmoment 276
Arbeitspunkt 29
asynchrone Oberfeldmomente 200
asynchroner Anlauf 325
asynchrones Drehmoment 172
Asynchrongeneratoren 261
Asynchronmaschine, Betriebsbereiche 197
Asynchronmaschine, Stromrichterbetrieb 237
Asynchronmaschinen 170
Asynchronmaschinen, einphasige 271
Ausgleichsverbindungen 42
Ausgleichswelle 264
Ausgleichswicklung 129
Aussetzbetrieb 392

Barkhausen-Schaltung 371
Bauformen 12, 379
Baugrößen 11, 380
Bauteile, Gleichstrommaschine 35
Bearbeitungszuschlag 24
Belastung des Transformators 117
Belastungskurve 198
Bemessungswerte 394
Berührungs 382
Betriebsart 12
Betriebsbedingungen 390
Betriebsdiagramme 76, 217, 313
Betriebskondensatormotor 276
Bewegungsspannung 24

Bezugspfeile 12
Blindleistung 14
Blockstrom 346
Bohrungsdurchmesser 141
Bremsschaltungen des Asynchronmotors 227
Bruchlochwicklungen 144, 149
Bürstenfeuer 57
Bürstenlose Erregung 293
Bürstenverschiebung 64, 373

Carter-Faktor 48
CE-Kennzeichnung 377

Dahlander-Schaltung 212
Dauerbetrieb 391
Dauerkurzschluss 120, 305
Dauermagneten 26
dauermagneterregte AC-Servomotoren 342
Dauermagneterregung 44, 295
Dauermagnetmotor 325
direkte H_2-Kühlung 340
direkter Anlauf 237
direkter Parallelbetrieb 131
Direktumrichter 327
Doppelkäfigläufer 256
Doppelkondensatormotor 277
Doppelschlussmotoren 71
Doppelstab-Käfigläufer 171
doppeltgespeiste Schleifringläufermotoren 264
Drehfeld-Erregerkurve 153
Drehfeld-Raumdiagramm 175
Drehfelder 153, 156
Drehmoment 25, 32, 53, 162, 164, 172, 182, 315, 322
Drehmoment-Drehzahl-Kennlinie 68
Drehmoment-Frequenz-Diagramm 363
Drehmomentgleichung 183
Drehmomentmaßstab 193
Drehregler 176
Drehstrom-Asynchronmaschinen, Steuerung 207
Drehstrom-Nebenschlussmotor 365
Drehstrombank 100, 139
Drehstromkerne 102
Drehstrommaschinen 141
Drehstromsteller 238
Drehstromtransformator 99, 125
Drehstromtransformatoren 100
Drehstromwicklungen 141
Drehtransformatoren 176
Drehzahländerung 70, 74, 207
drehzahlgeregelte Antriebe 325

Drehzahlkennlinie 371
Drehzahlstabilität 69
Dreiphasensystem 164
Dreischenkelkern 102
Drosselspulen 135, 139
Durchflutungsgesetz 20
Durchflutungsgleichgewicht 117, 127
Durchgangsleistung 136
Durchmesserwicklung 38, 143
dynamisches Verhalten 81

Eigenkühlung 391
Einphasen-Kerntransformator 102
Einphasen-Manteltransformator 102
Einphasen-Reihenschlussmotor 366
Einphasen-Synchronmaschine 342
Einphasenmotoren 271
Einschaltströme 235
Einschaltstromstoß 115
Einschichtwicklungen 142
einsträngige Belastung 127
Einzelverluste 385
Eisen- und Zusatzverlust 222
Eisenkerne 100
Eisenverluste 23, 180
Eisenweg 19
elektrische Ausgleichswelle 264
Elektrobleche 21
Elektrobleche und Eisenverluste 21
Elektronikmotor 46
elektronischer Anlasser 225
EMV 377
Energiewandlung 12
Entmagnetisierung 30
Entmagnetisierungsfaktor 28
Entmagnetisierungskurve 26
Erregerfeld 47, 298
Erregerleistung 291
Erregerstrom 306
Erregersysteme 291
Erregerwicklung 65-66, 69
Ersatzschaltbild 180, 368
Ersatzschaltung 108, 302-303
Erwärmung 386
Europanorm 376
explosionsgeschützte Ausführungen 382

Fahrmotor 73
Feldbild 20
Felderregerkurve 150
Feldkräfte 25
Feldkurve 298
Feldlinien 20
Feldschwächbereich 218, 221
Feldschwächung 371

Feldstellbereich 75
Feldumkehr 85
Fernübertragung 99
Ferrite 27
Flüssigkeitskühlung 340
Fremderregung 69
Fremdkörperschutz 382
Fremdkühlung 391
Frequenzfaktor 24
Frequenzumformer 173
frequenzvariable Spannung 214
Fünfschenkelkern 102

Ganzlochwicklung 144, 146
Gasexplosionsschutz 383
Gegenfeld 157
Gegenstrombremsung 229
Gegensystem 165
Generatorbetrieb 261, 311
Geräusche 253
Geräuschquelle 124
Gießharzisolierung 107
Gleichpol-Bauweise 361
Gleichstrom-Erregermaschine 291
Gleichstrombremsung 227
Gleichstrommaschinen 66
Gleichstromsteller 86
Gliederung elektrischer Maschinen 16
Görges'sches Phänomen 233
Grundschwingungsgehalt 13
Gruppenfaktor 145
GTO-Thyristoren 88

hartmagnetische Werkstoffe 26
Hauptpole 36, 47, 284
Hauptreaktanz 160
Hilfsreihenschlusswicklung 63, 71
Hochlaufmoment 235
Hysteresemotor 358
Hystereseschleife 23, 26
Hystereseverluste 23

IEC-Normen 376
Induktionsgesetz 24
innere Leistung 54
inneres Moment 183
Isolationsschäden 254

Käfigläufer 171
Kapp'sches Dreieck 118
Kennlinie 66
Kennzahl 125
Kernaufbau 101
Kipppunkte 185

Sachwortverzeichnis 415

Kleinmaschinen 355
Kleintransformatoren 134
Kloß'sche Gleichung 185
Kohlebürsten 33
Kollektor 33
Kommutator 33
Kommutierung 56
Kommutierungszeit 56
Kompensationswicklung 60-61
Kompoundierung 294
Kompoundwicklung 63, 71
Kondensatorhilfswicklung 273
Konstantspannungsgenerator 294
Konstruktionsprinzipien 15
kornorientierte Elektrobleche 22
Kräfte 350
Kraftwirkung 24
Kreisdiagramm 187
Kühlarten 391
Kühlsysteme 341
Kühlung 104
Kühlungsarten 107
Kurzschlussspannung 120
Kurzschlussstrom 137
Kurzschlussversuch 195
Kurzstator-Linearmotor 260
Kurzstatormotor 260
Kurzzeitbetrieb 392
Kusa-Schaltung 227

Lamellenspannung 52
Langstator-Linearmotor 260, 348
Langstatormotor 260
Lärmbekämpfung 124
Lastverteilung 131
Läufer 170
läufergespeister Drehstrom-Stromwender-
  motor 366
Läuferrückspeisung 241
Läuferspannung 172
Läuferstrang, Ausfall 233
Läufervorwiderstände 207
Leerlauf 112
Leerlauf-Kurzschluss-Verhältnis 307
Leerlaufdaten 113
Leerlaufdrehzahl 70
Leerlaufkennlinie 67
Leerlaufversuch 194
Leistungsbereich 32, 100, 170
Leistungsbilanz 181
Leistungsdiagramm 316
Leistungsfaktor 13
Leistungsmaßstab 193
Leistungsminderung 93
Leistungsschild 12, 394

Leistungsschildangaben 391
Leistungsverhältnis 132
linearer Positionierantrieb 346
Linearmotor 349
Linearmotoren 257
Luftkühlung 340

magnetische Feldkonstante 19
magnetischer Kreis 19, 27
Magnetisierungsdurchflutung 175
Magnetisierungskennlinie 23
Magnetisierungsstrom 114
Magnetostriktion 124
Magnetschwebebahn 348-349
Maschinentransformatoren 100
Maschinenumformer 174
Mehrquadrantenbetrieb 82
Messwandler 134
Mitfeld 157
Mitsystem 165
Modellmaschine 334
Motorauswahl 385
Motorbetrieb 198, 311

Nebenschlussverhalten 70
Netzbetrieb 311
Netztransformatoren 100
neutrale Zone 50
Normung 376
Nullsystem 165
Numerische Feldberechnung 20
Nutschrägung 203
Nutstreuung 161
Nutungsharmonische 149, 204
Nutzbremsung 79
Nutzwiderstand 180

Oberfelder 159
Oberschwingungen 89
Oberwellendrehfelder 199
Oberwellenstreuung 161
Ortskurve 187

Parallelbetrieb 131
Park'sche Transformation 332
Pendelmomente 95, 253
Pendelungen 329
Phasenschieberbetrieb 313
Phasenvervielfacher 134
Polbedeckungsfaktor 48
Polteilung 34
Polumschaltung 212
Positionierantriebe 343, 346
Potier-Dreieck 306
Pulsbetrieb 86

Querfeldspannung 59

Raumzeiger 251
Reaktanzspannung 56
Reaktionsmoment 323
Regelung, feldorientierte 250
Reihenschlussmotoren 72, 76
relative Kurzschlussspannung 120
Relutanzmotoren 355
Reluktanzschrittmotor 362
Remanenzfluss 73
Remanenzspannung 67
Roebel-Stab 288
Rundfeuer 53
Rüttelkräfte 205

Sättigungsfaktor 28
Schaltbilder 64, 66
Schaltgruppen 125
Schaltgruppen, Auswahl 130
Schaltverschiebung 373
Schaltzeichen 125
Scheibenläufermotor 45
Scheibenwicklung 103
Schenkelpolgenerator 290
Schenkelpolmaschine 288, 317
Schergeraden 28
Schieflast 331
Schleifenwicklung 40-41
Schleifringläufer 171
Schleifringläufermotor 264
Schlupferhöhung 207
Schlupfgerade 192
Schrägschnitt 101
Schrittarten 362
Schrittmotor 360
Schubkräfte 258, 347
Schutzarten 12, 379
SE-Magneten 31
Sechspuls-Brückenschaltung 83
Sehnenwicklung 38
Sehnungsfaktor 146
selbsterregte Asynchrongeneratoren 261
selbsterregte, kompoundierte Synchrongeneratoren 294
Selbsterregung 67
Selbstinduktionsspannung 24
Selbstkühlung 391
Seltene Erden 27
Semi-processed-Bleche 22
Sondertransformatoren 133
Spaltpol 284
Spaltpolmotoren 284

Spannungsabsenkung 211
Spannungsänderung 118
Spannungsformel 112
Spannungsgleichungen 108, 179
Spannungshaltung 262
Spannungswandler 135
Spartransformator 135
Spulenweite 39
Ständer 36, 170
ständergespeister Drehstrom-Stromwendermotor 365
Ständerlängsdurchflutung 317
Ständerquerdurchflutung 317
Ständerstrom 336
Steinmetz-Schaltung 280
Stelltransformator 139
Stern-Dreieck-Anlauf 226, 237
Stern-Dreieck-Schaltung 226
Sternpunktverlagerung 129
Steuerkennlinie 216
Stirnstreuung 161
Stoßkurzschluss 122, 335
Stoßkurzschlussstrom 337
Strangfeld 152
Strangspannung, Ausfall 231
Streureaktanzen 111, 161
Streustegen 285
Streuziffer 27, 184
Stromanstiegsgeschwindigkeit 98
Strombelag 152
Stromdiagramm 300
Stromgleichung 319
Strommaßstab 193
Stromortskurven 187, 214, 314, 321
Stromrichterbetrieb 82, 89
Stromrichtererregung 292
Stromrichterkaskade, USK 242
Stromrichtermotor 326
Stromrichterschaltungen 83
Stromverdrängung 254
Stromverdrängungsläufer 255
Stromwandler 135
Stromwelligkeit 90
Stromwender 33, 37
Stromwendermaschinen 365
Stromwendespannung 56, 372–373
Stromwendung 56, 372
Stufenschalter 133
symmetrische Komponenten 164
synchrone Oberfeldmomente 201
Synchronisation 324
synchronisierendes Moment 328
Synchronmaschine, Reaktanzen 336
Synchronmaschinen 287, 296
Synchronreaktanz 303

Sachwortverzeichnis

Taktfrequenz 88
Tempeltyp 102
Toleranzen 394
Transformationsspannung 24, 372, 374
Transformator 99
Transformatorgeräusch 124
Transistorsteller 88
TRANSRAPID 348
Transversalflussmotor 351
Trapezumrichter 328
Triacsteuerung 371
Trockentransformator 107
Trommelwicklung 37
Turbogeneratoren 288, 339
Typenleistung 136

Übersetzungsverhältnisse 179
Umkehrstromrichter 85
Universalmotoren 367–368
unsymmetrische Betriebszustände 231
Untersynchrone Stromrichterkaskade 241

V-Kurven 315
vereinfachtes Ersatzschaltbild 117
Verlustaufteilung 192
Verluste 252, 385
Verschiebungsfaktor 13
Vollpolmaschine 287, 298

Wachstumsgesetze 103
Wandertransformatoren 100
Wärmeklassen 388, 389
Wärmequellennetz 387
Wasserschutz 382
Wasserstoff-Kühlung 340

Wechselpol-Bauweise 361
Wechselstrom-Bahnmotor 366
Wellblechkessel 107
Wellenwicklung 40-41
Wendefeldspannung 59, 372
Wendepole 36, 60
Wicklung 103
Wicklungsarten 39
Wicklungsfaktor 144, 146
Wicklungsstrang 150
Widerstandsbremsung 79
Widerstandshilfswicklung 278
Widerstandsstufen des Anlassers 224
Wiedereinschalten 237
Windkraftgeneratoren 265
Wirbelstromdämpfung 96
Wirbelstromverluste 23
Wirk- und Blindlaststeuerung 312
Wirkungsgrad 13, 105, 386
Wirkungsgradkurven 105, 267

Zahnspulenwicklungen 296, 297
Zeigerdiagramm 181, 302
Zickzackschaltung 125
Zonenfaktor 145
Zündschutzart 383
Zusatzeisenverluste 203
Zweiachsendarstellung 331
Zweiphasenmotor 274
Zweiphasensystem 167
Zweipuls-Brückenschaltung 83
Zweischichtwicklungen 144
zweisträngige Belastung 127
zweisträngiger Schrittmotor 362
Zylinderwicklung 103

HANSER

Das Standardwerk für Studenten und Praktiker.

Lindner/Brauer/Lehmann
Taschenbuch der Elektrotechnik und Elektronik
9., neu bearbeitete Auflage
688 Seiten, 631 Abb., 99 Tabellen.
ISBN 978-3-446-41458-7

Das nunmehr seit fast 30 Jahren am Markt etablierte Taschenbuch vermittelt Gesetzmäßigkeiten, Prinzipien und Anwendungen der Elektrotechnik und Elektronik. Für die 9. Auflage sind die Kapitel analoge und digitale Schaltungstechnik sowie Signale und Systeme neu bearbeitet und aktualisiert worden. Völlig neu bearbeitet ist das Kapitel elektrische Maschinen – eine Fundgrube für Energie- und Automatisierungstechniker, Maschinenbauer und Verfahrenstechniker.

»Geballtes Wissen zur Elektrotechnik und Elektronik ... für wenig Geld. Das Werk vermittelt sowohl Grundlagen als auch praktisches Wissen und eignet sich ... ebenfalls als Nachschlagewerk..«

Markt und Technik

Mehr Informationen unter **www.hanser.de/taschenbuecher**

HANSER

Mit voller Kraft voraus!

Stölting/Kallenbach
Handbuch Elektrische Kleinantriebe
3., neu bearbeitete und erweiterte Auflage
460 Seiten, 488 Abbildungen, 36 Tabellen.
ISBN 978-3-446-40019-1

Das Handbuch gibt einen praxisorientierten Überblick zu den am Markt gängigen Antrieben kleiner elektrischer Leistung. Es beschreibt Aufbau, Wirkungsweise, Eigenschaften, Anwendungen sowie Steuerungs- und Regelungsverfahren, mechanische Übertragungselemente (Getriebe, Kupplungen) und Lösungsansätze für Antriebsprojektierungen.

Die Neuauflage ist erheblich erweitert, u.a. durch neuere Entwicklungen der Dauermagnet-Werkstoffe, der Elektromagnete und der Regelungstechnik. Neu sind auch ein Kapitel über Piezoantriebe und weitere Beispiele von Antriebsprojektierungen.

Mehr Informationen unter **www.hanser.de/technik**

HANSER

Mit der Elektrotechnik vertraut sein.

Flegel/Birnstiel/Nerreter
Elektrotechnik für Maschinenbau und Mechatronik
9., aktualisierte Auflage
348 Seiten, 474 Abbildungen, 48 Tabellen.
ISBN 978-3-446-41906-3

In diesem Lehrbuch wollen die Autoren den Lesern die oftmals bestehende Berührungsangst vor der Elektrotechnik nehmen.
Außer den Grundlagen vermittelt das Buch auch Einführungen zu Anwendungen wie elektrische Maschinen und Antriebe, Messtechnik, Steuer- und Regelungstechnik, Leistungselektronik, Informations- und Energieübertragung. Die Berechnung elektrischer Schaltungen mit dem Programm PSpice wird erläutert und an Beispielen gezeigt.
Dort, wo es möglich ist, wird ein Vergleich der elektrotechnischen Erscheinungen mit Bekanntem, z.B. aus der Mechanik, vorgenommen.

Mehr Informationen unter **www.hanser.de/technik**